Paul, Zell- und Gewebekulturen

John Paul

Zell- und Gewebekulturen

übersetzt von
Sigrid Maurer und Rainer Maurer

Walter de Gruyter · Berlin · New York 1980

Titel der Originalausgabe

Cell and Tissue Culture
Fifth Edition
Churchill Livingstone
Medical Division of Longman Group Limited
Edinburgh, London, New York

Autor der Originalausgabe

John Paul
F.R.S.E., M.B., Ch.B., Ph.D., F.R.C.P.Ed., F.R.C.P.G., F.R.C. Path.
Director, Beatson Institute for Cancer Research, Glasgow

Übersetzer und Bearbeiter der deutschsprachigen Ausgabe

Sigrid Maurer, Berlin 38, und
Prof. Dr. H. Rainer Maurer
Pharmazeutisches Institut der Freien Universität Berlin
Königin-Luise-Str. 2 + 4
1000 Berlin 33

CIP-Kurztitelaufnahme der Deutschen Bibliothek

Paul, John:
Zell- und Gewebekulturen / John Paul. Übers. u. bearb. von Sigrid Maurer u. Rainer Maurer. – Berlin, New York : de Gruyter, 1979.
Einheitssacht.: Cell and tissue culture <dt.>
ISBN 3-11-007019-7
NE: Maurer, Sigrid [Bearb.]

Satz und Druck: Georg Wagner, Nördlingen.
Bindearbeiten: Lüderitz & Bauer Buchgewerbe GmbH, Berlin.

Vorwort zur 5. englischen Auflage

Wer sich erst seit kurzem mit der Gewebekultur beschäftigt, kann kaum das beinahe abergläubisch-mystische Fluidum begreifen, das dieses Arbeitsgebiet noch vor einigen Jahren umgab. Und wer die Kunst nicht praktisch ausübte, hatte den falschen Eindruck, sie sei ungeheuer schwierig. Unter den Praktikern selbst gab es solche, die diesen Mythos förderten, und solche, die sich bemühten, ihr den Nimbus zu nehmen. Abgesehen davon, ein „Buch der Praxis" zu schreiben, war es das Ziel der ersten Auflage, Biologen zu überzeugen, daß die Gewebekultur nicht besonders schwierig ist, und darauf zu drängen, daß sie weniger als Selbstzweck als vielmehr zum Erreichen wissenschaftlicher Ziele herangezogen werden sollte. Es mag heute seltsam erscheinen, daß es notwendig war, dies zu erörtern, aber Tatsache ist, daß die Gewebekultur noch in den 50er Jahren wenig angesehen war, obwohl sie das Interesse vieler hervorragender Wissenschaftler einschließlich der Nobelpreis-Träger Carrel, Warburg, Lippmann, Enders, Crick, Watson und Medawar gefunden hat. Die erste Auflage dieses Lehrbuchs erschien Ende der fünfziger Jahre; von da ab ist es gewissermaßen mit der praktischen Entwicklung der Zell- und Gewebekultur gewachsen. Vielleicht lag die größte Entwicklung während der letzten 15 bis 20 Jahre, neben freilich vielen anderen, im Wandel der Einstellung der Wissenschaftler ihr gegenüber. Obwohl sie für Embryologen und Zellbiologen eine unberechenbare, experimentelle Methode darstellt, ist sie für die Virologie und Krebsforschung gemeinsam mit anderen Methoden ein Routinewerkzeug und die Grundlage für die Molekularbiologie der Eukaryonten geworden.

Spätere Auflagen sahen das Gebiet wachsen und sich festigen und die jetzige Auflage ist ein Beweis für die Tatsache, daß die Entwicklung noch nicht beendet ist. Im Vorwort der letzten Auflage prophezeite ich, daß wir am Anfang der somatischen Zellgenetik stehen. Weil diese Vorhersage richtig war, machte sie ein völlig neues Kapitel über dieses Gebiet erforderlich (Abschn. 5.3.1). Fortschritte beim Gebrauch der Gewebekultur in der Krebsforschung machten auch ein neues Kapitel nötig (Abschn. 5.3.3). Der Anhang wurde durch eine Zusammenstellung der Literatur der Gewebekultur und der Biorisiken erweitert. Eine umfassende Überarbeitung führte dazu, daß viel altes Material herausgenommen und durch neues ersetzt wurde. Ich hatte dabei Gelegenheit, einige Teile neu zu ordnen, besonders in Kap. 4 und 5. Neben den schon erwähnten Änderungen wurde das Kapitel 15 der früheren englischen Auflagen durch Abschn. 4.4 über Gewebe von Kaltblüter-Vertebraten und -Nichtvertebraten, und Abschn. 4.5 über Kulturen von Pflanzengeweben ersetzt.

Welche Fortschritte kann man für die Zukunft voraussehen? Im Vorwort der dritten englischen Auflage hatte ich einige Mühe, die Grenzen der Gewebekultur zu umreißen. Einiges davon stimmt heute noch. Wir sind immer noch weit von dem Ideal entfernt, irgendeinen Gewebetyp aus einem beliebigen Organismus über eine längere Zeit hinweg ohne Zelländerungen züchten zu können. Es gibt Anzeichen dafür, daß wir diese Situation verbessern können, und ich hoffe, daß dies ein wesentlicher Fortschritt in den nächsten Jahren sein wird.

Bei der Bearbeitung dieser Auflage habe ich vielen Personen zu danken, die mir dabei geholfen haben. Wiederum muß ich besonders Mr. Robin Callender für die Anfertigung von Zeichnungen erwähnen, und Mrs. Rae Fergusson für ihre umfangreichen Schreibarbeiten. Wiederum kann ich berichten, daß es ein Vergnügen war, mit dem Redaktionsstab von Churchill Livingstone zusammenzuarbeiten. Ich schulde einigen Kollegen für nützliche Hinweise Dank und schließlich Mr. M. Downie für einige Schreibarbeiten. Darüber hinaus habe ich die Anzahl der Abbildungen in dieser Auflage sehr vermehrt; ich möchte meinen Dank allen aussprechen, die mich damit versorgt haben. Ihr Beitrag wurde im Text erwähnt.

Zuletzt möchte ich noch all den Lesern danken, die mir ihre Kommentare und Kritik übermittelt haben, und ich wiederhole meine allgemeine Aufforderung, mir kritische Anregungen zukommen zu lassen.

John Paul

Vorbemerkungen zur deutschen Übersetzung

Die englische Original-Ausgabe der vorliegenden deutschen Übersetzung hat in Großbritannien 5 Auflagen erlebt und gilt dort seit 1959 als Standardwerk, sozusagen als „Bibel" der Zell- und Gewebezüchter. Mit diesem Werk hat sein Autor, Prof. John Paul, seit dieser Zeit einen maßgeblichen Einfluß auf die Entwicklung der Zell- und Gewebekultur-Methoden ausgeübt. Der große Nutzen des Buches liegt darin, daß es aus der Praxis für die Praxis geschrieben ist. Als ausgesprochenes Labor- und Methoden-Buch enthält es viele genaue, methodische Vorschriften und Ratschläge, hat daher seinen Standort mehr im Labor und weniger in der Bibliothek.

Im deutschen Sprachraum gibt es kaum ein vergleichbares Buch, das sich auf so viele und große Erfahrungen stützt und konzentriert – so viele, methodische Einzelheiten beschreibt. Die deutsche Übersetzung dürfte daher besonders den Personenkreis ansprechen, der die Methoden praktisch ausführt, die technischen Assistentinnen und Assistenten, Studenten, Doktoranden; aber auch die »Theoretiker« werden manch nützliche Tips für das »Trouble Shooting« entdecken. Um den persönlichen Charakter des Werkes zu wahren, beschränkt sich die Bearbeitung der deutschen Übersetzung bewußt auf die Angaben, die für deutsche Leser wichtig sind (Geräte, Hersteller, Bezugsquellen von Materialien usw.).

Der rasche Fortschritt der Zell- und Gewebekultur-Methoden bringt es mit sich, daß manche Benutzer die eine oder andere Neuentwicklung vermissen werden. Die Bedeutung von Neuheiten läßt sich freilich erst nach einiger Zeit abschätzen, wenn die Nachteile und Grenzen offenbar geworden sind. Trotzdem werden sich Übersetzer und Bearbeiter bemühen, etablierte Methoden künftig gebührend zu berücksichtigen, sind daher für alle Anregungen aus dem Benutzerkreis dankbar und hoffen, daß die deutsche Übersetzung bald zu einer ähnlich wertvollen Laborhilfe werden möge, wie es die englischen Auflagen geworden sind.

Sigrid und Rainer Maurer

Inhaltsverzeichnis

1. Entwicklung der Gewebekultur-Techniken

Die Gewebekultur entwickelte sich ganz natürlich aus einigen Techniken, die die Embryologie im letzten Jahrhundert benützte. Wilhelm Roux führte sein Experiment, die Medullar-Scheibe eines Hühnerembryos einige Tage in warmer Salzlösung zu bewahren, im Jahre 1885 durch; dies ist als erster, erfolgreicher Fall einer Explantation in die Literatur eingegangen. Ungefähr zur selben Zeit (1887) implantierte Arnold Stücke von Erlenmark in Frösche. Nach Befall mit Leukozyten entfernte er sie und gab sie in ein Gefäß mit warmer Salzlösung. Später beobachtete er, daß die Blutzellen wanderten und kurze Zeit weiterlebten.

Diese beiden Experimente wurden lange „vor ihrer Zeit" durchgeführt. Die Möglichkeit, daß entnommenes, tierisches Gewebe sogar über längere Zeit in gutem Zustand am Leben gehalten werden kann, wurde bis 1898 nicht erforscht. Erst in diesem Jahr zeigte Ljunggren mit einer Rückimplantation, daß menschliche Haut in vitro über viele Tage hinweg weiterleben kann, wenn man sie in Aszites-Flüssigkeit aufbewahrt.

1903 führte Jolly Versuche durch, die die ersten genauen Beobachtungen über das Leben und die Teilung von Zellen in vitro darstellten. Er hielt Salamander-Leukozyten in „hängenden Tropfen" bis zu einem Monat. Dieser Untersuchung folgte 3 Jahre später (1906) die Veröffentlichung von Beebe und Ewing als ein bedeutender, methodischer Fortschritt. Diese Autoren beschrieben die Züchtung eines infektiösen Hunde-Lymphosarkoms im Blut von resistenten und empfänglichen Tieren.

Viele dieser älteren Experimente nahmen Techniken um 30 oder 40 Jahre vorweg, die heute allgemein benützt werden. Zu dieser Zeit war es schwierig, sie zu wiederholen, da die Kulturmedien, die benützt wurden, im allgemeinen unzureichend waren, und es gab immer Zweifel, ob die Versuche echtes Weiterleben von gesundem Gewebe zeigten oder lediglich verzögerten Zelltod.

Da Ross Harrisons Experiment ganz eindeutig eine Fortsetzung normaler Zell-Funktionen in vitro bewies und eine reproduzierbare Technik anbot, wird das Jahr 1907 allgemein als der eigentliche Beginn der Gewebekultur angesehen. Harrison explantierte kleine Gewebestücke aus der Mark-Gefäßgegend von Froschembryonen in Gerinnsel aus Froschlymphe. Die Stückchen überlebten einige Wochen, wenn man sie unter aseptischen Bedingungen hielt; Axonen (Nervenfasern) wuchsen aus den Zellen heraus. Dies half, eine bis dahin allgemeine Streitfrage über den Ursprung dieser Strukturen zu beenden, und machte plötzlich die Möglichkeit experimenteller Methoden zur In vitro-Züchtung lebender Gewebe deutlich.

Die heute „traditionellen" Methoden der Gewebekultur wurden danach schnell eingeführt. Burrows, der mit Harrison zusammenarbeitete, führte den Gebrauch eines *Plasma-Gerinnsels* anstelle eines Lymph-Gerinnsels ein. Kurz danach untersuchten Burrows und Carrel den Einfluß von Gewebeextrakten auf das Wachstum und Carrel machte die Entdekkung, daß *Embryonal-Extrakt* einen stark wachstumsfördernden Effekt auf gewisse Zellen ausübt. Die Technik, Gewebe in Plasma-Gerinnsel mit Embryonal-Extrakt angereichert zu züchten, wurde zur Standardmethode. Die Kultur wurde gewöhnlich auf einem Deckglas über der Vertiefung eines Hohlschliff-Objektträgers genau in der Weise ausgeführt, wie sie ursprünglich von Harrison benützt wurde. Diese in ihrer Einfachheit elegante Methode wird heute noch benützt.

Die größte Schwierigkeit, um damals Gewebekultur durchzuführen, war die Vermeidung *bakterieller Kontaminationen.* Alexis Carrel, der schon für seine Arbeiten in experimenteller Chirurgie den Nobel-Preis bekommen hatte, machte sich für die Entwicklung der Methode in den folgenden Jahren sehr verdient. Da er Kenntnisse über aseptische Techniken mitbrachte, packte er die Gewebekultur an, als würde er eine chirurgische Operation ausführen. So gelang es ihm, reproduzierbare Ergebnisse zu erzielen. Eine technisch-geniale Glanzleistung war es, eine Zellinie 34 Jahre lang in aktiver Vermehrung mit den sehr langwierigen Methoden zu halten, die ihm zu Verfügung standen, und dies ohne Antibiotika! Carrels Arbeit zeigte ohne Zweifel, daß man tierische Zellen unbegrenzt in vitro züchten kann. Leider hielten seine peinlich genauen chirurgischen Methoden viele Biologen davon ab, die Methode zu benützen. Sie weckten die Vorstellung, daß die Gewebekultur unglaublich schwierig sei – ein Glaube, der sich erst zerstreuen ließ, nachdem die erste Auflage dieses Buches geschrieben war.

Eine der wichtigsten Leistungen der Carrelschen Schule war die Routinezüchtung schnell wachsender Zellen über eine lange Zeitspanne hinweg. Erfolge auf diesem Gebiet führten zu der Ansicht, daß man Zellen fast wie Protozoen oder Mikroorganismen züchten kann. Mehreren Forschern war die Idee besonders verführerisch, große Mengen von Zellen für Stoffwechsel-Untersuchungen einsetzen zu können. Die Perfektion unserer heutigen Methoden der Zellkultur ist zum großen Teil der Gruppe am National Cancer Institute der USA unter der Leitung von Dr. Wilton Earle zu verdanken. Diese Gruppe war die erste, die Zellen in großer Anzahl direkt auf Glas wachsen ließ, die erste, die Kulturen aus Einzelzellen züchtete und die erste, die bewußt Zellen in Suspension fortpflanzte.

Einen gänzlich anderen Weg der In vitro-Gewebekultur schlug Dr. David Thomson 1914 ein, den später Dr. T. S. P. Strangeways und Dr. Honor Fell weiterentwickelten. Anstatt zu versuchen, Zellen so schnell wie möglich wachsen zu lassen, war es ihr Ziel, kleine Gewebeteile in einem Zustand zu halten, der ihrer In vivo-Situation am nächsten kam. Diese sog. *„Organ-Kultur"-Technik* stammt in vieler Hinsicht von Harrisons ursprünglichen Experimenten ab. Unter der Leitung von Dame Honor Fell und einer hervorragenden Gruppe von Mitarbeitern, besonders Dr. Gaillard und Dr. und Mme Wolff, hat die Methode einen großen Teil der wichtigen Erkenntnisse der Embryogenese und Endokrinologie gebracht.

Zu Beginn der Entwicklung der tierischen Gewebekultur fingen Warren und Margaret Lewis (1911-12) an, die *Faktoren des Kulturmediums* zu erforschen, das für das Wachstum und Weiterleben der Zellen notwendig ist. Auch Baker untersuchte gemeinsam mit Carrel die Zusammensetzung des Kulturmediums und versuchte, mit analytischen Methoden wichtige Bestandteile zu identifizieren. Diese Untersuchungen wurden erst von Fischer, dann von einer großen Gruppe fähiger Forscher, besonders Parker, Healy, Morgan, White, Waymouth und Eagle weitergeführt, was zur Entwicklung unserer heutigen Kulturmedien führte.

Eine Vielzahl von Techniken stand nun zu Verfügung, da verschiedene Forscher frühere Methoden für ihre eigenen Versuche modifizierten. Fig. 1 zeigt die Entwicklung einiger der gebräuchlicheren Methoden. Objektträger-Techniken wurden hauptsächlich für morphologische Studien verwendet. Reagenzglas-Kulturen wurden im großen Stil in der Virusforschung und in der Biochemie verwendet. Für Kulturmedien und Arbeiten im großen Maßstab wurden die verschiedensten Flaschen eingesetzt. Die Flaschen-Methoden führten zu Techniken im Großmaßstab, wonach Zellen entweder an der Oberfläche großer Flaschen oder in Suspension gezüchtet werden, die ein Rührer bewegt.

Die *pflanzliche Gewebekultur* entwickelte sich völlig getrennt von der tierischen Gewebe-Kultur, und erst seit einigen Jahren gibt es einen allgemeinen Informationsaustausch zwischen beiden Gebieten. Die Idee zur Züchtung von Pflanzenzellen stammt von Haberlandt, aber seine

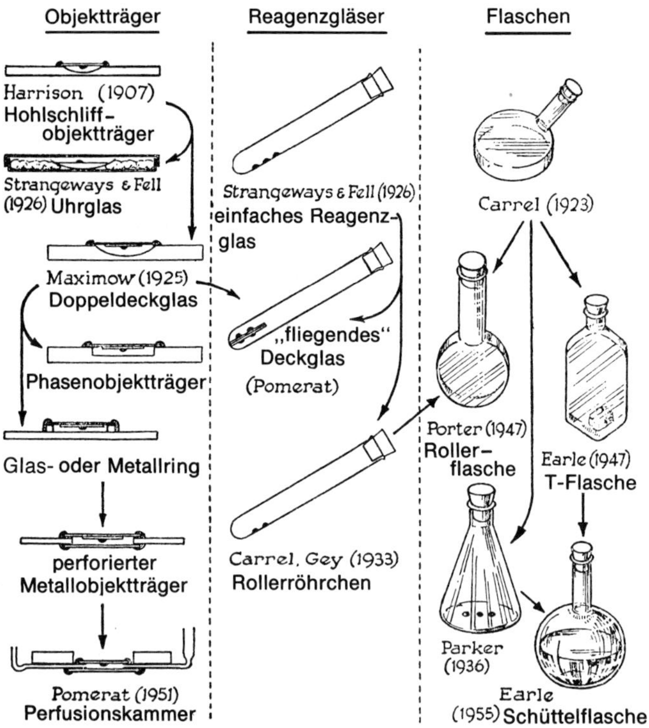

Fig. 1 Gefäße für die Züchtung von Zellen und Geweben

Versuche erwiesen sich als erfolglos und 1902 gab er auf. Erste, erfolgreiche Versuche wurden 1921 von Molliard gemacht und 1922 von Kotte und Robbins. Diesen Forschern gelang es, Pflanzenwurzeln einige Wochen in Kultur zu halten. Das Interesse an der Sache erlosch wieder für einige Jahre und erst als White und Gautheret in der Mitte der 30er Jahre geeignete Kulturmedien entwickelt hatten, schien die Technik erfolgversprechend zu werden. Dann ging es sehr schnell voran, und synthetische Kulturmedien für die Züchtung von Pflanzenzellen wurden unmittelbar darauf entwickelt.

Die *Bedeutung der Gewebekulturmethoden* wurde selbst in den Anfangszeiten nicht verkannt. Ihr möglicher Wert für Gebiete wie Morphogenese, Krebsforschung und Virologie wurde schon bald erkannt. Die einzigen Schwierigkeiten lagen in der Technik selbst. Trotzdem sammelten Embryologen und Histologen von Anfang an viele wertvolle Informationen, während Experimente in der Krebsforschung der Entwicklung zuverlässiger Methoden fast unmittelbar vorausgingen. Obwohl in der

Virologie und Botanik Anstrengungen gemacht wurden, Informationen aus Gewebekulturmaterial zu bekommen, erwiesen sich die technischen Schwierigkeiten als zu groß, und es war nur der raschen Entwicklung in den 50er Jahren zu verdanken, daß sich die Anwendung auf diesem Gebiet so weit verbreitete.

Steinhardt, Israeli und Lambert zeigten bereits 1913, daß das Vakzine-Virus mehrere Wochen lang in explantierter Hornhaut überleben kann. Jedoch wurden keine weiteren Anstrengungen mehr unternommen, diese Beobachtung weiter zu verfolgen, bis 1925 Parker und Nye die Vermehrung von Vakzine-Viren in Gewebekulturen von Kaninchenhoden gelang. Ähnliche Experimente mit Vakzine- und auch mit dem Rous-Sarcom-Virus wurden in den nächsten beiden Jahren von Carrel, Rivers und Carrel veröffentlicht.

1928 entwickelten Maitland und Maitland eine sehr einfache Gewebekulturmethode für die Virus-Vermehrung. Diese bestand darin, Gewebeteilchen in einem flüssigen Medium zu suspendieren, was in den folgenden Jahren zu sehr interessanten Untersuchungen führte. Jedoch waren es erst die Beobachtungen von Enders und Mitarbeitern (1948), die dieser Richtung einen großen Anstoß gaben. Sie zeigten überzeugend, daß das Poliomyelitis-Virus in vitro in Geys HeLa-Zellinie gezüchtet werden kann. Diese Beobachtung wurde zu einer Zeit gemacht, als die Zellkulturtechnik gerade einige bemerkenswerte Entwicklungsstufen durchgemacht hatte. Aus praktischem Interesse vergrößerte sich die Zahl der Leute, die auf diesem Gebiet arbeiteten, sehr schnell, was zu einer raschen Entwicklung in den nächsten 10 Jahren führte.

Ursprünglich beschäftigte sich die Gewebe-Kultur fast ausschließlich mit dem Züchten von Gewebe in vitro, d. h. *Explantation.* Seit den 40er Jahren aber erwachte das Interesse wieder für die *Transplantation,* d. h. die Kultur von tierischen Geweben in vivo, besonders in der Krebsforschung. Die Techniken der Transplantation hatten ursprünglich mit denen der In vitro-Gewebekultur viel gemeinsam, wobei die Pionierarbeit von Embryologen wie Born, Harrison und Morgan in den 90er Jahren des letzten Jahrhunderts geleistet wurde. Eine Transplantation in eine andere Tierart führte zuerst Murphy 1912 erfolgreich aus. Er entwickelte die Technik der Implantation von Chorioallantois-Membran in ein Hühnerei und zeigte später, daß Bestrahlen mit Röntgenstrahlen das Verpflanzen in andere Nagetiere ermöglicht. Ungefähr zur selben Zeit gelang es einer Reihe von Forschern, vor allem Rubens, Hegener und Keysser, Gewebe erfolgreich in die vordere Augenkammer zu transplantieren, eine Methode, die von vielen früheren Forschern erfolglos ausprobiert worden war.

Abgesehen von sporadischen Experimenten interessierte man sich noch vor kurzem sehr wenig für diese Methoden. Murphys Technik wurde von Goodpasture in den späten 30er Jahren entwickelt und später von Dagg und Harris. Greene entwickelte die Methode der Transplantation in die äußere Augenkammer; die meisten seiner Arbeiten sind Ende der 30er Jahre entstanden. Der größte Fortschritt auf diesem Gebiet ist die relativ neue Arbeit von Toolan, in der sie Murphys Verwendung von Röntgenstrahlen weiter verfolgte, um die Wirtsreaktion zu unterdrücken und zum selben Zweck den Gebrauch von Cortison einführte. Mit dieser Arbeit und dem besseren Verständnis der Transplantations-Immunologie, die wir vor allem Medawars Forschung verdanken, kamen Implantation und Explantation tierischer Zellen wieder in engere Beziehung zueinander, als die Forscher das Verhalten gezüchteter Zellen und Gewebe bei der Rückimplantation in das Tier zu untersuchen begannen.

Literatur

Arnold, J. (1887). Über Theilungsvorgänge an den Wanderzellen, ihre progressiven und retrogressiven Metamorphosen. Arch. mikr. Anat. 30, 205.

Beebe, S. P. & Ewing, J. (1906). A study of the biology of tumour cells. Brit. med. J. 2, 1559.

Burrows, M. T. (1910). The cultivation of tissues of the chick embryo outside the body. J. Amer. med. Ass. 55, 2057.

Burrows, M. T. (1911). The growth of tissues of the chick embryo outside the animal body, with special reference to the nervous system. J. exp. Zool. 10, 63.

Burrows, M. T. (1912). A method of furnishing a continuous supply of new medium to a tissue culture in vitro. Anat. Rec. 6, 141.

Carrel, A. (1912). The permanent life of tissue outside of the organism. J. exp. Med. 15, 516.

Carrel, A. (1913). Artificial activation of the growth in vitro of connective tissue. J. exp. Med. 17, 14.

Carrel, A. (1913). Neue Untersuchungen über das selbständige Leben der Gewebe und Organe. Klin. Wschr. 5, 1097.

Carrel, A. & Ebeling, A. (1922). Pure cultures of large mononuclear leucocytes. J. exp. Med. 36, 365.

Carrel, A. & Baker, L. E. (1926). The chemical nature of substances required for cell multiplication. J. exp. Med. 44, 503.

Enders, J. F., Weller, T. H. & Robbins, F. C. (1949). Cultivation of the Lansing strain of poliomyelitis virus in cultures of various human embryonic tissues. Science 109, 85.

Gutheret, R. J. (1934). Culture du tissu cambial. C. R. Acad. Sci. (Paris) 198, 2195.

Greene, H. S. N. (1941). Heterologous transplantation of mammalian tumours, I. The transfer of rabbit tumours to alien species. J. exp. Med. 73, 461.

Haberlandt, G. (1092). Culturversuche mit isolierten Pflanzenzellen. S.-B. dtsh. Akad. Wiss., Kl. med. Wiss. 111, 69.

Harrison, R. G. (1907). Observations on the living developing nerve fiber. Proc. Soc. exp. Biol. (N. Y.) 4, 140.
Harrison, R. G. (1912). The cultivation of tissues in extraneous media as a method of morphogenetic study. Anat. Rec. 6, 181.
Harrison, R. G. (1928). On the status and significance of tissue culture. Arch. exp. Zellforsch. 6, 4.
Jolly, J. (1903). Sur la durée de la vie et de la multiplication des cellules animales en dehors de l'organisme. C. R. Soc. Biol. (Paris) 55, 1266.
Kotte, W. (1922). Kulturversuche mit isolierten Wurzelspitzen. Beitr. allg. Bot. 2, 413.
Lewis, Margaret R. & Lewis, W. H. (1911). The cultivation of tissues from chick embryos in solutions of NaCl, $CaCl_2$, KCl, and $NaHCO_3$, Anat. Rec. 5, 277.
Lewis, Margaret R. & Lewis, W. H. (1911). The growth of embryonic chicken tissues in artificial media, agar and bouillon. Bull. Johns Hopk. Hosp. 22, 126.
Lewis, Margaret R. & Lewis, W. H. (1912). The cultivation of sympathetic nerves from the intestine of chicken embryos in saline solutions. Anat. Rec. 6, 7.
Loeb, L. (1902). On the growth of epithelium in agar and blood-serum in the living body, J. med. Res. 8, 109.
Maitland, H. B. & Maitland, M. C. (1928). Cultivation of vaccinia virus without tissue culture, Lancet 215, 596.
Maximow, A. (1925). Tissue cultures of young mammalian embryos. Contr. Embryol. Carneg. Instn. 16, 47.
Molliard, M. (1921). Sur le développement des plantules fragmentées. C. R. Soc. Biol. (Paris) 84, 770.
Murphy, J. B. (1913). Transplantability of tissues to the embryo of foreign species. Its bearing on questions of tissue specificity and tumour immunity. J. exp. Med. 17, 482.
Parker, F. Jr. & Nye, R. N. (1925). Studies on filterable viruses. I. Cultivation of vaccine virus. Amer. J. Path. 1, 325.
Rivers, R. M. & Ward, S. M. (1935). Jennerian prophylaxis by means of intradermal injections of culture vaccine virus. J. exp. Med. 62, 549.
Robbins, W. J. (1922). Cultivation of excised root tips and stem tips under sterile conditions. Bot. Gaz. 73, 376.
Roux, Wilhelm (1885). Beiträge zur Entwicklungsmechanik des Embryo. Z. Biol. 21, 411.
Sanford, K. K., Earle, W. R. & Likely, G. D. (1948). The growth in vitro of single isolated tissue cells. J. Nat. Cancer Inst. 9, 229.
Steinhardt, E., Israeli, C. & Lambert, R. A. (1913). Studies on the cultivation of the virus of vaccinia. J. infect. Dis. 13, 294.
Thompson, D., Ebin, C. E. & Cantab, D. P. (1914). Some further researches on the cultivation of tissues in vitro. Proc. R. Soc. Med. 7, 21.
Toolan, Helene, W. (1954). Transplantable human neoplasms maintained in cortisone-treated laboratory animals: H. S. 1; H. Ep. 1; H. Ep. 2; H. Ep. 3; and H. Emb. Rh. 1. Cancer Res. 14, 660.
White, P. R. (1932). Plant tissue cultures. A preliminary report of results obtained in the culturing of certain plant meristems. Arch. exp. Zellforsch. 12, 602.

General and classical Texts on Tissue Culture

Bisceglie, V. & Juhasz-Schaffer, A. (1928). Die Gewebezüchtung in vitro. Berlin: Springer.
Buchsbaum, R. & Loosli, C. G. (1936). Methods of Tissue Culture in vitro. Chicago: University Press.

Carrel, A. & Lindbergh, C. A. (1938). The Culture of Organs. New York: Hoeber.
Cameron, Gladys (1950). Tissue Culture Technique. 2nd ed. New York: Academic Press.
Cracuin, E. C. (1931). La Culture des Tissus en Biologie Experimentale. Paris: Masson.
Earle, W. R. (1948). Tissue culture. In Laboratory Technique in Biology and Medicine. 2nd ed. Ed. Cowdry, E. V. Baltimore: Williams & Wilkins.
Ephrussi, B. (1932). La Culture des Tissus. Paris: Gauthiers-Villars.
Fischer, A. (1946). Biology of Tissue Cells. New York: Hafner.
Fischer, Ilse (1942). Grundriß der Gewebezüchtung. Jena: Fischer.
Kimura, R. (1953). Tissue Culture. Copenhagen: Munksgaard.
Levi, G. (1928). Gewebezüchtung. In Methodik der wissenschaftlichen Biologie, ed. T. Peterfi. Berlin: Springer.
Levi, G. (1934). Explantation, besonders die Struktur und die biologischen Eigenschaften der in vitro gezüchteten Zellen und Gewebe. Ergebn. Anat. EntwGesch. 31, 125.
Merchant, D. J., Kahn, R. H. & Murphy, W. H. (1964). Handbook of Cell and Organ Culture. 2nd ed. Minneapolis: Burgess.
Murray, Margaret R. & Kopech, Gertrude (1953). A Bibliography of the Research in Tissue Culture. New York: Academic Press.
Parker, R. C. (1960). Methods of Tissue Culture. 3rd ed. New York: Hoeber.
Pigg-Strangeways, T. S. (1924). The Technique of Tissue Culture. Cambridge: Heffer.
Pomerat, C. M. (1951). Tissue culture methods. In Medical Research, ed. M. B. Visscher. Chicago: Year Book Publishers.
Scherer, W. F. (1955). An Introduction to Cell and Tissue Culture. Minneapolis: Burgess.
Verne, J. (1937). La Vie Cellulaire Hors de l'Organisme. Paris: Douin.
White, P. R. (1943). A Handbook of Plant Tissue Culture. Lancaster, Pa.: Cattell Press.
White, P. R. (1963). The Cultivation of Animal and Plant Cells. 2nd ed. London: Thames & Hudson. New York: Ronald Press.
White, P. R. ed. (1957). Decennial Review Conference on Tissue Culture. J. nat. Cancer. Inst. 19.
Willmer, E. N. (1954). Tissue Culture; the Growth and Differentiation of Normal Tissues in Artificial Media. Methuen's Monographs on Biological Subjects. 2nd ed. London: Methuen. New York: Wiley.

2. Grundbegriffe der Zell-Kultur

2.1 Die Zelle

2.1.1 Allgemeines

Dieser Abriß unserer heutigen Kenntnisse über Struktur und Funktion der Zellen und Gewebe ist elementar und hauptsächlich für die vielen Nicht-Zytologen gedacht, die heute mit Gewebekulturen arbeiten.

Die *Zelle* ist die Struktureinheit aller Pflanzen und Tiere. Zum Beispiel bestehen Metazoen aus Zellverbänden verschiedener Zelltypen, die zu ihrem gegenseitigen Vorteil zusammenleben. Dies bedeutet einen Grad gegenseitiger Abhängigkeit, die in den niedrigen Metazoen nicht sehr hoch entwickelt ist, in den höchsten Formen jedoch sehr stark. So zieht das Zerstören irgendeines lebensnotwendigen Organs eines Tieres meist den Tod des ganzen Organismus nach sich. Mit wachsender Komplexizität der Organisation werden Zellverbände verschiedener Zelltypen lokalisiert und formen so erkennbare Muster. Eine Ansammlung von Zellen, die ein bestimmtes Muster formen, wird als Gewebe bezeichnet. Auf einer noch höheren Organisationsstufe verbinden sich Gewebe in charakteristischer Weise und bilden Organe. Das ganze Tier besteht aus einer genau festgelegten Anordnung von Organen.

Mit Ausnahme weniger Lebewesen an der Grenze zwischen Protozoen und Metazoen ist es unwahrscheinlich, daß Metazoen-Zellen jemals außerhalb des Tieres längere Zeit überleben, es sei denn unter Gewebekultur-Bedingungen.

2.1.1.1 Feinstruktur der Zelle

Die tierische Zelle ist ein hochorganisiertes Gebilde. In mancher Hinsicht ähnelt sie sehr stark gewissen Protozoen, besonders den Amöben. Sie ist von einer Membran umgeben, die bei manchen Zellen sehr dünn, bei anderen dick ist. Pflanzenzellen unterscheiden sich von tierischen Zellen dadurch, daß sie eine Zellwand aus Zellulose haben, die die Zell-Struktur starr macht. In allen Zellen gibt es eine Anzahl genau definierter Strukturen: den Zellkern, die Mitochondrien, die Lysosomen, den Golgi-Apparat und in einigen Fällen Zell-Einschlüsse. Tierische Zellen haben auch

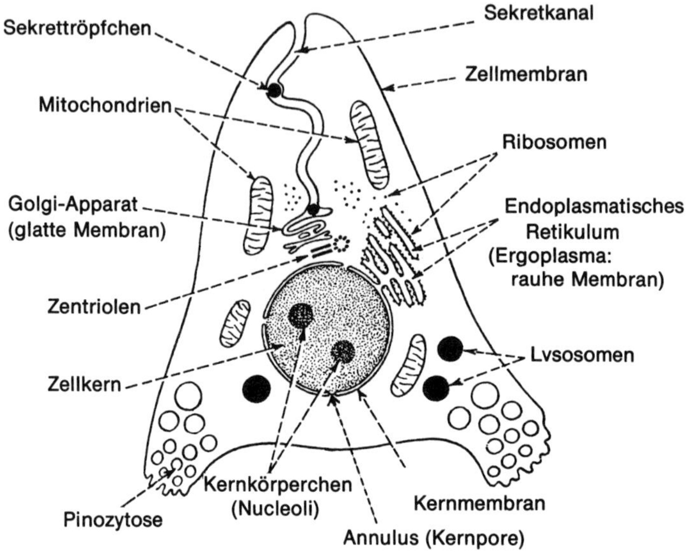

Fig. 2 Diagramm der Struktur einer tierischen Zelle

Zentriolen; Pflanzenzellen enthalten Plastiden wie z. B. Chloroplasten. Der Rest der Zelle ist das Zytoplasma.

Der Zellkern ist vom Zytoplasma durch eine gut ausgebildete, doppelte Kernmembran abgegrenzt. Er kann sich innerhalb der lebenden Zelle frei bewegen; man vermutet, daß diese Bewegung von der Sekretion von Materialien in das Zytoplasma herrührt. Im Zellkern befinden sich ein oder mehrere Nucleoli. Sie sind reich an Ribonucleinsäure (RNS) und sind der Ort der Bildung der Vorläufer der ribosomalen RNS. Der Rest des Zellkerns besteht normalerweise aus einer strukturlosen, basophilen Chromatin-Masse, die eine hohe Konzentration von Desoxyribonucleinsäure (DNS) und Proteinen besitzt, einschließlich der charakteristischen, basischen Proteine, der sog. Kern-Histone.

Wenn eine Zellteilung stattfindet, formt sich das strukturlose Material des Zellkerns zu einem DNS-haltigen Chromatin-Knäuel, aus dem sich schließlich die *Chromosomen* bilden.

Die *Mitochondrien* können sich in Größe und Gestalt beträchtlich unterscheiden. Sie sind häufig lange, fadenähnliche Gebilde, können aber auch wie kleine Kugeln aussehen. In der lebenden Zelle sind sie ständig in Bewegung. Sie besitzen eine doppelte Membran und eine Reihe von inneren Einstülpungen, bekannt als Cristae. In ihnen sind die meisten Oxidasen der Zelle und die Enzyme des Zitronensäure-Zyklus konzentriert. Sie sind der Hauptsitz der oxidativen Phosphoylierung und daher die wichtigsten, energieliefernden Orte innerhalb der Zelle. Die *Lysosomen* ähneln in der Größe den Mitochondrien, bestehen aber aus festen Kugeln oder dickwandigen Kugeln mit einer kleinen, inneren Aushöhlung. Sie enthalten nicht die für die Mitochondrien charakteristischen Enzyme, besitzen aber besonders hohe Konzentrationen abbauender Enzyme wie Proteasen und Ribonucleasen.

Der *Golgi-Apparat* besteht aus einer Reihe dick gepackter Membranen mit einigen Vakuolen. Er weist eine sehr starke Aktivität auf, was man in Zeitrafferfilmen sehen kann, und ist besonders in Sekretzellen gut ausgebildet. Neu synthetisierte Sekretproteine sammeln sich im Golgi-Apparat an, bevor sie herausgepreßt werden.

Das *Zentrosom* befindet sich in der Gegend des Golgi-Apparates. Es ist für die Bildung der Spindel während der Mitose wichtig.

Einschlüsse innerhalb der Zelle enthalten Glykogen-Körnchen, Fett- und Sekrettröpfchen. Manche von ihnen sind für das typische Aussehen vieler Zellen in vivo verantwortlich. Sie neigen dazu, unter Gewebekultur-Bedingungen zu verschwinden, mit Ausnahme der Lipidtröpfchen. *Vakuolen* kann man auch oft innerhalb gezüchteter Zellen sehen. Sie entstehen durch den nachstehend beschriebenen Pinozytose-Prozeß.

Das Zytoplasma hat eine ausgeprägte Struktur, die aus einer mehrfach gefalteten Membran besteht, die *endoplasmatisches Retikulum* oder Ergoplasma genannt wird. Winzige Körnchen aus Ribonucleoprotein, die *Ribosomen,* sind entlang der Retikulum-Fältchen verteilt. Sie sind die Struktur, die für die Protein-Biosynthese wichtig ist. Der größte Teil der zytoplasmatischen Ribonucleinsäure liegt in ihnen. Die Falten des endoplasmatischen Retikulums sind mit sog. Zellsaft oder *Zytosol* gefüllt, eine wäßrige Lösung aus Proteinen und Kolloiden. Der Zellsaft enthält außerdem eine große Anzahl freier Ribosomen.

Die *Zellmembran* ist in den meisten Zellen sehr dünn und besteht aus geordneten Lipid- und Protein-Schichten.

2.1.1.2 Beziehungen zwischen Kern und Zytoplasma

Die *genetische Information* wird in der DNS der Chromosomen in einem Code gespeichert, der sich aus den 4 Nucleotiden aufbaut; aus ihnen setzt sich die DNS zusammen. Jede Aminosäure ist in diesem Code durch eine Sequenz von 3 Nucleotiden vertreten. Die Information der DNS wird auf ein RNS-Molekül übertragen, die sog. Matrizen (messenger)-RNS. Diese verbindet sich sodann mit Ribosomen im Zytoplasma und dient als

Matrize, nach welcher Aminosäuren zur Bildung von Proteinen in der richtigen Reihenfolge zusammengebaut werden. Auf diese Weise wird die Information in den Genen auf die Synthese der Protein-Moleküle übertragen.

Ribosomale RNS und Transfer (t)-RNS werden auch im Zellkern gebildet und zum Zytoplasma gebracht, um an der Protein-Synthese teilzunehmen. Weitere RNS-Typen werden im Zellkern hergestellt, aber nicht zum Zytoplasma transportiert; ihre Funktion ist nicht bekannt. Neben dem Transport der RNS vom Zellkern zum Zytoplasma gibt es auch einen Transport der Proteine vom Zytoplasma zum Zellkern.

2.1.1.3 Zellaktivität

Tierische Zellen sind in Gewebekultur zu ziemlich lebhaften Bewegungen fähig. Freilich sind diese Bewegungen selten so schnell, daß man sie mit dem Auge wahrnehmen kann; üblicherweise zieht man die *Zeitraffer-Kinematographie* heran, um die Bewegungen zu beschleunigen. Darunter versteht man die Technik, Bilder mit sehr geringer Geschwindigkeit (8 Bilder/Min.) aufzunehmen, sie aber mit normaler Geschwindigkeit wiederzugeben, so daß die Geschwindigkeit erhöht wird (in diesem Fall 120fach).

Die hauptsächlichsten Bewegungsarten, die man in lebenden Zellen beobachtet, sind Bewegungen der Pseudopodien, Wellenbewegungen der Membran, Pinozytose, Bewegungen der Mitochondrien und Rotationen der Zellkerne.

Pseudopodiale Bewegungen der Zellen ähneln denen von Amöben. Hochaktive, wandernde Protoplasma-Spitzen stülpen sich aus der Zelle heraus. Ferner gibt es Kontraktionen, wobei charakteristische Fibrillen oder netzartige Gebilde zurückbleiben. Häufig sind dies gerichtete Bewegungen; ein Vorrücken nach einer Seite wird von einem Zurückziehen auf der anderen Seite begleitet, so daß die Zelle wandert. Dieses Verhalten ist besonders charakteristisch für weiße Blutzellen aller Arten. Eine hochentwickelte Art eines Bewegungsverhaltens ist die Ausbreitung von Axonen aus Nervenzellen. Diese können in Gewebekulturen bis zu einer Länge von einigen Millimetern wachsen. Das vordringende Axon trägt eine charakteristisch wandernde Spitze, manchmal als Wachstumsspitze bezeichnet. Die wellenähnlichen Bewegungen der Zellmembran pflanzen sich vom äußeren Rand der Zelle zur Mitte hin fort. Sie sind eng mit anderen Erscheinungen der lebenden Zelle verbunden, besonders der Pinozytose. *Pinozytose,* ein vom Ehepaar Lewis geprägtes Wort, bedeutet buchstäblich „Trinken der Zelle“ und beschreibt den Vorgang sehr gut. Sie besteht im wesentlichen darin, daß die Zelle Medium-Tröpfchen verschlingt. Diese Beschreibung läßt einen Vorgang vermuten, der der *Phagozytose* ähnlich ist (das Verschlingen von Teilchen aus fremdem Material); der Vorgang in tierischen Zellen ist im wesentlichen der gleiche. Pinozytose ist von besonderem Interesse hinsichtlich unserer Vorstellungen über die Permeabilität der Zellmembran. Sie ist ein sehr auffallendes Merkmal bei gewissen gezüchteten Zellen, kommt aber auch im lebenden Tier vor, allerdings meist in geringerem Maße.

Bewegungen von Mitochondrien sind für die Hauptaktivität der Zelle von sekundärer Bedeutung; Mitochondrien werden sicherlich von Vakuolen verdrängt, die sich zur Zellmitte hin bewegen. Einige Bewegungen sind mit hoher Wahrscheinlichkeit typisch für eine spezifische Zellaktivität, besonders hinsichtlich Änderungen von Größe und Gestalt.

Wie schon erwähnt, zeigen die Zellkerne häufig lebhaft rotierende Bewegungen, die anscheinend unabhängig von anderer Zellaktivität sind. Von diesen, in einigen Zellen sehr lebhaften Bewegungen wird vermutet, daß sie mit dem Austausch von Stoffen zwischen Zellkern und Zytoplasma zu tun haben.

Zusätzlich zu diesen allgemeinen Aktivitätsmustern beobachtet man viele spezifische Muster. Zum Beispiel hat Pomerat (1951) rhythmische Pumpbewegungen bei Oligodendroglia-Zellen (Stützzellen des Nervensystems) beschrieben. Andere Zellen, wie Muskelzellen, zeigen eine kontraktierende Aktivität. Von schädlichen Reizen weiß man, daß sie einige charakteristische Reaktionsmuster hervorrufen, z. B. eine Vakuolisierung der Mitochondrien, Blasenbildung und Zerstörung des Zytoplasmas.

2.1.2 Zellteilung

Einer der fundamentalsten Prozesse der Zelle, für den sich der Gewebezüchter besonders interessiert, ist der Vorgang der *Zellteilung.* Tatsächlich handelt es sich dabei um eine Kernteilung. Gewöhnlich teilt sich nach dem Zellkern auch das Zytoplasma, dies ist aber nicht immer so.

Wir kennen drei Arten von Kernteilung. Die *Amitose* ist eine einfache Teilung eines Zellkerns ohne Bildung von Chromosomen. Sie ist sehr ungewöhnlich und wahrscheinlich kein normaler Vorgang. Deshalb wird sie nicht weiter beschrieben.

Meiose und Mitose sind dadurch charakterisiert, daß Chromosomen sichtbar werden, die sich in 2 Gruppen auftrennen. Jede Gruppe ordnet sich einer der Tochtergruppen zu. *Meiosis* ist ein besonderer Fall und tritt bei der Bildung der Keimzellen auf. Bei der Meiose wird die normale (diploide) Chromosomenzahl halbiert, so daß jede Tochterzelle eine haploide Chromosomenzahl erhält. Bei der Mitose aber besitzt die Zelle zur Zeit der Teilung Material für einen doppelten Chromosomensatz. Nach der Aufteilung der Chromosomen hat jede Tochterzelle die normale (diploide) Anzahl. Dies ist der Normalfall der Zellteilung, wie er in den Körperzellen während des Wachstums auftritt, und es ist beinahe der einzige Fall von Zellteilung, den man in den Gewebekulturen sieht. Im folgenden beschäftigen wir uns nur mit der Mitose-Teilung.

Die frühen Stadien der *Mitose* sind durch das Sichtbarwerden der *Chromosomen* charakterisiert. Diese Strukturen tragen die *Gene,* welche hauptsächlich für die Übertragung der Information der Erbanlagen auf die Tochterzellen verantwortlich sind. Jede Zelle hat einen doppelten Chromosomensatz; die Zahl ist für jede Tierart charakteristisch. Die Anzahl der Chromosomensätze wird als Ploidie der Zelle bezeichnet. So werden normale Zellen mit zwei Chromosomensätzen als diploid bezeichnet, mit drei Sätzen als triploid, mit vier als tetraploid usw. Geschlechtszellen mit der halben, diploiden Zahl werden als haploid bezeichnet.

Die Funktion der Mitose besteht darin, das Chromosomen-Material bei der Zellteilung gleichmäßig auf die Tochterzellen zu verteilen. Da die besondere Aufgabe der Chromosomen darin besteht, genetische Information zu speichern, werden bei diesem Prozeß fast genau gleiche Teile genetischen Materials auf die Tochterzellen verteilt.

Die genetische Information wird von der Desoxyribonucleinsäure (DNS) getragen. Das DNS-Molekül besteht aus einer Doppelhelixkette aus Nucleotiden, die durch Wasserstoffbrücken verbunden sind: Base-Zucker-Phosphat. In der Ribonucleinsäure (RNS) ist der Zucker eine Ribose, in der DNS eine Desoxyribose. Die Basen sind entweder Purine oder Pyrimidine. In der DNS sind die Purine Adenin und Guanin, während die Pyrimidine aus Thymin und Cytosin bestehen. Eine wichtige Beobachtung über die DNS-Struktur ist, daß die Basen in der DNS immer gepaart sind, und zwar Adenin mit Thymin und Guanin mit Cytosin. Fig. 3c zeigt ein entsprechendes Teilstück des DNS-Moleküls. Crick und Watson, die diese Struktur für die DNS vorgeschlagen haben, verdanken wir einen sinnvollen Mechanismus, nach dem sich das Molekül selbst exakt reproduzieren kann. Wenn wir annehmen, daß während der Replikation die Wasserstoffbrücken zwischen den beiden Ketten in Fig. 4a brechen, bekommen wir zwei komplementäre Einzelstränge wie in Fig. 4b. Wir wissen, daß sich jede Base nur mit ihrer Komplementärbase paaren kann.

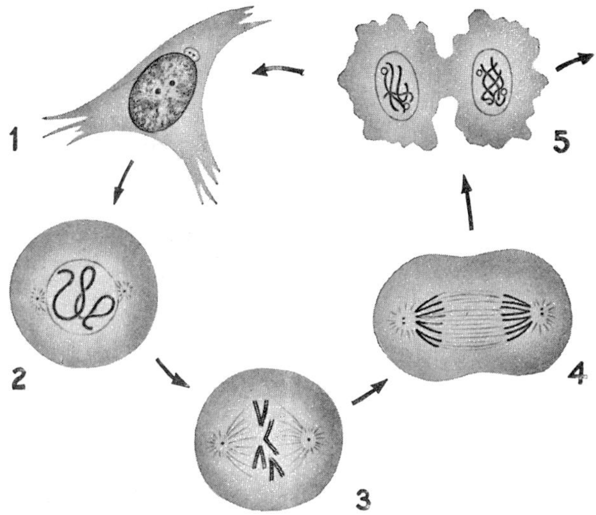

Bild 1 Die Hauptphasen der Mitose. 1. Interphase 2. Prophase 3. Metaphase 4. Anaphase 5. Telophase

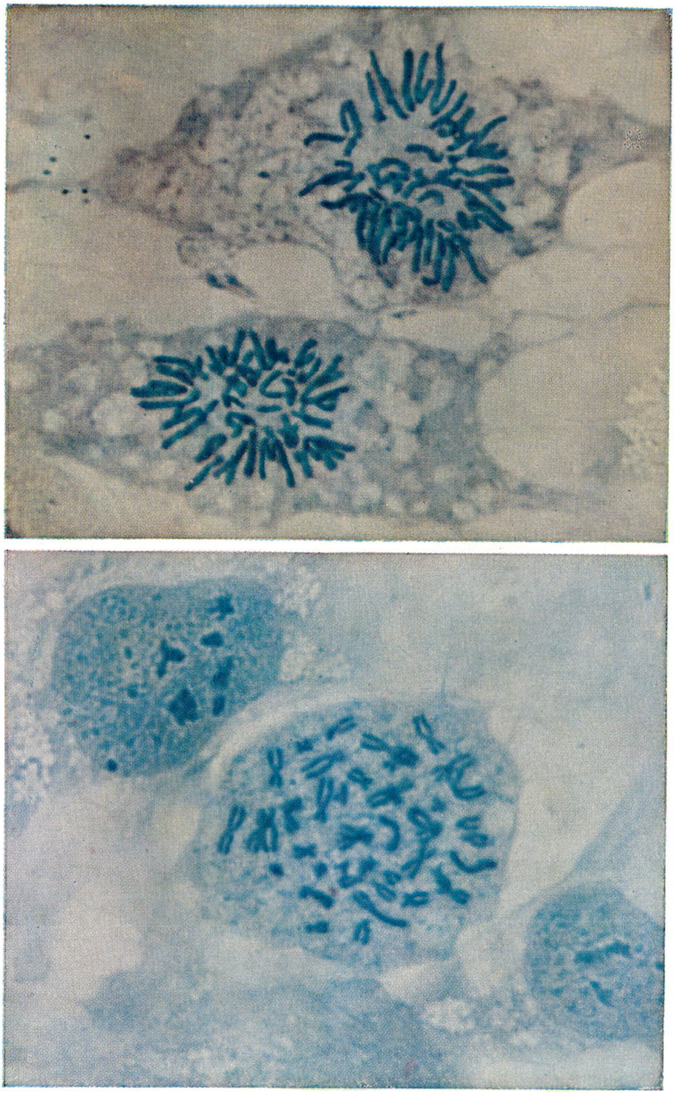

Bild 2 Zellen in Mitose (die Zellen wurden vor der Fixierung mit hypotonischer Salzlösung behandelt).
Oben: eine Zelle in der späten Prophase mit einzelnen Chromosomen. Unten: Eine Zelle in der späten Metaphase bei der Teilung der Chromosomen zu Chromatiden (Photo Dr. C. M. Pomerat. Aus dem Seminar International, Vol. IV, No. 1. Veröffentlicht von Merck, Sharp & Dohme, Ltd., Hoddesdon, Herts, England).

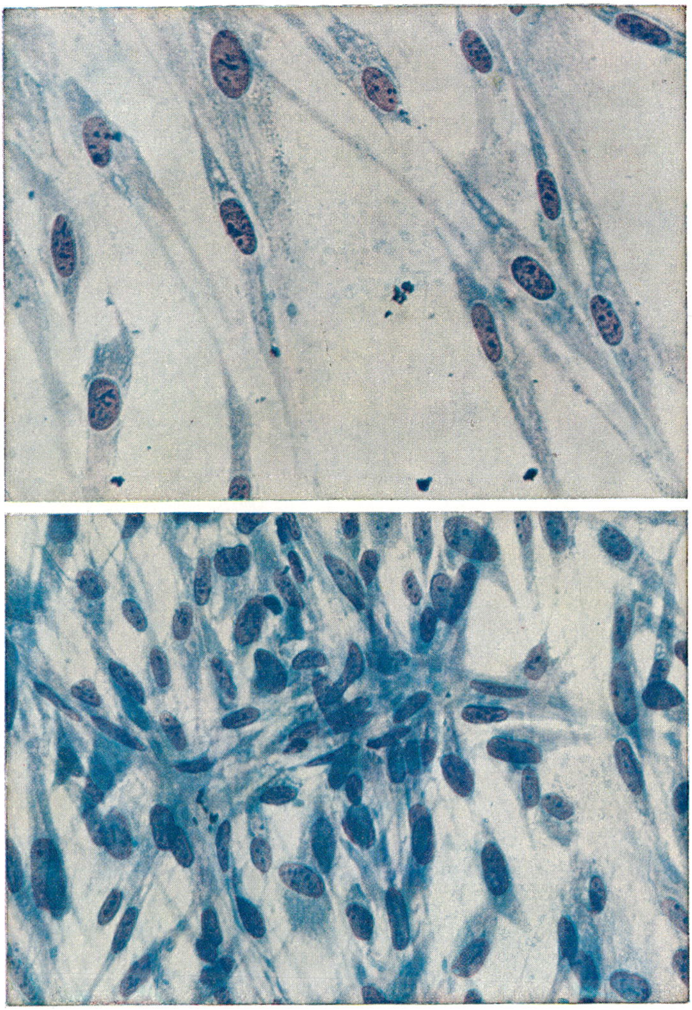

Bild 3 Zellen des Fibroblast-Typs in Gewebekultur (Photo Dr. C. M. Pomerat. Aus dem Seminar International, Vol. IV, Nr. 1. Veröffentlicht von Merck, Sharp & Dohme, Ltd., Hoddesdon, Herts, England).

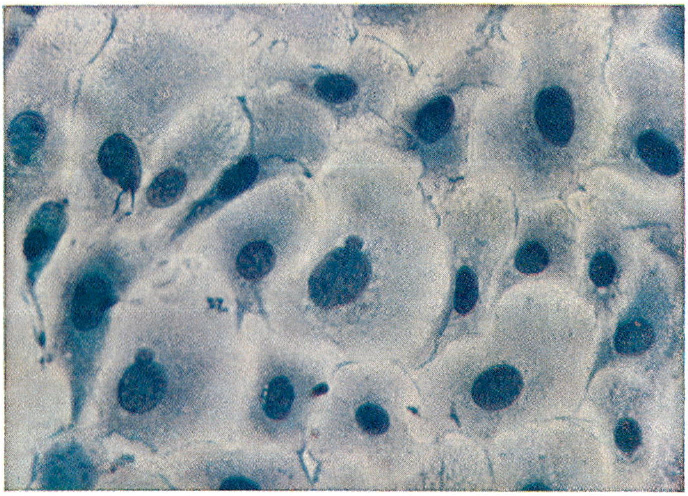

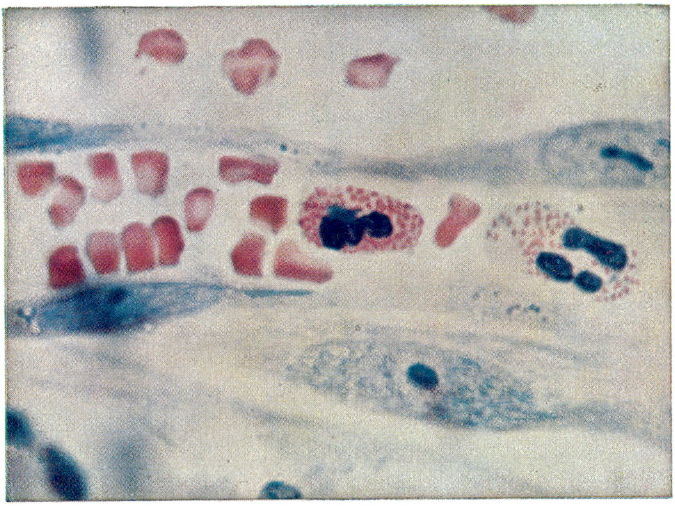

Bild 4 Oben: Epithelzellen in Gewebekultur.
Unten: Zellen aus einem Knochenmarkexplantat. Es zeigt die Erhaltung typischer, morphologischer Elemente. (Photo Dr. Pomerat. Aus dem Seminar International, Vol. IV, Nr. 1. Veröffentlicht von Merck, Sharp & Dohme, Ltd., Hoddesdon, Herts, England.)

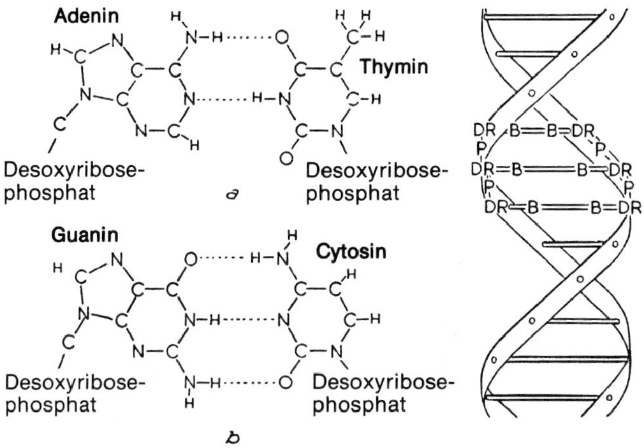

Fig. 3 Die chemische Struktur der Desoxyribonucleinsäure (DNS).
a) Basenpaarung der Nucleotide Desoxyadenosinmonophosphat und Thymidinmonophosphat mit Hilfe von Wasserstoffbrücken. b) Paarung der Nucleotide Desoxyguanosinmonophosphat und Desoxycytidinmonophosphat. c) die Doppelhelix der DNS.
DR-Desoxyribose; P-Phosphat; B-Base (Adenin, Guanin, Thymin oder Cytosin)

Wenn wir also neue *Nucleotide* mit den Basen in jedem einzelnen Strang verknüpfen, wie in Fig. 4c, erhalten wir zwei identische Doppelketten, wie in Fig. 4d. Ein Versuch von Meselson und Stahl lieferte den Beweis für die Richtigkeit dieser Theorie. Taylor und Woods konnten durch Markierung der DNS mit radioaktivem Thymidin auch zeigen, daß sich das ganze *Chromosom* als DNS-Molekül verhielt, wie es sich der Theorie nach verhalten mußte. Hier muß erwähnt werden, daß man sich zur Zeit schwer einen Mechanismus vorstellen kann, der dieses Verhalten des Chromosoms erklärt, da es sehr viel größer als ein DNS-Molekül ist. Offensichtlich müssen deshalb noch andere Mechanismen daran beteiligt sein.

Die Teilungsstadien in tierischen Zellen sind:

1. Die *intermitotische Phase (Interphase):* Sie wird fälschlicherweise auch als Ruhephase bezeichnet. In der wachsenden Zelle wird in dieser Periode der größte Teil der neuen Stoffe synthetisiert. Sobald sich der Zellinhalt verdoppelt hat, kommt die Zelle in die Prophase.

2. *Prophase:* Sie ist gewöhnlich das erste, sichtbare Stadium der Zellteilung. Innerhalb des Zellkerns verdichtet sich das Chromatin zu langen Fäden, die Chromosomen bilden. Zur gleichen Zeit teilt sich das Zentrosom, und die beiden Teile wandern in entgegengesetzter Richtung. Zwi-

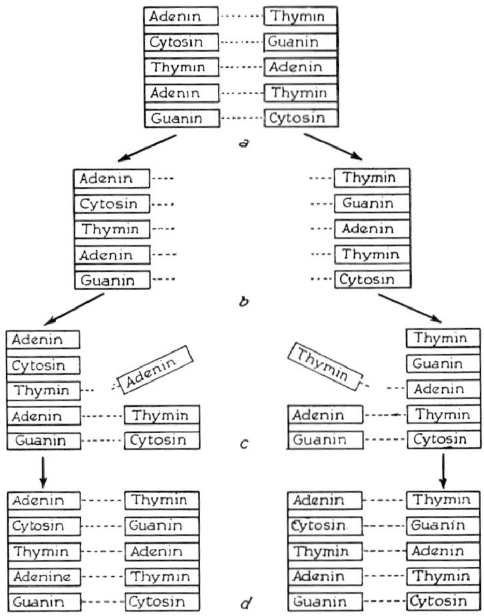

Fig. 4 Schema der DNS-Replikation durch Paarung der Komplementärbasen

schen diesen beiden Polen erscheint die Struktur einer Spindel (wie sichtbar gemachte magnetische Feldlinien), auf der sich die Chromosomen anordnen. Nucleoli verschwinden und die Kernmembran löst sich auf. Am Ende dieser Phase hat die Zelle das typische Erscheinungsbild der Metaphase.

3. *Metaphase:* Die Chromosomen liegen geordnet am Äquator der Zelle. In der Zeitraffer-Kinemikrographie kann man sehen, daß sie zu diesem Zeitpunkt sehr aktiv sind; oft scheinen sie zusammen zu rotieren. Ziemlich plötzlich tritt die Zelle in die Anaphase ein.

4. *Anaphase:* Die Chromosomen spalten sich der Länge nach auf, die Hälften (Chromatiden) bewegen sich in entgegengesetzter Richtung zu den Polen hin. Sind sie vollständig getrennt, betrachtet man sie wieder als Chromosomen. Sobald die zytoplasmatische Teilung beginnt, tritt die Zelle in die Telophase.

5. *Telophase:* An jedem Pol sammeln sich die Chromosomen wieder, beginnen sich aufzulösen und verschwinden. Gleichzeitig bildet sich eine neue Kernmembran rund um jede Kernzone. Zwischen den beiden neuen Zellkernen zieht sich das Zytoplasma zusammen, bis sich allmählich die beiden neuen Zellen abgeschnürt haben. Die Zelloberfläche „sprudelt" in

diesem Stadium sehr stark; sobald die Aktivität geringer wird, breiten sich die neuen Tochterzellen auf der Oberfläche aus, auf welcher sie wachsen.

Der eigentliche Vorgang der mitotischen Teilung von der Prophase zur Telophase ist sehr kurz. Bei Geflügel-Fibroblasten, die bei 38 °C kultiviert werden, dauert er nur 20 Min., man kann ihn mit dem bloßen Auge verfolgen. Dies ist nur ein kleiner Abschnitt des ganzen Zellzyklus, der in denselben Zellen 15–20 Std. dauert. Die *Interphase* ist daher bei weitem die längste Phase. Zusammen mit anderen synthetischen Vorgängen erfolgt die DNS-Synthese in der Interpase. Sie dauert jedoch nicht ununterbrochen an, sondern gewöhnlich nur 6–8 Std. in der Mitte der Interphase. Dies wurde willkürlich festgelegt, um die Interphase in 3 Phasen zu unterteilen: die DNS-Synthese-Phase (S), das erste „Gap" (G_1, engl. = Lücke) zwischen Mitose (M) und S, und das zweite „Gap" (G_2) zwischen S und M. Man kann also sagen, daß der Zellzyklus aus vier Zeitabschnitten zusammengesetzt ist, die sich in einem ständigen Zyklus wiederholen:

$$M \rightarrow G_1 \rightarrow S \rightarrow G_2 \rightarrow M \rightarrow \text{usw.}$$

Für eine beliebige Zelle variieren die Werte für M, S und G_2 bei gegebener Temperatur in den meisten Fällen nicht sehr, obwohl der Zellzyklus oft variieren kann, z. B. bei Erhöhung der Zelldichte. Die Zellzyklus-Zeit kann man meist auf die Variation der G_1-Phase zurückführen. In manchen Geweben teilen sich die Zellen sehr wenig, wie z. B. in der ausgewachsenen Säugetierleber oder in ausgereiften, meristematischen Pflanzengeweben. Man kann sie als Zellen betrachten, die sich in einer sehr stark verlängerten G_1-Phase befinden. Für gewöhnlich nimmt man an, daß sie sich in einem besonderen Ruhestadium (G_0) aufhalten und daß sie erst einen besonderen Reiz brauchen, um in die normale G_1-Phase einzutreten. Um solch einen Reiz kann es sich z. B. handeln, wenn das ruhende Gewebe zur Proliferation angeregt wird.

In den Pflanzenzellen ist die Mitose sehr ähnlich. Der Hauptunterschied liegt darin, daß die beiden Tochterzellen sich nicht durch Abschnürung trennen. Statt dessen erscheint eine Scheidewand zwischen den beiden Tochterzellen und bildet so eine neue Zellwand. Pflanzenzellen haben auch normalerweise keine Zentriolen.

Die obige Beschreibung bezieht sich nur auf normale Zellen. In Gewebekulturen stößt man jedoch oft auf anomale Zellen und anomale Zellteilungen. Es kommt oft vor, daß sich das Zytoplasma bei der Kernteilung nicht teilt, so daß vielkernige Riesenzellen entstehen. Man findet auch statt der beschriebenen dipolaren Teilung multipolare Teilungen, besonders bei Krebszellen. So sieht man nicht selten tripolare Teilungen, bei denen sich die Zelle in drei Zellen aufteilt. Die aus solchen Teilungen entstehenden Zellen sind oft klein und können sich nicht weiter teilen.

Andere, häufig vorkommende Unregelmäßigkeiten betreffen die Population als Ganzes. In einer „normalen" Population haben die Zellen gewöhnlich die gleiche Chromosomenzahl, die diploide Zahl der Art. Gelegentlich gibt es Zellen mit einem Vielfachen dieser Zahl, tetraploid, oktaploid usw. Etablierte Zellinien haben fast regelmäßig eine ungewöhnliche Chromosomenzahl, nämlich eine triploide oder tetraploide Chromosomenzahl, gewöhnlich eine Zahl, die nicht ein Vielfaches des halben Chromosomensatzes darstellt. Dies bezeichnet man als *Aneuploidie.*

Dieses Verhalten tierischer Zellen in Kultur ist von besonderem Interesse, da man bis vor kurzem angenommen hat, die tierischen Zellen würden immer genau diploid bleiben, obwohl Änderungen der Chromosomenzahl in Pflanzen sehr häufig vorkommen. Es wurde nun gezeigt, daß dies nicht stimmt und sogar beim Menschen lassen sich chromosomale Unausgewogenheiten zeigen, die ein Überleben bis ins Erwachsenenalter gestatten. So hat man gefunden, daß mongoloider Schwachsinn auf ein Extra-Chromosom zurückzuführen ist. Menschen mit dieser Krankheit haben 47 anstatt 46 Chromosomen. Auch bei anderen, weniger bekannten Verhältnissen wurde die gleiche Art von Defekt gezeigt. Der Grund, warum aneuploide Chromosomensätze ungewöhnlich sind, liegt wohl mehr darin, daß diese Defekte sich mit dem Überleben nicht vereinbaren lassen, als daß der beteiligte Mechanismus besonders selten wäre. Bei Kulturzellen bereitet der chromosomale Defekt keine so große Schwierigkeit wie in dem sich entwickelnden Tier, da die Zelle dabei nicht einen Teil eines ausgewogenen Organismus bildet. Es gibt Hinweise dafür, daß Polyploidie und Aneuploidie das Überleben von Zellen in der Gewebekultur fördern. Wahrscheinlich verbessert die Entwicklung ungewöhnlicher Kombinationen von Genen die Überlebenschance in der unnatürlichen Umgebung. So scheint das Vorkommen der Aneuploidie in vitro eine Art genetische Anpassung zu sein.

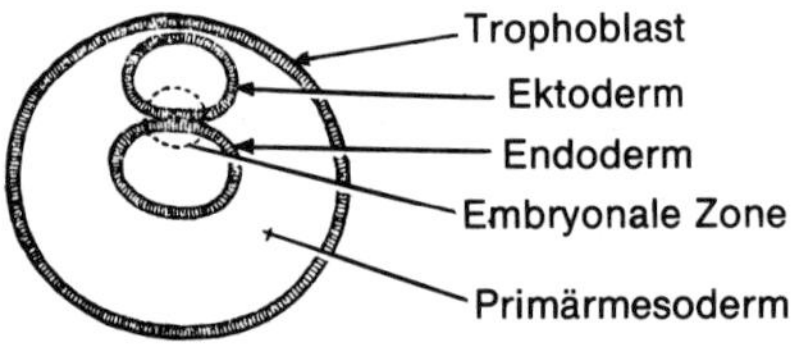

Fig. 5 Schematischer Querschnitt durch einen jungen Säugetier-Embryo

Der Mechanismus, der für die Entwicklung der Aneuploidie wichtig ist, wird als »Nichtabtrennung« bezeichnet. Dies bedeutet, daß auf Grund irgendeines „Unfalls“ beide Chromatiden, die aus einem Eltern-Chromosom stammen, in eine der Tochterzellen wandern. Da nun aus jedem Chromosomenpaar im ganzen 4 Chromatiden entstehen, bedeutet dies, daß eine Tochterzelle 3 Chromosomen hat; eines entstammt der normalen Teilung eines Eltern-Chromosoms, die beiden anderen demselben Elternteil. Die andere Tochterzelle bleibt mit nur einem Chromosom zurück; da sie sehr wahrscheinlich eine Anzahl lethal-rezessiver Gene trägt, hat sie kaum eine Überlebenschance. So entsteht die Tendenz, daß polyploide und aneuploide Zellen schließlich überwiegen.

Die Häufigkeit und Schnelligkeit des Vorkommens der Aneuploidie in kultivierten Zellen ändert sich sehr stark von Zellstamm zu Zellstamm; die Stabilität wird wahrscheinlich durch genetische Faktoren beeinflußt. Daraus könnte man vermuten, daß Zellen, die von Tumorgewebezellen abstammen, weniger stabil sind als Zellen, die von normalen Zellen abstammen, besonders von ausgewachsenen Geweben. Es muß jedoch betont werden, daß diese Verallgemeinerung unter keinen Umständen eine strenge Regel ist.

2.1.3 Zell-Typen und -Gewebe

Im Organismus kann man eine sehr große Anzahl verschiedener *Zelltypen* durch morphologische und Stoffwechsel-Eigenschaften unterscheiden. In der Gewebekultur neigen viele dieser erkennbaren Unterschiede zum Verschwinden. Ziemlich sicher bleiben wichtige Unterschiede zurück; aber unsere Techniken sind noch nicht weit genug fortgeschritten, sie zu erkennen. Zweifellos wird man auch hier neue Kriterien entwickeln. Zur Zeit aber leiten sich unsere Kenntnisse über Zelltypen nur von Informationen über die Herkunft der Zellen her. Die folgende kurze Beschreibung betrifft nur tierische Zellen.

Alle Zellen in einem Organismus stammen von einer einzigen Zelle ab, dem befruchteten Ei. In einem früheren Entwicklungsstadium besteht der embryonale Bereich aus 3 Zelltypen: *Ektoderm, Mesoderm* und *Endoderm.* Schon in einem sehr frühen Stadium zeigt das Mesoderm eine weitere Entwicklung: ein Teil wird zum Mesenchym. Alle Zellen im erwachsenen Tier entwickeln sich daraus.

Aus dem Ektoderm stammen alle Epithelzellen, die die äußere Oberfläche des Körpers bedecken und sich bis in den Mund- und Nasenbereich ausbreiten. Praktisch ist auch das ganze Nervensystem ektodermalen

Ursprungs. Daraus stammen auch die glatten Muskeln der Iris und eine Anzahl anderer kleiner Strukturen, z. B. der Hypophysenvorderlappen.

Aus dem Mesoderm entwickeln sich alle Körpermuskeln (mit einigen wenigen Ausnahmen) und das Urogenitalsystem. Nach Differenzierung zum lockeren Mesenchym entsteht aus ihm alles Bindegewebe, das Blut und die endothelialen Oberflächenschichten der Körperhöhlen. Aus dem Endoderm entstehen alle Epithelien, die den Verdauungstrakt auskleiden, außerdem die Atmungswege und die unteren Teile der Genital- und Harnwege; in allen Fällen soweit, bis es an die Zellen ektodermalen Ursprungs anstößt. Aus dem Endoderm entstehen auch die epithelialen Zellen der Leber und des Pankreas.

Die tierischen Gewebe werden gewöhnlich in die fünf folgenden Gruppen eingeteilt:

1. Epithelgewebe
2. Bindegewebe
3. Muskelgewebe
4. Nervengewebe
5. Blut und Lymphe

Unter *Epithelgeweben* versteht man Gewebe, die Schichten bilden, mit denen Organe bedeckt und Körperhöhlen ausgekleidet werden. Daher sind die Haut und die Auskleidungen des Verdauungstraktes und der Lungen typische Epithelgewebe. Sie werden nach ihrer Morphologie in folgende Gewebe eingeteilt: Plattenförmig, würfelförmig, säulenförmig, begeißelt und sekretorisch. Bösartige Wachstumsformen aus diesen Geweben nennt man im allgemeinen *Carcinome.* Behalten sie noch etwas von ihrer Originalstruktur, werden sie genauer bezeichnet, z. B. Adenocarcinome oder Epitheliome.

Unter *Bindegeweben* versteht man Gewebe, deren Hauptaufgabe im Körper-Aufbau liegt, wie z. B. von Knochen, faserigem Gewebe, Knorpel und Sehnen. Sie sind gewöhnlich dadurch charakterisiert, daß sie bestimmtes, interzelluläres Material oder Matrix besitzen, die sie selbst bilden. Bösartiges Wachstum aus diesen Geweben nennt man Sarcome. Auch sie haben wieder spezifischere Namen, in denen das Wort *Sarcom* vorkommt.

Muskelgewebe setzt sich aus normalen Skelettmuskeln zusammen, glatter Muskulatur, wie sie in den Eingeweiden und in den Herzmuskeln vorkommen. Daraus entstehende Tumoren werden als Sarcome bezeichnet.

Das *Nervengewebe* umfaßt Gehirn, Rückenmark, periphere Nerven und Ganglien. Es ist sehr kompliziert aufgebaut und zusätzlich zu den

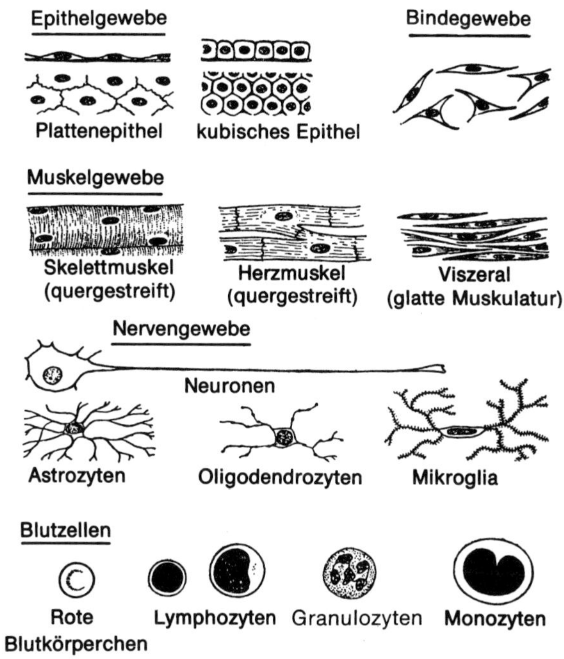

Fig. 6 Die Haupttypen der Wirbeltier-Gewebe

Nervenzellen enthält es viele Stützzellen, genannt Glia-Zellen, z. B. Astroglia-, Mikroglia-Zellen, oder Oligodendroglia-Zellen. Aus den Nervenzellen entsteht selten bösartiges Wachstum, ausgenommen bei Kindern, wohl aber öfters aus den Glia-Zellen, wonach die Tumoren benannt werden, z. B. Gliom, Astrocytom.

Blut- und Lymphgewebe umfassen alle Zellen im Knochenmark und in den Lymphdrüsen. Bösartiges Wachstum dieser Gewebe bezeichnet man gewöhnlich als *Leukämien.* In seltenen Fällen spricht man von Sarcomen.

Das *retikulo-endotheliale System* wird oft dem Blut zugeordnet. Es wird von den Fachleuten nicht als Gewebe betrachtet, aber es ist für die Gewebekultur von besonderem Interesse, da seine Zellen in jedem Organ vorkommen. Es sind auch oft die Zellen, die sich in den Gewebekulturen durchsetzen, besonders in den frühen Stadien der Explantierung. Charakteristisch für diese Zellen ist, daß sie wandern und phagozytische Fähigkeiten entwickeln können, d. h. fähig sind, fremde Partikel in sich aufzunehmen.

Aus der obigen Einteilung kann man ersehen, daß Gewebe ektodermalen und endodermalen Ursprungs große Ähnlichkeiten haben. Bösartige

Wachstumsformen aus ihnen werden als Carcinome bezeichnet. (Das Nervengewebe ist eine Ausnahme in dieser Verallgemeinerung.) Auf der anderen Seite haben Gewebe mesodermalen Ursprungs eine Vielzahl von Funktionen; bösartige Wachstumsarten hiervon werden gewöhnlich als Sarcome bezeichnet.

Schließlich muß in diesem allgemeinen Überblick darauf hingewiesen werden, daß ein Organ aus mehreren, verschiedenen Geweben bestehen kann, die sich mehr oder weniger eng miteinander vermischen. So kann z. B. ein kleines Stückchen Leber folgende Zelltypen enthalten: Hepatozyten, faserige Gewebezellen, Blutzellen (Erythrozyten, basophile, eosinophile und neutrophile Leukozyten, große und kleine Lymphozyten, Monozyten, Plasmazellen), Blutgefäße (Endothelium, Muskel- und elastische Gewebe), Gallengang-Epithelzellen, Nervenfasern, retikulo-endotheliale Zellen (Kupfersche Zellen). Es mag auch noch andere geben, aber auch in dieser Liste gibt es mehrere Zelltypen, die möglicherweise in vitro wachsen können. Die Leber ist ein relativ einfaches Organ und man kann daraus ersehen, daß es wegen unserer nicht-selektiven Techniken und dem Mangel an morphologischen Charakteristika sehr schwierig ist, mit Bestimmtheit den Zelltyp zu erkennen, der sich bei einer kontinuierlichen Zellkultur durchsetzt.

Literatur

Abercrombie, M. & Heaysman, Joan (1953). Observations on the social behaviour of cells in tissue culture. I. Speed of movement of chick heart fibroblasts in telation to their mutual contacts. Exp. Cell. Res. 5, 111.

Algard, Thomas (1953). Morphology and migratory behaviour of embryonic pigment cells studied by phase microscopy. J. exp. Zool. 123, 499.

Appelmans, F., Wattiaux, R. & de Duve, C. (1955). The association of acid phosphatase with a special class of cytoplasmic granules in rat liver. Biochem. J. 59, 438.

Boss, J. (1954). Mitosis in cultures of newt tissues. I. A critical study of the methods and material. II. Chromosome pairing in anaphase. Exp. Cell Res. 7, 215.

Boss, J. (1954). Mitosis in cultures of newt tissues. III. Cleavage and chromosome movements in anaphase. Exp. Cell Res. 7, 443.

Brachet, J. (1957). Biochemical Cytology. New York: Academic Press.

Chambers, R. & Kempton, R. T. (1933). Indications of functions of the chick mesonephros in tissue culture with phenol red. J. cell comp. Physiol. 3, 131.

Chèvremont, M. & Frederic, J. (1951). Contribution à l'étude du chondriome par la microscopie et la microcinématographie en contraste de phase. C. R. Ass. Anat. 38, 268.

Chèvremont, M. & Frederic, J. (1951). Recherches sur le comportement du chondriome pendant la mitose. C. R. Soc. Biol. (Paris) 145, 1245.

Chu, E. H. Y. & Giles, N. H. (1958). Comparative chromosomal studies on mammalian cells in culture. I. The HeLa strain and its mutant clonal derivatives. J. nat. Cancer Inst. 20, 383.

Claude, A., Porter, K. R. & Pickels, E. G. (1947). Electron microscope study of chick tumor cells. Cancer Res. 7, 421.

de Duve, C., Pressman, B. C., Gianetto, R. J., Wattiaux, R., & Appelmans, F. (1955). Tissue fractionation studies. 6. Intracellular distribution patterns of enzymes in rat-liver tissue. Biochem. J. 60, 604.

Ford, C. E., Jacobs, P. A. & Lajtha, L. B. (1958). Human somatic chromosomes. Nature (Lond.) 181, 1565.

Ford, C. E., Jones, K. W., Miller, O. J., Mittwoch, U., Penrose, L. S., Riddler, M. & Shapiro, A. (1959). The chromosomes in a patient showing both mongolism and the Klinefelter syndrome. Lancet 1, 709.

Ford, D. K. & Yerganian, G. (1958). Observations on the chromosomes of Chinese hamster cells in tissue culture. J. nat. Cancer Inst. 21, 393.

Hogeboom, G. H. & Schneider, W. C. (1955). The cytoplasm. In The Nucleic Acids. Ed. E. Chargaff & J. N. Davidson. New York: Academic Press.

Hogeboom, G. H., Schneider, W. C. & Striebich, Mary J. (1953). Localization and integration of cellular function. Cancer Res. 13, 617.

Howatson, A. F. & Ham, A. W. (1957). The fine structure of cells. Canad. J. Biochem. 35, 549.

Hsu, T. C. (1952). Mammalian chromosomes in vitro. I. The Karyotype of man. J. Hered. 4, 167.

Hsu, T. C. & Moorhead, P. S. (1956). Chromosome anomalies in human neoplasms with special reference to the mechanisms of polyploidization and aneuploidization in the HeLa strain. Ann. N. Y. Acad. Sci. 63, 1083.

Hsu, T. C. & Moorhead, P. S. (1957). Mammalian chromosomes in vitro. VII. Heteroploidy in human cells strains. J. nat. Cancer Inst. 18, 463.

Hughes, A. (1952). The Mitotic Cycle. London: Butterworth.

Jacobs, P. A., Baikie, A. G., Court Brown, W. M. & Strong, J. A. 61959). The somatic chromosomes in mongolism. Lancet 1, 710.

Lejeune, J., Gauthier, M. & Turpin, R. (1959a). Les chromosomes humains en culture de tissus. C. R. Acad. Sci. (Paris) 248, 602.

Lejeune, J., Gauthier, M. & Turpin, R. (1959b). Étude des chromosomes somatiques de neuf enfants mongoliens. C. R. Acad. Sci. (Paris) 248, 1721.

Levan, A. (1956). Chromosome studies on some human tumors and tissues of normal origin, grown in vitro at the Sloan-Kettering Institute Cancer (Philad.) 9, 648.

Lewis, W. H. (1931). Pinocytosis. Bull. Johns Hopk. Hosp. 49, 17.

Mazia, D. & Dan, K. (1952). The isolation and biochemical characterization of the mitotic apparatus of dividing cells. Proc. nat. Acad. Sci. (Wash.) 38, 826.

Palade, G. E. (1955). A small particulate component of the cytoplasm J. biophys. biochem. Cytol. 1, 59.

Parker, R. C. (1932). The races that constitute the group of common fibroblasts. I. The effect of blood plasma. J. exp. Med. 55, 713.

Parker, R. C. (1933). The races that constitute the group of common fibroblasts. II. The effect of blood serum. J. exp. Med. 58, 97.

Parker, R. C. (1933). The races that constitute the group of common fibroblasts. III. Differences determined by origin of explant and age of donor. J. exp. Med. 58, 401.

Parker, R. (1936). The cultivation of tissues for prolonged periods in single flasks. J. exp. Med. 64, 121.
Pomerat, C. M. (1951). Pulsatile activity of cells from human brain in tissue culture. J. nerv. ment. Dis. 114, 430.
Porter, K. R., Claude, A. & Fullam, E. F. (1945). A study of tissue culture cells by electron microscopy. Methods and preliminary observations. J. exp. Med. 81, 233.
Porter, K. R. & Kallmann, F. L.L (1952). Significance of cell particulates as seen by electron microscopy. Ann. N. Y. Acad. Sci. 54, 882.
Porter, K. R. ed. (1956). Proceedings of conference on tissue fine structure. J. biophys. biochem. Cytol. 2 Supplement.
Puck, T. T. & Fisher, H. W. (1956). Genetics of somatic mammalian cells. I. Demonstration of the existence of mutants with different growth requirements in a human cancer strain (HeLa). J. exp. Med. 104, 427.
Sanford, Katherine K., Likely, Gwendolyn D. & Earle, W. R. (1954). The development of variations in transplantability and morphology within a clone of mouse fibroblasts transformed to sarcoma-producing cells in vitro. J. nat. Cancer Inst. 15, 215.
Schneider, W. C. & Hogeboom, G. H. (1951). Cytochemical studies of mammalian tissues. The isolation of cell components by differential centrifugation. Cancer Res. 11, 1.
Selby, Cecily C. (1953). Microscopy II. Electron microscopy: A review. Cancer Res. 13, 753.
Swann, M. M. (1957). The control of cell division – A review. I. General mechanisms. Cancer Res. 17, 727.
Swann, M. M. (1958). The control of cell division: A review. II. Special mechanisms. Cancer Res. 18, 118.
Thomson, R. Y., Paul, J. & Davidson, J. N. (1958). The metabolic stability of the nucleic acids in cultures of a pure strain of mammalian cells. Biochem. J. 69, 553.
Tjio, J. H. & Levan, A. (1956). The chromosome number of man. Hereditas, 42, 1.
Woods, P. S. & Schairer, Marie U. (1959). Distribution of newly synthesized deoxyribonucleic acid in dividing chromosomes. Nature (Lond.) 183, 303.

2.2 Verhalten der Zellen in Kultur: Wachstum, Differenzierung und Stoffwechsel

2.2.1 Allgemeines

Wir kennen drei Kulturmethoden: *Gewebekultur, Organkultur* und *Zellkultur.* Sowohl in der Gewebe- als auch in der Organkultur werden sehr kleine Gewebeteilchen in ein Kulturmedium gebracht, in dem man sie wachsen läßt. In der Organkultur werden besondere Maßnahmen ergriffen, um die geordneten Gewebestrukturen zu bewahren; in der Gewebekultur werden solche Vorsichtsmaßnahmen nicht getroffen. Da viele Zellen sehr bewegungsfähig sind, beginnen sie aus dem Gewebeteilchen herauszuwandern, was bald ungeordnet erscheint. In der Zellkultur wird das Gewebe zu Beginn absichtlich „ungeordnet" gemacht, indem man es in einzelne Zellen zerlegt. (Dies kann man z. B. durch enzymatische Verdauung mit Trypsin erreichen.) Kulturen dieser Art werden *Primär-Kulturen* genannt.

Ein Stück Gewebe aus dem Organismus ist gewöhnlich, auch wenn es sehr klein ist, recht kompliziert zusammengesetzt und kann neben den spezialisierten Zellen des Gewebes Bindegewebszellen, eine Vielzahl von Zellen in den Blutgefäßen und retikulo-endotheliale Zellen enthalten. Wenn eine Kultur erstmals angesetzt wird, überleben all diese Zellen zumindest für ein oder zwei Tage. Unter den üblichen Gewebekulturbedingungen beginnen viele Zellen beinahe sofort zu wandern. Die Zellen, die dies zuerst tun, sind oft *Makrophagen* und weiße Blutzellen, gefolgt von *Fibroblasten,* die in radialer Weise aus dem Explantat herauswandern. Später kann noch eine Schicht Epithelzellen aus dem Gewebe herauswachsen. Viele spezialisierte Zellen jedoch verbleiben unbeweglich im Bindegewebsverband, z. B. verharren Nervenzellen normalerweise im Explantat, obwohl Nervenfasern herauswachsen können.

2.2.1.1 Primär- und etablierte Zell-Linien

Das weitere Schicksal dieser Zellen ist sehr verschieden. Viele sind sehr kurzlebig. Z. B. sterben die meisten Blutzellen ab und verschwinden innerhalb von zwei oder drei Tagen aus der Kultur. Andere Zellen, z. B. Nerven- und Muskelzellen, überleben häufig in Kultur, manchmal über Monate hinweg. Sie teilen sich dabei überhaupt nicht und sterben schließlich auch. Wieder andere Zellen beginnen sich sehr schnell zu teilen und setzen dies eine Zeitlang fort. Jedoch sterben diese Zellen auch nach einiger Zeit, die zwischen Wochen und Monaten schwankt. Wenn die Zellen sich über eine längere Zeitspanne wiederholt teilen, kann man sie oft passagieren (übertragen). Dies erreicht man gewöhnlich, indem man die Zellen zuerst in Suspension bringt (z. B. durch Trypsin-Behandlung) und sie dann in ein neues Gewebekulturgefäß zusammen mit frischem Kulturmedium aussät. Die Kultur der so passagierten Zellen wird als *„Primärzellinie"* bezeichnet. Sehr oft teilen sich Zellinien lange Zeit sehr schnell und können wiederholt passagiert werden. Doch hören manche Zellen nach einer großen Zahl von Passagen auf zu proliferieren und sterben ab, wie weiter unten noch besprochen werden soll. Man kann allerdings manche Zellinien solange züchten, bis sie scheinbar die Fähigkeit entwickelt haben, *in vitro* unbegrenzt weiterzuwachsen. Solche Zellinien nennt man *etablierte (fortlaufende) Zellinien.* Als allgemeine Regel gilt, daß eine Linie nicht als etablierte Zellinie bezeichnet werden kann, wenn sie nicht mindestens 70mal passagiert wurde, mit einem Zeitraum von 3 Tagen zwischen jeder Passage.

In manchen Fällen ist der Übergang von der Primärzellinie zur etablierten Zellinie fließend und man kann schwer sagen, wann die Primärzellinie aufhört und die etablierte Zellinie beginnt. Manchmal jedoch entsteht eine etablierte Zellinie aus einer Primärzellinie durch ein „dramatisches" Ereignis, das man als Zelländerung, oder gebräuchlicher als *„Transformation"* bezeichnet. Dies ist ein wenig glücklicher Begriff, denn er führt zur Verwechslung mit der Erscheinung der Transformation bei Bakterien, ein verschiedener Prozeß. Freilich hat sich der Begriff in der Literatur eingebürgert und wird wahrscheinlich bestehen bleiben. Transformation kann in einer Primärzellinie entstehen, die sehr langsam wächst. Ganz plötzlich entstehen einige sehr stark wachsende Zellkolonien aus scheinbar veränderten Zellen; diese überwachsen sehr schnell den Rest der Kultur und werden zum dominierenden Zelltyp. Etablierte Zellinien, die auf diese Weise entstehen, unterscheiden sich in mancher Hinsicht von den Primärzellinien, aus denen sie entstanden sind. Primärzellinien bewahren viele Eigenschaften der Zellen, von denen sie abstammen, während etablierte Zellinien oft von diesen abweichen. Alle Primärzellinien haben vor allem die normale Chromosomenzahl, während die etablierten Zellinien fast immer eine ungewöhnliche Zahl haben.

Es gibt interessante Gattungsunterschiede bezüglich der Stabilität der Zellen. Die menschlichen Fibroblasten sind ein klassisches Beispiel für eine besonders stabile Primärzellinie. Sie werden niemals durch eine plötzliche Transformation zu einer etablierten Zellinie. Andrerseits gehen Mäuse-Fibroblasten nach einer kurzen Übergangsperiode fast unverändert in eine etablierte Zellinie über. Es lohnt sich, diese beiden Fälle im Detail zu betrachten. Primärzellen von menschlichen Fibroblasten kann man sehr leicht von einer Reihe von Geweben „starten". Diese Zellen vermehren sich sehr rasch mit einer Verdopplungszeit, die für jede Zellinie charakteristisch ist, aber oft zwischen 1,5 und 3 Tagen liegt. Sie sind diploid und zeigen oft eine charakteristisch spindelförmige, fibroblastische Morphologie. Sie zeigen auch in sehr markanter Weise ein Phänomen, genannt *„Kontakthemmung"*, das wir noch später besprechen wollen: Es entsteht in Zellen, die sich in streng parallel ausgerichteten Linien anordnen. In jedem Gefäß vermehren sich diese Zellen, bis sie eine maximale Dichte erreicht haben. Dann hören sie auf, sich zu vermehren, und wachsen auch nicht, wenn die Nährlösung erneuert wird. Wenn sie aber wieder suspendiert und in einer geringeren Dichte frisch ausgesät werden, wachsen sie so schnell wie zuvor, bis sie wieder die alte Dichte erreicht haben. Sie können auf diese Weise über Monate hinweg weiter gezüchtet werden. Hayflick und Moorhead zeigten freilich, daß sie niemals unbegrenzt weitergezüchtet werden können. Nach ungefähr 9 Monaten kommen sie in eine Phase der „Altersschwäche" (Senilität), wobei sich ihre Wachstumsgeschwindigkeit verlangsamt und ihr Aussehen etwas Starres bekommt. Nach einigen Wochen in diesem Stadium ist die Kultur meist mit dem Tode aller Zellen beendet. Interessant an dieser Erscheinung ist, daß sie exakt reproduzierbar ist. Es scheint, als ob die Zellen eine innere Uhr hätten, die ihnen sagt, wie lange sie überleben dürfen. Hayflick und Moorhead nahmen einige Zellen aus früheren Passagen und froren sie bei −70 °C ein. Sie hielten die Zellen solange, bis die ursprüngliche Linie gestorben war, und tauten sie wieder auf. Die Zellen begannen so rasch wie früher zu wachsen, aber nach der gleichen Zahl aufeinanderfolgender Passagen wie in der Originalkultur wurden sie altersschwach und starben.

Obwohl sich menschliche Fibroblasten niemals einer spontanen Transformation unterwerfen, kann man sie durch Behandlung mit gewissen Tumorviren transformieren. Es entstehen Kolonien mit schnell wachsenden Zellen, die bald die Ursprungskultur überwachsen. Diese Zellen entwickeln sehr schnell anomale Chromosomenzahlen und wachsen weiter, bis die Nährlösung verbraucht ist.

Mäuse-Fibroblasten verhalten sich ganz anders. Die Teilungsrate dieser Zellen beginnt fast sofort abzunehmen. Jedoch zeigen sie nach 3 Monaten in Kultur unveränderliche Anzeichen einer spontanen Transformation. Sie beginnen sich schnell zu vermehren, bis sie schließlich mit einer beständigen, schnellen Wachstumsrate wachsen. Die Chromosomen sind zunächst vollkommen normal, aber wie Levan und Biesele zuerst gezeigt haben, verdoppelt sich die Zahl, d. h. die Zellen werden nach einigen Passagen tetraploid und dann nach weiteren aneuploid. Der Übergang geschieht ganz allmählich. Diese beiden Beispiele wurden angeführt, um den Bereich von Verhaltensmustern zu zeigen, den man in Zellinien beobachten kann.

Etablierte Zellinien, die durch Transformation entstanden sind, verhalten sich unabhängig von ihrer Herkunft bemerkenswert gleich. Sie haben kurze Verdopplungszeiten, etwa 12–20 Std. Sie sind meist aneuploid. Unabhängig von ihrer Herkunft haben sie sehr ähnliche Nahrungsbedürfnisse. Sie wachsen zu sehr viel größerer Dichte als die Primär-Zellinien heran und zeigen gewöhnlich keine Anzeichen räumlicher Orientierung.

Selten zeigen sie sichtbar spezialisierte Funktionen. Sie wachsen oft aus verdünnter Aussaat. Die meisten kann man in Suspensions-Kulturen etablieren, während es für Primärzellinien ungewöhnlich ist, in Suspension zu wachsen.

2.2.1.2 Das Wesen der „Zelländerung“ oder „Transformation“

Einige Faktoren sind als auslösende Faktoren für eine *Transformation* identifiziert worden; aber es ist sehr wahrscheinlich, daß sie nicht die einzigen Ursachen sind. Sowohl DNS-Virus-Arten, wie das Polyoma-Virus, als auch RNS-Viren, wie das Rous-Sarcom-Virus, bewirken bei empfänglichen Zellen eine typische Änderung. Es wurde sehr viel mit dem Polyoma-Virus gearbeitet, das die Transformation von Primärzellinien aus Babyhamster-Nieren verursachen kann. Diese Zellinien ordnen sich normalerweise auffallend parallel an und benehmen sich wie menschliche Fibroblasten: Bei einer maximalen Dichte von einer oder zwei Zellschichten hören sie auf, zu wachsen. Wenn sie mit dem Polyoma-Virus transformiert werden, verlieren sie ihre parallele Ordnung, vermehren sich schnell und schichten sich zu beachtlicher Höhe auf. Das Polyoma-Virus ist ein Tumor-Virus; durch Beimpfen von Hamster mit den transformierten Zellen kann man zeigen, daß sie bösartig sind, während die untransformierten Zellen keine Tumoren bilden. Eine Transformation konnte man auch als Ergebnis einer Behandlung der Zellkulturen mit krebserregenden Chemikalien wie 3,4-Benzpyren, 6,4-Fluornitrochinolin-N-oxid, N-Nitrosomethylharnstoff und 20-Methylcholanthren nachweisen. Es wurde ferner behauptet, daß Röntgen-Strahlen eine typische Änderung der Kultur hervorrufen können. Eine spontane Transformation geschieht offenbar besonders in Mäusegeweben. Z. B. fand Sanford, daß unter 22 Zellarten, die auf Komplement-bindende Mäuse-Leukämie-Viren negativ reagierten, 16 spontan transformiert wurden. Im selben Labor wurde gefunden, daß Zellen, die in einem chemisch genau definierten Kulturmedium gehalten werden, eine Transformation durchmachten; es war also in diesem Fall unwahrscheinlich, daß die Ursache dafür in einem Serum-Bestandteil lag.

Der größte Teil der bisherigen Besprechung handelte von Zellen, die von normalen Geweben stammen. Man kann aber auch natürliche Primärzellinien von Tumoren bilden. Diese verhalten sich sehr oft gleich von Anfang an, als ob sie schon transformiert seien. Sie wachsen sehr schnell, sind schon aneuploid und zeigen keine sehr auffallenden Kontaktwirkungen. Jedoch hängt dies sehr stark vom jeweils untersuchten Tumor ab.

Eine paradoxe Tatsache bei Tumorzellinien ist, daß sie sehr häufig spezielle Funktionen besser erhalten als etablierte Zellinien, die von normalem Gewebe stammen.

2.2.1.3 Differenzieren Zellen in Kultur?

In der Literatur über die Gewebekultur wird immer wieder der Standpunkt vertreten, daß Zellen in Kultur entdifferenzieren, d. h. daß sie ihre hochspezialisierten Eigenschaften verlieren. Es gibt dafür sehr viele gut fundierte Beispiele, z. B. das Verschwinden von Melanin aus Kulturen mit pigmentierten Netzhautzellen oder der Verlust der Chondroitinsulfat-Synthese in Knorpelkulturen (Stockdale, Abbott, Holtzer und Holtzer, 1963; Holtzer, Abbott, Lash und Holtzer, 1960). Konigsberg und Coon sowie Cahn und Cahn haben aber gezeigt, daß eine spezialisierte Funktion über lange Zeit durch aufeinanderfolgendes Klonieren erhalten bleibt. Die beiden letzteren Arbeiten zeigten genau das Gegenteil der obigen Beispiele, weil in einem Fall die Netzhautzellen weiterhin Melanin bildeten, im anderen Fall Knorpelzellen weiterhin Chrondroitinsulfat. Wenn Primärzellen aus normalen Geweben transformiert werden, gehen spezielle Funktionen meist verloren, aber auch davon gibt es einige Ausnahmen. Besonders Fibroblasten behalten gewöhnlich die Fähigkeit, Kollagen zu sezernieren (Green und Goldberg, 1964; Davidson, 1963). Außerdem können Zellinien aus Tumoren spezielle Funktionen hemmen und können dies für lange Zeit in Kultur beibehalten. Z. B. zeigten Schindler, Day und Fischer, daß neoplastische Mastzellen weiterhin 5-Hydroxytryptamin und Histamin produzierten. Sato und Kollegen haben einige Zellinien aus endokrinen Tumordrüsen etabliert, welche Polypeptid- und Steroidhormone bilden. Es ist nicht einfach, eine generelle Regel aufzustellen, und es kann gut sein, daß die Fähigkeit zur Differenzierung erhalten bleibt, aber wegen der Unzulänglichkeit des Kulturmediums nicht bemerkt wird. Doljansky zeigte, daß dies für die Melanin-Synthese in Netzhautzellen zutrifft. Das sehr rasche Verschwinden gewisser Differenzierungseigenschaften läßt auch vermuten, daß der Wechsel auf Ursachen im Medium zurückzuführen ist. Z. B. fand Billington, daß D-Aminosäureoxidase und Glucose-6-phosphatase aus primären Nieren-Kulturen innerhalb von 4 Tagen verschwinden. Auch Ebner, Hageman und Larsen fanden, daß UDP-Galactose-4-epimerase aus Kulturen von Brustdrüsengewebe nach einigen Tagen völlig verschwunden war.

2.2.2 Kinetik des Zellwachstums

2.2.2.1 Etablierte Zellinien

Tierische Zellen in Kultur zeigen sehr oft den gleichen Typ von Wachstumsmuster wie Mikroorganismen. Im Einzelnen zeigen sie die gleiche *Wachstumskinetik* wie man sie bei Kulturen von Bakterien, Hefen und Protozoen findet. Wenn Zellen von einer *„ruhenden Kultur"* genommen werden, sieht man zunächst eine *„Verzögerungsphase"* (engl. lag phase), die einige Stunden bis Tage dauert, ehe das Wachstum einsetzt. Dann läuft das Wachstum ständig weiter mit einer Zellverdopplungszeit von 15–20 Std. im Falle schnell wachsender Zellen. Dies nennt man die *logarithmische Phase.* Während der logarithmischen Phase vermehrt sich die Zellzahl gemäß der Formel $N = N_0\, 2^{kt}$, d. h.

$$log\ N = log\ N_0 + kt\ log\ 2$$

(wobei N_0 = Zahl der ausgesäten Zellen, N = Zellzahl nach t Stunden und k eine Regressionskonstante bedeuten.

Der Faktor kt entspricht der Generationszahl n, d. h. der Zahl der Generationen, die an der Vermehrung durch Verdopplung bei jeder Generation von N_0 zu N beteiligt sind. Daraus folgt, daß die mittlere Generationszeit T, d. h. die Zeit zur Verdopplung der Zellzahl, umgekehrt proportional zu k ist: $T = 1/k$.

Die Gleichung kann man folgendermaßen schreiben:

$$log\ N = log\ N_0 + n\ log\ 2$$

wo $n = (log\ N - log\ N_0)\ /log\ 2$

Da $1/log\ 2 = 3{,}32$, kann man schreiben

$$n = 3{,}32\ (log\ N - log\ N_0)$$

Diese Formel kann man benützen, um die Zahl der Zell-Verdopplungen zu berechnen, die zu einer numerischen Zunahme einer Zellpopulation führt. Man muß berücksichtigen, daß mit dem Ersatz von kt durch n die Formel nicht nur für Zellen mit exponentiellem Wachstum gilt.

Diese Formel setzt voraus, daß sich alle Zellen in einer Population teilen und daß sie es annähernd gleich schnell tun. Dies kann für die meisten Zellkulturen als richtig angenommen werden. In den Fällen, bei denen eine Zellfraktion sich nicht teilt, oder wo Zellen sogar in großer Anzahl sterben, gilt diese Formel nur für die sich teilende Fraktion und kompliziertere Formeln müssen zur Berechnung herangezogen werden.

Diesen Typ einer Wachstumskurve beobachtet man besonders bei Suspensionskulturen oder bei sehr verdünnten Aussaaten. Unter anderen Bedingungen gibt es den klassischen Zyklus nicht. Wie früher schon beschrieben, kann es auch vorkommen, daß Zellen sich allmählich langsamer teilen, sobald sie zusammenwachsen oder wenn sie unter anderen Umständen den Grenzwert der Dichte erreichen. Eine begrenzte Zelldichte kann durch Erschöpfung der Nährstoffe hervorgerufen werden, Beschränkung der Nährstoffe durch Diffusion und ähnliche allgemeine Faktoren. Es gibt allerdings gute Beweise dafür, daß die Zellen ihre Dichte innerhalb eines geschlossenen Systems durch eine Art negative Rückkoppelung regeln. Es ist noch nicht klar, ob es sich um spezifische *Chalone* handelt, von denen man annimmt, daß es zelltypspezifische Hemmstoffe der Zellproliferation sind, oder um andere Signale. Die Phänomene der Dichte- und Kontakthemmung spielen in etablierten Zellinien eine viel geringere Rolle und können manchmal ganz fehlen (s. u.).

Die Wachstumsgeschwindigkeit kultivierter Zellen muß nicht immer gleich sein. Sie kann bis zu einem gewissen Grad von einer Zellinie zur anderen differieren, aber im einzelnen verändert sie sich besonders durch äußere Bedingungen, wie z. B. pH-Wert, Temperatur und osmotischen Druck (Abschn. 2.3).

Für viele Zellarten kann der optimale pH-Wert ganz genau bestimmt werden. Er liegt gewöhnlich für tierische Zellen zwischen 7,2 und 7,4; die Wachstumsgeschwindigkeit vermindert sich, sobald der pH-Wert vom optimalen Wert abweicht. Dies geschieht durch eine Abnahme der Zellverdopplungsrate, die unabhängig ist von der Verlängerung der anfänglichen Verzögerungsphase oder Abnahme der maximalen Zellzahl während der Ruhephase. Auch der osmotische Druck beeinflußt die Wachstumsrate, und für die meisten Zellen entspricht der optimale osmotische Druck dem *in vivo* herrschenden. Beidseits dieses Optimums fällt die Wachstumsgeschwindigkeit ab.

Für die *Temperatur* gilt die allgemeine Regel, daß das Wachstum mit steigender Temperatur ansteigt, bis ein Maximum erreicht ist; darüber beginnt es sehr rasch wegen Zelltod abzunehmen. Die optimale Temperatur variiert von Art zu Art, beträgt aber ungefähr 37,5 °C für tierische Gewebe und Geflügelgewebe.

2.2.2.2 Primäre Zellinien

Primäre Zellinien verhalten sich nicht genau gleich wie etablierte Zellinien. Wenn etablierte Zellinien in die Ruhephase kommen, ist das Kulturmedium, in welchem sie gewachsen sind, gewöhnlich unzureichend für die Zucht frisch ausgesäter Zellen. Jedoch kann man oft beobachten, daß Kulturen primärer Zellinien zu wachsen aufhören, ehe das Kulturmedium erschöpft ist. Der Grund dafür ist ein Phänomen, das man als *Kontakt-Hemmung* bezeichnet und das zuerst von Abercrombie und Heaysman beschrieben wurde. Sie beobachteten, daß gewisse Arten normaler Zellen, besonders Fibroblasten bei gegenseitigem Kontakt sofort unbeweglich werden. Dies hat man inzwischen als eine sehr weit verbreitete Eigenschaft primärer Zellinien erkannt. Nicht nur die Zellbewegung ist von der Kontakt-Hemmung betroffen, sondern auch DNS-, RNS- und Protein-Synthese sind stark vermindert oder ganz ausgeschaltet, wenn eine Zellschicht zusammenfließt (Pace and Aftonomos, 1957; Devine, Becker, Boone und Egale, 1965; Eagle, 1965; Stocker, 1967). Dieses Phänomen spiegelt wahrscheinlich einen Kontrollmechanismus im gesunden Tier wider. Trotz intensiver Untersuchungen ist der Mechanismus noch nicht aufgeklärt; vieles spricht freilich dafür, daß die Effekte der Kontakt-Hemmung durch chemische Substanzen hervorgerufen werden (Rubin, 1962; Bürk, 1966).

Wenn Primärzellen transformiert werden, ist eine ihrer hervorstechendsten Eigenschaften der Verlust oder die starke Verminderung der Kontakt-Hemmung. Das ist der Grund dafür, daß transformierte Zellen zu größerer Dichte heranwachsen und in Schichten übereinanderwachsen. Die Kontakt-Hemmung bewirkt, daß Primärzellen eine ideale Wachstums-Kinetik nur zeigen, wenn sie sehr dünn ausgesät werden. Sobald sich kleine Zellschichten bilden, erfolgt Kontakt-Hemmung und das Wachstum verlangsamt sich zusehends.

2.2.2.3 Der Zellzyklus

In den meisten eukaryotischen Zellen kann man im Zellzyklus 4 Phasen unterscheiden. Die Mitose (M) selbst dauert in Säugetier- und Geflügel-Zellen 30–60 Min. Darauf folgt eine Periode, das erste sog. „Gap" (G_1), dessen Länge stark variieren kann. Am Ende von G_1 beginnt die DNS-Synthese. Diese synthetische Phase (S) dauert 4–6 Std. in tierischen Zellen. Ihr folgt das zweite Gap (G_2), das oft ungefähr 4 Std. dauert. G_1 kann kurz sein, fast fehlen, so daß der Zellzyklus nur 8–10 Std. dauert; G_1 kann aber auch sehr lange, d. h. einige Tage dauern, wodurch der ganze Zellzyklus entsprechend länger wird.

2.2.2.4 Wechselwirkung zwischen Zellen

Neben der Kontakt-Hemmung wurden noch andere wichtige Wechselwirkungen entdeckt. Die interessanteste betrifft die Fähigkeit ähnlicher

Zellen, sich gegenseitig zu erkennen und aneinander zu haften. Dieses Phänomen wurde zuerst von Holtfreter beschrieben. Er zeigte, daß amphibische Embryonalzellen nach Trennung in Calcium- und Magnesiumfreier Salzlösung und anschließender Vermischung wahllos aneinander haften und sich dann zu Gruppen gleichartiger Zellen anordnen. Schließlich ließ sich der ganze Embryo wieder aufbauen. Moscona war der erste, der dieses Phänomen an Säugetier- und Geflügelzellen studierte. Als Beispiel hierfür zeigte er, daß man embryonales Nierengewebe in einzelne Zellen auftrennen kann; unter Kulturbedingungen, die eine Berührung erlaubten, vereinigten sie sich zu kleinen Häufchen, aus denen sich wieder Zellen zu kleinen Gruppen aus gleichen Zellen absonderten und schließlich eine Nierenstruktur neu bildeten. Der Grund für dieses Verhalten ist nicht bekannt. Es gibt dafür 2 verschiedene Denkmodelle: Eines nimmt eine Art interzellulären „Kitt" an, der gleiche Zellen aneinanderklebt; nach dem anderen soll das Adhäsionsphänomen eine besondere Eigenschaft der Zellmembranen selbst sein.

Bis vor kurzem glaubte man, daß mit Ausnahme von Syncytien, wie z. B. Muskel, tierische Zellen als ganz getrennte Organismen ohne nähere Verbindungen untereinander existieren. Man hat jedoch gefunden, daß Zellen innerhalb des gleichen Organismus einen direkten, elektrischen Kontakt haben; man vermutet, daß Ionen zwischen ihnen hin und her strömen können. Man fand auch, daß sich diese Art *elektrischer Kontaktkupplung* in aneinandergrenzenden, konfluenten Zellen in Gewebekultur bilden kann (Potter, Furshpan und Lennox, 1966). Ferner haben Subak-Sharpe, Burk und Pitts gezeigt, daß genetisch verschiedene Zellen, die in engen Kontakt miteinander gebracht werden, miteinander kooperieren können. Auf diese Weise können zwei Zellen, die verschiedene genetische Defekte haben, einander ergänzen, so daß beide überleben können. Die eigentliche Grundlage für dieses Phänomen kennt man noch nicht. Es kann mit der Durchlässigkeit für kleine und große Moleküle zusammenhängen.

Stoffwechsel-Kooperation in größerem Maßstab ist tatsächlich kein unübliches Phänomen. Z. B. werden *in vivo* viele Stoffwechsel-Aufgaben, von denen andere Zellen abhängig sind, ausschließlich von den Leber-Parenchymzellen erfüllt. Ähnlich kann man in der Gewebekultur zeigen, daß die Produkte mancher Zellen das Verhalten anderer beeinflussen. Die hervorstechendsten Beispiele sind die Bedürfnisse einiger differenzierender Gewebe für die Produkte anderer Zellen, z. B. braucht man für die normale Entwicklung von Mäusehautdrüsen in Gewebekultur Insulin, Hydrocortison und Prolactin. Man kennt sogar noch spezifischere Substanzen; z. B. hat der Wachstumsfaktor der Nerven (Levi Montalcini), der wahrscheinlich ein Polypeptid ist, einen sehr hohen spezifischen Effekt auf das Wachstum des sympathischen Nervensystems. Auch *Erythropoietin,* das von Zellen in der anoxischen Niere gebildet wird, hat die sehr spezifische Aufgabe, die Reifung erythropoetischer Zellen zu stimulieren.

Es gibt noch andere induktive Effekte, die in der Embryologie gut bekannt sind und die man in der Gewebekultur zeigen kann. Durch *homotypische Induktion* wird die Fähigkeit einer Gruppe gleicher Zellen zur Differenzierung angeregt und zwar in Abwesenheit von Zellen verschiedenen Typs. Dieses Phänomen ist von der Zelldichte abhängig. Wenn zuwenig Zellen ausgesät werden, gibt es keine homotypische Induktion. *Heterotypische Induktion* ruft in einer Zellgruppe eine Differenzierung als Antwort auf die Nähe von Zellen verschiedenen Typs hervor. Dies wurde besonders deutlich durch Versuche von Grobstein, der zeigen konnte, daß die gesamte Entwicklung von epithelialem Drüsengewebe nur in Gegenwart von mesenchymalem Gewebe desselben Organs stattfinden kann. Die Induktion konnte durch eine Millipore-Membran erfolgen, deren Poren zu klein waren, um Zellen durchwandern zu lassen. Sie wird daher mit Sicherheit von chemischen Substanzen hervorgerufen, die über eine kurze Reichweite wirksam sind.

Ein weniger spezifisch-kooperativer Effekt wird in vielen kultivierten Zellinien beobachtet: Sie wachsen nur zufriedenstellend, wenn die Aussaat genügend groß ist. Dies scheint für verschiedene Zellen ein Charakteristikum zu sein. Z. B. ein Extrem: HeLa S3-Zellen wachsen sehr gut bei einer Aussaat von nur 20 Zellen pro ml. Andrerseits wachsen andere Zellen überhaupt nicht, wenn die Aussaatsdichte weniger als 20 000 Zellen pro ml beträgt. Dies ist eine übliche Eigenschaft primärer Zellinien. Auch Zellen, die in Suspension wachsen, scheinen eine ziemlich hohe Aussaatszahl zu erfordern, sehr oft in der Größenordnung um 100 000 Zellen pro ml. Zellen, die eine hohe Aussaatszahl haben müssen, sind wahrscheinlich für wichtige intermediäre Stoffwechselprodukte „undicht“. Folglich brauchen diese Zellen fürs Überleben einen ausreichenden extrazellulären Vorrat dieser Substanzen, was eine Mindestzelldichte erfordert.

2.2.2.5 Genetik gezüchteter Zellen

Es wurde bereits darauf hingewiesen, daß Primärzellinien gewöhnlich ihren diploiden *Karyotyp* beibehalten. Transformierte Zellinien dagegen zeigen eine große Variation des Karyotyps. Eigenartigerweise steigt kurz nach der Transformation das Vorkommen tetraploider Zellen an; aneuploide Zellen treten dann in Erscheinung und festetablierte Zellinien haben gewöhnlich einen aneuploiden Karyotyp mit einer breiten Streuung der Chromosomenzahlen. Die Bildung der *Aneuploidie* erfolgt offensichtlich durch eine Zellteilung ohne Trennung. Sie scheint der Zelle einige besondere Vorteile zu bringen.

In den frühen Stadien einer etablierten Zellinie kann zwar die Zahl der Chromosomen anomal sein, die Morphologie der einzelnen Chromosomen ist jedoch anscheinend normal. Später freilich kann die Morphologie der Chromosomen als Ergebnis von Chromosomenbrüchen, Fusionen und Translokationen unerkennbar sein. Viele Mäusezellen enthalten z. B. metazentrische Chromosomen, obwohl ein typisches Merkmal der Maus ihre akrozentrischen Chromosomen sind.

Die Tatsache, daß der Karyotyp in Primärzellinien stabil bleibt, wurde bei der Diagnose von Krankheiten genutzt, die mit Chromosomen-Abnormitäten zusammenhängen; z. B. werden Primärkulturen oft zur Herstellung von Chromosomen-Präparaten für die Diagnose des Mongoloismus, des Kleinfelter-Syndroms usw. verwendet. Bestimmte andere, genetische Krankheiten können am Auftreten von Stoffwechsel-Anomalitäten in der Gewebekultur diagnostiziert werden. Z. B. entstehen Akatalasie und Galactosämie dadurch, daß in der Zelle ein Mangel an Katalase beziehungsweise Galactose-1-phosphatepimerase besteht.

Neben den erwähnten karyotypischen Variationen können andere genetische Veränderungen in der Gewebekultur auftreten. Mutanten können durch standardisierte Selektionsmethoden isoliert werden; viele wurden beschrieben (Szybalski und Smith, 1959, Subak-Sharpe, 1965). Einige Mutanten wurden in Arbeiten über die genetische Transformation und *Zellhybridisierung* verwendet. Dieses Thema wird auch in Abschn. 5.3.1 behandelt.

2.2.3 Stoffwechsel

2.2.3.1 Allgemeines

Es gibt einige Merkmale im *Stoffwechsel* von kultivierten Zellen, die nur ihnen eigen sind, und die allgemeinen Beschreibungen der Stoffwechselwege, die man in jedem biochemischen Lehrbuch findet, beziehen sich genauso auf Geflügel- und Säugetierzellen *in vitro.* Diese Darstellung wird sich daher auf eine kurze Zusammenfassung der allgemeinen Prinzipien beschränken, die mit dem Stoffwechsel zusammenhängen, und einige

Punkte hervorheben, die für Zellen *in vitro* von besonderem Interesse sind.

Alle lebenden Zellen leisten Arbeit. Diese Arbeit besteht auf der einen Seite in synthetischer Aktivität, z. B. in der Herstellung von neuem Zytoplasma, auf der anderen Seite aus funktioneller Aktivität, z. B. Kontraktion. Um diese Arbeit leisten zu können, brauchen die Zellen Energie, die durch Verbrennen von Kohlenhydraten geliefert wird, vor allem von Glucose oder Fetten. Bekanntlich können Kohlenhydrate und Fette ohne lebende Materie oxidiert werden. Sie geben große Energiemengen frei, wenn sie in Gegenwart von Sauerstoff bis zu einer Temperatur erhitzt werden, bei der die Verbrennung spontan abläuft. In diesem Fall muß man erst eine große Aktivierungs-Energiemenge in das System hineinstecken, ehe man Energie gewinnt. In der lebenden Zelle geschieht genau dasselbe. Doch dank der Anwesenheit hochwirksamer Katalysatoren, den Enzymen, ist die Energie, die man in das System investieren muß, relativ gering, und die Energie-Entwicklung ist reguliert, so daß die Reaktionen bei niedrigen Temperaturen stattfinden.

Die freigesetzte Energie muß auch auf die chemischen Reaktionen übertragen werden, für die sie gebraucht wird. In lebenden Systemen geschieht dies durch Bildung energiereicher Phosphat-Bindungen, chemischen Bindungen, die eine große Menge Energie freisetzen, wenn sie gelöst werden.

Schließlich geht der Abbau von Glucose usw. nicht in einem großen Schritt vor sich, sondern in einer Reihe kleiner Schritte, jeder durch ein einzelnes Enzym gelenkt. Die oxidativen Schritte erlauben keine direkte Verbindung mit molekularem Sauerstoff. Statt dessen laufen die meisten oxidativen Reaktionen durch Wegnahme von Wasserstoff ab, welcher sich schließlich mit molekularem Sauerstoff zu Wasser verbindet.

2.2.3.2 Kohlenhydrat-Stoffwechsel

Unter diesen grundsätzlichen Gesichtspunkten ist es nur möglich, die beiden häufigsten energieliefernden Wege in lebenden Systemen zu untersuchen: Die *Glykolyse* oder *Embden-Meyerhof-Abbauweg* und den *Zitronensäure-* oder *Krebs-Zyklus* (Fig. 7). Obwohl sie die Hauptwege sind, stellen sie nicht die einzigen, energieliefernden Mechanismen in der lebenden Zelle dar. Die *Warburg-Dickens-* oder direkte Oxidation ist gleichfalls wichtig, besonders als Quelle für NADH und Zwischenprodukte bei der Pentose-Synthese (Pentosephosphat-Zyklus).

Zwei Punkte sind in diesen Systemen besonders beachtenswert. Zum

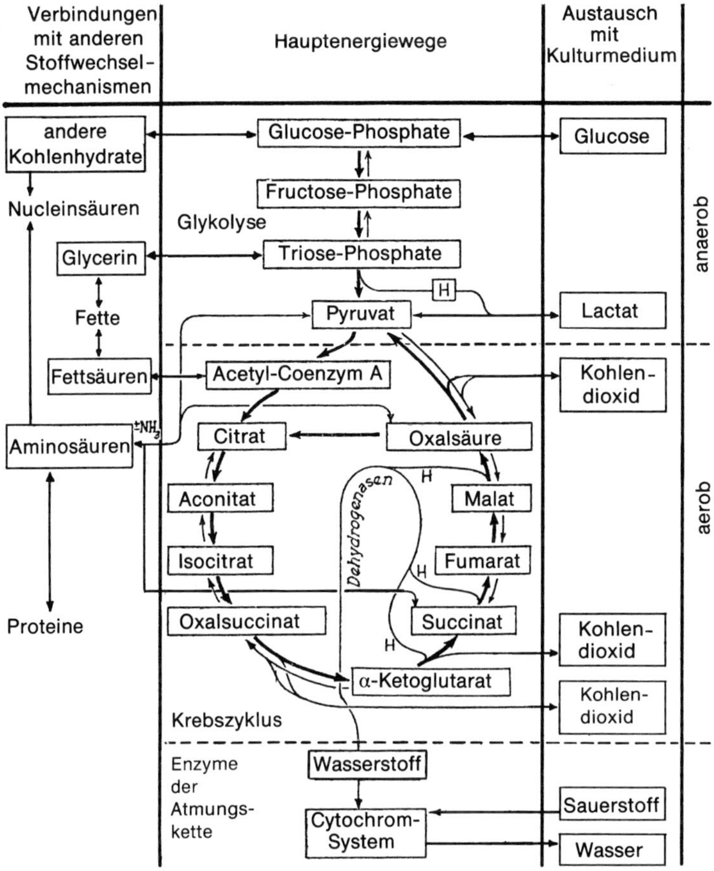

Anaerob: 1 Mol Glucose → 2 Mol Lactat + 2 energiereiche Phosphatbindungen (= 23 Kcal)

Aerob: 1 Mol Glucose + 3 Mol O_2 → 6 Mol CO_2 + 6 Mol H_2O + 40 energiereiche Phosphatbindungen (460 Kcal)

Fig. 7 Beziehungen zwischen den Hauptstoffwechselwegen in tierischen Zellen

einen kann Glucose ohne Verwendung von Sauerstoff in Milchsäure umgewandelt werden, wobei Energie frei wird. Auf der anderen Seite erfordert die Oxidation von Brenztraubensäure zu Kohlendioxid und Wasser eine große Menge Sauerstoff. Zweitens macht die Oxidation von Glucose zu Kohlendioxid und Wasser viel mehr Energie von einem gegebenen Ausgangsmaterial frei als die Umwandlung von Glucose zu Milchsäure.

In kultivierten Zellen vollzieht sich der Glucose-Stoffwechsel über die

Glykolyse und den Zitronensäure-Zyklus wie in den Geweben des gesunden Organismus. Jedoch zeigen viele Zellen eine deutliche Neigung, Milchsäure und Ketosäuren im Medium anzureichern. Man hat vermutet, daß dies eine Besonderheit maligner Zellen *in vitro* ist, aber in Wirklichkeit ist ein hoher Grad sog. *aerober Glykolyse* eher typisch für gesunde Embryonalzellen und kann auch in einigen ausgewachsenen Zellen gefunden werden.

Die meisten kultivierten Zellen zeigen einen deutlichen *Pasteur-Effekt.* D. h., wenn die Luft im Gefäß durch Stickstoff ersetzt wird, wodurch die Zellen anaerobisch wachsen, steigt die Glucose-Menge, die in Milchsäure umgewandelt wird. Praktisch kann unter diesen Bedingungen alle Glucose als Milchsäure gerechnet werden, während unter aeroben Bedingungen der entsprechende Glucose-Anteil zwischen 5 und 10% variiert und bis zu 70% ansteigen kann, wobei es auf den Zelltyp und die Bedingungen ankommt, unter welchen die Zellen gezüchtet werden.

Es ist klar, daß gezüchtete Zellen einen unterschiedlichen *Sauerstoff*-Bedarf haben und daß ein beachtlicher Teil der Energie durch den Abbau der 6-Kohlenstoff-Kohlenhydrate wie Glucose zu den 3-Kohlenstoff-Verbindungen wie Milchsäure und Brenztraubensäure geliefert wird, ein Vorgang, der keinen Sauerstoff erfordert. Die Frage stellt sich, ob Zellen oxidative Schritte überhaupt brauchen. Leider wissen wir hierüber nichts Genaues. Daß Zellen kurze Zeit ganz ohne Sauerstoff wachsen können, wurde zuerst von Laser gezeigt; diese Beobachtung wurde wiederholt bestätigt. Es gibt keinen Zweifel darüber, daß viele Zellen kurze Zeit in einer sehr niedrigen Sauerstoff-Atmosphäre und lange Zeit in ziemlich niedriger Sauerstoff-Konzentration überleben können. Weitere Beweise, daß oxidative Schritte keine so wesentliche Rolle im Stoffwechsel gezüchteter Zellen spielen, ergeben sich aus Beobachtungen von Swann und Pomerat. Sie zeigten, daß Kohlenmonoxid und Cyanid den Zellstoffwechsel oder die Mitose (zumindest für den ersten Zyklus) nicht beeinflussen, während Glykolyse-Hemmstoffe wie *Jodazetat, Azide* und *Fluoride* die Atmung hemmen und die Zellteilung fast sofort verhindern. Direkte Hemmung des Zitronensäure-Zyklus durch *Malonat* und *Fluorazetat* scheint gezüchtete Zellen nicht negativ zu beeinflussen. Freilich muß man festhalten, daß in keinem Versuch die Hemmung sehr lange anhielt. Man kann daher nur feststellen, daß diese Hemmstoffe auf gezüchtete Zellen nicht sofort tödlich wirken, und es bleibt abzuwarten, ob sie eine andauernde Hemmung überleben. Einiges spricht dafür, daß über eine längere Zeitspanne hinweg Atmung mit Wachstum verbunden ist. So haben Fulton, Sinclair und Leslie (1956) gezeigt, daß die Menge an oxidierter

Glucose der Menge Nucleinsäure-Phosphat in wachsenden Kulturen proportional ist, und Gifford, Robertson und Syverton haben darauf hingewiesen, daß die Geschwindigkeit des Sauerstoff-Verbrauchs mit dem Wachstum korreliert. Diese Befunde jedoch stehen nicht ganz im Einklang mit denen von Westfall et al. (1955), der fand, daß Glucose-Verbrauch und Milchsäure-Anreicherung mit der Zellzahl parallel gehen. Die widersprüchlichen Befunde sind wahrscheinlich teilweise auf die Verschiedenheit der Kulturmedien zurückzuführen, die für diese Versuche benützt wurden. Wenn die Synthese von sonst nicht essentiellen Substanzen Sauerstoff benötigt, dann besteht selbstverständlich bei Abwesenheit von Sauerstoff ein Bedarf an ihnen. Z. B. ist es schwer zu verstehen, wie unter anaeroben Bedingungen eine Neu-Synthese von Nucleosiden erfolgen kann.

Diese Feststellungen beziehen sich nur auf Zellkulturen und Explantate aus embryonalem Gewebe, denn Trowell hat gezeigt, daß für das Überleben von ausgewachsenen Geweben ein hoher *Sauerstoff*-Druck in den Organgeweben notwendig ist. Er benützte eine Gasphase mit 95% Sauerstoff, welcher die Organfragmente direkt ausgesetzt wurden. Solch hohe Sauerstoff-Konzentrationen sind für Embryonalgewebe und Zellinien, die als Monolayer auf Glas oder in Suspension wachsen, selbstverständlich tödlich. Nach Cooper und Kollegen (1958) soll für Zellinien eine *Sauerstoff-Konzentration,* die niedriger als die atmospherische liegt, optimal sein. Danes und Kieler haben die normale, atmospherische Sauerstoff-Konzentration als ungefähres Optimum herausgefunden. Der Grund für diese Diskrepanz ist nicht ganz klar. Es kann sehr gut sein, daß der *Sauerstoff-Bedarf* ausgewachsener und differenzierter Gewebe einerseits und der von embryonalen und undifferenzierten Geweben andererseits völlig verschieden sind. In diesem Zusammenhang hat Krebs gezeigt, daß der Sauerstoff-Bedarf von Geweben großer Tiere relativ niedriger liegt als der Bedarf an Sauerstoff gleicher Gewebe von kleinen Tieren, so wie es auch große Unterschiede im Sauerstoff-Bedarf von embryonalen und ausgewachsenen Geweben gibt. Die Zellen in permanenten Kulturen stammen größtenteils von embryonalen oder malignen Geweben und können deshalb völlig verschiedene Bedürfnisse im Vergleich zu normalen Zellen haben.

Kohlendioxid gilt meist als Endprodukt des Stoffwechsels der Glucose. Trotzdem sollte man beachten, daß es auch aufgenommen werden und mit Brenztraubensäure zu Oxalessigsäure im Zitronensäure-Zyklus kondensieren kann. So kann CO_2 sogar den Zyklus in Gang setzen. Kieler und Danes fanden, daß die Atmung gezüchteter Zellen durch den Kohlendioxid-Druck beeinflußt wird. Kohlendioxid scheint für das längere Überleben von Zellen in Kultur notwendig zu sein, und der Prozeß der Fixierung von Kohlendioxid mag der Grund dafür sein, obgleich M. Harris den Beweis dafür erbracht hat, daß seine wesentliche Funktion die Regulierung des interzellulären pH-Werts ist.

2.2.3.3 Synthetische Mechanismen

Die Bildung zusammengesetzter Moleküle aus einfachen erfordert gewöhnlich Energie. Wachsende Zellen produzieren sehr rasch neue Moleküle vielerlei Art, und darum wird stets ein konstanter Nachschub an Energie benötigt. Die Energie wird in synthetischen Prozessen in ziemlich standardisierter Art und Weise gewonnen. Kleine Moleküle, die zusammengesetzt werden sollen, um große Moleküle zu bilden, werden zuerst „aktiviert". Das bedeutet gewöhnlich, daß sie eine energiereiche Phosphorsäureester-Bindung eingehen. Ein so aktiviertes Molekül wird dann mit einem anderen Molekül durch Abgabe eines Phosphat-Ions aus dem aktivierten Molekül und einem Wasserstoff-Ion vom anderen Molekül verbunden. Das Wasserstoff-Ion und das Phosphat-Ion bilden nun energiearmes, anorganisches Phosphat. Ein Teil der dabei gewonnenen Energie wird in die neue, chemische Bindung eingebracht, die die beiden Moleküle verbindet. Dieser Prozeß spielt sich bei der Synthese von Fetten, Fettsäuren, Nucleinsäuren und vielen anderen Substanzen ab.

2.2.3.4 Protein-Stoffwechsel

Proteine sind große Moleküle, die aus Ketten kleiner Moleküle, den *Aminosäuren,* bestehen, die miteinander verbunden sind. Die Zahl der Aminosäuren, die in der Natur vorkommen, ist ziemlich klein: In Protei-

Transaminierung:

NH_2 | CH_3-CH-COOH Alanin	$\rightleftarrows$	CH_3CO-COOH Brenztraubensäure
+		+
HOOC-$(CH_2)_2$-CO-COOH α-Ketoglutarsäure		HOOC-$(CH_2)_2$-CH-COOH | NH_2 Glutaminsäure

nen von Geflügel- und tierischen Zellen wurden ungefähr 20 verschiedene gefunden. Ungefähr 12 von ihnen sind für die meisten kultivierten Zellen essentiell. Die anderen können durch Verbindung von Aminogruppen mit organischen Säuregruppen synthetisiert werden (Transaminierung).

Aminosäuren können für den Stoffwechsel auch als Energiequellen fungieren, denn nach Wegnahme der Aminogruppe (Desaminierung) wird der Rest von der Zelle als Kohlenhydrat behandelt.

Hydrolytische Desaminierung:

$$\begin{array}{ccc} \overset{\displaystyle NH_2}{\overset{|}{\text{R-CH-COOH}}} + H_2O & \rightleftarrows & \text{R-CHOH-COOH} + NH_3 \\ \text{Aminosäure + Wasser} & \rightleftarrows & \text{Hydroxysäure + Ammoniak} \end{array}$$

Oxidative Desaminierung:

$$\begin{array}{ccc} \overset{\displaystyle NH_2}{\overset{|}{\text{R-CH-COOH}}} + 1/2\ O_2 & \rightleftarrows & \text{R-CO-COOH} + NH_3 \\ \text{Aminosäure + Sauerstoff} & \rightleftarrows & \text{Ketosäure + Ammoniak} \end{array}$$

Obwohl wir keinen direkten Beweis haben, sprechen unsere Kenntnisse auf anderen Gebieten dafür, daß Zellproteine direkt aus Aminosäuren synthetisiert und intakte Proteine oder Peptide nicht in Zellproteine inkorporiert werden.

Wie in Abschn. 2.3.1.7 besprochen, brauchen die meisten Zellen, die bisher untersucht wurden, die gleichen 12 *essentiellen Aminosäuren.* Die Tatsache, daß sie essentiell sind, läßt vermuten, daß sie nicht aus anderen Aminosäuren durch den oben beschriebenen Prozeß synthetisiert werden können. Harris und Jahnz (1961) haben dies mit Hilfe von ^{14}C-markierten Aminosäuren bewiesen: Leucin, Isoleucin, Valin, Phenylalanin, Arginin, Lysin, Histidin, Tryptophan, Methionin und Cystin können offenbar nicht aus einer der anderen Aminosäuren gebildet werden. Eine geringe Tyrosin-Synthese aus Phenylalanin wurde in diesen Versuchen gefunden (mit Rattenherz); Gerarde, Jones und Winnick (1952) fanden aber in Hühner-Herz oder Lungen-Explantaten keine Umwandlung von Phenylalanin zu Tyrosin. Andrerseits fand Eagle et al. (1957) Threonin für viele Zelltypen als essentiell, während Harris und Jahnz beobachteten, daß es sich aus einer Reihe anderer Aminosäuren und Glucose bilden kann.

Die Rolle des *Glutamins* im Aminosäure-Stoffwechsel ist nicht klar. In einer Reihe etablierter, tierischer Zellinien wurde mehrfach gefunden, daß sie einen sehr hohen Bedarf an Glutamin haben, obwohl dies nach

Pasieka et al. in frisch explantierten Geflügelgeweben nicht der Fall zu sein scheint. Eine erkennbare Funktion des Glutamins in der Zelle ist die des Lieferanten für Aminostickstoff bei der Transaminierung. Andrerseits haben Levintow et al. gezeigt, daß letztere nicht abläuft und Glutamin intakt in Proteine eingebaut wird. Glutamin liefert in diesen Zellen auch keinen freien Ammoniak. Die einzige Übertragungsreaktion, die stattzufinden scheint, ist die zwischen dem Aminostickstoff des Glutamins und Asparagin.

Aus *Glutaminsäure* kann Glutamin entstehen; aber in den Säugetier-Zellinien, die Eagles et al. verwendete, geschah dies nur, wenn extrem hohe Glutaminsäure-Konzentrationen verwendet wurden. Andrerseits schien in den Zellen, die Pasieka et al. benützte, die Glutamin-Synthese leicht vor sich zu gehen. Es ist möglich, daß Zellen, die an verschiedene Kulturmedien-Typen gewöhnt sind, geringfügig verschiedene Bedürfnisse haben. So konnte De Mars nachweisen, daß manche gezüchtete Zellen sich hinsichtlich der Enzyme, die am Glutamin-Stoffwechsel beteiligt sind, anpassen können, wenn sie eine Zeitlang in einem Glutaminsäure-reichen Kulturmedium gewachsen sind.

Manche Zellen können offenbar kein dem Kulturmedium zugefügtes Protein nutzen. Wahrscheinlicher Grund: Sie besitzen keine proteolytischen Enzyme. Andere Zelltypen verwenden sicherlich die Proteine ihres Kulturmediums; in diesen Fällen zerlegen wahrscheinlich die proteolytischen Enzyme die Proteine zu den Aminosäuren, die sie dann verbrauchen.

2.2.3.5 Fett-Stoffwechsel

Gewebekulturzellen können Lipide aus einfachen, chemischen Substanzen wie Acetat synthetisieren. Es ist nicht bekannt, ob Fette selbst aus dem Kulturmedium aufgenommen und gespeichert werden können. Der größte Anteil des Fettes, das man in Gewebekulturzellen findet, ist wahrscheinlich neu synthetisiert. Es wurde vermutet, daß *Cholesterin* im Kulturmedium essentiell ist, aber manche Zellen sind sicher fähig, es zu synthetisieren, denn aus markiertem Acetat entsteht markiertes Cholesterin im Kulturmedium.

2.2.3.6 Nukleinsäuren

Gezüchtete Zellen können *Nucleinsäuren* leicht aus einfachen Bausteinen des Kulturmediums (wie Formiat, Glycin und Bicarbonat) aufbauen; sie müssen deshalb alle dafür nötigen Enzyme besitzen.

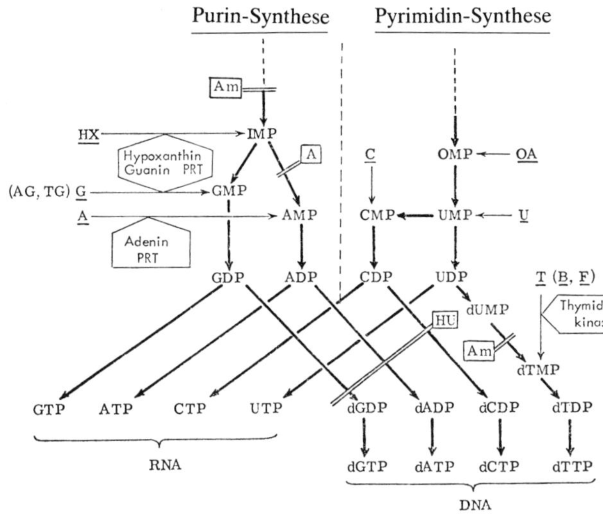

Fig. 8 Die einzelnen Schritte der Nucleinsäure-Synthese. Sie zeigen die Angriffspunkte einiger Hemmstoffe.
HX – Hypoxanthin; G – Guanin; A – Adenin; U – Uracil; C – Cytidin; AG – Azaguanin; TG – Thioguanin; OA – Orotsäure; IMP – Inosinmonophosphat; GMP – Guanosinmonophosphat; AMP – Adeninmonophosphat; CMP – Cytosinmonophosphat; UMP – Uridinmonophosphat; GDP, ADP, CDP, UDP – Guanosindiphosphat usw. dGDP – Desoxyguanosindiphosphat usw. T – Thymidin; B – Bromdesoxyuridin; F – Fluordesoxyuridin; dUMP – Desoxyuridinmonophosphat; dTMP – Thymidinmonophosphat; GTP, ATP, CTP, UTP – Guanosin Triphosphat usw. dGTP, dATP, dCTP, dUTP – Desoxyadenosintriphosphat usw. Am – Aminopterin; A – Alanosin; HU – Hydroxyharnstoff

Einige wichtige Gesichtspunkte des Nucleinsäure-Stoffwechsels sind wichtig hinsichtlich vieler Gewebekultur-Untersuchungen, besonders die einzelnen Schritte der Nucleotid-Synthese einschließlich des sog. „*Salvage*"-Weges (Salvage = engl. rettender Ausweg, Fig. 8).

Bei der Neu-Synthese von *Purin-Nucleotiden* entsteht aus den kleinen Molekülen Phosphoribosylpyrophosphat, Glutamin, Glycin und Aspartat mit Hilfe einer Reihe enzymatischer Reaktionen *Inosin-5-monophosphat (IMP)*. Eine Reaktion betrifft die Übertragung einer Formylgruppe aus Formyltetrahydrofolsäure auf das 5-Amino-imidazol-4-carboxamid-ribonucleotid (AICAR); dies kann durch Folsäure-Analoge wie *Aminopterin* und *Amethopterin* gehemmt werden. Wenn dies der einzige Weg zur Synthese von IMP wäre, würde das Ergebnis eine völlige Blockierung der Nucleinsäure-Synthese sein. IMP kann jedoch auch durch Phosphorylierung von *Hypoxanthin* mit Hilfe eines „Salvage"-Enzyms gebildet werden, der sog. *Hypoxanthin-Guanin-phosphoribosyl-transferase* (HGPRT, die auch IMP-Phosphorylase genannt wird). Wenn Hypoxanthin vorhanden ist, können normale Zellen daher in Gegenwart von Aminopterin überleben.

IMP ist eine Vorläufer-Verbindung von *Guanin-5'-monophosphat (CMP),* das auch durch Phosphorylierung von Guanin mit demselben Enzym, der HGPRT, gebildet werden kann. Dies ist auch das Enzym, das die Aufnahme analoger Verbindungen, wie *Azaguanin* und *Thioguanin,* in die RNS vermittelt. Adenosin-5'-monphosphat (AMP) entsteht auch aus IMP; eines der dafür verantwortlichen Enzyme kann durch antibiotisch wirkendes *Alanosin* gehemmt werden. Wiederum kann diese Blockierung in Gegenwart von *Adenin* umgangen werden, weil ein anderes Enzym, die *Adenin-phosphoribosyltransferase* (APRT) Adenin direkt zu AMP umwandeln kann. Dieses Enzym ist auch für den Einbau von Adenin-analogen Verbindungen in RNS verantwortlich. Die oben beschriebenen Reaktionen werden auch bei der Genetik somatischer Zellen (Abschn. 5.3.1) für die Selektion von Mutanten ausgenützt. Man muß hier bemerken, daß es verschiedene Wege für den Adenin-Einbau und die AMP-Synthese gibt. Daher sind Systeme, die auf einer APRT-Aktivität basieren, im großen und ganzen weniger sicher als solche, die auf HGPRT basieren.

Bei der Neu-Synthese von *Pyrimidin-Nucleotiden* entsteht aus Aspartat und Carbamylphosphat mit Hilfe verschiedener enzymatischer Reaktionen Uridin-5'-monophosphat (UMP); aus diesem kann durch Amidierung *Cytosin-5'-monophosphat (CMP)* oder durch Reduktion Desoxyuridin-5'-monophosphat (dUMP) entstehen, welches der unmittelbare Vorläufer von Desoxythymidin-5'-monophosphat (dTMP) ist, früher Thymidin-5'-monophosphat (TMP) genannt. Bei dieser Reaktion spielt das Enzym *Thymidylat-Synthetase* in Verbindung mit Tetrahydrofolat eine Rolle; es kann daher durch Aminopterin gehemmt werden. Wie im Falle der Purine würde Aminopterin die DNS-Synthese vollständig hemmen, wenn es nicht wiederum ein Salvage-Enzym, die *Thymidinkinase (TK)* gäbe, die die Synthese von dTMP zu Thymidin katalysieren kann. Daher können normale Zellen in Gegenwart von Thymidin weiterhin DNS synthetisieren, auch wenn die Thymidylat-Synthetase durch Aminopterin blockiert ist. Dieses besondere „Salvage"-Enzym ist auch verantwortlich für den Einbau der Thymidin-Analogen Ioddesoxyuridin (IUDR oder IUrD) und Bromdesoxyuridin (BUDR oder BUrD), die auf diese Weise in DNS eingebaut werden.

Die Thymidinkinase ist daher ein wichtiges Enzym für viele Gewebekultur-Arbeiten, in denen der Thymidin-Einbau, gewöhnlich ^{3}H-Thymidin-Einbau als ein Maß für die DNS-Synthese verwendet wird. Man muß bemerken, daß dies nur ein „Salvage"-Weg ist und daß er mit der Neu-Synthese konkurriert, falls die Thymidylat-Synthetase nicht blockiert ist. Außerdem ist es ein anpassungsfähiges Enzym, das sich während der DNS-Synthese vermehrt. Vorsicht ist daher angebracht bei der Interpretation von Ergebnissen von Versuchen, bei denen es verwendet wird.

Andere Salvage-Enzyme, die für den Einbau von Vorläufern oder Analogen benützt werden, sind Uridin- und Cytidin-Kinase, die die Phosphorylierung von Uridin zu UMP bzw. von Cytidin zu CMP katalysieren.

Fig. 8 zeigt auch den Angriffspunkt verschiedener gewöhnlich verwendeter Hemmstoffe. *Hydroxyharnstoff* verhindert die Reduktion von Nucleosiddiphosphaten zu Desoxynucleosidtriphosophaten, eine Reaktion, die von der Ribonucleotid-Reduktase katalysiert wird. Diese Reaktion wird auch durch Desoxynucleotidtriphosphate gehemmt. Daneben wird die *Thymidylat-Synthetase* sowohl durch Aminopterin als auch durch *Fluordesoxyuridin* (FUDR oder FUrD) gehemmt.

2.2.3.7 Strukturelemente

Die Synthese einiger Strukturelemente ließ sich *in vitro* zeigen, besonders auch, daß bestimmte gezüchtete Zellen große Mengen von Mucopolysacchariden synthetisieren können.

2.2.3.8 Beziehung zwischen Stoffwechsel und Wachstum

Der Stoffwechsel und die Zusammensetzung kultivierter Zellen kann von einer Wachstumsphase zur anderen beträchtlich variieren. RNS neigt dazu, sich kurz vor der logarithmischen Phase anzureichern. Während der logarithmischen Phase steigen die Werte für RNS, DNS und Protein mit derselben Geschwindigkeit, bis eine maximale Populationsdichte erreicht ist; dann verlangsamen sich die synthetischen Prozesse, zuerst die der RNS, schnell gefolgt von denen der Proteine.

Während verschiedener Wachstumsphasen geschehen grundlegende Änderungen im Muster des *Kohlenhydrat-Stoffwechsels.* Sowohl bei Kulturen in Suspension, als auch in Monolayer auf Glas ist die glykolytische Geschwindigkeit in der Ruhephase und zu Beginn der logarithmischen Phase oft sehr hoch. Zu diesem Zeitpunkt werden 19–100% der Glucose zu Milchsäure umgesetzt. Jedoch vermindert sich die Menge der produzierten Milchsäure zusehends, wenn die Zelle in die stationäre Phase kommt, oft sogar bis auf Null, wobei jedoch weiterhin Glucose verwertet wird. Die Glykolyse ist anfänglich sehr hoch, fällt aber dann auf sehr niedrige Werte ab, bis schließlich alle verbrauchte Glucose auf Rechnung der End-Oxidation geht. Man fand, daß zwei voneinander unabhängige Faktoren für diesen Wechsel verantwortlich sind.

Erstens wechselt das Muster des Kohlenhydrat-Stoffwechsels sehr stark mit dem Wechsel des pH-Wertes. Unter alkalischen Bedingungen unterliegen die Zellen in hohem Maße der aeroben Glykolyse, während sich in mehr saurem Milieu der Glucose-Stoffwechsel fast vollständig oxidativ vollzieht. So ist die Säure-Anhäufung während des Wachstums teilweise verantwortlich für die Verschiebung vom glykolytischen zum oxidativen Stoffwechsel während des Wachstumszyklus.

Das andere Problem besteht darin, daß Tricarboxylsäuren aus frisch ausgesäten Zellen in das Medium sezerniert werden. Der Sauerstoff-Verbrauch der meisten Zellen in Kultur liegt in der Größenordnung von 10^{-5} µl O_2/Zelle. Manche Zellen behalten charakteristische Werte ohne Rücksicht auf die Dichte der Zell-Suspension. Jedoch sinkt in manchen Zellen der Sauerstoff-Verbrauch infolge der Säure-Sekretion auf sehr niedrige Ausgangswerte ab (ungefähr 10^{-6} µl O_2/hr/Zelle). Nach 1 oder 2 Tagen hängt die tatsächliche Zeit von Faktoren wie dem Verhältnis Zell/Medium und Zwischenprodukt-Anhäufung ab und die Atmung steigt auf 5–10 $\times$ 10^{-6} µl O_2/Std./Zelle an. Daher vergrößert sich der Anteil der oxidierten Glucose gegenüber dem Zeitpunkt des Aussäens nach einigen Tagen beträchtlich.

Auch Schwankungen besonderer Art kommen vor. Besonders interessant sind die Veränderungen in einigen Enzymen, die an der DNS-Synthese beteiligt sind. Sie steigen während schnellen Wachstums zu sehr viel höheren Werten an.

2.2.4 Besondere Faktoren, die Wachstum und Stoffwechsel beeinflussen

Insulin ist das Hormon, das mit Hilfe von Zell- und Gewebekulturen am intensivsten untersucht worden ist. Gey und Thalhimer berichten als erste über den stimulierenden Effekt von Insulin auf das Wachstum von Gewebekulturen, was auch von anderen Forschern bestätigt wurde. Leslie und Mitarbeiter fanden nach Behandlung mit Insulin einen Anstieg der Nucleinsäure-Synthese, während Paul und Pearson (1957) feststellten, daß nach Insulin-Behandlung nicht immer vermehrtes Wachstum, aber immer vermehrte Glykolyse auftrat. Sie vermuteten, daß eine vermehrte Synthese der Zellbestandteile als Antwort auf Insulin nur bei einer begrenzten Versorgung mit energiereichen Verbindungen stattfindet. Dies ist allerdings bei Verwendung neuer Kulturmethoden und -Medien selten.

Sie schlossen daraus auch auf einen Primäreffekt des Insulins auf die Stimulierung der Glykolyse. Alle anderen Erscheinungen, wie vermehrter Phosphat-Umsatz, vermehrte Synthese und Schwankungen auf der Ebene der Brenztraubensäure können diesem Effekt zugeschrieben werden. Die vermehrte Glykolyse scheint allerdings gegenüber einer gesteigerten Geschwindigkeit der Glucose-Aufnahme in die Zelle von sekundärer Bedeutung zu sein.

Hay und Paul zeigten, daß sehr kleine Insulin-Mengen sehr schnell den Glucose-Fluß durch die Membran gezüchteter menschlicher Zellen vermehren.

In Abschn. 2.3.1.11 wird der Effekt der *Corticosteroid-Hormone* auf die Induktion der Tyrosintransaminase-Aktivität in Hepatom-Zellen besprochen.

Die *Schilddrüsenhormone* sind die einzigen Hormone, bei denen gezeigt werden konnte, daß sie einen bestimmten metabolischen Effekt auf Zellen in Kultur haben. Thyroxin und Trijodessigsäure steigern die Aufnahme von Glucose.

Arbeiten über den direkten Einfluß anderer Hormone auf den Stoffwechsel in Gewebekultur waren im ganzen gesehen enttäuschend. Versuche zur allgemeinen Wirkung von *Steroidhormonen* waren nicht erfolgreich, außer in sehr hohen Konzentrationen, die eine wahrscheinlich unspezifische Wachstums-Hemmung hervorriefen. Einige sehr interessante, spezifische Steroid-Effekte wurden jedoch intensiv erforscht. Die Induktion der *Tyrosinaminotransferase* in Hepatom-Kulturen nach Behandlung mit Dexamethason war das Thema sehr umfassender Forschungsarbeiten der Gruppen von Tomkins, Thomson und Kenney. Viel Beachtung fand auch die Induktion der Differenzierung durch Östrogen-Steroide und Progesteron in Hühnereileiter-Zellen. Einige sehr dramatische Effekte wurden durch Steroidhormone in Organkulturen hervorgerufen. Man fand auch, daß Hypophysenhormone Aktivität in Organkulturen zeigen, jedoch nie einen allgemeinen Effekt, der den Stoffwechsel gezüchteter Zellen beeinflußt.

Literatur

Abercrombie, M. & Ambrose, E. J. (1958). Interference microscope studies of cell contacts in tissue culture. Exp. Cell Res. 15, 332.

Abercrombie, M. & Heaysman, J. E. M. (1954). Observations on the social behaviour of cells in tissue culture. Exp. Cell Res. 6, 293.

Auerbach, R. & Globerson, A. (1966). In vitro induction of the graft-versus-host reaction. Exp. Cell Res. 42, 31.
Barban, S. & Schultz, H. O. (1956). Metabolism of tissue culture cells. The presence in HeLa cells of the enzymes of the citric acid cycle. J. biol. Chem. 222, 665.
Barban, S. & Schultze, H. O. (1958). Transamination reactions of mammalian cells in tissue culture. J. biol. Chem. 234, 829.
Barski, G., Sorieul, S. & Cornefert, Fr. (1961). ‚Hybrid' type cells in combined cultures of two different mammalian cell strains. J. nat. Cancer Inst. 26, 1269.
Bensch, K. G., King, D. W. & Socolow, E. L. (1961). The source of lipid accumulation in L cells. J. biophys. biochem. Cytol. 9, 135.
Berenblum, I., Chain, E. & Heatley, N. G. (1939). The study of metabolic activities of small amounts of surviving tissues. Biochem. J. 33, 68.
Berliner, D. L., Swim, H. E. & Dougherty, T. F. (1958). Synthesis of cholesterol by a strain of human uterine fibroblasts propagated in vitro. Proc. Soc. exp. Biol. (N. Y.) 99, 51.
Bonting, S. L. & Jones, M. (1954). Some investigations on the relation between growth and carbohydrate metabolism. Anat. Rec. 118, 445.
Brosemer, R. W. & Rutter, W. J. (1961). The effect of oxygen tension on growth and metabolism of a mammalian cell. Exp. Cell Res. 25, 101.
Bueker, Elmer D. (1954). Transplantable and transmissable mouse tumors which cause growth stimulating effects on sympathetic and spinal ganglia of the embryonic chick. Anat. Rec. 118, 286.
Bürk, R. R. (1966). Growth inhibitor of hamster fibroblast cells. Nature 212, 1261.
Carpenter, E., Beattie, J. & Chambers, R. D. (1954). The uptake of I^{rst} by embryonic chick thyroid glands in vivo and in vitro. J. exp. Zool. 127, 249.
Coman, D. R. (1961). Adhesiveness and stickiness: two independent properties of the cell surface. Cancer Res. 21, 1436.
Coon, H. C. (1966). Clonal stability and phenotypic expression of chick cartilage cells in vitro. Proc. Nat. Acad. Sci. (Wash.) 55, 66.
Cooper, P. D., Burt, A. M. & Wilson, J. N. (1958). Critical effect of oxygen tension on rate of growth of animal cells in continuous suspended culture. Nature (Lond.) 182, 1508.
Cox, R. P. & Macleod, C. M. (1962). Alkaline phosphatase content and the effects of prednisolone on mammalian cells in culture. J. gen. Physiol. 45, 439.
Crain, Stanley, M. & Peterson, E. R. (1964). Complex bioelectric activity in organized tissue cultures of spinal cord (human, rat and chick). J. cell. comp. Physiol. 64, 1.
Danes, Betty (1955). Metabolism of the embryonic chick heart fibroblast grown in tissue culture. Exp. Cell Res. 8, 543.
Danes, Betty & Leinfelder, P. J. (1951). Cytological and respiratory effects of cyanide on tissue cultures. J. cell. comp. Physiol. 37, 427.
Danes, B. S. & Paul, J. (1961). Environmental factors influencing respiration of strain L cells. Exp. Cell Res. 24, 344.
Defendi, V. & Manson, L. A. (1963). Analysis of the life-cycle in mammalian cells. Nature 198, 359.
Demuth, F. (1931). Energiestoffwechsel in vitro lebender Gewebezellen. Arch. exp. Zellforsch. 11, 98.
Demuth, F. & Meier, R. (1929). Milchsäurebildung in Gewebekulturen. Biochem. Z. 212, 399.
Eagle, H. (1955). The specific amino acid requirements of mammalian cells (strain L) in tissue culture. J. biol. Chem. 214, 839.

Eagle, H. (1955). The specific amino-acid requirements of a human carcinoma cell (strain HeLa) in tissue culture. J. exp. Med. 102, 37.
Eagle, H. (1955). The minimum vitamin requirements of the L and HeLa cells in tissue culture, the production of specific vitamin deficiencies and their cure. J. exp. Med. 102, 595.
Eagle, H. (1955). Nutrion needs of mammalian cells in tissue culture. Science 122, 501.
Eagle, H. (1955). Utilization of dipeptides by mammalian cells in tissue culture. Proc. Soc. exp. Biol. (N. Y.) 89, 96.
Eagle, H., Oyama, V. I., Levy, M. & Freeman, A. (1956). Myoinositol as an essential growth factor for normal and malignant human cells in tissue culture. Science 123, 845.
Eagle, H., Oyama, V. I., Levy, M., Horton, C. L. & Fleischman, R. (1956). The growth response of mammalian cells in tissue culture to L-glutamine and L-glutamic acid. J. biol. Chem. 218, 607.
Eagle, H., Oyama, V. I. & Levy, M. (1957). Amino-acid requirements of normal and malignant human cells in tissue culture. Arch. Biochem. 67, 432.
Eagle, H., Piez, K. A. & Fleischman, R. (1957). The utilization of phenylalanine and tyrosine for protein synthesis by human cells in tissue culture. J. biol. Chem. 288, 847.
Earle, W. R. (1962). Some morphologic variations of certain cells under controlled experimental conditions. Nat. Cancer Inst. Monograph No. 7, 213.
Fischer, A. (1941). Die Bedeutung der Aminosäuren für die Gewebezellen in vitro. Acta physiol. scand. 2, 143.
Fischer, A. (1948). Amino-acid metabolism of tissue cells in vitro. Biochem. J. 43, 491.
Fischer, A. (1953). On the protein metabolism of tissue cells in vitro. J. nat. Cancer Inst. 13, 1399.
Francis, M. D. & Winnick, T. (1953). Studies on the pathway of protein synthesis in tissue culture. J. biol. Chem. 202, 273.
Fulton, W. C., Sinclair, R. & Leslie, I. (1956). Changes in glucose utilization and the growth of tissue cultures of HeLa cells. Biochem. J. 63, 18p.
Gemmill, G. L., Gey, G. O. & Austrian, R. (1940). The metabolism of tissue cultures of Walker rat sarcoma 319. Johns Hopk. Hosp. Bull. 66, 167.
Gerarde, H. W., Jones, M. & Winnick, T. (1952). Protein synthesis and amino-acid turnover in tissue culture. J. biol. Chem. 196, 51.
Geyer, R. P. & Neumark, J. M. (1958). Response of CO_2-deficient cells in vitro to normal cell extracts. Proc. Soc. exp. Biol. (N. Y.) 99, 599.
Gothoskar, B. P., Ratnam, S. & Ramakrishnan, C. V. (1958). Nonrequirement of glutamine for proliferation of chick embryonic heart fibroblasts in a synthetic medium. Ind. J. med. Res. 46, 576.
Graham, A. F. & Siminovitch, L. (1957). Conservation of RNA and DNA phosphorus in strain L (Earle mouse cells). Biochim. biophys. Acta 26, 427.
Green, H. & Goldberg, B. (1963). Kinetics of collagen synthesis by established mammalian cell lines. Nature (Lond.) 200, 1097.
Großfeld, H. (1967). Production of hyaluronic acid in tissue culture by fibroblasts growing from intestinal, stomach, liver and kidney explants. Proc. Soc. exp. Biol. (N. Y.), 96, 144.
Großfeld, H., Meyer, K., Godman, G. & Linker, A. (1957). Mucopolysaccharides produced in tissue culture. J. biophys. biochem. Cytol. 3, 391.
Grunbaum, B. W., Schaffer, F. L. & Kirk, P. L. (1955). Lipides of chick heart fibroblasts. Effect of vitamin B_{12} and folic acid. Proc. Soc. exp. Biol. (N. Y.) 88, 459.

Halevy, S. & Avivi, Lidia (1958). The effect of thyroid hormones on carbohydrate metabolism in tissue culture. Biochim. biophys. Acta 30, 198.

Harris, H. (1956). The relationship between the respiration and multiplication of rat connective tissue cells in vitro. Brit. J. exp. Path. 37, 512.

Harris, H. & Jahnz, Marianne (1957). The synthesis of protein in the rat connective tissue cell. Brit. J. exp. Path. 38, 525.

Harris, H., Sidebottom, E., Grace, D. M. & Bramwell, M. E. (1969). The expression of genetic information: a study with hybrid animal cells .J. Cell Sci. 4, 499.

Harris, H. & Watts, J. W. (1958). Turnover of protein in a non-multiplying animal cell. Nature (Lond.) 18, 1582.

Harris, M. (1954). The role of bicarbonate for outgrowth of chick heart fibroblasts in vitro. J. exp. Zool. 125, 85.

Harris, M. (1957). Quantitative growth studies with chick myoblasts in glass substrate cultures. Growth 21, 149.

Harris, M. (1959). Selective uptake and release of substances by cells. In Symposium on The Chemical Basis of Development. Ed. W. D. McElroy, B. Glass. Maryland: Johns Hopkins Press.

Harris, M. & Kutsky, P. B. (1953). Utilization of added sugars by chick heart fibroblasts in dialyzed media. J. cell, comp. Physiol. 42, 449.

Healy, G. M., Siminovitch, L., Parker, R. C. & Graham, A. F. (1956). Conservation of deoxyribonucleic acid phosphorus in animal cells propagated in vitro. Biochim. biophys. Acta 20, 425.

Howard, A. & Pelc, S. R. (1953). Synthesis of deoxyribonucleic acid in normal and irradiated cells and its relation to chromosome breakage. Heredity Suppl. 6, 261.

Jackson, Sylvia & Smith, R. H. (1957). Studies on the biosynthesis of collagen. I. The growth of fowl osteoblasts and the formation of collagen in tissue culture. II. The conversion of ^{14}C-L-Proline to ^{14}C-Hydroxyproline by fowl osteoblasts in tissue culture. J. biophys. biochem. Cytol. 3, 897.

Jones, M. & Bonting, S. L. (1956). Some relations between growth and carbohydrate metabolism in tissue cultures. Exp. Cell Res. 10, 631.

Jones, M. & Gerarde, H. W. (1953). Sulfate fixation by embryonic chick lung in tissue culture. Proc. soc. exp. Biol. (N. Y.) 84, 310.

Jordan, H. C. & Schmidt, P. A. (1961). Constant protein turnover in mammalian cells during logarithmic growth. Biochem. biophys. res. Commun. 4, 313.

Klein, G. & Revesz, L. (1953). Quantitative studies on the multiplication of neoplastic cells in vivo. I. Growth curves of the Ehrlich and MCIM Ascites tumors. J. nat. Cancer Inst. 14, 229.

Laser, H. (1932). Eine Methode zur manometrischen Messung des Stoffwechsels von Gewebekulturen während des Wachstums. Biochem. Z. 251, 2.

Laser, H. (1933). Der Stoffwechsel von Gewebekulturen und ihr Verhalten in der Anaerobiose. Biochem. Z. 264, 72.

Laser, H. (1934). Weitere Untersuchungen über Stoffwechsel und Anaerobiose von Gewebekulturen. Biochem. Z. 268, 451.

Levine, Elliot M., Becker, Yechiel, Boone, Charles W. & Eagle, Harry (1956). Contact inhibiton, macromolecular synthesis and polyribosomes in cultured human diploid fibroblasts. Proc. Nat. Acad. Sci. 53, 350.

Levintow, L., Eagle, H. & Piez, K. A. (1957). The role of glutamine in protein biosynthesis in tissue culture. J. biol. Chem. 227, 929.

Lieberman, I. & Ove, P. (1958). Catalase requirement for mammalian cells in culture. J. exp. Med. 108, 631.

Lieberman, I. & Ove, P. (1958). Enzyme activity levels in mammalian cell cultures. J. biol. Chem. 233, 634.

Lippmann, F. (1932). Versuche zur Methodik der Messung des Zuwachses in vitro wachsender Gewerbe durch Messung des Umsatzanstiegs. Biochem. Z. 244, 177.

Lippmann, F. (1933). Stoffwechselversuche an Gewebekulturen, insbesondere über die Rolle der Glykolyse im Stoffwechsel embryonaler Zellen. Biochem. Z. 261, 157.

Lipmann, F. & Fischer, A. (1932). Proliferationsgröße von Gewebezellen in vitro und Stoffumsatz. Biochem. Z. 244, 187.

Lu, K. H., Winnick, T. (1954). The correlation of growth with incorporation of radioactive metabolites into nucleic acids in embryonic tissue culture. Exp. Cell Res. 7, 238.

Lucy, J. A. & Rinaldini, L. M. (1959). The amino acid metabolism of differentiating skeletal myoblasts in vitro. Exp. Cell Res. 17, 385.

De Mars, R. (1958). The inhibition by glutamine of glutamyl transferase formation in cultures of human cells. Biochem. biophys. Acta 27, 435.

Meier, R. (1931). Zur Methodik der Stoffwechseluntersuchungen an Gewebekulturen. I. Atmungsmessung an Gewebekulturen. Biochem. Z. 231, 247.

Meier, R. (1931). Zur Methodik der Stoffwechseluntersuchungen an Gewebekulturen. II. Gewichtsbestimmung an einzelnen Gewebekulturen. Gewichtszunahme und Flächenzunahme. Biochem. Z. 231, 253.

Morgan, J. F. & McCrone, M. A. (1957). A study of protein synthesis in tissue culture. J. nat. Cancer Inst. 19, 393.

Morgan, J. F., Morton, Helen J. & Pasieka, A. E. (1958). The arginine requirement of tissue cultures. I. Interrelationships between arginine and related compounds. J. biol. Chem. 233, 664.

Morgan, J. F. & Morton, H. J. (1956). Studies on the sulfur metabolism of tissues cultivated in vitro. II. Optical specificities and interrelationships between cystine and methionine. J. biol. Chem. 221, 529.

Morton, Helen J. & Morgan, J. F. (1959). Studies on the dual requirement for phenylalanine and tyrosine in tissue culture. J. biol. Chem. 234, 2698.

Munyon, W. H. & Merchant, D. J. (1959). The relation between glucose utilization, lactic acid production and utilization and the growth cycle of L strain fibroblasts. Exp. Cell Res. 17, 490.

Murray, Margaret R., de Lam, Helena H. & Chargaff, E. (1951). Specific inhibition by meso-inositol of the colchicine effect on rat fibroblasts. Exp. Cell Res. 11, 165.

Murray, M. R., Peterson, E. R. & Bunge, R. P. (1962). Some nutritional aspects of myelin sheath formation in cultures of central and peripheral nervous system. Inter. Cong. Neuropathol. 2, 267.

Neuman, R. E. & McCoy, T. A. (1956). Dual requirement of Walker carcinomsarcoma 256 in vitro for asparagine and glutamine. Science 124, 124.

Newton, A. A. & Wildy, P. (1959). Parasynchronous division of HeLa cells. Exp. Cell Res. 16, 624.

Pasieka, A. E. & Morgan, J. F. (1959). Glutamine metabolism of normal and malignant cells cultivated in synthetic media. Nature (Lond.) 183, 1201.

Pasieka, A. E., Morton, Helen J. & Morgan, J. F. (1956). The metabolism of animal tissues cultivated in vitro. I. Amino acid metabolism of chick embryonic heart fibroblasts cultivated in synthetic medium M 150. J. nat. Cancer Inst. 16, 995.

Pasieka, A. E., Morton, Helen J. & Morgan, J. F. (1958). The metabolism of animal tissues cultivated in vitro. I. Amino acid metabolism of chick embryonic kidney, chick embryonic liver and monkey kidney cortex cultures. Canad. J. Biochem. 36, 171.

Pasieka, A. E., Morton, Helen J. & Morgan, J. F. (1958). The metabolism of animal tissue cultivated in vitro. III. Amino acid metabolism of strain L cells in completely synthetic media. Canad. J. Biochem. 36, 771.

Paul, J. (1959). Environmental influences on the metabolism and composition of cultured cells. J. exp. Zool. 142.

Paul, J. & Pearson, E. S. (1957). Metabolism of chick embryonic heart explants during transition from in vivo to in vitro conditions. Exp. Cell Res. 12, 212.

Perlman, D. (1968). Value of mammalian cell culture as a biochemical tool. Science 160, 42.

Phillips, H. J. & Feldhaus, R. J. (1956). Respiration and glycolysis of Earle's Strain L cells. Proc. Soc. exp. Biol. (N. Y.) 92, 478.

Pomerat, C. M. (1951) Pulsatile activity of cells from the human brain in tissue culture. J. nerv. ment. Dis. 114, 430.

Pomerat, C. M. & Willmer, E. N. (1939). Studies on the growth of tissues in vitro. VII. Carbohydrate metabolism and mitosis. J. exp. Bio. 16, 232.

Puck, T. T. (1964). Studies of the life cycle of mammalian cells. Cold Spr. Harb. Symp. Quant. Biol. 29, 167.

Quastler, H. (1963). The analysis of cell population kinetics. In Cell Proliferation, p. 18. Eds. L. F. Lamerton and R. J. M. Fry. Philadelphia, Pennsylvania: Davis.

Salzman, N. P. (1959). Systematic fluctuations in the cellular protein, RNA and DNA during growth of mammalian cell cultures. Biochim. biophys. Acta 31, 158.

Schaberg, A. & de Groot, C. A. (1958). The influence of the anterior hypothesis on the morphology and function of the adrenal cortex in vitro. Exp. Cell Res. 15, 475.

Sidman, R. L. (1956). The direct effect of insulin on organ cultures of brown fat. Anat. Rec. 124, 723.

Siegel, B. V. & Cailleau, Relda (1956). Effect of metabolic inhibitors on the respiration of Earle Strain L cells. Arch. Biochem. 60, 506.

Siminovitch, L. & Graham, A. F. (1956). Significance of ribonucleic acid and deoxyribonucleic acid turnover studies. J. Histochem. Cytochem. 4, 508.

Steward, F. C. (1963). The control of growth in plant cells. Science 209, 104.

Steward, F. C., Mapes, M. O., Kent, A. E. & Holsten, R. D. (1964). Growth and development of cultured plant cells. Science 143, 20.

Street, H. E. (1950). The role of high-energy phosphate bonds in biosynthesis. Sci. Progr. 38, 43.

Swim, H. E. & Parker, R. F. (1958). The role of carbon dioxide as an essential nutrient for six permanent strains of fibroblasts. J. biophys. biochem. Cytol. 4, 525.

Terasima, T. & Tolmach, L. J. (1963). Growth and nucleic acid synthesis in synchronously dividing populations of HeLa cells. Exp. Cell Res. 30, 344.

Thomson, R. Y., Paul, J. & Davidson, J. N. (1956). Metabolic stability of DNA in fibroblast cultures. Biochim. biophys. Acta 22, 581.

Thomson, R. Y., Paul, J. & Davidson, J. N. (1958). The metabolic stability of the nucleic acids in cultures of a pure stain of mammalian cells. Biochem. J. 69, 553.

Warburg, O. & Kubowitz, F. (1927). Stoffwechsel wachsender Zellen (Fibroblasten, Herz, Chorion). Biochem. Z. 189, 242.

Watanabe, I. & Okada, S. (1967). Stationary phase of cultured mammalian cells. J. Cell Biol. 35, 285.

Watchorn, E. & Holmes, B. E. (1927). Studies in the metabolism of tissues growing in vitro. II. Effect of glucose upon the ammonia and urea production of kidney tissues. Biochem. J. 21, 1391.

Wellings, S. R. & Moon, H. D. (1961). Morphological and functional effects of hydrocortisone in tissue culture. Lab. Invest. 10, 539.

Westfall, B. B., Evans, Virginia J., Shannon, J. E. & Earle, W. R. (1953). The glycogen content of cell suspensions prepared from massive tissue culture: Comparison of cells derived from mouse connective tissue and mouse liver. J. nat. Cancer Inst. 14, 655.

Westfall, B. B., Peppers, E. V. & Earle, W. R. (1955). The change in concentration of certain constituents of the medium during growth of the strain HeLa cells. Amer. J. Hyg. 61, 326.

Whitfield, J. F. & Rixon, R. H. (1961). The effect of dilution and carbon dioxide on the metabolic properties of suspension cultures of strain L mouse cells. Exp. Cell Res. 24, 177.

Willmer, E. N. (1942). Carbohydrate metabolism of chick fibroblasts in vitro. J. exp. Biol. 18, 237.

Willmer, E. N. ed. (1965–6). Cells and Tissues in Culture. Vol. 1, 2 and 3. London: Academic Press.

Wilson, Hildegard, Jackson, Elizabeth B. & Brues, A. M. (1942). The metabolism of tissue cultures. I. Preliminary studies on chick embryos. J. gen. Physiol. 25, 689.

Zwartouw, H. T. & Westwood, J. C. N. (1958). Factors affecting growth and glycolysis in tissue culture. Brit. J. exp. Path. 39, 529.

2.3 Die Zelle und ihre Umgebung

2.3.1 Allgemeine Umweltfaktoren

Vermutlich wachsen Zellen in der Umgebung am besten, die den *In vivo*-Bedingungen am nächsten kommt. Bevor wir also die allgemeinen Bedingungen der Gewebekultur und besonders das Thema „Zellernährung“ besprechen, ist es wichtig, sich die verschiedenen Umweltfaktoren näher anzusehen, die Gewebe beeinflussen:

1. Temperatur
2. Osmotischer Druck
3. Wasserstoffionen-Konzentration
4. Andere anorganische Ionen
5. Lebenswichtige Stoffwechselprodukte
   a) Kohlenhydrate
   b) Gelöste Gase
   c) Aminosäuren
   d) Vitamine
   e) Proteine und Peptide

6. Ergänzende Stoffwechselprodukte
   a) Aminosäuren
   b) Vitamine
   c) Coenzyme
   d) Nucleoside
   e) Peptide
   f) Intermediäre Stoffwechselprodukte
7. Hormone
8. Andere spezifische Faktoren, die den Zellstoffwechsel beeinflussen
   a) Substrate für adaptive Enzyme
   b) Organisator-Stoffe
   c) Transformierende Faktoren
9. Der Nährboden, auf dem die Zelle wächst.
10. Wechselwirkungen zwischen den Faktoren.

2.3.1.1 Temperatur

Eine der grundlegendsten Eigenschaften lebender Materie ist ihre Fähigkeit, komplizierte, chemische Reaktionen bei vergleichsweise niedrigen Temperaturen auszuführen. Für lebende Zellen ist außerdem charakteristisch, daß sie bei Temperaturen rasch zerstört werden, die nur wenig von denen abweichen, unter denen sie ihre besten Lebensbedingungen haben. Bei Säugetier- und Geflügelgeweben liegt die optimale Temperatur meist zwischen 37 °C und 38,5 °C. Bei Temperatur-Anstieg auf 45 °C werden die Zellen innerhalb einer Stunde getötet. Sie halten Temperaturen darunter längere Zeit aus und können oft bei 42 °C 12–24 Std. überleben. Doch im großen und ganzen ist jede geringe Abweichung, der man das Gewebe über Normaltemperatur hinaus aussetzt, für die Zellen tödlich. Dies gilt für die meisten Fibroblasten und viele Epithelzell-Typen, die von tierischen Geweben stammen. Dennoch gibt es einige Zellen, auch tierische, die niedrigere Temperaturen bevorzugen. Es wurde oft vermutet, daß menschliche Hautepithelzellen bei niedrigeren Temperaturen besser wachsen. Betrachtet man andere Arten, werden deutliche Unterschiede sichtbar: Die meisten Fischgewebe überleben nicht Temperaturen, die deutlich über 20 °C liegen. Auch amphibische Gewebe überleben besser bei niedrigeren Temperaturen.

Andrerseits überleben Zellen eine Abkühlung bemerkenswert gut. Zellen, die normalerweise eine Temperatur um 38 °C für rasches Wachstum benötigen, wachsen bei Temperaturen zwischen 20–25 °C langsam weiter. Man kann die Zellen sogar bis auf 4 °C abkühlen und einige Zeit bei dieser Temperatur ohne sichtbaren Schaden am Leben halten (außer einer verzögerten Zellteilung). Man glaubt, daß einige Zellen auf diesen Kühlungsprozeß empfindlich reagieren; der Mehrzahl der Zellen jedoch schadet es offenbar nicht. Kühlt man die Zellen unter den Gefrierpunkt, werden sie oft durch Bildung von Eiskristallen innerhalb des Zytoplasmas zerstört. Fügt man jedoch dem Kulturmedium ein Schutzmittel, z. B. Glycerin zu und friert die Zellen langsam auf eine sehr niedrige Temperatur (−70 °C), kann man sie monatelang aufbewahren; sie erholen sich nach dem Auftauen wieder.

2.3.1.2 Osmotischer Druck

Auch der *osmotische Druck* des Kulturmediums ist sehr kritisch. Für tierische Zellen beträgt der normale osmotische Druck bei 38 °C ungefähr 7,6 Atmosphären (entsprechend einer Gefrierpunktserniedrigung von ungefähr 0,63 °C).

Zellen werden offenbar durch Unterschiede in der Größenordnung von ± 10% nicht beeinflußt; tatsächlich vertragen sie auch größere Änderungen, wenn sie nicht zu rasch vor sich gehen. Jedoch ist es im allgemeinen wichtig, den Druck innerhalb enger Grenzen der Normalwerte zu halten.

Pirt und Thackery fanden, daß Suspensions-Kulturen anomalen Druck weniger gut vertragen als Zellen, die auf Glas wachsen.

Der osmotische Druck ist in den meisten biologischen Flüssigkeiten hauptsächlich von den gelösten, kristallisierbaren Stoffen abhängig; in Säugetier- und anderen tierischen Geweben geht weitaus der größte Teil auf das Konto von Natriumchlorid. Jedoch darf nicht vergessen werden, daß auch die anderen Ionen wesentlich dazu beitragen und daß auch Glucose den osmotischen Druck im Medium wesentlich beeinflußt; bei Erhöhung der Glucose-Konzentration wird auch der osmotische Druck beeinflußt. Die großen Moleküle im Kulturmedium tragen relativ wenig zum osmotischen Druck bei.

2.3.1.3 Wasserstoffionen-Konzentration

Ein Tier kann nur überleben, wenn der *pH-Wert* seiner biologischen Flüssigkeiten ziemlich nahe am Neutralpunkt liegt. Die meisten isolierten Zellen können jedoch bemerkenswert große Schwankungen des pH-Bereichs tolerieren; z. B. überlebt die durchschnittliche Säugetierzelle ohne Schwierigkeiten im Bereich zwischen pH 6,6 und 7,8. Man kennt Zellen, die bei einem pH-Wert über 8 wachsen und sich differenzieren; anderer-

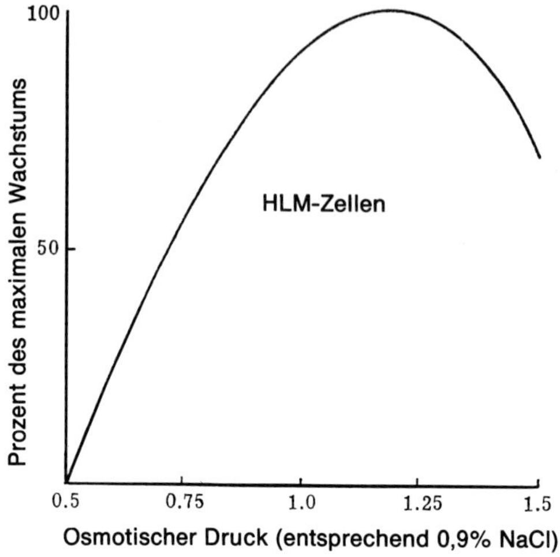

Fig. 9 Wirkung des osmotischen Drucks auf die Wachstumsrate von HLM-Zellen

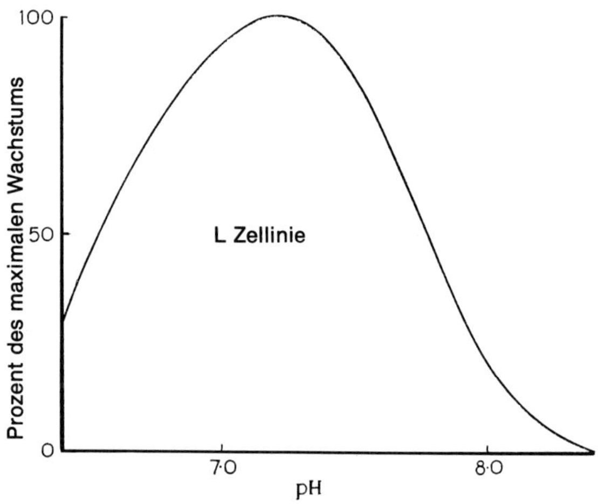

Fig. 10 Die Wirkung des pH-Wertes auf die Wachstumsrate der L-Zellinie

seits gibt es Zellen, die für sehr lange Zeit bei einem pH unter 6,6 gehalten werden. Als allgemeine Regel gilt jedoch: Man erreicht ein optimales Wachstum zwischen pH 7,2 und 7,4, und es ist nicht wünschenswert, den pH vom Grenzwert, der zwischen pH 6,8 und 7,6 liegt, abweichen zu lassen. Bei einem pH-Wert über 7,8 sterben viele Zelltypen innerhalb von 24 Std. ab; das gleiche gilt für viele Zellen, die in einem Kulturmedium mit einem pH unter 6,8 gehalten werden.

2.3.1.4 Andere anorganische Ionen

Alle Zellen benötigen bestimmte *anorganische Ionen* zusätzlich zu denen, die zur Regulierung des osmotischen Druckes und der Wasserstoffionen-Konzentration wichtig sind. Bei den meisten tierischen Zellen sind dies: Natrium, Kalium, Calcium, Magnesium, Eisen, Carbonat, Phosphat und wahrscheinlich Sulfat. Nicht von allen ist die Funktion klar. Das *Natrium*-Ion dient hauptsächlich der Aufrechterhaltung des osmotischen Druckes im Medium. Das *Kalium*-Ion scheint innerhalb der Zelle eine ähnliche Aufgabe zu haben, obwohl es möglicherweise auch noch einige spezifischere Wirkungen besitzt. *Calcium*- und *Magnesium*-Ionen sind für die Funktion einiger intrazellulärer Enzyme wichtig, wobei dem Calcium-Ion hauptsächlich eine Rolle bei der Änderung zwischen Sol- und Gelzustand des Zytoplasmas zukommt. Für die Ausbreitung auf einer Glasoberfläche scheinen sowohl Calcium- als auch Magnesium-Ionen nötig zu sein. *Eisen* ist für einige Atmungs-Enzyme wichtig, hauptsächlich aber für die Cytochrome. *Bicarbonat* ist für viele fundamentale biochemische Prozesse in der Zelle essentiell; im Medium ist es eine der Hauptpuffersubstanzen. Das *Phosphat*-Ion ist für den Energiestoffwechsel wichtig, da die meiste Energie in der Zelle in energiereichen Phosphatbindungen gespeichert wird. Es dient auch als Puffersubstanz. Weniger sicher ist, ob das *Sulfat*-Ion von der Zelle benötigt wird; doch scheint dies sehr wahrscheinlich, seit man den Einbau von radioaktivem Sulfat in Zellproteine kennt. Bei Zellen, die ein Sulfomucopolysaccharid produzieren, ist Sulfat im Medium essentiell.

2.3.1.5 Kohlenhydrate

Kulturzellen brauchen offenbar eine lebensnotwendige Kohlenhydrat-Quelle. Als beste Quelle bietet sich natürlich Glucose an, obwohl es durch andere Substanzen ersetzt werden kann, besonders durch Fructose, Mannose, Trehalose, Furanose, Glucosephosphat und Galactose. Maltose und eine Reihe von Disacchariden und Polysacchariden können auch genutzt werden, obwohl sie immer zuerst in Monosaccharide gespalten werden müssen. Glucose kann auch durch einfachere Moleküle ersetzt werden. Wir wissen, daß z. B. Lactat und Pyruvat die Energiebedürfnisse der Zelle nur bei genügender Sauerstoff-Zufuhr befriedigen können. Wir kennen mutierte Zellinien, die bevorzugt Pentose, wie z. B. Xylose und Ribose verbrauchen. In einigen Fällen können Zellen über längere Zeit ohne Glucose überleben. Dabei handelt es sich meist um Zellen, die eine proteolytische Aktivität besitzen; wir kennen nämlich Zellen, die desaminieren können und die Aminosäurebruchstücke (Kohlenhydrat-Skelette) dann als Energiequelle nützen.

2.3.1.6 Gelöste Gase

Sauerstoff wie *Kohlendioxid* sind wahrscheinlich für das Weiterleben jeder Zelle lebensnotwendig. Es gibt Gründe anzunehmen, daß bestimmte Zelltypen über längere Zeit hinweg völlig ohne Sauerstoff weiterleben können und ihren ganzen Energiebedarf durch anaerobe Glykolyse zu decken vermögen. Jedoch erscheint es unwahrscheinlich, daß jede tierische Zelle unbegrenzt ohne Sauerstoff weiterlebt, da einige Nebenprodukte des Krebs-Zyklus für die Synthese verschiedener Zellbestandteile notwendig sind. Wenn diese nicht mit dem Medium geliefert werden, sind die Zellen zum Sterben verurteilt, sobald ihre Vorräte aufgebraucht sind.

Umstritten ist der Kohlendioxid-Bedarf des Kulturmediums, weil es praktisch unmöglich ist, die Zellen von Kohlendioxid vollständig freizuhalten, das ein Stoffwechselprodukt ist und von den Kationen des Kulturmediums unmittelbar gebunden wird. Jedoch lassen die Versuche von Harris sehr stark vermuten, daß für einige Zell-Arten das *Bicarbonat-Ion* absolut notwendig ist. Neben seiner Rolle im Gewebe-Stoffwechsel ist das Bicarbonat in den meisten Kulturmedien der wichtigste Puffer. Auch brauchen die meisten Systeme eine Kontrolle der Kohlendioxid-Konzentration in der Gasphase und im Kulturmedium. Dies kann man entweder durch Zufügen einer speziellen Gasphase zum Kulturgefäß oder durch festes Verschließen erreichen, so daß das im Stoffwechsel entstandene Kohlendioxid zurückgehalten wird.

2.3.1.7 Aminosäuren

Es gilt als gesichert, daß die meisten tierischen Zellen einen spezifischen Bedarf an folgenden 12 Aminosäuren haben: Arginin, Cystin, Histidin, Isoleucin, Leucin, Lysin, Methionin, Phenylalanin, Thyreonin, Tryptophan, Tyrosin und Valin. In manchen Zellen ist der Bedarf geringfügig verschieden. Organkulturen brauchen weniger Aminosäuren. (Obwohl es in diesen Fällen auch möglich ist, daß eine Wiederverwendung von Bruchstücken anderer Teile des Gewebes stattfindet.)

Einige interessante Beobachtungen kann man über die oben aufgeführte Liste der Aminosäuren machen. Zusätzlich zu den sog. essentiellen Aminosäuren für Säugetiere schließt sie *Cystin* und *Tyrosin* ein. Im gesunden Tier können sich Cystin und Methionin gegenseitig ersetzen, und daher wird Cystin nicht als essentiell bezeichnet; Kulturzellen freilich brauchen Cystin für das Wachstum und Weiterleben ohne Rücksicht auf Methionin. Ähnlich wird vom gesunden Tier Phenylalanin leicht zu Tyrosin metabolisiert. Kürzlich ist aber bekannt geworden, daß dieser Stoffwechselschritt in den meisten der heute gezüchteten Zellen nicht stattfindet, oder wenigstens nicht in dem Maße, daß er für das Weiterleben der Zelle ausreicht. Folglich muß man Tyrosin für Zellkulturen als essentielle Aminosäure betrachten.

Zusätzlich zu den schon erwähnten Aminosäuren wurde gefunden, daß die meisten Zellen einen großen *Glutamin*-Bedarf haben. Dieses wird intakt in Zellprotein eingebaut, aber eine Erklärung für den ziemlich hohen Bedarf gibt es zur Zeit noch nicht angesichts der Befunde von Levintow et al., wonach α-Aminogruppen anderer Aminosäuren nicht von Glutamin herrühren. Jedoch erfüllt es eine Reihe anderer, wichtiger Funktionen im Stoffwechsel, besonders bei der Nucleinsäure-Synthese.

2.3.1.8 Vitamine

Mehrere *Vitamine* der B-Gruppe sind für Zellwachstum und Vermehrung notwendig. Die meisten bilden essentielle Teile der Coenzyme, die am Stoffwechsel beteiligt sind. Als notwendig erwiesen haben sich: *Paraaminobenzoesäure, Biotin, Cholin, Folsäure, Nicotinsäure, Panthotensäure, Pyridoxal, Riboflavin, Thiamin* und *Inosit.* Nicotinsäure kann durch Nicotinamid und Pyridoxal durch Pyridoxin ersetzt werden. Es ist interessant, daß die übrigen Vitamine für das Weiterleben der Zelle nicht essentiell zu sein scheinen.

2.3.1.9 Proteine und Peptide

Bis heute konnte nicht befriedigend geklärt werden, in welchem Ausmaß *Proteine* und *Peptide* für das Wachstum und Überleben der Zellen wichtig sind. Es scheint unwahrscheinlich, daß Proteine an sich für das Zellwachstum wichtig sind; andererseits gibt es nur wenige zufriedenstellende Kulturmedien, in welchen Zellen völlig ohne Proteine oder Polypeptide schnell wachsen. In den wenigen Fällen, in denen man Wachstum in Protein-freien Kulturmedien erreichen konnte, wurde es durch geringsten Zusatz von Serum beträchtlich stimuliert. Dies mag darauf beruhen, daß im Serum einige Spurenstoffe vorhanden sind, die fest an Protein gebunden sind; aber solange dies nicht geprüft ist, kann ein Bedarf an Protein oder Peptid nicht ausgeschlossen werden. Besonders ein Peptid, das *Glutathion,* fördert das Weiterleben der Zelle; dies ist aber ziemlich sicher darauf zurückzuführen, daß es spezifisch als Redox-Puffer wegen seiner SH-Gruppen wirkt, die zu S-S-Brücken oxidiert werden können. Nach Kent und Gey (1957) verschwinden α-Globuline aus dem Kultur-Medium, in welchem Zellen wachsen. Interessanterweise ist *Fetuin* in dieser Fraktion enthalten, da nach Puck et al. Fetuin für das Ausbreiten der Zellen auf Glasoberflächen nötig ist. Lieberman et al. (1959) machten ähnliche Beobachtungen, obwohl sie den Beweis erbrachten, daß der Ausbreitungsfaktor und Fetuin nicht miteinander identisch sind.

2.3.1.10 Ergänzende Stoffwechselprodukte

Wir betrachteten bisher die Umweltfaktoren, die für das Weiterleben der Zelle nötig sind. Freilich interessieren wir uns vielfach nicht nur für das Weiterleben der Zelle, sondern auch für die volle Entwicklung ihrer funktionellen Fähigkeiten; dies erfordert den Zusatz vieler anderer Faktoren zu ihrer Umgebung. Vom Ernährungsstandpunkt aus müssen verschiedene zusätzliche Faktoren betrachtet werden.

Obwohl für die meisten Zellen die essentiellen, oben erwähnten Aminosäuren genügen, scheint es erwiesen zu sein, daß sie in Gegenwart ausreichender Mengen anderer Aminosäuren, wie sie gewöhnlich für die Synthese von Proteinen gebraucht werden, viel besser wachsen. Insbesondere bevorzugen die Zellen eine allgemeine Quelle an Aminogruppen und Aminosäure-Resten. Aus diesem Grunde ist *Glycin* ein nützlicher Kulturmedium-Zusatz. Bei einer sehr verdünnten Zell-Aussaat scheinen *Serin* und möglicherweise *Prolin* zum Weiterleben nötig zu sein, obwohl sie selbst synthetisiert werden können. Außer den oben erwähnten Vitaminen scheinen für einige Gewebe, die Spezialfunktionen ausüben, noch andere Vitamine wichtig zu sein. Dieser Stoffwechsel ist bis heute noch nicht genau erforscht. Beispielsweise ist *Vitamin A* für die Differenzierung von Flimmer-Epithel essentiell; ohne das Vitamin verändert es sich zu keratinisiertem Epithel. Außerdem wurde darauf hingewiesen, daß Zellen oft besser wachsen, wenn die *Vitamine der B-Gruppe* als Coenzyme und nicht als Vitamine zugefügt werden. Aus diesem Grund enthalten einige Medien folgende Substanzen: *Diphosphopyridin-Nucleotid (NAD), Triphosphopyridin-Nucleotid (NADP), Coenzym A, Cocarboxylase, Flavinadenin-Dinucleotid (FAD)* und *Uridintriphosphat.* Im selben Zusammenhang wurde sehr überzeugend gezeigt, daß Zellen in Kultur vorzugsweise Nucleoside bei Verfügbarkeit aus dem Kulturmedium verwenden, obwohl sie Nucleinsäuren schnell aus einfachen Molekülen wie Glycin, Kohlendioxid und Natriumformiat synthetisieren können.

Die Möglichkeit wurde bereits erwähnt, daß Zellen *Peptide* verbrauchen. In der Tat wurde gezeigt, daß Zellen Aminosäuren verwenden, die in Dipeptiden vorliegen, wenn die freien Aminosäuren aus dem Kulturmedium entfernt werden. Es scheint unwahrscheinlich, daß diese Peptide intakt in Zellproteine eingebaut werden. Dennoch wurde in der Gewebekultur-Literatur immer wieder darauf hingewiesen, daß es für die Zellen vorteilhaft ist, wenn zum Kulturmedium Peptide zugefügt werden. Die Vermutung liegt nahe, daß ihre Ggenwart in irgendeiner Weise schädlichen Effekten entgegenwirkt, die durch ein Ungleichgewicht der Aminosäuren entstehen.

2.3.1.11 Hormone und andere spezifische Wachstums-Faktoren

In Kultur befinden sich Einzel-Zellen in einer recht ungewöhnlichen Situation, denn in der vielzelligen Pflanze oder dem Tier leben sie nicht als Einzelwesen, sondern als Teil eines Organismus. Tatsächlich werden nur wenige Zellen jemals von ihren Nachbarzellen getrennt. In tierischen wie auch in pflanzlichen Zellen besteht ein innerer Zusammenhang durch zytoplasmatische Verbindungen von einer Zelle zur anderen. In einigen Fällen können an den Bindungsstellen nur kleine Moleküle durchwandern, während in anderen die Verbindungen so fest sind, daß sich ein Verband wie in den Muskeln bildet.

Auch wenn man direkte, zytoplasmatische Verbindungen nicht finden kann, entstehen enge Wechselwirkungen zwischen den benachbarten Zellen wie bei der Erscheinung der Kontakthemmung und der Stoffwechsel-Zusammenarbeit, wie anderswo beschrieben. In Zellkultur sind viele dieser Wechselwirkungen gestört und wahrscheinlich besteht nur in Organkulturen eine ähnlich analoge Situation wie im gesunden Organismus.

Eine individuelle Gruppe von Regulatoren, die *Hormone,* ändern ständig das Verhalten der Zellen im gesunden Organismus. Darum besteht eines der überraschendsten Kennzeichen der Gewebekultur darin, daß viele, wenn nicht die meisten Zellen in vitro völlig ohne Hormone sehr gut stoffwechseln und wachsen können. Deshalb erscheinen Zellkulturen theoretisch ideal für die Erforschung der Hormon-Wirkungsweise. Doch sind solche Studien im großen und ganzen enttäuschend geblieben. Man untersuchte die Wirkung von Insulin auf den Glucose-Transport in allen Einzelheiten. Einige spezifische Effekte von Corticosteroiden wurden beschrieben. Im wesentlichen wurde gefunden, daß in gezüchteten Hepatom-Zellen Corticosteroide die Synthese des Enzyms *Tyrosin-Aminotransferase* induzieren. Die Induktion dieses typischen Leber-Enzyms beruht auf der Bindung des Steroids an ein Steroid-Rezeptor-Protein der Leber. Es gibt sehr wenige, andere Beispiele typischer Hormon-Effekte in vitro; vielleicht verrät dieses letzte Beispiel den Grund. Im gesunden Tier wirken viele Hormone nur in spezifischen Erfolgsorganen. Der Fehlschlag, einen wirkungsvollen Effekt, z. B. der Sexual-Hormone zu zeigen, beruht einfach auf der Tatsache, daß sich die Erfolgsorgane in Langzeitkulturen nicht weiterzüchten ließen.

Diese Idee wird durch die Tatsache untermauert, daß in Organkulturen viel eindrucksvollere Hormon-Effekte gezeigt werden konnten, z. B. mit thyreotropem Hormon bei Schilddrüsengewebe und mit verschiedenen Hormonen bei Brustgewebe. Dieses letzte Beispiel ist interessant, weil in diesem besonderen Fall eine Kombination von Hormonen, nämlich von Insulin, Progesteron und Prolactin benötigt wird, um eine normale Entwicklung der Ausführungsgänge in Kultur zu erreichen. Es ist aber möglich, daß man das Gewebe in seiner normalen Umgebung belassen muß, wenn man die Wirkung vieler Hormone zeigen will. Zum Beispiel wurde im Falle eines Östrogen-abhängigen Hamstertumors der Befund erhoben, daß die Hormonabhängigkeit in Organkulturen wohl erhalten bleibt, aber verloren geht, wenn die Zellen als Zellkulturen wachsen.

In Pflanzen ist die Rolle der Hormone viel übersichtlicher. Pflanzenzellen bilden ohne *Pflanzenhormone (Auxine)* eine undifferenzierte Zellmasse, genannt Kallus. Durch Zusatz von Auxinen in richtigen Verhältnissen bilden sich Wurzeln, Knospen und schließlich vollständige Pflanzen. Interessant ist, daß verschiedene Auxin-Mengen verschiedene Effekte erzielen, z. B. Wurzelwachstum gegenüber Knospenwachstum. Vielleicht sollte die tierische Gewebekultur, die sich mit voll funktionellen, differenzierten Geweben beschäftigt, von diesen Ergebnissen Kenntnis nehmen.

In Analogie zu Prokaryonten könnte man annehmen, daß gewisse Enzyme und einige besondere Funktionen durch kleine Moleküle im Kulturmedium hervorgerufen werden; der Beweis dafür ist allerdings sehr dürftig. Featherstone und Bonting (1956) beschrieben eine offensichtiche Induktion dieser Art bei der *Cholinesterase* in kultivierten Zellen. De Mars (1958) und Paul und Fottrell (1959) fanden, daß *Glutamyltransferase* durch Glutamin gehemmt wird. Die einzige Induktion aber, die entfernt der Art von Induktion ähnelt, wie man sie in Bakterien sieht, ist die Induktion von *Hämoglobin* durch *Dimethylsulfoxid* in *Friends erythroleukämischen Zellen* der Maus. In diesem Fall gibt es keinen logischen

Stoffwechsel-Zusammenhang zwischen Induktionsstoff und der induzierten Funktion.

Andere Faktoren, die bei Gewebekulturstudien nicht in Rechnung gezogen wurden, sind *embryonale Induktionsstoffe,* falls diese tatsächlich existieren. Es ist sicher so, daß bei der frühen Embryonal-Entwicklung eine komplizierte Folge programmierter Entwicklungsabläufe stattfinden, und es gibt Beweise dafür, daß es sich um diffusionsfähige Substanzen handelt. Man weiß heute noch sehr wenig über sie, aber Faktoren, wie die diffusionsfähigen, von Grobstein beschriebenen, scheinen für das normale Funktionieren einiger Zellen notwendig zu sein.

Oft wurden die Faktoren, die hier kurz besprochen wurden, bei Zellkultur-Versuchen nicht beachtet. Jedoch sollte vielleicht darauf hingewiesen werden, daß die erfolgreiche Züchtung bestimmter, spezialisierter Zellen, namentlich der im intakten Organismus hormonabhängigen, besondere Aufmerksamkeit erfordert. Es sollte noch erwähnt werden, daß der Grund, warum der Einsatz von Gewebekulturen für das Studium der Hormon-Wirkungsweise nicht sehr fruchtbar war, hierin liegen mag entgegen den Voraussagen, die einige Jahre vorher noch gemacht wurden.

2.3.1.12 Die Matrix

Es ist wohl bekannt, daß das morphologische Aussehen von Gewebekulturzellen in den meisten Fällen sehr wenig Ähnlichkeit mit der Morphologie des gleichen Zelltyps *in vivo* hat. Man hat zeigen können, daß der Grund in der Hauptsache darin besteht, daß die Zellen auf einem zweidimensionalen *Substrat* als Nährboden wachsen, auf dem sie keine Kräftelinien zur Orientierung haben. Um die morphologischen und möglicherweise funktionellen Eigenschaften der Zellen zu reproduzieren, ist es nötig, sie auf besonders orientierten, dreidimensionalen Substraten zu züchten. Dies wurde mit vielen Zelltypen durchgeführt, indem man sie mit Leightons Technik auf Cellulose-Schwämmen wachsen ließ. Diese Technik produziert dabei morphologische Bilder, die denen *in vivo* sehr ähnlich sind.

2.3.1.13 Gleichgewicht zwischen verschiedenen Faktoren

Zur Zeit wissen wir noch sehr wenig über die Bedeutung des Gleichgewichts zwischen den einzelnen Faktoren in kultivierten Zellen. Wir wissen, daß im intakten Tier eine Änderung des Aminosäure-Gleichgewichts oder anderer Stoffwechselprodukte im Körper grundlegende Änderungen im Organismus hervorrufen können. Ähnlich bestehen in Zellkulturen »Wettbewerbs«-Verhältnisse zwischen bestimmten essentiellen Aminosäuren; folglich führt ein unausgewogenes Medium zu einer Hemmung des Wachstums.

Diese Beobachtungen beziehen sich hauptsächlich auf Säugetier- und Geflügelzellen. Man weiß noch sehr wenig über den Stoffwechselbedarf anderer Tiere. Jedoch wurde der Stoffwechselbedarf von Pflanzenzellen sehr genau untersucht, und man kennt ihn heute ziemlich genau. Auch hier sehen wir wieder einen Bedarf an gewissen Ionen: Vor allem Calcium, Kalium, Magnesium, Mangan, Zink, Kupfer, Molybdän, Eisen und möglicherweise auch Natrium, Titan und Nickel. Eine Kohlenhydrat-Quelle ist essentiell; Rohrzucker wird gewöhnlich zugesetzt. Pflanzen haben im großen und ganzen einen weit weniger exakt festgelegten Aminosäure-Bedarf als tierische Zellen. Es genügt normalerweise, Glycin dem Kulturmedium zuzufügen. Eine Reihe von Vitaminen werden noch benötigt, besonders Nicotinsäure und Pyridoxin, auch wenn einige Gewebe Pantothensäure, Biotin und Inosit brauchen. Außerdem scheint es so, als ob einzelne Pflanzengewebe besondere Bedürfnisse haben.

Literatur

Auerbach, R. & Grobstein, C. (1958). Inductive interaction of embryonic tissues after dissociation and reaggregation. Exp. Cell Res. 15, 384.

Barski, G., Maurin, J., Wielgosz & Lépine, P. (1951). Conditions de nutrition cellulaire in vitro en culture sans support plasmatique. Róle des fractions micro- et macro-moléculaires. Ann. Inst. Pasteur 81, 9.

Biggers, J. D., Rinaldini, L. M. & Webb, M. (1957). The Study of growth factors in tissue culture. Symp. Soc. exp. Biol. XI. The Biological Action of Growth Substances, p. 264.

Bisceglie, V. (1928). La transformazione oncogena sperimentale delle cellule normali coltivate fuori dell'organismo. Ach. exp. Zellforsch. 6, 161.

Bloom, W. (1937). cellular differentiation and tissue culture. Physiol. Rev. 17, 589.

Borghese, E. (1950). The development in vitro of the submandibular and sublingual glands of the Mus musculus. J. Anat. (Lond.) 84, 287.

Borghese, E. (1950). Explantation experiments on the influence of the connective tissue capsule on the development of the epithelial part of the submandibular gland of the Mus musculus. J. Anat. (Lond.) 84, 303.

Cailleau, Relda, Hoard, Dorothy & Zitcer, Elsa M. (1957). Chemical composition of some sera and cells used in tissue cultures. Fatty acid and lipid phosphorus content. Tex. Rep. Biol. Med. 15, 250.

Carrel, A. & Baker, L. E. (1926). The chemical nature of substances required for cell multiplication. J. exp. Med. 44, 503.

Chen, J. M. (1952). Studies on the morphogenesis of the mouse sternum. II. Experiments on the origin of the sternum and its capacity for selfdifferentiation in vitro. J. Anat. (Lond.) 86, 387.
Chen, J. M. (1954). The effect of insulin on embryonic limb-bones cultivated in vitro. J. Physiol. 125, 148.
Davenport, H. W. & Chavre, V. J. (1951). Acid secretion and acetoacetate utilization in mouse stomachs in vitro. Fed Proc. 10, 33.
Davidson, J. N. & Waymouth, C. (1943). Factors influencing nucleoprotein content of fibroblasts growing in vitro. Biochem. J. 37, 271.
Doljanski, L. (1930). Sur le rapport entre la prolifération et l'activité pigmentogène dans les cultures d'épithélium de l'iris. C. R. Soc. Biol. (Paris) 105, 343.
Eagle, H. (1955). The specific amino acid requirements of mammalian cells (strain L) in tissue culture. J. biol. Chem. 214, 839.
Eagle, H. (1955). The specific amino-acid requirements of a human carcinoma cell (strain HeLa) in tissue culture. J. exp. Med. 102, 37.
Eagle, H. (1955). The minimum vitamin requirements of the L and HeLa cells in tissue culture, the production of specific vitamin deficiencies and their cure. J. exp. Med., 102, 595.
Eagle, H. (1955). Nutrition needs of mammalian cells in tissue culture. Science 122, 501.
Eagle, H. (1955). Utilization of dipeptides by mammalian cells in tissue culture. Proc. Soc. exp. Biol. (N. Y.) 89, 96.
Eagle, H. & Piez, K. A. (1960). The utilization of proteins by cultured human cells. J. biol. Chem. 235, 1095.
Eagle, H., Barban, S., Levy, Mina & Schulze, H. O. (1958). The utilization of carbohydrates by human cell culture. J. biol. Chem. 233, 551.
Eagle, H., Oyama, V. I., Levy, M. & Freeman, A. (1956). Myo-inositol as an essential growth factor for normal and malignant human cells in tissue culture. Science 123, 845.
Eagle, H., Oymama, V. I., Levy, M., Horton, C. L. & Fleischman, R. (1956). The growth response of mammalian cells in tissue culture to L-glutamine and L-glutamic acid. J. biol. Chem. 218, 607.
Eagle, H., Oyama, V. I. & Levy, M. (1957). Amino-acid requirements of normal and malignant human cells in tissue culture. Arch. Biochem. 67, 432.
Eagle, H., Oyama, Vance I., Levy, Mina & Freeman, Aaron E. (1957). Myo-inositol as an essential growth factor for normal and malignant human cells in tissue culture. J. biol. Chem. 226, 191.
Ehrensvärd, G. A., Fischer, A. & Sjernholm, R. (1949). Protein metabolism of tissue cells in vitro. VII. The chemical nature of some obligate factors of tissue cell nutrition. Acta physiol. scand. 18, 218.
Fell, Honor B. (1953). The effect of vitamin A on organ cultures of skeletal and other tissues. In Connective Tissue. Ed. C. Rogan. New York: Macy.
Fell, Honor B. (1954). The effect of hormones and vitamin A on organ cultures. Ann. N. Y. Acad. Sci. 58, 1183.
Fell, Honor B. (1956). Effect of excess vitamin A on organized tissues cultivated in vitro. Brit. med. Bull. 12, 35.
Fell, Honor B. & Mellanby, E. (1952). The effect of hypervitaminosis A on embryonic limb-bones cultivated in vitro. J. Physiol. 116, 320.
Fell, Honor B. & Mellanby, E. (1953). Metaplasia produced in cultures of chick ectoderm by high vitamin A. J. Physiol. 119, 470.

Fell, Honor B. & Mellanby, E. (1955). The biological action of thyroxine on embryonic bones grown in tissue culture. J. Physiol. 127, 427.
Fell, Honor B. & Mellanby, E. (1956). The effect of 1-triiodothyronine on the growth and development of embryonic chick limb-bones in tissue culture. J. Physiol. 133, 89.
Fell, Honor B., Mellanby, E. & Pelc, S. R. (1954). Influence of excess vitamin A on the sulphate metabolism of chick ectoderm grown in vitro. Brit. med. J. 2, 611.
Fischer, A. (1921). Growth of fibroblasts and hydrogen ion concentration of the medium. J. exp. Med. 34, 447.
Fischer, A. (1948). Amino-acid metabolism of tissue cells in vitro. Nature (Lond.) 161, 1008.
Fischer, A. (1948). Nutrition of animal tissue cells. Scientia 83, 170.
Fischer, A. (1948). Amino-acid metabolism of tissue cells in vitro. Biochem. J. 4, 491.
Fischer, H. W., Puck, T. T. & Sato, G. (1958). Molecular growth requirements of single mammalian cells. The action of Fetuin in promoting cell attachment to glass. Proc. nat. Acad. Sci. (Wash.) 44, 4.
Gaillard, P. J. (1955). Parathyroid gland tissue and bone in vitro. I. Exp. Cell Res. 3, 154.
Geyer, R. P. & Chang, R. S. (1958). Bicarbonate as an essential for human cells in vitro. Arch. Biochem. 73, 500.
Gifford, G. E. (1963). Some effects of anaerobiosis on the growth and metabolism of HeLa cells. Exp. Cell Res. 31, 113.
Griffiths, J. B. & Pirt, S. J. (1967). The uptake of amino acids by mouse cells (strain LS) during growth in batch culture and chemostat culture: the influence of cell growth rate. Proc. Roy. Soc. B. 168, 421.
Grobstein, C. (152). Effect of fragmentation of mouse embryonic shields on their differentiative behavior after culturing. J. exp. Zool. 120, 437.
Grobstein, C. (1953). Epithelio-mesenchymal spezificity in the morphogenesis of mouse sub-mandibular rudiments in vitro. J. exp. Zool. 124, 383.
Grobstein, C. (1953). Morphogenetic interaction between embryonic mouse tissues separated by a membrane filter. Nature (Lond.) 172, 869.
Grobstein, C. (1953). Analysis in vitro of the early organization of the rudiment of the mouse sub-mandibular gland. J. Morph. 93, 19.
Grobstein, C. (1955). Tissue interaction in the morphogenesis of mouse embryonic rudiments in vitro. In Aspects of Synthesis and Order in Growth. Ed. Dorothea Rudnick. Princeton: University Press.
Grobstein, C. (1956). Trans-filter induction of tubules in mouse metanephrogenic mesenchyme. Exp. Cell Res. 10, 424.
Hanks, J. H. (1949). Inorganic aging of the plasma layer of tissue cultures. Proc. Soc. exp. Biol. (N. Y.) 71, 313.
Harris, M. & Kutsky, P. (1953). Utilization of added sugars by chick heart fibroblasts in dialyzed media. J. cell comp. Physiol. 42, 449.
Harris, M. (1954). The role of bicarbonate for outgrowth of chick heart fibroblasts in vitro. J. exp. Zool. 125, 85.
Hull, W. & Kirk, P. (1950). The effect of medium constituents on nucleic acids and uptake of P^{32}. J. gen. Physiol. 34, 81.
Jones, M., Featherstone, R. M. & Bonting, S. L. (1956). The effect of acetyl-choline on the cholinesterases of chick embryo intestine cultured in vitro. J. Pharmacol. exp. Therap. 116, 114.

Kent, H. N. & Gey, G. O. (1957). Changes in serum proteins during growth of malignant cells in vitro. Proc. Soc. exp. Biol. (N. Y.) 94, 205.

Kutsky, R. (1953). Stimulating effect of nucleoprotein fraction of chick embryo extract on homologous heart fibroblasts. Proc. Soc. exp. Biol. (N. Y.) 83, 390.

Lasnitzki, I. (1954). The effect of estrone alone and combined with 20-methyl cholanthrene on mouse prostate glands grown in vitro. Cancer Res. 14, 632.

Lasnitzki, I. (1955). The effect of testosterone propionate on organ cultures of the mouse prostate. J. Endocr. 12, 236.

Leighton, J. (1951). A sponge matrix method for tissue culture. Formation of organized aggregates of cells in vitro. J. nat. Cancer Inst. 12, 545.

Leighton, J. (1954). The growth patterns of some transplantable animal tumors in sponge matrix tissue culture. J. nat. Cancer Inst. 15, 275.

Leslie, I. & Davidson, J. N. (1951). The effect of insulin on cellular composition and growth of chick-heart explants. Biochem. J. 49, 41.

Leslie, I. & Paul, J. (1954). The action of insulin on the composition of cells and medium during culture of chick heart explants. J. Endocr. 11, 110.

Leslie, I., Fulton, W. C. & Sinclair, R. (1956). The influence of the medium on the insulin response of two unrelated human cells grown in tissue culture. Biochem. J. 63, 18P.

Leslie, I., Fulton, W. C. & Sinclair, R. (1957). The metabolism of human embryonic and malignant cells and their response to insulin. Biochim, biophys. Acta 24, 365.

Lewis, Margaret R. & Lewis, W. H. (1926). Transformation of mononuclear blood-cells into macrophages, epithelioid cells, and giant cells in hanging-drop blood-cultures from lower vertebrates. Contr. Embryol. Carneg. Instn 18, 95.

Lieberman, I. & Ove, R. (1957). Purification of a serum protein required by a mammalian cell in tissue culture. Biochim. biophys. Acta 25, 449.

Lieberman, I. & Ove, P. (1958). A protein growth factor for mammalian cells in culture. J. biol. Chem. 233, 637.

Lieberman, I., Lamy, F. & Ove, P. (1959). Nonidentity of fetuin and protein growth (flattening) factor. Science 129, 43.

De Mars, R. (1958). The inhibition by glutamine of glutamyl transferase formation in cultures of human cells. Biochim. biophys. Acta 27, 435.

McCoy, T. A., Maxwell, M. & Neuman, R. E. (1956). The amino acid requirements of the Walker carcinosarcoma 256 in vitro. Cancer Res. 16, 979.

Morgan, J. F. (1958). Tissue culture nutrition. Bact. Rev. 22, 20.

Morgan, J. F. & McCrone, M. A. (1957). A study of protein synthesis in tissue culture. J. nat. Cancer Inst. 19, 393.

Morton, H. J., Pasieka, A. E. & Morgan, J. F. (1956). The nutrition of animal cells cultivated in vitro. III. Use of a depletion techique for determining specific nutritional requirements. J. biophys. biochem. Cytol. 2, 589.

Moscona, A. (1956). Development of heterotypic combinations of dissociated embryonic chick cells. Proc. Soc. exp. Biol. (N. Y.) 92, 410.

Moscona, A. (1957). The development in vitro of chimeric aggregates of dissociated embryonic chick and mouse cells. Proc. nat. Acad. Sci. (Wash.) 43, 184.

Moscona, A. (1961). Environmental factors in experimental studies on histogenesis. Colloq. int. Cent. nat. Rech. Sci. 101, 155.

Moscona, A. & Moscona, H. (1952). The dissociation and aggregation of cells from organ rudiments of the early chick embryo. J. Anat. (Lond.) 86, 287.

Neumann, R. E. & McCoy, T. A. (1958). Growth-promoting properties of pyruvate, oxalacetate and α-ketoglutarate for isolated Walker carcinosarcoma 256 cells. Proc. Soc. exp. Biol. (N. Y.) 98, 303.

Niu, M. C. (1956). VII. New approaches to the problem of embryonic induction. In Cellular Mechanisms in Differentiation and Growth. Ed. Dorothea Rudnick. Princeton: University Press.

Niu, M. C. & Twitty, V. C. (1953). The differentiation of gastrula ectoderm in medium conditioned by axial mesoderm. Proc. nat. Acad. Sci. (Wash.) 39, 985.

Owens, Olga V. H., Gey, Margaret K. & Gey, G. O. (1958). The effect of calcium and magnesium on the growth and morphology of mouse lymphoblasts (MBIII, de Bruyn) in tissue culture. Cancer Res. 18, 968.

Parker, R. C. (1931). Structural and functional variations of fibroblasts in pure cultures. Science 73, 401.

Parker, R. C. (1932). The races that constitute the group of common fibroblasts. I. The effect of blood plasma. J. exp. Med. 55, 713.

Parker, R. C. (1932). The functional characteristics of nine races of fibroblasts. Science 76, 219.

Parshley, M. S. & Simms, H. S. (1946). Conditions favoring the growth of adult skin epithelium in vitro. Anat. Rec. 94, 42.

Paul, J. (1959). Environmental influences on the metabolism and composition of cultured cells. J. exp. Zool. 142.

Paul, J. (1962). The cancer cell in vitro: a review. Cancer Res. 22, 431.

Paul, J. & Pearson, E. S. (1957). Metabolism of chick embryonic heart explants during transition from in vivo to in vitro conditions. Exp. Cell Res. 12, 212.

Paul, J. & Pearson, E. S. (1957). Metabolism of chick embryonic liver explants during transition from in vivo to in vitro conditions. Exp. Cell Res. 12, 223.

Pedersen, K. O. (1944). Fetuin, a new globulin isolated from serum. Nature (Lond.) 154, 575.

Pikovski, Mary A. (1954). Differentiated mammary gland tumor tissue grown in alkaline medium in vitro. Exp. Cell Res. 7, 52.

Pirt, S. J. & Thackeray, E. J. (1964). Environmental influences on growth of L and ERK mammalian cells in shake-flask cultures. Exp. Cell Res. 33, 406.

Pirt, S. J. & Thackeray, E. J. (1964). Environmental influences on the growth of ERK mammalian cells in monolayer culture. Exp. Cell. Res. 33, 396.

Rückert, R. R. & Müller, G. C. (1960). Effect of oxygen tension on HeLa cell growth. Cancer Res. 20, 944.

Seaman, Arlene R. (1956). The in vitro cultivation of the prostate gland of the adult mouse in alkaline fluid medium. Exp. Cell Res. 11, 283.

Sevastikoglou, J. (1957). A study of endochondral osteogenesis in tissue culture. Exp. Cell Res. 12, 80.

Schaberg, A. (1955). Regeneration of the adrenal cortex in vitro. Anat. Rec. 122, 205.

Sidman, R. L. (1956). The direct effect of insulin on organ cultures of brown fat. Anat. Rec. 124, 723.

Strangeways, T. S. P. & Fell, Honor B. (1926). Experimental studies on the differentiation of embryo tissues growing in vivo and in vitro. I. Proc. R. Sov. B99, 340.

Strangeways, T. S. P. & Fell, Honor B. (1926). Experimental studies on the differentiation of embryo tissues growing in vivo and in vitro. II. Proc. R. Soc. B100, 273.

Swim, H. E. & Parker, R. F. (1956). The amino acid requirements of human uterine fibroblasts, strain U12. Anat. Rec. 124, 499.

Swim, H. E. & Parker, R. F. (1958). Vitamin requirements of uterine fibroblasts, strain U-12-79; their replacement by related compounds. Arch. Biochem. 78, 46.

Weiss, L. P. & Fawcett, D. (1953). Cytochemical observations on chicken monocytes, macrophages and giant cells in tissue culture. J. Histochem. Cytochem. 1, 47.

Weiss, P. (1952). „Attraction fields" between growing tissue cultures. Science 115, 293.

Weiss, P. & Garber, B. (1952). Shape and movement of mesenchyme cells as functions of the physical structure of the medium. Contributions to a quantitative morphology. Proc. nat. Acad. Sci. (Wash.) 38, 264.

Westfall, B. B., Evans, V. J., Peppers, E. V., Hawkins, N. M. & Earle, W. R. (1956). Effect of glutamine on the growth and metabolism of liver cells in vitro. J. nat. Cancer Inst. 17, 131.

Willmer, E. N. ed. (1965–6). Cells and Tissues in Culture. Vol. 1, 2 and 3. London: Academic Press.

Willmer, E. N. (1926). Studies on the influence of the surrounding medium on the activity of cells in tissue culture. Brit. J. exp. Biol. 4, 280.

Willmer, E. N. (1954). Tissue culture; the growth and differentiation of normal tissues in artificial media. Methuen, Monographs on Biological Subjects. 2nd ed. London: Methuen. New York: Wiley.

Winnick, P. & Winnick, T. (1953). Utilization of amino acids, peptides and protein by cultures of embryonic heart. J. nat. Cancer Inst. 14, 519.

Wolff, E. M. (1953). Sur la croissance et la différenciation en milieu synthétique de la syrinx de l'embryon le poulet. C. R. Soc. Biol. (Paris) 147, 864.

Wolff, E. T. & Wolff, E. M. (1952). Le déterminisme de la differenciation sexuelle de la syrinx du canard cultivée in vitro. Bull. biol. 86, 325.

2.4 Kulturmedien zur Züchtung von Zellen und Geweben

2.4.1 Natürliche Medien

Das Kulturmedium ist bei weitem der wichtigste Einzelfaktor bei der Züchtung von Zellen und Geweben.

Die Aufgabe des Kulturmediums besteht darin, erstens die zum Weiterleben erforderlichen, physikalischen Verhältnisse des pH-Wertes, osmotischen Drucks usw. zu schaffen, und zweitens die komplizierten, chemischen Substanzen bereitzustellen, die die Gewebe brauchen, selbst aber nicht herstellen können. Darunter fallen: Aminosäuren, Kohlenhydrate und Vitamine. Einige Mikroorganismen können ihre chemischen Bestandteile aus einfachen, anorganischen Substanzen synthetisieren (d. h. sie sind autotroph), aber alle Gewebe aus vielzelligen Organismen benötigen bis zu einem gewissen Grad fertige Moleküle (d. h. sie sind heterotroph). Im allgemeinen sind Pflanzengewebe viel weniger anspruchsvoll als tierische Gewebe.

Im Idealfall sollte das Kulturmedium aus einer genau bestimmten Mischung chemischer Substanzen bestehen. Für die Kultur von Pflanzenzellen wurde dieses Ideal bereits vor vielen Jahren erreicht, aber zum Zeitpunkt dieser Niederschrift nähern wir uns erst dem für tierische Zellen, obwohl es bereits ein oder zwei synthetische Mischungen gibt, die das Wachstum von ein oder zwei speziellen Zellinien unbegrenzt unterhalten.

Im ganzen gesehen, benötigen tierische Zellen entweder ein vollkommen natürliches Kulturmedium oder ein Kulturmedium, das mit einigen Natur-Produkten, gewöhnlich Serum angereichert ist. Obwohl verbesserte, synthetische Medien weiterhin hergestellt werden, bieten *natürliche Kulturmedien* oft die billigsten und günstigsten Materialien für die Erhaltung der Zellen. Wahrscheinlich bleiben sie auch weiterhin für das Wachstum vieler, frisch isolierter Zellen und sehr anspruchsvoller Gewebe wichtig.

Die verwendeten Naturstoffe zur Förderung des Zellwachstums fallen in drei Kategorien: *Koagula,* z. B. Plasmagerinnsel; *biologische Flüssigkeiten,* z. B. Serum und Gewebeextrakte, wovon wiederum Embryonal-Extrakt am gebräuchlichsten ist.

2.4.1.1 Blut-Plasma und seine Gewinnung

Bei den traditionellen Gewebekultur-Methoden wächst das Gewebeteilchen in einem Gerinnsel (Koagulum). Ross Harrison pflanzte bei seinen ersten Experimenten ein kleines Stückchen Gewebe aus der Nähe des Neuralrohrs in ein Gerinnsel aus Froschlymphe. Später führten Carrell und Burrows Plasma für den gleichen Zweck ein, und *Plasma-Gerinnsel* sind seither allgemein in Gebrauch. Obwohl die meisten, neueren Techniken der Gewebekultur kein Plasma-Gerinnsel mehr verwenden und der größte Teil der Zellen nun ohne gezüchtet werden, können doch einige Zellen nur mit Hilfe eines Nährbodens wachsen. Am gebräuchlichsten ist Hühnerplasma. Es ist heute bei verschiedenen Firmen entweder als flüssiges Plasma in siliconisierten Ampullen oder als lyophilisiertes Plasma erhältlich, das man mit destilliertem, mit Kohlensäure gesättigtem Wasser, rekonstituiert.

Einige Leute ziehen es vor, ihr eigenes Plasma herzustellen, was unter gewissen Umständen auch besser ist. Jedes Tier kann Plasma liefern, jedoch werden meist Hühner benützt, da Hühnerplasma ein festeres Gerinnsel als die meisten Säugetierplasmen liefert und außerdem leicht gewonnen werden kann. Man verwendet meist das männliche Tier, da dessen Blut-Calciumspiegel gleichmäßiger ist. Bei manchen Verfahren, z. B. beim Blut-Abnehmen aus der Halsschlagader, arbeitet man leichter mit einem männlichen Tier. Man bevorzugt ein junges Tier und angeblich sollte es jünger als ein Jahr sein.

Beim Plasma-Sammeln ist es wichtig, das Gerinnen des Blutes zu unterbinden. Dies erreicht man durch *Verhinderung* des Beginns der Gerinnung oder durch Eingriff in den Gerinnungsprozeß. Die Gerinnung wird durch Kontakt des Plasmas mit einer wasserbenetzten Glasoberfläche angeregt oder durch Abgabe von Produkten geschädigter Gewebe in das Blut. Durch Vermeiden von Gewebe-Verletzungen und durch Benetzen der Gefäße mit einem wasserabstoßenden Material, z. B. Silicon oder Paraffinwachs, kann man die Gerinnung ohne Zusatz von *Antikoagulantien* verhindern. In den meisten Fällen kann man jedoch unmöglich eine Verletzung des Gewebes vermeiden; die Gerinnung wird dann durch eine der möglichen Methoden verzögert. *Heparin* wird meist als Antikoagulans benützt. In hohen Konzentrationen hemmt es erwiesenermaßen das Wachstum der Gewebezellen und ruft morphologische Abnormitäten hervor. Wird aber die Heparin-Konzentration so gehalten, daß sie gerade die Gerinnung (0,2 mg%) verhindert, scheint es relativ unschädlich zu sein. Der Beginn der Gerinnung kann auch durch Kühlen verhindert werden; dies dient üblicherweise als zusätzliche Maßnahme, d. h. das Blut wird in Röhrchen gesammelt, die in Eis gekühlt werden. In der Bluttransfusions-Praxis wird die Gerinnung meist durch Zugabe von Natriumcitrat zum Blut verhindert, was die Ionisierung von Calcium hemmt, eine Methode, die man beim Sammeln von Plasma für Gewebekulturzwecke allerdings nicht benützt.

Es gibt drei Methoden, um Blut auf geeignete Weise aus einem Vogel zu entnehmen: Bluten aus dem Flügel, aus dem Herzen oder aus der Halsschlagader. Wenn nichts dagegen spricht, dem Blut ein Antikoagulans zuzusetzen, wird die Methode des Blutens aus dem Flügel oder aus dem Herzen benützt. Wenn man jedoch auf eine Antikoagulans verzichten will, ist es empfehlenswert, zu einer komplizierteren Methode zu greifen, wie das Bluten aus der Halsschlagader, bei welcher die Verunreinigung des Blutes durch Gewebeteilchen auf ein Minimum herabgesetzt werden kann.

2.4.1.1.1 Bluten aus dem Flügel

Blut aus dem Flügel eines jungen Hahnes zu entnehmen, erfordert ein gewisses Geschick; nach einiger Übung geht es einfach und rasch. Es wird

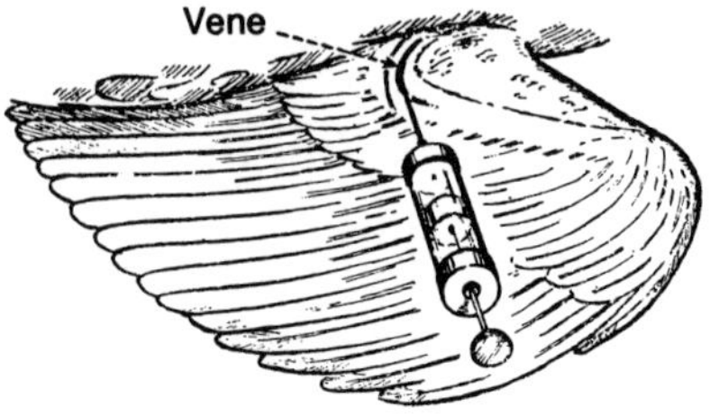

Fig. 11 Bluten aus dem Flügel

empfohlen, Spritze, Nadel und Reagenzglas für das Blut mit Heparin zu behandeln. Dem Gefäß (Reagenzglas) fügt man eine konzentrierte Lösung (25 mg/100 ml) zu, so daß die Endkonzentration des Blutes 0,2 mg/100 ml beträgt. Während das Blut gesammelt wird, sollen die Gefäße in Eis gekühlt werden. Man benützt eine 20 ml-Spritze mit einer Nadel Nr. 18 oder 19.

Der Hahn wird auf die Seite oder den Rücken gelegt, und der Flügel mit der Unterseite nach oben ausgebreitet. Die Federn werden dann an der Stelle des „Ellenbogens" ausgerupft. Nach Reinigen der Stelle sieht man den Verlauf einer großen Vene wie in Fig. 11 gezeigt. Die Stelle wird mit Alkohol abgetupft; nach dessen Verdunsten wird die Nadel eingeführt. Dies sollte sehr vorsichtig gemacht werden, da man sehr leicht durch die Vene hindurchsticht und ein großes Hämatom hervorruft, das weitere Untersuchungen zwecklos macht. Sobald man mit der Nadel in die Vene vorgedrungen ist, kann Blut leicht entnommen werden. Ist aber der Sog zu groß, wird die Venenwand in den Hohlraum der Nadel eingesogen und der Blutfluß stoppt. Hat man genügend Blut gesammelt, gibt man es in ein vorbereitetes Zentrifugenglas und zentrifugiert so schnell wie möglich ab.

2.4.1.1.2 Bluten aus dem Herzen

Als Routinearbeit ist die Herzpunktur wahrscheinlich die einfachste Methode, um eine ziemlich große Menge heparinisierten Blutes von einem Haushuhn zu gewinnen; sie wird darum in allen Einzelheiten beschrieben.

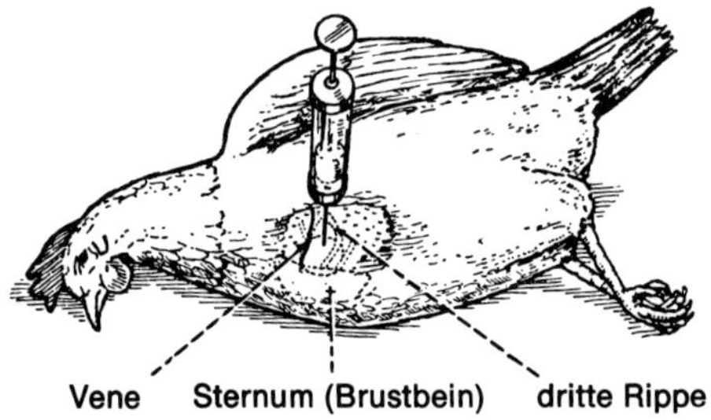

Fig. 12 Herz-Punktur: Erste Methode

1. Man bereitet einige Zentrifugengläschen vor, indem man sie mit Silicon überzieht (Serva Feinbiochemica, s. S. 434). Sie werden mit Watte oder Aluminiumfolie verschlossen und durch Erhitzen sterilisiert. In jedes Gläschen fügt man 0,1 ml einer Heparin-Lösung (25 mg/100 ml). Bevor man den Hahn bluten läßt, stellt man die Gläser in ein Bad aus zerstoßenem Eis.

2. In gleicher Weise bereitet man eine 25 ml-Spritze und 2 oder 3 Serum-Nadeln Nr. 2 (mindestens 5 cm lang) durch Siliconisieren und Sterilisieren vor.

3. Wenn der Hahn narkotisiert werden muß, rupft man einige Federn aus einem Oberschenkel und injiziert in den Muskel eine Nembutal-Natrium-Lösung (25 mg pro kg Körpergewicht).

4. Wenn er nicht mehr auf Reize anspricht, legt man den Vogel auf seine rechte Seite. Er kann mit Klebestreifen um den Hals und um die Beine an den Tisch befestigt werden. Die Flügel werden übereinandergelegt, um Flattern zu verhindern. Statt den Vogel an einen Tisch zu binden, kann ihn auch ein Assistent festhalten. Der Assistent sollte dem Operateur gegenüberstehen, während er die Beine des Vogels mit der linken Hand festhält, die Flügel mit der rechten Hand zusammenhält und den Kopf unter seinem rechten Ellenbogen packt.

5. Man rupft die kleinen Federn über den Herzgegend aus und preßt die größeren zur Seite. Der erste, sichtbare Markierungspunkt ist eine große Vene, die dorsal verläuft. Dahinter kann man eine weiche Stelle fühlen und das dorsale Ende des Brustmuskels lokalisieren.

Man reinigt die Haut mit Alkohol und führt die Nadel an diesem Punkt ein. Wenn sie auf das Brustbein (Sternum) trifft, zieht man sie teilweise zurück und führt sie weiter hinten wieder ein. Die Haltung der Spritze und Nadel sollte beinahe vertikal sein. Wenn man die Nadel 2,5–4 cm weit eingeführt hat, sollte man den Herzschlag fühlen können. Man führt die Nadel noch etwas weiter ein, erzeugt einen leichten Sog, bis das Blut einfließt und zieht dann ziemlich schnell zurück.

6. Man gibt das Blut sofort in ein gekühltes Glas und zentrifugiert 5–10 Min. lang bei 1800 g, d. h. etwa 2500 Upm in einer normalen Klinikzentrifuge. Danach gibt man das Plasma in saubere, sterile und siliconisierte Gläschen und bewahrt sie im Kühlschrank auf. Man entnimmt zur selben Zeit eine Probe zur Prüfung der Sterilität. (Während des Sterilisierens muß der Wattepfropf so befestigt werden, daß man etwas Watte über den Rand

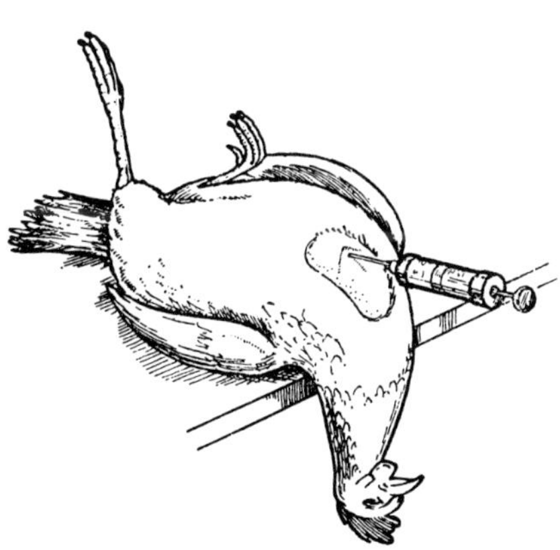

Fig. 13 Herz-Punktur: Zweite Methode

des Glases zieht und sie mit einem elastischen Band fixiert. Dies ist nicht nötig, wenn die Gläser mit Folie verschlossen werden.)

Anmerkung: Um klares Plasma zu erhalten, sollte das Tier mindestens 8 Std. vor dem Bluten nüchtern bleiben, aber mit genügend Trinkwasser versorgt werden. Nach dem Bluten kann man es wieder füttern; es muß sehr viel Wasser haben, denn es wird sehr durstig sein. Man entnimmt gewöhnlich mit dieser Methode nicht mehr als 25 ml zur selben Zeit, jedoch kann man bei Bedarf bis zu 75 ml entnehmen. Ein geübter Operateur kann ohne Heparin arbeiten; wenn aber das Bluten nicht ohne wesentliche Gewebsverletzung ausgeführt werden kann, wird sein Gebrauch empfohlen.

Eine andere Möglichkeit, einem Huhn Blut zu entnehmen (Fig. 13), ist die, den Vogel auf seinen Rücken zu legen und den Kopf über die Tischkante herabhängen zu lassen. Die Stelle am Halsansatz wird dann mit Alkohol abgerieben und die kleinen Federn wie vorher ausgerupft. Eine Spritze mit einer 5 cm langen Nadel wird dann direkt hinter dem Sternum horizontal eingeführt, bis sie ins Herz trifft. Das Blut kann dann entnommen werden.

2.4.1.1.3 Bluten aus der Halsschlagader

Wenn man das Blut ohne Zugabe eines Antikoagulans entnehmen möchte, gewinnt man es für gewöhnlich durch Bluten aus der Halsschlagader. Dies erfordert eine Operation, die zwar ganz einfach ist, aber einige Übung braucht.

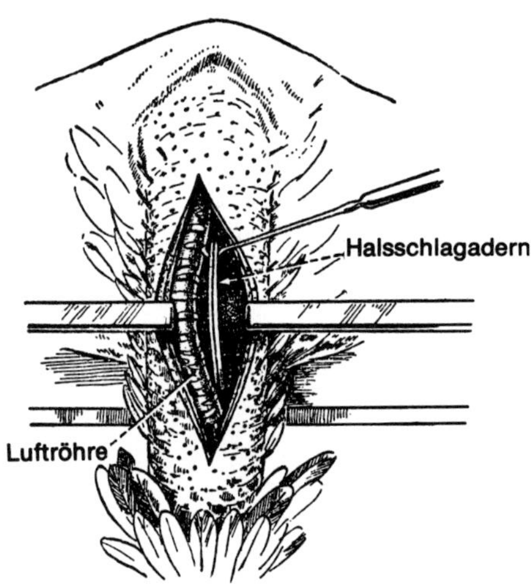

Fig. 14 Allgemeine anatomische Verhältnisse der Halsschlagadern beim Huhn

Der Vogel wird mit seinem Rücken auf den Operationstisch gelegt, wobei man den Kopf über die Kante des Tisches fallen läßt. Er wird mit Äther oder durch Injektion von Nembutal-Natrium einige Zeit vor der Operation in den Oberschenkel betäubt (25 mg pro kg Körpergewicht). Dann wird ein Schnitt entlang der Mittellinie des Halses gemacht, wobei man eine Knorpelröhre sieht. Die Muskeln werden von beiden Seiten her abgetrennt; darunter findet man die beiden aneinanderliegenden Halsschlagadern. Eine gebogene Nadel wird nun hinter die Adern eingeführt, um sie von umgebendem Gewebe abzutrennen. Die Arterien werden voneinander getrennt und eine doppelte Ligatur darunter gebracht. Die distale Ligatur wird festgezogen. Nun muß man sich für eine von zwei Arbeitsweisen entscheiden. Bei der ersten wird etwas steriles Olivenöl oder flüssiges Paraffin über die Stelle gegossen und ein kleiner Schnitt in die Arterienwand gemacht, ohne ganz durchzuschneiden. Sobald der Schnitt gemacht ist, spritzt das Blut heraus und kann in vorbereiteten, siliconisierten Gläsern aufgefangen werden. Diese Arbeitsweise ist ausreichend, aber viele Leute ziehen es vor, nach dem Schnitt eine Silberkanüle in das nächstliegende Ende der Arterie einzuführen und das Blut direkt in die siliconisierten Zentrifugengläschen zu bringen. Man kann den Vogel zu Tode bluten lassen oder die Arterie unterbinden und den Hautschnitt wieder zunähen. So ist es möglich, nach einigen Wochen von der anderen Arterie nochmals Blut zu entnehmen.

2.4.1.2 Kollagen

Es gibt kaum einen Zweifel, daß frisch isolierte Gewebe auf einem physiologischen Substrat, z. B. Plasma, besser wachsen. Leider neigen Fibrin-Substrate dazu, sich zu verflüssigen. Als Alternative schlugen Ehrmann und Gey (1956) rekonstituiertes Rattenschwanz-Kollagen vor. Es hat sich für einige morphologische Forschungsarbeiten als besonders nützlich erwiesen und wurde für Reagenzglas- und Deckglas-Kulturen eingeführt.

Rattenschwänze werden in 95%igem Alkohol sterilisiert und gebrochen; anschließend entfernt man die gebrochenen Stücke, um die Sehnen freizulegen. Die Sehnen eines Schwanzes werden in 150 ml einer 1:100 verdünnten Essigsäure-Lösung gegeben und festverschlossen 48 Std. im Kühlschrank aufbewahrt. Anschließend muß längere Zeit zentrifugiert werden (eine Stunde bei 2500 g), um die Rückstände von der essigsauren Kollagen-Lösung abzutrennen. Man kann noch zwei weitere Extraktionen daran anschließen. Das Material kann man einige Monate im Kühlschrank aufbewahren. Vor Gebrauch wird es mehrmals gegen destilliertes Wasser dialysiert. Während der Dialyse nimmt die Viskosität der Flüssigkeit zu. Schließlich wird sie für die Verwendung zu viskos. Die Dialyse sollte vor diesem Stadium gestoppt werden, je nachdem, ob man eine dünne oder dicke Kollagen-Schicht wünscht. Gewöhnlich beträgt die Mindestdialysezeit 24 Std. und die Maximalzeit 48 Std. Zum Gebrauch wird die Oberfläche des Gefäßes mit der Lösung überzogen und das Kollagen fällt, nachdem es Ammoniak-Dämpfen ausgesetzt wurde, als dünner, zäher Film aus. Schließlich wird der Ammoniak durch Auswaschen mit destilliertem Wasser und anschließendem Waschen mit gepufferter Salzlösung (balanced salt solution = BSS) entfernt (s. S. 92). Das Gewebe wächst direkt auf dem Kollagen wie auf einer Glasoberfläche.

2.4.1.3 Biologische Flüssigkeiten

Trotz der vielen Fortschritte, die unsere Kenntnisse in den letzten Jahren über die Ernährung der Gewebekulturen gemacht haben, ist die Grundlage der meisten Kulturmedien immer noch die eine oder andere einer Reihe *biologischer Flüssigkeiten.* Die traditionelle, biologische Flüssigkeit und die gebräuchlichste ist das *Serum.* Es scheint keinen Vorteil zu bringen, autologe oder homologe Seren zu verwenden, ausgenommen vielleicht im Falle einiger erwachsener Gewebe. Primaten und menschliche Zellen scheinen in menschlichem Serum besser zu überleben; der Grund mag darin liegen, daß dieses Serum das Wachstum menschlicher Viren unterdrückt, welche häufig diese Zellen infizieren. Ein gewisser Prozentsatz der Seren sind immer *toxisch;* jedoch können autologe Seren genauso toxisch sein wie heterologe. Die Regel sagt: Ein Serum ist entweder toxisch oder nicht toxisch ohne Rücksicht auf seinen Ursprung. Serum wird meist von Blut von Erwachsenen, oder Nabelschnur-Blut, Pferdeblut oder Kälberblut gewonnen. Menschliches Nabelschnur-Serum oder fötales Kälberserum scheinen besonders günstig zu sein.

2.4.1.3.1 Gewinnung von Serum

Die *Serum-Herstellung* ist ein einfaches Verfahren. Es besteht darin, das Blut oder Plasma gerinnen und absitzen zu lassen und dann das überstehende Serum zu entfernen. So gesammeltes Serum muß gewöhnlich vor dem Gebrauch filtriert werden. Bei der Filtration des Serums durch Seitzfilter (Asbest) scheinen einige Wachstumsfaktoren verloren zu gehen. Bessere Resultate erzielt man mit Membran-Filtern (aus Celluloseester), die aber sehr schnell mit Serum verstopfen, wenn nicht eine Reihe von Glasfaser-Vorfiltern, eine Trennschicht aus Dacron und großporige Filter vor dem Sterilisationsfilter vorgeschaltet werden. Es ist empfehlenswert, das Serum auf seine *Sterilität* hin zu *prüfen,* bevor man es in das Kulturmedium gibt. Während man auf das Ergebnis des Sterilisationstestes wartet, ist es natürlich nötig, das Serum aufzubewahren; es wird empfohlen, dies bei niedriger Termperatur zu tun. Die Meinungen gehen über den Wert auseinander, Serum unter sehr kalten Bedingungen aufzubewahren. Es erscheint empfehlenswert, das Serum einzufrieren, wenn es über eine längere Zeitspanne aufbewahrt wird; für einige Wochen genügt die normale Kühlschrank-Temperatur.

Die aktiven Komponenten des Serums wurden von Healy und Parker als *Orosomucoid* (ein *α_1-saures Glykoprotein*) und *α_2-Makroglobulin* identifiziert. Beide verschwinden bei der Züchtung von embryonalen Mäusezellen aus dem Kulturmedium. Jedes für sich zeigt einen nur geringen Wachstums-Effekt; beide zusammen haben eine ausgeprägte Wirkung und können das Serum ersetzen. Das Makroglobulin kann durch Nichtproteinmoleküle wie Dextran oder Ficoll ersetzt werden, das saure Glykoprotein aber nicht. Diese Beobachtungen scheinen die vielen Beobachtungen zu vereinen, nach denen Glykoproteine mit Cohns Fraktion V die wichtigen Bestandteile im Serum sind. Davon abweichend betrachteten einige Forscher *Fetuin* als den wichtigen Bestandteil, während andere α-Glykoproteinen den Vorzug gaben und wieder andere den Makroglobulinen.

Es wird empfohlen, das Serum auf *Toxizität* zu *prüfen;* man macht dies am besten, indem man es in ein Wachstumsmedium gibt und die *Klonier-Ausbeute* (engl. plating efficiency, s. S. 345) einer Standardzellinie bestimmt, wenn diese verwendet wird. Ein gegebenes Serum kann bei einigen Zellinien eine hohe Klonier-Ausbeute erzielen, bei andern dagegen nicht. Fibroblasten-Linien scheinen besonders anspruchsvoll zu sein. Die Toxizität von Seren kann bis zu einem gewissen Grad durch Verwendung mehrerer gemischter Seren vermieden werden. Manche Autoren behaupten, daß die Toxizität des Serums durch Hitze-Inaktivierung wie 30minütiges Erhitzen auf 65 °C reduziert werden kann; andere wiederum glauben, daß diese Behandlung unwirksam ist.

2.4.1.3.2 Nabelschnur-Serum

Nabelschnur-Serum wurde von einigen Forschern, vor allem Dr. Gey und Dr. Margaret Murray, besonders empfohlen. Wenn möglich, sollte man den Assistenten bitten, die Nabelschnur nicht sofort nach der Geburt abzuklemmen, da dies leicht eine Hämolyse verursacht. Man läßt das Blut von der Nabelschnur in ein Auffanggefäß tropfen. Das so gewonnene Plazenta-Blut läßt man gerinnen, das Serum wird abpipettiert. Gewöhnlich muß es abzentrifugiert werden, um rote Blutzellen zu entfernen. Dieses Serum kann filtriert werden. Aber eine gebräuchliche Methode besteht darin, es zwei oder drei Wochen lang bei Zimmertemperatur stehen zu lassen; in dieser Zeit „sterilisiert" es sich selbst. Wenn in dieser Zeit bakterielles Wachstum auftritt, sollte man das Serum verwerfen. Dieses Serum wird für das Wachstum von Geweben, die auf andere Art besonders schwierig zu züchten sind, als besonders gut angesehen; es soll nie toxisch sein.

2.4.1.3.3 Fruchtwasser

Fruchtwasser aus verschiedenen Quellen wurde in vielen Gewebekulturmedien benützt. Am einfachsten gewinnt man Fruchtwasser von Kühen. Den trächtigen Uterus bekommt man vom örtlichen Schlachthof. Er wird außen vorsichtig gewaschen und dann an einen Haken gehängt. Am unteren Ende wird nun eine Stelle mit Jod abgerieben. Nach dessen Eintrocknen wird ein Trocar und eine Kanüle mit festgemachtem Glas in den Uterus eingebracht, worauf man das Fruchtwasser in passende Gefäße tropfen läßt. Nach einem Sterilitätstest ist dieses Material gebrauchsfertig.

2.4.1.3.4 Aszites- und Pleural-Flüssigkeit

Bauch- und Brustfell-Flüssigkeiten wurden beide als nützliche Kultur-Medien beschrieben, wobei die Aszites-Flüssigkeit von Patienten mit peritonealer Carcinomatose besonders empfohlen wurde. Normalerweise sollte man diese Materialien aus einem Krankenhaus beziehen; man kann sie nach Prüfung auf Sterilität benützen. Es ist ratsam, sie auch auf Toxizität zu prüfen, da viele Patienten, die diese Flüssigkeiten erzeugen, starke Medikamente bekommen und diese Medikamente in toxischen Konzentrationen in den Flüssigkeiten vorhanden sein können.

2.4.1.3.5 Augen-Kammerwasser

Das *Kammerwasser der Augen* wurde als guter Nährstoff für Kulturen empfohlen, da es in vivo die einzige Nahrungsquelle für das Hornhaut-Epithel ist. Die beste Bezugsquelle für das Kammerwasser ist das Ochsenauge. Dieses kann man in großen Mengen vom örtlichen Schlachthaus bekommen; natürlich ist die Gewinnung größerer Mengen mühsam und wahrscheinlich ist das Kammerwasser nur für Arbeiten im kleinen Maßstab ratsam.

2.4.1.3.6 Serum-Ultrafiltrate

Man hat ziemlich sicher festgestellt, daß die wichtigsten Bestandteile des Serums die großen Moleküle sind, d. h. Proteine und proteingebundene Stoffe. Diese sind anscheinend bis auf einige wenige Ausnahmen nicht ersetzbar. Das *Serum-Ultrafiltrat* ist allerdings ein sehr nützlicher Zusatz-Nährstoff. Es wurde von Simms entwickelt, um eine Anreicherung von

Fett während der Kultivierung zu verhindern. Seine Zubereitung erfordert spezielle Apparate und ist ziemlich mühsam. Man kann es aber auch käuflich erwerben. Bisweilen ist es ein nützlicher Zusatz bei der Züchtung sehr anspruchsvoller Gewebe.

2.4.1.3.7 Dialysiertes Serum

Wie schon erwähnt, wachsen nur wenige Zellinien in genau definierten Kulturmedien. Die meisten freilich wachsen in genau definierten Medien, die mit *dialysiertem Serum* angereichert sind; in diesen Kultur-Medien sind die niedermolekularen Komponenten genau definiert.

Um Dialyse-Serum herzustellen, wird zuerst sein Volumen genau gemessen, dann wird 48 Std. lang gegen Wasser dialysiert. Gegen Ende dieser Zeit wird $^1/_5$ Volumen einer 10fach konzentrierten BSS (s. S. 92) zugefügt. Das Volumen wird dann mit destilliertem Wasser auf das Doppelte des Originalvolumens aufgefüllt. Nach der Filtration durch ein Membran-Filter enthält dieses Material 50% dialysiertes Serum.

2.4.1.3.8 Insekten-Hämolymphe

Die *Hämolymphe* wird als Grundlage einiger Kulturmedien für die Insektengewebekultur benützt. Zur Gewinnung schneidet man die 2 oder 3 letzten Segmente einer großen Insekten-Puppe ab und preßt die Flüssigkeit aus. Alle Hämolymphen dunkeln leicht nach, wenn sie der Luft ausgesetzt werden; dabei entwickeln sich toxische Eigenschaften. Um die Tyrosinase zu hemmen, die das Dunkelwerden verursacht, wurden verschiedene Mittel angewandt. Normalerweise wird die Hämolymphe mit Phenylthioharnstoff gesättigt. Diese Methode ist in vielen Fällen erfolgreich; Wyatt fand jedoch, daß Phenylthioharnstoff das Wachstum der Zellen hemmt und fand bessere Ergebnisse, wenn die Tyrosinase aus der Hämolymphe durch Hitze-Behandlung ausgefällt wird. Dazu erhitzt man die Hämolymphe 5 Min. lang auf 60 °C, friert sie anschließend und hält sie 24 Std. tief gefroren; nach dem Auftauen zentrifugiert man 10 Min. bei 6000 g und verwendet den Überstand.

2.4.1.3.9 Kokosnußwasser

Wird als Zusatz in der Pflanzengewebekultur verwendet. Es wurde auch für tierische Gewebe ausprobiert, freilich ohne großen Erfolg. Man stellt es aus gewöhnlichen Kokosnüssen her. Das Wasser wird einigen Nüssen entnommen, wobei von jeder Nuß eine Probe durch Geschmackstest auf

Frische geprüft wird. Die nicht frischen Nüsse werden verworfen. Die gesammelte Flüssigkeit kann bis zum Gebrauch im Tiefkühlschrank gelagert werden. Es wird dann autoklaviert und noch heiß durch ein Whatman No. 1 Filtrierpapier filtriert. Das Material ist dann gebrauchsfertig.

2.4.1.4 Gewebeextrakte

2.4.1.4.1 Allgemeines

Fast alle Kulturmedien, die für die Kultivierung von Geweben verwendet werden, enthielten bis vor kurzem irgendeinen Gewebeextrakt, gewöhnlich *Embryonal-Extrakt*. In den letzten Jahren wurden wirksame Ersatzstoffe für Embryonal-Extrakte entwickelt, so daß sie weniger als früher verwendet werden; sicher wird sich ihr Gebrauch mehr und mehr verringern. Allerdings war schon seit vielen Jahren bekannt, daß Zellen ohne Embryonal-Extrakt wachsen, und einige Gewebe wurden sehr erfolgreich nur in Serum und BSS allein kultiviert. Man fand heraus, daß die wichtigsten Bestandteile des Embryonal-Extraktes in der niedermolekularen Fraktion enthalten sind und daß sie wirksam durch synthetische Zusatzstoffe ersetzt werden können. Diese bestehen gewöhnlich aus einer Aminosäure-Mischung.

Wir kennen jedoch Ausnahmen und besonders im Falle der differenzierten Gewebe scheinen Stoffe im Embryonal-Extrakt enthalten zu sein, die nicht ausreichend ersetzt werden können. Harris und Kutsky (1954) fanden, daß es neben der niedermolekularen Fraktion, die die wichtigsten Bestandteile des Embryonal-Extraktes enthält, noch eine Nucleoproteinfraktion gibt, die das Wachstum frisch isolierter Zellen sehr verbessert.

2.4.1.4.2 Herstellung von Embryonal-Extrakt

Allgemein gesprochen, gibt es zwei verschiedene Arten von Extrakten. Solche, bei denen bei der Herstellung darauf geachtet wird, daß das Gewebe möglichst wenig zerstört wird, und andere, bei denen das Gewebe völlig zerstört und echte Homogenate hergestellt werden. Diese zweierlei Extrakte rufen ganz verschiedene Wirkungen an Zellen hervor. Z. B. muß der Homogenattyp mit Vorsicht verwendet werden, da er in hohen Konzentrationen recht toxisch wirken kann.

2.4.1.4.3 Herstellung von Hühnerembryonal-Extrakt

Diese Zubereitung stellt ein Beispiel eines einfachen Extraktes aus relativ intakten Zellen dar. Embryonen verschiedenen Alters können dabei verwendet werden. Sind sie jung. d. h. bis zu 10 Tagen, kann man einen einfachen Embryo-Saft in der Weise herstellen, daß man 2 oder 3 Embryonen in den Zylinder einer sterilen 20 ml-Spritze gibt und sie in ein passendes Aufnahmegefäß auspreßt. Dieser Saft wird auf 50% mit BSS verdünnt; nach dem Zentrifugieren enthält der Überstand EE_{50}. Dieser Vorgang wird nun im einzelnen beschrieben.

2.4.1.4.4 Herstellung von Embryonal-Extrakt aus jungen Embryonen (Fig. 15)

1. Man reinigt die Eierschale mit Alkohol.
2. Das stumpfe Ende der Schale wird durch wiederholtes leichtes Klopfen mit einem Skalpell oder einer kräftigen Pinzette aufgebrochen.
3. Die Schale über der Luftblase wird entfernt, um die Membran freizulegen.
4. Man lockert und entfernt die Membran mit einer zweiten Pinzette.
5. Eine dritte (gebogene) Pinzette wird unter den Hals des Embryos geschoben, wobei man acht gibt, keinen Druck auszuüben. Der Embryo soll sehr langsam aus dem Ei herausgezogen und in eine Petrischale gegeben werden.
6. Wenn alle Embryonen entfernt sind, wird jeder 3mal mit BSS gespült, um alles Blut und Eidotter zu entfernen.
7. Die Embryonen werden nun in den Zylinder einer Spritze gegeben, in den man den Kolben vorsichtig hineinschiebt.
8. Man steckt die Öffnung der Spritze in ein Zentrifugengläschen und drückt alle Embryonen aus.
9. Nun wird die gleiche Menge BSS zu der breiigen Masse gegeben und mit einem sterilen Glasstab umgerührt. Die Masse läßt man anschließend 30 Min. bei Zimmertemperatur stehen und zentrifugiert 20 Min. lang bei 2000 g (etwa 2500 Upm).
10. Der Überstand (EE_{50}) wird entfernt und auf kleine Reagenzgläser verteilt. Zustöpseln. Man macht einen Sterilitätstest, indem man die letzten 10 Tropfen in ein Gläschen mit Fleischbrühe gibt. Dieses Gläschen wird inkubiert.
11. Wird der Extrakt am selben Tag verwendet, bewahrt man ihn im Kühlschrank auf. Um ihn länger aufzubewahren (bis zu 6 Wochen) wird er eingefroren. Vor Gebrauch taut man ihn langsam auf und zentrifugiert ihn 10 Min. lang bei 2000 g.

Fraktionierung von Embryonal-Extrakt über Sephadex G. 25. Um differenzierte Zellen in Gerinnseln wachsen zu lassen, fanden es Coon sowie Cahn und Cahn wünschenswert, Embryonal-Extrakt in Fraktionen hohen und niedrigen Molekulargewichts aufzutrennen. Erstere schien die Entdifferenzierung zu fördern, letztere die Differenzierung aufrechtzuerhalten.

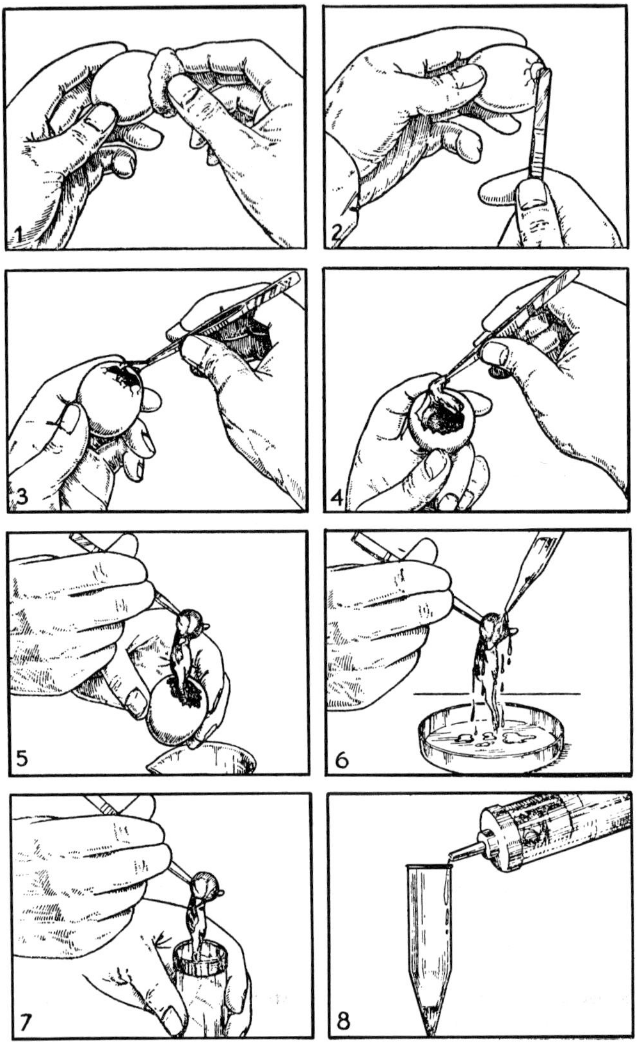

Fig. 15 Herstellung von Embryonal-Extrakt (siehe Text)

Der Embryonal-Extrakt wurde wie folgt hergestellt: 11 Tage alte Hühnerembryonen wurden mit der gleichen Volumenmenge Hanks BSS in einem Oster Mixer (oder einem ähnlichen Homogenisator) mit höchster Geschwindigkeit 40 Sek. lang homogenisiert.

Das Homogenat wurde 30 Min. lang bei 30 000 g zentrifugiert, der Überstand bei 4 °C mit 0,25 mg/100 ml Hyaluronidase (Nutritional Biochemicals, Typ III, S. 433 2 Std. lang inkubiert. Das Extrakt wurde dann 85 Min. lang bei 110 000 g zentrifugiert. Nach Entfernen von Häutchen und Niederschlag blieb eine klare, orangefarbene Flüssigkeit (Gesamt-EE_{50}) zurück.

Gesamt-EE_{50} wurde auf einer Sephadex G25 (Coarse)-Säule in zwei Fraktionen aufgetrennt. Ungefähr 80 ml des Gesamt-EE_{50} wurde auf eine 2,5 × 80 cm Säule gebracht, mit Hanks Lösung ohne Phenolrot äquilibriert und damit eluiert. Die H (hochmolekulare ≥ 5000), oder „ausgeschlossene" Fraktion war der Teil des Eluats, der Hämoglobin enthielt. Die N (niedermolekulare ≤ 5000) oder „zurückgebliebene" Fraktion eluierte da, wo H endete und enthielt die Fraktionen bis zu den ersten Spuren von Phenolrot im Eluat.

2.4.1.4.5 Herstellung von Rinderembryonal-Extrakt

Dies stellt ein Beispiel eines Extraktes vom Homogenattyp dar.

Man verschafft sich einen trächtigen Uterus vom Schlachthof und palpiert den Foetus. Man sollte einen Uterus auswählen, der einen Foetus von 10–15 cm Länge zu enthalten scheint. Die Außenseite wird vorsichtig abgewaschen und mit Jod betupft. Am besten entfernt man das Fruchtwasser mit Hilfe eines Trocars und einer Kanüle. Danach legt man den Uterus in eine große, sterile Schale. Ein langer Schnitt wird gemacht und die Uteruswände zurückgeschoben. Der Embryo liegt nun offen da und kann sehr leicht herausgeholt werden. Er wird in ziemlich kleine Stücke geschnitten und in einem Messer-Homogenisator mit ungefähr demselben Volumen BSS versetzt. Nach 2–5 min. Homogenisieren bei hoher Geschwindigkeit wird der entstandene Brei in Zentrifugen-Flaschen gegeben und abzentrifugiert. Die überstehende Flüssigkeit, gewöhnlich noch trüb, enthält EE_{50}.

Bryant, Earle und Peppers (1953) haben eine beachtliche Verbesserung dieser Technik entwickelt. Sie schlagen vor, das beschriebene Produkt mit Hyaluronidase zu behandeln und dann in einer Ultrazentrifuge zu zentrifugieren, um alle festen Bestandteile zu entfernen. Anschließend kann es durch ein gesintertes Glasfilter filtriert werden; das Filtrat enthält eine ausgezeichnete, wachstumsfördernde Aktivität.

2.4.1.4.6 Ultrafiltrate aus Embryonal-Extrakt

Earles Gruppe hat gezeigt, daß *Ultrafiltrate* aus Embryonal-Extrakt die gleiche wachstumsfördernde Wirksamkeit haben wie der Embryonal-Extrakt selbst. Nach Prüfung von Embryonen verschiedenen Alters fanden sie kaum Unterschiede der wachstumsfördernden Wirksamkeit. Schließlich stellte diese Gruppe ein Ultrafiltrat aus unfruchtbaren Eiern her und fand es gleich wirksam.

2.4.1.4.7 Andere Gewebeextrakte

Obwohl meist Embryonal-Extrakte verwendet werden, haben mehrere Autoren auch Extrakte anderer Gewebe verwendet. So wurden aktive Extrakte aus ausgewachsenen Geweben hergestellt, z. B. Milz, Leber, Knochenmark, Leukozyten und Tumoren. Jedoch zeigten sie in einigen Fällen Wachstums-Hemmeffekte. Für die Gewebekultur von Kaltblütern wurden Extrakte aus Kaulquappen (für Amphibien) und Fischrogen (für

Fische) benützt. Allerdings ist es fraglich, ob diese irgendwelche spezielle Eigenschaften haben; es ist nicht unwahrscheinlich, daß Kulturmedien des Typs, wie sie für Säugetiergewebe verwendet werden, sich als befriedigend erweisen werden. Alle Gewebeextrakte neigen dazu, bei Zimmertemperatur sehr schnell zu verderben und sogar bei Kühlschranktemperatur verlieren sie innerhalb einer Woche einen großen Teil ihrer wachstumsfördernden Wirksamkeit. Sie können jedoch bei −20 °C gut gelagert werden; daher ist es das beste, sie auf diese Weise in kleinen Mengen aufzubewahren. Beim Auftauen findet man, daß sich ein Präzipitat gebildet hat; daher ist es nötig, sofort vor Gebrauch zu zentrifugieren.

2.4.1.5 Andere Kulturmedien biologischen Ursprungs

Da die hauptsächlichsten Nahrungsbedürfnisse kultivierter Zellen denen der Mikroorganismen sehr ähneln, wurden natürlich Versuche unternommen, bakteriologische Kulturmedien für ihr Wachstum heranzuziehen. Diese Versuche hatten einigen Erfolg, obwohl die meisten bakteriologischen Kulturmedien für eine längere Erhaltung tierischer Zellen nicht ausreichend sind. Als Zusatz zu einfachen Basismedien, z. B. 10% Serum in BSS, sind sie sehr nützlich.

Die wirksamsten Zusätze dieser Art sind *Lactalbumin-Hydrolysat* (von Nutritional Biochemicals, S. 433), in einer Konzentration von 0,1–0,5% und Difco Bactopepton (S. 431), das gewöhnlich 0,5%ig verwendet wird. Diese Präparate können die Aminosäure-Komponenten genau definierter Kulturmedien ersetzen. Entwässerter Hefeextrakt (0,1%) kann als Vitamin- und Coenzymquelle benützt werden.

Ein Kulturmedium, das gewöhnlich in virologischen Laboratorien zur Erhaltung von Zellstämmen gebraucht wird, enthält 0,5% Lactalbumin-Hydrolysat, 0,1% Hefeextrakt und 5–10% Kalbs- oder menschliches Serum.

Andere Zusätze, wie Hefeextrakt, tryptische Fleischbrühe, entrahmte Milch und Fildes Medium wurden teilweise als nützlich befunden.

Literatur

Albrink, W. S. & Wallace, A. C. (1951). Aqueous humor as a tissue culture nutrient. Proc. Soc. exp. Biol. (N. Y.) 77, 754.

Baker, L. E. (1929). The chemical nature of the substances required for cell multiplication. II. The action of glutathione, hemoglobin, and ash of liver on the growth of fibroblasts. J. exp. Med. 49, 163.

Baker, L. E. (1933). The cultivation of monocytes in fluid medium. J. exp. Med. 58, 575.
Baker, L. E. & Carrel, A. (1926). Action on fibroblasts of the protein fraction of embryonic tissue extract. J. exp. Med. 44, 387.
Baker, L. E. & Carrel, A. (1926). Effect of the amino acids and hydrolyzable constituents of embryonic tissue juice on the growth of fibroblasts. J. exp. Med. 44, 397.
Baker, L. E. & Carrel, A. (1928). The effects of digests of pure proteins on cell proliferation. J. exp. Med. 47, 353.
Bornstein, M. B. (1958). Reconstituted rat-tail collagen used as a substrate for tissue cultures on coverslips in Maximow slides and roller tubes. Lab. Invest. 7, 134.
Bryant, J. C., Earle, W. R. & Peppers, E. V. (1953). The effect of ultracentrifugation and hyaluronidase on the filtrability of chick embryo extract for tissue culture. J. nat. Cancer Inst. 14, 189.
Cailleau, Relda & Kirk, P. L. (1954). The influence of various culture media on the growth of Earle's Strain L cells and chick heart fibroblasts in vitro. J. nat. Cancer Inst. 15, 295.
Cailleau, Relda & Kirk, P. L. (1957). Some factors affecting the growth promoting properties of serum in tissue culture. Tex. Rep. Biol. Med. 15, 237.
Carrel, A. (1913). Artificial activation of the growth in vitro of connective tissue. J. exp. Med. 17, 14.
Carrel, A. & Ebeling, A. H. (1923). Action on fibroblasts of extracts of homologous and heterologous tissues. J. exp. Med. 38, 499.
Doljanski, L. & Hoffman, R. S. (1943). The growth activating effect of extract of adult tissue on fibroblast colonies in vitro. III. Cultivation for prolonged periods. Growth 7, 67.
Doljanski, L., Hoffman, R. S. & Tenenbaum, E. (1944). The effect of tumor extracts on growth of cells in vitro. Growth 8, 13.
Doljanski, L. & Werner, H. (1945). Studies on growth-promoting factors of adult tissue extracts; precipitation with alcohol; action of lipid solvents. Growth 9, 229.
Drew, A. H. (1927). The action of tumour extracts on tissues in vitro. Brit. J. exp. Path. 8, 176.
Eagle, H. (1955). Nutrition needs of mammalian cells in tissue culture. Science 122, 501.
Ehrmann, R. L. & Gey, G. O. (1956). The growth of cells on a transparent gel of reconstituted rat-tail collagen. J. nat. Cancer Inst. 16, 1375.
Enders, J. F. (1953). Bovine amniotic fluid as tissue culture medium in cultivation of poliomyelitis and other viruses. Proc. Soc. exp. Biol. (N. Y.) 82, 100.
Fischer, A. (1939). Nature of the growth-accelerating substance of animal tissue cells. Nature (Lond.) 144, 113.
Fischer, A. (1941). The nature of the growth-promoting substances in embryonic tissue juice. Acta physiol. scand. 3, 54.
Fisher, H. W., Puck, T. T. & Sato, G. (1958). Molecular growth requirements of single mammalian cells: The action of fetuin in promoting cell attachment to glass. Proc. nat. Acad. Sci. (Wash.) 44, 4.
Ginsburg, H. S., Gold, E. & Jordan, W. S. Jr. (1955). Tryptose phosphate broth as supplementary factor for maintenance of HeLa cell tissue cultures. Proc. Soc. exp. Biol. (N. Y.) 89, 66.
Hanks, J. H. (1949). Calcification of cell cultures in the presence of embryo juice and mammalian sera. Proc. Soc. exp. Biol. (N. Y.) 71, 328.
Harris, M. (1952). Growth factors in alcoholic extracts of chick embryos. Growth 16, 215.
Harris, M. (1952). The use of dialyzed media for studies in cell nutrition. J. cell. comp. Physiol. 40, 279.

Harris, M. (1952). Growth factors in alcoholic extracts of chick embryos. Growth 16, 215.

Harris, M. (1953). Partial purification of growth factors in the dialyzable fraction of chick embryo extract. Growth 17, 147.

Harris, M. & Kutsky, R. J. (1954). Synergism of nucleoprotein and dialysate growth factors in chick embryo extract. Exp. Cell Res. 6, 327.

Hetherington, D. C. (1944). Frozen-dried serum as a medium constituent for tissue cultures. Proc. Soc. exp. Biol. (N. Y.) 57, 196.

Hetherington, D. C. & Craig, J. S. (1939). Effect of frozen-dried plasma and frozen-dried embryo juice on tissue cultures. Proc. Soc. exp. Biol. (N. Y.) 42, 831.

Hoffman, R. S. & Doljanski, L. (1939). The growth activating effect of extracts of adult tissue on fibroblasts colonies in vitro. Experiments with chicken heart extracts. Growth 3, 61.

Hoffman, R. S., Dingwall, J. & Andrus, W. (1951). Growth effects on chick fibroblast cultures of fractions of adult and embryonic tissue extracts following differential centrifugation. Science 113, 268.

Jacoby, F. (1936). Migratory and mitotic activity of chick fibroblasts under the influence of dialysate of embryo juice. Arch. exp. Z. 19, 241.

Jacquez, J. & Barry, E. (1951). Tissue culture media. The essential nondialyzable factors in human placental cord serum. J. gen. Physiol. 34, 765.

Kutsky, R. J. (1953). Stimulating effect of nucleoprotein fraction of chick embryo extract on homologous heart fibroblasts. Proc. Soc. exp. Biol. (N. Y.) 83, 390.

Kutsky, R. J. & Harris, M. (1954). Growth promoting agents in cell fractions of chick embryos. J. cell. comp. Physiol. 43, 193.

Kutsky, R. J., Trautman, R., Lieberman, M. & Cailleau, Relda (1956). Nucleoprotein fractions from various embryonic tissues. A comparison of physicochemical characteristics and biological activity in tissue culture. Exp. Cell. Res. 10, 48.

Lewis, Margaret R. (1928). A simple method of drawing blood from the heart of a fowl. Arch. exp. Z. 7, 82.

Lu, K. H. & Winnick, T. (1955). The roles of the nucleic acids and free nucleotides in chick embryonic extract on the growth of heart fibroblasts, Exp. Cell Res. 9, 502.

Malherbe, H. (1954). Cultivation of human tissues in media containing bovine allantoic and amniotic fluids. Proc. Soc. exp. Biol. (N. Y.) 86, 124.

Porter, K. R. (1947). The culture of tissue cells in clots formed from purified bovine fibrinogen and thrombin, Proc. Soc. exp. Biol. (N. Y.) 65, 309.

Rosenberg, S. & Kirk, P. L. (1953). Isolation of a dialyzable growth factor for chick tissue culture. Identification of the ninhydrin reactive band. Arch. Biochem. 44, 226.

Sacerdote de Lustig, E. (1951). Action of human cerebrospinal fluid on in vitro fibroblasts cultures. Rev. Soc. argent. Biol. 27, 114.

Sanford, Katherine K., Waltz, Helen K., Shannon, J. E., Earle, W. R., Evans, Virginia J. (1952). The effect of ultrafiltrates and residues of horse serum and chick embryo extract on proliferation of cells in vitro. J. nat. Cancer Inst. 13, 121.

Sanford, Katherine K., Westfall, B. B., Fioramonti, Mary C., McQuilkin, W. T., Bryant, J. C., Peppers, E. V., Evans, Virginia J. & Earle, W. R. (1955). The effect of serum fractions on the proliferation of Strain L mouse cells in vitro. J. nat. Cancer Inst. 16, 789.

Schaer, J. C. & Schindler, R. (1967). The requirement of mammalian cell cultures for serum proteins. Growth-promoting activity of pepsin-digested serum albumin in different media. Biochim. Biophys. Acta 147, 154.

Simms, H. S. & Sanders, M. (1942). Use of serum ultrafiltrate in tissue cultures for studying deposition of fat and for propagation of viruses. Arch. Path. (Chicago) 33, 619.

Waymouth, Charity & White, P. R. (1954). Filtration of embryo extract for tissue culture. Science 119, 321.

Westfall, B. B., Peppers, E. V., Sanford, Katherine K. & Earle, W. R. (1954). The amino acid content of the ultrafiltrate from horse serum. J. nat. Cancer Inst. 15, 27.

Willmer, E. N. & Kendall, L. P. (1932). The utilisation of proteoses by chicken heart fibroblasts growing in vitro. J. exp. Biol. 9, 149.

Wolken, J. J. (1952). Fractionation of embryo extract by ultracentrifugation. I. Analysis of fractions. J. cell. comp. Physiol. 40, 243.

2.4.2 Definierte Kulturmedien

2.4.2.1 Allgemeines

Obwohl aus natürlichen Quellen gewonnene Gewebekulturmedien immer noch für viele Zwecke sehr viel verwendet werden, besonders für die Kultur frisch aus dem Organismus isolierter Gewebe, haben sie doch offensichtliche Nachteile. Da ihre Zusammensetzung unbekannt und variabel ist, ist es im Grunde genommen unmöglich, von Versuch zu Versuch gleiche Bedingungen exakt zu reproduzieren. Deshalb wurden schon früh Versuche unternommen, Kulturmedien zu entwickeln, die ausschließlich aus genau definierten Bestandteilen zusammengesetzt sind. Das Problem wurde auf zwei verschiedene Arten angepackt: Mit der sog. „analytischen“ und der „synthetischen“ Methode. Zuerst versuchte man, die Kulturmedien zu analysieren und die essentiellen Bestandteile zu identifizieren. Im großen und ganzen lieferte dieses Verfahren unbefriedigende Ergebnisse. Mehr wurde mit der synthetischen Methode erreicht, bei der Stoffwechselprodukte, die als essentiell oder wertvoll für das Weiterleben und die Entwicklung des intakten Organismus erkannt worden waren, vereinigt und daraus Kulturmedien hergestellt wurden. Diese wurden auf ihre Fähigkeit geprüft, Zellen am Leben zu halten. Es ist offensichtlich so, daß die Unterscheidung zwischen den beiden Methoden künstlich ist, da sie wechselseitig voneinander abhängig sind.

Mit unseren heutigen Kenntnissen über den Stoffwechsel ist es offenkundig, daß es nie ein universelles Kulturmedium für alle Zelltypen geben wird. Die Bedürfnisse der pflanzlichen und tierischen Zellen haben zwar vieles gemeinsam, sind aber doch im allgemeinen sehr verschieden. Im Tierreich ist es nicht überraschend, daß die Bedürfnisse von Insektengeweben gegenüber denen von Säugetiergeweben verschieden sind. Obwohl die meisten für Säugetierzellen entwickelten Kulturmedien für verschiedene Zelltypen gleich wirksam zu sein scheinen, darf man nicht vergessen, daß vollkommen unterschiedliche Bedürfnisse zwischen verschiedenen Tieren bestehen. Z. B. ist die Ascorbinsäure ein essentieller Nahrungsbestandteil für den Menschen, höhere Affenarten und das Meerschweinchen, wird aber von anderen Säugetieren nicht benötigt. Man kann erwarten, daß sich diese Unterschiede bis zu einem gewissen Grad in den Zellen widerspiegeln. Innerhalb eines Organismus würde es auch überraschen, wenn alle Zellen dieselben Bedürfnisse hätten. So können Zellen mit starken Proteasen fähig sein, intakte Proteine zu verwenden, während Zellen ohne Proteasen Aminosäuren als Einzelstoffe benötigen. Zur vollen Funktionsfähigkeit dürfen wir auch erwarten, daß spezialisierte Gewebe wie Schilddrüsen-Epithel besondere Bedürfnisse haben (in diesem Falle Jod und ziemlich große Mengen Tyrosin). Wenn man diese Möglichkeiten bedenkt, sollte man sich vergegenwärtigen, daß wir uns im Augenblick in einem sehr frühen Entwicklungsstadium der Herstellung von Spezialmedien befinden und daß die jüngsten Erfolge meist darin bestanden, Kulturmedien für den Allgemeingebrauch herzustellen.

Eine Substanz, die einem Kulturmedium zugefügt wird, kann nützlich, harmlos oder schädlich sein. Ist die Wirkung der Substanz nützlich, so ist sie es, weil die Substanz für die Zelle essentiell ist oder weil sie einen zusätzlichen Wert hat; es ist wichtig, zwischen diesen beiden Eigenschaften zu unterscheiden. Ist sie harmlos, so greift sie entweder nicht in den Stoffwechsel der Zelle ein oder ist in so geringer Menge vorhanden, daß sie keine Wirkung hervorruft. Ist sie schädlich, so ist sie entweder für die Zelle giftig oder in ungeeigneter Konzentration vorhanden. In nur wenigen Arbeiten wurde quantitativ genau der Wert der Stoffwechselprodukte bestimmt, die man zu einem definierten Kulturmedium für Säugetierzellen zufügen muß.

2.4.2.2 Kulturmedien für Gewebe von warmblütigen Wirbeltieren

2.4.2.2.1 Kulturmedien für verschiedene Überlebenszeiten

Die meisten Medien bestehen aus einer Mischung von Substanzen, die sich als essentiell und im allgemeinen als nützlich oder unschädlich erwiesen haben. Unter dem Gesichtspunkt, daß unsere Kenntnisse unvollständig sind und daß die meisten synthetischen Kulturmedien empirisch abgeleitet wurden, wollen wir nun die verschiedenen Typen im Zusammenhang mit der Kultur von Säugetierzellen und Geflügelzellen betrachten und einteilen in:

1. Kulturmedien, die für unmittelbares Überleben essentiell sind,

2. Kulturmedien, die für ein verlängertes Weiterleben essentiell sind,
3. Kulturmedien, die für unbegrenztes Wachstum essentiell sind und
4. Kulturmedien, die für spezielle Funktionen essentiell sind.

Die für ein unmittelbares Überleben der Zellen und Gewebe essentiellen Bestandteile sind genau bestimmt worden. Es ist wichtig, den osmotischen Druck und pH-Wert zu kontrollieren, wobei eine Energiequelle und bestimmte anorganische Ionen auch für kürzestes Weiterleben notwendig sind. Diese Anforderungen werden durch eine Kombination von Salzen und Glucose erfüllt. Einfache Kulturmedien dieser Art sind *BSS,* physiologische, gepufferte Salz-Lösungen (engl. *balanced salt solution*). Diese Salzlösungen sind die Grundlagen aller Kulturmedien, ausgenommen die einfachsten der natürlichen Kulturmedien.

Zellen und Gewebe können für kurze Zeit in einer BSS überleben; für längeres Überleben sind jedoch andere Faktoren notwendig. Diese Faktoren, die normalerweise im Vollserum enthalten sind, können durch eine synthetische Mischung ersetzt werden. Für ein Weiterleben über längere Zeit brauchen die Zellen zusätzlich zu einer BSS alle essentiellen Aminosäuren, Sauerstoff, Vitamine und Serumprotein. Wenn das Serumprotein nicht erschöpfend analysiert ist, fördert diese Mischung fast unbegrenzt gutes Wachstum. Mischungen jedoch, die vollständig dialysiertes Serum enthalten, tun dies in der Regel nicht. Fehlt das Protein ganz, leben die Zellen nicht lange weiter, mit Ausnahme weniger Fälle, bei denen sich Zellen besonders angepaßt haben. Das beste Beispiel eines solchen *Mediums* ist das von *Eagle* (1955) entwickelte (Tab. 10).

In den letzten Jahren haben wir einen rascheren Fortschritt bei der Entwicklung ausschließlich *synthetischer Kulturmedien* erlebt. Zur Zeit können jedoch nur wenige Zellinien in Kulturmedien wachsen, denen das Serum vollständig fehlt. Der beste Erfolg wurde mit der L-Zellinie erzielt. *Kulturmedium 1066,* entwickelt von Parker und Mitarbeitern (1954), und *Kulturmedium NCTC 109,* entwickelt in Earles Laboratorium, waren die ersten Kulturmedien, in denen eine Vermehrung der L-Zellen über längere Zeit hinaus beobachtet wurde. Diese Medien ähneln einander sehr, unterscheiden sich aber in ihrer Zusammensetzung. Einige Bestandteile, besonders bestimmte Coenzyme, sind relativ unrein; daher sind fast immer unbekannte Bestandteile vorhanden. Das Kulturmedium von *Waymouth 752/1* stellt einen beachtlichen Fortschritt dar, da es sehr viel einfacher zusammengesetzt ist als die beiden erwähnten und weniger Bestandteile hat, deren Reinheit zweifelhaft ist. Das *HERT 1 Medium* (Paul, 1959) kann unbegrenztes Weiterleben einer Unterlinie der L-Zellen aufrechterhalten und ist fast so einfach wie Eagles Medium. Gewisse

Zellinien sind danach selektiert, in genau definierten Kulturmedien zu wachsen; Merchant hat sogar eine Unterlinie der L-Linie gefunden, die in Eagles Medium allein gut wächst. Es sollte jedoch nochmals ausdrücklich darauf hingewiesen werden, daß heute die meisten anderen Zellinien nicht in einem Kulturmedium ohne Serum weiterleben. Einige dazwischen liegende Medien, die Pepton enthalten, gewährleisten das Wachstum dieser anspruchsvolleren Linien.

Der vierte Kulturmediumstyp, der für spezielle Funktionen wichtig ist, hat kaum die ersten Stadien der Entwicklung erreicht. Solche Medien eignen sich wahrscheinlich am besten als Grundlage eines der komplexen, definierten Kulturmedien, die im vorigen Abschnitt beschrieben wurden. Die Bedürfnisse jedes Organs müssen nach genau geplanten Untersuchungen bestimmt werden. Gewisse Tatsachen sind bekannt: So ist ziemlich sicher, daß *Vitamin A* ein essentieller Bestandteil von Kulturmedien für das Wachstum von Flimmerepithelien ist. In ähnlicher Weise brauchen viele Gewebe zum Weiterleben geeignete Hormone. Z. B. lebt Nierenrinden-Gewebe nur in Nachbarschaft von Hypophysen-Gewebe und benötigt vermutlich adrenocorticotropes Hormon. Auch einige weibliche Geschlechtsorgane sind von Östrogenen im Kulturmedium abhängig. Viele Bedürfnisse dieser Art kann man von Kenntnissen über das *In vivo*-Verhalten der Gewebe ableiten. Freilich ist die Anwendung dieser Kenntnisse für die Erhaltung von Zellen und Geweben *in vitro* in definierten Kulturmedien noch in einem derartig frühen Stadium, daß noch kein Kulturmedium dieser Art eingeführt worden ist.

Bevor wir besondere Beispiele der oben erwähnten Typen von Kulturmedien weiterbesprechen, wollen wir einige chemische Faktoren betrachten, die bei der Medium-Herstellung berücksichtigt werden müssen.

2.4.2.2.2 Löslichkeit der Materialien

Viele Chemikalien, die für synthetische Medien verwendet werden, sind sehr schwer löslich; es ist wichtig, sie so vorzubehandeln, daß sie in Lösung gebracht werden können. So ist z. B. *Tyrosin* nur in saurer Lösung löslich und auch dann nur in begrenztem Maße. Daher muß eine speziell saure Stammlösung zubereitet werden, die mit den anderen Materialien am Ende der Kulturmedium-Herstellung vermischt wird, wenn die Zugabe der Säure nicht mehr schadet. *Lipide* sind besonders schwierig in Lösung zu bringen; sie müssen erst in alkoholische Lösung gebracht werden. Sie müssen ausreichend konzentriert sein, damit der Alkohol stark verdünnt wird, wenn er zum Rest des Kulturmediums zugefügt wird.

Auch ein nicht-toxisches Detergens (Tween 80) muß zugefügt werden, um die Lösung zu stabilisieren. Eine der Grundschwierigkeiten betrifft *Calciumphosphat,* das schwer löslich ist, besonders in alkalischer Lösung. Daher muß man bei der Zubereitung von Salzlösungen darauf achten, daß Calcium und Phosphat erst dann miteinander in Berührung kommen, wenn die Lösung stark verdünnt ist, und daß die Lösung sozusagen erst in der letzten Minute alkalisiert wird.

2.4.2.2.3 Verträglichkeit der Bestandteile

Bei der Vereinigung gewisser Materialien muß man daran denken, daß sie miteinander reagieren und ganz verschiedene Verbindungen entstehen können. Zwar geschieht dies nicht so schnell bei Inkubationstemperatur, kann aber beim Erhitzen von Lösungen passieren. Wenn z. B. Ascorbinsäure und Cystein zusammen in derselben Lösung autoklaviert werden, wird die Ascorbinsäure oxydiert und zerstört. Glucose, wie auch Ascorbinsäure werden leicht zerstört, wenn sie in Gegenwart von Alkali erhitzt werden.

2.4.2.2.4 Reinheit der Materialien

Es ist wohl überflüssig zu sagen, daß nur Materialien von höchstem Reinheitsgrad zur Herstellung der genau definierten Medien benützt werden sollen. Man muß jedoch wissen, daß selbst die reinsten Chemikalien Spuren von Verunreinigungen aufweisen, die wichtig sein können. *Schwermetalle* sind besonders *toxisch* für Zellen; daher muß man bei Stoffen vorsichtig sein, die durch Blei- oder Quecksilber-Fällungen gereinigt worden sind. Andrerseits können sehr kleine Mengen bestimmter Substanzen für die Zellen wichtig sein. Wahrscheinlich geschieht die Zufuhr einiger Metalle, die für das Weiterleben der Zellen notwendig sind (wie Zink, Magnesium und Kobalt), über winzige Mengen, die in anderen Salzen enthalten sind. Einige, seltenere Bestandteile vieler Kulturmedien sind nur mit einem Reinheitsgrad von ungefähr 85% erhältlich; die Verunreinigungen sind möglicherweise von Charge zu Charge nicht die gleichen. Diesen Reinheitsfaktor muß man berücksichtigen, um abschätzen zu können, wie genau definiert ein Kulturmedium sein kann.

2.4.2.2.5 Chemische Unbeständigkeit

Manche Bestandteile, die man synthetischen Medien zusetzt, sind sehr instabil; der einzige Weg, sie ohne Verlust der Wirksamkeit über längere

Zeit hinweg zu lagern, besteht darin, sie trocken und am besten kühl aufzubewahren. Ein besonderes Beispiel für solch eine Substanz ist *Glutamin,* das einen wichtigen Platz im Zellstoffwechsel einnimmt. In gefrorener Lösung kann es über längere Zeit gelagert werden. Dies gilt für die meisten labilen Bestandteile, so daß es nötig ist, die Kulturmedien frisch zuzubereiten. Wenn sie aufbewahrt werden sollen, muß dies bei sehr niedrigen Temperaturen geschehen.

2.4.2.2.6 Stammlösungen

Ausgehend von den obigen Betrachtungen ist es einleuchtend, daß man bei größeren Mengen gebrauchsfertigen Kulturmediums, das man über längere Zeit lagern muß, mit Schwierigkeiten rechnen muß. Nur umfassende Tieffrier-Einrichtungen erlauben eine Langzeitlagerung großer Mengen an Kulturmedium. Diese Schwierigkeiten kann man überwinden, indem man eine Reihe von *Stammlösungen* herstellt, die vereinigt das vollständige Kulturmedium ergeben. Die Stammlösungen können voneinander getrennt unter den Bedingungen gelagert werden, die für den einzelnen Bestandteil notwendig sind. Unverträgliche Substanzen können gleichfalls getrennt solange gelagert werden, bis sie zur Herstellung des Kulturmediums zusammengemischt werden.

Tabelle 1
Gepufferte Salzlösung (BSS) für Warmblütler (Gramm pro Liter)

Substanz	Locke	Ringer	Tyrode 1910	Gey 1936	Simms 1941	Earle 1943	Gey 1945	Hanks 1946	Dulbecco 1954 (PBS)
NaCl	9,00	9,00	8,00	7,00	8,00	6,80	8,00	8,00	8,00
KCl	0,42	0,42	0,20	0,37	0,20	0,40	0,375	0,40	0,20
$CaCl_2$	0,24	0,25	0,20	0,17	0,147	0,20	0,275	0,14	0,10
$MgSO_4 \cdot 7H_2O$				0,07		0,10		0,10	
$MgCl_2 \cdot 6H_2O$			0,10	0,21	0,20		0,210	0,10	0,10
$NaH_2PO_4 \cdot H_2O$			0,05			0,125			
$Na_2HPO_4 \cdot 2H_2O$				0,15	0,21		0,150	0,06	1,15
KH_2PO_4				0,03			0,025	0,06	0,2
Glucose			1,00	1,00	1,00	1,00	2,00	1,00	
Phenolrot					0,05	0,05		0,02	
$NaHCO_3$	0,20		1,00	2,27	1,00	2,20	0,250	0,35	
Gasphase	Luft	Luft	Luft	5% CO_2 in Luft	2% CO_2 in Luft	5% CO_2 in Luft	Luft	Luft	Luft

2.4.2.3 Gepufferte Salzlösungen

2.4.2.3.1 Allgemeines

Alle Kulturmedien, die in der Gewebekultur verwendet werden, haben als Grundlage eine synthetische Mischung anorganischer Salze, die als *physiologische, gepufferte Salzlösungen* oder *Balanced Salt Solutions (BSS)* bezeichnet werden. Die Aufgabe dieser Salzlösungen ist es, pH-Wert und osmotischen Druck im Kulturmedium aufrechtzuerhalten sowie für eine ausreichende Konzentration wichtiger, anorganischer Ionen zu sorgen. Alle physiologischen Salzlösungen leiten sich von der Salzlösung ab, die ursprünglich von Ringer beschrieben wurde. Die erste, die speziell dafür entwickelt wurde, den Stoffwechsel von Säugetierzellen zu erhalten, war die *Tyrode-Lösung*. Seither wurden viele andere, gepufferte Salzlösungen hergestellt. Die meisten wurden entwickelt, um eine Calcium-Ablagerung in den Kulturen zu vermeiden oder um bessere Pufferbedingungen in den

Tabelle 2
Krebs Physiologische Salzlösungen

	Medium 1	Medium 2	Medium 3
1. 0,9% NaCl (0,154 M)	80 Teile	83 Teile	95 Teile
2. 1,15% KCl (0,154 M)	4 Teile	4 Teile	4 Teile
3. 0,11 M $CaCl_2$	3 Teile		3 Teile
4. 2,11% KH_2PO_4(0,154 M)	1 Teil	1 Teil	1 Teil
5. 3,82% $MgSO_4$, $7H_2O$	1 Teil	1 Teil	1 Teil
6. 1,3% $NaHCO_2$ (0,154 M); wird mit CO_2 behandelt, bis der pH im Medium 7,4 beträgt	21 Teile	3 Teile	3 Teile
7. Natriumphosphat-Puffer (100 Teile 0,1 M Na_2HPO_4 = 1,78% $Na_2HPO_4 \cdot H_2O$ und 25 Teile 0,1 M NaH_2PO_4 = 1,38% $NaH_2PO_4 \cdot H_2O$)		18 Teile	3 Teile
*8. 0,16 M Natriumpyruvat (oder Natriumlactat in Medium 1 und 2)	4 Teile	4 Teile	4 Teile
*9. 0,1 M Natriumfumarat	7 Teile	7 Teile	7 Teile
*10. 0,10 M Natrium-Glutamat	4 Teile	4 Teile	4 Teile
11. 0,3 M (5,4%) Glucose	5 Teile	5 Teile	5 Teile

* hergestellt durch Neutralisierung einer Lösung der Säure mit 1 M $NaHCO_3$-Lösung. Lösungen 8–11 können nur sterilisiert bei Zimmertemperatur gelagert werden.
Die Mischung muß mit einer Gasmischung gesättigt werden, die ungefähr 5% CO_2 enthält. Die Stammlösungen sind annähernd isotonisch

Kulturmedien zu erhalten (Tab. 1 u. 2). In der Praxis scheint vom Standpunkt der Erhaltung des Zellwachstums keine Lösung irgendeinen sichtbaren Vorteil gegenüber einer anderen zu haben. Einige zeigen freilich Vorteile hinsichtlich der Handhabung. Z. B. hat die ursprüngliche Tyrode-Lösung den Nachteil, daß die Herstellung besondere Vorsicht erfordert, um die Ausfällung von Calciumcarbonat zu vermeiden. Dasselbe gilt für eine oder zwei andere Salzlösungen.

Bei Salzlösungen kann man zwei Typen unterscheiden: Solche, die mit Luft, und solche, die mit einer Gasphase im Gleichgewicht stehen sollen, die einen hohen Kohlendioxid-Gehalt in der Größenordnung um 5% aufweist. Nach Meinung des Autors ist das beste Kulturmedium des ersteren Lösungs-Typs *Hanks BSS* und das beste Kulturmedium des letzteren *Earles BSS*. Beide haben den großen Vorzug, daß sie sehr leicht herzustellen sind, indem man verschiedene Teile autoklaviert. Die am besten gepufferte Salzlösung ist zweifellos Earles Lösung; die Tatsache jedoch, daß sie eine spezielle Gasmischung verlangt, ist manchmal von Nachteil. Die *phosphatgepufferte Saline (PBS) von Dulbecco* wird weitgehend von Virologen verwendet. Der pH-Wert muß mit Hilfe von 5 N NaOH auf 7,2 eingestellt werden; außerdem muß im Kulturmedium Glucose vorhanden sein.

Man hat versucht, das Medium mit einem anderen Puffersystem als Phosphat und Bicarbonat zu puffern. Am erfolgreichsten war Tris (Tris [hydroxymethyl]-aminomethan). Im Labor des Autors wurden mehrere Zellinien (L, HeLa, HLM, BHK21) bis zu sieben Jahren in aktiver Proliferation in Kulturmedien gehalten, die Triscitrat als Puffer enthielten. Die Zusammensetzung *„Tris-citrat mit BSS"* ist in Tab. 3 aufgezeigt. Dieses hat den Vorzug, daß Zellen, die in einem dieses Puffer-System enthaltenem Medium wachsen, in Behältern gezüchtet werden können, die nach oben offen der Luft ausgesetzt sind. Es wurde erfolgreich zum Klonieren eingesetzt. Gwatkin und Siminovitch haben auf ähnliche Weise Zellen in einem Tris-gepufferten Kulturmedium kloniert, dem 1–2 mM Oxalessigsäure zugefügt war. Tris ist in der Theorie kein idealer Puffer, da es einen pKa von 7,9 bei 37 °C hat; der wirksamste Pufferbereich liegt daher höher als der physiologische pH-Wert. Zwei Puffer, N-tris(hydroxymethyl)methyl-2-aminoäthansulfonsäure *(TES),* mit einem pKa = 7,14 bei 37 °C und N-2-hydroxyäthylpiperazin-N′-äthansulfonsäure *(HEPES)* mit einem pKa von 7,31 bei 37 °C haben sich als besonders nützlich erwiesen. Sie wurden beide sehr erfolgreich bei gezüchteten Zellen angewandt, besonders HEPES, welches nun in mehreren, käuflichen Kulturmedien enthalten ist.

Die Salzlösungen, die Krebs entwickelt hat, sind auch in Tab. 2 aufgezeigt, da sie empirisch entwickelt wurden, um beste Resultate bei Stoffwechseluntersuchungen zu liefern, obwohl sie bei Gewebekulturarbeiten nicht in großem Ausmaß verwendet worden sind. Interessant ist die Einbeziehung von Zwischenprodukten des Krebs-Zyklus.

Tabelle 3
Triscitrat-gepufferte Salzlösung (BSS)

Substanz	g/Liter	mM
NaCl	5,27	90
KCl	0,26	3,5
$CaCl_2$	0,11	1
$MgSO_4 \cdot 7H_2O$	2,47	10
$Na_2H\ PO_4 \cdot 2H_2O$	0,04	0,23
KH_2PO_4	0,04	0,29
Tris (hydroxy-methyl)-amino-methan	1,92	16
Zitronensäure (1 H_2O)	1,05	5
*Natriumfumarat	0,16	1
*Oxalessigsäure	0,13	1
Glucose	1,80	10
Phenolrot	0,02	–

* Natriumfumarat und Oxalessigsäure werden nur bei einigen Zellinien mit niedriger Aussaat gebraucht

2.4.2.3.2 Materialien

Für die *Zubereitung von Salzlösungen* ist es ratsam, entweder doppeltdestilliertes Wasser oder entionisiertes Wasser zu verwenden, das durch Passage durch ein Mischbett-Harz entionisiert und dann noch einmal Glas-destilliert wurde. Gewöhnliches Leitungswasser enthält häufig eine große Anzahl von Ionen, teils völlig unschädliche, teils freilich für die Zellen toxische, z. B. Blei. Zusätzlich kann es noch *Endotoxine* enthalten, die beim Wachstum gram-negativer Bakterien freigesetzt werden. Doppelte Destillation des Wassers aus Glasgefäßen ist daher wünschenswert, um diese Bestandteile zu entfernen. Es ist allgemein üblich, Glas-destilliertes Wasser in Polyäthylenflaschen aufzubewahren, um eine Rückanreicherung von Metallsalzen aus dem Glas zu vermeiden, wie Healey gefunden hat. Viele Metallionen werden auch als Verunreinigungen der Salze, die zu den Lösungen verwendet werden, eingebracht. Die Salze sollten deshalb von höchster analytischer Reinheit sein und man sollte Extraflaschen bereithalten, um BSS herzustellen. Besonders in einem chemischen Laboratorium ist es möglich, daß die Flaschen mit anderen Materialien verunreinigt werden, die gleichzeitig abgewogen werden. Zu vielen Salzlösungen wird *Phenolrot* als pH-Indikator zugefügt, da es in Konzentrationen bis zu 0,005% nicht toxisch ist, wenn Serum im Medium vorhanden ist. Ohne Serum kann es schwach toxisch sein.

2.4.2.3.3 Zubereitung einer gepufferten Salz-Lösung (BSS)

Die Hauptschwierigkeit, mit der man bei der Herstellung einer *BSS* rechnen muß, ist die Bildung eines Präzipitates aus Calcium- und Magnesiumcarbonat und -phosphat. Gewisse Salzlösungen neigen mehr als andere dazu. Der Autor bevorzugt daher Earles oder Hanks Lösung, die in dieser Beziehung weniger Schwierigkeiten machen. Die Vermeidung einer *Ausfällung* ist der einzig *kritische Punkt* bei der Herstellung einer Salzlösung.

1. Methode: Die Calcium- und Magnesiumsalze werden abgewogen und in ungefähr 100 ml Wasser gelöst. Alle anderen Bestandteile werden gewogen und in ungefähr 800 ml Wasser gelöst. Während diese große Lösungsmenge kräftig umgerührt wird, fügt man die Calcium- und Magnesiumsalzlösung langsam zu. Das Volumen wird auf einen Liter ergänzt und die Lösung filtriert.

2. Methode: Die Salzlösung wird wie zuvor hergestellt, aber Natriumbicarbonat weggelassen. Eine 1,4%ige Natriumbicarbonat-Lösung wird gesondert hergestellt. Diese beiden Lösungen werden durch Autoklavieren sterilisiert. Nach Abkühlen wird das Volumen der Hauptlösung, falls nötig, mit destilliertem Wasser ergänzt und die Bicarbonat-Lösung zugegeben, um es zu vervollständigen. Man beachte: Wenn Natriumbicarbonat autoklaviert wird, entweicht Kohlendioxid und Natriumcarbonat bleibt zurück. Durch festes Verschließen der Flasche vor dem Sterilisieren wird das Kohlendioxid natürlich zurückgehalten. Andernfalls kann Natriumcarbonat, wenn gewünscht, wieder zugesetzt werden, indem man steriles Kohlendioxid nach dem Abkühlen durch die Lösung durchperlen läßt.

Der Gebrauch von Stammlösungen. Praktischerweise stellt man sich Stammlösungen aus den Salzmischungen her. Man bereitet eine Lösung mit der 10fachen Konzentration aller Bestandteile, außer Natriumbicarbonat, welches weggelassen wird. Die Lösung wird in einer Polyäthylenflasche gelagert. Wenn sie später noch autoklaviert werden soll, kann sie mit etwas Chloroform konserviert werden, welches während der Sterilisation wieder entweicht. Um wieder BSS zu bekommen, fügt man so viel destilliertes Wasser zu, bis die Stammlösung 10fach verdünnt ist. Zur Einstellung des pH-Wertes nach der Sterilisation benützt man, wie oben beschrieben, eine 1,4%ige Natriumbicarbonat-Lösung.

2.4.2.4 Teilweise und vollständig „synthetische" Medien

2.4.2.4.1 Allgemeines

Die Nahrungsbedürfnisse gezüchteter Zellen wurden, soweit bekannt, schon besprochen, wie auch die Faktoren, die bei der Zubereitung einer Mischung berücksichtigt werden müssen. Einige der eingeführten Kulturmedien, die in den Tabellen aufgezeigt sind, sollen nun betrachtet werden, ehe wir die Herstellung eines vollkommen synthetischen Mediums an einem praktischen Beispiel erläutern. Die Vorschriften für die meisten gebräuchlichen Kulturmedien sind in Anhang 1 in Listen aufgeführt.

Bereits in den frühen Jahren der Gewebekultur wurden Versuche unternommen, ein synthetisches Kulturmedium herzustellen. Die ersten systematischen Arbeiten hierüber stammen von Albert Fischer. Er benützte dialysiertes Plasma als Basis-Medium und zeigte dann, daß die

Tabelle 4
Fischers Ergänzungsmedium, V-605* (Fischer et al. 1948)

	mg/Liter		mg/Liter
Glucose	800	Riboflavin	0,2
Mannose	100	Pyridoxin	0,3
Galactose	100	Cholin	10,0
Inositol	20	Panthotensäure	0,07
Adenosintriphosphat	200	Biotin	0,007
Fructosediphosphat	100	p-Aminobenzoesäure	1,0
α-Glycerophosphat	100	Ascorbinsäure	2,0
Inosinsäure	30	Methylnaphthohydro-	
L-Lysin	15	chinon	0,005
L-Arginin	5	Nicotinsäure	0,3
L-Histidin	2	Cozymase	5,0
DL-Valin	14	Glutathion	5,0
L-Leucin	9	Creatin	10,0
DL-Isoleucin	10	Hypoxanthin	100,0
DL-Threonin	12	Natriumsuccinat	10,0
DL-Phenylalanin	7	Natriumfumarat	10,0
L-Tryptophan	2	Natriummalat	10,0
DL-Methionin	6	Natriumoxalacetat	10,0
Cystin	5	Glutamin	250,0
Thiamin	3,0		

* Dieses Medium enthält auch dialysiertes Plasma, dialysiertes EE und bestimmte anorganische Ionen

niedermolekulare Fraktion durch eine Mischung von Aminosäuren, ähnlich denen wie sie im Fibrin gefunden werden, ausreichend ersetzt werden kann. Seine ersten Veröffentlichungen wurden im Jahre 1941 publiziert und fanden ihren Höhepunkt in der Veröffentlichung seines Kulturmediums V-605 (1948). White schlug unabhängig davon im Jahre 1946 einen ähnlichen Medium-Typ vor. Diese Medien dürfen als Vorläufer der definierten Medien gelten, die heute verwendet werden. *Fischers Medium* wird hier hauptsächlich aus historischem Interesse gezeigt (Tab. 4). Keines der Kulturmedien ist heute noch in Gebrauch.

Fischers Tradition folgend entwickelten Morgan, Morton und Parker 1950 das *Medium 199.* Dieses Kulturmedium wird heute noch weitgehend benützt, vor allem für die Erhaltung von Gewebe für die Virus-Herstellung in der Vaccine-Fabrikation. Wie aus Tab. 6 ersichtlich, ist es sehr kompliziert und enthält noch viele Substanzen zusätzlich zu denen, die sich als essentiell erwiesen haben. Trotz seiner Kompliziertheit kann man mit diesem Kulturmedium Zellen nicht länger als ein oder zwei Tage am Leben halten. Wird jedoch Serum zugefügt, kann man damit viele Zell-

Tabelle 5
Whites Medium (1949) für Hühnerherzmuskeln

	mg/Liter		mg/Liter
Glucose	8 500	DL-Valin	130,0
NaCl	7 000	DL-Isoleucin	104,0
KCl	375	DL-Phenylalanin	50,0
$Ca(NO_3)_2 \cdot H_2O$	210	Glycin	100,0
$MgSO_4$	275	Cystin HCl	1,0
$Na_2HPO_4 \cdot 12H_2O$	145	Glutathion	1,0
KH_2PO_4	26,0	Thiamin	0,1
$NaHCO_3$	550,0	Pyridoxin HCl	0,5
$Fe(NO_3)_3 9H_2O$	1,3	Niacin	0,5
L-Lysin HCl	156,0	Riboflavin	0,1
L-Arginin HCl	78,0	Biotin	0,4
L-Histidin HCl	26,0	Inosit	0,5
L-Asparaginsäure	60,0	Cholin	1,0
L-Glutaminsäure	140,0	Carotin	0,1
L-Leucin	156,0	Vitamin A	0,1
L-Tryptophan	40,0	Ascorbinsäure	0,5
L-Prolin	50,0	Calcium pantothenat	0,1
L-Cystin	15,0	Folsäure	0,05
DL-Threonin	130,0	β-Alanin	0,05
DL-Methionin	130,0	Phenolrot	5,0

linien unbegrenzt erhalten. Morgan entwickelte zusätzlich eine Modifikation von 199, bekannt als *M 150.* Die wesentlichen Unterschiede bestehen darin, daß anstelle von Earles BSS Hanks BSS als Grundlage des Kulturmediums benützt wird. Außerdem werden Xanthin durch Mononatriumxanthin und das Bariumsalz des ATPs durch das Natriumsalz ersetzt; die Zugabe von Glucose, Glutamin und Bicarbonat erfolgt unmittelbar vor der Sterilisation durch Filtration und der Zugabe der Antibiotika.

Nach der Einführung von Medium 199 folgten viele Kulturmedien mit immer größerer Kompliziertheit. Zwei darunter, *Medium 858* und *Medium NCTC* 109 sind hier aufgeführt, da sie die ersten waren, die bekannt

Tabelle 6
Morgan, Morton und Parkers Medium No. 199* (1950)

	mg/Liter		mg/Liter
L-Arginin	70,0	Riboflavin	0,010
L-Histidin	20,0	Pyridoxin	0,025
L-Lysin	70,0	Pyridoxal	0,025
L-Tyrosin	40,0	Niacin	0,025
DL-Tryptophan	20,0	Niacinamid	0,025
DL-Phenylalanin	50,0	Pantothenat	0,01
L-Cystin	20,0	Biotin	0,01
DL-Methionin	30,0	Folsäure	0,01
DL-Serin	50,0	Cholin	0,50
DL-Threonin	60,0	Inosit	0,05
DL-Leucin	120,0	Paraaminobenzoesäure	0,05
DL-Isoleucin	40,0	Vitamin A	0,10
DL-Valin	50,0	Calciferol (Vit. D)	0,10
DL-Glutaminsäure	150,0	Menadion (Vit. K)	0,01
DL-Asparaginsäure	60,0	α-Tocopherol phosphat	
DL-Alanin	50,0	(Vit. E)	0,01
L-Prolin	40,0	Ascorbinsäure	0,05
L-Hydroxyprolin	10,0	Glutathion	0,05
Glycin	50,0	Cholesterin	0,2
Cystein	0,1	Tween 80	20,0
Adenin	10,0	Natriumacetat	50,0
Guanin	0,3	L-Glutamin	100,0
Xanthin	0,3	Adenosin triphosphat	10,0
Hypoxanthin	0,3	Adenylsäure	0,2
Thymin	0,3	$Fe(NO_3)_3$	0,1
Uracil	0,3	Ribose	0,5
Thiamin	0,010	Desoxyribose	0,5

* Dieses Medium enthält auch BSS

wurden, d. h. mit denen das Wachstum einiger Zellinien völlig ohne zugesetztes Serum oder andere biologische Flüssigkeiten unterhalten werden konnte. Nach Dr. Raymond Parker sind die beteiligten Zellinien keine normalen Zellinien, sondern haben sich daran angepaßt, in diesen Kulturmedien zu wachsen. Die Kulturmedien sind fast noch komplizierter als Medium 199, und es gibt kaum einen Zweifel, daß sie viele Stoffe enthalten, die die Zellen nicht benötigen.

Tabelle 7
Synthetisches Medium Nr. 858 – Parker und Healy 1955

	mg/Liter		mg/Liter
Aminosäuren		Inosit	0,05
L-Arginin	70,0	p-Aminobenzoesäure	0,05
L-Histidin	20,0	Vitamin A	0,10
L-Lysin	70,0	Ascorbinsäure (Vit. C)	50,00
L-Tyrosin	40,0	Calciferol (Vit. D)	0,10
L-Tryptophan	20,0	α-Tocopherol phosphat	
L-Phenylalanin	50,0	(Vit. E)	0,01
L-Cystin	20,0	Menadion (Vit. K)	0,01
L-Methionin	30,0		
L-Serin	50,0	*Coenzyme*	
L-Threonin	60,0	NAD (95% rein)	7,0
L-Leucin	120,0	NADP (80% rein)	1,0
L-Isoleucin	40,0	CoA (75% rein	2,5
L-Valin	50,0	TPP (88% rein)	1,0
L-Glutaminsäure	150,0	FAD (60% rein)	1,0
L-Asparaginsäure	60,0	UTP (90% rein)	1,0
L-Alanin	50,0	Glutathion	
L-Prolin	40,0	(100% rein)	10,0
L-Hydroxyprolin	10,0		
Glycin	50,0	*Lipidquellen*	
L-Cystein	260,0	Tween 80*	5,0
		Cholesterin	0,2
Vitamine			
Pyridoxin	0,025	*Nucleinsäure*	
Pyridoxal	0,025	*Derivate*	
Biotin	0,01	Adenin desoxyribosid	10,0
Folsäure	0,01	Guanin desoxyribosid	10,0
Cholin	0,50	Cytosin desoxyribosid	10,0

* Wäßriges Tween 80 dient auch als Verdünnungsmittel einer alkoholischen Stammlösung der fettlöslichen Bestandteile

Fortsetzung Tabelle 7

	mg/Liter		mg/Liter
5-Methylcytidin	0,1	*Antibiotika*	
Thymidin	10,0	G-Penicillin-Natrium	
		(kurz vor Gebrauch zugefügt)	1,0
Verschiedenes		Dihydrostreptomycinsulphat	100,0
Natriumacetat	50,0	n-Butyl parahydroxybenzoat	0,2
Glucuronsäure	3,6		
L-Glutamin	100,0		
D-Glucose	1 000,0	*Anorganische Salze*	
Phenolrot		NaCl	6 800,0
(pH Indicator)	20,0	KCl	400,0
Äthanol	16,0	$CaCl_2$	200,0
als Ausgangslösungsmittel		$MgSO_4 \cdot 7H_2O$	200,0
für fettlösliche Bestandteile		$NaH_2PO_4 \cdot H_2O$	140,0
		$NaHCO_2$	2 200,0
		Fe, als $Fe(NO_3)_3$	0,1

Tabelle 8

Proteinfreies, chemisch definiertes Medium NCTC 109

	mg/Liter	Ungef. mM entspr.
L-Alanin	31,48	0,35
L-αAminobuttersäure	5,51	0,05
L-Arginin	25,76	0,15
L-Asparagin	8,09	0,06
L-Asparaginsäure	9,91	0,07
L-Cystin	10,49	0,04
L-Cystein	26,00	0,21
D-Glucosamin	3,20	0,02
L-Glutaminsäure	8,26	0,05
L-Glutamin	135,73	0,93
Glycin	13,51	0,18
L-Histidin	19,73	0,13
Hydroxy-L-prolin	4,09	0,03
L-Isoleucin	18,04	0,14
L-Leucin	20,44	0,16
L-Lysin	30,75	0,21
L-Methionin	4,44	0,03
L-Ornithin	7,38	0,06

Fortsetzung Tabelle 8

	mg/Liter	mM entspr.
L-Phenylalanin	16,53	0,10
L-Prolin	6,13	0,05
L-Serin	10,75	0,10
L-Taurin	4,18	0,03
L-Threonin	18,93	0,16
L-Tryptophan	17,50	0,09
L-Tyrosin	16,44	0,09
L-Valin	25,00	0,21
Thiamin hydrochlorid (Vitamin B_1)	0,025	
Riboflavin	0,025	
Pyridoxin hydrochlorid (Vitamin B_6)	0,0625	
Pyridoxal hydrochlorid	0,0625	
Niacin	0,0625	
Niacinamid (Nicotinamid)	0,0625	
Pantothenat, Ca-Salz rechtsdrehend	0,025	
Biotin	0,025	
Folsäure	0,025	
Cholin chlorid	1,25	
i-Inosit	0,125	
p-Aminobenzoesäure	0,125	
Vitamin B_{12}	1,00	
Vitamin A-Alkohol	0,25	
Calciferol (Vitamin D)	0,25	
Menadion (Vitamin K)	0,025	
α Tocopherolphosphat, Dinatriumsalz (Vitamin E)	0,025	
Glutathion Mononatriumsalz	10,10	
Ascorbinsäure	49,90	
Cystein hydrochlorid	259,90	
Nicotinamid adenin dinucleotid	7,0	
Nicotinamid adenin dinucleotidphosphat – Natriumsalz	1,0	
Coenzym A	2,5	
Cocarboxylase	1,0	
Flavinadenindinucleotid	1,0	
Uridintriphosphat – Natriumsalz	1,0	
Desoxyadenosin	10,0	
Desoxycytidin-HCl	10,0	
Desoxyguanosin	10,0	
Thymidin	10,0	
5-Methyl-Cytosin	0,1	
Tween 80	1,25	
Glucuronlacton	1,8	
Natriumglucuronat	1,8	

Fortsetzung Tabelle 8

	mg/Liter	mM entspr.
Natriumacetat	50,0	
Phenolrot	20,0	
Natriumchlorid	6800,0	
Kaliumchlorid	400,0	
Calcium chlorid	200,0	
Magnesium sulphat	200,0	
Natriummonophosphat	140,0	
Natriumbicarbonat	2200,0	
Glucose	1000,0	

Tabelle 9

Waymouths Medium MB 752/1

	mg/Liter	mM entspr.
NaCl	6000	103
KCl	150	2,0
$CaCl_2 \cdot 2H_2O$	120	0,82
$MgCl_2 \cdot 6H_2O$	240	1,18
$MgSO_4 \cdot 7H_2O$	200	0,81
Na_2HPO_4	300	2,11
KH_2PO_4	80	0,59
$NaHCO_3$	2240	26,7
Glucose	5000	27,8
Ascorbinsäure	17,5	0,1
Cholinchlorid	250	1,8
Cysteinchlorid	90	0,57
Glutathion	15	0,05
Hypoxanthin	25	0,18
Glutamin	350	2,38

Die aufgeführten Substanzen, die in Glas-destilliertem Wasser in der doppelten Konzentration gelöst werden, bilden die Lösung BNI. Sie wird durch Auflösen aller Bestandteile außer den ersten drei Puffersalzen in ungefähr 80% der Wassermenge hergestellt. Dann werden die Puffersalze in einer kleinen Wassermenge gelöst zugefügt. Dies verhindert die Präzipitierung von Calcium- oder Magnesiumphosphaten

Thiamin HCl	10	0,03
Ca Pantothenat	1,0	0,003
Riboflavin	1,0	0,003

Fortsetzung Tabelle 9

	mg/Liter	mM entspr.
Pyridoxin. HCl	1,0	0,003
Folsäure	0,4	0,0008
Biotin	0,02	0,00008
m-Inositol. $2H_2O$	1,0	0,005
Nicotinamid	1,0	0,008
Vitamin B_{12}	0,2	0,00015
Eine Vorratslösung der B-Vitamine wird zweckmäßigerweise 40mal so stark wie die oben angegebene Konzentration hergestellt.		
L-Cystin	15	0,06
Glycin	50	0,66
L-Phenylalanin	50	0,30
L-Glutaminsäure	150	1,02
L-Asparaginsäure	60	0,46
L-Tyrosin	40	0,22
L-Lysin. HCl	240	1,42
L-Prolin	50	0,44
L-Methionin	50	0,34
L-Threonin	75	0,64
L-Valin	65	0,55
L-Isoleucin	25	0,19
L-Leucin	50	0,38
L-Tryptophan	40	0,20
L-Arginin. HCl	75	0,36
L-Histidin. HCl	150	0,80
NaOH	auf pH 7,4	2,5
Die Aminosäuren werden zweckmäßigerweise in Stammlösungen mit der 10fachen Konzentration der oben angegebenen Konzentration hergestellt.		
Medium 752/1 wird durch Zugabe von 37,5 ml Wasser zu 50 ml BNI + 1,5 ml der Vitamin B-Lösung + 10 ml der Aminosäure-Stammlösung hergestellt (ergibt zusammen 100 ml).		

Viele Versuche wurden unternommen, die Kulturmedien zu vereinfachen und die essentiellen Bestandteile zu bestimmen. Das am genauesten definierte *Medium* ist zweifellos das *von Eagle* (1955) entwickelte. Mit Ausnahme vielleicht eines Einzelfalles kann es aber ohne Zugabe einer biologischen Flüssigkeit kein Wachstum aufrechterhalten. Bevor wir es uns näher ansehen, sollten wir *Waymouths* (1958) *Medium MB 752/1* (Tab. 9) betrachten. Es ist eine Art Kompromiß. Es ist viel einfacher als die meisten anderen, synthetischen Kulturmedien, enthält jedoch wesentlich mehr Bestandteile als Eagles Medium, da letzteres nur die für minimales Wachstum unentbehrlichen, nicht aber für optimales Wachstum nötigen Bestandteile enthält. Zuvor entwickelte Dr. Waymouth einige einfache Kulturmedien, die das Zellwachstum durch Zugabe von reinem Albumin und Pepton, aber ohne zusätzliches Serum unterhalten. Medium MB 752/1 hat ohne jeden Zusatz das schnelle Wachstum einer Unterlinie der Mäuse L-Zellen (subkutaner Fibroblasten) und einige andere Zellen über mehrere Passagen hindurch aufrechterhalten.

Eagles Medium (Tab. 10) ist das einfachste der genau definierten Kulturmedien, die in allgemeinem Gebrauch sind. Es hat sich herausgestellt, daß all seine Bestandteile für das Zellwachstum unentbehrlich sind und daß alle anderen Bestandteile komplizierterer Medien entbehrlich sind. Es gibt viele Modifikationen von Eagles Medium; einige zeigt Anlage 1. Sie unterscheiden sich hauptsächlich in der Konzentration der Bestandteile, obwohl manche auch zusätzliche Bestandteile haben. Durch seinen relativ einfachen Aufbau liefert es ein gutes Beispiel für die Herstellung eines *„synthetischen" Kulturmediums.* Dies soll nun im einzelnen beschrieben werden.

2.4.2.4.2 Herstellung von Eagles Medium

Wie früher erwähnt, werden alle komplizierten Kulturmedien in einer Reihe von *Stammlösungen* hergestellt, die unmittelbar vor Gebrauch des Kulturmediums zusammengemischt werden. Die Gründe für die Zusammenstellung einiger Materialien werden in Klammer bei jedem Fall erklärt.

Stammlösung 1: Hanks BSS ohne Glucose und Bicarbonat. (Durch Verzicht auf diese beiden Substanzen kann man die Salzlösung durch Autoklavieren sterilisieren. Da Glucose sich mit einigen Aminosäuren verbinden kann und alkalische Bedingungen den Zerfall verschiedener Substanzen auslösen können, sollen sie möglichst nicht gemeinsam in den anderen Stammlösungen enthalten sein.)

Stammlösung 2 (× 100): Man löst die folgenden L-Aminosäuren in 100 ml Stammlösung 1 durch Erhitzen auf ungefähr 80 °C: 1,05 g Arginin, 0,24 g Histidin, 0,58 g Lysin, 0,52 g Leucin, 0,52 g Isoleucin, 0,15 g Methionin, 0,32 g Phenylalanin, 0,48 g Thyreonin, 0,10 g Tryptophan, 0,46 g Valin. (Dies ist eine Aminosäure-Stammlösung, die die löslicheren und stabileren Aminosäuren enthält.)

Stammlösung 3 (× 100): Man löst die folgenden L-Aminosäuren in 0,1 N HCL: 0,36 g Tyrosin, 0,24 g Cystin (diese beiden Aminosäuren sind weniger löslich als die anderen und sind am besten getrennt in verdünnter Säure zuzubereiten).

Stammlösung 4 (× 1000): Man löst die folgenden B-Vitamine in 100 ml der Stammlösung 1: 0,1 g Cholin, 0,1 g Nicotinsäure, 0,1 g Pantothensäure, 0,1 g Pyridoxal, 0,01 g

Riboflavin, 0,1 g Thiamin (Aneurin), 0,2 g Inosit. (Dies ist eine allgemeine Stammlösung der löslicheren B-Vitamine. Da die Vitamine in sehr kleinen Mengen benötigt werden, ist es besser, sehr konzentrierte Stammlösungen zuzubereiten, als die kleinen Mengen abzuwägen, die für eine verdünntere Stammlösung gebraucht werden.)

Stammlösung 5 (× 100): Man löst 0,01 g Folsäure in 100 ml der Stammlösung 1 unter Zugabe einiger Tropfen 0,5 N NaOH (bis der pH ungefähr neutral ist, was man an der Farbe

Tabelle 10
Eagles Medium, 1959

	Konzentration mg/Liter	Ungef. mM entspr.
L-Arginin	105	0,6
L-Cystin	24	0,2
L-Histidin	31	0,2
L-Isoleucin	52	0,4
L-Leucin	52	0,4
L-Lysin	58	0,4
L-Methionin	15	0,1
L-Phenylalanin	32	0,2
L-Threonin	48	0,4
L-Tryptophan	10	0,05
L-Tyrosin	36	0,2
L-Valin	46	0,4
L-Glutamin	292	2,0
Cholin	1	
Nicotinsäure	1	
Pantothensäure	1	
Pyridoxal	1	
Riboflavin	0,1	
Thiamin	1	
i-Inosit	2	
Folsäure	1	
Glucose	2000	
NaCl	8000	
KCl	400	
$CaCl_2$	140	
$MgSO_4 \cdot 7H_2O$	100	
$MgCl_2 \cdot 6H_2O$	100	
$Na_2HPO_4 \cdot 2H_2O$	60	
KH_2PO_4	60	
$NaHCO_3$	350	
Phenolrot	20	
Penicillin	0,5	

(Diese Version basiert auf Hanks BSS anstelle von Eagles BSS)

des Phenolrots beurteilen kann). (Dieses Vitamin ist viel weniger löslich als der Rest und kann daher nicht in 1000facher Konzentration zusammen mit den anderen B-Vitaminen hergestellt werden.)

Stammlösung 6 (× 100): Man löst 20 g Glucose in Stammlösung 1. (Glucose wird bis zuletzt weggelassen, da sie beim Erhitzen mit anderen Aminosäuren Komplexe bilden kann. Auch bei getrennter Aufbewahrung der Stammlösung ist es leicht, die Glucose-Konzentration dem Kulturmedium wie gewünscht anzupassen.)

Stammlösung 7: Man löst 1,4 g Natriumbicarbonat in 100 ml destilliertem Wasser. (Die Mehrzahl der labilen Bestandteile sind unter leicht sauren Bedingungen stabiler als unter leicht alkalischen. Daher ist es am besten, Alkali bis zum Schluß vom Medium fernzuhalten.)

Stammlösung 8 (× 100): Man löst die folgenden Antibiotika in 100 ml destilliertem Wasser auf: 200 000 I.E. Penicillin-G-Natrium, 0,5 g Streptomycinsulfat. (Da diese labil sind, stellt man sie am besten getrennt her und lagert sie in kleinen Portionen gefroren.)

Stammlösung 9 (× 100): Man löst 2,92 g Glutamin in 100 ml Stammlösung 1. (Glutamin ist auch labil und wird am besten auf dieselbe Weise zubereitet und in kleinen Portionen gefroren aufbewahrt.)

Die Stammlösungen 1–7 sind recht stabil und können sicher bei normaler Kühlschranktemperatur aufbewahrt werden. Es ist empfehlenswert, sie durch Filtration durch ein gesintertes Glas- oder Membran-Filter zu sterilisieren. Wie schon bemerkt, werden die restlichen Lösungen am besten nach der Sterilisation gefroren aufbewahrt. (Es sei noch bemerkt, daß labile Chemikalien wie Glutamin kalt und trocken aufbewahrt werden sollen. Am leichtesten ist es, sie in festverschlossenen Gefäßen, die Silicagel enthalten, im Kühlschrank oder Tiefkühlfach aufzubewahren.)

Eine *„gebrauchsfertige Stammlösung“* wird aus den oben genannten Stammlösungen hergestellt, indem man sie in folgenden Mengen zusammengibt:

Stammlösung 2: 10 ml; Stammlösung 3: 10 ml; Stammlösung 4: 1 ml; Stammlösung 5: 10 ml; Stammlösung 6: 10 ml; Stammlösung 8: 10 ml; Stammlösung 9: 10 ml.

Dies ergibt 61 ml „gebrauchsfertige Stammlösung“, die ausreicht, einen Liter Kulturmedium herzustellen. Sie kann einige Wochen lang im Kühlschrank ohne Verlust der Wirksamkeit aufbewahrt werden.

Um 100 ml *Wachstums-Medium* herzustellen, das 10% Pferdeserum enthalten soll, werden die folgenden Lösungen direkt vor Gebrauch zusammengemischt: 84 ml Stammlösung 1, 6,1 ml „gebrauchsfertige Stammlösung“, und 10 ml Pferdeserum. Dann wird Vorratslösung 7 (Natriumbicarbonat) zugefügt, um den pH zwischen 7,2 und 7,4 einzustellen. Wird frisches Serum verwendet, kann man auf Inosit verzichten. Das beschriebene Medium unterhält normales Wachstum einige Zeit, sogar bei Zusatz von erschöpfend dialysiertem Serum; es ist daher für viele experimentelle Arbeiten nützlich.

Eine gebräuchliche Modifikation der obigen Arbeitsweise besteht darin, die verschiedenen Stammlösungen zu mischen und auf 100 ml aufzufüllen, um eine 10fach konzentrierte „gebrauchsfertige Stammlösung“ zu erhalten; z. B. Eagles Lösung 10fach konzentriert, die dann 10fach mit sterilem Wasser verdünnt wird. Viele, im Handel erhältliche Medien werden in dieser Form geliefert.

Nur wenige Forscher konnten der Versuchung widerstehen, ihre eigenen Vorschriften für Medien auszuarbeiten. Folglich gibt es sehr viele synthetische Medien, die sich nur in Kleinigkeiten von den beschriebenen unterscheiden. Die bekannteren sind in Anlage 1 aufgeführt.

Viele Abwandlungen von *Eagles Medium* sind in Gebrauch. Die ursprüngliche Fassung hatte eine ziemlich niedrige Aminosäure-Konzentration; die meisten Modifikationen verbessern dies und liefern damit höhere Zellausbeuten.

Einige Autoren fanden einen sehr hohen Bedarf an *Arginin,* der aber in vielen Fällen auf einer Mycoplasma-Verunreinigung der Zellen beruht; es ist fraglich, ob hoher Arginin-Bedarf normal ist.

Hams Kulturmedium wurde speziell für das Zell-Klonieren entwickelt; die niedrigen Konzentrationen einiger Aminosäuren begrenzen die Ausbeuten.

Fischers Medium für Leukämie-Zellen zeichnet sich durch einen sehr hohen Folsäuregehalt aus, der wahrscheinlich einem wirklichen Bedarf entspricht. Auch die *R.P.M.I.-Medien* wurden für Leukämie-Kulturen entwickelt.

Trowells T8-Medium ist sehr einfach; es wurde hauptsächlich für Organkulturen entwickelt, in denen die Gesamtzunahme der Gewebemasse während der Kultur klein ist.

Das Medium von *Whitten* für die Züchtung von Mäusezygoten ist noch einfacher und nur etwas mehr als eine BSS, da die Eizelle Nährstoffe speichert.

Während der recht aktiven Zeit der Entwicklung synthetischer Medien, die ihren Höhepunkt mit dem Erscheinen von Eagles Medium hatte, wurden die meisten Teste mit etablierten Zellinien ausgeführt, obwohl in vielen früheren Studien Primärkulturen herangezogen wurden. Später wurde dann klar, daß Eagles Medium zwar für fast alle etablierten Zellinien ausreichend war, für Primärzellinien aber Zusätze gebraucht wurden. Seither findet man in vielen Arbeiten mit Primärzellinien entweder die Verwendung komplizierterer Medien oder eine Ergänzung von Eagles Medium mit Embryonal-Extrakt, Lactalbumin-Hydrolysat, Bactopepton oder zumindest durch nicht essentielle Aminosäuren. Es wurden daher Versuche unternommen, ein genau definiertes Medium für Primärzellinien zu entwickeln. Die bekanntesten sind: *CMRL-1415,* entwickelt für frisch explantierte Mäuseembryonal-Zellen, *F-12,* entwickelt für das Klonieren von Zellen, die direkt aus dem Tier entnommen werden, und die *RPMI-Serie,* die für Lymphozyten-Kulturen entwickelt wurden. Sie alle enthalten eine vollständige Aminosäure-Mischung, einen umfangreichen Zusatz an Vitaminen und in manchen Fällen besondere Bestandteile, wie Coenzyme und Stoffwechselzwischenprodukte. Alle Medien brauchen auch noch den Zusatz von etwas Serum oder Serumfraktionen, um das Wachstum von Primärzellinien zu unterhalten. *CMRL-1415* ist mit freien Aminosäure-Basen hergestellt, was die Pufferfähigkeit erhöht. Mit 5% CO_2 äquilibriert, erhält man einen pH von 7,2–7,4. Läßt man Bicarbonat weg, kann das Medium (nun als *CMRI-1415-ATM* bezeichnet) in offenen Kulturen benützt werden, die mit der Luft-Atmosphäre einen freien Gasaustausch haben.

2.4.2.5 Kultur-Medien für Gewebekulturen von kaltblütigen Wirbeltieren

Weitaus der größte Teil der Arbeit wurde in der Gewebekultur mit Geweben von Warmblütern gemacht. Doch wurden Gewebe auch aus vielen anderen Quellen erfolgreich gezüchtet, und es gibt keinen Grund anzunehmen, daß irgendein tierisches oder pflanzliches Gewebe hartnäkkig dem Versuch der *In vitro*-Züchtung widerstehen wird.

Freilich, je abweichender die Art, desto abweichender natürlich auch die Nahrungsbedürfnisse; wenn wir vollkommen verschiedene Rassen untersuchen, finden wir beachtliche Unterschiede in den Grundbedürfnissen beim Gewebewachstum *in vitro.* Trotz kräftiger Betonung dieser Tatsache muß man feststellen, daß das merkwürdigste bei allen Nahrungsbedürfnissen verschiedener Zellen ihre allgemeine Ähnlichkeit ist. Sogar bei Pflanzen und Tieren sind die Unterschiede des Bedarfs an anorganischen Ionen mehr quantitativ als qualitativ, und die größten Abweichungen liegen im Bedarf an Vitaminen und Aminosäuren. Eben diese spiegeln einen höheren Grad an metabolischer Selbständigkeit wider als grundlegend verschiedene Bedürfnisse. Manche komplizierteren, chemischen Moleküle, wie bestimmte Hormone, die für verschiedene Organismen charakteristisch sind, scheinen für das Weiterleben von unorganisiertem (und in einigen Fällen auch organisiertem) Zellwachstum nicht nötig zu sein.

Die Zellen vieler Kaltblüter, besonders im Embryonal- und Larvenstadium, können dank der Tatsache, daß sie oft Nahrungsspeicher besitzen, einige Zeit bei 18 °C in einer geeigneten Salzlösung weiterleben. Salzlösungen für Kaltblüter sind oft ähnlich denen für Säugetier- und Geflügelgewebe; Unterschiede beruhen hauptsächlich darauf, daß sie verschiedenen osmotischen Druck verlangen. Einige, gepufferte Salzlösungen für Kaltblüter sind in Tab. 11 aufgeführt.

Um die Zellen dieser Tiere auf längere Zeit am Leben zu halten, wurden natürliche Medien, ähnlich denen für Warmblüter verwendet. Fisch- wie Amphibiengewebe wurden in Medien gezüchtet, die aus geeigneten, mit Serum oder Plasma und Embryonalextrakt angereicherten Salzlösungen bestanden. In beiden Fällen wurden Geflügelserum und Embryonal-Extrakt erfolgreich benützt, manche Forscher aber ziehen homologe Medien vor.

Dabei soll daran erinnert werden, daß die erste nutzbare Gewebekultur mit Geweben von Kaltblütern hergestellt wurde und das Medium aus geronnener Froschlymphe bestand.

Dieselben synthetischen Kulturmedien, die für Säugetiergewebe benützt wurden, haben sich nun auch für das Wachstum von Amphibien- und Fischgeweben als erfolgreich erwiesen, sofern man dabei unterschiedliche Salzkonzentrationen berücksichtigt. Die Vorschrift für das Kulturmedium von Wolff und Quimby für Amphibiengewebe steht in Anlage 1.

2.4.2.6 Kulturmedien für Gewebe von wirbellosen Tieren

Ähnliche Betrachtungen gelten für die Gewebe- und Zell-Kultur wirbelloser Tiere. Wiederum ist die Grundlage des Mediums eine Salzlösung,

Tabelle 11
Gepufferte Salzlösungen für kaltblütige Wirbeltiere

Substanz	Nach Holtfreter (Amphibien und Fische)	Frosch Ringer (Amphibien)	Nach Cortland (Braun-Forelle)	Nach Homes & Stott (Cutthwat-Forelle)	Keynes & Martins Ferreira (elektr. Aal)
NaCl	3,50	6,50	7,25	7,41	9,88
KCl	0,05	0,14	0,38	0,37	0,37
$CaCl_2 \cdot 2H_2O$	0,10	0,16	0,23		0,44
$MgCl_2 \cdot 6H_2O$					0,30
$MgSO_4 \cdot 7H_2O$		0,39	0,23	0,31	
$NaH_2PO_4 \cdot H_2O$			0,41	0,40	0,04
$Na_2HPO_4 \cdot 2H_2O$				0,20	0,21
KH_2PO_4				0,17	
$NaHCO_3$	0,20	0,20	1,00	0,31	
Glucose			1,00		

die die anorganischen Ionen in einer Zusammenstellung enthält, welche einen geeigneten osmotischen Druck und pH-Wert liefert. Einige Beispiele von Salzlösungen für wirbellose Tiere sind in Tab. 12 aufgeführt. Natürlich ähneln sich alle Salzlösungen für wirbellose Tiergewebe in ihrer allgemeinen Zusammensetzung, obwohl die Mengen der verschiedenen Salze variieren. Die Bedingungen müssen für jede Art erarbeitet werden; sind diese dann bestimmt, folgen noch andere Regeln. Erstens sind die benötigten, definierten Ergänzungsstoffe fast die gleichen wie für Wirbeltiergewebe. Medium 199 wurde direkt für das Wachstum einiger Insektengewebe benützt. Das Medium von Martignoni und Scallion ist einfach eine Anpassung des Mediums von Eagle; nur die Grundsalzlösung wurde geändert.

Der pH-Wert für Insekten-Gewebe muß saurer sein als der für Wirbeltiergewebe, gewöhnlich im Bereich 6,3–6,9. Der osmotische Druck für Insekten, die tierisches Material fressen, kann etwas unter dem für Wirbeltiergewebe liegen, dagegen für Insekten, die sich von pflanzlichen Stoffen nähren, kann er mehr als 2mal so hoch sein. In Insektenblut ist die Konzentration der Aminosäuren manchmal sehr hoch, die damit deutlich zum osmotischen Druck beitragen. Dem trägt z. B. *Wyatts Medium* Rechnung.

Es war hauptsächlich Wyatts Pionierarbeit, die zur Entwicklung befriedigender synthetischer Zusatzstoffe zum Gebrauch mit Insektenmateria-

Tabelle 12
Gepufferte Salzlösungen für einige wirbellose Tiere (Gramm pro Liter)

Substanz	Modifiziert nach Locke (Insekten)	Carlson (Heuschrecken)	Wyatt (Schmetterlinge)	Li et al. (Hydra)
NaCl	9,00	7,00		0,58
KCl	0,42	0,20	2,98	0,75
$CaCl_2$	0,25	0,02	0,81	1,11
$MgCl_2 \cdot 6H_2O$		0,10	3,04	
$MgSO_4 \cdot 7H_2O$			3,70	1,00
NaH_2PO_4		0,20	1,1	
$NaHCO_3$	0,20	0,05		1,68
Glucose	2,50	0,80	0,70*	10,00
Phenolrot				0,10
Streptomycin				0,125

* Fructose und Saccharose werden in einer Konzentration von 0,4 g/Liter zugefügt

Tabelle 13
Wyatts Medium für Insektengewebe

	mg/Liter	mM
1. *Anorganische Salze*		
NaH_2PO_4	1100	8
$MgCl_2 \cdot 6H_2O$	3040	15
$MgSO_4 \cdot 7H_2O$	3700	15
KCl	2980	40
$CaCl_2$	810	7,2
2. *Zucker*		
Glucose	700	3,9
Fructose	400	2.2
Sucrose	400	1,1
3. *Organische Säuren*		
Äpfelsäure	670	5
α-Ketoglutarsäure	370	2,5
Bernsteinsäure	60	0,5
Fumarsäure	55	0,5
4. *Aminosäuren*		
L-Arginin HCl	700	3,3
DL-LysinHCl	1250	6,9
L-Histidin	2500	15,7
Asparaginsäure	350	2,63
L-Asparagin	350	2,65
L-Glutaminsäure	600	4,08
L-Glutamin	600	4,11
Glycin	650	8,66
DL-Serin	1100	10,5
DL-Alanin	450	5,05
β-Alanin	200	2,25
L-Prolin	350	3,2
L-Tyrosin	50	0,27
DL-Threonin	350	2,94
DL-Methionin	100	0,67
L-Phenylalanin	150	0,9
DL-Valin	200	0,7
DL-Isoleucin	100	0,77
DL-Leucin	150	1,44
L-Tryptophan	100	0,61
L-Cystin	25	0,1
Cystein HCl	80	0,5

lien führte. Wyatts Medium (Tab. 13) wurde auf der Grundlage einer Analyse der Seidenraupen-Hämolymphe entwickelt. Damit erreichte sie ein gutes Wachstum der Seidenraupenzellen. Dieses Kulturmedium wurde von Grace (1958) durch Zusatz einiger Vitamine der B-Gruppe verbessert. Durch Ergänzung des Mediums von Grace (Tab. 14) mit 3% hitzebehandelter Hämolymphe (es wurden auch Konzentrationen bis zu 50% benützt), erreicht man sehr gutes Wachstum bei Seidenraupenzellen. Grace gelang es, 4 permantente Linien von Insektenzellen aufzubauen.

Wie für Wirbeltiergewebe wurden nützliche Kulturmedien entwickelt, die Protein-Hydrolysate (z. B. Lactalbumin-Hydrolysat) anstelle von Aminosäure-Mischungen und Hefe-Hydrolysate anstelle von B-Vitaminen verwenden (Abschn. 4.3).

Tabelle 14
Medium von Grace für Insektengewebe

	mg/Liter	mM.
1. *Anorganische Salze*		
NaH_2PO_4	1100	8
$MgCl_2 \cdot 6H_2O$	3040	15
$MgSO_4 \cdot 7H_2O$	3700	15
KCl	2980	40
$CaCl_2$	810	7,2
2. *Zucker*		
Glucose	700	3,9
Fructose	400	2,2
Sucrose	400	1,1
3. *Vitamine*		
Thiamin	0,01	
Riboflavin	0,01	
Ca pantothenat	0,01	
Pyridoxin	0,01	
Nicotinsäure	0,01	
Biotin	0,01	
Folsäure	0,01	
Cholin	0,01	
m-Inosit	2,00	
4. *Aminosäuren*		
L-Arginin HCl	700	3,3
DL-Lysin HCl	1 250	6,9
L-Histidin	2 500	15,7
L-Asparaginsäure	350	2,63
L-Asparagin	350	2,65

Fortsetzung Tabelle 14

	mg/Liter	mM
L-Glutaminsäure	600	4,08
L-Glutamin	600	4,11
Glycin	650	8,66
DL-Serin	1 100	10,5
DL-Alanin	450	5,05
β-Alanin	200	2,25
L-Prolin	350	3,2
L-Tyrosin	50	0,27
DL-Threonin	350	2,94
DL-Methionin	100	0,67
L-Phenylalanin	150	0,9
DL-Valin	200	0,7
DL-Isoleucin	100	0,77
DL-Leucin	150	1,44
L-Tryptophan	100	0,61
L-Cystin	25	0,1
Cystein HCl	80	0,5
5. *Verschiedenes*		
Äpfelsäure	670	5
α-Ketoglutarsäure	370	2,5
Bernsteinsäure	60	0,5
Fumarsäure	55	
Cholesterin	30	0,5

Von den Gliederfüßlern abgesehen, wurden sehr wenige Versuche unternommen, Gewebe wirbelloser Tiere zu züchten. Allerdings brachten Hydra-Zellen einigen Erfolg und in wenigstens einem Fall wurde Eagles Medium mit der modifizierten Earles Salzlösung verwendet, die von Li et al. entwickelt wurde. Bei anderen Versuchen waren die Ergänzungsstoffe wieder denen ähnlich, die für Warmblüter verwendet werden. Folglich kann man sagen, daß die Gewebe fast aller Tiere in ähnlichen Mischungen gezüchtet werden können, die nur hinsichtlich des pH-Wertes und der Mengenverhältnisse der verschiedenen Ionen variieren.

2.4.2.7 Kulturmedium für Pflanzengewebe

Die Ernährung der Pflanzenzellen wurde vor einigen Jahren im einzelnen untersucht und genau beschrieben, so daß seit langem Medien für das Wachstum von Pflanzengeweben erhältlich sind. Der Grund dafür ist hauptsächlich der, daß das Problem der Pflanzenzell-Ernährung wesentlich einfacher ist als das der tierischen Zellen. Pflanzen haben einen sehr viel anpassungsfähigeren Stoffwechsel als Tiere und können für fast alle synthetischen Prozesse einfachere Moleküle verwenden. So werden als Zusatz zu einer anorganischen Salzlösung (entsprechend dem Xylemsaft) nur folgende Stoffe für gutes Wachstum gebraucht: Saccharose, eine Mischung aus Vitaminen und etwas Glycin (entsprechend den essentiellen Bestandteilen des Phloem-Saftes). Das *Medium nach White* für Pflanzen ist entsprechend einfach zusammengesetzt (Tab. 15).

Tabelle 15
Whites Medium für Pflanzengewebe

	mg/Liter
$Ca(NO_3)_2$	200
$MgSO_4$	360
Na_2SO_4	200
KNO_3	80
KCl	65
NaH_2PO_4	16,5
KI	0,75
$Fe_2(SO_4)_3$	2,5
$MnSO_4$	4,5
$ZnSO_4$	1,5
H_3BO_3	1,5
Glycin	3,0
Thiamin	0,1
Niacin	0,5
Pyridoxin	0,1
Saccharose	20 000

Eine kompliziertere Lösung wurde von Gautheret und Mitarbeitern entwickelt. Sie enthält eine Reihe von Spurenelementen und Cystein anstelle von Glycin. Whites Medium reicht für Wurzeln und viele Pflanzentumorgewebe wie auch für eine Reihe anderer Pflanzenmateralien. Andrerseits wird *Gautherets Lösung* sehr oft (mit Modifikationen) für normale Gewebe verwendet. Normalerweise ist kein Zusatz zu diesen Medien erforderlich; doch bei einigen Pflanzengeweben hat sich ein natürlicher Zusatz zu den künstlichen Mischungen als nützlich erwiesen: Die verwendeten Zusätze waren Hefeextrakte und Kokosnußmilch.

Tabelle 16
Gautherets Lösung

	mg/Liter
$Ca(NO_3)_2$	100
KNO_3	25
$MgSO_4$	25
KH_2PO_4	25
$Fe_2(SO_4)_3$	50
$MnSO_4$	2
KI	0,5
$ZnSO_4$	0,1
H_3BO_3	0,15
$Ti_2(SO_4)_3$	0,2
$NiSO_4$	0,05
$CoCl_2$	0,05
$CuSO_4$	0,05
Glucose	30 000
Agar	6 000
Cystein – HCl	10
Thiamin	1
Ca pantothenat	0,1
Biotin	0,1
Inosit	100
Naphthalinessigsäure	0,3

Literatur

Baker, L. E. (1936). Artificial media for the cultivation of fibroblasts, epithelial cells and monocytes. Science 83, 605.

Baker, L. E. & Ebeling, A. H. (1939). Artificial maintenance media for cell and organ cultivation. I. The cultivation of fibroblasts in artificial and serumless media. J. exp. Med. 69, 365.

Baron, S. & Low, R. J. (1958). New maintenance medium for cell culture. Science 128, 89.

Bergmann, M. & Niemann, C. (1936). On blood fibrin. A contribution to the problem of protein structure. J. biol. Chem. 115, 77.

Biggers, J. D., Rinaldini, L. M. & Webb, M. (1957). The study of growth factors in tissue culture. Symp. soc. exp. Biol. 11, 264.

Biggers, J. D., Webb, M., Parker, R. C. & Healy, G. M. (1957). Cultivation of embryonic chick bones on chemically defined media. Nature (Lond.) 180, 825.

Boll, W. G. & Street, H. E. (1951). Studies on the growth of excised roots. I. The stimulatory effect of molybdenum and copper on the growth of excised tomato roots. New Phytol. 50, 52.

Burch, J. B. & Cuadros, Catalina (1965). A culture medium for snail cells and tissues. Nature 206, 637.

Cannon, G. B. (1964). Culture of insect salivary glands in a chemically defined medium. Science 146, 1063.

Caplin, S. M. & Steward, F. C. (1948). Effect of coconut milk on the growth of explants from carrot root. Science 108, 655.

Caplin, S. M. & Steward, F. C. (1949). A technique for the controlled growth of excised plant tissue in liquid media under aseptic conditions. Nature (Lond.) 163, 920.

Chang, R. S. & Geyer, R. P. (1957). A serum albumin medium for the cultivation of human epithelial-like cells. J. Immunol. 79, 455.

Chiu, Ren-Jong & Black, L. M. (1967). Monolayer cultures of insect cell lines and their inoculation with a plant virus. Nature 215, 1076.

Day, M. F. & Grace, T. D. C. (1959). Review of recent work on insect tissue culture. Ann. Rev. Entom. 4, 17.

Dormer, K. J. & Street, H. E. (1949). The carbohydrate nutrition of tomato roots. Ann. Bot. 13, 199.

Eagle, H. (1955). The specific amino acid requirements of mammalian cells (strain L) in tissue culture. J. biol. Chem. 214, 839.

Eagle, H. (1955). The specific amino-acid requirements of a human carcinoma cell (strain HeLa) in tissue culture. J. exp. Med. 102, 37.

Eagle, H. (1955). The minimum vitamin requirements of the L and HeLa cells in tissue culture, the production of spcific vitamin deficiencies and their cure. J. exp. Med. 102, 595.

Eagle, H. (1959). Amino acid metabolism in mammalian cell cultures. Science 130, 432.

Eagle, H. (1960). The sustained growth of human and animal cells in a protein-free environment. Proc. nat. Acad. Sci. (Wash.) 46, 427.

Eagle, H., Oyama, V. I., Levy, M. & Freeman, A. (1956). Myo-inositol as an essential growth factor for normal and malignant human cells in tissue culture. Science 123, 845.

Eagle, H., Oyama, V. I. & Levy, M. (1957). Amino-acid requirements of normal and malignant human cells in tissue culture. Arch. Biochem. 67, 432.

Eagle, H. & Piez, K. (1962). The population-dependent requirement by cultured mammalian cells for metabolites which they can synthesize. J. exp. Med. 116, 29.

Earle, W. R. (1934). A technique for the adjustment of oxygen and carbon dioxide tensions, and hydrogen ion concentration, in tissue cultures planted in Carrel flasks. Arch. exp. Z. 16, 116.

Evans, Virginia J., Bryant, J. C. & Fioramonti, Mary C., McQuilkin, W. T., Sanford, Katherine K. & Earle, W. R. (1956). Studies of nutrient media for tissue cells in vitro. I. A protein-free chemically defined medium for cultivation of Strain L cells. Cancer Res. 16, 77.

Evans, Virginia J., Bryant, J. C., McQuilkin, W. T., Fioramonti, Mary C., Sanford, Katherine K., Westfall, B. B. & Earle, W. R. (1956). Studies of nutrient media for tissue cells in vitro. II. An improved protein-free chemically defined medium for long-term cultivation of strain L-929 cells. Cancer Res. 16, 87.

Evans, Virginia J., Fioramonti, M. D. & Earle, W. R. (1959). Studies of nutrient media for tissue cells in vitro. V. The effect of the coenzymes of medium NCTC 109 on the proliferation of NCTC strain 2071 and NCTC strain 2937. Amer. J. Hyg. 70, 28.

Evans, Virginia J., Fioramonti, M. C. & Earle, W. R. (1960). Studies of nutrient media for tissue cells in vitro. VI. The effect of nucleic acid derivatives mixture of medium NCTC 109 on NCTC strain 2071 and NCTC strain 2981. Amer. J. Hyg. 71, 168.

Evans, Virginia J., Kerr, H. A., McQuilkin, W. T., Earle, W. R. & Hull, R. N. (1959).

Growth in vitro of a long-term strain of monkey kidney cells in medium NCTC 109 free of any added protein. Amer. J. Hyg. 70, 297.
Fischer, A. (1941). Die Bedeutung der Aminosäuren für die Gewebezellen in vitro. Acta physiol. scand. 2, 143.
Fischer, A., Astrup, T., Ehrensvärd, G. & Oehlenschläger, V. (1948). Growth of animal tissue cells in artificial media. Proc. Soc. exp. Biol. (N. Y.) 67, 40.
Fischer, G. A. (1958). Studies of the culture of leukemic cells in vitro. Ann. N. Y. Acad. Sci. 78, 673.
Frew, J. G. H. (1928). Technique for the cultivation of insect tissue. Brit. J. exp. Biol. 6, 1.
Gavrilov, W. & Cowez, S. (1941). Essai de culture in vitro de tissus de moustiques et d'intestins de lapins adults infectés. Ann. parasit. (Paris) 18, 180.
Gautheret, R. J. (1934). Culture du tissu cambial. C. R. Acad. Sci., Paris 198, 2195.
Gautheret, R. J. (1935). Recherches sur la culture des tissus végétaux: Essais de culture de quelques tissus méristématiques, 279 pp. Université de Paris: Thesis.
Gautheret, R. J. (1937). Nouvelles recherches sur la culture du tissu cambial. C. R. Acad. Sci. (Paris) 205, 572.
Gautheret, R. J. (1939). Sur la possibilité de réaliser la culture indéfinie des tissus de tubercules de carotte. C. R. Acad. Sci. (Paris) 208, 118.
Gautheret, R. J. (1942). Manuel Technique de Culture des Tissus Végétaux, p. 172. Paris: Masson.
Gautheret, R. J. (1947). Sur les besoins en hetero-auxine des cultures de tissus de quelques végétaux. C. R. soc. Biol. (Paris) 141, 627.
Gautheret, R. J. (1947). Action de l'acide indole-acetique sur le developpement des tissus normaux et des tissus de crown-gall de topinambour cultivés in vitro. C. R. Acid. Sci. (Paris) 224, 1728.
Gautheret, R. J. (1955). The nutrition of plant tissue cultures. Annu. Rev. Pl. Physiol. 6, 433.
Grace, T. D. C. (1958). The prolonged growth and survival of ovarian tissue of the promethea moth (callosomia promethea) in vitro. J. gen. Physiol. 41, 1027.
Grace, T. D. C. (1958). Effects of various substances on growth of silkworm tissues in vitro. Aust. J. biol. Sci. 2, 407.
Gwatkin, R. B. L. & Siminovitch, L. (1960). Multiplication of single mammalian cells in a nonbicarbonate medium. Proc. Soc. exper. Biol. (N. Y.) 103, 718.
Ham, R. G. (1963). An improved nutrient solution for diploid Chinese hamster and human cell lines. Exp. Cell Res. 29, 515.
Ham, Richard G. (1965). Clonal growth of mammalian cells in a chemically defined synthetic medium. Proc. Nat. Acad. Sci, 53, 288.
Hanks, J. H. & Wallace, R. E. (1949). Relation of oxygen and temperature in the preservation of tissues by refrigeration. Proc. Soc. exp. Biol. (N. Y.) 71, 196.
Hanss, J. & Moore, G. E. (1964). Studies of culture media for the growth of human tumour cells. Exp. Cell Res. 34, 243.
Harris, M. (1952). The use of dialyzed media for studies in cell nutrition. J. cell comp. Physiol. 40, 279.
Hayflick, Leonard, Jacobs, Pat & Perkins, Frank (1964). A procedure for the standardization of tissue culture media. Nature 204, 146.
Healy, G., Fisher, Dorothy & Parker, R. C. (1954). Nutrition of animal cells in tissue culture. IX. Synthetic medium No. 703. Canad. J. Biochem. 32, 327.

Healy, G., Fisher, Dorothy & Parker, R. C. (1955). Nutrition of animal cells. X. Synthetic medium No. 858. Proc. Soc. exp. Biol. (N. Y.) 89, 71.
Healy, George, M. & Parker, Raymond C. (1966). An improved chemically defined basal medium (CMRL-1415) for newly explanted mouse embryo cells. J. Cell Biol. 30, 531.
Healy, George M. & Parker, Raymond C. (1966). Cultivation of mammalian cells in defined media with protein and nonprotein supplements. J. Cell Biol. 30, 539.
Heller, R. (1954). Les besoins mineraux des tissus en culture. Ann. Biol. 30, 361.
Henderson, J. H. M. (1954). The changing nutritional pattern from normal to habituated sunflower callus tissue in vitro. Ann. Biol. 30, 329.
Hetherington, D. C. (1946). Effect of some of the B complex vitamins upon chick tissue cultures. Proc. Soc. exp. Biol. (N. Y.) 62, 312.
Hildebrandt, A. C. & Riker, A. J. (1953). Influence of concentrations of sugars and polysaccharides on callus tissue growth in vitro. Amer. J. Bot. 40, 66.
Holmes, W. N. & Stott, G. E. (1960). Studies on the respiration rates of excretory tissues in cutthroat trout (Salmo clarki clarki). I and II. Phys. Zool. 33, 9.
Holtfreter, J. (1931). Über die Aufzucht isolierter Teile des Amphibienkeimes. Arch. EntwGesch. 124, 404.
Keynes, R. D. & Martins-Ferreira, H. (1953). Membrane potentials in the electroplates of the electric eel. J. Physiol. 119, 315.
Krebs, H. A. (1950). Body size and tissue respiration. Biochim. biophys. Acta 4, 249.
Lewis, Margaret R. & Lewis, W. H. (1911). The growth of embryonic chicken tissues in artificial media, agar and bouillon. Johns Hopk. Hosp. Bull. 22, 126.
Lewis, Margaret R. & Lewis, W. H. (1911). The cultivation of tissues from chick embryos in solutions of NaCl, $CaCl_2$, KCl and $NaHCO_3$. Anat. Rec. 5, 277.
Lockhart, R. Z. & Eagle, H. (1959). Requirements for growth of single human cells: Non essential amino acids, notably serine, are necessary and sufficient nutritional supplements. Science 129, 252.
McQuilken, W. T., Evans, Virginia J. & Earle, W. R. (1957). The adaptation of additional lines of NCTC Clone 929 (Strain L) cells to chemically defined protein-free medium NCTC 109. J. nat. Cancer Inst. 19, 885.
Morel, G. & Wetmore, R. H. (1951). Fern callus tissue cultures. Amer. J. Bot. 38, 141.
Morgan, J. F. (1958). Tissue culture nutrition. Bact. Rev. 22, 20.
Morton, H. J., Pasieka, A. E. & Morgan, J. F. (1956). The nutrition of animal tissues cultivated in vitro. J. biophys. biochem. Cytol. 2, 589.
Nagle, S. C., Jr., Tribble, H. R., Jr., Anderson, R. E. & Gray, N. D. (1963). A chemically defined medium for growth of animal cells in suspension. Proc. Soc. exp. Biol. (N. Y.) 112, 340.
Neuman, R. E. & McCoy, T. A. (1958). Growth-promoting properties of pyruvate, oxalacetate and α-ketoglutarate for isolated Walker carcinosarcoma 256 cells. Proc. Soc. exp. Biol. (N. Y.) 98, 303.
Parker, R. C., Healy, G. & Fisher, Dorothy (1954). Nutrition of animal cells in tissue culture. VII. Use of replicate cell culture in the evaluation of synthetic media. Canad. J. Biochem. 32, 306.
Paul, J. (1959). Environmental influences on the metabolism and composition of cultured cells. J. exp. Zool. 142.
Plantefol, L. & Gautheret, R. J. (1941). Sur l'intensité des échanges respiratoires des tissus végétaux en culture: tissue primitif et tissu néoformé. C. R. Acad. Sci. (Paris) 213, 627.

Preston, M. M'E. (1948). Amphibian tissue culture for biophysical research. Nature (Lond.) 161, 203.
Preston, M. M'E. (1949). The cultivation in vitro of various amphibian tissues. J. roy. micr. Soc. 69, 65.
Pumper, R. W. (1958). Adaptation of tissue culture cells to a serum-free medium. Science 128, 363.
Riker, A. J. & Gutsche, A. E. (1948). The growth of sunflower tissue in vitro on synthetic media with various organic and inorganic sources of nitrogen. Amer. J. Bot. 35, 227.
Ringer, S. (1895). Further observations regarding the antagonism between calcium salts and sodium, potassium and ammonium salts. J. Physiol. 18, 425.
Rose, W. C. (1932). The amino acids in nutrition. Yale J. Biol. Med. 4, 519.
Rosenberg, S. & Kirk, P. L. (1953). Tissue culture studies. Identification of components and synthetic replacements for the active fraction of chick embryo extract ultrafiltrate. J. gen. Physiol. 37, 239.
Shantz, E. M. & Steward, F. C. (1952). Coconut-milk factor: The growth-promoting substances in coconut milk. J. Amer. chem. Soc. 74, 6133.
Skoog, F. (1951). Chemical control of growth and organ formation in plant tissues. Ann. Biol. 26, 545.
Steward, F. C., Caplin, S. M. & Millar, F. K. (1952). Investigations on growth and metabolism of plant cells. I. New techniques for the investigation of metabolism, nutrition and growth of undifferentiated cells. Ann. Bot. (Lond.) 16, 57.
Street, H. E. & Lowe, J. S. (1950). The carbohydrate nutrition of tomato roots. II. The mechanism of sucrose absorption by excised roots. Ann. Bot. (Lond.) 14, 307.
Street, H. E. & McGregor, S. M. (1952). The carbohydrate nutrition of tomato roots. III. The effects of external sucrose concentration on the growth and anatomy of excised roots. Ann. Bot. (Lond.) 16, 185.
Street, H. E. (1954). Factors controlling meristematic activity in excised roots. V. Effects of β-indolylacetic acid, β-indolylacetonitrile and α-(1-naphthyl methylsulphide)-propionic acid on the growth and survival of roots of Lycopersicum esculentum, Mill. Physiol. Plant. 7, 212.
Street, H. E., McGregor, S. M. & Sussex, I. M. (1954). Effects of 3-indolylacetic acid and 3-indolylacetonitrile on the growth of excised tomato roots. J. exp. Bot. 5, 204.
Swim, H. E. & Parker, R. F. (1955). Nonbicarbonate buffers in cell culture media. Science 122, 466.
Swim, H. E. & Parker, R. F. (1958). The amino acid requirements of a permanent strain of altered uterine fibroblasts (U 12-705). Canad. J. Biochem. 36, 861.
Trager, W. (1935). Cultivation of the virus of Grasserie in silkworm tissue cultures. J. exp. Med. 61, 501.
Trowell, O. A. (1955). The culture of lymph nodes in synthetic media. Exp. Cell Res. 9, 258.
Tyrode, M. V. (1910). The mode of action of some purgative salts. Arch. int. Pharmacodyn. 20, 205.
Uhlenhuth, E. (1914). The cultivation of the skin epithelium of adult frog Rana pipiens. J. exp. Med. 20, 614.
Vogelaar, J. P. M. & Erlichman, Eleanor (1933). A feeding solution for cultures of human fibroblasts. Amer. J. Cancer 18, 28.
Waymouth, Charity (1956). A serum-free nutrient solution sustaining rapid and continuous proliferation of strain L (Earle) mouse cells. J. nat. Cancer Inst. 17, 315.
Waymouth, Charity (1959). Rapid proliferation of sublines of NCTC Clone 929 (Strain L)

mouse cells in a simple chemically defined medium (MB 752/1). J. nat. Cancer Inst. 22, 1003.
White, P. R. (1934). Potentially unlimited growth of excised tomato root tips in a liquid medium. Pl. Physiol. 8, 489.
White, P. R. (1937). Amino acids in the nutrition of excised tomato roots. Pl. Physiol. 12, 793.
White, P. R. (1937). Vitamin B_1 in the nutrition of excised tomato roots. Pl. Physiol. 12, 803.
White, P. R. (1939). Potentially unlimited growth of excised plant callus in an artificial nutrient. Amer. J. Bot. 26, 59.
White, P. R. (1945). Respiratory behavior of bacteria-free crown-gall tissues. Cancer Res. 5, 302.
White, P. R. (1946). Cultivation of animal tissues in vitro in nutrients of precisely known constitution. Growth 10, 231.
White, P. R. (1949). Prolonged survival of excised animal tissue in vitro in nutrients of known constitution. J. cell comp. Physiol. 34, 221.
Williamson, J. D. & Cox, P. (1968). Use of a new buffer in the culture of animal cells. J. gen. Virol. 2, 309.
Wolff, E. M. (1953). Sur la croissance et la différenciation en milieu synthétique de la syrinx de l'embryon de poulet. C. R. Soc. Biol. (Paris) 147, 864.
Wolff, E. M. (1955). Les besoins spécifiques en acides aminée de la syrinx de l'embryon de poulet cultivée in vitro sur un milieu entièrement synthétique. C. R. Acad. Sci. (Paris) 240, 1016.
Wolf, K. (1963). Physiological salines for fresh-water teleosts. The Progressive Fish-Culturist, July 1963, p. 135.
Wolf, K. & Quimby, M. C. (1964). Amphibian cell culture: permanent cell line from the bullfrog (Rana catesbeiana). Science 144, 1578.
Worden, J. L. (1961). Proliferation of mammalian cells in ion-controlled environment. J. nat. Cancer Inst. 26, 801.
Wyatt, H. F. (1961). Cation requirements of HeLa cells in tissue culture. Exp. Cell Res. 23, 97.
Wyatt, S. S. (1956). Culture in vitro of tissue from the silkworm, Bombyx Mori L. J. gen. Physiol. 39, 841.

3. Vorbereitung der Materialien

3.1 Vorbereitung der Geräte

3.1.1 Allgemeines

Die *Verunreinigung (Kontamination)* der Kulturmedien mit Bakterien ist die größte Gefahr bei den meisten Gewebekultur-Arbeiten; aber fast ebenso bedeutsam ist eine Verunreinigung mit toxischen, chemischen Substanzen. Deshalb muß man bei der Auswahl und Vorbereitung der Materialien besonders vorsichtig sein. Dies betrifft nicht nur die für die Kulturmedien verwendeten Chemikalien, sondern auch die Geräte, wie Stopfen und Glasgeräte, mit denen die Kulturmedien in Berührung kommen.

3.1.2 Glassachen

Obwohl Zellen schon auf vielen Substraten gezüchtet wurden, einschließlich Cellophan, Plexiglas, Polystyrol oder anderen Kunststoffen, wird am häufigsten Glas verwendet, da es leicht erhältlich ist. Gläser unterscheiden sich sehr stark in ihrer Zusammensetzung; bestimmte Glas-Sorten enthalten auch für Zellen sehr toxische Stoffe, z. B. Blei und Arsen. Da diese Stoffe durch die schwach alkalischen Medien langsam in Lösung gehen, kann die *Glas-Toxizität* für Zellen manchmal darauf zurückgeführt werden. Bisher wurde behauptet, daß man für die Gewebekultur nur Borsilikatgläser verwenden sollte, da ihre Zusammensetzungen konstanter und sie außerdem in Alkali weniger löslich seien. Allerdings hat man schon gelegentlich Natrium- wie auch Borsilikat-Gläser für toxisch befunden, während sich andrerseits Gläser beider Typen als sehr zufriedenstellend herausstellten. Daher sucht man sich am besten eine Glas-Sorte ohne giftige Eigenschaften und benützt sie erfahrungsgemäß. Zwei Glas-Sorten, die sehr zufriedenstellend erscheinen, sind das *Borsilikat-Glas* (Pyrex, Duran) und das *Natrium-Glas,* das für die meisten Arzneiflaschen verwendet wird. Bemerkenswerterweise sind fabrikneue Glassachen für gezüchtete Zellen oft sehr unbefriedigend. Nach der ersten Benützung scheinen sie bessere Ergebnisse zu liefern, auch wenn man rigorose Reinigungsmethoden anwendet. Der Grund hierfür ist unklar, kann aber sehr wohl mit der Oberflächenladung des Glases zusammenhängen, die nach Rappaport für das Haften der Zellen wichtig ist.

Rappaport und Mitarbeiter beobachteten, daß das Ausmaß der *Haftfähigkeit* von Zellen an Glas von der Ladungsdichte seiner Oberfläche abhängt. Die negative Netto-Ladung konnte leicht festgestellt werden durch Bestimmung der Menge Farbstoff, die nach 1minütiger Behandlung der Oberfläche mit 0,005%iger Kristallviolett-Lösung und Abspülen mit Wasser zurückblieb. Das zurückgehaltene Kristallviolett wurde zur kolorimetrischen Messung in Äthanol aufgelöst. Die Autoren fanden, daß Natrium-Gläser eine höhere Ladungsdichte als Borsilikat-Gläser haben und daß man die Ladungsdichte folgendermaßen erhöhen und stabilisieren kann: Man behandelt zuerst 30 Min. lang bei 122 °C mit 0,1 M EDTA in verdünnter (0,025 N) Natronlauge, anschließend mit Natriumcarbonat. Die Behandlung ist etwas umständlich und die erhaltene Oberfläche unstabil, so daß sie sich für die Routine-Gewebekultur nicht empfiehlt. Rappaport konnte jedoch zeigen, daß HeLa- und Affennieren-Zellen kein Serum mehr brauchen, wenn sie auf Glas ausgesät werden, das in dieser Weise behandelt worden war.

3.1.3 Plastikgefäße

Polystyrol-Gefäße werden heute in der Gewebekultur sehr häufig benützt. Die meisten, im Handel erhältlichen Polystyrol-Gefäße sind aber unbrauchbar, da die Zellen nicht auf ihnen haften. Die Oberfläche der Kunststoffe muß unbedingt eine negative Ladung tragen, die Natrium-Ionen bindet. (Nach Rappaport hängt die Eignung einer Oberfläche direkt von der Dichte der Natrium-Ionen ab.) Daher muß man besonders vorbehandeltes Polystyrol verwenden, das die Zellhaftung erlaubt; es wird immer angegeben, daß so behandelte Gefäße für Gewebekulturzwecke geeignet sind. Die Verfahren, z. B. ionisierende Bestrahlung, sind Firmengeheimnis. Von den im Handel erhältlichen Gefäßen sind die der Fa. Falcon (S. 431) wahrscheinlich die besten. „Nunclon“ und „Esco“-Gefäße sind fast ebenso geeignet und für viele Zwecke genauso gut. Gewöhnliche Polystyrol-Gefäße kann man durch Sulfonierung der Oberfläche des Polystyrols brauchbar machen: Die Gefäße werden eine Stunde lang mit konzentrierter Schwefelsäure behandelt, dann mit Wasser ausgespült und anschließend 10 Min. lang mit Natriumcarbonat behandelt (persönl. Mitteilung von Dr. H. Rubin). Nach Abspülen bis zur neutralen Reaktion sind sie ebenso brauchbar wie die anderen Gefäße. Bei vorsichtiger Behandlung sind sie normalerweise anschließend sogar steril.

Diese Gefäße werden gewöhnlich nicht wiederverwendet, können jedoch, wenn man will, mit Reinigungsmitteln gewaschen und mit 70%igem

Alkohol sterilisiert werden. Die Gefäße werden, solange sie noch mit Alkohol benetzt sind, eingewickelt und getrocknet.

3.1.4 Stopfen für Kulturgefäße

Gummistopfen enthalten Stoffe, die für Gewebekulturzellen toxisch sind. Dies scheint von Chemikalien herzurühren, die bei der Herstellung verwendet werden, denn Stopfen aus Naturgummi oder reine Gummistopfen sind weniger toxisch als gewöhnliche, schwarze oder rote Stopfen. Um solche Stoffe von der Oberfläche zu entfernen, sollten Gummistopfen (und alle anderen Gummiartikel, die mit den Zellen in Kontakt kommen) zuerst in verdünntem Alkali gekocht (5%ige Natriumcarbonatlösung) und ausgiebig mit Wasser gewaschen werden. Anschließend können sie in der gleichen Weise wie Glassachen gereinigt werden. Es hat sich jedoch gezeigt, daß selbst eine ausgiebige Reinigung die toxischen Eigenschaften des Gummis wenig mindert. Daher muß man immer dafür Sorge tragen, daß das Kulturmedium nicht mit den Gummistopfen in Berührung kommt. Man erreicht dies durch Verwendung von Gefäßen, deren Form dies vermeiden läßt, wie die meisten in der Gewebekultur gebräuchlichen Gefäße, oder durch Gebrauch von Stopfen, die aus anderem Material als Gummi hergestellt sind. Zur Lösung dieses Problems wurden *Silicon-Stopfen* eingeführt, aber sie sind sehr teuer und man braucht kaum auf sie zurückzugreifen, da das Kulturmedium bei den meisten Gewebekultur-Gefäßen mit den Stopfen über längere Zeit nicht in Berührung kommt.

Die Hinweise für die Gummistopfen gelten auch für die Gummi-Einlagen der Schraubverschlußflaschen; man sollte erwähnen, daß Silicon-Einlagen schon relativ billig zu haben sind.

Die *Toxizität* der Gummistopfen ist besonders groß, wenn proteinfreie synthetische Kulturmedien verwendet werden, also weit weniger ein Problem, wenn das Kulturmedium eine hohe Protein-Konzentration hat.

3.1.5 Gummischläuche

Die gleichen Maßregeln gelten für Gummischläuche. In den meisten Fällen, in denen Schläuche benützt werden, kommt das Kulturmedium nur sehr kurz mit ihnen in Berührung (z. B. in einem Dispensier-Gerät), so daß man von daher kaum Schwierigkeiten kennt. Es gibt heute schon relativ billige *Silicon-Gummischläuche,* die man am besten dann benützt, wenn ein Toxizitäts-Risiko besteht. Silicon-Gummi hat den zusätzlichen Vorteil, daß er mit Trockenhitze sterilisiert werden kann, so daß er trocken ist, wenn man ihn benötigt.

3.1.6 Instrumente

Es bedarf wohl kaum des Hinweises, daß chirurgische Instrumente peinlich sauber aufbewahrt und sofort nach Gebrauch gereinigt und abgetrocknet werden müssen. Eine spezielle Reinigung ist für Instrumente im Routine-Gebrauch nicht nötig, aber neue Instrumente und besonders neue, zerlegbare Messerklingen haben für gewöhnlich eine aus Fett oder aus einem Antirostmittel bestehende *Schutzschicht.* Sie sollten daher zuerst mit einem mit Tetrachlorkohlenstoff getränkten Tuch abgewischt und dann mit einem nassen Tuch behandelt werden, bevor man sie trocknet und sterilisiert. Wenn dies nicht getan wird, wird man bei den damit behandelten Geweben ein sehr geringes Wachstum bekommen.

3.2 Reinigungsverfahren

3.2.1 Glassachen

Alle Glassachen sollten sofort nach Gebrauch in Wasser getaucht werden. Auf diese Weise trocknen proteinhaltige Reste nicht an, was das Reinigen sehr erleichtert. Die gesammelten Glassachen werden vorbereitet, indem man die Wattepfropfen usw. entfernt und mit Wasser spült. Dann reinigt man nach einer der folgenden Methoden, die empfohlen wurden und sich in vier Hauptgruppen einteilen lassen:

1. Reinigung mit Detergentien,
2. Reinigung mit Alkali,
3. Reinigung mit oxydierenden Säuren,
4. Reinigung mit Ultraschall.

3.2.1.1 Reinigung mit Detergentien

Detergentien werden heute weitgehend bei der Reinigung von Glassachen benützt. Sie haben den Vorzug, daß kein Erhitzen bis zum Kochen erforderlich ist. Auf der anderen Seite sind sie schwer zu entfernen; man muß also sehr gründlich abspülen. Auch sind manche Detergentien für die Zellen giftig, so daß man sie mit Vorsicht auswählen muß. Ein Detergens, das speziell für die Reinigung von Gewebekultur-Glassachen entwickelt wurde, heißt *Microsolve* und wird von der Fa. Microbiological Associates of Bethesda, USA, hergestellt (s. S. 433). Dieses Detergens ist praktisch ungiftig. Andere geeignete Detergentien enthalten 7X, Haemosol und Stergene. Der Reinigungsvorgang ist genau der gleiche wie bei den Alkalien, ausgenommen, daß Kochen unnötig ist und daß man nicht mit Salzsäure spülen muß.

Ein Reinigungsmittel, das wir für Gewebekultur-Glassachen besonders geeignet fanden, ist *RBS 25* oder *Decon 75* (Bezugsquellen: S. 438). Es ist hochwirksam und kann relativ leicht abgespült werden. Ein geeignetes Verfahren für alle Arten von Glassachen ist folgendes.

Alles Glas wird zuerst mit Wasser abgespült und alle Etiketten und Stiftmarkierungen entfernt. (Am leichtesten entfernt man Wachs- und Filzschreiber-Markierungen durch Einweichen in warmem Detergens über einige Stunden; dann wischt man die Markierungen mit einem Tuch weg, das Reinigungspulver mit einem Abschleifmittel versetzt enthält.) Dann gibt man die Glassachen in einen Behälter, der RBS 25 oder Decon 75 enthält (eine Lösung 1:200 genügt). Nach Einweichen über Nacht werden sie sorgfältig zuerst mit Leitungswasser und anschließend einzeln mit entionisiertem Wasser oder destilliertem Wasser gespült. Wenn die Glassachen auf diese Weise gespült wurden, bevor man sie in das Detergens gibt, kann man dieses mehrere Wochen lang immer wieder benützen, ehe man es erneuern muß. Läßt sich der Schmutz auf dem Glas mit dieser Behandlung nicht entfernen, kann man die Konzentration von Decon 75 auf z. B. 5% erhöhen.

Pipetten können auf ähnliche Weise gereinigt werden. Nach Einweichen in Detergens werden sie in einem Pipettenwaschständer sorgfältig mit Wasser gespült, anschließend läßt man sie leerlaufen und in einem Trokkenschrank trocknen.

Deckgläser können sehr zufriedenstellend auf ähnliche Weise behandelt werden. Die Hauptvorsichtsmaßregel ist, dabei aufzupassen, daß die Deckgläser nicht so übereinanderliegen, daß das Reinigungsmittel die zu reinigende Oberfläche nicht erreicht.

3.2.1.2 Reinigung mit Alkalien

Viele verschiedene Alkalien wurden benützt. Die gebräuchlichsten sind flüssige Seife, Natriumtriphosphat, Natriumcarbonat und Natriummetasilikat. Es besteht kein großer Unterschied zwischen ihnen, aber Natriummetasilikat ist wahrscheinlich das am meisten verwendete. Es wird als besonders geeignet angesehen, da es die Glassachen nicht mit fremden Ionen verunreinigt und falls eine Schicht aus Metasilikat zurückbleibt, schlägt es sich beim Neutralisieren als Glas nieder.

Normalerweise wird die Alkali-Lösung in 100facher Konzentration hergestellt. Die Glassachen werden in Wasser gekocht, dem diese Stammlösung zugesetzt wird (1:100). Anschließend werden die Glassachen mit verdünnter Säure behandelt und mit Wasser gespült, getrocknet und sterilisiert.

Es folgt nun eine genaue Beschreibung für den Gebrauch von *Natriummetasilikat* als Reinigungslösung (Harding & Trebler, 1947).

Folgende Lösungen werden benötigt:

1. Natriummetasilikat-Lösung (100fach konz.)

Natriummetasilikat	360 g
Calgon oder Calgolac	40 g

Diese Bestandteile werden in 4,5 Liter Wasser gelöst und filtriert. Zum Gebrauch nimmt man einen Teil dieser Lösung auf 100 Teile Leitungswasser.

2. 1 N Salzsäure,
3. Ein Vorrat an entionisiertem Wasser.

Es ist empfehlenswert, mehrere Behälter zu haben, so daß man die Glassachen vom einen in den anderen geben kann. Eine Laborspülmaschine zum Kochen der Glassachen und große Polyäthylen-Behälter zum Einweichen der Glassachen sind sehr praktisch.

Man verfährt wie folgt:

1. Die Glassachen werden in Wasser abgebürstet, um Schmutz-Reste zu entfernen.
2. Dann gibt man sie in die Spülmaschine, die Metasilikat-Lösung enthält. Darin werden sie zum Sieden gebracht und 20 Min. am Sieden gelassen; dann läßt man abkühlen.
3. Die Glassachen werden nun aus der Spülmaschine genommen und 2 oder 3mal sorgfältig mit gewöhnlichem Leitungswasser gespült.
4. Dann kommen sie in ein Bad, das verdünnte Salzsäure (N/100) enthält. Nach mehrstündigem Stehenlassen spült man sie noch einmal mit Leitungswasser, anschließend mit entionisiertem Wasser und läßt abtropfen. Schließlich werden sie im Trockenofen getrocknet und zur Sterilisation vorbereitet.

Alle Glassachen werden in genau der gleichen Weise behandelt, mit Ausnahme folgender Einzelheiten:

Pipetten: Die Pipetten werden in einem mit Wasser gefüllten Behälter gesammelt; vor der Reinigung werden die Wattestopfen entfernt. Dann werden sie sorgfältig in einem Pipettenwaschständer vom Siphon-Typ gespült und in einen großen Behälter gegeben, der Metasilicat-Lösung enthält. Nach 24stündigem Einweichen werden sie schnell durchgespült und in einen anderen Behälter gegeben, der N/100 Salzsäure enthält. Schließlich werden sie nach weiterem Spülen mit Leitungswasser in 95%igen Alkohol gebracht; dann läßt man abtropfen, trocknen und sterilisiert.

Deckgläser: Deckgläser müssen wegen ihrer geringen Größe und Zerbrechlichkeit gesondert behandelt werden; es werden aber dieselben, allgemeinen Reinigungsprinzipien angewandt. Eines nach dem anderen wird in einen Becher mit kochender Metasilikat-Lösung gebracht, dann herausgenommen, gespült, mit 95%igem Alkohol behandelt und getrocknet. Schließlich werden sie zwischen 2 mit Tüchern bedeckten Brettchen blank geputzt, dann in ein Petriglas gegeben und mit Trockenhitze sterilisiert.

3.2.1.3 Reinigung mit oxidierenden Säuren

Viele Forscher bestehen auf dem Gebrauch stark oxidierender Säuren zur Glasreinigung; für biologische Materialien sind sie aber wohl kaum nötig.

Die meist verwendeten Säuren sind heiße *Schwefelsäure, Chromschwefelsäure* und *Salpetersäure.* Sie haben den Nachteil, daß eine gewisse Gefahr im Umgang mit ihnen verbunden ist. Die technischen Mitarbeiter müssen sehr gut ausgebildet und zuverlässig sein. Andrerseits entfernen sie sicher alle organischen Stoffe und ätzen das Glas wahrscheinlich weniger als Laugen. Jedoch sind sie schwierig zu entfernen und im Falle der Chromschwefelsäure hat es sich gezeigt, daß selbst nach sehr langem Spülen eine Chromsäure-Schicht auf dem Glas zurückbleiben kann. Trotzdem wird *Chromschwefelsäure* häufig verwendet.

Sie wird am besten folgendermaßen zubereitet: 40 g Kaliumdichromat werden in ein 5 Liter-Pyrex (Duran)-Becherglas gegeben und in wenig Wasser gelöst. Nun wird mit konzentrierter Schwefelsäure auf 1 Liter aufgefüllt. Die Farbe der Lösung sollte gelbbraun sein. Ist die Farbe grün, bedeutet dies, daß die Chromschwefelsäure reduziert worden ist; sie ist dann nutzlos und sollte verworfen werden. Chromschwefelsäure ätzt stark; man muß mit ihr sehr vorsichtig umgehen. Nur sehr selten ist es nötig oder wünschenswert, die Chromschwefelsäure bei höherer Temperatur zu verwenden, dann aber mit *größter Vorsicht!*

Salpetersäure wird oft verwendet, um kleine Gegenstände zu reinigen, besonders Deckgläser. Das gleiche wie für Chromschwefelsäure gilt auch für Salpetersäure. Deckgläser werden meist in Salpetersäure eingetaucht, herausgenommen und sehr sorgfältig gespült. Man muß wissen, daß Nitrat physiologisch vorkommt und dadurch ein sehr viel weniger giftiges Ion ist als Chromat, d. h. weit weniger unangenehm.

Am National Cancer Institute der USA werden große Dampfkessel gefüllt mit konz. Schwefelsäure für die Reinigung aller Glassachen benützt. Freilich wenden sehr wenig andere Laboratorien dieses Technik an.

3.2.1.4 Reinigung mit Ultraschall

Spezielle Apparate wurden entwickelt, um Glassachen mit Hilfe sehr hoher Frequenzen von Schallwellen zu reinigen. Sie sind sehr wirksam, haben aber für die meisten Zwecke keine Vorteile gegenüber anderen Methoden. Ihr besonderer Wert liegt in der Verwendung bei empfindlichen wissenschaftlichen Instrumenten mit unzugänglichen Löchern und Vertiefungen.

3.2.1.5 Spezielle Probleme

Paraffinierte Gegenstände: Objektträger mit Vertiefungen und andere Gegenstände, die mit Paraffin überzogen sind, müssen gesondert behandelt werden, da das geschmolzene Paraffin auf der Oberfläche der Waschflüssigkeit eine Schicht bilden würde, die sich später auf die anderen Glassachen niederschlagen würde. Der größte Teil des Paraffins wird mit einem Messer oder einer Rasierklinge abgekratzt. Die Objektträger werden in ein Becken oder in einen Becher mit einer Gazeschicht am Boden gegeben, um Bruch zu vermeiden. Sie werden dann mit Wasser, Metasilikat-Lösung oder Decon 75 bedeckt, das zum Kochen gebracht wird. Das Paraffin wird weggeschwemmt, d. h. man läßt das Wasser im Gefäß überlaufen, so daß die Oberflächenschicht weggeschwemmt wird. Derart teilweise gereinigte Objektträger können dann der normalen Reinigungsmethode für Glassachen unterworfen werden.

Siliconisierte Gegenstände: Siliconisierte Glassachen werden am besten gesondert behandelt, da das Silicon sonst auf alle Materialien verteilt wird, die gleichzeitig gereinigt werden. Silicon kann dann durch Erhitzen in 0,5 N NaOH oder durch Behandeln der Glassachen mit alkoholischer KOH entfernt werden. In jedem Fall ist es am besten, die Silicon-Schicht auf die gleiche Weise wegzuschwemmen wie oben für die Reinigung von paraffinierten Gegenständen beschrieben.

Gesinterte Glasfilter: Man behandelt sie am besten mit oxidierenden Säuren. Sie werden in einer mit ein paar Natriumnitrat- und Natriumcholat-Kristallen versetzten, konzentrierten Schwefelsäure gereinigt. Man läßt die Mischung durchsickern; anschließend werden die Filter sehr sorgfältig mit einer großen Menge an destilliertem oder entionisiertem Wasser durchgespült, bevor man sie trocknet und sterilisiert.

3.2.1.6 Automatische Spülmaschinen

Zur Routinereinigung von Glassachen im großen Maßstab ist eine automatische Glas-Spülmaschine oft eine gute Anschaffung. Dieser Apparat ist besonders geeignet zur Reinigung großer Mengen von Reagenzgläsern und Petrischalen. Sie ist weniger gut geeignet, wenn man ein größeres Sortiment von Gefäßen, einschließlich verschiedener Flaschentypen behandeln muß.

Literatur

Harding, H. G. & Trebler, H. A. (1947). Detergents for dairy plants and methods of their evaluation. Food Tech. Lond. 1, 478.

Parker, R., Morgan, J. & Morton, Helen (1951). Toxicity of rubber stoppers for tissue cultures. Proc. Soc. Exp. Biol. N. Y. 76, 444.

Peterson, E. R., Deitch, A. D. & Murray, M. R. (1959). Type of glass as a factor in maintenance of coverslip cultures. Lab. Invest. 8, 1507.

Rappaport, C. (1960). Studies on properties of surfaces required for growth of mammalian cells in synthetic medium. II. The monkey kidney cells. Exp. Cell Res. 20, 479.
Rappaport, C., Bishop, C. B. (1960). Improved method for treating glass to produce surfaces suitable for the growth of certain mammalian cells in synthetic medium. Exp. Cell Res. 20, 580.
Rappaport, C., Poole, J. P. & Rappaport, H. P. (1960). Studies on properties of surfaces required for growth of mammalian cells in synthetic medium. I. The HeLa cell. Exp. Cell Res. 20, 465.
Rightsel, W. A., Schultz, P., Muething, D. & McLean, J. W., Jr. (1956). Use of vinyl plastic containers in tissue cultures for virus assays. J. Immunol. 76, 464.

3.3 Verhütung von Kontaminationen

3.3.1 Allgemeines

Kulturmedien für die Züchtung von Zellen und Geweben sind nicht nur für tierische Zellen sehr „nahrhaft", sondern auch für Bakterien und Pilze. Die Mehrzahl dieser Mikroorganismen hat eine viel größere Wachstumsgeschwindigkeit als Zellen und erzeugt oft Gifte, die für diese tödlich sind. Daher umfaßt der wichtigste Teil der Gewebekultur die Vermeidung der *Kontamination* und das Wachstum von Geweben unter aseptischen Bedingungen. Die Kontamination von Materialien kann man auf zwei Weisen vermeiden:

1. *Sterilisation:* Unter diesem Begriff versteht man die Beseitigung bereits vorhandener Mikroorganismen.

2. *Aseptische Technik:* Darunter versteht man die Verhütung einer Verunreinigung bei bereits sterilen Materialien.

Bei der Gewebekulturarbeit rühren *Verunreinigungen* her von

1. den Geräten,
2. dem Kulturmedium,
3. dem Gewebe selbst,
4. der Atmosphäre, in welcher gearbeitet wird, und
5. dem Operateur.

Vor Beginn der Arbeit müssen die Apparate durch Sterilisation bakterienfrei gemacht werden. Ebenso wird das Kulturmedium meist vor Gebrauch sterilisiert, aber einige Bestandteile werden aseptisch zubereitet. Das Gewebe wird gewöhnlich unter Anwendung aseptischer Regeln gewonnen; gelegentlich ist es allerdings nötig, es zu sterilisieren. Eine Kontamination aus anderen Quellen wird durch die Anwendung aseptischer Techniken fast völlig verhütet.

3.3.2 Sterilisationsverfahren

Wenn wir nun einige Erfahrungsregeln beschreiben, die bei der Sterilisation angewandt werden sollen, sollten wir wissen, daß es nur wenige „absolute" Regeln gibt. Setzt man das Sterilisationsgut den Sterilisationsbedingungen aus, so wird eine bestimmte Menge kontaminierender Organismen, sagen wir 99% abgetötet. Wenn z. B. zu Beginn 20 Organismen ursprünglich vorhanden waren, hat man in diesem Fall die Chance, daß das Material steril ist. Waren dagegen ursprünglich 10 000 Organismen vorhanden, ist es natürlich nicht steril. Daraus folgt: Je sauberer das Material ursprünglich ist, desto erfolgreicher ist wahrscheinlich die Sterilisation. Einige Organismen sind sehr viel widerstandsfähiger als andere; darum muß man Methoden benützen, die die hartnäckigsten aller Wahrscheinlichkeit nach abtöten.

Sterilität kann mit folgenden Methoden erreicht werden:

1. Physikalische Zerstörung von Mikroorganismen, z. B. durch trockene Hitze, feuchte Hitze und Bestrahlung.
2. Chemische Zerstörung von Mikroorganismen, z. B. durch Antiseptika und Antibiotika.
3. Physikalische Entfernung von Mikroorganismen, z. B. durch Filtration, Zentrifugation und Auswaschen.

Die meisten *Geräte* werden mittels trockener oder feuchter Hitze sterilisiert. Im allgemeinen wird ein Gerät, das durch hohe Temperaturen nicht Schaden erleidet, mit Hilfe *trockener Hitze* sterilisiert, da dies die einfachste Methode ist. Wo übermäßige Hitze das Material schädigen kann, wird *feuchte Hitze* angewendet. Sie ist durch ihre latente Dampfhitze, die sehr schnell ihre Energie auf das zu sterilisierende Material überträgt, wirksamer als trockene Hitze. *Autoklavieren* (d. h. Sterilisieren mit Dampf unter Druck) wird häufig bei Lösungen, Gummisachen, Tüchern usw. angewandt. Einfaches Kochen wird bei Instrumenten angewendet und ist in den meisten Fällen zuverlässig genug. Manchmal ist es unmöglich, mit Hitze-Sterilisation zu arbeiten, z. B. im Falle gewisser Kunststoffe, die bei Temperaturen um 100 °C weich werden. In diesem Falle werden Antiseptika verwendet, die allerdings relativ unschädlich und leicht flüchtig sein sollten. 70%iger Alkohol wird am häufigsten verwendet. Ultraviolett-Bestrahlung kann bei einigen Apparateteilen verwendet werden, z. B. Plastik-Einsätze. *Äthylenoxid-Gas* ist bei der Sterilisation von Apparaten sehr wirksam; man braucht dazu aber eine spezielle Ausrüstung, wobei die Bedingungen sehr sorgfältig beachtet werden müssen.

Fast alle *Lösungen* kann man *filtrieren;* verschiedene aber, Plasma und Embryonal-Extrakt können nicht zufriedenstellend filtriert und müssen aseptisch zubereitet werden. Einige einfache Lösungen, denen Hitze nicht schadet, können autoklaviert werden. Da Proteine bei hohen Temperaturen koagulieren, kann man diese Methode nicht für Seren, Embryonal-Extrakte, Plama oder andere Kulturmedien biologischen Ursprungs anwenden. Jedoch kann man Salzlösungen autoklavieren, wenn man einige Vorsichtsmaßregeln beachtet. Sie wurden im Teil über synthetische Kulturmedien behandelt (Abschn. 2.4.2.3.3).

Lösungen können auch durch *Ultraviolett-Bestrahlung* sterilisiert werden. Dies erfordert einen Spezialapparat und wird in der Gewebekultur nicht sehr häufig angewendet. Den Kulturmedien werden häufig Antibiotika zugesetzt, doch sollten sie nicht zugesetzt werden, um bereits anwesende Organismen abzutöten, sondern als zusätzliche Hilfsmaßnahme für den Fall einer zufälligen Kontaminierung.

Für *Laborregale und Tische* werden *Antiseptika* benützt. Wieder ist *Alkohol* am gebräuchlichsten. Man wäscht Tische und Regale damit ab, um die Zahl der Bakterien zu verringern. Die beste Methode, solche Oberflächen zu sterilisieren, ist das Binden des Staubs, der sonst während der Arbeit aufgewirbelt wird und sich auf die Apparate legen würde. Daher reiben manche Leute die Arbeitstische mit einer dünnen Ölschicht ein, die eine leicht haftende Schicht bildet und so verhindert, daß der Staub aufgewirbelt wird. Eine gute Methode ist daher, die Laborböden alle paar Tage mit Öl einzureiben. Der obere Teil der Arbeitstische kann durch Ultraviolett-Bestrahlung sterilisiert werden; doch sollte man immer daran denken, daß dann nur die Flächen, auf die die Strahlung direkt trifft, steril sind. Alle Flächen, die im Schatten liegen, bleiben unangegriffen.

Die *Luft* kann durch eine Reihe von Maßnahmen sterilisiert werden. Im allgemeinen ist es nicht unbedingt nötig, die Luft zu sterilisieren, da eine Kontamination von daher gewöhnlich durch aseptische Techniken verhindert werden kann. Wenn aber, wie in Abschn. 3.3.8.2 besprochen, ein Projekt sterile Luft erforderlich macht, kann man sie sehr gut durch ein Filtrationssystem erzeugen, das mit der Klimaanlage verbunden wird. Gewöhnlich wird heute eine Umgebung steriler Luft durch eine sog. *„Laminar Flow Hütte"* geschaffen, in welcher ein Strom filtrierter Luft ständig den Arbeitsbereich durchströmt. Luft kann auch durch Ultraviolett-Bestrahlung sterilisiert werden; eine Ultraviolettlampe wird so installiert, daß die ganze Luft im Raum einige Zeit vor Benützung sterilisiert wird. Daher muß man Sorge tragen, daß die Lampe ausgeschaltet ist, wenn der Raum benützt wird, da die Augen sonst geschädigt werden. Luft kann auch durch Abscheiden von Staub und Mikroorganismen durch *Aerosole* sterilisiert werden. Zur Aerosol-Erzeugung war es in manchen Laboratorien üblich, den aseptischen Raum mit *Wasserdampf* zu füllen, den man vor Arbeitsbeginn absitzen ließ. Dies erzeugt Feuchtigkeit im Raum, was aber nicht wünschenswert ist, da sie das Wachstum von Pilzen und Weiterleben von Milben fördert. Ein anderer benützter Aerosol-Typ ist *Äthylenglykol;* es läßt sich verflüchtigen, indem man es in einem Becher auf eine heiße Platte oder in ein heißes Bad stellt.

3.3.2.1 Sterilisation mit trockener Hitze

Die meisten *Apparate* und fast alle *Glassachen* können mit dieser Methode sterilisiert werden. Man braucht dazu einen Ofen, der nach Möglichkeit eine verstärkte Luftzirkulation haben soll. Freilich genügt jeder Ofen und oft ein Küchenbackofen völlig. Es ist wichtig, den ganzen Inhalt des Ofens genügend lang auf Sterilisationstemperatur zu bringen und das Sterilisiergut in der Weise anzuordnen, daß die Luft frei zirkulieren kann.

Der Nachteil dieser Art von Sterilisation ist, daß trockene Luft ein sehr schlechter Wärmeleiter ist und sich daher im Inneren des Ofens kalte Stellen bilden können. Folglich wird empfohlen, längere Zeit eine höhere Temperatur beizubehalten; gewöhnlich werden 90 Min. bei 160 °C angewendet. Es ist manchmal nützlich, die Glassachen mit einem Temperatur-empfindlichen Stift zu markieren, um festzustellen, ob diese Temperatur tatsächlich erreicht wurde. Verschiedene Sorten dieser Stifte sind im Handel.

Materialien werden ausreichend sterilisiert, wenn man sie in Blechdosen, z. B. Keksdosen in den Ofen gibt. Bevor man jedoch die Dosen zum Sterilisieren benützt, sollte man sie offen in den Ofen stellen und 2 bis 3 Std. auf Sterilisationstemperatur erhitzen. Dadurch werden flüchtige Stoffe entfernt, die sonst auf die Glassachen übertragen werden würden. Man sollte darauf achten, daß innen lackierte Büchsen nicht geeignet sind, da der Lack verbrennt oder sich verflüchtigt und die Produkte sich auf den Glassachen niederschlagen.

Glassachen können zur Sterilisation entweder in Aluminiumfolie oder in Papier eingewickelt werden. Man sollte dazu festes Einwickelpapier (Pack- oder Kraft-Papier) verwenden. Bei Überhitzung wird Pergamentpapier brüchig und gibt flüchtigen Teer frei, der auf das Glas übertragen wird. Vorsicht ist geboten, um dies zu vermeiden. In den USA gibt es ein

Spezialpapier (Patapar), das für die Hitzesterilisation sehr viel besser geeignet ist als Packpapier.

3.3.2.2 Sterilisation mit feuchter Hitze

Die Sterilisation mit feuchter Hitze wird meist im *Autoklaven* ausgeführt. Ein Küchendampfkochtopf ist manchmal für die Sterilisation kleiner Mengen besser geeignet. Er arbeitet nach genau dem gleichen Prinzip wie der Autoklav. Der alte, senkrecht stehende Autoklav ist nicht so gut wie der moderne, waagrechte Typ, den man möglichst benützen sollte. Die Sterilisation kann in einem Autoklaven bei 1–2 Atmosphären (at = kp/cm^2) ausgeführt werden; es wird empfohlen, bei 2 at (1 atü) 20 Min. lang zu sterilisieren. Lösungen sollten wesentlich kürzer sterilisiert werden, als Regel ungefähr 15 Min. In den älteren Autoklav-Typen ist es nötig, die Sterilisation auf Zeit und Druck hin zu kontrollieren; jedoch ist es besser, sie durch die Temperatur zu kontrollieren. In den meisten modernen Autoklaven kann man den Thermometer ablesen, der an der Dampfauslaßstelle angebracht ist. Die Temperatur von 115 °C sollte 15 Min. lang aufrechterhalten werden. Fast alle bekannten Organismen werden unter solchen Bedingungen innerhalb einer Minute zerstört. Man muß aber die Temperatur 15 oder 20 Min. lang halten, da sich innerhalb der Sterilisationspackungen Lufttaschen bilden können oder der Dampf aus anderen Gründen verschiedene Teile nicht erreicht. Für den Fall, daß der Dampf nicht richtig eindringt, ist es ratsam, eine Art Sterilisationskontrolle zu benützen. Händler chirurgischer Artikel liefern sie. Man legt sie zum Sterilisiergut; eine Farbänderung zeigt ausreichende Sterilisation an. Auch spezielle Sterilisations-Klebebänder können dazu benützt werden, die Päckchen zu verschließen (s. S. 438). In vielen modernen Autoklaven können die Kammern nach der Sterilisation evakuiert werden, um das Trocknen der Materialien zu erleichtern. Wenn Lösungen sterilisiert werden, wird natürlich nicht evakuiert, da die Lösungen sonst überkochen.

Materialien werden zur Sterilisation im Autoklaven durch Einwickeln in Mull oder Papier vorbereitet. Dazu kann wieder Pergamentpapier verwendet werden, viel besser ist aber Patapar-Papier, das schon bei der Sterilisation mit trockener Hitze erwähnt wurde (s. S. 437). Dieses Material ist fest und hinterläßt keine toxischen Stoffe. Das beste Einwickelpapier für jede Art von Dampfsterilisation ist Nylon-Folie (Portex), das man in Schlauchform verschiedenen Durchmessers bis zu 50 cm bekommen kann (s. S. 438). Das Sterilisiergut kommt in Beutel, die man aus diesem Material anfertigt und mit einem Autoklaven-Streifen zuklebt. Im Falle großer Glasgefäße, die sich nicht vollständig auf diese Weise einschließen lassen, sollte man alle Öffnungen mit Wattestopfen oder Papier oder Alufoliekappen verschließen.

Flüssigkeiten sollte man in Flaschen oder Kolben sterilisieren, die mit Wattestopfen verschlossen werden, die in Mull eingewickelt sind. Andererseits können sie auch mit Gummistopfen oder Schraubkappen verschlossen werden, die aber während des Autoklavierens lose aufgesetzt und erst hinterher festgedrückt werden. Wattestopfen sind zu bevorzugen, da beim Abkühlen der Lösung Luft in das Gefäß eingesaugt wird, die durch die Watte filtriert wird. Die andere Methode ist immer mit einem zwar kleinen Risiko verbunden, daß nämlich Organismen mit in das Kulturmedium eingesaugt werden. Selbst mit einem sehr wirksamen Autoklaven braucht man einige Zeit, um große Mengen Flüssigkeit zu erhitzen. Am besten gibt man in jeden Behälter nicht mehr als 500 ml, sofern man nicht die Bedingungen zur Sterilisation größerer Mengen empirisch festgestellt hat.

Für die Sterilisation kann auch feuchte Hitze in Form von kochendem Wasser verwendet werden. Sehr wenig Organismen überleben kochendes Wasser länger als einige Sekunden; daher ist diese Technik sehr angenehm für die schnelle Sterilisation von Spritzen und Instrumenten, die man durch Einwickeln in Mull vor Stoß schützen sollte.

3.3.2.3 Bestrahlung

Zur Sterilisation kann auch Bestrahlung eingesetzt werden. *Ultraviolettes Licht* wurde z. B. für die Sterilisation von Plastikschläuchen für Stoffwechsel-Hemmteste verwendet. Vorsicht ist geboten, da Schattenflächen unbeeinflußt bleiben. *Gammastrahlen* werden heute ausschließlich für die Sterilisation vorgepackter Materialien verwendet. Man benötigt Dosen in der Größenordnung von 2,5 mega rad und verwendet gewöhnlich eine Kobalt 60-Quelle. Jedoch sollte man daran denken, daß Strahlen chemische Veränderungen in der bestrahlten Substanz hervorrufen können. Zur Zeit wird die Methode beschränkt herangezogen; der einzige Hauptanwendungsbereich ist die Ultraviolett-Bestrahlung von geschlossenen Räumen, in denen man mit pathogenen Keimen, z. B. Viren arbeitet.

3.3.2.4 Antiseptika

Wie oben erwähnt, werden gewisse Antiseptika üblicherweise dazu benützt, Labortische und Regale abzuwaschen. Zu diesem Zweck ist

70%iger *Alkohol* am sichersten, da er nicht nur flüchtig, sondern auch relativ ungiftig ist, zumindest in niedrigen Konzentrationen.

Chloroform wird häufig zur Konservierung von Lösungen zugesetzt, z. B. zu Stammlösungen der BSS. Das Chloroform entweicht beim Autoklavieren.

Auch *Plastikschalen* können mit Alkohol sterilisiert werden. Die Schalen werden mit 95%igem Alkohol gewaschen, dann noch naß in Papiertüten gegeben und in einem Inkubator zum Trocknen belassen, wonach sie gebrauchsfertig sind.

Kunststoffe und andere hitzelabile Materialien können mit Äthylenoxid-Gas sterilisiert werden. Man nimmt 52 g pro Liter in einer 20% oder höher gesättigten Feuchtigkeitsatmosphäre bei einer Temperatur von 30–35 °C. Unter diesen Bedingungen werden die meisten Gegenstände innerhalb von 4–6 Std. ausreichend sterilisiert.

3.3.2.5 Antibiotika

Viele Antibiotika wurden schon bei Gewebekulturarbeiten verwendet; die meisten Angaben hierüber sind in den Tab. 17 und 18 zusammengefaßt. Aus dreierlei Gründen ist es nicht gut, von Antibiotika vollständig abhängig zu werden. Erstens besteht die Gefahr, unordentliches Arbeiten zu verschleiern. Zweitens, wenn eine Kontamination auftritt, sind die Organismen bereits resistent. Drittens werden verborgene Verunreinigungen und die Entwicklung von L-Formen begünstigt. Andrerseits ist wenig damit gewonnen, wenn man versucht, Routine-Gewebekultur ohne sie auszuführen. Man sollte jedoch beachten, daß viele Antibiotika für Zellen ziemlich toxisch sind und in manchen Fällen erreicht der Toxizitätsgrad den antibiotisch wirksamen Grad.

Bei weitem das nützlichste, allgemeine Antibiotikum ist Penicillin. Es wird gewöhnlich als *Penicillin-G-Natrium* dem Kulturmedium in einer Menge zugesetzt, die eine Endkonzentration von 20–50 Einheiten pro ml ergibt. In diesen Konzentrationen ist Penicillin für alle Zelltypen vollkommen harmlos und hemmt die meisten Bakterien. Für die Routinearbeit empfiehlt der Autor, daß man für Kulturmedien Penicillin verwendet; wenn man aber eine Kontamination mit Penicillin-resistenten Organismen befürchtet, kann auch *Streptomycin* verwendet werden, von dem man so viel zugibt, daß man eine Endkonzentration von 50 µg pro ml. erhält. *Pilzinfektionen* können durch *Mycostatin (Nystatin)* gehemmt werden; Endkonzentration: 20 µg pro ml. Man muß beachten, daß Mycostatin unstabil ist und sich in einem Gewebekulturmedium bei 37 °C innerhalb

Tabelle 17
Wirkung von Antibiotika auf Gewebekulturen

Antibiotika	Gewebe	Konz., die eine beginnende Hemmung hervorruft (μg/ml)	Konz., die eine vollständ. Hemmung hervorruft (μg/ml)	Ref.
Aureomycin	Hühnerherz	1	1 000	6
	Hühnerherz	0,1	–	1
	Hühnerherz			
	Aorta			
	Frontalis-Knochen	500	>4 000	5
	menschl. Haut	200	–	2
	Mäuseherz	80		9
	Hühnerherz	500	–	7
	menschl. Haut	20	110	8
	L-Linie	500	4 000	Eigene Beobachtung
Aureomycin mit Na glycinat	menschl. Haut	60	900	8
Actidion	Mäuseherz	8–10	16–20	9
Bacitracin	menschl. Haut	900	10 000	8
	Hühnerhaut	800	5 000	10
Chloramphenicol	Hühnerherz	10	1 000	6
	Hühnerherz	100	1 000	5
	Hühnerherz	480	>1 200	9
	Hühnermilz	165	1 665	10
	Hühnerhaut	135	555	10
	menschl. Haut	100	900	8
Dihydrostreptomycin sulphat	Hühnerherz	1 000	–	7
Endomycin	menschl. Haut	60	600	8
Erythromycin	Hühnerhaut	85	345	10
	Hühnermilz	30	520	10
Neomycin	menschl. Haut	>1 000	10 000	2
	menschl. Haut	800	1 600	8
Patulin	Hühnerherz	(1/10 000)	(1/5 000)	7
	Mäuseleukozyten	–	(1/5 000)	7
Penicillin	menschl. Haut	1 000	10 000	8
Penicillin G	menschl. Haut	> 600	6 000	2
	L-Linie	2 500	25 000	eigene Beobachtung
Polymyxin	menschl. Haut	> 200	1 000	2
Polymyxin E	menschl. Haut	>2 000	10 000	2

Antibiotika	Gewebe	Konz., die eine beginnende Hemmung hervorruft (μg/ml)	Konz., die eine vollständ. Hemmung hervorruft (μg/ml)	
Polymyxin B	menschl. Haut	90	1 200	8
	Hühnerherz	100	2 500	9
Natrium PAS	Hühnerherz	46	–	7
Natrium INAH methansulphonat	Hühnerherz	40	400	7
Streptomycin	Hühnerherz Aorta Frontalis-Knochen	250	25 000	4
	Hühnerherz	1 000	100 000	3
	menschl. Haut	>1 000	10 000	2
	menschl. Haut	110	1 800	8
	Hühnerherz	100	10 000	7
	Hühnerherz	60	90 000	9
	L-Linie	1 000	25 000	eigene Beobachtung
Terramycin	menschl. Haut	> 20	1 000	2
	Hühnerherz	30	3 000	9
	menschl. Haut	90	1 000	8
	Hühnerherz	50	1 000	7
	Hühnerhaut	25	100	10
Viomycin	Hühnerherz	150	30 000	9

1. Antikajlan, G., Wright, Lt., Plummer, J. I. & Weintraub, S. 1951.
2. Cruikshank, C. N. D. & Lowbury, E. J. L. (1952).
3. Ikegaki, K. (1951).
4. Keilova, H. (1948).
5. Keilova-R. zitiert von Metzger et al.
6. Lepine, P., Barski, G. & Maurin, J. (1950).
7. Oishi, Y. (1954). Japan. J. exptl. Med. 24, 169.
8. Hu, F., Livingood, C. S., Johnson, P. & Pomerat, C. M. J. (1953).
9. Metzger, J. F., Fusillo, M. H., Cornman, I. & Kuhns, D. M. (1954).
10. Pomerat, C. M. & Leake, C. D. (1954).

von 2–3 Tagen gewöhnlich fast völlig zersetzt. *Amphotericin B* (ein Fungizon) ist auch gegen viele Pilze in einer Konzentration von 2,5 μg/ml wirksam. Nach Meinung des Autors sollte man die Antibiotika jedoch für einen Notfall zurückhalten, z. B. wenn eine Verunreinigung in einer wertvollen Zellinie passiert. Manchmal können solche Kontaminationen durch den Einsatz hoher Antibiotika-Konzentrationen ausgerottet werden.

Zur Beseitigung einer Kontamination durch *Mycoplasma (PPLO)* ist *Kanamycin* in einer Konzentration von 100–200 μg/ml wirksam. Eine Behandlung über Nacht mit höherer Konzentration (600 μg/ml) rottet manchmal die Infektion aus. Hayflick gibt den Kulturen routinemäßig *Aureomycin* (50 μg/ml) zu und behauptet, niemals eine Mycoplasma-Infektion zu haben. Auch einige andere Antibiotika sind gegen Mycoplasmen wirksam. (Tab. 19).

Tabelle 18
Antibiotika-Toxizität für Suspensionskulturen von L-Zellen (NCTC 929) und Ehrlich Ascites-Zellen (Squibb Nr. 2)

Die Ergebnisse für L-Zellen sind ohne Klammer angegeben. Die Ergebnisse für Ehrlich-Zellen in Klammer wo hiervon verschieden (von Perlman & Brindle).

Antibiotika	Spektrum	Cytotoxische Konzentration*	Empfohlene Konzentration**
Kalium benzyl-penicillin	Gram-positive Bakterien	10 000	100
Streptomycinsulfat	Gram-negative Bakterien	>20 000 (15 000)	100
Dihydrostreptomycin-sulfat	Gram-negative Bakterien	>30 000	100
Neomycin sulphat	Gram-positive und gram-negative	3 000	50
Kanamycin sulphat	Gram-positive und gram-negative	10 000	100
Paromomycin sulphat	Gram-positive und gram-negative Bakterien	5 000	100
Viomycin sulphat	Gram-positive und gram-negative Bakterien	3 000	50
Polymyxin B sulphat	Gram-negative Bakterien	>3 000	50
Chloramphenicol	Gram-positive und gram-negative Bakterien	30 (40)	5
Tetracyclin hydro-chlorid	Gram-positive und gram-negative Bakterien und PPLO	35 (60)	10

Fortsetzung Tabelle 18

Antibiotika	Spektrum	Cytotoxische Konzentration*	Empfohlene Konzentration**
7-Chlortetracyclin	Gram-positive und gram-negative Bakterien und PPLO	80 (60)	10
6-Demethyl-7-chlor-tetracyclin hydrochlorid	Gram-positive und gram-negative Bakterien und PPLO	15 (20)	5
5-Hydroxytetracyclin hydrochlorid	Gram-positive und gram-negative Bakterien und PPLO	25	5
Nystatin	Pilze und Hefen	600	50
Amphotericin B desoxycholat	Pilze und Hefen, und PPLO	30	2·5

* Diese Konzentration erzeugt eine 50%ige Hemmung der Zellvermehrung bei Suspensionskulturen, die in Serum-haltigem Medium wachsen. Ausgedrückt in μg/ml, ausgenommen bei Benzylpenicillin und Nystatin, die in Einheiten/ml angegeben sind

** Konzentrationen, die für den Gebrauch von Serum-haltigen Medien empfohlen werden

Zusätzlich zu ihrem üblichen Gebrauch in Kulturmedien können Antibiotika in viel höherer Konzentration zur Sterilisation kontaminierter Gewebe vor der Explantation (s. S. 189) eingesetzt werden.

3.3.2.6 Filtration

Es sind viele verschiedene Arten von *Filter* im Handel, die sich in vier Gruppen einteilen lassen:

1. Gesinterte Glasfilter (Glasfritten),
2. Celluloseester-Membranen (z. B. von Millipore oder Sartorius, s. S. 433),
3. Asbest-Scheiben,
4. Kieselgur- und Porzellan-Filter.

Glasfritten sind für kleine Materialmengen geeignet. Sie haben den Nachteil, daß sie langsam filtrieren. Auch hier sollten Qualitäten für bakteriologische Zwecke benützt werden. Filter Nr. 5 auf Filter Nr. 3 ist am besten geeignet und wird als 3/5 Filter bezeichnet. In den USA entspricht diesen Glasfritten die UF-Qualität.

Poröse *Celluloseacetat-* oder *Cellulosenitrat-Membranen* (der Firmen

Tabelle 19
Antibiotika zur Beherrschung von Mycoplasmen-Kontaminationen in der Gewebe-Kultur.
(Macpherson, 1966, von Perlman & Brindle, 1965)

Antibiotikum	Stabilität in Gewebe-Kulturmedien*	Konz., die eine deutliche Zytotoxizität zeigt (μg/ml)	Mindest-konz., die Mycoplasmen in künstl. Medium verhind. (μg/ml)	Empfohlene Konz., um Mycoplasmen in Gewebekultur unter Kontrolle zu halten** (μg/ml)
Chloramphenicol	hoch	30	15	30
7-Chlortetracyclin	sehr niedrig	80	40	100
6-Dimethyl-7-chlor-tetracyclin	hoch	15	5	10
Erythromycin	mittel	300	15	50
Fusidinsäure	hoch	40	20	20
Gentamycin	hoch	3 000	1	200
5-Hydroxytetra-cyclin	mittel	35	5	10
Hygromycin B	mittel	300	15	50
Kanamycin	sehr hoch	10 000	25	200
Neomycin B	sehr hoch	3 000	15	50
Novobiocin	niedrig	200	10	50
Paromomycin	hoch	5 000	20	50
Spiramycin	mittel	1 000	1	50
Tetracyclin	mittel	35	2	10
Tylosin	mittel	300	1	10

* Stabilitätsbestimmung: Nach 2 Tagen halbe Anzahl lebender Zellen, sehr niedrig; 4 Tage niedrig bis mittel; 8 Tage, sehr hoch

** Empfohlen bei einer 3tägigen Inkubation nach jedem Mediumwechsel

Millipore, Gelman, Sartorius, Oxoid, s. S. 433) haben fast alle anderen Arten von Filter ersetzt. Ihre ziemlich hohen Kosten werden durch ihre außergewöhnlichen Vorteile aufgewogen, vor allem zeigen sie hohe Filtrationsgeschwindigkeiten und sind vollständig untoxisch. Die Filter sind wegwerfbar. Um große Lösungsmengen zu filtrieren, wurden verschiedene Spezialfilterhalter entwickelt. Ein geeigneter Halter sollte die Membranscheibe mit hohem Druck halten, so daß am Rande der Scheibe kein Leck auftritt. Um sehr kleine Mengen zu filtern, sind Celluloseester-Scheiben sehr wirkungsvoll, wenn man sie zusammen mit einem entsprechenden Adaptor (z. B. Swinney der Fa. Millipore) benützt, der zu einer

Luer-lok-Spritze paßt. Zur Sterilisation von Gewebekultur-Lösungen sollte beispielsweise Membranen mit durchschnittlichen Porengrößen von 0,45 μ oder besser 0,22 μ. verwendet werden.

Beim Filtrieren biologischen Materials ist es besser, Druck als Sog (Vakuum) anzuwenden. Bei Sog entweicht aus den Lösungen Kohlendioxid, was den pH-Wert völlig verändert. Auch schäumen Proteinlösungen sehr, wenn man mit Vakuum arbeitet. Filtrationen unter Druck vermeiden beide Schwierigkeiten.

Andere, physikalische Methoden zur Entfernung von Bakterien, Zentrifugieren und Auswaschen, sind relativ unwirksam, doch manchmal nicht zu verachten. Stark verunreinigte Flüssigkeiten wie bakterielle Extrakte können vor dem Filtrieren durch Zentrifugieren geklärt werden. Gründliches Waschen der Materialien mit dest. Wasser oder steriler, physiologischer Pufferlösung (BSS) entfernt Mikroorganismen recht wirksam, wenn sie nicht sehr stark adsorbiert oder im Material eingeschlossen sind. Kontaminierte Kulturen können manchmal auf diese Weise geklärt werden. Kulturen sollten immer zuerst gewaschen werden vor dem Versuch, die Verunreinigung durch Zugabe von Antibiotika zum Kulturmedium zu beheben.

Asbestscheiben, Kieselgur- und *Porzellan-Filter* sind weniger zuverlässig und liefern weniger zufriedenstellende Ergebnisse. Sie werden heute wenig verwendet und nicht empfohlen.

3.3.3 Lagerung steriler Materialien

Praktischerweise sterilisiert man Materialien in großen Mengen und lagert sie bis zum Gebrauch. Zwei Schwierigkeiten können aber auftreten: Kontamination während der Lagerung und Zersetzung durch Absorption toxischer Substanzen aus der Atmosphäre.

Deshalb bewahrt man *Lösungen* am besten in sehr gut verschlossenen Behältern auf, besser als in Behältern, die mit Wattestopfen verschlossen sind, da sie sonst leicht Substanzen wie Formalin oder Ammoniak absorbieren. Die bequemsten und billigsten Behälter für diesen Zweck sind medizinische Flaschen (Arzneiflaschen), die man in verschiedenen Größen bekommen kann, mit Silicon-Einlagen, falls gewünscht und bereits sterilisiert (obwohl es nicht immer zweckmäßig sein mag, sich darauf zu verlassen). Alkalische Lösungen sollte man jedoch niemals längere Zeit in Glas aufbewahren, da Glasbestandteile und Schwermetallionen langsam in Lösung gehen.

Sterile *Glassachen* unterliegen den beiden gleichen Gefahren. Es kommt im Laboratorium nicht selten vor, daß sie von Milben heimgesucht werden, die von Labortieren übertragen durch das Einwickelpapier und die Wattestopfen zu den gelagerten Glassachen gelangen können. Dies ist manchmal der Grund für unerklärliche, schwere Misch-Kontaminationen. Besonders auch in chemischen Laboratorien kommt es vor, daß die gelagerten Glassachen auf der Oberfläche langsam einen Überzug aus Chemikalien bekommen, was zur Folge hat, daß die Zellen nicht mehr länger auf ihnen wachsen. Daher ist es empfehlenswert, die Glassachen nicht länger als ein oder zwei Wochen zu lagern; außerdem sollten sie vor möglichen Kontaminationen durch luftdichte Verpackung sorgfältig geschützt werden. Am besten sterilisiert man die Glassachen und Apparate in Päckchen aus Nylon-Folie, z. B. Portex-Autoklavier-Folie. Diese Folie wird als Schlauch in Rollenform mit einem Durchmesser von 1,25–50 cm Breite und passender Länge geliefert (s. S. 438). Das zu sterilisierende Gut wird in ein Schlauchstück eingeführt, die Enden darübergefaltet und mit einem besonderen Autoklavenklebestreifen so verschlossen, daß man ein versiegeltes Päckchen bekommt. Die Päckchen werden dann in der üblichen Weise durch Autoklavieren sterilisiert. Die Nylon-Folie ist für Dampf, aber nicht für Bakterien durchlässig, so daß der Inhalt nach Entnahme aus dem Autoklaven steril bleibt, bis man ihn braucht. Portex-Folien-Material ist von der Fa. Portland Plastics Ltd, Bassett House, Hythe, Kent erhältlich (deutsche Bezugsquelle: Medimex & Co, s. S. 432). Vor dem Autoklavieren zum Verschließen der Päckchen ist 3 M Autoclave Tape No. 1222 der Fa. 3 M, (Minnesota Mining and Mfg. Co.) erhältlich von Händlern chirurgischer Artikel, besonders nützlich: Der Klebestreifen ist mit einer hitzeempfindlichen Farbe bedruckt, die positiv beweist, daß die Sterilisation ausreichend war.

3.3.4 Chronische Kontaminationen (besonders PPLO und L-Formen)

Wenn ein schnell wachsendes Bakterium eine Kultur infiziert, bemerkt man es bald und die Kultur ist meist verloren. Manchmal jedoch können Kulturen von Organismen infiziert werden, die sich mit derselben Wachstumsgeschwindigkeit vermehren wie die kultivierten Zellen. Man hat festgestellt, daß bestimmte Protozoen, wie z. B. Amoeben, frisch isolierte Gewebe kontaminieren. Sie lassen sich zwar mikroskopisch leicht erkennen, können aber einige Zeit weiterbestehen, indem sie langsam mit der Zellkultur weiterwachsen. Auch einige langsam wachsende Hefen können eine Kultur lange Zeit hinweg verunreinigen, ehe sie die Zellen überwuchern und erkannt werden. Die heimtückischsten chronischen Verunreinigungen sind jedoch jene Organismen, die intrazellulär leben, ohne die Wirtszelle zu töten; dies sind vor allem Viren und Organismen der Pleuropneumonie-Gruppe, gewöhnlich als *Pleuropneumonie-ähnliche (like) Organismen (PPLO)* oder *Mycoplasmen* bezeichnet.

Zahlreiche Beispiele chronischer Kontamination wurden beschrieben, welche das Vaccinia-, Adenovirus und Foamy-Disease-Virus einschließen. Viele davon tauchen in Primärkulturen auf, wobei es ziemlich sicher ist, daß sie als chronische Kontamination schon in dem Gewebe waren, aus dem die Kultur gewonnen wurde. Manche können erst später hineingelangen und die Tatsache, daß menschliche und Affen-Zellinien besser gedeihen, wenn sie mit menschlichem Serum gezüchtet werden, kann auf der Anwesenheit von Antikörpern gegen menschliche Viren beruhen. Im allgemeinen kann man wenig dagegen unternehmen, wenn die Zellen chronisch mit Viren infiziert sind. Manchmal gelingt es durch Klonieren wieder eine uninfizierte Linie zu etablieren; für gewöhnlich aber ist es besser, die infizierten Zellen zu verwerfen.

Eine *Virus-Kontamination* ist besonders schwer zu erkennen. Man kann nach einer genauen Untersuchung der Zellen einen entsprechenden Verdacht schöpfen. Eine systematische Suche nach Virus-Kontamination kann umfassen: Kokultivierung mit empfänglichen Zellen, Untersuchung auf Interferenz mit bekannten Viren, Zellfusion mit empfänglichen Zellen, Titration gegen Antiseren für gruppenspezifische Antigene und RNS-DNS-Hybridisierung sowie Hämagglutinations-Reaktionen.

Das schwierigste Problem bei einer chronischen Kontamination betrifft die Organismen der *Pleuropneumonie-Gruppe* und die *L-Formen* anderer Mikroorganismen. Diese ähneln einander in ihrem allgemeinen Verhalten so sehr, daß über ihre Unterscheidung Uneinigkeit herrscht. Man kann sie zusammen als Pleuropneumonie-ähnliche (like) Organismen *(PPLO)* bezeichnen. Diese Organismen findet man in vielen tierischen Geweben; sie verursachen Krankheiten bei Kühen, Geflügel, beim Menschen u. a. Vor Jahren fand man, daß tierische Zellinien häufig mit ihnen verunreinigt sind. Eine Reihe von Untersuchungen in den Jahren 1959–61 zeigte, daß 50–60% aller Zellinien aus amerikanischen Quellen damit infiziert sind. PPLO wachsen intrazellulär; sie zeigen keine deutlich sichtbare Morphologie und verursachen auch nur minimale Abnormitäten, wie die Neigung der Zellen, sich abzurunden und körnig auszusehen. Sie können in der Regel nur entdeckt werden, wenn man sie in einem speziellen Kulturmedium zu isolieren versucht. Sie sind schwierig zu züchten und zu identifizieren.

Natürlich werfen PPLO viele Probleme auf, wenn sie sich in Zellen befinden, die für experimentelle Zwecke bestimmt sind. Z. B. sind in einem biochemischen Versuch, bei dem der Einbau von Isotopen gemessen werden soll, die Ergebnisse bei Anwesenheit von PPLO völlig unbrauchbar. Auch bei einigen Virus-Versuchen konnte man unerwartete Ergebnisse durch Anwesenheit von PPLO erklären; PPLO spalten Arginin, was die Zellen in einem normalerweise guten Kulturmedium in einen Arginin-Mangelzustand versetzt. Daraus folgt, daß es für alle Gewebekulturarbeiten erstens sehr wichtig ist, festzustellen, ob die Zellen frei von PPLO sind, und zweitens, bei Anwesenheit von PPLO zu versuchen, sie auszurotten, und drittens nach einem solchen Versuch festzustellen, ob er erfolgreich war; schließlich viertens Zellen unter solchen Bedingungen zu züchten, daß PPLO nicht auftreten oder sofort bemerkt werden.

Die erste und dritte Forderung kann man durch Kontrolle der Zellen mittels ständiger Sterilitätsteste wie oben beschrieben erfüllen. Wie wir später sehen werden, können PPLO oft ausgerottet werden, aber man kann nie ganz sicher sein und muß beweisen, daß die Zellen steril sind. Schließlich kann man die Wahrscheinlichkeit der Entstehung von L-Formen stark reduzieren, wenn man die Zellen völlig ohne Antibiotika entweder kontinuierlich oder über 2 oder 3 Passagen züchtet.

3.3.5 Sterilitäts-Prüfung

Bei allen Kulturmedien sollten *Sterilitätsprüfungen* routinemäßig durchgeführt werden, da *Filter* und *Filtrationstechniken* manchmal fehlschlagen. Gewöhnlich genügt es, etwas Kulturmedium in Glucose- und Thioglycollat-haltige Fleischbrühe zu geben und bei 20 °C und 37 °C zu inkubieren. Je größer die zu untersuchende Probe ist, desto wahrscheinlicher ist es, daß ein kleiner Fehler entdeckt wird. Wenigstens 1% der gesamten Produktion sollte kontrolliert werden; für anspruchsvolle Arbeiten setzt man wahrscheinlich am besten 10% zum Testen ein. Da das Kulturmedium selbst das Wachstum der meisten Mikroorganismen sehr fördert, kann ein Routinesterilitätstest in der Weise durchgeführt werden, daß man jeweils den zehnten Teil während der Herstellung großer Mengen Kulturmedium inkubiert. Dieses Verfahren ist das praktischste bei Arbeiten im großen Maßstab, wo es wichtig ist, festzustellen, wann ein Filter undicht wird. Alles danach filtrierte Kulturmedium und ein gewisser Volumenanteil davor wird dann verworfen.

Bei der Filtration großer Volumenmengen ist es nützlich, Doppelfilter zu verwenden. Dies ist nicht nur eine Sicherung gegen *Filterbruch;* man kann das zweite Filter auch aseptisch entfernen und auf eine Agarplatte legen. Wenn keine Kolonien darauf wachsen, darf man normalerweise annehmen, daß zu keiner Zeit im ersten Filter ein Leck war.

Bei Arbeiten mit Zellkulturen muß man besondere Methoden anwenden, um regelmäßig auf *PPLO* zu *testen.* Dazu pipettiert man 0,1 ml des infizierten Materials auf eine spezielle PPLO (Difco) Agar-Platte. Die Platten werden ungefähr eine Woche in einem CO_2-Brutschrank bei 37 °C inkubiert und dann untersucht. Die PPLO-Kolonien sind sehr klein und müssen entweder mit einem Vergrößerungsglas oder mit einem Stereomikroskop untersucht werden. Die Kolonien haben gewöhnlich einen Durchmesser von weniger als einem halben Millimeter und sehen wie „Spiegeleier" aus. Manchmal kann man andere Objekte (sogar Zellkolonien) aus dem Agar entnehmen, auf einem Objektträger zerteilen und bei hoher Vergrößerung untersuchen. Im Phasenkontrast oder nach Anfärbung kann man feststellen, ob es sich um Mycoplasmen handelt. In einer sehr dichten Kultur, die mit PPLO kontaminiert ist, werden wahrscheinlich genügend freie Organismen im Kulturmedium sein, so daß man den Test direkt mit 0,1 ml Kulturmedium machen kann. Jedoch ist es oft zuverlässiger, erst einige Zellen auf frisch bereitete Difco-PPLO-Fleischbrühe zu impfen und 4–8 Tage zu inkubieren, ehe man auf PPLO-Agar eine Subkultur herstellt und wie oben beschrieben weiterarbeitet.

Einige Mycoplasmen kann man durch Anfärben der Zellen mit May-Grünwald-Giemsa-Lösung erkennen; sie können gewöhnlich auch ohne Schwierigkeiten mit dem Elektronenmikroskop identifiziert werden. Auch die Immunofluoreszenz mit polyvalentem Antiserum gegen Mycoplasmen wurde eingesetzt. Schließlich entwickelten Barile und Schimke eine biochemische Methode, die auf dem Nachweis der Arginin-Desaminase beruht. Jedoch ist dieses Enzym nicht in allen Mycoplasmen enthalten.

3.3.6 Behebung von Kontaminationen

Selbstverständlich ist es nicht wünschenswert, kontaminierte Zellinien schon von Beginn an zu halten, und wenn möglich, sollte man besser keine Versuche unternehmen, kontaminierte Zellen zu retten. Manchmal jedoch scheint es den Versuch wert, die Kontamination aus einer wertvollen Linie zu entfernen. Dies kann man gelegentlich erreichen; und zwar üblicherweise durch Kombination von Auswaschen und Behandlung mit Antibiotika. Bei *Bakterien,* die frei im Kulturmedium wachsen, ist diese Behandlung manchmal wirksam. Zunächst entfernt man das Kulturmedium von den Zellen und wäscht sie wiederholt mit BSS mit hohen

Konzentrationen an Antibiotika, von denen man weiß, daß die Organismen empfindlich auf sie reagieren; dafür ist eine bakteriologische Voruntersuchung notwendig. Die Zellen werden dann durch Trypsinieren oder irgendeine andere Methode suspendiert und in frisches, Antibiotika-haltiges Kulturmedium in einer sehr niedrigen Zelldichte ausgesät. Wenn sich die Zellen von der Verunreinigung sichtlich erholt haben, sollte man die Antibiotika weglassen und die Zellen einige Passagen ohne sie züchten, ehe man sie als sicher zum weiteren Gebrauch ansehen kann.

Hefe-Verunreinigungen können ähnlich mit Mycostatin oder Fungizone behandelt werden; diese Behandlung ist aber selten ganz befriedigend.

Bei *PPLO-Kontaminationen* müssen manchmal aufwendige Versuche unternommen werden, um die Kulturen davon zu befreien. Die besten Ergebnisse wurden mit Kanamycin (Kannasyn) in einer Konzentration von 100 µg pro ml erzielt, über eine Zeitspanne von drei Wochen. Die Zellen sollten in geringer Zahl subkultiviert und während der Behandlung häufig in frische Gefäße übertragen werden. Einige Kanamycin-resistente PPLO-Linien sind bekannt geworden; darum kann man sich auf diese Behandlung nicht vollkommen verlassen. Offensichtlich begünstigt eine routinemäßige Zugabe von Kanamycin in niedrigen Konzentrationen zum Kulturmedium die Entwicklung resistenter Organismen. Daher sollte man darauf verzichten. Es wurde auch von einer Methode berichtet, wonach sich kontaminierte Kulturen mit Kanamycin in einer Konzentration von 600 µg pro ml über Nacht „reinigen" lassen. Nur sehr wenige andere Antibiotika sind wirksam (Tab. 19); einige, wie Penicillin, fördern sogar die Entwicklung von L-Formen.

Eine andere Technik zur „Reinigung" kontaminierter Kulturen verwendet *Hyperthermie.* Hayflick fand, daß er PPLO aus manchen Kulturen durch einige Stunden langes Erwärmen auf 41 °C entfernen konnte, eine Behandlung, die die Zellen nicht permanent schädigte. Diese Methode ist offenbar nicht immer erfolgreich; man muß bei jeder Behandlung mit Vorsicht durch Kultivierung prüfen, ob die Zellen tatsächlich „gereinigt" sind.

3.3.7 Ausbruch von Kontaminationen

3.3.7.1 Allgemeines

Jedes Labor hat regelmäßig wiederkehrende Ausbrüche von Kontaminationen. Selten sind sie ernst bei Kurzzeit-Gewebekulturen in kleinen Mengen, jedoch können sie bedrohlich und schwer vermeidbar sein, wenn

Langzeitkulturen in großen Mengen befallen werden. Deshalb: Je größer das Ausmaß der Arbeit, desto strenger die Vorsichtsmaßnahmen! Bricht eine Kontamination bei Arbeiten in kleinerem Maßstab aus, dann ist es selten der Mühe wert, den Grund herauszufinden, wenn dieser nicht offensichtlich ist. Grundsätzlich ist es am besten, alles Material zu verwerfen und von neuem zu beginnen. Sollten die Verunreinigungen regelmäßig passieren, kann es notwendig erscheinen, die gleichen Schritte wie beim Arbeiten im Großmaßstab zu ergreifen. Andrerseits ist es bei einer Zellkultur im großen Maßstab wichtig, den Grund der Kontamination herauszufinden und ihn zu unterbinden. Dies ist oft eine sehr schwierige Aufgabe, kann aber durch regelmäßige Prüfung erleichtert werden. Jeder Ansatz eines Kulturmediums sollte durch Beimpfen eines bakteriologischen Kulturmediums getestet werden. Blut-Agar-Platten sollten ein- oder zweimal pro Woche 30 Min. lang dem Arbeitsraum ausgesetzt werden. Alle Verunreinigungen sollten aufgezeichnet und die Organismen nach Möglichkeit genau identifiziert werden. Dies setzt natürlich bakteriologiche Arbeits-Möglichkeiten voraus. Viele Ausbrüche haben einen einzigen Grund; gute Detektivarbeit ist zu seiner Aufklärung nötig.

3.3.7.2 Quellen der Kontamination

Hier einige nicht ungewöhnliche Gründe:

Luftverunreinigung: Defekte Filter, schmutzige Leitungen.
Luftzug, der Staub vom Boden aufwirbelt.
In Einzelfällen Staub aus Kleidung oder Haaren.
Eine lokale Quelle von Organismen. Nicht selten ist dies ein verunreinigter Wassertank oder Ausguß.

Verunreinigung von Inkubatoren: Sehr feuchte Inkubatoren bergen manchmal Pilze.
Wasser in Wasserbädern ist oft verunreinigt.
Staub kann sich in Wärmeräumen auf die Kulturgefäße setzen und später beim Arbeiten nach innen dringen.

Verunreinigung von Kulturmedien: Fehlerhafter Filtrationsapparat, Filter mit falschen Porengrößen, schadhafte Filter, lecke Filterhalter, unvorsichtiges Zusammensetzen der Filterbestandteile.

Verunreinigte Glassachen: Ungenügende Sterilisationsteste, defekte Öfen oder Autoklaven, ungeeignetes System, sterile und unsterile Glassachen zu trennen.
Milben können manchmal in gelagerte, sterile Glassachen eindringen.

Chronisch kontaminierte Zellen: In Primärkulturen können sie aus dem Spendertier stammen.

3.3.7.3 Verhalten bei Kontaminations-Ausbruch

Bei einem Ausbruch sollte die verantwortliche Person informiert werden. Alle kontaminierten Kulturen müssen nach Entnahme einer Probe für die bakteriologische Untersuchung entfernt und autoklaviert werden. Alle Kulturen, mit denen zu gleicher Zeit gearbeitet wurde oder Kulturen ähnlichen Typs oder Kulturen, die mit den gleichen Kulturmedien versorgt wurden, sollten als potentiell kontaminiert angesehen werden. Dies sollte nicht zur gleichen Zeit, in der man mit anderen Zellen arbeitet, durchgeführt werden, sondern die Kulturen sollten bis zum Ende des Arbeitstages aufgehoben und dann getrennt behandelt werden. Wenn sie innerhalb von 2 Wochen keine Kontamination zeigen, können sie als „sauber" angesehen werden, vorausgesetzt, keine Antibiotika wurden dem Kulturmedium zugesetzt. Wenn Kontaminierung in ihnen auftritt, sollte man dies vermerken, sie bakteriologisch untersuchen und wenn derselbe Mikroorganismus wieder auftritt, sollte jede verdächtige Kultur beendet werden. Wenn nötig, vernichte man alle Kulturen im Labor und greife auf den gefrorenen Vorrat zurück. Es ist sinnlos, zu versuchen, die Zellen zu retten, wenn sie nicht einmalig sind und kein gefrorener Vorrat vorhanden ist. Zur gleichen Zeit entferne man alle im Gebrauch befindlichen Kulturmedien. Man untersuche sie gründlich. Sind sie frei von Kontamination, können sie nochmals filtriert und zum Gebrauch wieder freigegeben werden. Jedes verunreinigte Kulturmedium muß vernichtet werden. Jeder einzelne Bestandteil des Kulturmediums muß als verdächtig gelten. (Wir hatten einmal eine Verunreinigung mit einem gramnegativen Organismus, den wir in einer Penicillin-Flasche aufspürten.) Die Art des kontaminierenden Organismus oder der Organismen läßt vermuten, wo man nach der Quelle des Übels suchen muß. Ein einziger, kontaminierender Organismus läßt entweder einen einzelnen Vorgang vermuten, bei welchem z. B. 1 oder 2 Organismen durch ein Filter geschlüpft sind oder eine Verunreinigung aus einer größeren Quelle eines bestimmten Organismus, z. B. ein unreiner, feuchter Brutschrank oder ein Wasserbad. Eine

Misch-Kontamination bedeutet gewöhnlich einen gravierenden Defekt beim Sterilisationsvorgang. Hefen kommen manchmal aus der Luft, aber auch üblicherweise aus Trypsin, Hydrolysaten und natürlich Hefe-Extrakten. Pilze sind gewöhnlich Luftverunreinigungen, oft mit hoher Feuchtigkeit verbunden. Gramnegative Bacillen stammen nicht selten aus dem Serum.

Es gehört eine Menge Erfahrung dazu, Kontaminationen erfolgreich auszurotten; selbst der erfahrenste Experimentator steht nicht selten vor einem Rätsel. Aber auch dann ist nicht alles verloren, denn in einem gut geführten Laboratorium verschwinden die meisten Kontaminationen wieder, wenn man die oben beschriebenen Schritte unternimmt. Tritt die gleiche Art von Kontamination immer wieder auf, dann wird der Grund mit der Zeit sichtbar, sofern bakteriologische Teste gewissenhaft ausgeführt werden.

Literatur

Antikajian, G., Wright, L. T., Plummer, J. I. & Weintraub, S. (1951). The effect of triethylene melamine, aureomycin and some 4-amino derivatives of folic acid on tissues in vitro. J. nat. Cancer Inst. 12, 269.

Balduzzi, P. & Charbonneau, R. J. (1964). Decontamination of pleuropneumonia-like organism (PPLO) infected tissue cultures (Pro Experimentis). Experimentia 20, 651.

Barile, M. F. & Schimke, R. T. (1963). A rapid chemical method for detecting PPLO contamination of tissue cell cultures. Proc. Soc. exp. Biol. Med. 114, 676.

Barile, M. F., Malizia, W. F. & Riggs, D. (1961). Immunofluorescence of PPLO in tissue cultures. Bact. Proc. 44, 83.

Barile, M. F., Yaguchi, R. & Eveland, W. C. (1958). A simplified medium for the cultivation of pleuropneumonia-like organisms and the L forms of bacteria. Amer. J. clin. Path. 30, 171.

Carski, T. R. & Shepard, C. C. (1961). Pleuropneumonia-like (mycoplasma) infections of tissue culture. J. Bact. 81, 626.

Collier, L. H. (1957). Contamination of stock lines of human carcinoma cells by pleuropneumonialike organisms. Nature (Lond.) 180, 757.

Coriell, L. L. (1962). Detection and elimination of contaminating organisms. Nat. Cancer Inst. Monograph No. 7, 33.

Coriell, L., Fabrizio, D. & Wilson, S. R. (1960). Comparison of PPLO strains from tissue culture by complement fixation. Ann. N. Y. Acad. Sci. 79, 574.

Coriell, L., Tall, M. & Gaskill, H. (1958). Common antigens in tissue culture cell lines. Science 128, 198.

Cruikshank, C. N. D. & Lowbury, E. J. L. (1952). Effect of antibiotics on tissue cultures of human skin. Brit. med. J. 2, 1070.

Demis, D. J., Davis, M. & Campbell, J. (1960). The effects of griseofulvin on epithelial cells in tissue culture. J. invest. Derm. 34, 99.

Fogh, J. & Hacker, C. (1960). Elimination of pleuropneumonia-like organisms from cell cultures. Exp. Cell Res. 21, 242.

Fogh, Jørgen & Fogh, Helle (1964). A method for direct demonstration of pleuropneumonia-like organisms in cultured cells. Proc. Soc. exp. Biol. Med. 117, 899.

Gori, G. B. & Lee, D. Y. (1964). A method for eradication of mycoplasma infections in cell cultures. Proc. Soc. exp. Biol. Med. 117, 918.

Hayflick, L. (1960). Decontaminating tissue culture infected with pleuropneumonialike organisms. Nature (Lond.) 185, 783.

Henle, Gertrude, Hinze, Harry C. & Henle, Wener (1963). Persistent infection of L cells with polyoma virus: peridic destruction and repopulation of the cultures. J. nat. Cancer Inst. 31, 125.

Howard, D. H. (1960). Effect of Mycostatin and Fungizone on the growth of Histoplasma capsulatum in tissue culture. J. Bact. 79, 442.

Hoyt, A., Chaney, A. L. & Cavell, K. (1938). Studies on steam sterilization and the effects of air in the autoclave. J. Bact. 36, 639.

Hu, F., Livingood, C. S., Johnson, P. & Pomerat, C. M. J. (1953). Tissue culture studies on human skin. IV. The comparative toxic effects of antibiotics on tissue culture explants of human skin and embryonic chick spleen. J. invest. Derm. 20, 357.

Hummeler, Klaus & Armstrong, Donald (1967). Observations on mycoplasma strains in tissue cultures. Ann. N. Y. Acad. Sci. 143, 622.

Ikegaki, K. (1951). Effects of streptomycin on the growth of normal tissue cells in vitro. Antibiotics 4, 311.

Keilova, H. (1948). The effect of streptomycin on tissue cultures. Experientia, 4, 483.

Kenny, G. E., Pollock, M. E. & Syverton, J. T. (1960). Time and concentration of kanamycin for elimination of PPLO from mammalian cell cultures. Bact. Proc. p. 121.

Lepine, P., Barski, G. & Maurin, J. (1950). Action of chloromycetin and of aureomycin on normal tissue cultures. Proc. Soc. exp. Biol. N. Y. 73, 252.

McCulloch, E. C. (1945). Disinfection and Sterilization, 2nd ed. Philadelphia: Lea & Febiger.

Macpherson, I. (1966). Mycoplasmas in tissue culture. J. Cell Sci., 1, 145.

Madoff, S. (1960). Isolation and identification of PPLO. Ann. N. Y. Acad. Sci. 79, 574.

Malizia, W. F., Barile, M. F. & Riggs, D. (1961). Immunofluorescence of pleuropneumonia-like organisms isolated from tissue cell cultures. Nature (Lond.) 191, 190.

Metzger, J. F., Fusillo, M. H., Cornman, I. & Kuhns, D. M. (1954). Antibiotics in tissue culture. Exp. Cell Res. 6, 337.

Morton, H. E. (1938). Bacterial filters and filtration technics. Amer. J. clin. Path. Tech. Suppl. 2, 185.

Oishi, Y. (1954). 1. The effects of antibiotics and chemotherapeutic agents on the growth of fibroblasts from chick embryo heart in the simplified replicate tissue culture. Jap. J. exp. Med. 24, 169.

Oishi, Y (1956). II. Effects of antibiotics and chemotherapeutics on the growth of fibroblasts from chick embryo heart in the simplified replicate tissue culture. Jap. J. exp. Med. 26, 159.

Perlman, D. & Brindle, S. A. (1963). Antibiotic control of contamination in tissue cultures. In Antimicrobial Agents and Chemotherapy – 1963, p. 458.

Perlman, D., Giuffre, N. A. & Brindle, S. A. (1961). Use of Fungizone in control of fungi and yeasts in tissue culture. Proc. Soc. exp. Biol. (N. Y.) 106, 880.

Perlman, D., Giuffre, N. A., Jackson, P. W. & Giardinello, F. E. (1959). Effects of antibio-

tics on multiplication of L cells in suspension culture. Proc. Soc. exp. Biol. (N. Y.) 106, 880.
Pollock, M. E., Kenny, G. E. & Syverton, J. T. (1960). Isolation and elimination of pleuropneumonia-like organisms from mammalian cell cultures. Proc. Soc. Exp. Biol. (N. Y.) 105, 10.
Pollock, M. E., Treadwell, P. E. & Kenny, G. E. (1963). Mammalian cell cultures contaminated with pleuropneumonia-like organisms. II. Effect of PPLO on cell morphology in established monolayer cultures. Exp. Cell Res. 31, 321.
Pomerat, C. M. & Leake, C. D. (1954). Short term cultures for drug assays: general conciderations. Ann. N. Y. Acad. Sci. 58, 1110.
Robinson, L. G., Wichelhausen, R. H. & Roizman, B. (1956). Contamination of human cell cultures by pleuropneumonialike organisms. Science 124, 1147.
Rothblat, G. (1960). PPLO contamination in tissue cultures. Ann. N. Y. Acad. Sci. 79, 340.
Rothblat, G. H. & Morton, H. E. (1959). Detection and possible source of contaminating pleuropneumonialike organisms (PPLO) in cultures of tissue cells. Proc. Soc. Exp. Biol. (N. Y.) 100, 87.
Schimke, R. T. & Barile, M. F. (1963). Arginine breakdown in mammalian cell culture contaminated with pleuropneumonia-like organisms (PPLO). Exp. Cell Res. 30, 593.
Shepard, M. C. (1958). Growth and development of T-strain pleuropneumonialike organisms in human epidermoid carcinoma cells (HeLa). J. Bact. 75, 351.
Wigmore, J. O. & Henderson, W. M. (1955). Control of yeast contamination by „Mycostatin“ in cultures of foot and mouth disease. Nature (Lond.) 176, 516.
Zgorniak-Nowosielska, Izabella, Sedwick, W. David, Hummeler, Klaus & Koprowski, Hilary (1967). New assay procedure for separation of mycoplasmas from virus pools and tissue culture systems. Virology 1, 1227.

3.3.8 Aseptische Technik

Die Besprechung drehte sich bisher ausschließlich um die Behandlung von Materialien und Apparaten in der Weise, daß Bakterien und toxische, chemische Substanzen ausgeschlossen werden. Die folgenden Abschn. 3.3.8.1–3 befassen sich mit dem Umgang von Materialien, der eine Kontamination während der experimentellen Arbeit verhütet.

3.3.8.1 Kontamination aus dem Gewebe

Vor allen Dingen muß man sichergehen, daß keine Bakterien mit dem Gewebe eingeführt werden. Dies kann man vermeiden, indem man das Gewebe aseptisch entnimmt oder nach der Entnahme sterilisiert. Die meisten inneren Gewebe der Tiere sind schon steril, ausgenommen solche, die eine direkte Verbindung nach außen haben, wie die Atmungsorgane und der Verdauungstrakt. Folglich ist es meist nur nötig, sie aus dem Tier in der Weise zu entnehmen, daß eine Verunreinigung vermieden wird. Diese Technik gilt besonders für embryonales Material. Der Inhalt eines reifen Eies ist normalerweise steril. Wenn Vorsichtsmaßregeln getroffen werden, den Embryo ohne Verunreinigung zu entnehmen, beginnt man das Experiment mit sauberem Material. Aus gleichem Grund ist der Inhalt des Uterus eines Säugetieres normalerweise steril; wenn er operativ vorsichtig entfernt wird, braucht man kein Kontaminationsproblem zu befürchten.

Im Falle ausgewachsener Gewebe findet man gelegentlich Bakterien auch bei Entnahme innerer Organe. Dies kommt nicht sehr häufig vor, so daß man selten besondere Vorsichtsmaßnahmen zu treffen braucht. Bei besonders wertvollen Geweben oder bei Gefahr der Kontaminierung während der Entnahme, – was oft bei chirurgischen Proben der Fall ist, ehe sie das Gewebekulturlabor erreichen – muß man die Gewebe sterilisieren. Dies kann wirksam mittels *Antibiotika* geschehen: Das Gewebe wird dazu in einer sehr hoch konzentrierten Lösung gewaschen und erst dann in einem Kulturmedium gezüchtet, das die üblichen Konzentrationen enthält. Eine nützliche Antibiotika-haltige Mischung ist BSS, die 1000 I.E. Penicillin und 0,5 mg Streptomycin pro ml enthält. Neomycin (0,5 mg/ml) ist auch hochwirksam. Werden die Gewebe in dieser Lösung gewaschen, bevor man sie für die Explantation auseinanderschneidet, überleben sehr wenige Mikroorganismen.

Die *Entfernung von Mikroorganismen* ist ein besonders großes Problem bei der Züchtung der Gewebe von Kaltblütern und wirbellosen Tieren. Freilich hat die Entwicklung der Antibiotika dies weitgehend vereinfacht und eine Behandlung, wie für chirurgische Proben beschrieben, ist auch hierfür geeignet. Auch andere Sterilisationsmethoden wurden verwendet, wie Merthiolat (Verdünnung 1:1000), ultraviolettes Licht und 10%iges Hexylresorcin.

3.3.8.2 Kontamination aus der Luft

Wenn keine methodischen Fehler bei der Vorbereitung der Gewebe, Kulturmedien und Apparate gemacht wurden, kann eine Verunreinigung nur noch aus der *Luft* des Raumes, in dem die Arbeiten ausgeführt werden, oder vom Operateur selbst stammen. Eine Verunreinigung diesen Ursprungs kann in fast allen Fällen weitgehend vermieden werden, wenn man sich nach einigen sehr einfachen Regeln der aseptischen Arbeitsweise richtet. Nur selten ist es nötig, einen dafür extra eingerichteten Raum zu benützen, was sich nach dem Problem richtet, das in Angriff genommen werden soll. Z. B. befassen sich viele experimentelle Programme mit *Kurzzeitkulturen,* d. h. über nur einige Tage. In diesen Fällen ist es unnötig, bestimmte Vorsichtsmaßnahmen zu ergreifen, denn bei vorsichtiger Technik ist es absolut möglich, Kurzzeit-Gewebekulturen in einem gewöhnlichen Laboratorium durchzuführen. Dabei kann es gelegentlich Verluste infolge Verunreinigung durch Staub oder Sporen aus der Luft geben, aber diese Kulturen können verworfen werden ohne große Verluste an Zeit oder Ergebnissen.

Andrerseits ist bei mittleren *Langzeit-Versuchen,* die über zwei bis drei Wochen gehen, ein aseptischer Raum oder eine *Laminar-Flow-Hütte* (sterile Arbeitsbank) wünschenswert. Dieser Raum benötigt keine besondere Ausstattung. Er muß nur für Gewebekultur-Arbeiten reserviert sein und besonders sauber gehalten werden. Nur die Operateure sollten sich in dem Raum aufhalten, wenn mit Gewebekulturen gearbeitet wird. Verfährt man so und wendet vorsichtig aseptische Techniken an, so sind weitere Vorsichtsmaßregeln nicht nötig. Wenn der Raum keine eigene Luftreinigungsanlage hat, kann man recht befriedigende Arbeiten in einer Laminar-Flow-Hütte ausführen (s. Anlage 2).

Bei regelmäßiger Benützung eines *aseptischen Raumes* durch mehrere Personen ist es wichtig, gewisse *Regeln* zu befolgen, wovon folgende als ausreichend erachtet werden:

1. Der Raum muß immer sauber und ordentlich gehalten werden.
2. Kein Material von dem man weiß, daß es kontaminiert ist, darf in dem Raum geöffnet werden.
3. Werden aseptische Arbeiten ausgeführt, darf niemand den Raum betreten oder die Türe öffnen ohne Erlaubnis der dort arbeitenden Person.
4. Alle Arbeitsflächen müssen vor der Benützung mit 70%igem Alkohol abgewaschen werden.
5. Wird verworfenes Kulturmedium in den Ausguß gegeben, muß sorgfältig einige Minuten lang nachgespült werden.
6. Nach der Arbeit muß der Tisch aufgeräumt und gesäubert werden. Alle Materialien müssen aufgeräumt werden. Alle Mediumtropfenflecken müssen abgewaschen werden.
7. Pipetten und Reagenzgläser müssen sofort nach Gebrauch aus dem Gestell entfernt werden. Unbenütztes Material muß entfernt und nochmals sterilisiert werden.
8. Benützte Pipetten müssen in ein Gefäß (Pipettenwäscher) mit Wasser gestellt werden. Andere Glassachen, die mit Kulturmedium oder anderen proteinhaltigen Lösungen in Kontakt waren, müssen in einen Eimer mit Wasser gelegt werden. Die Person, die im Raum als letzte am Tag arbeitet, muß dafür sorgen, daß Gefäß und Eimer auf den

Abwaschtisch gestellt werden. Jeden Morgen müssen Gefäß und Eimer frisch mit Wasser gefüllt und als erstes im aseptischen Raum ersetzt werden.

9. Saubere, benützte Glassachen sollten in einem Korb gesammelt auf den Abwaschtisch gestellt werden.
10. Nur Gegenstände, die wirklich in den aseptischen Raum gehören, können dort belassen werden.

Langzeit-Versuche mit sehr wertvollen Materialien erfordern wesentlich strengere *Vorsichtsmaßregeln.* So sollte man die Luft im aseptischen Raum sterilisieren. Normalerweise läßt man sie durch eine Reihe von *Filter* zirkulieren, aber man kann sie auch durch eine Ultraviolett-Bestrahlungs-Kammer passieren lassen, in der alle Organismen abgetötet werden. Eine weitere, bisweilen benützte Verbesserung ist ein *elektrostatischer Staubentferner.* Ist kein Zirkulationssystem vorhanden, kann die Luft auch teilweise durch kontinuierliches *UV-Licht* sterilisiert werden. Es muß so angebracht werden, daß es nicht auf die Operateure trifft, die sonst Schäden erleiden. Dazu bringt man die Lampe über Kopfhöhe so an, daß alle Strahlung nach oben gerichtet ist. Auf diese Weise wird alle Luft über dem Licht sterilisiert, so daß kein Bakterien-haltiger Staub auf die Arbeitsfläche fallen kann.

Weitere Vorsichtsmaßregeln, die bei der Einrichtung eines aseptischen Raumes befolgt werden sollten, zielen darauf ab, den *Staub anzuziehen.* Die Böden müssen in regelmäßigen Abständen sorgfältig gereinigt und mit einem leichten Öl abgerieben werden, das den Staub bindet; das gilt auch für die Wände.

Aseptische Räume mit filtrierter Luftzufuhr sind heute größtenteils durch Laminar-Flow-Hütten ersetzt, die nicht nur anpassungsfähiger und billiger, sondern auch wirksamer sind. Für normale Gewebe- und Zellkultur-Arbeiten ist die Standard-Laminar-Flow-Hütte mit horizontalem Luftstrom von hinten nach vorne ausgezeichnet; arbeitet man aber mit gefährlichen, pathogenen Stoffen, z. B. Viren, müssen Spezialhütten verwendet werden, in denen die filtrierte Luft aus dem Gehäuse entfernt wird, ohne mit dem Raum in Berührung zu kommen.

3.3.8.3 Kontamination durch den Operateur

Sind alle obigen Kontaminationsquellen eliminiert, liegt die einzig verbliebene Ursache *beim Operateur selbst.* Eine Operateur-bedingte Verunreinigung kann drei Ursachen haben:

1. Direkte Verunreinigung von Instrumenten oder Kulturen durch unsterile Gegenstände während des Arbeitens.
2. Bakterien in der Atemluft.
3. Organismen im Staub, der durch Bewegungen des Operateurs aufgewirbelt wird.

Direkte Verunreinigung kann entstehen durch:

1. Berührung von Apparaten, besonders Pipetten mit unsteriler Umgebung oder mit den Händen.
2. Befall von Organismen, die sich am Ausguß der Behälter befinden.

Für den Anfänger ist der schwierigste Teil der aseptischen Technik die Beherrschung verschiedener Handgriffe ohne Verunreinigung von Pipetten, d. h. ohne Kontakt mit unsterilen Gegenständen. Die einzige Art zu lernen, sie zu vermeiden, besteht darin, die Handgriffe wiederholt unter Aufsicht eines erfahrenen, technischen Assistenten auszuführen, der auf jeden Fehler aufmerksam macht. Wenn während der Arbeit mit den Kulturen irgendein Zweifel auftritt, ob eine Pipette einen unsterilen Gegenstand berührt hat, sollte man sie ohne Zögern weglegen. Die Verunreinigung durch Hände kann auf ein Mindestmaß herabgesetzt werden, wenn man sie vor Beginn der Arbeit sterilisiert. Dies kann ziemlich wirksam durch gründliches Waschen mit Wasser und Seife erreicht werden. Einige Leute spülen sie lieber mit etwas Alkohol.

Ein besonders beachtenswerter Punkt ist die *„doppelte Übertragung" kontaminierender Organismen,* d. h. Verunreinigung einer Kultur mit einem Instrument, selbst durch Kontakt mit den Händen kontaminiert. Dafür gibt es zwei sehr alltägliche Beispiele. Ein häufiger Fehler ist, die *Pipette* zu weit nach unten zu halten, während man einen Gummischlauch oder Bällchen am Ende befestigt. Wenn diese Pipette dann anschließend in eine Flasche oder Behälter eingeführtwird, kontaminiert sie das Innere des Halses. Wenn nochmals eine Pipette hineingeführt wird, können die Bakterien direkt in das Medium gelangen. Ein zweites Beispiel dieser Art von Verunreinigung betrifft die Handhabung der *Messer.* Diese Instrumente werden meist bei der Benutzung weit vorne angefaßt. Wenn man sie dann in sterile Reagenzgläser oder andere Behälter hineinbringt und dann wieder zurückzieht, werden die Spitzen der Klingen verunreinigt, wenn sie an die Stelle kommen, die mit dem verunreinigten Teil des Messergriffes in Berührung war.

Diese Fehler können durch Praxis und peinlich genaues Beachten der Technik vermieden werden, was schließlich ganz automatisch geschieht. Es gibt zusätzlich noch eine Reihe von *Vorsichtsmaßregeln,* die man zur Vermeidung der beschriebenen Fehler beachten muß. So müssen alle

Pipetten sofort nach dem Gebrauch weggelegt werden. Dies vermeidet die Möglichkeit einer Verunreinigung durch Benützung von Pipetten, die unsteril wurden, weil sie in verunreinigte Halter zurückgegeben wurden. Diese Extraarbeit lohnt sich. Es ist oft auch wünschenswert, mit einem System zu arbeiten, das die Wiedersterilisation von Instrumenten kurz vor dem Gebrauch erlaubt. Zwei Methoden werden üblicherweise benützt. Bei der einen werden die Instrumente nach Gebrauch in ein kochendes Wasserbad gelegt und erst kurz vor Benützung herausgenommen. Bei der anderen Technik werden die Instrumente vor Wiederverwendung in Alkohol getaucht, der abgeflammt wird.

Beim Öffnen von Kulturgefäßen, besteht immer die große Gefahr, daß der Inhalt mit Organismen vom Gefäßausguß verunreinigt wird, weil die Gefäße im Inkubator etwas staubig werden. Ferner entsteht bei der Abkühlung auf Raumtemperatur in ihnen ein Unterdruck, so daß beim Entfernen des Stopfens Luft einströmt, die den Staub mitzieht. Dies kann größtenteils dadurch vermieden werden, daß man den Hals aller Gefäße abflammt, ehe man den Stopfen entfernt. Das *Abflammen* braucht nur kurz zu sein, da es dazu dient, den Staub an seinem Platz zu fixieren. Man muß aber darauf achten, daß alle Teile des Gefäßhalses mit der Flamme behandelt werden. Es reicht nicht, den Flaschenhals nur kurz in die Flamme zu halten. Er sollte dabei gedreht werden.

Kommt das Kulturmedium mit dem Gefäßhals in Berührung, was geschieht, wenn der Inhalt ausgegossen wird, dann reicht diese oberflächliche Art des Abflammens nicht aus, denn Bakterien werden mit den letzten ein oder zwei Tropfen in die Flasche zurückgespült. In diesen Fällen muß der Hals der Flasche sorgfältig solange abgeflammt werden, bis er so heiß ist, daß alle vorhandenen Bakterien abgetötet werden. Die Verunreinigung der Kulturen durch Staub am Rande der Gefäße kann durch Bedecken des Stopfens und des Halses vermindert werden. Eine braune Papierkappe, die durch ein Gummiband befestigt wird, reicht aus; alternativ kann auch eine Kappe aus Alufolie oder Parafilm benützt werden. Schraubverschlüsse haben Stopfen gegenüber in diesem Fall den einen Vorteil, daß sie auch einen kleinen Teil des Halses bedecken.

Viele Leute betrachten die Kontamination durch den *Atem des Operateurs* als eine der Hauptursachen der Infektion der Kulturen. Dies ist aber in Wirklichkeit nicht so. Während des normalen ruhigen Atmens werden sehr wenig Bakterien ausgeatmet. Die Zahl erhöht sich aber sehr, wenn man spricht oder hustet. Daher kann man die Verunreinigung durch ausgeatmete Luft auf eine oder zwei Arten vermeiden, entweder durch Gebrauch einer Maske oder indem man nicht spricht. Der Gebrauch einer

Maske ist gefährlich, weil sie ein falsches Gefühl der Sicherheit entstehen läßt. Eine Maske ist sehr wirksam, solange der Operateur ruhig atmet. Beim Sprechen oder Husten wird sie aber mit Organismen getränkt, die anschließend selbst bei ruhigem Atmen aus dem Tuch herausgepreßt werden. Anstelle einer dicken Tuchmaske ist daher eine Röntgenfilm-Maske vorzuziehen. Eine andere Möglichkeit ist die, eine Glaswand zwischen Operateur und dem Material zu ziehen, an dem er arbeitet. Dies ist besonders wünschenswert, wenn er sich über seine Arbeit beugen muß. Sonst löst man dieses Problem am besten, indem man nicht spricht und Mund und Nase von den Kulturen weghält.

Eine der gefährlichsten Staub-Quellen sind die *Haare des Operateurs.* Macht es die Arbeit erforderlich, den Kopf über oder zum Tisch zu beugen, ist es besser, eine Kopfbedeckung zu benützen. Auch sollte der Operateur versuchen, sich so weit wie möglich von seiner Arbeit wegzubeugen.

Eine *Verunreinigung durch Staub* bekämpft man durch:

a) Verhindern, daß Staub im Raum aufgewirbelt wird und

b) Verhindern, daß Staub aus der Luft in die Kulturgefäße eindringt.

Staub stammt normalerweise aus 3 Quellen:

1. dem Fußboden und Arbeitstisch,
2. den Kleidern,
3. dem Haar und Körper des Operateurs.

Aufwirbeln von Staub vom Boden und Tisch kann man vermeiden, indem man sie mit einem dünnen Film eines leichten Öles einreibt. Staub haftet daran und kann so nicht durch den Raum wirbeln. Manchmal ist es nicht wünschenswert, die Tischoberfläche einzuölen. In diesem Fall kann sie vor der Benützung mit 70%igem Alkohol abgerieben werden, der die meisten vorhandenen Organismen abtötet. Auch bei Beachtung dieser Vorsichtsmaßregeln ist es sehr wünschenswert, alle unnötigen Bewegungen im Raum zu vermeiden und jeden Luftzug auszuschließen.

Auf Kleidung, besonders Straßenkleidung liegt eine große Menge *Staub* und jede Bewegung innerhalb des Raumes hinterläßt wahrscheinlich eine Wolke Keim-beladener Partikel. Bis zu einem hohen Grad kann man dies verhindern, indem man einen sauberen Labormantel über der Straßenkleidung trägt. Für besonders sorgfältige Arbeiten sollte bei jeder Gelegenheit ein sauberer, steriler Umhang benützt werden, was aber für normale Arbeiten nicht nötig ist. Wenn man keinen Labormantel trägt, sollte man wenigstens die Ärmel aufkrempeln und die Arme bis zum Ellenbogen waschen. Während man mit Kulturen arbeitet, sollte man immer damit rechnen, daß Staub von den Armen fällt, weshalb man vorher dafür sorgen sollte, die Hände und Arme nicht über die offenen Schalen zu halten.

Trotz dieser Vorsichtsmaßregeln ist es immer noch möglich, daß etwas Staub in der Luft bleibt. Daher muß man ständig eine Technik anwenden, bei der er nicht in die Kulturgefäße gelangen kann. Dies erreicht man dadurch, daß man alle Gefäße weitgehend bedeckt hält; oft ist es ratsam, alle Manipulationen unter bzw. hinter der Glasplatte auszuführen. Wenn mit Flaschen und Kolben hantiert wird, sollte man sie, wenn offen, in einem Winkel geneigt halten, so daß der Staub nicht gleich bis auf den Grund fallen kann.

Literatur

Dower, G. E. & Ziegler, W. G. (1968). A balloon isolator for culture of heart cells without antibiotics. Exp. Cell Res. 51, 335.

3.4 Einrichtung und Planung eines Gewebekulturlaboratoriums

3.4.1 Bewegliche Geräte und ihr Betrieb

Planung und Einrichtung eines Gewebekultur-Laboratoriums werden hauptsächlich durch das beabsichtigte Forschungsvorhaben bestimmt. Im Hinblick auf die große Verschiedenheit der Gebiete, in denen Gewebekultur angewandt wird, ist eine Verallgemeinerung schwierig. Jedoch gibt es einige grundlegende Gegenstände, die jedes Laboratorium haben muß, in dem mit diesen Techniken gearbeitet wird. Für einige Forschungsvorhaben bedeutet dies sehr geringe Ausgaben und wenig Organisation, während in andere beachtliche Mittel investiert werden. Daher ist es wichtig, besondere Räumlichkeiten dementsprechend zu planen.

Die grundlegenden *Forderungen* können unter folgenden Gesichtspunkten betrachtet werden:

1. Sterilisations- und Reinigungsmöglichkeiten,
2. Steriler Arbeitsraum,
3. Aufbewahrung der Kulturmedien,
4. Inkubations-Möglichkeiten,
5. Spezial-Glasgeräte und andere Apparate.

3.4.1.1 Sterilisations- und Reinigungsmöglichkeiten

Für die *Reinigung der Glassachen* ist vor allem ein großer Ausguß mit genügender Wasserversorgung und ein entsprechend großer Spültisch wichtig. Für das Spülen der Glassachen gibt es eine große Anzahl mechanischer Hilfsgeräte, angefangen von motorgetriebenen, rotierenden Bürsten bis zu vollautomatischen Spülmaschinen. Einige einfache Gegenstände sind sehr nützlich zur Erleichterung der schwierigen Arbeit; besonders lohnend ist ein Pipettenspüler und ein Flaschenspüler. Der *Pipettenspüler* ist ein Siphon-Gerät, das die Pipetten bei Anschluß an Leitungswasser automatisch spült. Der *Flaschen-Spüler* ist ein einfacher Apparat, der auch an Leitungswasser angeschlossen wird und einen starken Wasserstrahl in eine über ihn gestülpte Flasche spritzt. Mit diesen Vorrichtungen wird die Spülzeit erheblich verkürzt und die Spülarbeit meist sorgfältiger ausgeführt.

Zum Kochen der Glassachen ist ein gewöhnlicher Waschkochtopf billig und für die meisten Zwecke ausreichend. Zum Einweichen der Glassachen gibt es eine große Anzahl von Plastikgefäßen, die normalerweise für andere Zwecke benützt werden.

Vor dem *Trocknen der Glassachen* mit anderen Mitteln läßt man die Glassachen abtropfen, wofür meist ein großes Abtropfbrett fast unentbehrlich ist. Es ist im Handel erhältlich oder man kann es selbst aus verzinktem, großmaschigem Drahtnetz (5 cm Maschenweite) herstellen, das von einem Metall-Rahmen gehalten wird.

Für die *Sterilisation von Apparaten* braucht man einen Heißluftschrank und einen Autoklaven. Es gibt davon eine große Auswahl, die man im Katalog jeder Lieferfirma findet (S. 436). Für ein kleines Laboratorium sei erwähnt, daß elektrische Backöfen sehr nützliche und preiswerte Sterilisationsöfen sind. Genauso können praktisch alle kleinen Gegenstände und die meisten Lösungen völlig ausreichend in einem Dampfkochtopf anstatt in einem Autoklaven sterilisiert werden. Sogar in einem gut eingerichteten Laboratorium ist ein Dampfkochtopf sehr nützlich zur schnellen Sterilisation kleiner Material-Mengen mittels feuchter Hitze.

Für die *Sterilisation von Lösungen* muß man Filter und Filtrierapparate anschaffen. Sie wurden bereits in Abschn. 3.3.2.6 besprochen.

3.4.1.2 Steriler Arbeitsbereich

Für gewisse Arbeiten braucht man keine speziellen Dinge; die Arbeiten können auf einem sauberen Tisch in einem sauberen, von Luftzug relativ

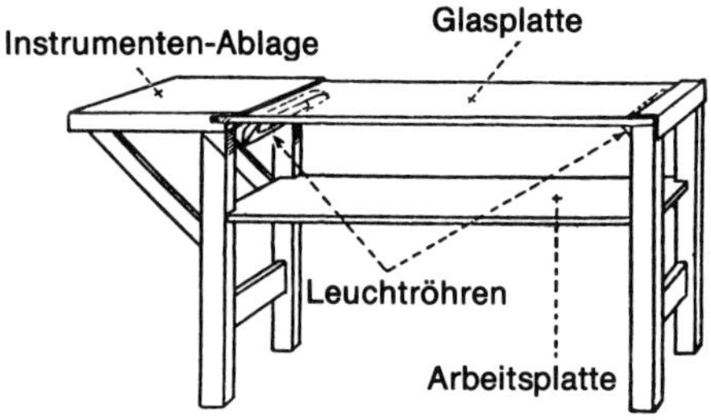

Fig. 16 Für Gewebekulturarbeiten geeigneter Tisch

freien Laboratorium ausgeführt werden. Einige Vorsichtsmaßnahmen, die getroffen werden können, damit Staub die Kulturen nicht verunreinigt, wurden bereits besprochen (S. 153). Bei vielen Arbeiten mit länger andauerndem Infektionsrisiko braucht man eine einfache *Schutzvorrichtung* oder einen sterilen Raum.

Die einfachste Art einer Schutzplatte besteht einfach aus einer Platte aus Glas oder Plastik über dem Arbeitstisch befestigt. Eine stark verbesserte Ausführung stellt die sterile Operationshütte dar, wie man sie in ähnlicher Form für das Hantieren mit radioaktiven Stoffen benützt. *Laminar-Flow-Hütten* sind für Gewebekultur-Arbeiten ideal; es gibt eine große Auswahl im Handel (Anlage 2, S. 437).

Für Gewebekulturzwecke ist der in Fig. 16 gezeigte *Tisch* besonders passend. Seine Besonderheit besteht in einer Glasplatte, die über dem Arbeitstisch angebracht ist. Diese Platte verhindert nicht nur, daß Staub auf das Material fällt, sondern verdoppelt auch wirksam die benutzbare Arbeitsfläche. Man kann den Tisch sehr leicht aus gebogenen Metallwinkeln und einer Glasplatte herstellen. Die Beleuchtung ist sehr geeignet und leicht anzubringen.

Handelt es sich bei einem wesentlichen Teil der Laborarbeiten um Gewebekulturarbeiten, lohnt es, einen sterilen Raum einzurichten. Dies muß nur ein sauberer Raum mit einer Türe sein, die geschlossen werden kann; bei sterilen Arbeiten kann er so vom übrigen Laboratorium abgetrennt werden. Ein frischer Farbanstrich von Zeit zu Zeit liefert sterile, saubere Wände. Bei der Planung einer neuen Abteilung kann man viele Verbesserungen einführen, wie Glaswände und Schiebetüren. Der Raum braucht nur eine Fläche von 1,5–2,25 m^2 einzunehmen. Erlauben es jedoch die Gegebenheiten, ist es besser, größere Sterilräume zu haben, mindestens 9 m^2. Für anspruchsvolle Arbeiten ist es wünschenswert, möglichst eine Filterventilation einzurichten. Dies kann am besten durch Einrichtung von Laminar-Flow-Hütten erreicht werden.

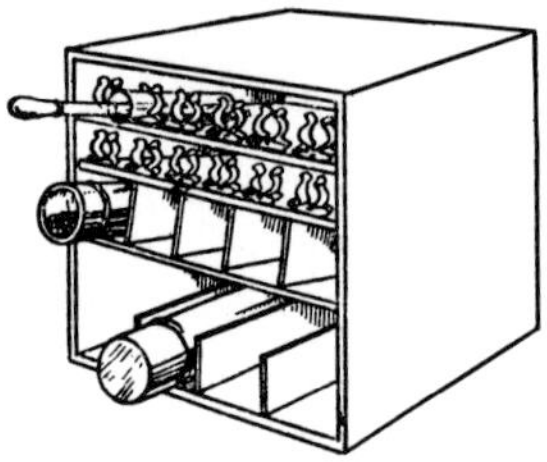

Fig. 17 Geeigneter Pipettenständer, hergestellt aus Aluminiumplatten

3.4.1.3 Lagerung der Kulturmedien

Praktisch alle Gewebekulturmedien werden am besten in der Kälte gelagert; einige Medien sollten in gefrorenem Zustand gelagert werden. Für ein kleines Laboratorium kann man die Kulturmedien in einem Küchenkühlschrank aufbewahren, der ein besonders großes Gefrierfach hat. Braucht man größere Lagermöglichkeiten, sollte man für gewöhnlich einen Tiefkühlschrank einrichten, der eine Temperatur zwischen −10 °C und −20 °C hat, und möglichst noch einen Tiefkühlschrank mit −70 °C. Manche Laboratorien sind mit Kälteräumen ausgestattet, in denen man natürlich auch Stammlösungen lagern kann. Es ist aber immer praktisch, einen kleinen Kühlschrank noch neben dem Gewebekulturraum zu haben.

3.4.1.4 Brutschränke

Alle Warmblüter-Zellen müssen bei einer Temperatur gezüchtet werden, die nahe der Normaltemperatur des Tieres liegt, um das beste Wachstum zu erhalten. Es sind viele Brutschränke auf dem Markt, die dafür verwendet werden können. Im großen und ganzen sind Brutschränke mit einem *Wassermantel* besser geeignet als wasserfreie, da bei ihnen das Auftreten „heißer Stellen“ weniger wahrscheinlich ist, die häufig am Boden der wasserfreien Brutschränke über dem Wärme-Aggregat entstehen. Auch die Geschwindigkeit der Temperatur-Schwankung ist bei einem Wassermantel bis zu einem gewissen Grad gedämpft. Leider haben nur wenige Brutschränke eine *thermostatische Kontrolleinheit,* auf die man sich vollkommen verlassen kann. Extreme Temperatur-Schwankungen ereignen sich besonders nachts, wenn sich die Temperatur des Gebäudes ändert und der Brutschrank vollständig geschlossen ist. Bei der Suche nach einem Brutschrank für Gewebekulturzwecke muß man besonders darauf achten, daß er die bestmögliche thermostatische Kontrolle besitzt. Am besten ist es, zwei Thermostaten in Serie eingebaut zu haben, so daß bei Ausfall des einen der andere die Kontroll-Funktion übernimmt. Ein Brutschrank für Gewebekulturzwecke sollte besser mit Drahtgeflechten als mit durchlöcherten Metall-Einsätzen ausgestattet sein; letztere verhindern eine gute Luftzirkulation, so daß man oft Stellen mit geringem Wachstum über den Löchern der Einsätze findet. Aus gleichem Grunde ist eine verstärkte Zirkulation z. B. mit einem Ventilator wünschenswert.

Beim Arbeiten mit Gewebekulturen im großen Maßstab empfiehlt sich ein begehbarer Inkubator oder *Wärmeraum*. Solch ein Raum kann sehr leicht hergestellt werden, indem man einen fensterlosen Raum mit elektrischen Heizröhren ausstattet, die sich mittels einer thermostatischen Kontrolle selbst an- und ausschalten. Auch sollte man einen starken Ventilator im Raum installieren, wenn man die Temperatur konstant halten will. Bei bestimmten Versuchen freilich kann man den Ventilator nicht benützen. In diesem Fall wird sich ein *Temperaturgradient* über mehrere Grade zwischen dem Fußboden und der Decke einstellen. Dieser Gradient ist oft bemerkenswert gleichförmig, so daß man sich bei den auf verschiedenen Ebenen liegenden Gestellen auf reproduzierbare Temperaturen verlassen kann.

Für manche Zwecke braucht man bisweilen Spezialbrutschränke wie Gas-dichte Inkubatoren mit einer Gas-Zu- und -Abfuhr zur Erzeugung eines konstanten CO_2-Partialdrucks in der Atmosphäre. Dies kann mit etwas Erfindungsgeist so konstruiert werden, wie es den Anforderungen entspricht und bedarf keiner besonderen Beschreibung. Es sind mehrere Typen im Handel erhältlich (Anhang 2, S. 436).

3.4.1.5 Spezielle Glasgeräte und Apparate

Die Gegenstände, die man tatsächlich in einem Gewebekulturlaboratorium braucht, und ihre Mengen variieren wegen vieler, individueller Faktoren: Dem Forschungsprogramm, dem Ausmaß der Forschung und der persönlichen Vorliebe, um nur einige zu nennen. Um einen ungefähren Leitfaden zum Kauf von Geräten zu geben, wurde hier angenommen, daß eine Person mit einem Assistenten arbeitet und die Möglichkeit des Ausleihens nicht besteht.

3.4.1.6 Allgemeine Ausrüstung

Die folgenden Gegenstände sind essentiell bzw. höchst wünschenswert:
ein Kühlschrank mit Tiefkühlabteil,
ein oder mehrere Brutschränke,

eine Zentrifuge,
eine größere und eine Feinwaage,
ein Sterilisier-Apparat,
ein Autoklav oder Dampfkochtopf,
ein Pipettenspüler,
ein Flaschenspüler,
ein Entionisiergerät für Wasser,
ein Quarzdestillierapparat für Wasser,
Eimer, Schalen usw. zum Sammeln und Einweichen benützter Glassachen,
Mikroskope (für Arbeiten in größerem Maßstab ist ein Umkehrmikroskop besonders wünschenswert).

3.4.1.7 Glassachen und Geräte für spezielle Techniken

Der *Bedarf an Glassachen und Spezialapparaten* schwankt sehr stark. Die folgende Liste stellt den Anfangsbedarf für die meisten Zwecke dar.

			Anzahl
Flaschen (konische)		1 Liter	1
		500 ml	1
		250 ml	6
Bechergläser	50 ml bis	1 Liter	je eines
Meßzylinder		1 Liter	1
		500 ml	1
		250 ml	2
		50 ml	4
Graduierte Flaschen		1 Liter	1
		500 ml	1
		250 ml	2
		250 ml	2
		100 ml 2	
Petrischalen		85 mm	50
		65 mm	50
Behälter zum Sterilisieren von Petrischalen			2
Universalbehälter			75
Arznei-Flaschen (flach)		500,0 ml	75
(Meplat)		400,0 ml	75
Reagenzgläser	15 cm	× 1,5 cm	300
	7,5 cm	× 1,25 cm	150

		Anzahl
Stopfen für die oben gen. Flaschen		300 von jeder Größe
Zentrifugenröhrchen		75
Reagenzglaskörbe		6
Reagenzglasgestelle		6
Graduierte Pipetten	10 ml	75
	5 ml	75
	1 ml	75
Meßzylinder	100 ml	1
	50 ml	2
	20 ml	2
Pipetten, Pasteuer (oder Glas, zur Herstellung solcher)		300
Gummi-Bällchen	5 ml	75
Zylinder zum Sterilisieren von Pipetten		10
2 ml Spritzen		2
Injektionsnadeln Nr. 14		75
Objektträger 7,5 cm × 2½ cm		100 Schachteln
viereckige Deckgläser		75
Uhrgläser (embryologisch)		10
histologische Färbegläser (schalen)		10
Watte		1000,0 g
Mull		10 m
Trichter (sortierte Größen)		6
Bard-Parker Messer-Griffe		4
Messerklingen Nr. 11		25
Messerklingen Nr. 23		15
Operationspinzetten		2
Operationsscheren		2
Feine, gerade Pinzetten		2
Feine, gebogene Pinzetten		4
Feine Scheren		2
Friseurschere		1
Platindraht		4
Deckglaspinzetten		4

Spezialapparate: Für gewisse Techniken sind spezielle Glassachen und Spezialapparate erforderlich. Da ihre Mengen ausschließlich von dem Forschungsprogramm abhängen, können keine Mengen festgesetzt werden.

Deckglastechnik: Hohlgeschliffene Objektträger, große und kleine Deckgläser, Gestelle für die Objektträger, Doppelkocher, Kamelhaarbürsten.

Roller-Tube-Techniken: Roller-Behälter, Gestelle für die Roller-Reagenzgläser.

Organkulturen: Embryologische Uhrgläser.

Spezialinstrumente: Katarakt-Messer und Uhrmacherpinzetten, Stereomikroskope.

Behandlung von Zellinien: Magnetrührer, Cornwall-Pipetten.

Bezugsquellen für Materialien: Eine Liste der Lieferanten für Gewebekulturmaterialien in Europa und den USA ist in Anlage 2 zu finden (S. 435).

3.4.2 Planung eines Laboratoriums

3.4.2.1 Allgemeines

Das mindeste, was für ein Gewebekulturlabor erforderlich erscheint, ist ein abgetrennter Raum. Wegen der besonderen Natur der Arbeit sollte man den Raum nicht mit Personen teilen, die sich mit Forschungsarbeiten anderer Art beschäftigen, obwohl es gelegentlich möglich ist, besonders wenn die einfachsten Gewebekultur-Techniken angewandt werden.

Viele Forscher sind damit zufrieden, einen einzigen Raum zu haben, aber gelegentlich ist es möglich, eine Folge von aneinandergrenzenden Räumen für Gewebekulturzwecke zu planen. Zwischen den beiden Extremen können die verfügbaren Räumlichkeiten stark schwanken. Die Erfahrung hat gezeigt, daß gewisse Grundprinzipien bei der Einrichtung besonders vorteilhaft sind. Folgende Beschreibung einer Einraum-Einheit und einer speziellen Folge von Räumen sind mehr dazu gedacht, denen verschiedene Anregungen zu geben, die zum ersten Mal ein Laboratorium einrichten.

3.4.2.2 Die Einraum-Einheit

Angenommen, jemand bekommt einen kleinen Raum von etwa 13 m^2 mit einer Fensterbank, die einen Ausguß hat und 2 Wandarbeitstische, so

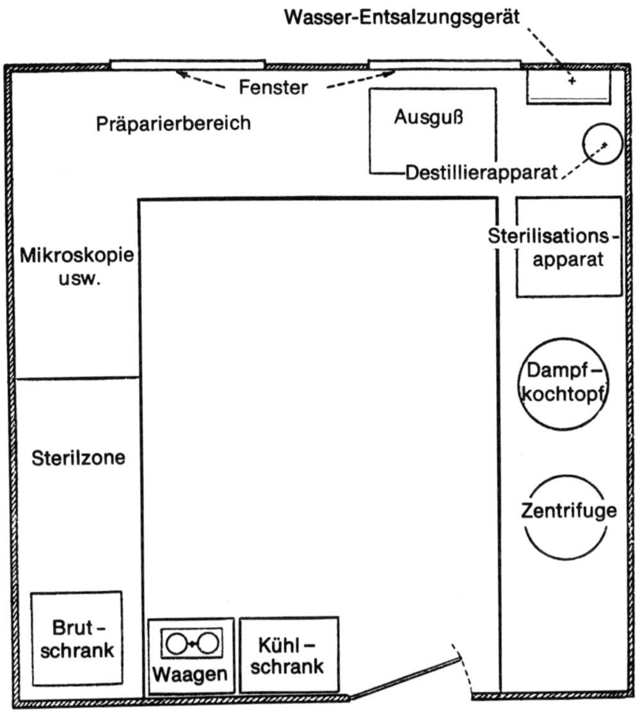

Fig. 18 Geeignete Anordnung für Gewebekulturarbeiten in einem kleinen Raum

empfiehlt sich die in Fig. 18 gezeigte, praktische Raumaufteilung mit folgenden Besonderheiten.

Die Lage des Ausgusses bestimmt die Aufstellung folgender Gegenstände wie: Wasser-Entionisator, Destillationsapparat und Körbe für die Glassachen. Neben dem Ausguß sollte Platz für alle präparativen Arbeiten mit guten Lichtverhältnissen reserviert werden, am besten vor dem Fenster. Außerdem ist es nützlich, den Sterilisierapparat und den Autoklaven oder Dampfkochtopf ziemlich in Nähe des Präparierplatzes aufzustellen. Da auf diesem Arbeitstisch ziemlich viel Bewegung herrscht, ist dieser Platz geeignet für eine Zentrifuge, aber nicht für optische Instrumente oder Waagen. Die *„sterile Zone“* soll so weit wie möglich von jedem Luftzug und dem Platz mit viel Bewegung entfernt sein, d. h. vom Präparierplatz. Für bestimmte Zwecke braucht die „sterile Zone“ nur ein sauberes Stück Tisch zu sein. Andrerseits kann man ihn auch mit einer sterilen Kabine ausrüsten. Weitaus am besten ist es, eine Laminar-Flow-Hütte auf diesen Platz zu stellen und den Brutschrank in deren Nähe zu rücken. In einem kleinen Raum kann die restliche Arbeitsfläche an der Wand für mikroskopische Untersuchungen oder andere Zwecke benützt werden. Die leere Wand hinter der Türe eignet sich für den Kühlschrank; die Waagen können auf einen stabilen Tisch an derselben Wand gestellt werden, wo sie relativ gut vor Luftzug und Vibration geschützt sind.

3.4.2.3 Labor-Trakt für die Gewebekultur

Viele Gesichtspunkte für die Einrichtung eines besonderen Raumtrakts hängen von dem Zweck ab, für den die Gewebekultur angewendet wird. Deshalb ist es unnötig, hier den Plan für chemische oder virologische Laboratorien oder von Büro- und Instrumentenräumen zu zeigen. Die Teile eines Labortrakts, die speziell für die Gewebekulturarbeit bestimmt sein sollen, sind Präparier- und Sterilisationsräume, Inkubatorraum, aseptische und abgeschlossene Räume und möglicherweise ein spezieller Dunkelraum. Es hat sich als nützlich erwiesen, die Räume um den Inkubatorraum anzuordnen, mit offenem Zugang von einer Einheit zur anderen. Ein Beispiel für eine solche Anordnung ist in Fig. 19 gegeben. Der Labortrakt kann am Ende eines großen Laboratoriums eingerichtet werden und zwar an der Wand, die den Fenstern abgewandt ist. Besondere Gesichtspunkte dieser Anordnung sollen noch erklärt werden.

3.4.2.4 Sterilisationsraum

Dieser sollte alle Trockner, Heißluftsterilisationsapparate, Autoklaven, Heizöfen und Destillationsapparate enthalten und besonders gut durchlüftet sein. Deshalb empfiehlt es sich meist, den Raum an einer Außenwand anzuordnen, mit genügend Abzug nach außen.

3.4.2.5 Präparierraum

Dieser sollte geräumig sein mit einem Arbeitstisch zum Reinigen und Packen, Ausgüssen (möglichst 2 oder 3), Trockengestellen, Vorratsschränken usw. Aus praktischen Gründen sollte er nahe den aseptischen Räumen liegen und eine Anordnung ähnlich der in Fig. 19 wird empfohlen. Ein Durchreichefenster zwischen dem aseptischen Raum und dem Vorbereitungsraum erleichtert es, zu Beginn und Ende des Arbeitstages Material ein- und auszuschleusen.

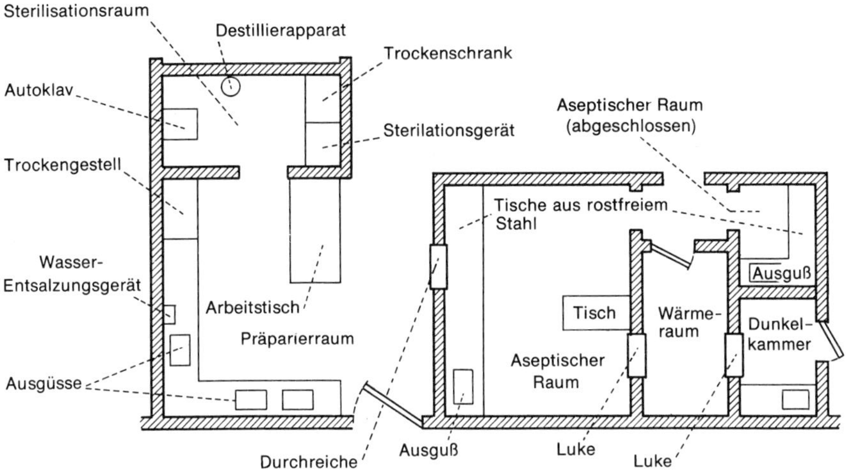

Fig. 19 Plan für die Anordnung von Räumen für Gewebekulturarbeiten

3.4.2.6 Der aseptische Raum

Dieser sollte so geplant werden, daß er möglichst wenig Einbau-Möbel hat. Ein eingebauter, rostfreier Stahltisch und ein Ausguß an der Wand ist alles, was nötig ist. Die Fußböden sollten aus Terrazzo oder Fließen bestehen und ein Abfluß sollte so eingebaut sein, daß man den Raum abwaschen kann. Daher empfehlen sich gekachelte Wände oder Wände aus anderem, abwaschbaren Material. Die Ecken sollten abgerundet sein, so daß die leicht gereinigt werden können. Es ist sinnvoll, eine Glaswand vom Arbeitstisch aufwärts zu ziehen. Dies liefert gutes Licht; außerdem kann man so alle Arbeiten, die im Raum ausgeführt werden, leicht beobachten, was das Unterrichten erleichtert; die Person im Raum kann bei Bedarf den Mitarbeitern außerhalb des Raumes Zeichen geben. Der Raum sollte natürlich über die üblichen Einrichtungen verfügen und mit einer filtrierten Luftzufuhr und Klimaanlage ausgerüstet sein. Diese letztere Anforderung ist in heißem Klima essentiell und auch in relativ kühlem Klima fast ebenso wichtig, da die Temperatur in einem geschlossenen Raum mit mehreren Menschen sehr schnell ansteigen kann. Dies ist nicht nur für die Personen, die in dem Raum arbeiten, unangenehm, sondern es kann die gezüchteten Zellen ernsthaft schädigen. Bei der Einrichtung der *Luftzufuhr* sollte man sichergehen, daß sich kein Luftzug entwickeln kann, der in Richtung Boden geht, was eine bakterienbeladene Staub-Wirbelung zur Folge hätte. Die Luft sollte mit niedrigem Druck horizontal in Nähe der Decke einströmen, so daß man sicher sein kann, daß Luft ständig von oben nach unten gegen den Boden zu fließt. Die beweglichen Möbel schließen einen Tisch und Stühle ein. Man nimmt bevorzugt bequeme Sekretärinnen-Stühle oder Stühle für technische Zeichner anstatt normaler Stühle, wenn die Arbeit längeres Sitzen erforderlich macht. Idealerweise sollten alle Arbeitsschritte in der Laminar-Flow-Hütte durchgeführt werden. Wenn man eine neue Raumaufteilung plant und dabei unbegrenzten Platz hat, sollte der aseptische Raum ziemlich groß sein, eine passende Größe ist etwa 13 m^2. Dies ermöglicht alle Arbeiten bequem auszuführen, obwohl man einen großen Teil auch unter beschränkteren Verhältnissen ausführen kann.

3.4.2.7 Aseptische Kabinen

Wenn man einen sehr großen Laborraumtrakt für mehrere Mitarbeiter plant, empfiehlt es sich, mehrere aseptische Räume des oben beschriebenen Typs einzuplanen. Dies ist nicht oft nötig, aber es ist praktisch, wenigstens einen Extra-Raum für Leute zu haben, die aseptische Arbeiten ausführen wollen, während der Hauptaseptikraum für die Routinearbeit bleibt. Eine kleine aseptische Kabine, welche die wichtigsten Gegenstände eines aseptischen Raumes enthält, genügt für die meisten Zwecke. Dies kann ein kleiner Raum von 3,25 m^2 mit einem L-förmigen Arbeitstisch an zwei Wänden mit den Geräten sein. Eine Laminar-Flow-Hütte kann man bequem auf einen Arbeitstisch stellen. Als Eingang für den aseptischen Raum und auch für die aseptische Kabine sollte man am besten Schiebetüren nehmen, da man sie ohne Luftzug in den Raum hinein öffnen und schließen kann. Anstatt eines Handgriffs können sie mit einem Fußgriff (ca. 8 cm vom Boden) geöffnet werden. Dies ist eine sehr nützliche Einrichtung, die das Hinein- und Heraustragen von Material mit zwei Händen erlaubt. Auch bei vollkommen sterilen Arbeiten mit gewaschenen Händen kann die Türe geöffnet und geschlossen werden, ohne sie zu beschmutzen. Nützlich ist, den Eingang zum aseptischen Raum mit einer Luft-Schleuse zu versehen, um die Bewegung staubiger Luft noch weiter zu vermindern.

3.4.2.8 Wärmeraum

In jedem ständig benützten Labortrakt für Gewebekultur-Arbeiten sollte es einen Wärmeraum mit einer Lufttemperatur von 36–37 °C geben. Es ist nützlich, ihn zentral zu legen; in der in Fig. 19 dargestellten Raumfolge wurden die aseptischen Räume usw. um ihn herum angelegt. Dies gestattet direkten Zugang vom aseptischen Raum durch schmale Türen in der Wand zu den Regalen im Wärmeraum. Die Luft-Schleuse für den aseptischen Raum dient auch als Schleuse für den Wärmeraum. So vermeidet man übermäßige Temperatur-Änderungen, wenn Leute ein- und ausgehen. Die Türe sollte einen automatischen Schließmechanismus besitzen, damit sie nicht versehentlich offen bleiben kann. Es ist nützlich, einen mikroskopischen Beobachtungskasten zu haben, der vom Wärmeraum in die äußeren Räume projiziert, so daß man die Zellen ohne Temperatur-Veränderungen beobachten kann. Dieser wärmehaltende Mikroskop-Kasten kann in einem kleinen Dunkelraum untergebracht werden; man kann so photographieren und die Filme entwickeln.

Oft bereitet es Schwierigkeiten, eine gute Temperatur-Kontrolle im Wärmeraum zu erhalten. Das wichtigste dabei ist a) eine sehr wirksame Luftzirkulation, b) gute Wärme-Isolierung, c) gute Heizkörper, die die Temperatur in den Grenzen zwischen 3 °C oder 4 °C der geforderten halten, d) einen relativ niedertourigen Zusatzheizapparat, der durch ein mit einem Thermostaten verbundenes Relais an- und ausgeschaltet wird, der eine Empfindlichkeit von 0,1–0,25 °C und eine sehr schnelle Reaktion aufweist. Der Quecksilber-Thermometer-Typ unter den Thermostaten ist der beste.

3.4.2.9 Allgemeine Einrichtungen

Die beschriebenen Einrichtungen sind in jeder Gewebekultur-Einheit, die im großen Stil arbeitet, notwendig. Andere Einrichtungen, für die Histochemie, Mikrobiologie, Biochemie usw., können bei Bedarf angepaßt werden. Jedoch ist es bei der Planung wichtig zu vermeiden, daß man bestimmte Einheiten zu nahe zu der Gewebekultur-Einheit legt. Besonders sollten Tiere so weit wie möglich entfernt untergebracht werden. Nicht nur verursachen sie in ihrer Umgebung sporengeladenen Staub, sondern haben auch manchmal Ungeziefer, wie Milben und Läuse, die in die sterilen Packungen gelangen und sie verunreinigen können. Milben, die von Tieren stammen, können sich einnisten und lassen sich nur schwer wieder ausrotten.

Man sollte sich auch hüten, chemische Laboratorien nebenan einzurichten, besonders Laboratorien, in denen wahrscheinlich Dämpfe entstehen (z. B. bei der Aufarbeitung von biologichem Material mit starken Säuren). Dies kann Zellen vergiften. Ähnlich sollte man daran denken, daß Formalin und Phenol, die oft längere Zeit in der Luft pathologischer

Laboratorien auftreten können, schädlich sind. Die Gefahr dabei entsteht nicht nur durch die Menge der Stoffe, die während der kurzen Zeit, die sie der Atmosphäre ausgesetzt sind, in die Zellen eindringen können. Sie besteht hauptsächlich darin, daß diese Stoffe von Wasser oder Kulturmedium in Flaschen, die mit Wattestopfen verschlossen sind, absorbiert werden. Daher ist es immer wichtig, die Lage der Gewebekulturräume in Beziehung zu der Lage der Laboratorien für andere Zwecke in der Umgebung zu berücksichtigen.

Es sei ausdrücklich betont, daß diese Betrachtung der Planung eines Labortrakts für Gewebekulturen einem Ideal entspricht. Für den Durchschnittsforscher wird es kaum möglich sein, Räume genauso zu planen, wie er sie wünscht; häufig wird es unnötig sein, einige der erwähnten Feinheiten zu berücksichtigen. Jedoch bleiben die Hauptprinzipien die gleichen, gleichgültig ob eine kleine oder eine große Raumeinheit geplant wird.

Literatur

Coman, D. R. & Stabler, N. G. (1941). An apparatus for roller tube culture. Science 94, 569.

Earle, W. & Highhouse, F. (1954). Culture flasks for use with plane surface substrate tissue cultures. J. nat. Cancer Inst. 14, 841.

Lisher, W. C. & Doré, C. F. (1953). Roller tube tissue culture apparatus. Exp. Cell Res. 5, 542.

4. Spezialtechniken

4.1 Techniken für Primärexplantate

4.1.1 Gewebekulturen

Unter *Primärexplantaten* versteht man die Züchtung von frisch aus dem Organismus entnommenen Gewebestücken. Die Primärexplantations-Techniken sind die traditionellen Methoden der Gewebekultur und mit sehr wenig Ausnahmen sind sie fast die einzigen, die bis ungefähr 1945 angewendet wurden. Diese Methoden werden heute noch viel benützt, was offensichtlich auch für die Zukunft gilt. Die meisten Techniken sind im Prinzip gleich; die Hauptunterschiede liegen in den für die Gewebekultur verwendeten Gefäßen. Die hauptsächlichsten Methoden verwenden *hohlgeschliffene Objektträger (Deckglaskulturen), Carrel-Flaschen* und sog. *„Roller Tubes"*, von denen es viele Varianten gibt. Organkulturen, welche logischerweise in die gleiche, allgemeine Kategorie fallen, erfordern in Wirklichkeit verschiedene, hochspezialisierte Techniken, die sie von den gewöhnlichen Gewebekultur-Techniken unterscheiden. Methoden, welche die gleichen Prinzipien benützen, wie sie für Gewebe von Wirbeltieren entwickelt wurden, fanden auch für die Züchtung von Insekten- und Pflanzengeweben Anwendung.

4.1.1.1 Objektträger-Deckglaskulturen

Objektträger-Kulturen oder *Deckglas-Kulturen* werden in der Weise ausgeführt, daß man ein sehr kleines Gewebestückchen auf ein Deckglas explantiert und dann umgekehrt über die Vertiefung eines *Hohlschliff-Objektträgers* legt. Diese älteste und traditionelle Form der Gewebekultur wird heute noch auf einigen Gebieten vielfach angewandt und spielt immer noch eine Rolle. Sie hat eine Reihe von *Vorteilen:* Sie ist einfach und relativ billig. Auch breiten sich die Zellen in einer für die mikroskopische Untersuchung und Photographie in lebendem Zustand geeigneten Weise aus. Schließlich wachsen die Zellen direkt auf dem Deckglas, so daß man sie leicht fixieren, anfärben und auch Dauerpräparate herstellen kann. Die *Nachteile* der Technik sind, daß der kleine Vorrat an Sauerstoff und Nährstoffen sehr schnell aufgebraucht ist, wodurch das Kulturmedium rasch sauer und bei schnell wachsenden Geweben häufiges Umsetzen erforderlich wird. Ferner ist es bei dieser Technik schwierig, die Gewebe über längere Zeit steril zu halten und schließlich können nur sehr kleine Mengen an Gewebe so gezüchtet werden. Die Anwendung der Technik ist begrenzt. Aus alledem folgt, daß die Hauptanwendung der Objektträger-Kultur auf dem Gebiet der morphologischen Studien liegt. Modifikationen der Methode sind besonders wertvoll bei Zeitraffer-kinematographischen Forschungsarbeiten.

Wir unterscheiden *6 generelle Typen von Objektträger-Kulturen:*

1. Einzeldeckglas mit Plasma-Gerinnsel (Harrison),
2. Doppeldeckglas mit Plasma-Gerinnsel (Maximow),
3. Einzeldeckglas mit einem hängenden Flüssigkeitstropfen (Lewis und Lewis),
4. Doppeldeckglas mit perforiertem Cellophan (Schilling und Earle),
5. dünner Metall- oder Glasobjektträger mit Bohrung und Plasma oder flüssiger Nährlösung (Gey),
6. Spezialobjektträger mit einer Perfusionskammer und flüssigem, zirkulierendem Kulturmedium (Pomerat).

4.1.1.1.1 Herstellung von Deckglas-Kulturen: Einzel-Deckglas mit Plasmagerinnsel

Diese Technik wird immer noch häufig angewandt und ist wahrscheinlich in den letzten 50 Jahren in der Gewebekultur am meisten verwendet worden.

Ausführung:

1. Man legt sich alle notwendigen Instrumente zurecht, einschließlich ein Gestell mit sterilen Reagenzgläsern für die Pasteur-Pipetten. Die Bestandteile für die Kulturmedien werden vorbereitet. Gewöhnlich macht man dies in 2 Portionen: Die eine enthält Plasma, die andere Embryonal-Extrakt. Beispielsweise enthält eine Lösung 50% Plasma in BSS, die andere 50% Embryonal-Extrakt in Serum.
2. Mit einer sterilen Pinzette legt man ein oder zwei Deckgläser (22 mm) auf eine saubere, sterile Fläche des Arbeitstisches, den man mit 70%igem Alkohol abgerieben hat und dann trocknen ließ. Nun gibt man mit Hilfe einer Kapillarpipette einen Tropfen der Plasma-enthaltenden Lösung in die Mitte jedes Deckglases.
3. Man legt ein oder 2 Explantate auf diesen Tropfen, entweder mit Hilfe einer Messerklinge oder mit einer feinen Pinzette, wobei man darauf achtet, daß das Gewebe nicht zerdrückt wird.

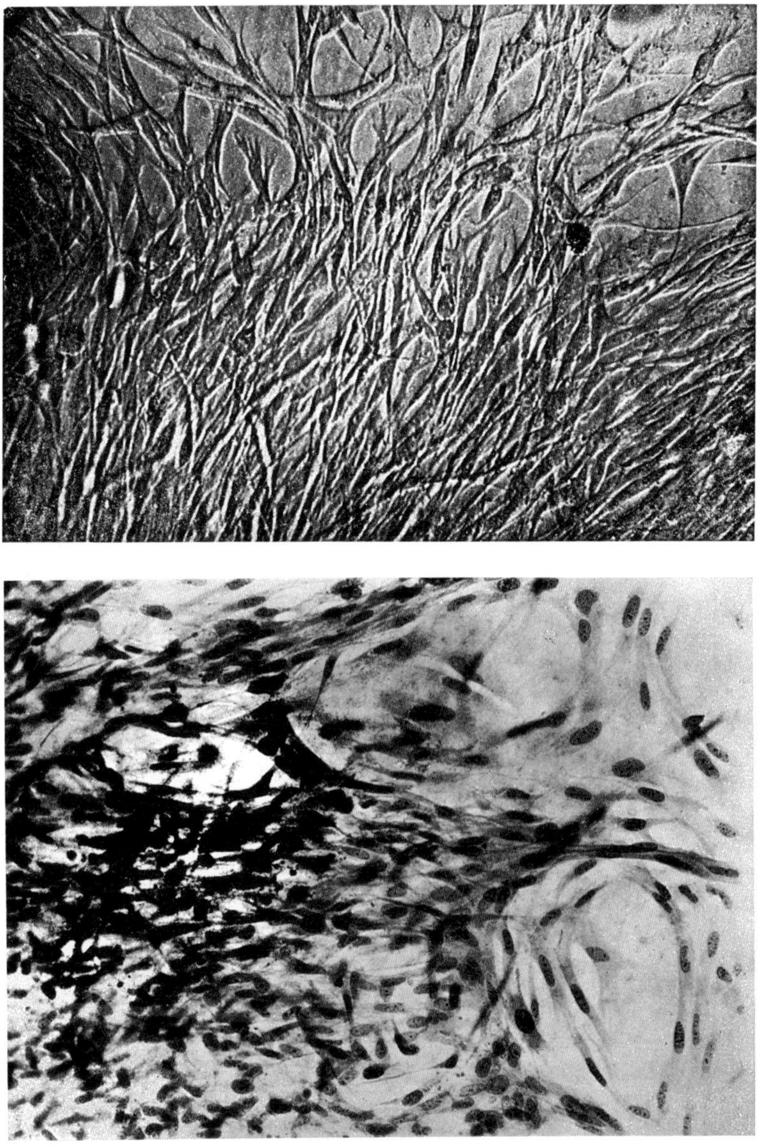

Bild 5 Oben: Subkutane Fibroblasten erwachsener Ratten, 4 Tage in Kultur. Phasenkontrast. Vergrößerung 175fach (Photo Mrs. H. Benitez). Unten: Endothelialer Auswuchs einer fötalen Rattenrippe, 6 Tage in Kultur. Gefärbt mit Masson-Mallory-Trichrom. Vergrößerung 200fach (Photo Dr. M. R. Murray).

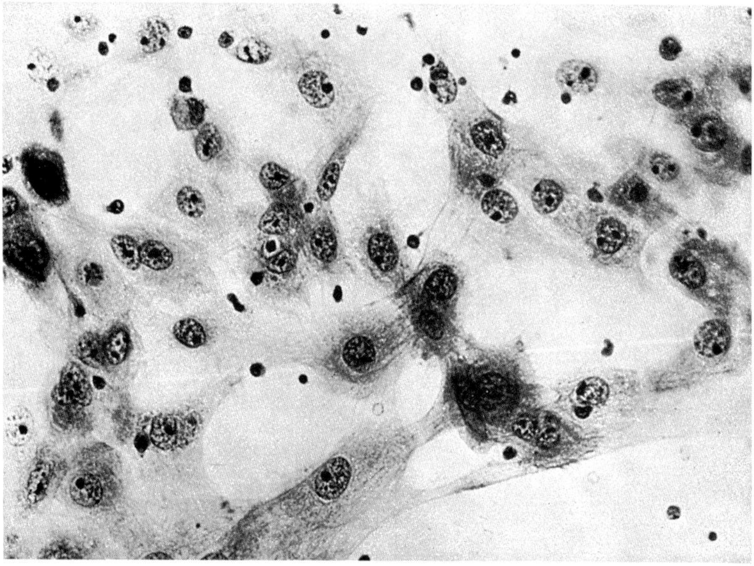

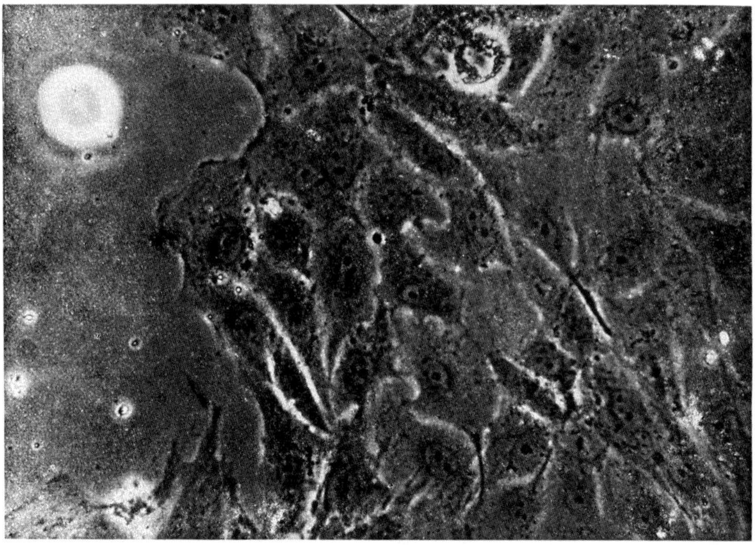

Bild 6 Oben: Menschliches Thymus-Epithel, 4 Tage in Kultur. Angefärbt mit Masson-Mallory Trichrom. Vergrößerung 300fach (Photo Dr. M. R. Murray). Unten: Rattenleber-Epithel einer neugeborenen Ratte, 6 Tage in Kultur. Phasenkontrast. Vergrößerung 300fach (Photo Mrs. H. Benitez).

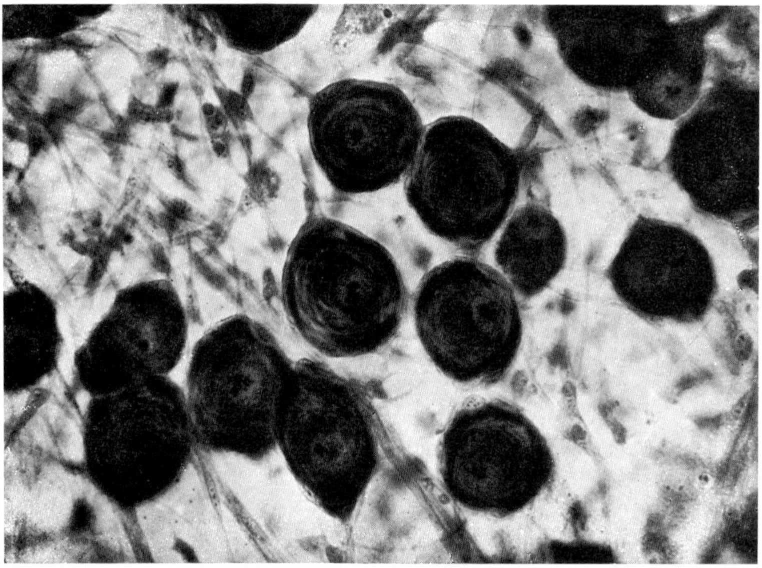

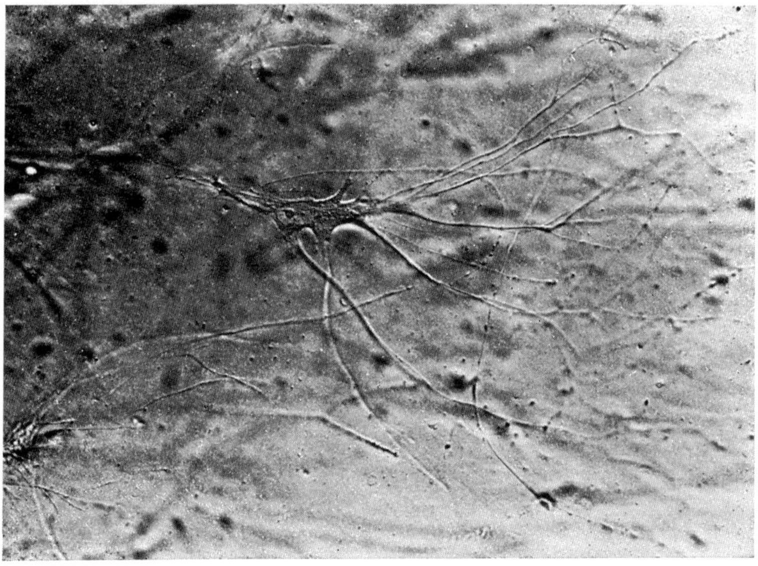

Bild 7 Oben: Embryonale Hühnerganglionzellen dorsalen Ursprungs, 15 Tage in Kultur. Mit Eosin-Thymolblau gefärbt. Vergrößerung 350fach (Photo Mrs. E. Peterson und Dr. M. R. Murray). Unten: Erwachsene, menschliche Lumbal-Sympatikus-Ganglionzellen, 23 Tage in Kultur, Phasenkontrast. Vergrößerung 175fach.

4. Man fügt nun einen Tropfen der Embryonal-Extrakt enthaltenden Lösung hinzu, mischt die Flüssigkeit sorgfältig, bevor sie gerinnt, und verteilt sie auf eine Fläche von ungefähr 15–20 mm Durchmesser. Man reiht die Explantate nach der gewünschten Anordnung aneinander.
5. Mit einem Glasstab gibt man nun zwei kleine Vaselin-Kleckse an den Rand der Vertiefung des Hohlschliff-Objektträgers, so daß sie vom Deckglas bedeckt werden. Man legt nun den Objektträger über das Deckglaspräparat und drückt es so an, daß die Vaseline das Deckglas an den Objektträger anklebt. Die Kultur wird zur Seite gestellt, um das Kulturmedium gerinnen zu lassen.
6. Man dreht die Kulturen um, und versiegelt die Ränder des Deckglases mit heißem Paraffin. Sie werden nun bezeichnet und bei 37 °C inkubiert. Das Versiegeln des Objektträgers muß sehr vorsichtig ausgeführt werden. Es ist besser, eine ziemlich dicke Abdichtungsschicht zu benützen, denn abgesehen davon, daß sie sicherer ist, läßt sie sich auch leichter entfernen. Das Wachs wird sinnvollerweise in einem Pfännchen mit Doppelboden aufbewahrt und sollte vor Gebrauch mit ungefähr 25 oder 30% Vaseline verdünnt werden. Wachs auf Bienenwachs-Basis ist besser als auf Paraffin-Basis. Für Kurzzeitkulturen eignet sich anstelle von Wachs eine Gummilösung (wie zum Reparieren von Fahrradreifen verwendet) als nützliches Material zum Versiegeln.

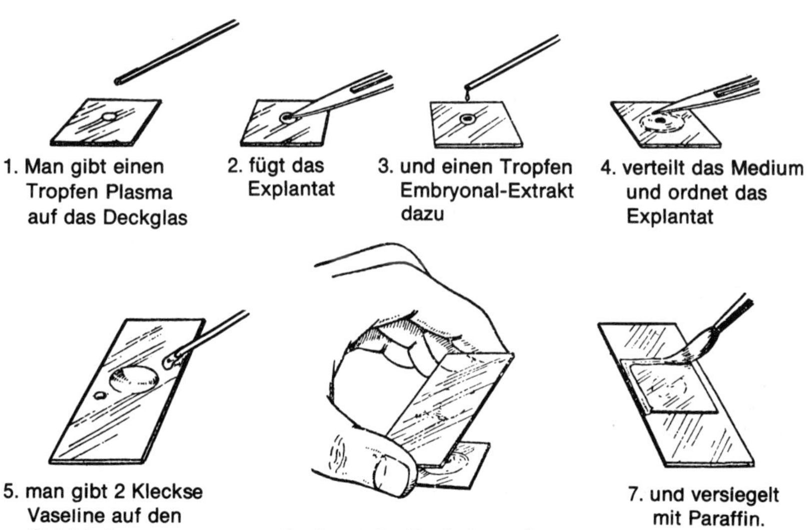

Fig. 20 Herstellung von Deckglaskulturen

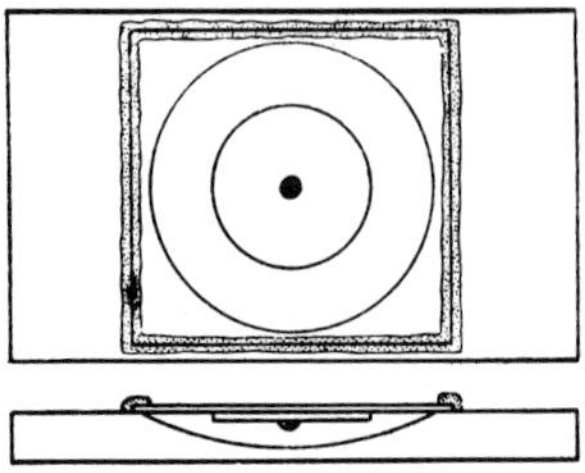

Fig. 21 Die Doppeldeckglasmethode nach Maximow

4.1.1.1.2 Maximows Doppeldeckglas-Methode mit Plasmagerinnsel

Diese Technik ähnelt sehr der oben beschriebenen. Ein oder 2 große (40 mm), quadratische Deckgläser werden auf eine sterile Fläche gelegt und auf jedes ein Tropfen BSS gesetzt. Ein quadratisches oder rundes Deckglas (22 mm Durchmesser) wird in die Mitte des großen gelegt, wobei die Oberflächenspannung der BSS es in seiner Lage hält. Die Kultur wird dann auf dem kleinen Deckglas genau wie oben zubereitet. Ein großer Hohlschliff-Objektträger wird verwendet und das ganze Präparat wird mittels Paraffin und Vaseline so „verklebt", daß das kleine Deckglas mit dem Objektträger an keiner Stelle in Berührung kommt.

4.1.1.1.3 Einzeldeckglas mit flüssigem Medium. Liegende und hängende Tropfkulturen

Dies ist eine sehr einfache Technik, aber ihre Anwendungen sind recht begrenzt. Die vorbereiteten Explantate werden in einem Uhrglas in Kulturmedium gelegt. Deckgläser werden auf eine sterile Oberfläche gelegt, die Explantate mit der Spitze einer Kapillarpipette aufgesogen und jedes Explantat in die Mitte eines Deckglases gesetzt. Die Flüssigkeit kann weggesogen und vorsichtig wieder zugegeben werden. (1 Tropfen für einen 2,5 cm Objektträger, 2 oder 3 Tropfen für einen großen Objektträger.) Die Flüssigkeit muß dann zu einem sehr dünnen, runden Film verteilt werden, aus dem das Explantat hervorragt. Ein Hohlschliff-Objektträger mit 2 Tropfen Vaseline, wie zuvor beschrieben, muß sofort daraufgelegt und das Präparat mit einem schnellen Ruck umgedreht werden, damit die Flüssigkeit nicht in den Spalt zwischen Objektträger und Deckglas fließt. Nach dem Markieren und Zuparaffinieren können die Präparate entweder in aufrechter oder umgedrehter Stellung inkubiert werden. Die Zellen wachsen direkt auf dem Deckglas.

4.1.1.1.4 Nachbehandlung der Deckglas-Kulturen

Einzeldeckglaskulturen sind für Kurzzeitstudien sehr nützlich, aber anschließend schwierig zu handhaben außer durch Umsetzen. Carrels „unsterbliche" Zellinie wurde über 30 Jahre lang mit dieser Technik gehalten, die aber sehr ermüdend ist und nicht empfohlen werden kann. Die *Doppeldeckglas-Methode* nach Maximow wurde entwickelt, um die Handhabung von Langzeitdeckglas-Kulturen, bei denen man die Explantate in ihrer Originalstellung belassen wollte, zu vereinfachen.

4.1.1.1.5 Waschen und Ernähren der Doppeldeckglas-Kulturen

1. Mittels einer Rasierklinge entfernt man erst den Paraffinverschluß, dann mit Finger und Daumen das große Deckglas mit dem daran haftenden kleinen. Man dreht die Kultur um, so daß sie nach oben zu liegen kommt, und legt sie auf eine saubere Oberfläche.
2. Mit einer Nadel in der linken Hand und einer Pinzette in der rechten löst man das kleine Deckglas ab und gibt es in ein Columbia-Färbegefäß, das BSS enthält. Gewöhnlich wäscht man 4 Deckgläser in einer Schale. Anstelle einer Spezialnadel zum Losmachen des kleinen Deckglases kann man genauso ein spitzes (No. 11) Bard-Parker-Messer benützen. Wenn Columbia-Färbeschalen nicht zu bekommen sind, kann man auch Uhrgläser oder Petrischalen verwenden.
3. Nach Behandlung mehrerer Explantate in dieser Weise sucht man für jede Kultur ein großes, sauberes Deckglas und legt es auf eine sterile Oberfläche. Man nimmt nun ein kleines Deckglas aus der Waschschale und legt es mit der Kultur nach oben auf das große Deckglas. Zwei bis vier Kulturen kann man zur selben Zeit handhaben. Dabei zeigt sich, daß man mit der Geschwindigkeit, mit der das kleine Deckglas der BSS entnommen wird, die daran haftende Flüssigkeitsmenge ziemlich genau regulieren kann. Bleibt zuviel zurück, ergeben sich später Probleme bei der Ernährung der Kulturen. Bei zu wenig entstehen Luftblasen zwischen den beiden Deckgläsern, die die Beobachtung schwierig machen.
4. Man versorgt die Kulturen mit Kulturmedium, indem man einen Tropfen (z. B. 1 Teil BSS, 1 Teil Serum, 1 Teil 50%iges Embryonal-Extrakt) auf das kleine Deckglas gibt und einen sauberen Hohlschliff-Objektträger wie zuvor mittels Vaseline fixiert.

4.1.1.1.6 Ausbesserungsmaßnahmen

Manchmal ist es nötig, das Plasmagerinnsel auszubessern („reparieren"), wenn der Verdacht auftritt, daß es sich verflüssigt. Man geht wie folgt vor: Zuerst wäscht man die Kultur wie oben beschrieben. Dann gibt man in ein Uhrglas 2 Tropfen einer Mischung aus Plasma und BSS. Dazu fügt man 2 Tropfen einer Mischung aus Serum und Embryonal-Extrakt, mischt schnell und gibt, ehe die Gerinnung einsetzt, einen Tropfen dieser Mischung auf jedes Deckglas. Pipette und Uhrglas müssen nach jeder derartigen Ausbesserungsmaßnahme verworfen werden. Schließlich wird die Kultur mit einem sauberen Objektträger mit Vaseline eingesiegelt. Merke: Man gibt nie eine Pipette, die mit Embryonal-Extrakt in Berührung gekommen ist, in das Reagenzglas mit Plasma.

4.1.1.1.7 Umsetzen von Deckglas-Kulturen

Deckglas-Kulturen werden umgesetzt, indem man den äußeren Plasma-Überschuß vom Explantat wegschneidet, das Explantat zerschneidet und jedes erhaltene Stück auf ein neues

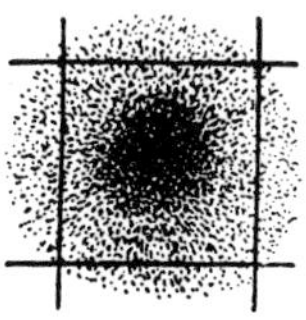

Fig. 22 Schneiden eines Explantats zur Übertragung in ein neues Gerinnsel

Deckglas überträgt. Man legt das Deckglas auf einen erhöhten Block. Mit einem Bard-Parker-Messer und einer kleinen, gebogenen Klinge macht man einen Schnitt durch den Auswuchs (Fig. 22). Man beachte, daß nichtinfiltriertes Plasma nicht weggeschnitten werden darf, da sonst das Explantat nicht weiter auswächst. Man hebt das Messer nach dem Schneiden vorsichtig nach oben ab, um das Gerinnsel nicht zu zerreißen. Die Gewebe-Fläche kann dann in zwei oder vier Stücke geschnitten werden; jeder Schnitt wird auf ein neues Deckglas übertragen und als neues Explantat behandelt.

Bei der *Herstellung von Deckglas-Kulturen* gibt es folgende *Hauptfehler,* die von Anfängern gerne gemacht werden:

1. Beschädigung des Explantats durch übermäßiges Drücken oder Zerreißen während der Herstellung.
2. Ungenügendes Waschen des Explantats mit dem Ergebnis, daß Erythrozyten und Schmutz das Gerinnsel trüben.
3. Undurchsichtigkeit des Gerinnsels aus anderen Gründen wie Blasen oder trüber Embryonal-Extrakt.

4.1.1.2 Flaschen-Technik nach Carrel

Diese Technik wird heute sehr viel weniger benützt als früher, hat aber immer noch ihre Anhänger und verdient daher eine Beschreibung. Ihr Hauptgebrauch liegt heute in der Einführung neuer Linien aus frischen Gewebe-Explantaten mit der Technik nach Earle et al. Für viele Zwecke reichen andere Flaschentypen völlig, z. B. Polystyrol-Kulturflaschen. Eine gute Carrel-Flasche hat ausgezeichnete, optische Eigenschaften; dies ist ein Vorteil, wenn man das Wachstum der Zellen mikroskopisch verfolgen will. Die Form der Carrel-Flasche ist wichtig, da die im Handel befindlichen sehr verschiedenartig sind. Es ist besonders wichtig, daß der Hals möglichst weit ist, denn ein enger macht Manipulationen fast unmöglich. Es empfiehlt sich auch, eine Flasche mit guten optischen Eigenschaften zu verwenden; aber davon gibt es sehr wenige, da die Herstellung einer optisch perfekten Carrel-Flasche großes Können verlangt. Die 30 ml-Polystyrol-Kulturflaschen von Falcon Plastics (s. S. 431) haben alle Eigenschaften guter Carrel-Flaschen und können für diese Techniken empfohlen werden.

Die *Hauptvorteile* gegenüber Deckglas-Kulturen sind folgende: Das Gewebe kann über Monate oder sogar Jahre in derselben Flasche gezüchtet werden. Eine große Anzahl von Kulturen kann relativ leicht hergestellt, und ziemlich große Mengen Gewebe können gezüchtet werden. Man kann große Mengen Kulturmedium verwenden, was die Entnahme für Analysen ermöglicht. In Flaschenkulturen kann die gasförmige Phase leicht kontrolliert und die Mediumsmenge genau gemessen werden.

Es gibt zwei Arten von Carrel-Flaschentechniken: Dick- und Dünnge-

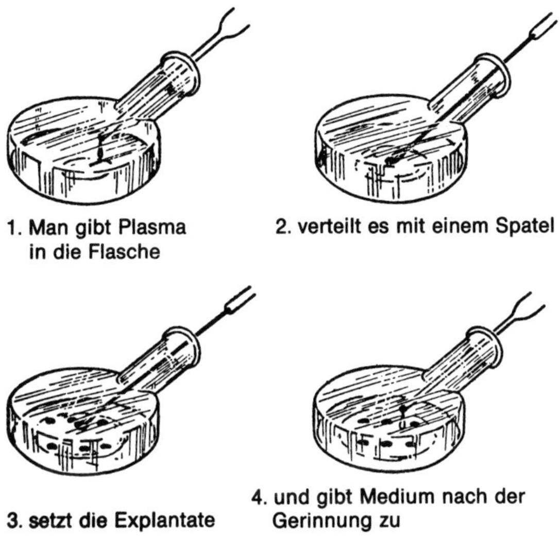

Fig. 23 Herstellung der Carrelschen Flaschenkulturen

rinnsel-Kulturen. Die *Dickgerinnsel-Kultur* fördert schnelles Wachstum und ist besonders für Kurzzeitkulturen sehr geeignet. Die Gerinnsel können unbeschädigt aus der Flasche zur Anfärbung entnommen werden. Andrerseits eignen sich *Dünngerinnsel-Kulturen* am besten zur Kultur-Haltung über längere Zeit und zur besseren Prüfung der Effekte von Stoffen nach Zugabe zum Kulturmedium.

4.1.1.2.1 Herstellung der Kulturen

1. Man stellt einige D 3,5 (Durchmesser von 3,5 cm) Carrel-Flaschen so in ein Gestell, daß ihr Hals nach rechts gerichtet ist. Bis zu 6 Flaschen kann man gut auf einmal bearbeiten. Die Hälse sollten abgeflammt werden.
2. Man gibt einen Tropfen Plasma auf den Boden jeder Flasche. Mit Hilfe eines Spatels verteilt man das Plasma kreisförmig in der Weise, daß das Plasma fast bis an den Rand des Bodens der Flasche reicht.
3. Mit dem Spatel überträgt man die gewünschte Anzahl von Explantaten auf das Plasma und läßt es gerinnen. Die Explantate können mit dem Spatel nach vorgefaßtem Muster verteilt werden. Dr. Parshley benützt einen geeigneten Verteilungsplan, der unter die Flasche gelegt wird und der zeigt, wo die Explantate liegen sollen.
4. Nach Bildung des Plasma-Gerinnsels und Fixierung der Explantate an ihrem Platz kann weiteres Kulturmedium zugefügt werden. Im Falle von Dickgerinnselkulturen wird 1,2 ml verdünntes (¼) Plasma auf das Explantat gegeben, worauf man das Ganze gerinnen läßt. Für Dünngerinnsel-Kulturen gibt man 1,2 ml verdünntes (½) Serum statt Plasma zu.
5. Schließlich werden die Flaschen mit einem geeigneten Gas-Gemisch begast, gewöhnlich 5% Kohlendioxid in Luft.

4.1.1.2.2 Erneuerung des Mediums

1. Die alte Flüssigkeit wird mit Hilfe einer Pipette abgezogen.
2. 1,2 ml flüssiges Kulturmedium wird als Ersatz zugegeben.
3. Die Flasche wird erneut begast.

Im Falle von Dickgerinnsel-Kulturen werden die Flaschen umgedreht; man läßt sie dann einige Stunden trocknen, ehe man das Plasma ersetzt. In jedem Falle sollte man bei Verflüssigung des Gerinnsels „reparieren", indem man einen Tropfen frisches Plasma dazugibt und sich neues Gerinnsel bilden läßt.

4.1.1.2.3 Übertragung von Gewebe

Wenn man das Gewebe aus diesen Flaschen in andere Gefäße übertragen will, muß es vor der Retransplantation abgelöst und in geeignete Stücke geschnitten werden. Im Falle von Dünngerinnselkulturen kann man das Explantat mit einem Spatel losschaben und zum Schneiden entfernen. Bei Dickgerinnsel-Kulturen andrerseits löst man das Gerinnsel mit Hilfe eines Spatels vorsichtig und läßt es als Ganzes auf eine Glasplatte gleiten, ehe man die Explantate auseinanderschneidet.

Die Flaschentechnik eignet sich allgemein, wie schon erwähnt, für die Etablierung von Zellinien. Zu diesem Zweck wird ein Stückchen Gewebe, ungefähr 5–10 mm lang und 1–2 mm breit, in ein dickes Gerinnsel implantiert. Sobald es anfängt, gut zu wachsen, wird das Gewebe entfernt und replantiert. In der Praxis ist es üblich, das ganze Gerinnsel nach Etablierung der Kultur mit Trypsin zu behandeln und die resultierende Suspension in neue Flaschen auszusäen. Auf diese Weise können die Zellen aus einem Plasma-Substrat auf ein Glas-Substrat übertragen werden. Das Verfahren der Trypsinierung ist in Abschn. 4.3.1 beschrieben.

4.1.1.3 Reagenzglas-Kulturen

Gewöhnliche Reagenzgläser ergeben sehr billige und geeignete Gefäße für die Züchtung von Zellen und Geweben. Man kann sie zur Herstellung vieler Kulturen benützen, wobei man sie entweder in rotierende Trommeln oder in feststehende Gestelle einsetzt. Sie haben den Vorzug, billig zu sein, und lassen sich in großen Mengen gut handhaben. Es gibt jedoch beim Gebrauch von Reagenzglaskulturen eine Reihe von *Nachteilen.* Die optischen Bedingungen sind sehr schlecht. Wegen der Krümmung der Reagenzglas-Innsenseite ist es auch sehr schwierig, quantitative Bestimmungen durchzuführen. Normal verschlossene Reagenzgläser zeigen ein bestimmtes Risiko der Kontaminierung, das daher rührt, daß zwischen dem Stopfen und dem Glas etwas Luft oder Kulturmedium durchströmen kann. Dies kann besonders dann passieren, wenn man Röhrchen öffnet, die man aus dem Brutschrank genommen hat, wobei fast immer Luft nach innen gesogen wird. Es ist sehr wahrscheinlich, daß hierbei Organismen mitgerissen werden, die sich zwischen dem Stopfen und dem Rand des

Reagenzglases festgesetzt hatten. Wenn dort ein Tropfen Kulturmedium von einer früheren Übertragung her zurückgeblieben ist, ist diese Stelle fast immer stark kontaminiert. Diese Schwierigkeit muß man sich immer vor Augen halten, wenn man mit Reagenzglaskulturen arbeitet.

Die gegenwärtig gebräuchliche Technik der Reagenzglaskulturen ähnelt derjenigen, die bei anderen Gefäßen angewandt wird. Die Kulturen können in Plasmagerinnseln gezüchtet werden; in diesem Fall ist die Technik sehr ähnlich der der Carrel-Flaschentechnik. Man kann die Kulturen auch direkt auf der Glaswand ohne Plasmagerinnsel wachsen lassen. Diese Methode erfordert etwas mehr Aufwand. Schließlich kann man Zellsuspensionen sich auch auf der Innenseite von Reagenzgläsern festsetzen und wachsen lassen; diese Technik ist genau die gleiche wie sie auch bei anderen Gefäßtypen verwendet wird. Dies ist in Abschn. 4.2.1 beschrieben.

4.1.1.3.1 Plasmagerinnsel-Technik

1. Mit einer Pasteurpipette bringt man einen Tropfen Plasma in die Nähe des Bodens eines jeden Reagenzglases und verteilt ihn über das untere Drittel des Reagenzglases.
2. Man überträgt die Explantate, gewöhnlich ungefähr vier, auf das Plasma und beläßt sie dort zur Gerinnselbildung.
3. Nachdem sie in ihrer Lage fixiert sind, gibt man Kulturmedium zu, gewöhnlich 0,5 bis 1 ml pro Reagenzglas.
4. Man verschließt sie mit einem Stopfen, markiert und gibt sie entweder in ein festes Gestell oder in eine Rotationstrommel in den Brutschrank.

Ernährung der Reagenzkulturen. Die Ernährung der Reagenzglaskulturen geschieht einfach, indem man die überstehende Flüssigkeit entfernt und sie durch frisches Kulturmedium ersetzt.

Ausbesserung der Reagenzkulturen. Zeigt sich, daß sich das Plasmagerinnsel verflüssigt, gibt man nach Entfernen der überstehenden Flüssigkeit einen Tropfen Plasma, gemischt mit

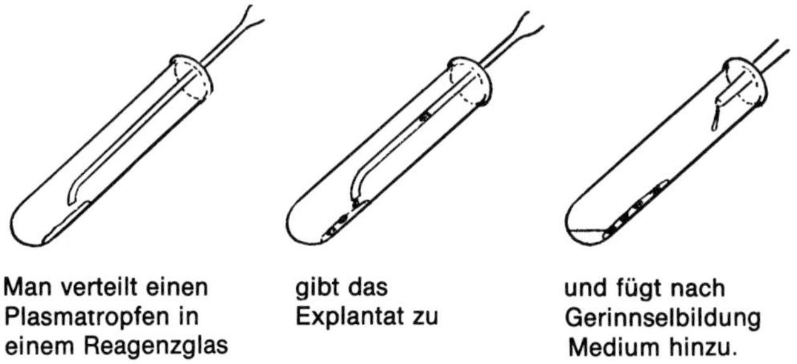

Fig. 24 Herstellung von Roller-Reagenzglaskulturen

einem Tropfen Kulturmedium, in das Reagenzglas. Man dreht es leicht, um sicher zu sein, daß die Stelle mit der Kultur bedeckt wird. Nach Gerinnung des Plasmas kann man frisches Kulturmedium zufügen.

4.1.1.3.2 Übertragung von Kulturen aus Reagenzgläsern

Kulturen können aus den Reagenzgläsern sehr leicht mit Hilfe einer gebogenen Pasteurpipette entfernt werden. Mit der Spitze schneidet man einen kleinen Kreis in das Plasma, das die gewählte Kolonie umgibt. Durch leichtes Drücken an den Rändern des geschnittenen Plasmas löst man die kleine Scheibe, die die Kolonie enthält, aus dem Glasgefäß. Sie wird dann auf eine Glasplatte gelegt und das überstehende Plasma wie bei Deckglaskulturen entfernt.

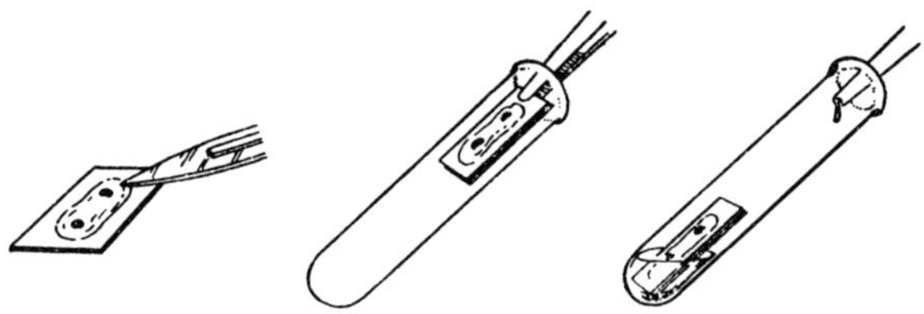

Fig. 25 Herstellung „fliegender“ Deckglaskulturen in Reagenzgläsern

Man beachte, daß bei allen Arbeiten mit Kulturen enthaltenden Reagenzgläsern die Öffnung des Reagenzglases sehr sorgfältig abgeflammt werden muß. Ist der Stopfen durch Berührung mit dem Kulturmedium naß geworden, so legt man ihn am besten weg und benützt einen neuen.

4.1.1.3.3 Kulturen von Primärexplantaten in rotierenden Reagenzgläsern (Roller Tubes) ohne Plasma

Es ist möglich, Gewebeteile direkt auf Glas ohne Koagulum zu züchten; diese Technik wird sehr häufig in Reagenzgläsern ausgeführt. Um die Explantate davor zu bewahren, von der Wand des Reagenzglases abzufallen, besonders wenn sie in einer rotierenden Trommel andauernd mit Flüssigkeit gewaschen werden, muß man sie durch teilweises Antrocknen anhaften lassen. Die Gewebeteilchen werden zusammen mit etwas Kulturmedium in eine Pasteurpipette aufgesogen und in das Reagenzglas gebracht. Dies wird vorsichtig gedreht, während man die Flüssigkeit mit den Explantaten zufügt. Die Teilchen haften so an den Gläsern fest; dann wird das überschüssige Kulturmedium entfernt. Man verschließt die Reagenzgläser mit Stopfen und läßt sie anschließend 10–15 Min. „trocknen“. Dann fügt man 0,5–1 ml Kulturmedium zu und legt die Reagenzgläser auf ein Gestell oder in die rotierende Trommel. Die Zellen wachsen so direkt auf der Glaswand des Reagenzglases. Eine ähnliche Technik wurde für biochemische Arbeiten mit einer großen Zahl von Explantaten verwendet.

4.1.1.3.4 „Fliegende" Deckgläser in Reagenzgläsern

Eine sehr gebräuchliche Methode, Deckglaskulturen für histologische Untersuchungen oder für Perfusionskammern herzustellen, stellen die sog. „fliegenden Deckgläser" in Reagenzgläsern dar. „Fliegende Deckgläser" sind kleine, schmale Deckgläser (11 mm breit, 40 oder 22 mm lang). Sie können in normale (15 cm × 1,5 cm) Reagenzgläser eingesetzt werden. Die Kulturen werden darauf mit der üblichen Standardmethode für Deckglaskulturen hergestellt, jedoch statt sie auf einen Hohlschliff-Objektträger zu legen, läßt man sie in ein Reagenzglas gleiten. In jedes Reagenzglas wird flüssiges Kulturmedium gefügt (1–2 ml). Anschließend kommen sie auf ein festes Gestell oder in eine rotierende Trommel. Die Kulturen werden ernährt, indem man das alte Medium nach Bedarf durch frisches ersetzt. Eine große Anzahl von Kulturen kann auf diese Weise sehr einfach hergestellt werden.

4.1.1.4 Dreidimensionale Substrate

Bei den beschriebenen Techniken wuchern die Zellen nach außen und wachsen in einer im wesentlichen zweidimensionalen Umgebung. Man erhält dadurch sehr flache Zellen, die sich über eine große Fläche ausbreiten und ihre innere Struktur sehr schön darlegen. Andrerseits gehen dadurch aber wichtige, charakteristische Erscheinungsformen verloren. Auch die Größe der Zellpopulation wird durch das Ausmaß der verfügbaren Fläche begrenzt. Diese Schwierigkeit wurde durch Zucht von Zellen in *Suspension* überwunden. Freilich wurden die meisten dreidimensionalen Substrate entwickelt, um die Oberfläche zu vergrößern. Ihre Hauptanwendung liegt zur Zeit darin, einen dreidimensionalen Nährboden zu liefern, in dem die Zellen Strukturen entwickeln können, die denen in vivo ähnlich sind.

Folgende, *dreidimensionalen Substrate* wurden benützt: Glaswolle, Glasgewebe, Glasspiralen, Cellulose- und Gelatine-Schwämme. Davon sind Cellulose-Schwämme, besonders in Verbindung mit Plasma, die einzigen, die in größerem Ausmaß verwendet werden.

Das von Leighton (1951) verwendete Material ist feinporiger *Cellulose-Schwamm* (Hersteller: Dupont). Er wird dazu benützt, überschüssige Feuchtigkeit von photographischen Platten zu entfernen (Bezugsquelle: z. B. Ilford Ltd.). Man stellt ihn her, indem man ihn in Streifen von ungefähr 5 × 10 mm schneidet, die man zwischen Objektträger legt und mit einer Rasierklinge in dünne Scheiben von ungefähr 0,5 mm Dicke schneidet; dickere sollte man verwerfen. Man kocht sie eine Stunde lang unter zweimaligem Wechsel in destilliertem Wasser, wäscht sie je 30 Min. lang in Azeton, Äther und absolutem Alkohol. Nach dem letzten Kochen in destilliertem Wasser können die Scheiben autoklaviert werden und sind dann gebrauchsfertig.

Leighton hat einen mit *Kollagen überzogenen Cellulose-Schwamm* als Nährboden für die Untersuchung von embryonalen Geweben und Tumoren entwickelt. Die Zellulose-Schwämme werden wie oben beschrieben hergestellt. Nach dem Kochen in destilliertem Wasser läßt man sie in Petrischalen trocknen und tränkt sie dann mit 1%iger Ethicon Kollagen-Dispersion. Man läßt die Dispersion einige Sekunden lang in jeden Schwamm einsickern und arbeitet die Dispersion durch Quetschen mit einer gebogenen Pinzette noch hinein. Den Flüssigkeitsüberschuß der nassen Schwämme entfernt man, indem man sie auf ein Stück Whatman Filter Nr. 40 (S. 434) legt, das auf einer umgedrehten Petrischale liegt, und mit einem anderen trockenen Filterpapier bedeckt. Mit einer anderen Petrischale preßt man einen Teil der Dispersion aus. Man läßt die Schwämme dann bei Zimmertemperatur mit der Kante an den Rand einer Petrischale gestellt trocknen. Ungefähr 12 Stücke eines trockenen Schwammes werden dann in ein Reagenzglas mit Schraubverschluß gegeben; man fügt 50 ml 50%iges Methanol und 0,5%ige Ammoniak-Lösung hinzu. Am nächsten Tag wird das ammoniakalische Methanol entfernt und durch 50%iges Methanol ersetzt. Nach einer Stunde ersetzt man es durch 100%iges Methanol und nach einer weiteren Stunde nochmals durch 100%iges Methanol. Schließlich werden die Schwämme aseptisch herausgenommen; man läßt sie in einer sterilen Petrischale bei Zimmertemperatur trocknen.

Die Kulturen werden nach einer der beschriebenen Standardmethoden hergestellt, wobei Schwämme mit dem Explantat zusammen in das Plasmagerinnsel eingebracht werden. Die wandernden Zellen durchdringen nun die Zwischenräume des Schwammes. Diese Kulturen sind für eine direkte Untersuchung nicht sehr gut geeignet. Sie werden gewöhnlich fixiert und zunächst geschnitten. Leighton empfiehlt eine 30minütige Fixierung in Zenker-Formalin, gefolgt von 2stündigem Waschen mit Wasser. Die Schwämme können dann, wenn nötig, in 80%igem Alkohol aufbewahrt werden. Vor dem Schneiden (in 6 µ-Schnitte) werden sie in Alkohol und Toluol gegeben (im 15 Min.-Wechsel) und schließlich in Paraffin eingebettet.

Literatur

Carrel, A. (1929). La technique de la culture des tissus en goutte pendante. C. R. Soc. Biol. (Paris) 106, 7.

Carrel, A. & Burrows, M. T. (1911). Cultivation of tissues in vitro and its technique. J. exp. Med. 13, 387.

Carrel, A. & Ebeling, A. H. (1922). Pure cultures of large mononuclear leucocytes. J. exp. Med. 36, 365.

Earle, W. R. (1939). Use of strip-shaped explants in tissue cultures. Arch. Path. (Chicago) 27, 88.

Earle, W. R., Schilling, E. L. & Shannon, J. E. (1951). Growth of animal tissue cells on three-dimensional substrates. J. nat. Cancer Inst. 12, 179.

Ehrmann, R. & Gey, G. O. (1953). The use of cell colonies on glass for evaluating nutrition and growth in roller-tube cultures. J. nat. Cancer Inst. 13, 1099.

Frisch, A. W. (1952). A glass wool matrix for roller tube tissue cultures. Proc. Soc. exp. Biol. N. Y. 81, 545.

Gerarde, H. W., Jones, M. & Winnick, T. (1952). Protein synthesis and amino acid turnover in tissue culture. J. biol. Chem. 196, 51.

Hulliger, Lotte (1956). Über die unterschiedlichen Entwicklungsfähigkeiten der Zellen des Blutes und der Lymphe in vitro. Virchows Arch. 329, 99.
Leighton, J. (1951). A sponge matrix method for tissue culture. Formation of organized aggregates of cells in vitro. J. nat. Cancer Inst. 12, 545.
Leighton, J. (1954). The growth patterns of some transplantable animal tumors in sponge matrix tissue culture. J. nat. Cancer Inst. 15, 275.
Leighton, J. & Kline, I. (1954). Studies on human cancer using sponge matrix tissue culture. Tex. Rep. Biol. Med. 12, 847.
Maximow, A. (1925). Tissue cultures of young mammalian embryos. Contr. Embryol. Carneg. Instn. 16, 47.

4.1.1.5 Herstellung von Primärexplantaten aus verschiedenen tierischen Geweben

Tierisches Gewebe erhält man gewöhnlich aus zwei grundsätzlich verschiedenen Quellen: Von Embryonen und von erwachsenen (adulten) Tieren. Diese Unterscheidung wird bewußt getroffen, da die Gewebe eine recht verschiedene Behandlung verlangen. *Embryonale Gewebe* sind von Anfang an steril und müssen lediglich mit aseptischen Techniken behandelt werden, um brauchbares Material zu bekommen. Sie wachsen meist problemlos, lassen sich leicht zerteilen, bewegen sich relativ schnell und teilen sich sehr bald nach dem Explantieren. Im allgemeinen wachsen Fibroblasten aus ihnen schneller aus als andere Zelltypen. Andrerseits muß adultes Material oft speziell behandelt werden, um sicher zu gehen, daß es vor der Züchtung steril ist. Viele *adulte Gewebe* wachsen *in vitro* nur schwer und oft sieht man erst eine Ruhepause von einigen Tagen, ehe sie auswachsen. Die Zerteilung ist im allgemeinen schwieriger als bei embryonalen Geweben. Aus adulten Geweben wachsen weniger leicht Fibroblasten aus; hingegen sehr oft andere Zelltypen, besonders Epithelzellen. *Tumorgewebe* von adulten Tieren verhalten sich in vieler Hinsicht wie normale, adulte Gewebe, neigen jedoch im allgemeinen zu leichterem und schnellerem Wachstum in den ersten Tagen.

4.1.1.5.1 Embryonale Gewebe: Sektion des Hühnerembryos

Embryonale Gewebe können natürlich jeden Ursprungs sein. Am leichtesten erhält man sie von Küken, Mäusen und menschlichen Embryonen.

Die klassische Gewebsquelle für Forschungsstudien ist der *Hühner-Embryo.* Er ist besonders geeignet, da er jederzeit bei Bedarf eine sterile Materialquelle darstellt. Da er viel verwendet wird, soll die Zerlegung des Hühner-Embryos im einzelnen beschrieben werden.

1. Man wählt ein 7–14 Tage lang bebrütetes Ei (für allgemeine Zwecke sind 10–12 Tage ein gutes Alter, um Gewebe zu erhalten).

2. Man prüft, ob das Ei einen gesunden Embryo enthält, indem man durchleuchtet. Dazu hält man das Ei vor das Loch in einem Stück Karton vor einer hellen Lichtquelle. Der Schatten des Embryo sollte leicht zu erkennen sein mit einem klaren Luftsack am runden Ende des Eies. Die Blutgefäße sollten leicht zu unterscheiden sein, jedoch sollte keine scharfe Trennlinie an der Grenze der Gefäßzone sichtbar sein.

3. Man wischt die Eierschale mit Alkohol ab und läßt trocknen. Dann bricht man die Schale über dem Luftsack und entfernt sie, wobei man aufpaßt, daß keine Stücke auf die untere Membran fallen. Mit einer sterilen Pinzette hebt man die weiße, undurchsichtige Membran ab, um den Embryo freizulegen. Mit einer gebogenen Pinzette zieht man nun den Embryo am Hals sehr vorsichtig heraus und legt ihn auf eine Petrischale (Fig. 15).

4. Man legt den Embryo auf den Rücken und breitet die Flügel mit einer offenen Pinzette in der linken Hand auseinander. Man fährt nun mit einer gebogenen Pinzette unter die Bauchhaut und trennt sie bis zum Sternum (Brustbein) auf (Fig. 26). Mit der Pinzette greift man direkt unter das Sternum und entfernt das Herz. Man legt es in einen Tropfen BSS auf eine Petrischale.

5. Die Leber kann man als rötlich-purpurnes, weiches Organ erkennen. Man schließt die gebogene Pinzette vorsichtig hinter ihr und holt sie heraus.

6. Die restlichen Baucheingeweide, vor allem Magen und Därme, werden herausgenommen und in eine Petrischale gelegt.

7. Mit der Pinzette greift man hinter jeden Augapfel und holt sie aus den Höhlen heraus (Fig. 26). Mit dem vorderen Teil der Pinzette greift man unter die Furche der Augenbraue, schließt die Pinzette und holt das Stirnbein heraus (Fig. 26).

8. Man schneidet nun den Kopf ab. Dann packt man den Schwanz mit 2 Pinzetten (vorzugsweise breite und runde) und schiebt sie vorwärts abwechselnd eine nach der anderen, um das Rückenmark auszupressen, wie Zahnpaste aus einer Tube (Fig. 26). Ebenso arbeitet man am Kopf.

9. Man zieht die Haut vorsichtig vom Kopfende, vom Rücken oder von den Oberschenkeln.

10. Aus den Oberschenkeln gewinnt man die Skelettmuskeln.

11. Die einzelnen Organe werden anschließend vor dem Explantieren wie folgt behandelt.

Herz: Mit zwei Messern (an Bard-Parker-Klingen Nr. 11) schneidet man die Arterien und die großen Blutgefäße heraus. Man wäscht die Herzkammern in BSS und schneidet sie in Explantate passender Größe (in Würfel von 0,5 mm Kantenlänge).

Leber: Man entfernt die Gallenblase (ein kleiner, olivgrüner Sack) und schneidet den Rest nach Waschen in BSS in Explantat-Stücke.

Magen–Darm: Man verwirft Magen samt Inhalt, breitet die Därme aus und schneidet sie in ungefähr 0,5 mm breite Stücke. Auf diese Weise kann man sehr leicht eine große Anzahl gleichartiger Explantate erhalten.

Augapfel: Man schlitzt den Augapfel vorsichtig auf und preßt den Inhalt heraus. Die viskose Flüssigkeit bildet ein halbfestes Gel, wobei sich die Linse als eine kleine, festere Struktur an der Vorderseite darstellt. Sie ist in älteren Embryonen von der pigmentierten Iris ringförmig umgeben. Man entfernt die Linse (Fig. 46) und trennt die Iris ab. Im zusammengefallenen Augapfel kann man mit etwas Vorsicht die pigmentierte Retina vom weißen, harten Teil trennen. Alle Organteile kann man in Kultur bringen.

Stirnbein: Man schneidet es mit Messer-Klingen Nr. 11 in Explantate passender Größe.

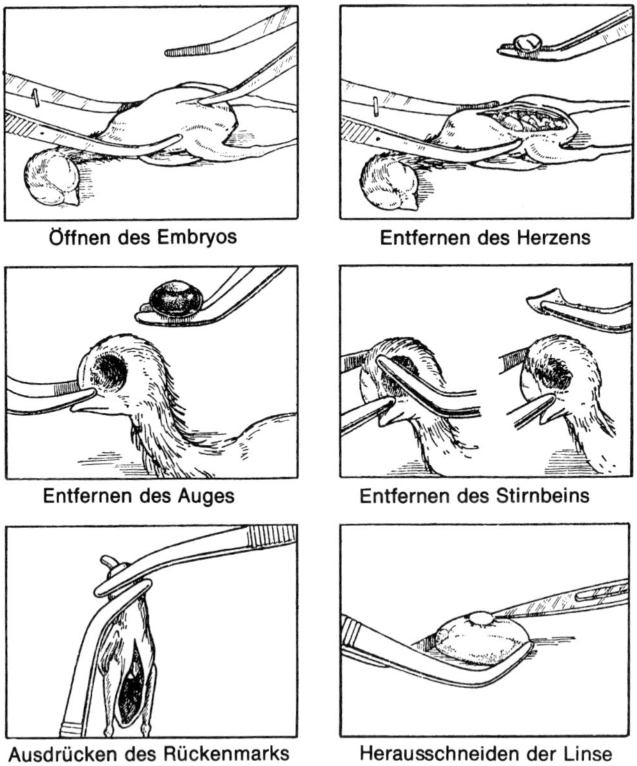

Fig. 26 Sezieren eines Hühnerembryos

Rückenmark: Man schneidet es in der gleichen Weise wie die Därme, um eine große Anzahl sehr ähnlicher Explantate zu bekommen.

Haut: Man schneidet sie in ziemlich große Explantate.

Muskeln: Man schneidet sie in ziemlich große Explantate.

4.1.1.5.2 Embryonale Säugetiergewebe

Als Quellen für embryonale Säugetiergewebe werden meist Gewebe der *Maus* oder *Ratte* verwendet. Die Entfernung der Embryonen ist einfach.

Ein trächtiges Weibchen wird getötet (bei Mäusen wird der Kopf abgeschnitten oder das Genick am Hals gebrochen). Das Tier wird anschließend in Wasser getaucht und sein Fell gründlich naß gemacht (um zu vermeiden, daß lose Haare das Operationsfeld verunreinigen). Die Haut wird um die Brust des Tieres herum eingeschnitten, unterhalb der Vorderpfoten. Man kann sie dann wie einen Handschuh oder Socken abziehen, um den Unterbauch freizulegen, den man so in vollständig sterilem Zustand erhält. Es ist dann leicht, den Bauch zu öffnen und die Uterus-Hörner zu entfernen, die die Embryonen enthalten. Man muß natürlich darauf achten, nicht die Eingeweide anzustechen. Der Uterus, den man auf eine sterile Petrischale legt, wird geöffnet und die Embryonen entnommen. Das Sezieren des Mäuse-Embryos kann genauso vorgenommen werden, wie das des Geflügel-Embryos. Er ist jedoch kleiner und bedarf mehr Geschicklichkeit.

Embryonen größerer Tiere kann man aus dem Schlachthof bekommen; *Schweine- und Rinder-Embryonen* bieten ausgezeichnetes Kulturmaterial.

Am besten beschafft man sich den ganzen Uterus, der den Embryo enthält. Man hängt ihn an einen Haken und reibt die äußere Oberfläche gut mit Jodtinktur ab (er ist fast immer sehr stark verunreinigt). Mit einem Trokar und einer Kanüle wird der größte Teil des Fruchtwassers entfernt (das man, wenn man will, als zusätzliches Kulturmedium verwenden kann). Der Uterus wird dann in eine große, saubere Schale gelegt, nochmals mit Jod betupft und mit einem großen Einschnitt geöffnet. Am besten hilft ein Assistent, die Wände des Uterus zurückzuhalten, sobald man den Schnitt vornimmt. Der Embryo kann dann herausgenommen und in einen sterilen Behälter überführt werden.

Auch der *menschliche Embryo* liefert ausgezeichnetes Material für Gewebekultur-Studien; Embryonen kann man in einigen Kliniken leicht erhalten.

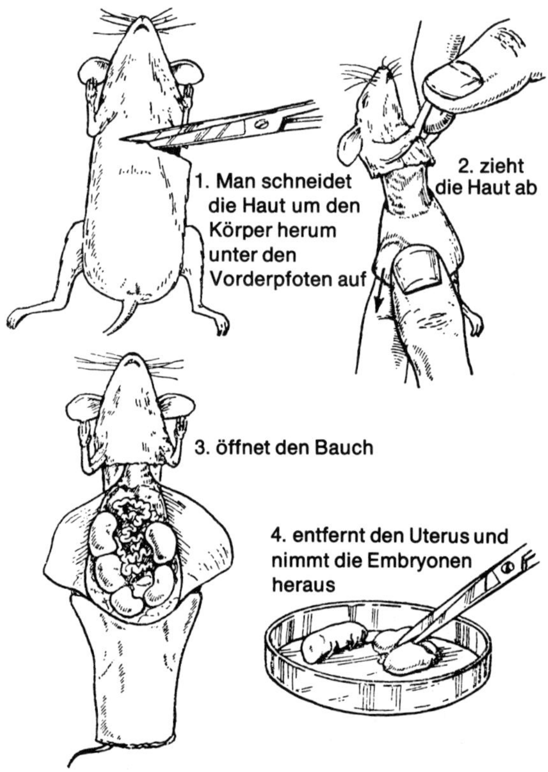

Fig. 27 Aseptische Entnahme von Embryonen aus einer trächtigen Maus

Manchmal ist eine Hysterektomie-Probe erhältlich, die in diesem Fall genauso behandelt werden kann wie die Uteri von Schweinen und Kühen. Öfters erhält man den Foetus einige Zeit nach seinem Tod, meist kontaminiert und möglicherweise abgezehrt. In diesem Falle sollte er wie jede andere chirurgische Probe behandelt werden. Innere Gewebe kann man leicht durch aseptische Technik erhalten. Braucht man aber Haut für eine Kultur, muß man versuchen, sie zu sterilisieren, indem man sie hohen Dosen Antibiotika aussetzt, wie in Abschn. 3.3.2.5 beschrieben.

4.1.1.5.3 Gewebe ausgewachsener Tiere

Für Gewebekultur-Zwecke kann man alle Proben, die man von Tieren in der Nachgeburtsphase erhält, als ausgewachsene (adulte) Gewebe bezeichnen. Sie müssen ähnlich behandelt werden und im allgemeinen verhalten sie sich auch ähnlich. Gewebe alter Tiere sind oft sehr viel schwerer zu züchten als Gewebe junger Tiere; sie zeigen eine längere Ruhepause vor dem Wachstum. Anschließend jedoch zeigt sich kein Unterschied in der Wachstumsgeschwindigkeit und im allgemeinen Verhalten. Der Unterschied zwischen alten und jungen Geweben scheint in der Menge an Bindegewebs-Matrix zu liegen. Gewebe, z. B. die Niere, die wenig faseriges Gewebe enthalten, verhalten sich praktisch gleich, unabhängig vom Alter des Spendertieres, während faseriges Gewebe von jungen Tieren viel besser wächst.

Viele adulte Gewebe wurden erfolgreich gezüchtet. Die Hauptschwierigkeit, mit der man rechnen muß, ist natürlich die *Aufrechterhaltung der Sterilität.* Dieses Problem ist im Falle chirurgischer Proben und Gewebe, die von Versuchstieren aseptisch entnommen wurden, am geringsten. Jedoch können selbst Gewebe, die aus dem Inneren des Körpers stammen, Bakterien enthalten. Im allgemeinen kann dies ignoriert werden; falls es passiert, kann man verunreinigte Kulturen später verwerfen. Manchmal jedoch muß man wertvolles Material züchten, bei dem Zweifel über die Sterilität herrschen. In diesem Fall muß man versuchen, es zu sterilisieren. Die befriedigendste Methode besteht darin, das Gewebe erst gründlich mit einer BSS zu waschen, die eine hohe Antibiotika-Konzentration enthält, wie in Abschn. 3.3.2.5 beschrieben. Wenn das Gewebe dann in Explantaten vorliegt, kann man es getrennt nochmals zurechtschneiden, die äußeren Kanten werden abgetrennt und die Explantate aus dem Inneren gewonnen.

Zu den klassischen, adulten Geweben der Züchtung gehört das *Zentralnervensystem der Katze,* das sehr gutes Material für einige morphologische Studien liefert und deshalb vielfach benützt wurde. Die subkutanen Fibroblasten der ausgewachsenen Ratte sind ein anderes Gewebe, das häufig verwendet wird, hauptsächlich für Mitose-Studien. Für Forschungen über die Hämopoese wurde hauptsächlich Knochenmark von verschiedenen Tieren verwendet, vor allem Kaninchen. Auch menschliche, chirurgische Proben, besonders lymphatische Gewebe, Nasen-Epithel, Knochenmark und Tumoren lieferten Material für viele Studien.

Zwei adulte Gewebe sind für die *Virologie* von besonderer Wichtigkeit: Die *Niere* und das *Amnion*. Nieren erhält man gewöhnlich durch aseptische Operation aus Affen. Menschliche Amnion-Membranen bekommt man von normalen Geburten. Man bittet die Hebamme, sie in sterilen Behältern zu sammeln und sie dabei möglichst wenig anzufassen oder einer Infektion auszusetzen. So schnell wie möglich nach der Entbindung werden die Membranen von Placenta und Nabelschnur befreit und in steriler BSS gewaschen, die Streptomycin und Penicillin enthält. Die genaue Beschreibung, wie man mit diesen Materialien umgeht, steht in Abschn. 4.1.3.

Ein anderes Gewebe, die *Leukozyten* des Blutes, müssen gesondert betrachtet werden. Der sog. *Buffy Coat* (weiße Schicht aus Leukozyten, die beim Zentrifugieren von Blut über den roten Blutzellen liegt) ist von besonderem Interesse, da er Zellen enthält, die man wiederholt vom gleichen Individuum erhalten kann. Das Verhalten dieser Zellen ist besonders reproduzierbar und die Entwicklungsphasen dieser Kulturen sind schon eingehend beschrieben worden. Die Züchtung mononuklearer Zellen aus dem Blut nach Stimulierung mit einem Antigen oder Phytohämagglutinin ist von besonderem Interesse, seit sie für die Chromosomen-Forschung (besonders der menschlichen) zu einer Standardmethode geworden ist. Die Wanderung und das Wachstum der Zellen des Buffy Coat vieler Tiere wurden untersucht, aber die am häufigsten untersuchten sind die des Huhns, Kaninchens und Menschen. Man arbeitet wie folgt:

4.1.1.5.4 Herstellung von Explantaten aus Buffy Coat (Blut-Leukozyten)

1. Man siliconisiert mehrere Zentrifugenröhrchen, Reagenzgläser, Pasteurpipetten und Serumnadeln (z. B. Siliconlösung Serva, S. 434). Auf die gleiche Weise bereitet man eine oder zwei 20 oder 50 ml-Spritzen vor, was von der Menge des benötigten Blutes abhängt. Man sterilisiert alle Glassachen. Dann gibt man die Zentrifugenröhrchen und die Reagenzgläser in ein Eisbad.

2. Man gewinnt das Blut durch Venenpunktur (oder Herzpunktur bei kleinen Tieren) und gibt sofort in jedes Zentrifugenröhrchen 10 ml, wobei Schaumbildung zu verhindern ist. Man verschließt die Zentrifugenröhrchen mit einem sterilen Wattepfropfen, den man über den Rand streift und mit einem Gummiband oder Aluminiumfolie befestigt und zentrifugiert 10 Min. lang bei 2000 Upm. Vorzugsweise verwendet man eine gekühlte Zentrifuge bei 2–4 °C.

3. Mittels einer siliconisierten Pasteurpipette überführt man fast die ganze überstehende Plasmaschicht in ein siliconisiertes Reagenzglas. Dies wird in einem Eisbad oder Kühlschrank aufbewahrt.

4. Auf die Oberfläche der zusammengedrückten Zellen, die im Zentrifugenröhrchen zurückgeblieben sind, gibt man einen Tropfen eines Embryonal-Extraktes, 1:10 verdünnt. Man verrührt die Oberfläche sehr vorsichtig mit der Spitze der Pipette und zentrifugiert sofort weitere 2 oder 3 Min. bei 2000 Upm.

5. Man gibt die Zentrifugenröhrchen sehr vorsichtig in einen Brutschrank, um die Zellschichten nicht zu stören. Die Oberfläche bildet innerhalb von 10–15 Min. ein festes Gerinnsel. Mit einer sterilen Platindraht-Öse bringt man das Gerinnsel aus dem Reagenzglas in eine Petrischale, die ungefähr 10 ml BSS enthält. Man wäscht noch zweimal mit 10 ml BSS, um den größten Teil der roten Blutzellen zu entfernen, überträgt mit einigen Tropfen BSS auf eine Petrischale und schneidet Explantate in üblicher Weise.

6. Diese Explantate entwickeln sich am besten in einem Plasmagerinnsel und können in autologem Plasma implantiert werden, das im Eisbad aufbewahrt wurde. Ein geeignetes Gerinnsel bildet sich aus 25% Plasma in Eagles Medium mit einer sehr kleinen Menge an verdünntem (1:10) Embryonal-Extrakt, der zur Auslösung der Gerinnung zugefügt wird.

Man beachte: Es ist manchmal schwierig, eine vorzeitige Gerinnung des Blutes zu verhindern, besonders wenn es von einem wenig erfahrenen Operateur durch Herzpunktion gewonnen wurde. Die Gerinnung kann verhindert werden, indem man in jedes Zentrifugenröhrchen 0,1 ml einer 0,025%igen Heparin-Lösung gibt, bevor man das Blut einfüllt. In diesem Falle braucht man eine höhere Embryonal-Extrakt-Konzentration, damit das Plasma gerinnt; man sollte unverdünntes EE_{50} anstatt einer 1:10 Verdünnung verwenden. Obwohl man mit dieser Methode sehr befriedigende Ergebnisse erhalten kann, ist es besser, sie nach Möglichkeit zu vermeiden, da sowohl Heparin als auch der Embryonal-Extrakt für die Kulturen peripherer Blutzellen schädlich sind. Die besten Ergebnisse bekommt man jedenfalls, wenn Anti-Koagulantien vermieden werden.

4.1.1.5.5 Kultur peripherer Blutleukozyten

Trotz zahlreicher Berichte, die sich mit der Züchtung von Leukozyten aus dem peripheren Blut befassen und mit der oben beschriebenen Methode gearbeitet haben, sind die Ergebnisse, besonders bei einigen Säugetieren einschließlich des Menschen, wenig reproduzierbar. Der Gebrauch von *Phytohämagglutinin* (*PHA,* ursprünglich eingeführt, um die Erythrozyten leichter von den Leukozyten trennen zu können) scheint in diesen Zellen einen Mitose-Ausbruch zu stimulieren und bietet so einen sehr einfachen Weg, um Proben menschlicher Zellen in Mitose zu gewinnen. Solche Zellen sind besonders nützlich für die Untersuchung chromosomaler Abnormitäten, wie Mongoloismus und Klinefelter Syndrom. Folgende Methode lehnt sich an die von Hungerford et al. an, die ihrerseits eine Modifikation der Methode von Osgood ist.

1. Zu aseptisch gewonnenem, mit Heparin versetztem Blut fügt man Phytohämagglutinin (Difco, S. 431) im Verhältnis 0,25 ml auf 10 ml Blut. Man läßt es 30–60 Min. lang in

Eiswasser stehen. Die Sedimentation der Erythrozyten kann man durch Zusatz der gleichen Menge einer 6%igen Dextran-Lösung in Saline beschleunigen.

Man *beachte:* Die Eignung verschiedener Phytohämagglutinin-Präparate variiert sehr; darum sollten nur standardisierte Präparate verwendet werden.

2. Man zentrifugiert bei 4 °C 10 Min. lang mit 350 Upm. Dann pipettiert man den Überstand ab, der die Leukozyten enthält.

3. Man zentrifugiert 3–4. Min. lang bei 2000 Upm, entfernt den Überstand und resuspendiert die Zellen in einem Kulturmedium, das 20% Spenderplasma + 80% Antibiotika-haltiges Kulturmedium 199 (S. 418) enthält. Die ursprüngliche Zellkonzentration sollte ungefähr 1–2 $\times$ 10^6 Zellen/ml betragen.

4. In jedes Reagenzglas pipettiert man ungefähr 2 ml Zellsuspension und inkubiert bei 37,5 °C in schräger Lage.

5. Nach 3–4 Tagen hat der mitotische Index sein Maximum erreicht. Will man mehr Mitosen, fügt man Colchicin in einer Endkonzentration von 10^{-7}M hinzu. Die Zellen sollten 8–18 Std. später gewonnen und mit einer Chromosomen-Ausbreitungs-Technik behandelt werden (Abschn. 5.3.1.1.6).

Beim Ansatz von Primärkulturen, besonders aus dem Blut, ist eine vorhergehende Trennung der Zellen empfehlenswert. Gewöhnlich muß man natürlich die Erythrozyten von den weißen Blutzellen abtrennen. Dies erreicht man einfach dadurch, daß man entweder das ganze Blut zentrifugiert und den Buffy Coat wie beschrieben entfernt, oder besser, indem man in einem *Albumin-Gradienten* trennt. Eine weitere Fraktionierung der weißen Zellen in Monozyten, Granulozyten und Lymphozyten kann man auf Säulen aus Glas nach Rabinowitz erreichen. Verunreinigungen durch rote Zellen kann man durch Hämolyse mit Ammoniumchlorid eliminieren. Eine Fraktionierung hämopoetischer Zellen läßt sich durch Sedimentation in *1 g-Gradienten* erreichen. Eine weitere Entwicklung war die Herstellung von Plastikoberflächen, an denen Moleküle chemisch gebunden sind, die eine besondere Affinität für Zell-Oberflächenstrukturen besitzen (wie Lectine, Antigene oder Antikörper). Diese Techniken wurden besonders für die Isolierung Antikörper bildender Zellen verwendet. Sie können möglicherweise die Methoden der Wahl für die Isolierung spezifischer Zelltypen sein (Edelman et al., 1971; Rutishauser et al., 1972).

4.1.1.5.6 Menschliche Hautfibroblasten

Die beiden gebräuchlichsten Methoden zur *Untersuchung menschlicher Chromosomen* sind die oben beschriebene, periphere Blutleukozyten-Kultur und Techniken, die auf der Kultur menschlicher Haut-Biopsien beruhen. Für letztere ist die Technik von Harnden sehr gebräuchlich. Dies ist einfach eine normale Plasmagerinnsel-Technik, wie in Abschn. 4.1.2.1 beschrieben.

Die Haut wird in Stücke von ungefähr 1 mm^2 Fläche geschnitten, und in ein Gerinnsel eingebettet, das durch Mischen gleicher Mengen Hühnerembryonal-Extrakt und Hühner-Plasma hergestellt wird. Dieses Gerinnsel wird dann mit einem flüssigen Kulturmedium überschichtet, das aus 20% Hühnerembryonal-Extrakt, 20% menschlichem Serum und 60% Kulturmedium 199 zusammengesetzt ist. Diese Kulturen werden dann in Luft inkubiert, die 5% CO_2 enthält. Nach einer Ruhepause von 3 Tagen oder länger beginnen die Zellen aus dem Explantat auszuwachsen. Das flüssige Kulturmedium wird alle 2 Tage erneuert (bei der ursprünglichen Methode wurde der Anteil des Hühnerembryonal-Extraktes nach der ersten Mediumserneuerung auf die Hälfte reduziert). Nach 10–14 Tagen sind genügend Zellen aus dem Explantat ausgewachsen. Diese können in Suspension gebracht werden, indem man das Kulturmedium durch 0,05% Trypsin und 0,05% Versene (EDTA) ersetzt, wie im Abschn. 4.1.3 beschrieben. Die suspendierten Zellen werden dann in der üblichen Weise subkultiviert, d. h. man läßt sie wieder an Glas anhaften. Braucht man eine Probe zur Untersuchung, wird die Zellsuspension in eine Petrischale ausgesät, die Deckgläser enthält, auf denen sich die Zellen festsetzen. Sie können anschließend mit der Methode von Rothfels und Siminovitch gefärbt werden (Abschn. 5.3.1.1.6).

Diese Methode wurde von vielen Wissenschaftlern modifiziert. Es ist heute üblich, das Plasmagerinnsel ganz wegzulassen und die 1 mm^2 großen Hautstücke auf den Boden einer Petrischale in flüssiges Kulturmedium zu geben und sie mit einem Deckglas zu bedecken. Der leichte Druck des Deckglases genügt, daß die Hautexplantate eng am Glas haften; Fibroblasten wachsen nach einigen Tagen Ruhepause direkt auf das Deckglas aus.

Literatur

Baker, Lillian E. (1933). The cultivation of monocytes in fluid medium. J. exp. Med. 58, 575.

Berman, L. & Stulberg, C. S. (1962). Primary cultures of macrophages from normal human peripheral blood. Lab. Invest. 11, 1322.

Chen, H. P. & Palmar, G. K. (1958). A method of isolating leukocytes. Amer. J. clin. Path. 30, 567.

Davidson, R. G., Brusilow, S. W. & Nitowsky, H. M. (1963). Skin biopsy for cell culture. Nature (Lond.) 199, 296.

Edelman, G. M., Rutishauser, U. & Millette, C. F. (1971). Cell fractionation and arrangement on fibers, beads and surfaces. Proc. Nat. Acad. Sci (Wash.) 68, 2153.

Fawcett, D. W. & Vallee, B. L. (1952). Studies on the separation of cell types in serosanguinous fluids, blood, and vaginal fluids by flotation on bovine plasma albumin. J. Lab. clin. Med. 39, 354.

Harnden, D. G. (1960). A human skin culture technique used for cytological examinations. Brit. J. exper. Path. 41, 31.

Harnden, D. G. (1960). A human skin culture technique used for cytological examinations. Brit. J. exp. Pathol. 41, 31.

Hsu, T. C. (1957). A material for rapid cultivation of epithelial cells. Cytologia 22, 12.

Hulliger, Lotte (1956). Über die unterschiedlichen Entwicklungsfähigkeiten der Zellen des Blutes und der Lymphen in vitro. Virchows Arch. 329, 289.

Lajtha, L. G. (1952). Culture of human bone marrow in vitro. J. clin. Path. 5, 67.
Loder, R. M. & Martin, G. M. (1966). Establishment of human skin fibroblast cultures with an automatic wedge biopsy instrument. J. Invest. Dermatol. 47, 603.
Masterson, J. (1963). A simple technic for biopsy of skin for cytogenetic investigations. Amer. J. Clin. Pathol. 39, 593.
Nowell, P. C. (1960). Phytohemagglutinin: An initiator of mitosis in cultures of normal human leukocytes. Cancer Res. 20, 462.
Osgood, E. E. & Brooke, J. H. (1955). Continuous tissue culture of leukocytes from human leukemic bloods by application of 'gradient' principles. Blood 10, 1010.
Osgood, E. E. & Krippaehne, M. L. (1955). The gradient tissue culture method. Exp. Cell Res. 9, 116.
Punnett, T. & Punnett, H. H. (1963). Induction of leucocyte growth in cultures of human peripheral blood. Nature (Lond.) 198, 1173.
Rabinowitz, Y. (1964). Separation of lymphocytes, polymorphonuclear leukocytes and monocytes on glass columns, including tissue culture observations. Blood, 23, 811.
Rabinowitz, Y. (1965). Adherence and separation of leukemic cells on glass bead columns. Blood 26, 100.
Rutishauser, U., Millette, C. F. & Edelman, G. M. (1972). Specific fractionation of immune cell populations. Proc. Nat. Acad. Sci. (Wash.) 69, 1596.
Siminovitch, L., McCulloch, E. A. & Till, J. E. (1963). The distribution of colony-forming cells among spleen colonies. J. Cell. comp. Physiol. 62, 327.
Therkelsen, A. J. (1964). "Sandwich" technique for the establishment of cultures of human skin for chromosome investigation. Acta Pathol. Microbiol. Scand. 61, 317.

4.1.2 Organ- und Embryonal-Kulturen

Obwohl die Organkulturtechnik zur Züchtung intakter Embryonal-Organe angewandt wurde, trägt der Begriff in Wirklichkeit eine falsche Benennung, da die Methode gewöhnlich zur Erhaltung kleiner Organstücke *in vitro* dient. Das Ziel der Organkulturtechnik ist es, die Struktur des Gewebes zu erhalten und das Gewebe in eine normale Entwicklung zu führen, wie sie *in vivo* geschieht. Um dieses Ziel zu erreichen, darf das Gewebe nicht auseinandergerissen oder verletzt werden. Dies erfordert sorgfältiges Vorgehen, was bedeutet, daß die Organkulturtechniken im allgemeinen eine vorsichtigere Arbeitsweise verlangen als die Gewebekulturtechniken.

Die *Kulturmedien* zur Züchtung von Organkulturen sind im allgemeinen die gleichen wie für andere Arten von Gewebekultur. Heute sind synthetische oder halbsynthetische Kulturmedien sehr gebräuchlich und haben sich im großen und ganzen als sehr zufriedenstellend erwiesen.

Die Organkulturtechniken können eingeteilt werden in solche, die ein festes, und solche, die ein flüssiges Kulturmedium verwenden.

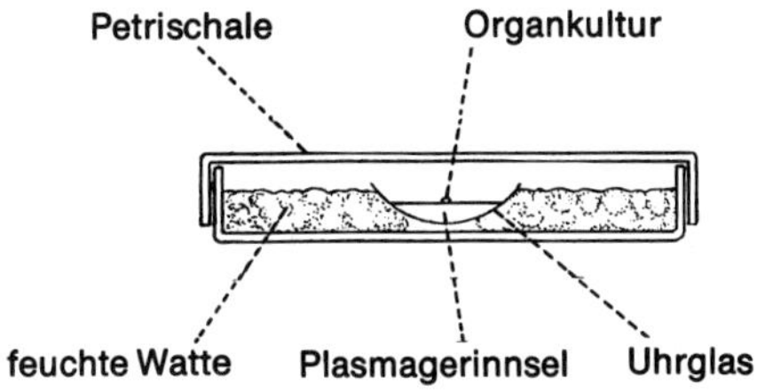

Fig. 28 Die „klassische" Organkulturtechnik

4.1.2.1 Organkulturen auf Plasmagerinnseln

Die *„klassische" Organkulturtechnik* besteht darin, daß man ein kleines, sorgfältig geschnittenes Gewebestückchen auf ein *Plasmagerinnsel* legt. Das Plasmagerinnsel stellt man in einem Uhrglas her, das auf einer Unterlage aus Watte in einer Petrischale liegt (Fig. 28). Die Watte wird feucht gehalten, um übermäßige Verdunstung aus der Schale zu vermeiden. Das Gewebestückchen verursacht ständig eine Verflüssigung des Plasmas in seiner unmittelbaren Umgebung und muß alle ein oder zwei Tage in eine neue Lage gebracht werden. Dies macht einige Vorsicht bei der Handhabung erforderlich. Die Technik wird heute kaum noch in dieser Art angewandt, seit sie durch Verwendung eines *Stützgewebes* aus Linsenpapier oder synthetischen Textilien verbessert wurde, auf das das Gewebe gelegt wird. Eine Lageänderung des Gewebes kann man dann leicht erreichen, indem man das Stützgewebe ganz leicht bewegt.

Das Gerinnsel dieser Kulturen wird durch Mischen von 15 Tropfen Plasma mit 5 Tropfen Embryonal-Extrakt hergestellt. Für gute Ergebnisse wird empfohlen, das Plasma nicht länger als eine Woche nach Gewinnung zu lagern. Der Embryonal-Extrakt für Organkulturen wird aus 12–14 Tage bebrüteten Hühner-Embryonen hergestellt. Die Gallenblase wird zuerst entfernt und der Rest des Embryos zu einer breiigen Masse zerkleinert, indem man ihn wiederholt mit einer Schere in der gleichen Volumenmenge BSS zerschneidet. Nach 1stündigem Stehenlassen bei Zimmertemperatur wird der Extrakt zentrifugiert und der Überstand als Embryonal-Extrakt benützt. Dieses Produkt wird manchmal als Embryonal-Saft (engl. embryo juice, EJ) bezeichnet.

4.1.2.2 Kulturen auf Agar

Wolff und Wolff (1952) benützten mit *Agar* verfestigte Medien als Nährunterlage für Organkulturen. Bei einem großen Teil ihrer Arbeiten verwendeten sie ein Medium, das aus 7 Teilen 1%igem Agar (Difco, S. 431) in Geys BSS, 3 Teilen Hühnerembryonal-Extrakt und 3 Teilen Pferde-Serum bestand. Bei anderen Untersuchungen wurde ein definiertes Kulturmedium mit dem Agar vereinigt. Diese Methode hat den Vorzug, daß sich die Unterlage nicht verflüssigt und keine zusätzliche, mechanische Grundlage benötigt wird. Die Herkunft des Agar spielt eine Rolle, da nicht alle Produkte zufriedenstellend sind.

Embryonal-Organe wachsen im allgemeinen gut auf diesem Kulturmedium, aber Tumoren erwachsener Tiere überleben normalerweise nicht. Doch haben Wolff und Schneider gezeigt, daß Tumoren auf parasitäre Weise auf embryonalen Hühner-Mesonephronen gezüchtet werden können, welche ihrerseits gut auf dem Kulturmedium wachsen.

4.1.2.3 Kultur auf bzw. in flüssigen Medien

Der Gebrauch fester Substrate begrenzt den experimentellen Wert der Methode, da die Herstellung von Einzelproben und die Untersuchung des Kulturmediums schwierig sind. Chen (1954) züchtete als erster Organkulturen auf einem flüssigen Medium, indem er sie auf ein Gewebe aus Linsenpapier legte, das auf einem synthetischen Kulturmedium schwamm. Ein Celluloseacetat-Netz erwies sich als besser und wird von einigen Forschern verwendet. Die Methoden aber, die ein Drahtnetz verwenden, wie von Trowell (1954) eingeführt, haben nun weitgehend die Stützgewebe-Techniken ersetzt, die wesentlich mühsamer im Gebrauch sind.

4.1.2.3.1 Herstellung einer Organkultur auf einem Celluloseacetat-Stützgeflecht (nach Shaffer)

1. Ein passendes Celluloseacetat-Gewebe mit Löchern von 0,5–1 mm² wird in Stücke passender Größe geschnitten. Die wesentliche Eigenschaft eines geeigneten, synthetischen Gewebes ist seine Löslichkeit in Azeton. Die Stücke werden vorbereitet, indem man sie 3mal in Quarz-dest. Wasser, 2mal in absolutem Alkohol und 2mal in Äther über eine Zeitspanne von mehreren Stunden wäscht. Sie werden in eine Silicon-Lösung getaucht, z. B. 1 Teil Siliclad (der Fa. Clay Adams, S. 431), in 100 Teilen Wasser oder MS 1109. Man läßt abtropfen, trocknen und beläßt sie über Nacht in feuchter Atmosphäre. Dann werden sie

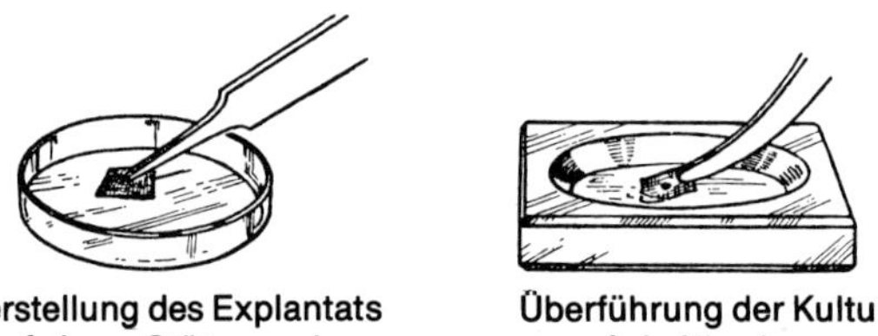

Fig. 29 Präparation einer Organkultur auf einem Kunststoff-Stützgeflecht

mehrere Male in Quarz-destilliertem Wasser gewaschen, in absolutem Alkohol gespült, in Stücke passender Größe geschnitten (2 × 1 cm) und durch Trockenhitze bei 130 °C sterilisiert (darf nicht überschritten werden).

2. Das Stützgewebe wird auf einen kleinen Tropfen BSS gelegt (nur so viel, um die Zwischenräume des Netzes auszufüllen) und das biologische Gewebe daraufgelegt. Das Netz wird von dem Tropfen BSS abgehoben und überschüssige Flüssigkeit wird durch kurzes Berühren mit trockenem Glas entfernt. Es wird vorsichtig auf die Oberfläche von 0,5 ml Kulturmedium in einem Uhrglas gelegt.

3. Zur Ernährung der Kultur wird das Netz mit der Kultur und die überschüssige Flüssigkeit wie zuvor entfernt und die Kultur auf frisches Kulturmedium gebracht.

Merke: Wird siliconisiertes Gewebe mit einer proteinhaltigen Flüssigkeit benetzt, schwimmt es nicht mehr, weshalb man in diesem Fall dafür sorgen sollte, dies zu vermeiden.

Die bisher beschriebenen Techniken wurden fast ausschließlich bei der Züchtung von Embryonal-Organen oder Embryonal-Organfragmenten angewandt. Die Kultur von Teilen *ausgewachsener (adulter) Gewebe* als Organkulturen hat sich als besonders schwieriges Problem erwiesen. Trowell hat den Beweis erbracht, daß der Grund hierfür der größere *Sauerstoff-Bedarf* adulter Gewebe ist. Er hat mit Hilfe des Spezialmediums T 8 (Anhang 1, S. 427) und eines besonderen Apparates, der 95% Sauerstoff in die Gasphase bringt, eine Vielzahl adulter Gewebe gezüchtet, einschließlich Leber. Bei diesen Arbeiten fand er heraus, daß Serum toxisch ist; man muß darauf hinweisen, daß seine Experimente mit Serum-freien Kulturmedien durchgeführt wurden.

Trowells Kulturkammer Typ II ist in Fig. 30 dargestellt. Sie besteht aus einer Aluminiumkammer, die mit einer Glasplatte fest verschlossen werden kann und mit einer Mischung aus 95% O_2 und 5% CO_2 begast werden kann. Die Kammer wird durch eine perforierte Platte in eine obere und untere Hälfte geteilt. Die obere Kammer enthält ein Kulturgefäß (Trowell verwendete als Material geschmolzene Kieselerde), die

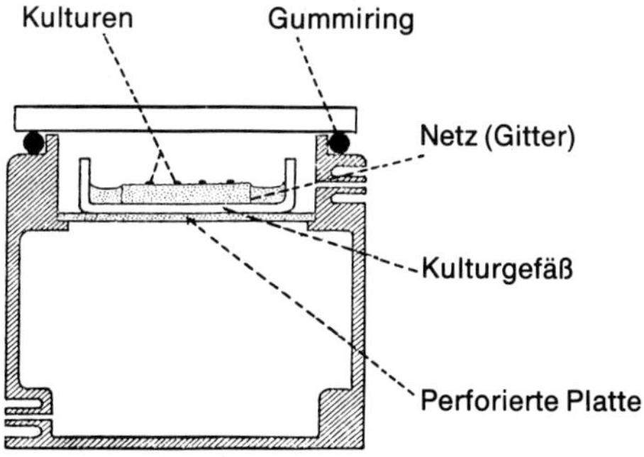

Fig. 30 Trowells Kulturkammer Typ II

untere Kammer dient als Gasreservoir. Innerhalb des Kulturgefäßes liegt ein quadratisches Metallnetz aus rostfreiem Stahldraht.

Man stellt es sich her, indem man ein 25 × 33 mm großes Netz etwa 4 mm von den Enden abbiegt und so ein quadratisches Gitter von 25 mm Kantenlänge formt, das auf 4 mm hohen „Beinen" ruht.

Das Kulturgefäß wird mit Kulturmedium so gefüllt, daß es gerade bis zum Gitter reicht. Auf das Gitter wird ein Stück quadratisches Linsenpapier (Greens C 105, 27 mm Kantenlänge) so gelegt, daß es gerade naß wird. Die Organstücke werden darauf gelegt. Quadratische Agargel-Stückchen (2% in 0,7% NaCl, 1–3 mm dick) können auf Wunsch das Linsenpapier ersetzen. Die Gewebeteilchen sollen nicht größer als 2 mm im Durchmesser sein; andernfalls entsteht im Gewebe-Innern eine Nekrose.

Bevor man den Apparat gebraucht, sollte er erst bei 37 °C begast werden. Hat man die Organteilchen in die richtige Lage gebracht, sollte der Apparat vor der Inkubation erneut begast werden. Die Gewebe können nach 6 oder 9 Tagen Züchtung zum Schneiden entfernt werden.

Viele Modifikationen des Trowellschen Apparates wurden bis jetzt entwickelt, die sowohl für die Kultur embryonalen als auch adulten Materials verwendet werden. Bei embryonalem Material wird im allgemeinen ein Luft-Gemisch verwendet. Beim einfachsten Apparate-Typ werden 50–60 mm Petrischalen als Kulturgefäße verwendet. Netze aus rostfreiem Stahldraht vom oben beschriebenen Typ werden in sie in genau der gleichen Weise eingesetzt. Die Kulturgefäße werden in einen Exsikkator gesetzt, dessen Boden mit Wasser bedeckt ist, um die Feuchtigkeit zu erhalten. Bei Bedarf kann ein Gas-Gemisch aus 5% CO_2 in Luft oder 5% CO_2 in Sauerstoff in den Exsikkator eingeleitet werden, bevor er fest verschlossen wird. Die Kulturen werden inkubiert, indem man den Exsikkator in einen 37 °C warmen Brutschrank setzt. An Stelle eines Exsikkators kann man Fildes anaerobes Gefäß, eine Art Sandwich-Büchse aus Kunststoff, mit Tesafilm gut verschlossen, oder ein besonderes Gefäß, wie das modifizierte Kilner-Gefäß, das von Lasnitzki verwendet wird, oder den Originalapparat von Trowell benützen. Die Art des Behälters ist ziemlich unwesentlich.

Da der Erfolg des Wachstums von Organkulturen oft von der schnellen, aber sorgfältigen Handhabung des Materials abhängt, wird nachstehend eine ausführliche Beschreibung über den Ansatz einer Kultur gebracht. Das Zerschneiden des Materials wurde notwendigerweise ausgedehnt, und es empfiehlt sich, damit unter einer Art Hütte zu arbeiten. Fell verwendet einen einfachen Schild aus Plexiglas. Das ist einfach ein Kasten, ungefähr 20 cm lang, 7,5 cm hoch und 10 cm tief mit offener Vorderfront. Ein ähnlicher, kleinerer Schutzkasten kann unter das Stereomikroskop gelegt werden, wenn damit gearbeitet wird.

4.1.2.3.2 Ansetzen der Organkultur eines embryonalen Extremitätenknochens auf einem Gitter (Netz) (nach einem Übungsversuch von Dame Honor Fell)

Allgemeine Vorbereitungen: Man braucht dazu ein Stereomikroskop mit einem Plexiglas-Schild. Ein steriles Gefäß daneben kann benutzt werden, um sterile Instrumente aufzubewahren; man kippt es leicht, so daß sein Boden schräg liegt und die sterilen Spitzen der Instrumente mit dem Glas nicht in Kontakt kommen. Ein Becher mit kochendem Wasser wird benötigt, um die Instrumente wieder zu sterilisieren. Ein langer Plexiglas-Schild (wie oben beschrieben) dient zum Schutz des Materials beim Arbeiten. An Instrumenten benötigt man: Eine fest fixierte Nadel und ein Messer (vorzugsweise ein gut geschliffenes Kataraktmesser, aber oft kann auch eine Skalpellklinge Nr. 11 benützt werden). Weiter braucht man einige Pasteur-Pipetten und 2 ml-graduierte Pipetten. Passende Kulturgefäße sind Glaskapseln von 30 mm Durchmesser, die in 7,5 cm Petrischalen liegen. Das kleinere Gefäß wird von einem Wattering umgeben, der befeuchtet wird, um eine hohe Feuchtigkeit aufrechtzuerhalten. Es ist oft praktisch, zwei 30 mm-Kulturgefäße in eine 10 cm-Petrischale einzusetzen. In diesem Fall ist es wichtig, die beiden Gefäße durch einen siliconisierten Glasstab zu trennen, damit aus der Watte keine Flüssigkeit in die Gefäße hineinfließt. Die Oberfläche wird so groß gewählt, daß bei Zugabe einer gegebenen Volumenmenge an Kulturmedium (z. B. 1,5 ml) die Flüssigkeit gerade bis an das Gitter heranreicht. Parkers Kulturmedium 858 aus Kulturmedium 109 mit 10% Kälberserum liefert für viele Versuche eine passende Nährlösung.

Vorbereitung der Schalen: 1. Man gibt in jede Petrischale 10 ml sterile, 0,9%ige Kochsalzlösung (Saline). Man öffnet die Schale nur so weit, um gerade die Pipette einführen zu können; dann drückt man die Spitze der Pipette in die Watte und läßt die Salzlösung langsam ausfließen, um ein Schwimmen der Kapseln zu vermeiden.

2. Man fügt 1,5 ml Kulturmedium in jede Kulturschale, tropft 6 Tropfen Medium auf die Mitte des Gitters und gibt den Rest des Mediums auf den Boden der Schale. Falls das Kulturmedium auf dem Boden mit dem großen Tropfen auf dem Gitter in Kontakt kommt, fließt letzterer durch die Maschen und bildet einen großen, runden, nassen Fleck.

3. Man bedeckt die Kulturgefäße mit einem Karton, z. B. Objektträgerkasten. (So vermeidet man, daß die Deckel feucht werden.)

Bearbeitung embryonaler Extermitätenknochen für die Organkultur: Die embryonalen Extremitätenknochen sind ein klassisches Untersuchungsobjekt, dessen Präparation ein gutes Beispiel der angewandten Technik darstellt. Sieben Tage alte Hühnerembryonen sind dafür geeignet.

Der Embryo wird, wie in Abschn. 4.1.1.5.1 beschrieben, aus dem Ei entfernt. (Im Alter von 7 Tagen ist er noch sehr zart und sollte sehr vorsichtig herausgezogen werden, wobei man die Schalen abblättern läßt. Jeder Druck auf den Hals oder Zug würde ihn „köpfen“.) Er wird auf einen Hohlschliff-Objektträger gelegt und so lange mit BSS mittels einer Pipette gewaschen, bis kein Blut mehr zurückbleibt. Dann werden die Beine entfernt, indem man sie an der Wirbelsäule abschneidet, um eine Amputation der Oberschenkel-Enden zu vermeiden. Jedes Bein wird in einen Hohlschliff-Objektträger gelegt und einige Male mit BSS gewaschen. Der Oberschenkelknochen und das Schienbein werden vorsichtig aus jedem Bein herausseziert. Dabei muß man dafür sorgen, möglichst alles Muskelgewebe zu entfernen, ohne die Knochenhaut zu verletzen. Dazu sind sehr scharfe Messer nötig und gutgeschliffene Kataraktmesser am besten, obwohl man eine zufriedenstellende Zerlegung auch mit Skalpellklingen Nr. 11 erreichen kann. Man wäscht nun das Gewebe mit BSS, wobei man übriges Gewebe mit einer Pasteur-Pipette entfernt, bis in der BSS nur die sauberen Knochen übrigbleiben.

Ansetzen der Explantate (z. B. Hühnerextremitätenknochen):

1. Man legt die Kulturschale auf die linke Seite der Petrischale, die die Explantate enthält, beide unter einer Schutzplatte.
2. Man saugt die BSS mit einer feinen Pipette von den Explantaten in der Wölbung des Objektträgers weg (man läßt jedoch einen Tropfen BSS im Tiefpunkt des Hohlschliff-Objektträgers zurück).
3. Man spült das Messer und die Nadel in kochendem Wasser, anschließend im Tropfen BSS auf dem Boden des Hohlschliff-Objektträgers.
4. Dann drückt man mit der Nadel die Knochen auf die Spitze des Messers und legt die Nadel auf die Plexiglas-Platte so, daß die Spitze in die Luft ragt (um eine Verunreinigung zu vermeiden).
5. Man hebt den Deckel des Kulturgefäßes und legt die Knochen auf den nassen Fleck in die Mitte des Gitters.
6. Man setzt das Kulturgefäß hinter den Schutzschild unter das Stereomikroskop, entfernt den Deckel und verteilt mit Hilfe von Messer und Nadel die Knochen so, daß sie einander nicht berühren.
7. Man setzt den Deckel wieder auf das Gefäß und legt es auf eine Seite unter den Objektträgerkasten.
8. Wenn alle Kulturgefäße fertig sind, gibt man sie in ein Exsikkatorgefäß. Man läßt nun durch den Exsikkator 3 bis 5 Min. lang Luft mit 5% CO_2 vorsichtig durchströmen.
9. Schließlich wird das Gefäß fest verschlossen und inkubiert.

Subkultur (Das Kulturmedium sollte alle 48 Std. gewechselt werden.):

1. Man setzt das Kulturgefäß auf den Arbeitstisch unter den langen Plexiglas-Schutzschild, kippt es nach vorne mit einem geeigneten Gegenstand, so daß das flüssige Kulturmedium zu der arbeitenden Person hinfließt.
2. Man öffnet den Deckel und führt die Spitze der gebogenen Pipette unter das Gitter, wodurch dieses schief zu liegen kommt.
3. Man saugt das gesamte, alte Medium ab.
4. Man legt die Petrischale flach auf den Arbeitstisch.
5. Man füllt nun eine Pipette mit 1,5 ml frischer Nährlösung, hebt den Deckel des Kulturgefäßes nur so viel, um die Pipette einzuführen und tropft das frische Kulturmedium auf die Explantate. (Um Blasen unter dem Gitter zu vermeiden, tropft man das Kulturmedium zuerst auf beide geschlossene Seiten des Gitters.)
6. Für Knochen, aber nicht unbedingt für andere Arten von Explantaten: Man bringt die Petrischale unter das Stereomikroskop und dreht die Explantate um. Dazu sind 2 gebogene Nadeln besonders geeignet.
7. Man stellt in den Exsikkator zurück, begast und inkubiert.

Das wesentliche Hauptmerkmal der Organkulturtechnik besteht in der Verhinderung des Auswachsens von Zellen aus Gewebeteilen. Dies erreicht man, indem man entweder die Gewebeteile häufig bewegt oder das Gewebe mit so viel Sorgfalt seziert, daß keine Beschädigung entsteht, die ein Anwachsen fördern würde; oder durch Verwendung eines Substrats,

z. B. Agar oder synthetisches Gewebe, auf dem die Zellen normalerweise nicht auswachsen.

Eine Art Organkultur kann man dadurch erreichen, daß man Gewebeteile in Suspension wachsen läßt. Diese Technik war viele Jahre lang in Gebrauch und ist, wie die Maitland-Kultur, in der Virologie sehr bekannt. Eine ähnliche Technik haben Parker für immunologische Studien und Paul und Pearson für biochemische Studien verwendet.

Literatur

Ansevin, Krystyna, D. (1964). Aggregative and histoformative performance of adult frog liver cells in vitro. J. exp. Zool. 155, 371.

Biggers, J. D. & Heyner, S. (1961). Studies on the amino acid requirements of cartilaginous long bone rudiments in vitro. Proc. Soc. exp. Biol. (N. Y.) 108, 616.

Borghese, E. (1950). Explantation experiments on the influence of the connective tissue capsule on the development of the epithelial part of the submandibular gland of Mus musculus. J. Anat. (Lond.) 84, 303.

Borghese, E. (1950). The development in vitro of the submandibular and sublingual glands of the Mus musculus. J. Anat. (Lond.) 84, 287.

Carpenter, E., Beattie, J. & Chambers, R. D. (1954). The uptake of I^{131} by embryonic chick thyroid glands in vivo and in vitro. J. exp. Zool. 127, 249.

Chen, J. M. (1952). Studies on the morphogenesis of the mouse sternum. I. Normal embryonic development. J. Anat. (Lond.) 86, 373.

Chen, J. M. (1952). Studies on the morphogenesis of the mouse sternum. II. Experiments on the origin of the sternum and its capacity for self-differentiation in vitro. J. Anat. (Lond.) 86, 387.

Chen, J. M. (1952). Studies on the morphogenesis of the mouse sternum. III. Experiments on the closure and segmentation of the sternal bands. J. Anat. (Lond.) 87, 130.

Chen, J. M. (1954). The cultivation in fluid medium of organized liver, pancreas and other tissues of foetal rats. Exp. Cell Res. 7, 518.

Chen, J. M. (1954). The effect of insulin on embryonic limb-bones cultivated in vitro. J. Physiol. (Lond.) 125, 148.

Chlopin, A. (1922). Über in vitro Kulturen der embryonalen Gewebe der Säugetiere. Arch. mikr. Anat. 96, 435.

Dameron, F. (1961). L'influence de divers mésenchymes sur la différenciation de l'epithelium pulmonaire de l'embryon de poulet en culture in vitro. J. Embryol. exp. Morph. 9, 628.

Dickson, J. A. & Leslie, I. (1963). A filter-well technique for studying the metabolism of reaggregating cell populations. Exp. Cell Res. 31, 214.

Fell, Honor B. (1951). Methods for study of organized growth in vitro. Techniques of bone cultivation. In Methods in Medical Research. Ed. M. B. Visscher. Chicago: Year Book Publishers.

Fell, Honor B. (1953). The effect of vitamin A on organ cultures of skeletal and other tissues. In Connective Tissue. Ed. C. Rogan, New York: Macy.

Fell, Honor B. (1953). Recent advances in organ culture. Sci. Progr. 162, 212.

Fell, Honor B. (1954). The effect of hormones and vitamin A on organ cultures. Ann. N. Y. Acad. Sci. 58, 1183.

Fell, Honor B. (1956). Effect of excess vitamin A on organized tissues cultivated in vitro. Brit. med. Bull. 12, 35.

Fell, Honor B. & Mellanby, E. (1955). The biological action of thyroxine on embryonic bones grown in tissue culture. J. Physiol. (Lond.) 127, 427.

Fell, Honor B & Mellanby, E. (1956). The effect of 1-triiodothyronine on the growth and development of embryonic chick limb-bones in tissue culture. J. Physiol. (Lond.) 133, 89.

Gaillard, P. J. (1950). Sex cell formation in explants of the foetal human ovarian cortex. Proc. Acad. Sci., Amst. 53, 1300, 1337.

Gaillard, P. J. (1951). Methods for study of organized growth in vitro Organ culture technique using embryologic watch glasses. In Methods in Medical Research. Ed. M. B. Visscher. Chicago: Year Book Publishers. 4, 241.

Gaillard, P. J. (1953). Growth and differentiation of explanted tissues. Int. Rev. Cytol. 2, 331.

Gaillard, P. J. (1955). Parathyroid gland tissue and bone in vitro. I Exp. Cell Res. 3, 154.

Gaillard, P. J. (1957). Morphogenesis in animal tissue cultures. J. nat. Cancer Inst. 19, 591.

Grobstein, C. (1953). Epithelio-mesenchymal specifity in the morphogenesis of mouse submandibular rudiments in vitro. J. exp. Zool. 124, 383.

Grobstein, C. (1953). Morphogenetic interaction between embryonic mouse tissues separated by a membrane filter. Nature (Lond.) 172, 869.

Grobstein, C. (1953). Analysis in vitro of the early organization of the rudiments of the mouse submandibular glands. J. Morph. 93, 19.

Grobstein, C. (1955). Tissue interaction in the morphogenesis of mouse embryonic rudiments in vitro. In Aspects of Snythesis and Order in Growth. Ed. D. Rudnick. Princeton: University Press.

Grobstein, C. (1956). Trans-filter induction of tubules in mouse metanephrogenic mesenchyme. Esp. Cell Res. 10, 424.

Heusner, A. & Petrovic, A. (1963). Culture organotypique prolongee de pancreas de Souris adulte en milieu nutritif liquide continuellement oxygene. Compt. rend. Soc. Biol. 157, 2059.

Heusner, A. & Petrovic, A. (1964). Appareil de culture d'organes en milieu liquide continuellement oxygene. Med. Electron. Biol. Engng. 2, 381.

Keuning, F. J. (1948). Histogenesis and origin of the autonomic nerve plexus in the upper digestive tube of the chick. Acta Neerl, morph 6, 1.

Lasnitzki, I. (1954). The effect of estrone alone and combined with 20-methyl cholanthrene on mouse prostate glands grown in vitro Cancer Res. 14, 632.

Lasnitzki, I. (1955). The effect of testosterone propionate on organ cultures of the mouse prostate. J. Endocr. 12, 236.

Lasnitzki, I. (1956). The effect of 3:4 benzpyrene on human foetal lung grown in vitro. J. Path. Bact. 71, 262.

Lasnitzki, I. (1961). Effect of excess vitamin A on the normal and oestronetreated mouse vagina grown in chemically defined media. Exp. Cell Res. 24, 37.

MacDougall, J. D. B. & Coupland, R. E. (1967). Organ culture under hyperbaric oxygen. Exp. Cell Res. 45, 385.

Martinovitch, P. (1951). Culture of infantile endocrine glands of rats by watch glass technique in a moist chamber. In Methods in Medical Research. Chicago: Year Book Publishers, Inc.

Martinovitch, P. N. (1953). A modification of the watch glass technique for the cultivation of endocrine glands of infantile rats. Exp. Cell Res. 4, 490.
Martinovitch, P. N. (1955). Infantile rat adrenal transplanted into the anterior eye chamber of adrenalectomized hosts after cultivation in vitro. J. exp. Zool. 129, 99.
Nitzima, M. (1956). Tissue culture studies on amphibian metamorphosis. I. Growth patterns of tadpole tissue. Folia anat. japon. 28, 59.
Niu, M. C. (1954). Further studies on the origin of amphibian pigment cells. J. exp. Zool. 125, 199.
Niu, M. C. & Twitty, V. C. (1950). The origin of epidermal melanophores during metamorphosis or Triturus torusus. J. exp. Zool. 113, 633.
Niu, M. C. & Twitty, V. C. (1953). The differentiation of gastrula ectoderm in medium conditioned by axial mesoderm. Proc. nat. Acad. Sci. (Wash.) 39, 985.
Peterson, E. R. & Murray, M. R. (1960). Modification of development in isolated dorsal root ganglia by nutritional and physical factors. Develop. Biol. 2, 461.
Prop, F. J. A. (1959). Organ cultures of total mammary glands of the mouse. Nature (Lond.) 184, 379.
Schabert, A. (1955). Regeneration of the adrenal cortex in vitro. Anat. Rec. 122, 205.
Schaberg, A. (1955). Observations on the adrenal cortex of 5-day old rats. Transplant. Bull. 2, 145.
Shaffer, B. M. (1956). The culture of organs from the embryonic chick on cellulose-acetate fabric. Exp. Cell Res. 11, 244.
Strangeways, T. S. P. & Fell, H. B. (1926). Experimental studies on the differentiation of embryonic tissues growing in vivo and in vitro. II. The development of the early embryonic eye of the fowl when cultivated in vitro. Proc. R. Soc. B100, 273.
Thomson, D. (1914). Some further researches on the cultivation of tissues in vitro. Proc. R. Soc. Med. 7, Marcus Beck Lab. Reps. (2), 15.
Trowell, O. A. (1952). The culture of lymph nodes in vitro. Exp. Cell Res. 3, 79.
Trowell, O. A. (1954). A modified technique for organ culture in vitro. Exp. Cell Res. 6, 246.
Trowell, O. A. (1959). The culture of mature organs in a synthetic medium. Exp. Cell Res. 16, 118.
Wolff, E. (1953). Sur la croissance et la différenciation en milieu synthétique de la syrinx de l'embryon de poulet. C. R. Soc. Biol. (Paris) 147, 864.
Wolff, E. (1955). Les besoins spécifiques en acides aminés de la syrinx de l'embryon de poulet cultivée in vitro sur un milieu entièrement snythétique. C. R. Acad. Sci. (Paris) 240, 1016.
Wolff, E. (1952). La culture d'organes embryonaires in vitro. Rev. sci. (Paris) 90, 189.
Wolff, E. (1952). Analyse de l'action des substances tératogènes par la méthode des cultures d'organes in vitro. Rev. Path. Comp. 53, 1057.
Wolff, E. (1960). Sur une nouvelle modalité de la culture organotypique. C. R. Acad. Sci. (Paris) 250, 3881.
Wolff, E. & Bresch, D. (1955). Sur les parabioses heterogenes d'organes embryonaires in vitro. Tex. Rep. Biol. Med. 10, 463.
Wolff, E. & Haffen, K. (1952). Sur une méthode de culture d'organes embryonnaires in vitro. Tex. Rep. Biol. Med. 10, 463.
Wolff, E. & Wolff, E. (1952). Le déterminisme de la différenciation sexuelle de la syrinx du canard cultivée in vitro. Bull. Biol. 86, 325.

4.1.2.4 Technik der zerkleinerten Gewebe

Bei den bisher beschriebenen Techniken wurde jeder Gewebeteil gesondert behandelt und gezüchtet. Während dies im allgemeinen die besten Bedingungen für ein kontrolliertes Wachstum eines gesunden Gewebes gewährleistet, begrenzt es sehr stark die Gewebemenge, die man handhaben kann. Folglich besitzen diese Techniken nur eine beschränkte Anwendung für die Züchtung von Viren oder für biochemische Forschungen im großen Maßstab. Um dies zu überwinden, wurde eine Reihe anderer Methoden entwickelt.

Die Trypsinierung frischer Gewebe zur Gewinnung gleichmäßiger Zellsuspensionen und der Gebrauch von Zellinien sind elegante Methoden zur Handhabung großer Zell-Zahlen, sind jedoch auf wenige Gewebe beschränkt. Eine etwas „rohere" Technik, die mit Suspensionen kleinerer Gewebe arbeitet, war viele Jahre lang für die Züchtung großer Mengen frischen Gewebes sowohl für das Virus-Wachstum als auch für biochemische Forschungen in Gebrauch. Sie ist besonders wichtig, da sie bei der Impfstoff-Herstellung für die Züchtung von Viren vielfach verwendet wurde. Mit einigen Verbesserungen kann sie quantitativ mit ziemlich guter Reproduzierbarkeit angewandt werden.

Die Technik wurde zuerst von Maitland und Maitland 1928 für die Züchtung des Vaccinia-Virus in Suspensionen zerschnittener Nieren in einer Mischung aus Serum und Tyrodes Lösung angewandt. Parker benützte sie für die Untersuchung der Antikörper-Bildung in der Milz und eine im wesentlichen gleiche Technik wurde von Chen und uns selbst für morphologische Studien einerseits und biochemische Studien andrerseits benützt.

4.1.2.4.1 Züchtung des Poliomyelitis-Virus in zerkleinerten Gewebesuspensionen

Dies stellt bis zum heutigen Tag zugleich die einfachste und wichtigste Anwendung der Methode dar. Frische Affennieren werden entkapselt und halbiert. Das Nierenbecken wird entfernt, wobei hauptsächlich die äußere Rinde zurückbleibt. Diese wird in kleine Stücke geschnitten und dann sehr fein mit der Schere in Morgan und Parker's Medium 199 zerkleinert. Das zerkleinerte Gewebe wird zusammen mit etwas Kulturmedium 199 in 1 Liter Roux-Flaschen überführt. Die Flaschen werden auf ein Schüttelgestell gelegt, welches das Gewebe durch Hin- und Herschütteln in einem Winkel von ungefähr 45° ungefähr 20mal in der Minute in Bewegung hält. Nach 24 Std. wird die Kultur mit Viren beimpft. Das Material ist nach weiteren 4–7 Tagen zur Gewinnung fertig und kann dann in die Impfstoff-Herstellung weitergegeben werden. Weitere Einzelheiten für die Impfstoff-Herstellung finden sich in Abschn. 5.3.2.3.7.

Für mehr quantitative Ergebnisse wird folgende Arbeitsweise empfohlen, die mit der *McIlwain-Gewebe-Hackmaschine* (McIlwain & Buddle, 1953) arbeitet und gleichmäßige Explantate zu schneiden erlaubt.

4.1.2.4.2 Schneiden von Hühnerembryo-Explantaten mit Hilfe von McIlwains Gewebe-Hackmaschine

1. Man hebt den Metall-Schneidetisch ab und sterilisiert ihn mit Trockenhitze. Außerdem sterilisiert man eine Anzahl von Rasierklingen für das Instrument und eine Menge Filtrierpapier (9 cm). Man reibt den Schneidearm, das bewegliche Brett und alle anderen Teile mit 80%igem Alkohl ab und läßt trocknen.

2. Man entfernt das Herz von Hühnerembryonen, die bis zu 15 Tage alt sind. Mit einem Skalpell schneidet man die Vorkammer und die großen Gefäße heraus und verwirft sie.

3. Man teilt die verbleibenden Ventrikel an der breitesten Stelle durch, um so von jedem Herz zwei Hälften zu erhalten. Man wäscht in BSS.

4. Man stellt den Metall-Schneidetisch wieder zurück (man faßt ihn mit dem Papier an, in dem er sterilisiert wurde, um eine Verunreinigung zu vermeiden). Mittels einer Pinzette bringt man eine Rasierklinge in den Halter und befestigt sie, indem man die Schraube für die Klinge sehr fest anzieht. Dann legt man ein Blatt Filtrierpapier auf das Brett und befeuchtet es mit ungefähr 0,5 ml BSS. Man schaltet die Maschine an. Man fügt weitere Filtrierpapiere hinzu und justiert die Klinge, falls notwendig, bis sie gleichmäßig in das oberste Filtrierpapier schneidet, es aber nicht durchtrennt.

5. Man legt die halbierten Herzen auf den Schneidetisch mit der Innenseite nach unten und dem ziemlich zähen Pericard nach oben. Man drückt sie mit der Pinzette, mit der man sie behandelt hat, auf das feuchte Filtrierpapier.

6. Nach Einstellung des Schneidemessers für Schnitte von 0,25 bis 0,75 mm stellt man die Maschine an. Wenn alles Gewebe in Scheiben geschnitten ist, stellt man den Schneidetisch in einen rechten Winkel zu der bisherigen Richtung. Man setzt das Brett wieder ein und schneidet nun in dieser Richtung.

7. Man entfernt das würfelförmige Gewebe mit Hilfe eines sterilen Platindrahtes, dessen Ende so gebogen ist, daß es eine Art Spatel bildet. Dieses Gewebe bringt man nun in einen Behälter, der Wachstumsmedium enthält, und durch schnelles Umrühren mit dem Draht sorgt man dafür, daß alle Teilchen voneinander getrennt bleiben.

8. Die Teilchen kann man nun mittels einer Pipette mit weiter Öffnung absaugen oder einzeln behandeln, je nach dem Zweck, für den sie verwendet werden sollen.

Literatur

McIlwain, H. & Buddle, H. L. (1953). Techniques in tissue metabolism. 1. A mechanical chopper. Biochem. J. 53, 412.

Maitland, H. B. & Maitland, M. C. (1928). Cultivation of vaccinia virus without tissue culture. Lancet 215, 596.

4.1.2.5 Ganz-Embryo-Kultur

Es sei daran erinnert, daß die wahrscheinlich erste, aufgezeichnete, erfolgreiche Explantierung 1885 von Wilhelm Roux durchgeführt wurde, als er die Markscheibe eines Hühnerembryos einige Zeit in physiologischer Salzlösung (Saline) hielt. Diese Technik wurde von Spratt (1956, 1957) weiterentwickelt, um die Wirkung von Stoffwechsel-Hemmstoffen auf die embryonale Entwicklung zu untersuchen. Die von ihm entwickelte Methode ist an sich ziemlich einfach, erfordert jedoch eine besondere Sorgfalt bei der Handhabung. Man verwendet 40 Std. alte Embryonen, deren Entwicklung weitere 24–48 Std. *in vitro* verfolgt werden kann, bevor sie sterben. Es handelt sich um folgende Methode.

4.1.2.5.1 Materialien

1. *Medium:* Rothfels Modifikation des Mediums von Spratt wird durch vorsichtiges Mischen des Überstandes eines zentrifugierten ganzen Eies mit der gleichen Menge Saline-Agar hergestellt. Saline-Agar wird durch Zugabe von 1,5 g „Difco" standardisiertem Agar (Difco, s. S. 431) zu 100 ml Hühner-Saline (0,7 g NaCl; 0,024 g $CaCl_2$; 0,042 g KCl auf 100 ml destilliertem Wasser) bereitet. Der Saline-Agar wird durch Autoklavieren verflüssigt und auf ungefähr 45 °C abgekühlt, bevor man ihn mit dem Ei-Überstand vermischt. Je 1 ml dieses Kulturmediums wird in sterile Uhrgläser pipettiert, die auf feuchten Watte-Unterlagen in Petrischalen liegen (wie für Organkulturen). Diese Schalen kann man nun im Kühlschrank bis zur Verwendung aufbewahren.

2. *Eier:* Befruchtete Hühnereier werden bei 38 °C 40–42 Std. lang bebrütet, um 11–13 Somiten-Embryonen zu liefern.

4.1.2.5.2 Explantierung

Die Eierschale wird mit Alkohol abgerieben. Nach dessen Verflüchtigung wird das Ei zerbrochen und der Inhalt in eine sterile Abdampfschale gegeben, die 50 ml Hühner-Saline oder BSS enthält. In die Vitellin-Membran wird ein kreisrunder Schnitt rund um das Blastoderm geritzt (man benützt dazu eine sehr feine Schere). Das Blastoderm wird dann mit einer Pipette mit weiter Öffnung (5 mm) in eine Petrischale übertragen, die BSS enthält. Die noch anhaftende Vitellin-Membran wird mit Hilfe einer Pinzette entfernt und der Embryo unter einem Stereomikroskop untersucht, um das Entwicklungsstadium zu bestimmen. Das Blastoderm wird dann mittels einer Pipette mit weiter Öffnung auf die Oberfläche des Mediums im Uhrglas übertragen. Es wird auf dem Agar-Gel ausgebreitet (Bauchseite nach unten); das überschüssige BSS wird mit einer Pipette mit enger Öffnung abgesaugt. Die Kultur wird nun bei 37,5 °C in den Brutschrank gestellt.

Bei unsanfter Behandlung des Embryos stirbt er ab oder es ergibt sich zumindest eine Mißbildung. Man muß die Technik solange üben, bis man stets eine normale Entwicklung erreichen kann.

Synthetische Kulturmedien wurden auch für die Kultivierung von Hühnerembryonen eingeführt. Die allgemeine Technik für die Züchtung der Embryonen ist dabei dieselbe, wie die oben beschriebene; auch hier wird das Kulturmedium durch Einschluß von Agar verfestigt. Anstelle eines

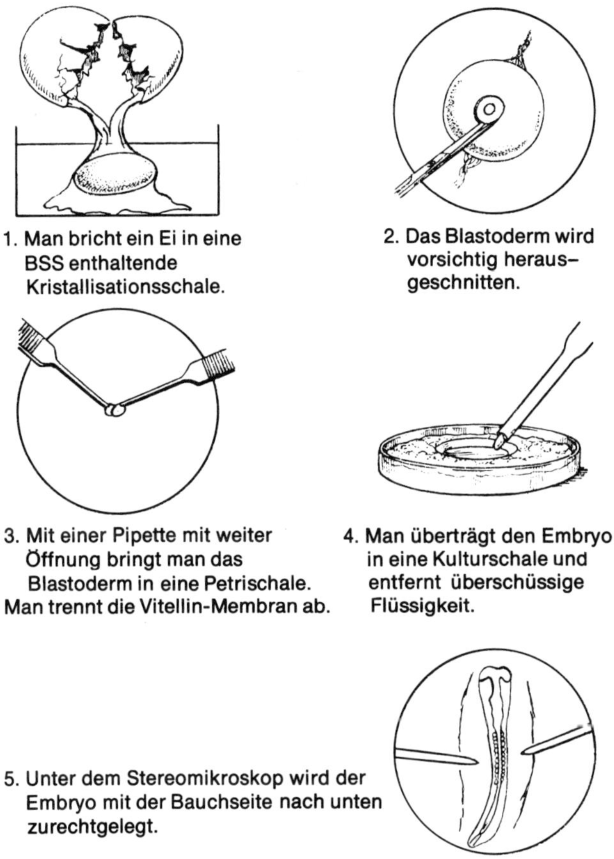

Fig. 31 Kultur eines ganzen Hühnerembryos

Ei-Überstands wird jedoch eine synthetische Mischung aus Aminosäuren, Salzen, Vitaminen und Kohlenhydraten verwendet. Eine geeignete Mischung haben Klein, McConnell und Buckingham entwickelt, die eine Modifikation der von Hayashi und Herrmann angegebenen dargestellt. Sie enthält in Gramm pro Liter:

L-Arginin-HCl 0,075; l-Histidin HCl 0,075; l-Lysin HCl 0,16; l-Tryptophan 0,04; l-Phenylalanin 0,05; l-Methionin 0,05; l-Threonin 0,075; l-Leucin 0,05; dl-Isoleucin 0,05; l-Valin 0,1; l-Glutaminsäure 0,15; l-Asparaginsäure 0,06; l-Protein 0,05; Glycin 0,2; Glutamin 0,4; L-Tyrosin 0,08; l-Cystin 0,015; l-Hypoxanthin 0,025; Thiamin-HCl 0,005; Riboflavin 0,0005; Pyridoxin-HCl 0,0005; Folsäure 0,0001; Biotin 0,0001; Cholin 0,003; Calcium-Panthothenat 0,003; Nicotinamid 0,003; Inosit 0,001; $NaHCO_3$ 2,24; NaCl 3,02;KCl 0,42; $CaCl_2$ 0,24; Glucose 1,0; Phenolrot 0,01; Dihydrostreptomycinsulfat 0,66;

Penicillin G-Kalium 0,006. Bei diesem Kulturmedium ist es nötig, die Kulturen in einer Atmosphäre von 5% CO_2 in Luft zu inkubieren.

4.1.2.5.3 Kulturen von Säugetierembryonen und Eizellen

Einige der interessantesten Studien dieser Art befaßten sich mit der Kultur sehr junger Embryonen, gewöhnlich mit befruchteten Eizellen aus 2–8 Zellen. Für diese Arbeiten wurden Mäuse und Kaninchen verwendet, da es relativ einfach ist, aus den Eileitern die Eizellen mit einer Kanüle bis zu 3 Tagen nach der Befruchtung herauszuholen. Damit wurde gezeigt, daß *in vitro* eine beachtenswerte Entwicklung stattfinden kann und sich z. B. Mäusezygoten zu Blastozysten entwickelt haben.

Es wurde auch gezeigt, daß Eizellen, die auf diese Weise gezüchtet wurden, reimplantiert werden und sich zu gesunden Tieren entwickeln können. Die dabei benützten Medien waren im allgemeinen sehr einfacher Natur und variierten von 100% Serum über die üblichen Arten von

Tabelle 20
Whittens Medium für die Züchtung von Mäusezygoten zu Blastozysten mit 5% Sauerstoff

Bestandteile	Konzentration	
	g/Liter	*mM*
NaCl	5,14	88,01
KCl	0,36	4,82
KH_2PO_4	0,16	1,18
$MgSO_4 \cdot 7H_2O$	0,29	1,18
$NaHCO_3$	1,9	22,62
Na-Pyruvat	0,035	0,32
Ca-Lactat · 5 H_2O	0,53	1,71
Glucose	1,0	5,56
Na-Lactat	2,416	21,58
Rinderserumalbumin (kristallin)	3,0	
K penicillin G	0,08	
Streptomycin SO_4	0,05	

* Man beachte bei der Herstellung: Dieses Medium muß wöchentlich frisch zubereitet werden. Die Bestandteile werden in eine Flasche gewogen, Wasser wird zugefügt, die Flasche wird verschlossen und geschüttelt, bis sich die Bestandteile gelöst haben. Dann werden Albumin, Lactat und 0,1 ml einer 1%igen Phenolrot-Lösung hinzugefügt. Das Medium wird mit einer Atmosphäre aus 5% CO_2, 5% O_2 und 90% N_2 begast und dann durch Druckfiltration sterilisiert. Der errechnete, osmotische Druck dieses Mediums beträgt 247 mOsm.

Plasmaembryonal-Extraktmedien bis zu einfachen Krebs-Ringer-Lösungen, angereichert mit flüssigem Eiweiß oder Rinder-Albumin.

Brinster führte ausführliche Studien über die Nahrungsbedürfnisse von Mäuse-Embryonen *in vitro* durch. Sein Kulturmedium, eines der gebräuchlichsten für Embryonal-Kulturen ist in Tab. 20 (S. 208) aufgeführt. Mulnard hat auf empirische Weise ein Kulturmedium entwickelt, das besonders befriedigend zu sein scheint.

4.1.2.5.4 Kultur von Säugetier-Embryonen vor der Implantation

Säugetier-Embryonen wurden vom einfachen Zellstadium bis zu Blastozysten mehr oder weniger erfolgreich gezüchtet, wobei in den letzten Jahren beachtliche Fortschritte gemacht wurden. Die meisten Untersuchungen wurden mit Mäuse- oder Kaninchen-Embryonen durchgeführt. Die Maus hat theoretisch den Vorzug, daß man bei ihr durch Injektion von Hormonen sehr leicht eine Superovulation erzeugen kann, wodurch man eine große Anzahl von Embryonen in einem definierten Entwick-

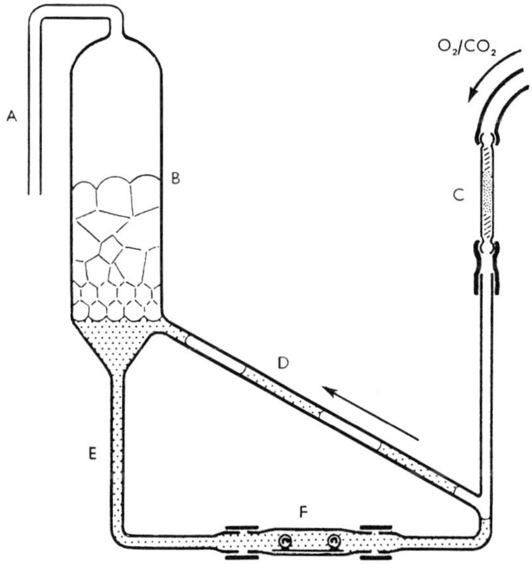

Fig. 32 News Zirkulator zur Züchtung von Embryonen nach der Implantation.
Die Deckglas-Kulturen werden in Kammer F gelegt. Das Medium ist punktiert angegeben. Der O_2/CO_2-Fluß durch Filter C ist so eingestellt, daß die im Arm D aufsteigenden Blasen Kulturmedium mit gleichmäßig langsamer Geschwindigkeit zur Kammer B bringen, die die Blasen entfernt. Das Gas strömt dann durch A, während das nun Sauerstoff-angereicherte Medium durch die abwärtsführende Röhre E zur Kulturkammer zurückkehrt.

lungsstadium erhalten kann. Doch hat sich herausgestellt, daß der Kaninchen-Embryo viel leichter zu züchten ist. Während der aus 2–4 Zellen bestehende Mäuse-Embryo nur mit Schwierigkeiten einen Blastozysten bildet, entwickelt sich die befruchtete Kaninchen-Eizelle in einem sehr einfachen Kultur-Medium ohne jede Mühe zu einem Blastozysten.

4.1.2.5.5 Kultur von Säugetier-Embryonen nach der Implantation

Säugetier-Embryonen nach der Implantation können in vieler Hinsicht als jungen Hühner-Embryonen ähnlich angesehen werden, die früher (Abschn. 4.1.1.5.1) beschrieben wurden. Das technische Hauptproblem besteht darin, den Embryo in unverletztem Zustand zu entnehmen. Dies macht eine sehr vorsichtige Sezierung erforderlich. Die Embryonen können dann wie Organkulturen in der üblichen Weise gezüchtet werden. Eine genaue Beschreibung der Technik kann man in der Veröffentlichung von New und Stein finden.

New hat Methoden für die Züchtung von Ratten-Embryonen nach der Implantation entwickelt. Er erzielte besonders gute Erfolge mit einem Gerät, bei dem das Medium in einem Kreislauf zirkuliert und gleichzeitig mit Sauerstoff und Kohlendioxid begast wird (Fig. 32). Mit diesem Apparat war es ihm möglich, Ratten-Embryonen in einem zirkulierenden, homologen Serum vom 5–10ten Somiten-Stadium bis zum 30–35sten Somiten-Stadium und von ungefähr 25 Somiten zu 40–45 Somiten zu bringen. Die optimale Fließgeschwindigkeit hing von der Größe des Embryos ab.

Literatur

Auerbach, Susan & Brinster, R. L. (1968). Effect of oxygen concentration on the development of two-cell mouse embryos. Nature 217, 465.

Biggers, J. D., Gwatkin, R. B. L. & Brinster, R. L. (1962). Development of mouse embryos in organ cultures of fallopian tubes on a chemically defined medium. Nature (Lond.) 194, 747.

Biggers, J. D., Moore, B. Dianne & Whittingham, D. G. (1965). Development of mouse embryos in vivo after cultivation from two-cell ova to blastocysts in vitro. Nature 206, 734.

Billington, W. D., Graham, C. F. & McLaren, Anne (1968). Extra-uterine development of mouse blastocysts cultured in vitro from early cleavage stages. J. Embryol. exp. Morphol. 20, 333.

Brinster, R. L. & Thomson, J. L. (1966). Development of eight-cell mouse embryos in vitro. Exp. Cell Res. 42, 308.

Brinster, Ralph L. (1965). Studies on the development of mouse embryos in vitro. I. The effect of osmolarity and hydrogen ion concentration. J. exp. Zool. 158, 49.

Brinster, Ralph L. (1965). Studies on the development of mouse embryos in vitro. II. The effect of energy source. J. exp. Zool. 158, 59.

Brinster, Ralph L. (1965). Studies on the development of mouse embryos in vitro. III. The effect of fixed-nitrogen source. J. exp. Zool. 158, 69.

Brinster, R. L. (1963). A method for in vitro cultivation of mouse ova from two-cell to blastocyst. Exp. Cell Res. 32, 205.

Britt, L. G. & Herrmann, H. (1959). Protein accumulation in early chick embryos grown under different conditions of explantation. J. Embryol. exp. Morph. 7, 66.

Butros, J. (1963). Differentiation of explanted fragments of early chick blastoderm. II. Culture on protein-deficient medium enriched with RNA. J. exp. Zool. 154, 125.

Chang, M. H. (1948). Transplantation of fertilized rabbit ova: the effect on viability of age, in vitro storage period and storage temperature. Nature (Lond.) 161, 978.

Grau, C. R., Klein, N. W. & Lau, T. L. (1957). Total replacement of the yolk of chick embryos. J. Embryol. exp. Morph. 5, 210.

Hammond, J. (1949). Recovery and culture of tubal mouse ova. Nature (Lond.) 163, 28.

Klein, N. W., McConnell, E. & Buckingham, B. J. (1962). Growth of explanted chick embryos on a chemically defined medium and effects of specific amino acid deficiencies. Develop. Biol. 5, 296.

Maximow, A. (1925). Tissue cultures of young mammalian embryos. Contr. Embryol. Carneg. Instn. 16, 49.

Mulnard, J. G. (1967). Analyse microcinematographique du developpement de l'œuf de souris du stade II au blastocyste. Arch. de Biol. 78, 107.

New, D. A. T. & Stein, K. F. (1963). Cultivation of mouse embryos in vitro. Nature (Lond.) 199, 297.

New, D. A. T. & Stein, K. F. (1964). Cultivation of post-implantation mouse and rat embryos on plasma clots. J. Embryol. exp. Morph. 12, 101.

New, D. A. T. (1966). The Culture of Vertebrate Embryos. London: Logos Press.

New, D. A. T. (1967). Development of explanted rat embryos in circulating medium. J. Embryol. exp. Morphol. 17, 513.

Nicholas, J. S. & Rudnick, D. (1938). Development of rat embryos of egg-cylinder to head-fold stages in plasma cultures. J. exp. Zool. 78, 205–232.

O'Brien, B. R. A. (1961). Development of haemoglobin by de-embryonated chick blastoderms cultured in vitro and the effect of abnormal RNA upon its synthesis. J. Embryol. exp. Morph. 9, 202.

Pincus, G. (1936). The Eggs of Mammals. New York: Macmillan.

Rudnick, D. (1938). Differentiation in culture of pieces of the early chick blastoderm. I. The definitive primitive streak and head process stages. Anat. Rec. 70, 351.

Rudnick, D. (1938). Differentiation in culture of pieces of the early chick blastoderm. II. Short primitive streak pieces. J. exp. Zool. 79, 399.

Schwartz, P. L., Wettenhall, R. E. H. & Bornstein, J. (1968). The growth of new-born rat tibiae in a continuous-flow organ culture system. J. exp. Zool. 168, 517.

Spratt, N. T., Jr. (1946). Formation of the primitive streak in the explanted chick blastoderm market with carbon particles. J. exp. Zool. 103, 259–304.

Spratt, N. T., Jr. (1947b). Development in vitro of the early chick blastoderm explanted on yolk and albumen extract saline-sugar substrata. J. exp. Zool. 106, 345–365.

Spratt, N. T., Jr. (1948). Development of the early chick blastoderm on synthetic media. J. exp. Zool. 107, 39–64.

Waddington, C. H. (1932). Experiments on the development of chick and duck embryos, cultivated in vitro. Phil. Trans. B 221, 179.
Waterman, A. J. (1933). Development of young rabbit blastocysts in tissue culture and in grafts. Amer. J. Anat. 53, 317–345.
Whitten, W. R. (1956). Culture of tubal mouse ova. Nature (Lond.) 177, 96.

4.1.3 Gewebe-Dissoziations-Methoden

4.1.3.1 Herstellung von Zellsuspensionen aus frischen Geweben

Rous und Jones beschrieben 1916 den Gebrauch von *Trypsin,* um das zur Gewebekultur verwandte Plasmagerinnsel aufzulösen. Sie zeigten, daß die Zellen nach einer derartigen Trennung wieder auf Deckglas ausgesät werden konnten. Zu dieser Zeit schien die Methode wenig Anwendungsmöglichkeit zu bieten. Viele Jahre später (1952) erschien eine Arbeit von Moscona, in der er die Auflösung embryonaler Gliedmaßen-Anlagen durch Behandlung mit Trypsin beschrieb. Die Zellsuspensionen konnten anschließend gezüchtet werden. Im selben Jahr beschrieb Dulbecco eine Methode zur Herstellung von Hühnerembryo-Gewebekulturen, wobei er den ganzen Embryo mit Trypsin auflöste. Diese Methode ist dann bei sehr vielen embryonalen und ausgewachsenen Geweben angewandt worden.

Die *interzellulären Substanzen* unterscheiden sich in den verschiedenen Geweben stark: Von Mucopolysacchariden bis zu faserartigen Proteinen reicht das Spektrum, das zusätzlich zu den Kohlenhydraten und Proteinen noch anorganische Salze, z. B. in den Knochen, umfaßt. Daher darf man vermuten, daß verschiedene Gewebe eine unterschiedliche Behandlung zur Auflösung verlangen. Bei ausgewachsenen Geweben trifft dies im allgemeinen zu, wahrscheinlich wegen der Bildung großer Mengen interzellulärer Stoffe spezieller Art. Doch können Embryonal-Gewebe, ausgewachsene und neoplastische Gewebe mit wenig Matrix mit einer der drei folgenden Techniken oder einer Kombination derselben aufgelöst werden:

1. *Mechanisches Auseinanderreißen,*
2. *Enzymatische Verdauung,*
3. *Behandlung mit Chelatkomplex-bildenden Stoffen.*

4.1.3.1.1 Mechanisches Auseinanderreißen

Mechanisches Auseinanderreißen wird nicht oft allein verwendet, da es schwierig ist, homogene Suspensionen ohne Zellschädigung zu erzielen. Manchmal freilich kann man die Methode allein verwenden. So können lebensfähige Rohsuspensionen aus Hühnerembryonal-Gewebe dadurch gewonnen werden, daß man den Embryo durch eine Kanüle wie durch eine Düse drückt. Lasfargous und Ozello erhielten lebensfähige Suspensionen menschlicher Brusttumoren, indem sie Gewebestücke mit einem sehr scharfen Messer in kleine Stücke zerhackten, um die Zellen aus dem faserigen Bindegewebe freizusetzen. Gewöhnlich wird aber die mechanische Auftrennung mit einer der anderen, oben erwähnten Methoden kombiniert. Zum Beispiel werden die Gewebe vor der Behandlung mit Enzymen oder Chelatkomplex-bildenden Stoffen gewöhnlich in sehr kleine Stücke geschnitten, wobei die Behandlung selbst unter ziemlich heftigem Schütteln abläuft, was die Gewebsauflösung fördert.

4.1.3.1.2 Enzymatische Verdauung

Unter den vielen Enzymen, die zur Gewebsauflösung benützt wurden, wird *Trypsin* bei weitem am häufigsten verwendet. Andere, erfolgreich ausprobierte sind: *Kollagenase, Elastase,* eine *Mucase, Pankreatin, Papain, Pronase* und eine Zubereitung aus Schneckenlebern.

Bei seinen umfangreichen Forschungsarbeiten über Enzyme zur Auftrennung von Geweben fand Rinaldini hochgereinigte *Elastase* im allgemeinen unwirksam, außer bei der nicht keratinisierten Haut des jungen Hühnerembryo (13 Tage). Er fand auch, daß *Hyaluronidase* fast völlig unwirksam ist. Doch erhielt er eine gute Auflösung bei verschiedenen Embroyonal-Geweben mit einer rohen elastolytischen Zubereitung aus Pankreas, der eine mucolytische und eine proteolytische Fraktion enthielt.

Hinsichtlich *Trypsin* und *Pankreatin* (ein Roh-Extrakt aus Pankreas-Enzymen) fand Rinaldini, daß gereinigtes Trypsin zur Trennung von Zellen etablierter Kulturen wirksamer ist als Pankreatin, das sich aber als besser für die Auftrennung tierischer Gewebe erwies. Wenn reines, kristallisiertes *Trypsin* für diesen Zweck verwendet wird, neigen die Zellen dazu, mit langen, schleimigen Fasern zusammenzukleben. Pankreatin enthält wahrscheinlich einige *Mucasen,* die dieses Material verdauen. Auerbach und Grobstein empfehlen auf der Grundlage voneinander unabhängiger Beobachtungen eine Mischung aus Trypsin und Pankreatin. Einige Forscher behaupteten, daß ein großer Teil des schleimigen Materials DNS aus zerstörten Zellen ist und haben den Gebrauch von *Desoxyribonuclease* zur Auflösung empfohlen. (Die meisten Pankreas-Rohextrakte zeigen auch Nuclease-Aktivitäten.)

Einige Gewebe, insbesondere von erwachsenen Tieren, widersetzen sich hartnäckig der Trypsin-Behandlung wegen ihres Kollagen-Gehaltes.

Kollagenase ist oft besonders in Kombination mit Trypsin bei der Gewinnung einer Zellsuspension wirksam.

Papain, eine Mischung von Proteasen aus der Papaya-Pflanze, wurde mit Erfolg als 1/1000 Lösung in BSS mit 0,02% Cystein-hydrochlorid verwendet. Cystin ist nötig, um die Enzym-Präparation zu aktivieren. Wegen seiner Fähigkeit zur Auflösung interzellulärer Proteine wird es als Rindfleisch-Weichmacher benützt.

Bakterielle *Proteasen,* besonders *Pronase* und *Nagarase* wurden auch erfolgreich benützt, um Zellen aus Zellschichten zu lösen.

Für die Auftrennung von Insektengeweben haben Martignoni, Zitcer und Wagner einen Enzym-Extrakt aus Schneckenlebern hergestellt. Dieser Extrakt enthält viele proteolytische Enzyme, einschließlich *Chitinasen.* Man erhielt lebensfähige Zellsuspensionen nach Behandlung mit diesem Extrakt.

4.1.3.1.3 Chelatkomplex-bildende Stoffe

Bestimmte Gewebe, besonders Epithelgewebe, scheinen zweiwertige Kationen für ihre Integrität zu benötigen, besonders *Calcium* und *Magnesium.* Entfernt man diese Ionen durch bindende Substanzen (Chelatkomplex-Bilder), kann das Gewebe ziemlich leicht aufgetrennt werden. Die gebräuchlichsten Mittel sind *Zitrate* und *Äthylendiamintetraessigsäure (EDTA, Versene* oder *Sequestrene).* Obwohl Melnick EDTA benützte, um frisches Nierengewebe aufzutrennen, werden diese Mittel selten für frische Gewebe verwendet. Ihre Hauptanwendung ist die Herstellung von Zellsuspensionen aus etablierten Kulturen des Epitheltyps. Eine bemerkenswerte Ausnahme davon bildet jedoch die von Anderson entwickelte Technik zur Herstellung von Leberzellen-Suspensionen. Er perfundierte die Leber mit Zitrat und vervollständigte die Auftrennung, indem er das Gewebe durch Mull preßte. Diese Technik wurde bis jetzt noch nicht mit großem Erfolg zur Gewinnung von Zellinien angewandt, scheint aber zukünftig vielversprechend.

Besonders *Trypsin* wurde in großem Umfang zur Auflösung von Geweben verwendet; einige Anwendungen sollen beschrieben werden. Es muß betont werden, daß Trypsin nicht alle Gewebe angreift. Die meisten Embryonal-Organe werden leicht aufgelöst, ausgewachsene Organe mit einem hohen Gehalt an Bindegewebe wiederstehen. Allerdings können ausgewachsene Organe mit einem ziemlich niedrigen Gehalt an Bindegewebe, wie Niere, ganz leicht behandelt werden. Die ursprüngliche Technik von Moscona ist wie folgt:

4.1.3.1.4 Auftrennung embryonaler Gliedmaßen-Anlagen (Moscona 1952)

Gliedmaßen-Anlagen von 4–5 Tage alten Hühner-Embryonen werden erst wiederholt in BSS gewaschen und anschließend in einer Salzlösung ohne Calcium und Magnesium (NaCl 8,00 g, KCl 0,20 g, $NaH_2PO_4 \cdot H_2O$ 0,005 g, $NaHCO_3$ 1,00 g, Glucose 2,00 g in 1 Liter Wasser). Sie werden in eine Lösung von 3% Trypsin (BDH) in dieser BSS übertragen und bei 38 °C 10–12 Min. stehengelassen. Die Epidermis kann dann vom darunter liegenden Gewebe abgetrennt werden, das Muskel- vom Knorpel-Blastem. Die abgetrennten Teile werden in kleine Stückchen geschnitten und wieder in Trypsin-Lösung gebracht. Durch 1%ige KOH-Lösung wird der pH-Wert auf 8,4 bis 8,6 gebracht. Die Zellen sind nach 15–20 Min. aufgetrennt und brauchen nur noch etwas Behandlung mit einer Pipette, um den Prozeß zu beenden. Nach dem Auswaschen, bei dem man sie mit Salzlösung behandelt und abzentrifugiert, werden sie in Wachstumsmedium suspendiert; schließlich läßt man sie auf Glas absitzen.

Der beschriebene Prozeß stellt für die Zelle eine ziemlich grobe Behandlung dar; die meisten heute verwendeten Methoden sind entschieden schonender. So empfehlen Auerbach und Grobstein für die Auftrennung von Hühner-Embryonen eine 3%ige Lösung einer Mischung aus 3 Teilen Trypsin (Difco 1/250) und ein Teil Pankreatin (4 × USP) in Tyrodes Lösung ohne Calcium- und Magnesiumsalze. Zehn- bis zwölfminütiges Umrühren bei 37,5 °C reicht, um eine Auftrennung zu erreichen. Besonders bei einer Trypsin-Behandlung zum Klonieren von Zellen wird empfohlen, so schonend wie möglich zu verfahren. Am meisten wird Trypsin in 0,5%iger Lösung in BSS verwendet. Dulbeccos Phosphat-gepufferte Saline (PBS) wird oft als Lösungsmittel verwendet. HEPES-gepufferte Saline wird von einigen zur Lösung von Trypsin bevorzugt. Es hat den Vorzug, daß der pH-Wert bei guter Pufferung nicht abweicht. In der Praxis bietet es wenig Vorteil gegenüber PBS. Folgende Methode wird bei einigen biochemischen und virologischen Studien erfolgreich angewandt.

4.1.3.1.5 Herstellung embryonaler Rumpfzellen durch Trypsinierung

14–15 Tage alte Hühner-Embryonen werden geköpft und ausgenommen. Haut, Flügel und Füße werden entfernt. Das restliche Gewebe wird mit einer Schere ganz fein zerschnitten und wiederholt in BSS zur Entfernung der Erythrozyten gewaschen. Daraufhin wird dem Gewebebrei das vier- bis fünffache Volumen einer 0,5%igen Trypsin-Lösung (1/250 Difco) zugefügt. Die Suspension wird in ein Roller Tube gebracht; man läßt sie bei 38 °C rotieren und stellt den pH auf ungefähr 7,6 ein. Nach ungefähr 20 Min. wird das Glas aus dem Rotiergestell genommen und der Inhalt mit einer Pipette mit weiter Öffnung ein- oder zweimal auf- und abgesaugt. Den Inhalt läßt man 1 Min. lang stehen, damit sich die größeren Bruchstücke absetzen. Der rohe Überstand wird in ein Zentrifugen-Glas überführt, zentrifugiert und der Trypsin-haltige Überstand verworfen. Nach Suspension in Wachstumsmedium wird das Material in passende Gefäße eingesät. Nach 48 Stunden wird das Medium entfernt und durch 0,5%iges Trypsin ersetzt. Nach ungefähr 10 Min. werden die Zellen wieder suspendiert. Dieses Mal wird die Suspension durch ein feines, rostfreies Metalldrahtsieb filtriert, zentrifugiert, wieder suspendiert und in frische Gefäße eingesät. Die entstehende Kultur besteht in der Hauptsache aus Muskelzellen.

Die hauptsächlichste Anwendung dieser Art Technik liegt in der Herstellung von Einschicht-(Monolayer)-Kulturen aus Amnion oder Nierenepithel-Zellen für die Virusforschung. Da man hierfür eine große Menge Zellen braucht, wurde diese Technik hauptsächlich durch Einführung mechanischer Geräte modifiziert, die einen Teil oder den ganzen Prozeß automatisch durchführen. Wie bei den vorstehenden Methoden wird das Auftrennen der Zellen gewöhnlich mit Hilfe von Trypsin (0,25–0,5% Difco-Qualität 1/250) erreicht; Melnicks Gruppe hat allerdings gezeigt, daß Versene, ein stark Chelatkomplex-bildender Stoff, genauso wirksam und manchmal vorzuziehen ist.

Versene ist Diaminoäthantetraessigsäure und wird auch *EDTA* bezeichnet (Äthylendiamintetraessigsäure). Es wird in einer Konzentration von 200 mg pro Liter in einer gepufferten Lösung, die frei von Calcium- und Magnesiumionen ist, verwendet. Eine geeignete Lösung wird auf S. 228 beschrieben, wo ihr Gebrauch für die Übertragung von Zellinien beschrieben wird. Das Di-Natriumsalz ist löslich. In der beschriebenen Methode kann es Trypsin ersetzen. Aber man muß bei seiner Anwendung darauf achten, daß alle Wasch-Vorgänge mit Calcium- und Magnesiumfreien Salzlösungen durchgeführt werden.

Die *mechanischen Geräte,* auf die oben hingewiesen wurde, basieren alle auf dem Gebrauch einer *Erlenmeyer-Flasche* mit Kerben auf jeder Seite zur Förderung der Durchmischung bei Verwendung eines Magnetrührers. Eine weitere Verbesserung der Flasche betrifft entweder ein

a *b*

Fig. 33 Gefäße zur Behandlung mit Trypsin
a) zur kurzzeitigen Trypsinierung
b) zur kontinuierlichen Trypsinierung (Bellco Glass Inc.)

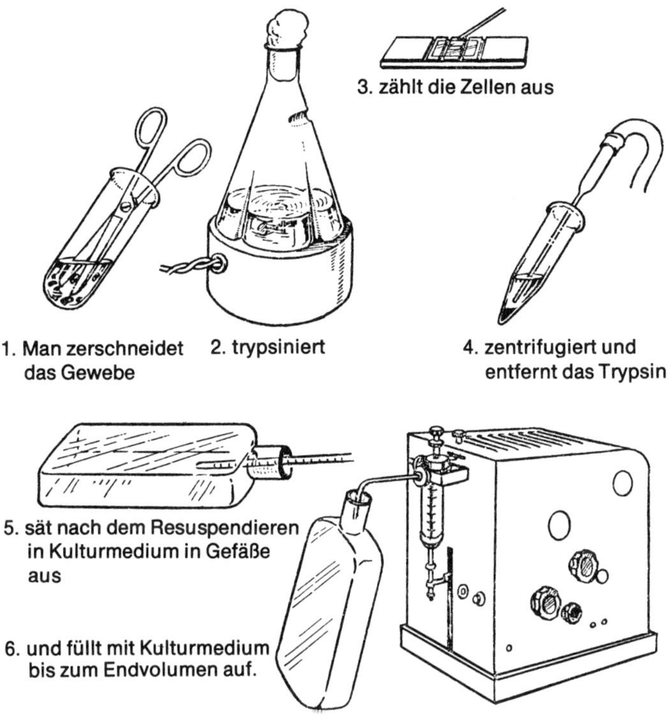

Fig. 34 Trypsinierung von frischem Gewebe

waagrechter Grat an einer Seite des Halses oder eine an einer Seite bauchig ausgeblasene Ausstülpung. Dadurch sollen große Einzelstückchen beim Dekantieren zurückgehalten werden. Das ausgereifte Gefäß besteht aus einer Flasche mit Kerben wie zuvor und mit einem Ausflußrohr unterhalb der Mitte des Bodens. Eine perforierte Scheibe an diesem Ausfluß hält große Teilchen davor zurück, in das Ausflußrohr zu fallen und die Zentrifugal-Bewegung des Rührers treibt die meisten Teilchen davon weg gegen die Wand. Eine bestimmte Trypsin-Menge fließt in die Flasche, während eine entsprechende Menge Zellsuspension durch die Ausflußröhre mit konstanter Geschwindigkeit ausfließt. Für Arbeiten in sehr großem Maßstab wie für die Herstellung von Impfstoffen wurden vollautomatische Geräte zur Trypsinierung der Gewebe entwickelt.

4.1.3.1.6 Trypsinierung von Affennierengewebe

1. Die Nieren werden aseptisch entnommen, entweder sofort nach dem Tod oder durch Nephrektomie unter Anästhesie, bevor das Tier getötet wird. Sie werden sofort entkapselt

und das Nierenbecken weggeschnitten. Das Nierengewebe wird dann mit Hilfe einer langen Schere in BSS in kleine Stücke der Größe 3–5 mm geschnitten.

2. Das BSS wird abdekantiert, durch mehr BSS ersetzt und dieses wieder abgegossen. 5–10 g schwere Gewebeteilchen werden in einen 500 ml-Erlenmeyerkolben der oben beschriebenen Art überführt und ungefähr 100 ml einer vorgewärmten Trypsin-Lösung zugegeben. Ein steriler, mit Silicon überzogener Magnet wird hineingebracht, die Flasche auf einen Magnetrührer gestellt, der auf eine ziemlich langsame Geschwindigkeit eingestellt wird.

3. Nach ungefähr 20 Min. wird die überstehende Flüssigkeit abgegossen und weitere 100 ml warme Trypsin-Lösung zugeführt. Nach weiteren 20 Min. wird die nächste Zell-„Ernte" dekantiert und in sterile Zentrifugenröhrchen gegeben.

4. Auf diese Weise gewinnt man 3 oder 4 Ernten, bis nur noch faseriges Material zurückbleibt. Proben der vereinigten Zellsuspensionen werden zum Zählen abgenommen, die Suspensionen dann bei 1000 g 5 Min. lang zentrifugiert und in Wachstumsmedium suspendiert (2% Kälberserum in Medium 199). Nach Bestimmung der Zellzahl wird das Volumen mit Medium so eingestellt, daß die Zellkonzentration ungefähr 3×10^5 Zellen/ml beträgt.

5. Die Zellsuspension wird in Flaschen eingesät (15 ml pro T60 Flasche oder 500 ml Arzneiflasche, 50 ml pro Penicillin-Kulturflasche, 80 ml pro Roux-Flasche, 400 ml pro Diphtherie-Toxin-Flasche) und in den Brutschrank gestellt.

4.1.3.1.7 Herstellung primärer menschlicher Amnion-Zellen durch Trypsinierung

Nach Möglichkeit versucht man die Nachgeburt in einem sterilen Behälter geliefert zu bekommen und zwar so, daß keine Verunreinigung mit Desinfektionsmitteln vorkommt. Innerhalb von 12 Std. trennt man das Amnion vom Chorion und wäscht es mehrere Male in Calcium- und Magnesium-freier BSS, die 100 Einheiten Penicillin und 100 µg Streptomycin pro Liter enthält. Das Amnion kann so bis zu 24 Std. in BSS aufbewahrt oder sofort weiterverarbeitet werden.

Trypsinierungs-Methode (Dunnebacke und Zitcer).

1. Man breitet die Amnion-Membran in einer großen Petrischale mit 50 ml einer 0,25%igen Trypsin-Lösung (Difco 1/250) in Calcium- und Magnesium-freier BSS aus.

2. Nach einer Stunde gibt man die Membran in einen 750 ml-Erlenmeyerkolben, der 200 ml einer 0,25%igen Trypsin-Lösung enthält. Man schüttelt mit der Hand oder mechanisch.

3. Nach 2–4 Std. sind die Zellen von der Membran befreit, die nun 2 oder 3mal in Puffer gewaschen werden.

4. Man vereinigt die Zellsuspensionen des zweiten und dritten Schrittes und zentrifugiert 10 Min. lang bei 1000 Upm. Man suspendiert wieder in Medium und zählt die Zellen (eine Membran liefert $2–6 \times 10^8$ Zellen).

5. Man verdünnt die Zellen mit Wachstumsmedium (20% menschliches Serum in Medium 199) auf eine Konzentration von 10^6 Zellen/ml und sät in Kulturgefäße aus.

6. Die Kulturzellen sind nach 5–10 Tagen Inkubationszeit zusammengewachsen.

Das Medium muß alle 7 Tage gewechselt werden. Sekundär-Kulturen können durch Behandlung mit Trypsin oder Versen zubereitet werden (Abschn. 4.2.1.1). Aus diesen Zellen entstehen aber selten permanente Linien.

4.1.3.1.8 Kalte Trypsinierung

Bei allen oben genannten Methoden werden die Gewebestückchen fortwährend in *Trypsin-Lösungen* bei ungefähr 37 °C inkubiert. Eine höhere Ausbeute lebensfähiger Zellen kann man jedoch oft dadurch erreichen, daß man die Gewebestückchen zunächst in der Kälte mit Trypsin-Lösung durchtränkt.

Das Gewebe wird in kleine Teilchen zerschnitten, man gibt 0,25%ige Trypsin-Lösung zu, läßt 20–30 Min. bei Zimmertemperatur stehen, zentrifugiert und verwirft den Überstand. Dann werden 10–20 Volumenteile kalter 0,25%iger Trypsin-Lösung zugefügt und das Gefäß mit Gewebe und Trypsin-Lösung im Kühlschrank über Nacht stehengelassen. Am folgenden Morgen wird das Gefäß in ein 37 °C warmes Bad gegeben und 15–20 Min. inkubiert. Das Gewebe wird dann durch Pipettieren zerteilt.

Durch Einweichen in Trypsin-Lösung kann das Trypsin in das Gewebe eindringen, doch durch die niedrige Temperatur erfolgt keine enzymatische Verdauung; auch ist der Stoffwechsel so weit reduziert, daß Sauerstoff und Nährstoffe in das Gewebe so schnell eindringen können, wie sie verbraucht werden. Wenn man nun die Temperatur auf 37 °C bringt, lösen die Trypsin-Moleküle im Gewebe sehr schnell das interzelluläre Material auf.

4.1.3.1.9 Gewebsauflösung mit Pronase

Man kann *Pronase* anstatt von Trypsin verwenden. Es wird als 0,25%ige (w/v) Lösung in PBS zubereitet. Dabei muß man unlösliche Stoffe durch Zentrifugieren (bei 100 g 10 Min. lang) abtrennen. Man kann die Lösung dann durch Filtration durch Membran-Filter sterilisieren; sie ist in gefrorenem Zustand haltbar. Sie kann genau wie Trypsin verwendet werden. Doch während Trypsin bei Medium-Zugabe durch den *Trypsin-Seruminhibitor* gehemmt wird, wird Pronase nicht gehemmt. Die Zellsuspensionen müssen deshalb zweimal durch Zentrifugieren und Resuspendieren zur Entfernung der Pronase gewaschen werden, bevor man sie schließlich in Wachstumsmedium einsät. Die Verwendung von Pronase ist nicht vorteilhaft, wenn ein Monolayer für Subkulturen zu suspendieren ist. Pronase ist aber wirksamer und schneller, wenn es gilt, einige Gewebe zur Herstellung von Zellsuspensionen für Primärkulturen zu dissoziieren.

4.1.3.1.10 Kollagenase

Kollagenase ist besonders für die Auftrennung von Geweben, speziell ausgewachsener, zur Herstellung von Primärkulturen nützlich. Es wird in einer Konzentration von 0,25% in Calcium- und Magnesium-freier Saline verwendet. Eine besonders nützliche Kombination ist CTC-Lösung, die 0,25% Kollagenase, 0,1% Trypsin und 10% Hühnerserum in Calcium- und Magnesium-freiem Hanks BSS enthält. Diese Lösung wird in genau gleicher Weise wie die Trypsinlösung für die Gewebe-Auflösung verwendet. Man kann verschiedene Qualitätsarten von Kollagenase verwenden. Die am wenigsten gereinigten Qualitäten enthalten andere Enzyme, z. B. Protease und Polysaccharidase. Im allgemeinen haben sie sich nicht als schädlich erwiesen, aber wenn Probleme mit rohen Präparaten auftauchen, sollte man es natürlich mit gereinigten Zubereitungen versuchen. Für Kulturzwecke ist es am besten, die Kollagenase von Worthington Biochemical Corporation zu verwenden (S. 434), die als CLS-Gewebekulturqualität aufgeführt ist. Einige Gewebe, z. B. Brustdrüsen, sind besonders schwierig zu dissoziieren, ohne daß die Lebensfähigkeit der Zellen völlig verloren geht. Für dieses Gewebe und andere ähnliche haben Wiepdes und Prop eine Methode *stufenweiser Auflösung* erarbeitet. Das Gewebe wird zuerst mit *Kollagenase* und *Hyaluronidase* behandelt, um des Bindegewebe zu lockern, das dann mit *Pronase* und *Trypsin* verdaut wird. Von der Methode wird behauptet, daß sie fast theoretische Ausbeuten an Mäusebrustdrüsen-Zellen liefert.

Das Gewebe wird zuerst in Calcium- und Magnesium-freier BSS (CMF) fein zerschnitten und dann 15 Min. in dieser Lösung auf einem Kreis-Schüttler inkubiert. Der Schüttler arbeitet mit 80 Upm bei 2 cm Rotations-Durchmesser. Die Gewebestückchen werden in eine Lösung übertragen, die 0,125% Kollagenase und 0,1% Hyaluronidase in CMF plus 4% demineralisiertes Rinder-Albumin enthält. Das Schütteln wird auf dem Kreis-Schüttler weitere 45 Min. fortgeführt. Das Gewebe wird dann in eine 2,5%ige Pronase-Lösung gegeben (die Autoren machten dies ursprünglich in Medium 199). Die Inkubation mit gleichzeitigem Schütteln auf dem Kreis-Schüttler wird eine Stunde lang weitergeführt; dies bewirkt eine vollständige Auflösung des Gewebes. Die Zellen werden dann gesammelt, wieder in Medium suspendiert und mit der Standardmethode eingesät. Falls eine schleimige Substanz die Resuspension verhindert, kann man diese durch Zugabe von 3 Tropfen einer 0,04%igen *DNase-Lösung* zu 20 ml Medium auflösen.

4.1.3.2 Klonieren primär dissoziierter Gewebs-Einzelzellen

Wird eine durch Trypsinierung gewonnene Zellsuspension genügend verdünnt und in Kulturgefäße eingesät, können sich aus einzelnen Zellen Kolonien entwickeln. Diese für Zellinien in Abschn. 4.2.1.1 ausführlicher beschriebene Technik wurde von einigen Wissenschaftlern benützt, um die Zellarten zu bestimmen, die unter Kulturbedingungen überleben. Die Klonierausbeute (engl. plating efficiency) primärer Gewebseinzelzellen ist sehr gering: Bei manchen Geweben liegt sie im Bereich von 10^{-5} bis 10^{-6}.

4.1.3.3 Technik zur Fraktionierung von Zellen aufgrund unterschiedlicher Haftfähigkeit

Die Geschwindigkeit, mit der verschiedene Zelltypen aus dissoziierten Geweben auf Glas oder Plastikmaterial fest anhaften, schwankt beträchtlich. Diese Eigenschaft kann manchmal für eine rohe Zellfraktionierung verwendet werden. Z. B. können Fibroblasten und Makrophagen, die schnell und fest anhaften, sauber von Zellen des lymphozytischen Typs getrennt werden, die gar nicht anhaften. Diese Technik wurde benützt, um Myocard- von Epithelzellen zu trennen. Die Anwendung zur Kultur von primären Rattenmyoblasten sei hier ausgeführt.

Kultur von Rattenskelettmyoblasten. Neugeborene Ratten sind eine gute Quelle für Skelettmuskeln. Sie werden mit Trypsin aufgetrennt und mit der Standardmethode in einer Dichte von 3×10^6 pro 60 mm Petrischale ($1{,}5 \times 10^5$ Zellen pro cm^2) gezüchtet. Die Übertragung der Kulturen geschieht in der üblichen Weise, abgesehen davon, daß es manchmal gut ist, eine Aussaat von ungefähr 40 Min. auf „intermediären" Schalen dazwischenzuschieben. Nicht-Muskelzellen haften schneller als Myoblasten. Durch Übertragung des Mediums mit den suspendierten Zellen am Ende der 40 Min. kann man eine wesentlich reichhaltigere Kultur erhalten.

Die Myoblasten sollten nach ungefähr 50 Std. zusammenwachsen. Die Fusion kann man dadurch kontrollieren, daß man die Zellen zuerst in einem Calcium-armen Kulturmedium wachsen läßt, das eine Fusion verhindert, und dann die Calcium-Konzentration wieder richtig einstellt. Die Fusion zu Muskelfasern geschieht dann gewöhnlich innerhalb von 2 Std. Myoblasten können mit Standardmethoden kloniert werden; einige myogene Zellinien erhielt man dadurch, daß man Zellen bei niedriger Dichte passagierte.

4.1.3.4 Gewebswiederherstellung

Die meisten dissoziierten Kulturen werden als *Einschicht-Kulturen (Monolayers)* wie oben beschrieben gehalten. Wenn man sie jedoch in Suspension hält, z. B. durch ständiges Umrühren, aggregieren einige Gewebezellen, besonders embryonale, und bilden wieder eine neue Gewebestruktur.

Es wurden einige Systeme mit dem Ziel entwickelt, Zellen in dem Zustand wie im Gewebe zu halten. Besonders Knazek, Kohler und Dedrick (1972) haben ein künstliches *Kapillarsystem für die Gewebekultur* entwickelt. Dieses besteht aus einer Glasröhre, die ein gemischtes Bündel aus 340 µm starken Polymer-Kapillaren und 260 µm starken Silicon-Polycarbonat-Kapillaren enthält. Die Zellen wachsen innerhalb der Röhre in den Zwischenräumen der Kapillaren, durch welche Sauerstoff-reiches Kulturmedium perfundiert. Die Polymer-Kapillaren sind für Moleküle mit weniger als 50 000 Mol. Gew. durchlässig, während die Silicon-Polycarbonat-Kapillaren für Gase durchlässig sind. Dieser Typ einer Kulturanordnung ergibt eine Umgebung, die der des Gewebekapillarbettes sehr nahe kommt.

Literatur

Auerbach, R. & Grobstein, C. (1958). Inductive interaction of embryonic tissues after dissociation and reaggregation. Exp. Cell Res. 15, 384.

Barski, G. (1956). Modèle perfectionné d'un appareil a trypsinisation des tissus pour cultures cellulaires. Ann. Inst. Pasteur (Paris) 91, 103.

Bishop, L. W. J., Smith, M. K. & Beale, A. J. (1960). An apparatus for producing trypsinized monkey kidney cell suspensions. Virology 10, 280.

Bodian, D. (1956). Simplified method of dispersion of monkey kidney cells with trypsin. Virology 2, 575.

Dulbecco, R. & Vogt, M. (1954). Plaque formation and isolation of pure lines with poliomyelitis viruses. J. exp. Med. 99, 167.

Foley, J. F. & Aftonomos, B. (1970). The use of pronase in tissue culture: a comparison with trypsin. J. Cell Physiol. 75, 159.

Gwatkin, R. B. L. & Thomson, J. L. (1964). A new method for dispersing the cells of mammalian tissues. Nature (Lond.) 201, 1242.

Houba, V. (1967). The use of pronase for dispersing cells. Experientia 23, 572.

Jyung, W. H., Wittwer, S. H. & Bukovac, M. J. (1965). Ion uptake and protein synthesis in enzymatically isolated plant cells. Nature 205, 921.

Kammer, H. (1969). Cell dispersal methods for increasing yield from animal tissues. Appl. Microbiol. 17, 524.

Knazek, R. A., Gullino, P. M., Kohler, P. O. & Dedrick, L. (1972). Cell culture on artificial capillaries: an approach to tissue growth in vitro. Science 178, 65.

Konigsberg, I. R. (1961). Cellular differentiation in colonies derived from single cell platings of freshly isolated chick embryo muscle cells. Proc. nat. Acad. Sci. (Wash.) 47, 1868.

Lasfargues, E. Y. (1957). Cultivation and behaviour in vitro of the normal mammary epithelium of the adult mouse. II. Observations on the secretory activity. Exp. Cell Res. 13, 553.

Lasfargues, E. Y. & Ozzello, L. (1958). Cultivation of human breast carcinomas. J. Nat. Cancer Inst. 21, 1131.

Lasfargues, E. Y. & Moore, D. H. (1971). A method for the continuous cultivation of mammary epithelium. In Vitro 7, 21.

Lehman-Grube, F. (1961). Preparation of cell cultures from human amniotic membranes. Arch. Ges. Virusforschn. 11, 258.

Madden, R. E. & Burk, D. (1961). Production of viable single cell suspensions from solid tumors. J. nat. Cancer Inst. 27, 841.

Martignoni, M. E., Zitcer, Elsa M. & Wagner, R. P. (1958). Preparation of cell suspensions from insect tissues for in vitro cultivation. Science 128, 360.

Moscona, A. (1952). Cell suspensions from organ rudiments of chick embryos. Exp. Cell Res. 3, 535.

Moscona, A. (1956). Development of heterotypic combinations of dissociated embryonic chick cells. Proc. Soc. exp. Biol. (N. Y.) 92, 410.

Moscona, A. & Moscona, H. (1952). The dissociation and aggregation of cells from organ rudiments of the early chick embryo. J. Anat. (Lond.) 86, 287.

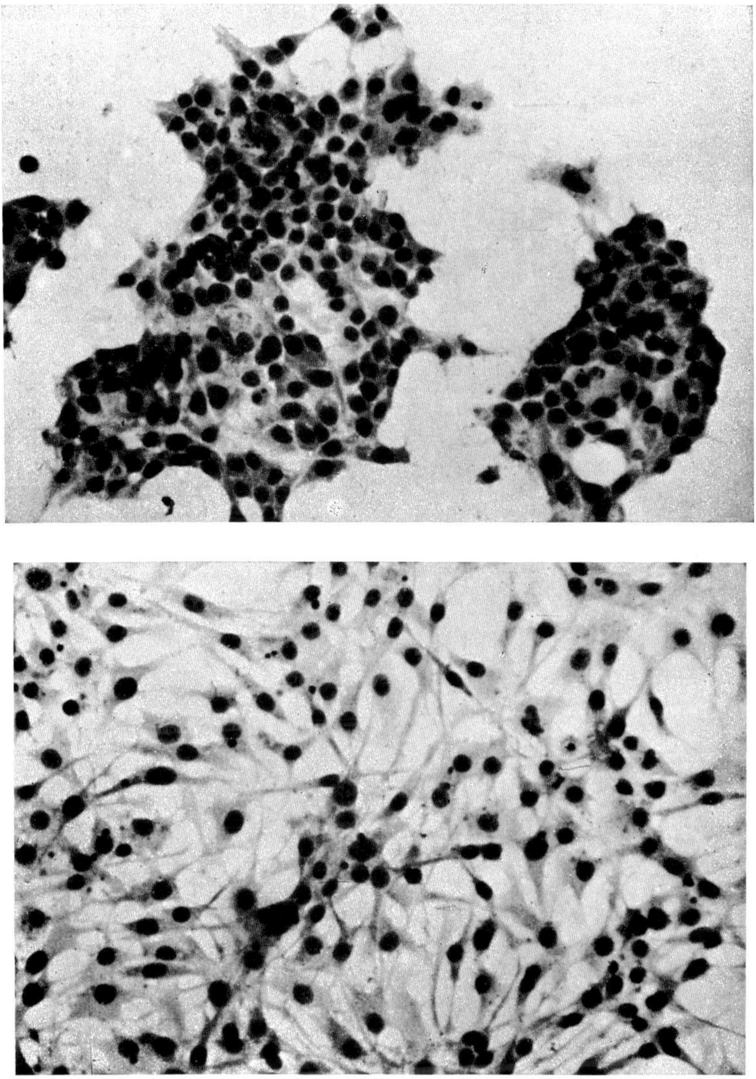

Bild 8 Oben: Zellen einer Linie mit epithelialer Morphologie (HLM), Unten: Zellen einer Fibroblasten-Linie (Stamm L), angefärbt mit Ehrlich-Hämatoxylin. Vergrößerung 175fach.

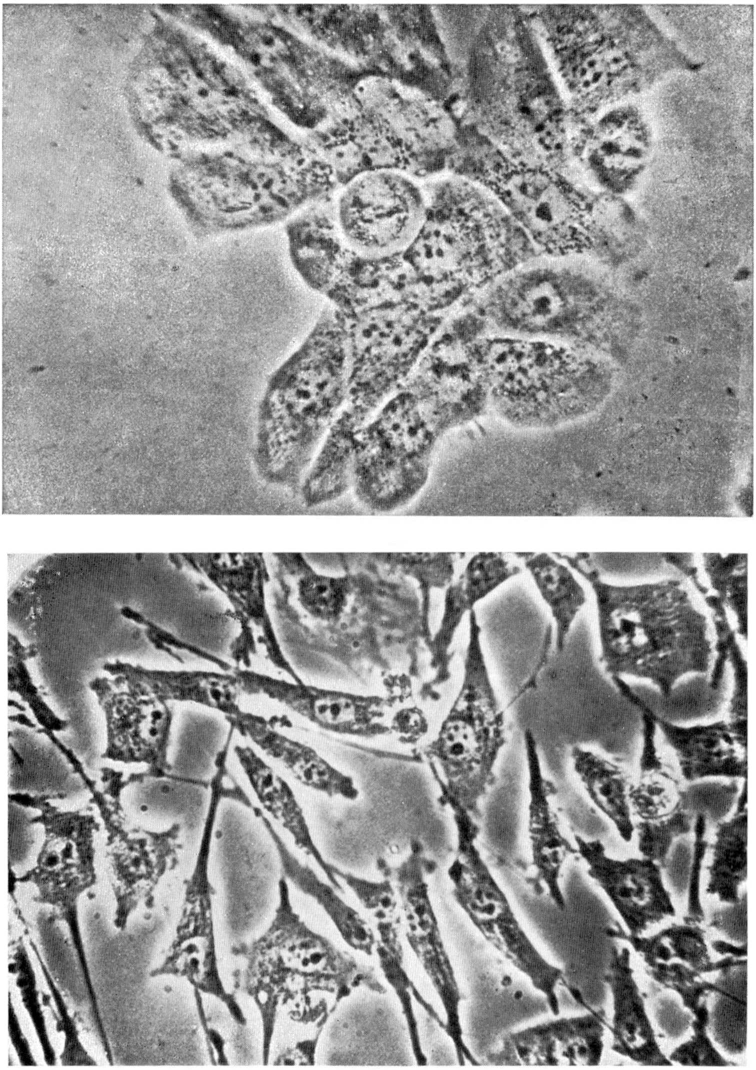

Bild 9 Oben: Zellen einer Epithel-Linie (HeLa). Unten: Zellen einer Fibroblasten-Linie (Stamm L). Phasenkontrast. Vergrößerung 350fach.

Melnick, J. L., Rappaport, C., Banker, D. D. & Bhatt, P. N. (1955). Stabilized suspensions of monkey kidney cells suitable for intercontinental shipment. Proc. Soc. exp. Biol. (N. Y.) 88, 676.
Mironova, L. L., Goldrin, N. E. & Mamonenko, L. L. (1963). A new modification of the method of monkey kidney trypsinization. Acta Virol. 7, 189.
Montes de Oca, H., Probst, P. & Grubbs, B. (1971). High yield method for dispersing simian kidney for cell cultures. Appl. Microbiol. 21, 90.
Rappaport, C. (1956). Trypsinization of monkey kidney tissue: an automatic method for the preparation of cell suspensions. Bull. Wld Hlth Org. 14, 147.
Rappaport, C. & Howze, G. B. (1966). Dissociating of adult mouse liver by sodium tetraphenylboron, a potassium complexing agent. Proc. Soc. exp. Biol. Med. 121, 1010.
Rinaldini, L. M. (1958). The isolation of living cells from animal tissues. Int. Rev. Cytol. 7, 587.
Rinaldini, L. M. (1959). An improved method for the isolation and quantitative cultivation of embryonic cells. Exp. Cell Res. 16, 477.
Ross, G. T. & Bahn, R. C. (1961). Preparation and properties of suspensions of anterior pituitary cells of adult male rats. Lab. Invest. 10, 636.
Rous, P. & Jones, F. S. (1916). A method for obtaining suspensions of living cells from the fixed tissues and for the plating out of individual cells. J. exp. Med. 23, 549.
Thiede, H. A. & Rudolph, J. H. (1961). A method for obtaining monolayer cultures of human fetal cells from term placentas. Proc. Soc. exp. Biol. (N. Y.) 107, 565.
Wallis, C., Lewis, R. T. & Melnick, J. L. (1961). Preparation of kidney cell cultures. Tex. Rep. Biol. Med. 19, 194.
Weinstein, D. (1966). Comparison of pronase and trypsin for detachment of human cells during serial cultivation. Exp. Cell Res. 43, 234.
Wiepjes, G. J. & Prop, F. J. A. (1970). Improved method for preparation of single-cell suspensions from mammary glands of adult virgin mouse. Exp. Cell Res. 61, 451.
Wilson, B. W. & Lau, T. L. (1963). Dissociation and cultivation of chick embryo cells with an actinomycete protease. Proc. Soc. Exp. Biol. Med. 114, 649.
Youngner, J. S. (1954). Monolayer tissue cultures. I. Preparation and standardization of suspensions of trypsin-dispersed monkey kidney cells. Proc. Soc. exp. Biol. (N. Y.) 85, 202.
Zaroff, L., Sato, G. & Mills, E. E. (1961). Single-cell platings from freshly isolated mammalian tissue. Exp. Cell Res. 23, 565.
Zitcer, Elsa M., Fogh, J. & Dunneback, Thelma H. (1955). Human amnion cells for large-scale production of polio virus. Science 122, 30

4.2 Zell-Linien

Der Unterschied zwischen *primären* und *etablierten Zellinien* wurde schon in Abschn. 2.2.1.1 dargelegt. Frisch explantiertes Material entwickelt sich sehr selten so gut weiter, daß es eine etablierte Linie bilden kann. Häufiger wachsen die Zellen nach einer Anfangsphase sehr raschen

Wachstums langsamer weiter und hören schließlich auf zu wachsen. In vielen Fällen sterben sie aus; in manchen Fällen aber beobachtet man nach einer variablen Ruhezeit plötzlich einen Auswuchs „neuer“ Zellen, die dann oft unbegrenzt weitergeführt werden können.

Die Anfangsphase des schnellen Wachstums kann nur einige Tage dauern oder sogar einige Monate. Während dieser Phase kann man die Linie als Primärzellinie bezeichnen. Es ist nicht immer möglich, eine klare Trennung zwischen *Primär-* und *Dauerlinien* zu ziehen, wenn die Primärphase besonders lange dauert, wie z. B. bei den menschlichen Haut-Fibroblasten, die man möglicherweise nach der Isolierung in fortlaufender Kultur über ein Jahr lang halten kann, ehe sie aussterben. Jedoch kann man aus bestimmten, zufälligen Beobachtungen schließen, ob eine Linie auf Dauer etabliert ist oder nicht. Z. B. sind Primärlinien gewöhnlich diploid, was für etablierte Zellen selten zutrifft. Weiterhin ist das Auftauchen einer permanenten Zellinie oft durch das plötzliche Erscheinen schnell wachsender Kolonien in einer entarteten Zellpopulation gekennzeichnet. Diese Erscheinung wird Zelländerung oder *„Transformation“* genannt. (Wahrscheinlich besteht kein Zusammenhang mit bakterieller Transformation.) Jedoch kann man manchmal keine deutliche Transformation erkennen. Dieses Thema wurde in Abschn. 2.2.1.1 ausführlicher besprochen.

Zellen, die durch alle diese Phasen gegangen und eine etablierte Zellinie geworden sind, erweisen sich häufig sehr verschieden von den Zellen, von denen sie abstammen. Sie haben einen verschiedenen Stoffwechsel, sind fähig, das Wachstum einer großen Anzahl von Virus-Arten zu unterstützen und sind sehr häufig polyploid. Man stößt oft auf ungewöhnliche Polyploidie-Grade: Viele Linien sind z. B. triploid.

Zur Zeit ist nicht bekannt, ob diese Zellen durch Selektion, Anpassung, Transformation, Mutation oder einige andere undefinierte Vorgänge entstehen. Es ist beinahe unmöglich, bei einer Zellinie, die aus einem Gewebe-Stück entsteht, genau Zellen zu bestimmen, von denen sie abstammen. Dies hängt mit der Kompliziertheit der zellulären Zusammensetzung aller tierischen Gewebe und mit dem Verlust aller morphologischen Eigenschaften zusammen. Diese Feststellung kann sich mit der Erweiterung unserer Kenntnisse über das Zellverhalten ändern und es wird vielleicht eines Tages gelingen, die Zellen auf biochemischer oder immunologischer Grundlage zu unterscheiden. In dieser Richtung wurden schon Fortschritte erzielt; einige vorläufige Kriteria für die Zell-Identifizierung sind in Abschn. 4.2.4 beschrieben.

Eine aus einem Gewebestück stammende Linie kann aus einem oder mehreren Zelltypen bestehen. Es kommt häufig vor, daß ein Zelltyp alle anderen überwuchert; aber man hat überzeugend zeigen können, daß dies nicht immer so ist. In anderen Fällen können auch morphologisch nicht zu unterscheidende Zellen miteinander wachsen. Dazu gehören eine große Anzahl von Linien. Andrerseits wurden viele Linien auch aus einer einzigen Zelle gezüchtet. Diese werden *„Klon"-Linien* genannt; die Methode des „Klonierens" wird später in Abschn. 4.2.3 beschrieben.

Eine unvollständige Liste der üblichen *etablierten Standard-Zellinien* bietet Anlage 3.

4.2.1 Statische Kulturmethoden

Unter diesen Gesichtspunkten wenden wir uns nun den Methoden zur Behandlung von Zellinien zu. Sie wachsen stets gleichmäßig in Kolonien, Schichten oder Suspensionen. Sehr wenig Zellinien werden heute als Kolonien weitergeführt; als Kolonien werden sie gewöhnlich in rotierenden Kulturröhrchen (sog. *Roller Tubes*) gehalten; die in Abschn. 4.1.1.3 beschriebenen Techniken werden dafür benützt. Die ursprüngliche Methode, die Carrel für seine „unsterbliche" Linie verwendet hat, benützte Deckglas-Kulturen und verlangte sehr viel aufwendige Geschicklichkeit; sie wird heute nicht mehr für diesen Zweck angewandt. Einige wenige Linien wachsen spontan in Suspension; ihre Behandlung ist im wesentlichen die gleiche wie die von Zellen, die künstlich in Suspension gehalten werden.

Die meisten Zellinien läßt man direkt auf Glas oder Plastikoberflächen wachsen. Sie werden in Gefäßen gehalten, die eine *flache Oberfläche* haben, auf denen die Zellen sich absetzen können, wie Carrel-Flaschen, T-Flaschen, Arzneiflaschen, Kolle-Kolben, Penicillin-Kulturflaschen, Roux-Flaschen, Kristallisationsschalen und Petrischalen. Eigentlich ist jedes Gefäß mit einem flachen Boden, das gut sterilisiert und verschlossen werden kann, für diesen Zweck geignet. Die tatsächliche Gefäßform hängt von anderen Erfordernissen ab. Wenn man z. B. die Zellen während des Wachstums mikroskopisch untersuchen will, ist es selbstverständlich wünschenswert, ein Gefäß mit besseren optischen Eigenschaften zu benützen, als sie eine Arzneiflasche hat. Freilich genügt für das einfache Halten von Zellen eine Arzneiflasche vollkommen.

Die wichtigsten, praktischen Handgriffe, die zur Kultur-Haltung von Zellinien wichtig sind, sind: *Erneuern des Mediums* oder *Ernähren („Füttern")* sowie *Umsetzen* (oder *Passagieren, Transferieren, Anlegen einer Subkultur*). Ernähren ist sehr einfach: Man entfernt das ganze oder einen

Teil des verbrauchten Mediums und ersetzt es durch frisches. Die grundlegendere Tätigkeit bei der Behandlung dieser Kulturen ist das Umsetzen. Dafür müssen die Zellen in Suspension vorliegen.

4.2.1.1 Zell-Suspendierung aus einer Einschicht-Kultur

Zellen, die als *Einschicht (Monolayer)-Kultur* auf einer Glasoberfläche wachsen, können durch folgende Methoden in Suspension gebracht werden:

1. *Mechanisch: Durch Abkratzen vom Glas; Schütteln.*
2. *Chemisch: a) mit proteolytischen Enzymen; b) mit Chelatkomplexbildenden Stoffen*

Manche Zellinien kleben sehr lose an der Glaswand, so daß man sie einfach durch leichtes Schütteln der Flasche suspendieren kann. Es gibt viele Zellen, die sich nicht so einfach ablösen, wohl aber, wenn man sie mit einem Gummi- oder Plastikschaber, der am Ende eines Glasstabes befestigt ist, losschabt. Wenn man die losgelösten Flocken dann ein- oder zweimal mit einer Pipette auf- und absaugt, bildet sich eine Suspension aus Einzel-Zellen. Eine Verfeinerung der Technik besteht darin, daß man in die Kulturflasche einen kleinen mit Silicon-Gummi umhüllten Magneten einbringt. Die Zellen können dann leicht ohne Öffnen des Gefäßes suspendiert werden, indem man es auf einen Magnetrührer stellt.

Viele Zellinien lassen sich nicht leicht mit mechanischen Methoden lockern, runden sich aber ab und lösen sich als Einzelzellen vom Glas, wenn sie mit einer verdünnten, gepufferten Trypsin-Lösung behandelt werden. Auch andere proteolytische Enzyme wurden für diesen Zweck verwendet. Manche Forscher empfehlen ein Pankreatin-Rohpräparat; die Standardlösung ist jedoch Trypsin. Die allgemein übliche Methode, um Zellen umzusetzen, ist in Fig. 35 dargestellt. Folgende, vereinfachte Technik wird empfohlen, da sie bequem wie wirkungsvoll ist.

Materialien: 1. BSS (angewärmt auf 37 °C).

2. 0,5%iges Trypsin (1/250 Difco) in Phosphat-gepufferter Saline (PBS) pH 7,8 (angewärmt auf 37 °C).

Technik: Man nimmt die Stopfen von allen zu behandelnden Flaschen ab und entfernt das Kulturmedium. Man wäscht mit etwas BSS (entsprechend ¼ oder ½ des ursprünglichen Volumens des Wasch-Mediums). Man gibt etwas Trypsin-Lösung zu jeder Flasche (genug, um alle Zellen zu bedecken) und stellt sie ungefähr 2 Min. lang in den Brutschrank zurück. Man entfernt die Trypsin-Lösung fast vollständig, verschließt die Gefäße wieder mit Stopfen und stellt sie in den Brutschrank zurück. Der Trypsin-Film tut seine Wirkung. Wenn sich die Zellen vom Glas gelöst haben (man kontrolliert mit dem Mikroskop, bis man sich an das Verfahren gewöhnt hat), gibt man wieder etwas Kulturmedium in die Flasche und suspen-

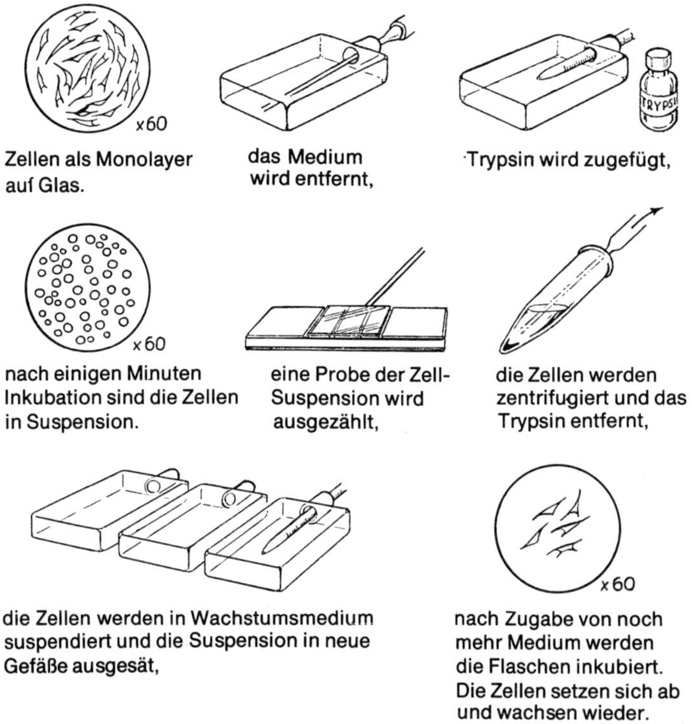

Fig. 35 Haltung von Zellinien

diert die Zellen durch leichtes Schütteln und, wenn nötig, durch Pipettieren. Einen Teil der Suspension sollte man dann zum Zählen und Prüfung auf Zell-Viabilität verwenden. Diese Suspension verdünnt man nun mit Kulturmedium, bis man eine passende *Impfdichte* (Konzentration der Zelleinsaat) bekommt und verteilt sie auf frische Gefäße. Eine Impfdichte von 10^5 Zellen pro ml reicht für fast alle Zellen, viele kann man auch mit einer wesentlich geringeren Dichte einsäen (10^3–10^4 pro ml). Dies empfiehlt sich, wenn die Linie von solch niedriger Impfdichte hochwächst; für neue Linien aber ist es besser, mit einer höheren Impfzahl zu beginnen und nach und nach zu niedrigeren überzugehen, da viele Zellen sehr schnell absterben, wenn sie zu weit auseinanderliegen.

Trypsin wird normalerweise in 0,1–0,5%iger Konzentration verwendet. Man muß aber bemerken, daß viele Leute eine niedrigere Trypsin-Konzentration besser finden, und so wird eine Konzentration bis zu 0,025% benützt. Der pH-Wert während der Trypsinierung ist sehr wichtig. Trypsin ist unter pH 7,0 praktisch inaktiv. Man muß darauf achten, daß der pH-Wert während der Behandlung mit Trypsin nicht abfällt. Über pH 8,0 werden die Zellen in seiner Gegenwart zunehmend geschädigt. Wird zentrifugiert, ist die Geschwindigkeit wichtig. In einem proteinreichen

Medium werden die Zellen bei schneller Zentrifugation wenig geschädigt, in einem proteinarmen Medium aber werden sie leicht zerstört. Daher ist es empfehlenswert, eine sehr niedrige Zentrifugationsgeschwindigkeit anzuwenden (500–1000 Upm). Bei empfindlichen Zellen muß man auch übermäßiges Pipettieren vermeiden, obwohl sich viele Zellen ohne Schädigung sehr gut pipettieren lassen.

Um Einschicht-(Monolayer)-Kulturen zu zerteilen, kann man auch *Pronase* verwenden. Ein Gramm wird in wenig Salzlösung aufgeschlämmt, dann gibt man ad 100 ml Saline (0,9% NaCl) zu und läßt die Lösung einige Stunden bei 4 °C stehen; dann wird bis zur Klärung zentrifugiert und der Überstand durch Filtration sterilisiert. Für den Gebrauch wird diese Lösung bis auf 0,01% mit BSS verdünnt. Die Zellen werden durch 20minütige Behandlung bei 37 °C suspendiert. Einige Autoren geben an, daß diese Lösung Fibroblasten-Kulturen besser dispergiert als Trypsin; sie scheint aber bei Epithelzellen weniger wirksam zu sein. Die Pronase muß nach der Behandlung von den Zellen weggewaschen werden, da sie nicht durch Serumfaktoren inaktiviert wird.

Dasselbe Ergebnis kann man ohne proteolytische Enzyme durch *Chelatkomplex-bildende Stoffe* erreichen. Darunter versteht man chemische Substanzen, die zweiwertige Kationen binden können. Auf diese Weise werden Calcium- und Magnesium-Ionen gebunden und wahrscheinlich hängt auch ihre Wirkung auf Zellen, nämlich sich abzurunden und sich vom Glas zu lösen, mit dieser Eigenschaft zusammen. Das üblicherweise verwendete Chelatkomplex-Agens ist Diaminoäthantetraessigsäure *(EDTA)*, das gewöhnlich unter einem seiner Handelsnamen, Versen, bekannt ist. Versen kommt als freie Säure oder als Salz vor. Die Säure ist unlöslich, die Natriumsalze dagegen sind gut löslich. Man sollte daher entweder *Dinatriumversenat* benützen oder freies Versen neutralisieren, um es in Lösung zu bringen. Es wird als Lösung 1:5000 in Calcium- und Magnesium-freier, auf etwa pH 7,4 abgepufferter Salzlösung verwendet.

Reagenz:

Natriumversenat (EDTA)	0,2 g pro Liter
NaCl	8,0 g pro Liter
KCl	0,2 g pro Liter
Na_2HPO_4	1,15 g pro Liter
KH_2PO_4	0,2 g pro Liter
Glucose	0,2 g pro Liter

Arbeitsweise: Man entfernt das Wachstumsmedium, wäscht mit (Ca- und Mg-freiem) BSS aus und ersetzt durch auf 37 °C vorgewärmte Versen-Lösung. Dann inkubiert man die Kultur 10–15 Min. lang und bringt die Zellen durch Schütteln in Suspension. Man zentrifugiert 5 Min. lang bei 1000 Upm. Der Überstand wird entfernt und durch Wachstumsmedium ersetzt. Man suspendiert nun durch schonendes Pipettieren.

Falls nach diesem Verfahren große Mengen Trypsin oder Versen im Gefäß zurückbleiben haften die Zellen nicht und werden geschädigt. Wenn daher Zellen durch große Mengen Trypsin oder Versen dispergiert werden, muß man diese Stoffe gewöhnlich durch Zentrifugieren wieder abtrennen. Wenn freilich Trypsin- oder Versen-Lösungen sehr verdünnt sind, wie bei der Trypsinierung beschrieben, oder bei sehr starken Verdünnungen, z. B. für das Klonieren, ist dies nicht nötig. Die sehr kleine Menge an restlichem Trypsin wird durch den Serum-Inhibitor inaktiviert und Versen durch den Überschuß an Calcium und Magnesium im Medium neutralisiert. Wenn man jedoch serumfreies Medium verwendet, darf man nicht vergessen, daß es dann keinen Trypsin-Inhibitor enthält.

Merke: Nicht alle Zellen sprechen gleich gut auf Trypsin- und Versen-Behandlung an. Besonders Zellen des Fibroblastentyps werden mit Versen nicht so leicht voneinander getrennt, obwohl sie mit Trypsin leicht in Suspension gebracht werden können. Zellen des Epitheltyps sprechen in der Regel auf beide Stoffe an.

Einige Zellen lösen sich vom Glas ab, wenn man sie 1 Std. lang in BSS im *Kühlschrank* hält. Diese Technik wurde besonders von McAulay et al. für das Johnson-Sarcom und das Walker 256-Carcinom benützt. Das Kulturmedium wird entfernt und durch eine kleine Menge Earle BSS oder frisches Kulturmedium ersetzt. Die Kultur wird dann eine Stunde lang in einen Kühlschrank gestellt und kräftig geschüttelt, bis sich die Zellen lösen.

4.2.1.2 Zelleinsaat in neue Gefäße

Hat man eine Zellsuspension erhalten, muß man als erstes die Anzahl der vorhandenen Zellen schätzen; üblicherweise durch Zählen nach der in Abschn. 5.2.3.4 beschriebenen Weise. Die Suspension kann dann mit mehr Wachstumsmedium so verdünnt werden, daß eine passende Impfmenge eine geeignete Zellzahl enthält. Es entspricht allgemeiner Praxis, das Endverhältnis der Zellen zum Kulturmedium so zu halten, daß es in der Größenordnung 10^5 Zellen pro ml liegt. Bei empfindlichen Zellen ist manchmal eine sehr viel höhere Zellzahl, d. h. bis zu 5×10^5 Zellen/ml notwendig. Andrerseits können bei etablierten Zellinien oft viel niedrigere Impfzahlen möglich sein: Z. B. können 10^3–10^4 Zellen/ml ausreichen. Wenn Zellen bei niedrigen Impfzahlen gut anwachsen, sollte man am besten mit diesen Zahlen arbeiten; aber diese Fähigkeit muß immer wieder überprüft werden. Eine Einsaatmenge in der Größenordnung von 1 ml pro Flasche reicht aus. Um ein Verhältnis von 10^5 Zellen pro ml in einer Flasche zu erreichen, die 20 ml Medium enthält, sät man praktisch 1 ml einer Suspension ein, die 2×10^6 Zellen pro ml enthält. Das Volumen wird dann mit 19 ml Kulturmedium aufgefüllt.

Die *Genauigkeit der Einsaat von Teilmengen* hängt von einer Reihe Faktoren ab:

1. der Herstellung einer gleichmäßigen Suspension,

2. der Aufrechterhaltung einer gleichmäßigen Suspension während der Aufteilung,
3. der Genauigkeit der Volumenmessung gleicher Einzel-Proben.

Beachtet man diese Punkte, kann man bei den meisten Zelltypen leicht eine gleichmäßige Suspension erhalten und sie durch mikroskopische Untersuchungen kontrollieren.

Die Meßgenauigkeit gleicher Volumina der Einzel-Proben ist einfach eine Sache des normalen Pipettierens. So bleibt als Punkt, der besondere Beobachtung erfordert, der zweite, d. h. die Zellen *müssen in gleichmäßiger Suspension* gehalten werden, während sie aufgeteilt werden. Die meisten Zelltypen, mit denen gewöhnlich gearbeitet wird, sind relativ dicht und neigen dazu, sich aus dem Medium sehr rasch abzusetzen, so daß man besonders dafür sorgen muß, sie in Suspension zu halten. Dafür gibt es gewöhnlich 3 Methoden:

4.2.1.2.1 Manuelles Rühren und Pipettieren

Diese Methode reicht vollkommen für kleine Suspensionsmengen und für die Routinearbeit mit Stammkulturen. Ein vorsichtiger Operateur kann bei gleichen Einzel-Kulturen ein hohes Maß an Reproduzierbarkeit erreichen. Die Zellen werden durch Umrühren mit einer Pipette

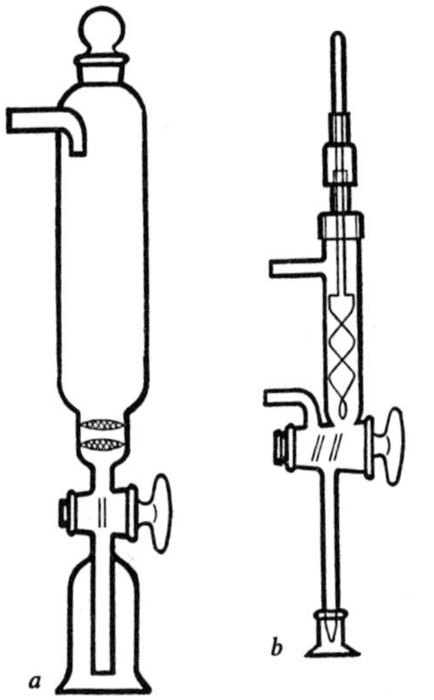

Fig. 36 Earles Apparat zur Herstellung identischer Mehrfach-Kulturen.
a) Siebgerät zur Herstellung von Zellsuspensionen.
b) Rührer und Verteiler zur Herstellung gleicher Volumenteile einer gleichmäßigen Zellsuspension. (Kontes Glass Co. S. 432)

in Suspension gehalten, während man das Gefäß mit den Zellen in der anderen Hand hält. Die Zellen werden dann in der Pipette ein- oder zweimal auf- und abgesaugt; etwas Suspension wird zurückbehalten und das Volumen sehr schnell wieder aufgefüllt, ehe man es auf die vorbereiteten Kulturgefäße verteilt. Zum genauen Pipettieren ist es nötig, eine Pipette ohne Gummischlauch zu verwenden (aber mit einem Wattefilter). Ein erfahrener Operateur freilich kann ebenso genau arbeiten mit einem Gummibällchen am Ende der Pipette oder mit einem Gummischlauch mit daran befestigtem Mundstück. Der Vorteil letzterer Methode liegt darin, daß die Suspension ständig gerührt werden kann, während man pipettiert, und daß die Höhe der Suspension in der Pipette immer unter Kontrolle ist, so daß man schnell wieder auffüllen kann.

4.2.1.2.2 Suspendieren mit Hilfe eines Magnetrührers

Es dauert geraume Zeit, bis man sich das nötige Geschick angeeignet hat, um die obige Arbeitsweise mit einem hohen Grad an Genauigkeit auszuführen. Erreicht man diesen Grad an Geschicklichkeit nicht, empfiehlt es sich, eine mechanische Methode zu verwenden, um die Zellen in Suspension zu halten. Die Verwendung eines Magnetrührers ist die einfachste Methode. Die Zellsuspension wird in einen sterilen Becher gegeben, in dem ein steriler Magnet aus rostfreiem Stahl oder mit Silicon überzogen liegt. Der Becher wird auf einen Magnetrührer so gestellt, daß der Magnet mit ziemlich niedriger Geschwindigkeit rotiert. Man kann dann Proben der Suspension wie oben durch Abpipettieren entnehmen. Manchmal ist es nützlich, ein automatisches Pipettiergerät zu verwenden, z. B. die Cornwall-Pipette (Fig. 38).

4.2.1.2.3 Spezielle Dispensiergeräte

Unverkennbar birgt die vorstehend genannte Methode ein beachtliches *Kontaminations-Risiko,* weil die Suspension der Luft-Atmosphäre ausgesetzt wird. Auch bleibt immer ein großer Rest an Suspension zurück, da die letzten Millimeter leicht schaumig werden und der rotierende Magnet die Pipette daran hindert, bis auf den Grund des Bechers zu stoßen. Ein spezielles Pipettiergerät ist am National Cancer Institute der USA (Fig. 36) entwickelt worden, das nun auch im Handel zu haben ist. Es besteht im wesentlichen aus einem spiralförmigen Rührer, um die Zellen in Suspension zu halten, und einem besonderen Sperrhahn, der genau gleiche Lösungsmengen abmißt. Beim ursprünglichen Modell wurden Vorkehrungen getroffen, um die Zellsuspension ununterbrochen zu begasen.

Eine vereinfachte Modifikation haben Syverton, Scherer und Elwood beschrieben: Sie besteht wie zuvor aus einem spiralförmigen Rührer und einer Ausflußröhre, verbunden mit einer *Cornwall-Pipettiereinheit* (Fig. 38), die genau gleiche Mengen Zellsuspension abteilt. Dieser Apparat arbeitet sehr zufriedenstellend, vorausgesetzt, daß er ununterbrochen arbeitet. Stoppt man ihn jedoch eine Zeitlang, setzen sich die Zellen in der Röhre ab. In beiden Fällen sollte man die letzten ml nicht mehr verteilen, da das Rühren keinen Sinn mehr hat, wenn sich der Behälter entleert und die Teilmengen nicht mehr genau gleich sind.

4.2.1.3 Ernähren und Erhalten der Zellkulturen

Das *Ernähren (Füttern, engl. Feeding)* von Zellen, die auf Glas oder Plastik wachsen, ist äußerst einfach. Grundsätzlich besteht es nur darin,

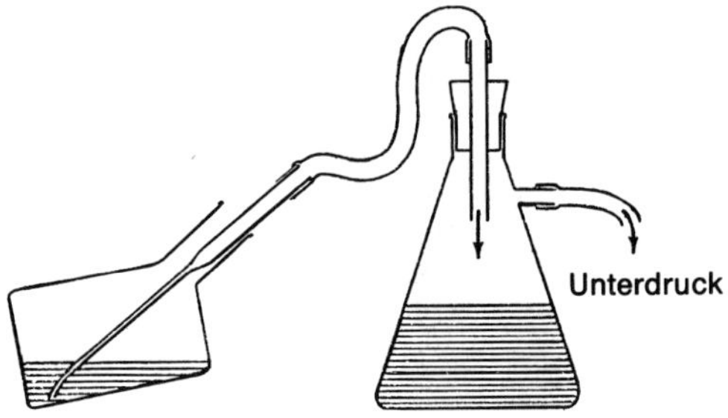

Fig. 37 Apparat zur Medium-Entnahme aus Kulturflaschen

das alte Kulturmedium zu entfernen und es durch neues zu ersetzen. Das alte Kulturmedium kann entweder dekantiert oder abpipettiert werden. Da oft sehr große Zellmengen mit dieser Methode behandelt werden, empfiehlt es sich, einen oder zwei Apparate zu benützen, um den Vorgang zu vereinfachen. Kulturmedium kann sehr einfach durch eine Pipette entfernt werden, die an einer Saugpumpe befestigt ist. Man sollte aber zwischen Pumpe und Pipette ein Auffanggefäß „schalten". Eine einfache Vorrichtung dieser Art ist in Fig. 37 abgebildet.

Ein *mechanisches Dispensiergerät* vereinfacht stark die Arbeit der Verteilung des Mediums auf die Gefäße und ist auch praktisch für die Herstellung großer Mediumsmengen. Die in Abb. 38 gezeigte, sog. Cornwall-Spritze ist besonders praktisch. Es gibt viele automatische Dispensiergeräte-Typen, wie sie in der pharmazeutischen Industrie zum Abfüllen von Flaschen und Ampullen benützt werden.

Bei praktisch allen bekannten Zellinien kann das Kulturmedium bei jeder *„Fütterung"* vollständig ausgetauscht werden (normalerweise alle 3 oder 4 Tage). Bei einigen, empfindlichen Zellinien ist es üblich, nur einen Teil des alten Kulturmediums durch neues zu ersetzen. Es wird dann häufiger „gefüttert", alle zwei Tage.

Die meisten Zellen wachsen in einem Gefäß gegebener Größe bis zu einer Maximal-Zahl. Sie vermehren sich dann nicht mehr weiter, obwohl sie bei regelmäßiger Medium-Erneuerung in gesundem Zustand weiterleben. So kann die Wachstumsgeschwindigkeit der Kulturen kontrolliert werden, indem man die Zelleinsaat verändert. Wenn die Zahlen jede Woche auf die Hälfte vermindert werden, verdoppeln sich die Kolonien ungefähr in dieser Zeit. Sehr schnell wachsende Zellen vermehren sich in einer Woche um das Hundertfache; bei einigen Linien ist es üblich, in

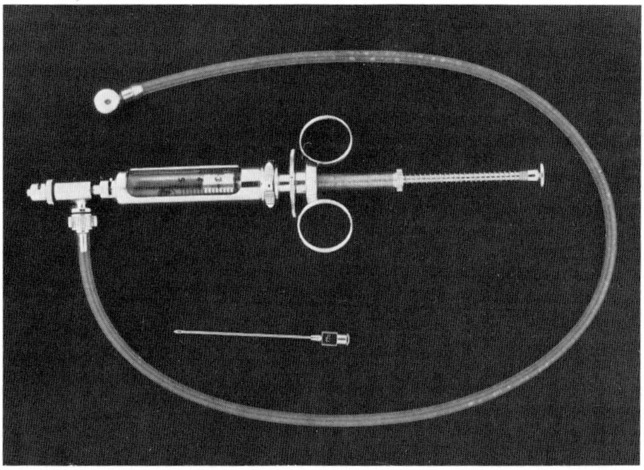

Fig. 38 Spritze zum automatischen Pipettieren gleicher Flüssigkeitsmengen

neue Gefäße $^1/_{20}$ bis $^1/_{50}$ der Endzahl einzusäen. Unter normalen Kulturbedingungen jedoch kann man selten einen Zuwachs von mehr als zehnfach in einer Woche erwarten. Es ist eine sichere Methode, eine Linie zu verlieren, wenn man sie im Verlaufe der Routine-Züchtung zu sehr verdünnt.

Das *Kulturmedium,* das man für die Erhaltung verwendet, hängt von der Zellinie ab. Die üblichen Mediumarten sind folgende:

1. *Natürlich:* Pferdeserum 20%, Embryonal-Extrakt 10% in BSS (heute nur noch wenig verwendet);
2. *Halbsynthetisch:* a) Kälberserum 10% plus Eagles-Medium, b) 5–10% Serum plus Medium 199;
3. Lactalbumin-Hydrolysat 0,5%, Hefe-Hydrolysat 0,1%, Kälberserum 5% in BSS.

Mit dem ersten Kulturmedium sind die meisten Zellen ausreichend versorgt, obwohl einige Epithelzelltypen in Gegenwart einer hohen Konzentration an Embryonal-Extrakt nicht so gut gedeihen. Das zweite Medium versorgt viele gut etablierte Zellinien zufriedenstellend. Das dritte Medium wird üblicherweise in der Virologie für die Erhaltung von HeLa-Zellen verwendet. Siehe auch Abschn. 2.4.1 und 2.4.2.

Für die *Erhaltung der Zellen* ist es in der Routine üblich, sie zweimal in der Woche zu behandeln; beim ersten Mal „füttert" man sie, beim zweiten Mal werden sie umgesetzt. Es gibt jedoch viele andere Möglichkeiten, und einen Plan sollte man entwickeln, der dem individuellen Fall angepaßt ist.

4.2.1.4 Schräge Agar-Kulturen

Man kann Zellinien auf *schrägen Agar-Kulturen* züchten und auf fast die gleiche Weise wie Bakterien erhalten. Der Gebrauch von halbfestem Medium dieser Art wurde schon 1911 ausprobiert, wurde aber bis vor kurzem nur für Organkulturarbeiten verwendet. Warum Agar nicht allgemein verwendet wurde, liegt darin begründet, daß viele Agar-Sorten für Zellen toxisch sind. Nach Erfahrung des Autors ist die zuverlässigste Agar-Sorte für Zellkulturen die der Fa. Difco (S. 431). Der Gebrauch halbfester Medien für die Erhaltung von Zellinien wurde von Wallace und Hanks wiederentdeckt.

Schräge Agar-Nährböden werden folgendermaßen zubereitet: Man schmilzt eine 3%ige Agar-Lösung in warmem Wasser und läßt auf 43–44 °C abkühlen. Praktischerweise hält man dafür ein Wasserbad bei dieser Temperatur. Dann wird ein doppelt konzentriertes Nährmedium auf ungefähr die gleiche Temperatur erhitzt und gleiche Teile des Mediums und der Agar-Lösung werden gemischt. Man gibt nun 2–3 ml-Mengen in sterile Reagenzgläser, die man so schräg stellt, daß sich ein spitzer Winkel bildet. Die Reagenzgläser werden nun mit steriler Watte oder anderen Bakterien-sicheren Stopfen verschlossen und stehengelassen, bis der Agar fest wird. Sie können einige Tage im Kühlschrank aufbewahrt werden, bis man sie braucht. Vor der Beimpfung gibt man ungefähr 0,3 ml Medium in das Glas und verteilt es auf der schrägen Oberfläche. Zellen einer anderen Kultur werden mit einer Platin-Öse aufgenommen und in ziemlich großen Tropfen auf den Agar gegeben. Die Reagenzgläser werden nun in eine Atmosphäre von 5% CO_2 in einen CO_2-Brutschrank gestellt.

Eine elegante Methode zur Erhaltung von Zellen hat Leighton entwikkelt. Die Zellen werden in Reagenzgläsern gezüchtet, jedes mit einem *Glaskügelchen* von 6 mm Durchmesser. Das Medium wird 1–2mal pro Woche ersetzt. Wenn die Kulturen soweit gewachsen sind, daß man sie verdünnen müßte, werden die Gläser geschüttelt, bis sich die meisten Zellen lösen. Diese werden verworfen und das Medium erneuert. Die wenigen verbliebenen Zellen reichen aus, um die Kulturen wieder hochwachsen zu lassen.

4.2.2 Suspensionskulturen

4.2.2.1 Allgemeines

Für sehr viele Zwecke ist es geradezu ideal, Zellen in *Suspension* zu züchten. Man schafft dadurch wesentlich einheitlichere Bedingungen und

Verhältnisse, die denen für das Wachstum von Mikroorganismen analog sind. Man kann viel besser Proben abnehmen, was ein ideales System für biochemische und kinetische Studien ist. Von einem System dieser Art kann man auch annehmen, daß es hinsichtlich der Beziehung Zellzahl pro Volumeneinheit des Mediums besser ist, wenn es mit genügend Nährstoffen versorgt wird. Daher ist es für die Herstellung großer Zellmengen sicher das beste System. Die meisten etablierten Zellinien kann man auf diese Weise züchten. Viele primäre Zellinien, die an Glas oder Plastik haften, wachsen nicht in Suspension, im Gegensatz zu anderen, besonders Lymphozyten und Tumorzellen.

Owens, Gey und Gey waren die ersten, die Zellen in Suspension gezüchtet haben, wobei sie eine *„Umwälzanlage"* benützten. Diese bestand aus auf einer Drehtrommel radial angeordneten Kulturgläsern. Die von diesen Forschern verwendeten Zellen neigten dazu, in Suspension spontan zu wachsen. Die ersten Versuche, eine allgemeine Methode für die Züchtung von Zellen in Suspension zu entwickeln, wurden von Earles Gruppe am National Cancer Institute der USA gemacht. Sie zeigten als erste, daß sich bei Erhöhung der Rotationsgeschwindigkeit der Trommel beschleunigt L-Zellinien von der Wand der rotierenden Gläser ablösten und im Medium weiterproliferierten. Bei 300 Upm blieben einige Zellen noch an den Wänden der Reagenzgläser haften, bei 2400 Upm jedoch waren alle in Suspension. Der Zusatz von 0,1% Methylcellulose trug dazu bei, die Zellen in Suspension zu halten. Unter diesen Umständen wurden die Zellen nicht geschädigt und fuhren fort zu proliferieren. Später entwickelte die gleiche Gruppe sehr viel größere Kulturen verschiedener Zelltypen in Schüttelflaschen und andere Wissenschaftler erarbeiteten andere Modifikationen des Systems.

Schon frühzeitig beobachtete man, daß bestimmte Zellen sehr viel leichter in Suspension bleiben als andere. So machte in Parkers Labor eine Linie von Affennierenzellen eine Transformation durch; schließlich wuchsen sie spontan in Suspension in stationären Flaschen. Diese Linie haben Graham und Siminovitch erfolgreich in Suspension in sog. rotierenden Röhrchen (Roller tubes) bis zu einer Zelldichte von 10^7 Zellen pro ml gezüchtet, wo sie immer noch logarithmisch wuchsen. Auf eine andere Zelle, die MB III Zelle von de Bruyn, wurde schon hingewiesen. Owens, Gey und Gey fanden, daß diese Zelle in einer einfachen „Umwälz-Anordnung" in Suspension bleibt. Andere Forscher hielten diese Zelle in sich relativ langsam bewegenden Rotiertrommeln in Suspension. Viele Versuche wurden mit dem Ziel gemacht, Varianten von Zellinien, die in Suspension wachsen, zu selektieren. In unserem Labor erhielten wir die

LS-Linie, die spontan in Suspension wächst, durch beharrliche Selektion aus der Linie L, Klon 929. Japanische Forscher erhielten eine ähnliche Variante der HeLa-Zelle auf gleiche Weise. Diese Linien sind ideal für Arbeiten mit Suspensionskulturen, aber bis heute sind sie noch ziemlich ungebräuchlich.

Aus letzteren Beobachtungen wird deutlich, daß Zellen sich an das Wachstum in Suspensionskulturen *anpassen* können. Diese Tatsache wurde von den meisten Forschern, die umfangreiche Erfahrung auf diesem Gebiet haben, immer wieder betont. So ist es auch eine allgemeine Erfahrungstatsache, daß Zellen, die zum ersten Mal in Suspensionskultur gebracht werden, zuerst eine Ruhephase von einigen Tagen zeigen. Erst dann proliferieren sie rascher. Es kann auch ziemlich lange dauern, bis sich eine Suspensionskultur stabil verhält.

4.2.2.2 Medien für Suspensionskulturen

Zellen wurden erfolgreich in Suspension mit Kulturmedien gezüchtet, die von Pferdeserum, Embryonal-Extrakt, BSS bis zu genau definierten, proteinfreien Kulturmedien reichten. In früheren Studien wurde oft 10–20% Serum im Kulturmedium verwendet. Dies gab sehr oft Schwierigkeiten, die darauf beruhten, daß Stoffe an der Seite der Kulturgefäße auf der Oberfläche des Mediums präzipitierten, worin sich die Zellen dann einschlossen. Es wurde empirisch gefunden, daß die Zugabe bestimmter Substanzen wie *Methylcellulose* oder *Polyglycoll* (Pluronic F 68) dies verhindert. Seither wurden sehr viele erfolgreiche Versuche unternommen, Zellen in definierten Medien ohne makromolekulare Zusätze zu züchten. Es herrscht jedoch allgemeine Überzeugung, daß der Zusatz kleiner Mengen Serum das Wachstum steigert und man besseres Überleben erreicht, wenn man dem Kulturmedium Methylcellulose oder *Carboxymethylcellulose* (Viskosität 15–20 cps) in einer Konzentration von 0,1% zusetzt.

Natrium-Carboxymethylcellulose (Edifas B′, I. C. I.) ist der Methylcellulose vorzuziehen, da es sich sofort löst und leicht als 3%ige Stammlösung in BSS zubereitet werden kann. Methylcellulose (Methocel) hat die ungewöhnliche Eigenschaft, daß es bei hohen Temperaturen weniger löslich ist als bei niedrigen Temperaturen. Deshalb muß es zunächst als eine Aufschlämmung zubereitet werden. Nach der Sterilisation durch Autoklavieren bildet es eine geronnene, unlösliche Masse, die jedoch wieder in Lösung geht, wenn sie im Kühlschrank abgekühlt wird. Es kann auch als 3%ige Stammlösung verwendet werden. (Deutscher Hersteller: Kalle, S. 432). *Pluronic F 68* (Wyandotte Chemical Co., Michigan, USA) ist leicht löslich und bereitet keine Schwierigkeiten. Es wird auch in einer Endkonzentration von 0,1% verwendet.

Trotz des Gebrauchs dieser Mittel neigen einige Zellen dazu, am Meniskus auch bei Abwesenheit von Serum zu aggregieren. Sinclair und Mitarbeiter fanden, daß man dies durch Zusatz von Trypsin zum Medium (serumfreies, modifiziertes Waymouths MB 752/1) in einer Konzentration von 50 μg/Liter verhindern kann. L-Zellen wuchsen in diesem Medium gut. Am häufigsten werden Zellen in Suspensionskulturen in einem synthetischen Medium gezüchtet (wie Eagles oder 199), ergänzt durch 5–10% Serum und 0,1% Methylcellulose oder Carboxymethylcellulose. Einige Forscher empfehlen, Calcium aus dem Suspensions-Kulturmedium wegzulassen. Dies mag manchmal von Vorteil sein, für die meisten Zwecke bringt es wenig Unterschied.

4.2.2.3 Gasphase

Sauerstoff wurde in verschiedenen Konzentrationen zur Begasung von Suspensionskulturen benutzt. Man stimmt allgemein überein, daß hohe Sauerstoff-Konzentrationen nicht gut und wahrscheinlich sogar schädlich sind. Die meisten Forscher hatten befriedigende Ergebnisse mit atmosphärischer Luft; Cooper berichtete sogar, daß er wesentlich bessere Ergebnisse mit einer leicht niedrigeren Sauerstoff-Konzentration erzielte.

Die meisten Forscher begasen die Kulturen mit 5% *Kohlendioxid* CO_2. Es ist aber fraglich, ob dies notwendig ist; vermutlich, weil die Zellpopulation dicht genug ist, um etwas CO_2 in Lösung zu halten, besonders in großen Kulturen. McLimans und Eagles benützten starke Phosphatpuffer, machten aber keinen Versuch, CO_2 in der Gasphase zu kontrollieren. Wir selbst haben routinemäßig Tris/Citrat- und HEPES-Puffer in Kulturen verwendet, welche der Atmosphäre ausgesetzt sind, und fanden sie vollkommen zufriedenstellend.

4.2.2.4 Übliche Methoden

Die meisten Methoden wurden aus den Arbeiten von Earle und Mitarbeiter entwickelt, die einen rotierenden Schüttler des Brunswick-Typs verwendeten, der eine Drehbewegung des Kulturmediums in der Flasche erzeugt. Die Zellen werden in gewöhnlichen Erlenmeyer- oder Flaschen mit rundem Boden mit einer Vorrichtung suspendiert, die über der Oberfläche der Kultur einen Gasstrom erzeugt und die Kultur gleichzeitig im Brutschrank mit einer Geschwindigkeit von 13 000 Uph (Umdrehungen pro Stunde) schüttelt. Das verwendete Kulturmedium war vom üblichen Typ, entweder ein vollkommen natürliches Kulturmedium (Serum, Embryonal-Extrakt und BSS) oder Serum plus eines der synthetischen Kulturmedien. HeLa-Zellzahlen bis zu 5,9 $\times$ 10^9 in 400 ml Medium in einer 1,5 Liter Flasche wurden auf diese Weise erhalten.

Gegenwärtig benützt die am meisten verwendete Methode einen *Magnetrührer.* Ein Silicon-überzogener Magnet mit einem dünnen Ring aus Silicon-Gummi um die Mitte (damit er nicht direkt auf dem Boden der Flasche wirbelt) ist die einfachste Methode, die für jede Art von Flasche verwendet werden kann, von kleinen konischen Flaschen bis zu großen Saugflaschen. Eine Reihe von Rührkulturflaschen (sog. *Spinner Flasks*) wurden von der Fa. Bellco Glass Inc. speziell entwickelt (S. 430). Viele Variationen des Prototyps, der in Bild 10 dargestellt ist, wurden entwikkelt. Der Entwurf von Smith und Burrows ist besonders zuverlässig. In vielen Laboratorien werden Reihen von Kulturgefäßen diesen Typs mit Magnetrührern, von einem gewöhnlichen Motor angetrieben, entweder in einen angewärmten Behälter oder in ein Wasserbad gesetzt. Eine genaue Beschreibung der Geräte dieses Typs findet der Leser in den Arbeiten von Smith und Burrows sowie Gordy, Moore und Sieber.

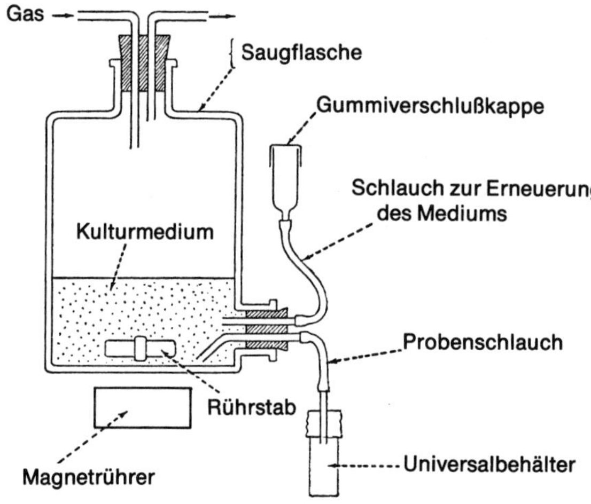

Fig. 39 Suspensionskulturflasche, aus einer Saugflasche hergestellt.
Um zwischendurch Kulturmedium zugeben und Proben entnehmen zu können, sind der Schlauch zur Erneuerung des Kulturmediums und der Probenschlauch mit einer Klemme abgequetscht. Zum „Füttern" wird die Klemme vom Schlauch zur Erneuerung des Kulturmediums entfernt und Kulturmedium durch die Gummiverschlußkappe injiziert. Zur Proben-Entnahme wird die Klemme vom Probenschlauch entfernt. Danach wird der Universalbehälter durch einen sterilen ersetzt. Das Gefäß sollte nicht mehr als zu einem Viertel gefüllt sein. Man beachte, daß der „Kragen" um den Magnetstab dazu dient, den Kontakt zwischen dem Magneten und dem Boden der Flasche möglichst klein zu halten.

Andere Forscher verwendeten einfache *Rührapparate,* um Zellen in Suspension zu halten. Danes benützte einen spiralförmigen Glasrührer in einem ziemlich langen (20 cm), engen (44 mm) Gefäß. Eine mittlere Generationszeit von ungefähr 30 Std. wurde erreicht und ein logarithmisches Wachstum aufrechterhalten, wenn 25% des Kulturmediums alle 12 Std. erneuert wurden.

Andere Rührgefäße haben Cherry und Hull (Bild 11) und McLimans und Mitarbeiter beschrieben. Letztere Gruppe hat den Gebrauch von *Fermentern* mit großer Kapazität, die im Handel erhältlich sind, für diesen Zweck entwickelt. Sie erzielten schnelles Wachstum mit einer mittleren Generationszeit, die im Falle der L-Zellen zwischen 24 und 60 Std. schwankte.

In meinem eigenen Laboratorium haben wir routinemäßig Kulturgefäße des Typs wie in Fig. 39 gezeigt verwendet. Sie wurden aus Standard Borsilikat-Saugflaschen hergestellt. Der Schlauch zur Erneuerung des Mediums und der Probenschlauch werden normalerweise durch eine Schraubenklemme abgeklemmt. Das Kulturmedium wird aus einer einfachen Plasmatransfusionsflasche zugegeben, die Nadel wird durch die sterilisierte Kappe gestochen. Es ist leicht, diesen einfachen Apparat für einen laufenden Kultur-Ersatz zu modifizieren. Wenn Proben entnommen werden, fließt das Kulturmedium in den Behälter, der dann durch einen sauberen Universalbehälter ersetzt wird. (Man muß den Verschluß des Universalbehälters etwas abändern, damit das Probenröhrchen durchgeht.)

4.2.2.5 Allgemeine Behandlung von Suspensionskulturen

Mit der Suspensions-Züchtung normaler Zellen, die direkt aus dem Tier entnommen wurden, hatte man nur beschränkten Erfolg. Man kann zwar einige Tumoren aus dem Tier entnehmen und sie in Suspension züchten; doch im allgemeinen benützt man etablierte Zellinien. Um eine Suspensionskultur zu beginnen, gewinnt man zuerst die Zellen als Suspension aus einer *Einschicht(Monolayer)-Kultur,* entweder durch milde Behandlung mit Typsin oder durch Abschaben und Pipettieren. Sie werden dann in das Kulturgefäß mit einer Impfzahl eingesät (eine Art Rührgefäß ist am besten geeignet), die zwischen 10^5 und 5×10^5 Zellen pro ml Kulturmedium liegt. Das Kulturmedium sollte so hoch stehen, daß sich kein Schaum bilden kann. Die Rührgeschwindigkeit sollte so gering wie möglich sein, gerade um die Zellen in Suspension zu halten, normalerweise zwischen 250 und 500 Upm. Die Kultur sollte täglich geprüft und Proben zur Zellzählung und Bestimmung der Viabilität entnommen werden (Abschn. 5.2.3.4 sowie 5.3.3.9). In den ersten Tagen (vielleicht bis zu 10 Tagen) ist es möglich, daß die Zellpopulation nicht wächst; sie kann sogar einen oder zwei Tage lang abnehmen. Schließlich beginnt die Zellpopulation sich wieder zu vermehren. Das Kulturmedium wird dann mit frischem Medium so weit ergänzt, daß in den meisten Fällen die Zelldichte bei 5–7 $\times 10^5$ Zellen pro ml liegt. Diese Zahl ändert sich allerdings von Linie zu Linie und hängt auch vom verwendeten Medium ab. Einige Linien können die 10fache Dichte erreichen, was aber ungewöhnlich ist.

Die meisten *Schwierigkeiten* treten zu Beginn der Etablierung einer Suspensions-Kultur auf. Eine der Hauptschwierigkeiten ist die Neigung der Zellen, in einem Ring am Rande des Kulturgefäßes an der Oberfläche des Kulturmediums zu *aggregieren.* Wie schon erwähnt, kann dies oft durch Verwendung von *Pluronic F 68* vermindert werden. Dieses Verhalten ist oft besonders in Kulturen auffallend, deren Suspension durch Trypsinierung gewonnen wurde; in diesen Fällen lohnt es sich oft, die Zellen mit einer anderen Methode zu suspendieren. Gewisse Seren scheinen dieses Übel mehr als andere hervorzurufen. Kälberserum scheint sich besser zu eignen als Pferdeserum. Auch scheinen tote Zellen in der Suspension die Situation zu erschweren; die Einsaat sollte immer aus gesunden Zellen bestehen, die von einer schnell wachsenden Kultur stammen und eine Lebensfähigkeit von 95% oder besser besitzen. Wenn Zellen sich schließlich in Suspension etabliert haben, muß mit dieser Schwierigkeit nicht mehr gerechnet werden und stationäre Kulturen, die ursprünglich von Suspensionskulturen stammen, können gewöhnlich wieder ohne Schwierigkeit in Suspension wachsen. Merchant hat gefunden, daß das Dispersionsmittel *Darvan 2* (R. T. Vanderbilt Co., New York) in 0,05%iger Konzentration nichttoxisch ist und das Zusammenklumpen von Zellen verhindert.

Das andere Problem, das im frühen Stadium der Suspensionskulturen auftritt, betrifft die Erneuerung des Kulturmediums bei einer Verlängerung der Ruhephase. Wenn die Zellzahl innerhalb von 4 oder 5 Tagen nicht ansteigt, hängt es von der Viabilitätsbestimmung ab, was man unternimmt. Wenn sie sehr niedrig ist (unter 20%), ist es wahrscheinlich zwecklos, den Versuch weiterzuführen. Liegt sie jedoch höher, können die Zellen abzentrifugiert werden und wieder in so viel Kulturmedium suspendiert werden, daß man eine Zahl lebensfähiger Zellen in der Größenordnung von 5×10^5 pro ml erhält. Es mag helfen, bis zu 50% altes Kulturmedium zu verwenden, das mit frischem Kulturmedium gemischt wird, doch ist dies fraglich. Wenn in den nächsten 4 oder 5 Tagen keine Vermehrung der lebensfähigen Zellen geschieht, ist es zweifelhaft, ob der Versuch erfolgreich sein wird.

4.2.2.6 Kulturen in großen Mengen

Man muß 2 Hauptprinzipien berücksichtigen, wenn man es mit Kulturen in großen Mengen zu tun hat. Erstens: Zellen wachsen nicht befriedigend in Suspension, wenn die Zelldichte zu stark fällt (z. B. unter 5×10^4–10^5 Zellen pro ml). Zweitens: Zellen in Suspension neigen rasch zu sterben, sobald die Population die stationäre Phase erreicht. (Diese Feststellungen sind Verallgemeinerungen und treffen für manche Zellinien nicht zu.) Es folgt daraus, daß man normalerweise von einer einzigen Einsaat eine Zellvermehrung von nicht mehr als 5–10fach erwarten darf, ohne das Kulturmedium zu wechseln. Daher fängt man normalerweise in der Praxis mit einer kleinen Menge Kulturmedium an und ergänzt es durch Zugabe von frischem Medium alle 2 oder 3 Tage (in Intervallen, die vom Zellwachstum abhängen), bis man die erforderliche Zellmenge erreicht hat. Wenn man z. B. eine 20 Liter-Kultur in einem Fermenter ansetzt (wie er zur Bakterienzüchtung verwendet wird), arbeitet man wie folgt (wie z. B. nach McLimans): Zuerst wird die Rührkultur in einem Volumen von 250–500 ml angesetzt. Wenn sie etabliert ist, wird sie als Zelleinsaat für eine 3-Liter-Kultur in einem 5 Liter-Fermenter verwendet. Dies wird nun wieder als Zelleinsaat für einen größeren Fermenter verwendet.

4.2.2.7 Kontinuierliche Mediumserneuerung

Natürlich ist es bei einer etablierten Suspensionskultur unnötig, jeden Ansatz wieder mit einer neuen Zelleinsaat zu starten. Z. B. kann man die oben erwähnte 20 Liter-Kultur über lange Zeit weiterführen, indem man den größten Teil der Suspension in Zeitabständen von einigen Tagen wegnimmt und durch frisches Kulturmedium ersetzt, wobei die restliche Suspension dann die Zelleinsaat liefert. Natürlich hat dies zur Entwicklung von Methoden zur *automatischen Mediums-Erneuerung* geführt. Verschiedene Systeme lieferten befriedigende Ergebnisse für Kurzzeitversuche, aber bei den meisten ergaben sich bei fortlaufendem Betrieb Schwierigkeiten.

Im „*Cytogenerator*“ nach Graff und McCarty werden die Zellen in einem U-Rohr mit vertikalen, gesinterten Glaswänden gezüchtet, die von einem Glasmantel umhüllt sind. Das Kulturmedium fließt auf der einen Seite ein und auf der anderen ab. Die Zellen werden in Suspension gehalten, indem man das Medium durch Änderung des Gasdrucks von einer Seite des U-Rohrs zur anderen „pendeln“ läßt. Mit dieser Maschine erhielt man sehr hohe Zelldichten, doch ihre Bedienung ist mühsam.

Merchant, Kuchler und Munyon sowie Cohen und Eagle benützten ein System, das dem von Novik und Szilard für Mikroorganismen entwickelten ähnlich ist. Hierbei fließt das

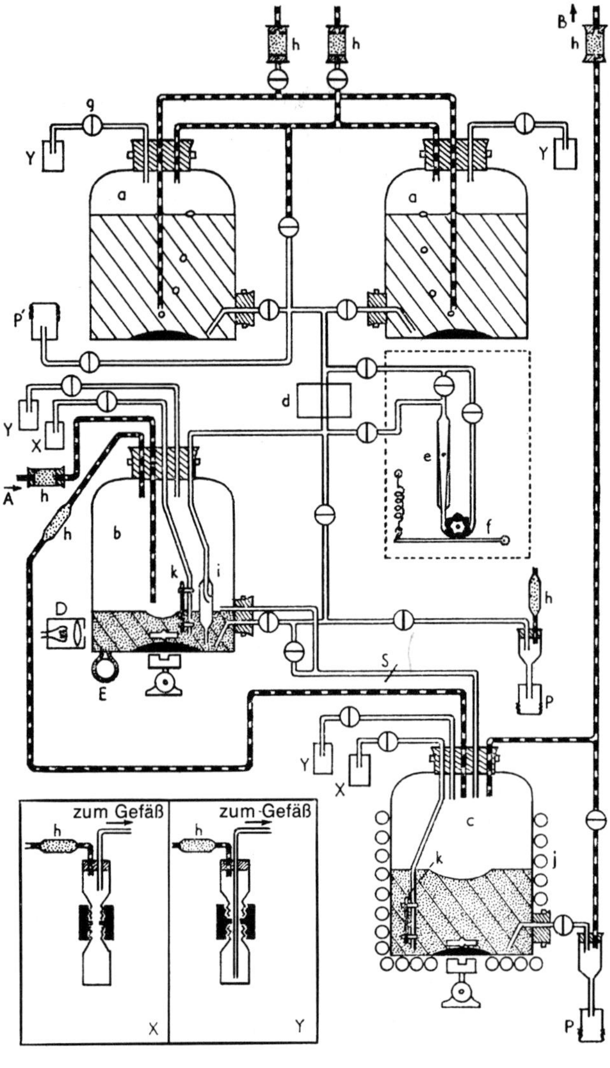

Fig. 40 Diagramm eines Apparates nach Cooper, Wilson und Burt für die fortlaufende Zellkultur in Suspensionen

Erklärung der Buchstaben: Die Leitungen, die Luft oder Gas führen, sind punktiert. a – Mediumbehälter; b – Kulturgefäß; c– Sammelbehälter; d – Magnetschließventil; e – Rotameter; f – Pumpe; g – Schraubenklemmen; h – Wattefilter; i – „Anti-Spritz-Ventil"; j – Gummischlauch des Kühlmantels; k – Thermometer; A – Gas-Zufuhr; B – Gas-Abfuhr; D – Lichtquelle; E – Photozelle; P – Sammelgefäß und P' – Wiederauffüllgefäß. X und Y sind Öffnungen zur Proben-Entnahme bzw. Zellsaat-Zugabe, im Einzelnen dargestellt unten links, Proben werden bei X entnommen oder bei Y zugegeben durch Ansaugen oder

Medium von einem Behälter aus mit konstanter Geschwindigkeit in das Wachstumsgefäß, während die überschüssige Zellsuspension durch einen Überlauf abfließt. Das Verhalten tierischer Zellen hat sich bisher als zu unberechenbar erwiesen, als daß man sie in einem Apparat dieser Art ständig etablieren könnte.

Ein spezielles Gerät für Suspensionskulturen, das sog. *Drehfiltriergerät* von Himmelfarb et al., bietet eine Methode, das Kulturmedium von Suspensionskulturen abzufiltrieren, ohne das Filter zu blockieren. Dies wird durch ein zylindrisches Filter erreicht, das sich mit so großer Geschwindigkeit dreht, daß die Oberfläche des Filters reingehalten wird. Das Gerät kann dazu verwendet werden, Kulturen mit sehr hoher Dichte zu erhalten (weit über 10^7 Zellen pro ml).

Einige andere Forscher entwickelten Geräte, bei denen die Zelldichte ständig durch ein elektronisches Gerät überwacht und Kulturmedium automatisch bei Bedarf zugefügt wird. Beim erfolgreichsten Apparat dieser Art nach Cooper und Kollegen wird die Zelldichte nephelometrisch bestimmt (Fig. 40). Die Photozelle setzt eine Pumpe in Gang, die frisches Kulturmedium, wenn nötig, zufließen läßt; überschüssige Zellsuspension wird in ein Sammelgefäß abgelassen. ERK-Zellen wurden in diesem Apparat fortlaufend über 4 Monate gehalten.

Es gibt aber auf diesem Gebiet noch viel zu verbessern. Die meiste Entwicklungsarbeit zielt darauf hin, Erfahrungen aus bakteriellen Fermentationsprozessen auf die Kultur tierischer Zellen anzuwenden. Kulturen im Großmaßstab werden in Abschn. 4.3 diskutiert.

4.2.3 Zell-Klonierung

4.2.3.1 Allgemeines

Viele Untersuchungen erfordern eine reine Zellinie; der beste und sicherste Weg dazu ist die Zucht der Linie aus einer *einzigen* Zelle. Man sollte dabei wissen, daß man nicht immer unbedingt sicher sein kann, daß die Nachkommen genetisch homogen bleiben, obgleich die Methode die Gewähr gibt, daß alle Zellen vom selben Allgemeintyp sind.

Die erste Technik der Zell-Klonierung wurde von Dr. Sanford im Labor von Dr. Earle entwickelt und bestand darin, Zellen in *Kapillarröhrchen* zu isolieren und dann die sich vermehrenden Zellen in immer größeren Gefäßen zu züchten (Bild 12). Genauer ausgedrückt: Es wurde

---

Einblasen durch Wattefilter. Der Strich über der Mediumleitung bei S zeigt die Lage einer sterilen Verbindung, die beim Zusammenbau hergestellt wurde.

Die Geschwindigkeit der Medium-Zugabe wird durch eine peristaltische Pumpe (f) kontrolliert oder durch abwechselndes Öffnen des Schließventils (d). Dies wird durch eine Photozelle (E) kontrolliert, die die Trübung der Suspension im Kulturgefäß überwacht (b). Der Stand des Mediums in (b) wird konstant gehalten, indem man es in den Auffangbehälter (c) überfließen läßt.

eine sehr verdünnte Zell-Suspension in ein feines Kapillarröhrchen eingesaugt, das dann verschlossen unter dem Mikroskop untersucht wurde. Entdeckte man eine einzelne Zelle in einem Teil des Röhrchens, wurde dieses Stück äußerlich mit Chloroform sterilisiert und dann abgebrochen, so daß die Zelle im Bruchstück isoliert blieb. Das Stück wurde in einem Plasma-Gerinnsel implantiert und inkubiert, bis die Zellzahl groß genug war, um passagiert werden zu können. Diese Technik war nicht immer erfolgreich und außerdem recht mühselig. Sie zeigte aber, daß das Wachstum von Kolonien aus einzelnen Zellen möglich war.

Einen beachtlichen Fortschritt erzielten einige Jahre später Puck und Mitarbeiter, die die ursprünglich von Rous und Jones 1916 beschriebene Methode weiterentwickelten, zur Gewinnung von *Kolonien* einzelne Zellen einzusäen. Die Methode besteht einfach darin, ein Gefäß mit einer sehr verdünnten Zellsuspension zu beimpfen und sie etwa eine Woche absolut ungestört stehenzulassen. HeLa-Zellen und eine Reihe anderer Epithelzellen kann man auf diese Weise gut klonieren, andere Zelltypen aber bilden nicht leicht Kolonien. Die wesentlichen Bedingungen sind ein passendes, reichhaltiges Kulturmedium, absolut saubere Glasgeräte, ein sorgfältig eingestellter pH-Wert und eine vorsichtige Behandlung der Zellen, damit sie keinen Schaden erleiden.

4.2.3.2 Klonieren von HeLa-Zellen mit der Verdünnungstechnik

1. Man wählt eine Flasche mit „gesunden" HeLa-Zellen. Der pH-Wert sollte bei ungefähr 7,4 liegen, das Kulturmedium sollte frei von Zelltrümmern sein, und die Zellen sollten bei der mikroskopischen Untersuchung gesund erscheinen. Die Zellen sollten exponentiell wachsen.

2. Man gießt das Kulturmedium ab und spült die Flasche mit einer geeigneten Menge BSS, die kein Calcium, Magnesium oder Phosphat enthält.

3. Man verwirft die Waschflüssigkeit und gibt zu der Flasche eine 0,05%ige Lösung von Trypsin in Phosphat-gepufferter Saline. Man inkubiert 1–2 Min. lang bei 37 °C, entfernt das Trypsin und inkubiert weitere 5–10 Min.

4. Während der Inkubation der Zellsuspension pipettiert man je 5 ml Kulturmedium (20% menschliches oder Kälberserum plus eines der synthetischen Kulturmedien) in einige 60 mm Petrischalen und je 4,5 ml in einige Reagenzgläser. Man gibt die Petrischalen in einen CO_2-Brutschrank (s. u.).

5. Man gibt nun 5 ml Kulturmedium in die Flasche mit den Zellen, schüttelt sie vorsichtig, um die Zellen zu suspendieren und zerteilt sie durch vorsichtiges, zwei oder dreimaliges Ein- und Auspipettieren mit einer 10 ml-Pipette.

6. Die Zellen werden gezählt (Abschn. 5.2.3.4). Man verdünnt die Zellsuspension serienmäßig, indem man 0,5 ml Suspension in einem Reagenzglas zu 4,5 ml Kulturmedium fügt und so weiter, bis man eine Suspension erhält, die 1000–2000 Zellen/ml enthält. Man sät in jede Petrischale 0,05–0,1 ml dieser Suspension (jede Schale soll 100 Zellen enthalten).

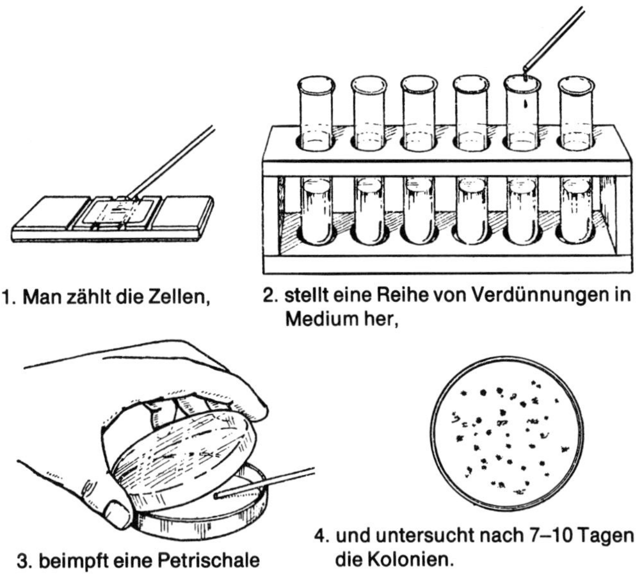

Fig. 41 Herstellung von Kolonien aus einzelnen Zellen mit der Verdünnungstechnik

Man mischt nun die Zellen vorsichtig durch Pipettieren oder Mischen mit einem sterilen Glasstab und gibt die Petrischalen in den CO_2-Brutschrank zurück. Man inkubiert 7–10 Tage lang bei 37–38 °C, bevor man untersucht.

7. Wenn man nur die Kolonien zählen will, kann man das Kulturmedium entfernen und die Petrischalen nach Fixierung mit 10% Formalin-Lösung mit *May-Grünwald-Giemsa* oder *Kristallviolett* (0,1% 10 Min. lang) anfärben, um die Kolonien sichtbar zu machen (Bild 13).

Wenn die Kolonien isoliert werden sollen, arbeitet man wie folgt. Hat man eine Kolonie gefunden, markiert man ihre Lage auf der Unterseite der Schale, entfernt das Kulturmedium und bringt über die Kolonie einen Zylinder aus Glas oder rostfreiem Stahl (5–6 mm innerer Durchmesser und 10–12 mm hoch), dessen Bodenrand mit Silikonfett eingeschmiert worden ist (man schmiert etwas Silikonfett auf den Boden einer Petrischale, markiert einige Ringe darauf und sterilisiert bei Trockenhitze). Man prüft, ob die Kolonie durch den Zylinder isoliert worden ist. Man wäscht nun die Innenseite des Zylinders mit einigen Tropfen Salzlösung aus und ersetzt sie durch einige Tropfen Trypsin-Lösung. Nach einige Minuten langem Inkubieren mischt man die Zellsuspension durch vorsichtiges Pipettieren und gibt sie auf das Gefäß, in dem sie gezüchtet werden soll.

Eine andere Methode zur *Zell-Isolierung* ist folgende: Vor der Beimpfung der Petrischale bedeckt man den Boden mit zerbrochenen Deckgläsern (ungefähr 5 mm^2). Wenn die Kolonien gewachsen sind, untersucht man die Schale mit einem Stereomikroskop und entfernt mit einer sterilen Pinzette Deckglasteilchen, die eine einzelne Kolonie tragen. Diese überführt man nun in ein Reagenzglas, das 1–2 ml Kulturmedium enthält, und nach weiterem Wachstum trypsiniert und passagiert man in der üblichen Weise.

4.2.3.3 Agar-Suspensions-Technik

Puck und Marcus beobachteten, daß Zellen gut zu Kolonien wachsen, wenn sie in einem Kulturmedium suspendiert sind, das mit Agar niedriger Konzentration verfestigt ist. Macpherson und Montagnier entwickelten eine Modifikation der *Verdünnungstechnik*, die auf diesem Prinzip beruht. Zuerst wird eine dicke Agar-Grundlage in einer Petrischale zubereitet; die Zellen werden dann in einer Schicht aus „dünnem" Agar darüber ausgesät. Kolonien in der Art von Morulae entstehen in der Zwischenschicht, wo sie leicht untersucht und bei Bedarf durch Abpipettieren entfernt werden können. Einzelheiten der Technik:

1. Eine Stammlösung (1%) aus Agar wird durch Auflösen von 10 g Difco Bacto Agar in 1 Liter destillierten Wasser durch Kochen hergestellt. Sie wird durch Autoklavieren sterilisiert.
2. Das zu verwendende Kulturmedium wird in doppelter Konzentration zubereitet. Die Agar-Stammlösung wird geschmolzen und auf 44 °C abgekühlt. Sie wird in einem Wasserbad auf dieser Temperatur gehalten und das doppeltkonzentrierte Kulturmedium wird auf die gleiche Temperatur gebracht. Vor Gebrauch werden gleiche Teile des doppelt-konzentrierten Mediums mit Agar-Stammlösung gemischt, so daß sich ein 0,5%iges Agar-Medium ergibt.
3. Die Agar-Grundschichten werden in 60 mm Petrischalen vorbereitet, indem man 5–7 ml des 0,5%igen Agar-Mediums einpipettiert, nicht länger als 30 Min., ehe man die Oberschicht zugibt.
4. Die Zellsuspensionen werden nun in einem einfach konzentrierten Kulturmedium (ohne Agar) so hergestellt, daß 0,5 ml die erforderliche Zellzahl enthält. Die Einsaat wird dann zubereitet, indem man 0,5 ml Zellsuspension mit 1 ml des 0,5%igen Agar-Mediums mischt. Man mischt rasch und gibt auf die vorbereitete Agar-Grundschicht.

Die auf diese Weise hergestellten Kulturen werden in einem CO_2-Brutschrank bei feuchter Atmosphäre in der üblichen Weise inkubiert.

Einige Zellinien können auf diese Weise erfolgreicher als andere kloniert werden; man kann die Technik daher als eine selektive Methode benützen.

Eine einfache Modifikation dieser Technik, die von uns benützt wird, besteht einfach darin, eine Zellsuspension in *schrägem Agar* wie oben beschrieben herzustellen, aber in einer Konzentration von ungefähr 10–100 Zellen pro ml und 15 ml davon in einen Universalbehälter einsäen (Bild 14). Die Kolonien können dann mit einer Pasteurpipette entfernt werden.

4.2.3.4 Klonieren in Fibrin-Gelen

Schindler führte eine ähnliche Methode ein, bei der man Zellen in *Fibrin-Gelen* Kolonien bilden läßt. Fibrin soll weniger toxisch als Agar sein; die Methode ist besonders für solche Zellen nützlich, die normalerweise in Suspension wachsen.

Das Kulturmedium wird in zwei Teilen zubereitet. Lösung A besteht aus dem Kulturmedium, in dem 0,12 Einheiten Thrombin pro 100 ml gelöst sind. (Die Bildung von Blasen im Fibrin-Gerinnsel kann durch Inkubieren dieser Lösung bei 37 °C über 12–24 Std. vor Gebrauch vermieden werden.) Lösung B enthält 250 mg Rinder-Fibrinogen, 800 mg NaCl und 25 mg Natriumcitrat ($Na_3C_6H_5O_7 \times 5{,}5\ H_2O$). Das Fibrinogen wird nach 2stündigem Stehenlassen durch 15minütiges Rühren mit einem Magnetrührer gelöst. Diese Lösung kann durch Ultraviolett-Licht oder durch Filtrieren durch ein Membran-Filter sterilisiert werden. Die Zellen werden verdünnt und zu Lösung A gegeben, bis sich eine Konzentration von ungefähr 5 Zellen pro ml ergibt. Zu 12 ml dieser Lösung werden in einem 16 ml Kulturröhrchen 3 ml von Lösung B gegeben, die Lösungen vorsichtig und schnell gemischt. In ein paar Minuten bildet sich ein klares Gel. Diese Kultur wird bei 37 °C inkubiert. Die Kolonien bilden sich nach 5–10 Tagen als Morulae, je nach Zellteilungsgeschwindigkeit.

Der Gebrauch eines *CO_2-Brutschranks* wurde im Zusammenhang mit diesen Techniken erwähnt. Ein kritischer Punkt ist, daß zur Kontrolle des pH-Wertes ein Kulturmedium, auf Earles BSS-Basis, in einer Atmosphäre mit 5% CO_2 verwendet werden sollte. Am einfachsten erreicht man dies durch Verwendung eines luftdichten Gefäßes (eines Exsikkators oder eines „anaeroben" Kolbens), das aus einem Luft mit 5% CO_2 enthaltenden Zylinder gefüllt wird. Wenn man größere Arbeiten beabsichtigt, ist es nützlich, einen luftdichten Brutschrank mit einem Gasgemisch aus 5% CO_2 in Luft zu beschicken, entweder aus einem Preßluftzylinder oder dem örtlichen Druckluftvorrat und einem Zylinder mit flüssigem CO_2, das durch ein Mischventil zugemischt wird.

In meinem Labor klonierten wir erfolgreich Zellen mit einer Technik, die mit einem CO_2-Brutschrank arbeitet. Das Medium basiert anstatt auf Earles BSS auf einem Triscitrat-Puffer, der Oxalacetat und Fumarat enthält.

Man braucht dazu folgende *Stammlösungen:* A. 0,2 M Tris; B. 0,1 M Zitronensäure; C. Hanks BSS × 10; D. 3 M $MgCl_2$; E. 5×10^{-2}M Natriumfumarat; F. 5×10^{-2}M Natriumoxalat. Ein Liter BSS wird durch Mischen von 80 ml A, 50 ml B, 65 ml C, 10 ml D, 20 ml E und 20 ml F und Auffüllen mit dest. Wasser auf 1 Liter hergestellt. Zum Klonieren wird eine passende Stammlösung (z. B. 109, 10 × konzentriert) mit Serum gemischt und mit BSS auf das entsprechende Volumen gebracht. Das Kulturmedium hält einen pH von 7,4 im Gleichgewicht mit Luft bei 37 °C und unterstützt klonales Wachstum vieler Zellinien mit recht guter Klonierausbeute. Es ist notwendig, die Petrischalen in einem verschlossenen Gefäß zu halten, um die Feuchtigkeit zu bewahren. Polystyrol-Behälter mit festschließenden Deckeln, die mit einem Klebeband abgedichtet werden, haben sich als ausreichend erwiesen. Die Kulturen können in einem gewöhnlichen Brutschrank oder Wärmeraum inkubiert werden. Eine befriedigende Koloniebildung kann man auch mit HEPES-gepufferten Kulturmedien erhalten.

Die oben beschriebenen Techniken sind für quantitative Arbeiten völlig ausreichend, bei denen man die Klonierausbeute bestimmen will. Jedoch sind sie offensichtlich unzuverlässig, wenn man sicher wissen will, ob eine Linie aus einer einzigen Zelle entstanden ist; die Kolonie kann nämlich aus einer Gruppe von Zellen herausgewachsen sein, die unabsichtlich in die Suspension geraten war. Um sicher zu sein, daß man einzelne Zellen isoliert, wurde ein Verfahren mit einer Mikropipette entwickelt. Obwohl es auf den ersten Blick sehr kompliziert erscheint, ist es in Wirklichkeit außerordentlich einfach. Die beschriebene Methode wurde aus der ursprünglich von Lwoff, Dulbecco, Vogt und Lwoff stammenden mit Modifikationen entwickelt, die von anderen Wissenschaftlern eingeführt wurden (Wildy und Stoker).

4.2.3.5 Zell-Klonieren mit der Isolierungsmethode

Erforderliche *Materialien* und *Apparate:*

1. Sterile 60 mm Petrischalen;
2. Pasteuerpipetten;
3. Ein CO_2-Brutschrank;
4. Kulturmedium (20% menschliches oder Kälberserum in einem der synthetischen Medien);
5. BSS;
6. Ein Mikroskop geringer Vergrößerung (100fache Vergrößerung). Ein Stereomikroskop ist am besten, aber ein gewöhnliches Mikroskop mit einem 17 mm-Objektiv reicht auch;
7. Flüssiges, mit Medium gesättigtes Paraffin: Zu ungefähr 200 ml flüssigem Paraffin BP in einer sterilen Flasche fügt man 20 ml Kulturmedium und schüttelt. Dann läßt man einige Tage bei 37 °C im Brutschrank stehen, damit das Paraffin klar wird. Paraffin muß nicht sterilisiert werden;
8. *Mikropipetten:* Um sie herzustellen, macht man sich zuerst einen Mikrobrenner, indem man ein Schlauchstück mit einer Injektionskanüle verbindet. Dann nimmt man ein Glasröhrchen und formt durch Ausziehen mit einem normalen Bunsenbrenner eine feine Pasteurpipette. Schließlich bringt man die feine Kapillarzone dieser Pipette in die Flamme des Mikrobrenners. Wenn das Glas weich genug ist (aber nicht so weich, daß es zusammenschmilzt), nimmt man es rasch aus der Flamme und zieht langsam aus, um eine Kapillarspitze mit einem Durchmesser von ungefähr 50 μ (siehe Zeichnung) zu bilden. Die Spitze siliconisiert man durch Eintauchen in eine Siliconlösung, z. B. von Serva (S. 434) und Wiederausblasen (was man auf Wunsch auch weglassen kann). Vor Gebrauch wäscht man mit BSS. (Man wird ungefähr eine Stunde üben müssen, bis man geeignete Pipetten herstellen kann.)

Technik

1. Man nimmt eine Petrischale und spült die Bodenhälfte mit sauberem Äther aus. Sobald er sich verflüchtigt hat, flammt man schnell über die Bodenseite, um sicher zu sein, daß aller Äther entwichen ist. Dieser Vorgang garantiert, daß sich die Mediumstropfen richtig

ausbreiten. Man kann andererseits auch eine Polystyrol-Petrischale des Typs verwenden, der sich für Zellkulturen eignet. Man füllt nun die Petrischale (in einer Höhe von 10–12 mm) mit Medium-gesättigtem Paraffin.

2. Man verteilt nun 10 Tropfen Kulturmedium in der Schale, ungefähr 1 cm vom Rand entfernt. Die Tropfen fallen durch das Paraffin und breiten sich auf dem Glas aus. Eine passende Tropfengröße ist ungefähr 10 μl Kulturmedium, was sich zu einem Durchmesser von 5 mm ausbreitet. Schließlich gibt man in die Mitte der Petrischale einige Tropfen Zellsuspension.

3. Man nimmt nun eine der vorbereiteten Mikropipetten und befestigt daran einen Mundschlauch. Man saugt etwas Medium in die Kapillarzone auf, stützt die Hand auf den Mikroskopiertisch auf und führt die Pipettenspitze zu den suspendierten Zellen, was man unter dem Mikroskop verfolgt. Man wählt nun eine Zelle, setzt die Pipettenspitze neben sie und bringt die Zelle durch leichtes Saugen in das Innere. Man hebt die Pipette und rückt einen Tropfen Kulturmedium ins Gesichtsfeld, führt die Pipette in den Tropfen und drückt die Zelle aus.

4. Sobald alle 10 Tropfen Zellen erhalten haben, setzt man den Deckel wieder auf die Petrischale und stellt sie in den CO_2-Brutschrank. Die Tropfen können nach 1 oder 2 Tagen untersucht werden.

Diese Technik ist viel einfacher als man sich vorstellt; man kann sie nach einigen Tagen Übung leicht meistern. Es ist nicht nötig, sie ganz genau wie beschrieben auszuführen, z. B. können die Zellen bei Bedarf von einem Gefäß zum anderen überführt werden. Zum Übertragen der Kolonie muß man nur die Behandlung mit Trypsin innerhalb des Tropfens unter dem Paraffin ausführen.

Für die *Isolierung einzelner Zellen in Mikrotropfen* kann man anstelle der Tropfen unter Paraffin die Zellen direkt in *Mikrotiter-Platten* aus Polystyrol (Abschn. 5.2.4.4) einsäen.

Nach Übertragung der Einzelzellen auf der Platte in einer Reihe untersucht man sie mit einem Umkehrmikroskop und gibt dann 0,1 ml des Kulturmediums in jedes Becherchen. Dann geht man an die nächste Reihe. Man kann auch sog. Feeder-Zellschichten verwenden, die man entweder durch Röntgenbestrahlung oder Mitomycin C-Behandlung von Zellen gewinnen kann. Mitomycin-C-behandelte Zellen werden durch Inkubieren von halbkonfluenten Kulturen in einem Kulturmedium erhalten, das 2 μg Mitomycin C pro 10^6 Zellen enthält. Am nächsten Tag werden sie trypsiniert. Eine geeignete Konzentration der Feeder-Zellen ist 10^3 pro Becherchen.

Diese Technik kann man durch Anwendung des *Verdünnungs-Prinzips* modifizieren. In jedes Becherchen wird 0,01 ml einer Suspension von 100 Zellen pro ml gesät. Becherchen mit Einzelzellen werden gesucht und markiert. In beiden Fällen sollen die Becherchen mit Kulturmedium gefüllt werden, bevor sie inkubiert werden.

Der *Erfolg des Klonierens* beruht auf einer Reihe von Faktoren, wovon einige schon erwähnt wurden. Das für das Medium verwendete *Serum* ist sehr wichtig und man sollte eine gute Bezugsquelle finden. Fötales Kälberserum gibt die zuverlässigsten Resultate. Bei einigen Zell-Arten wachsen Kolonien aus Einzel-Zellen viel leichter als bei anderen. Nach Neu-

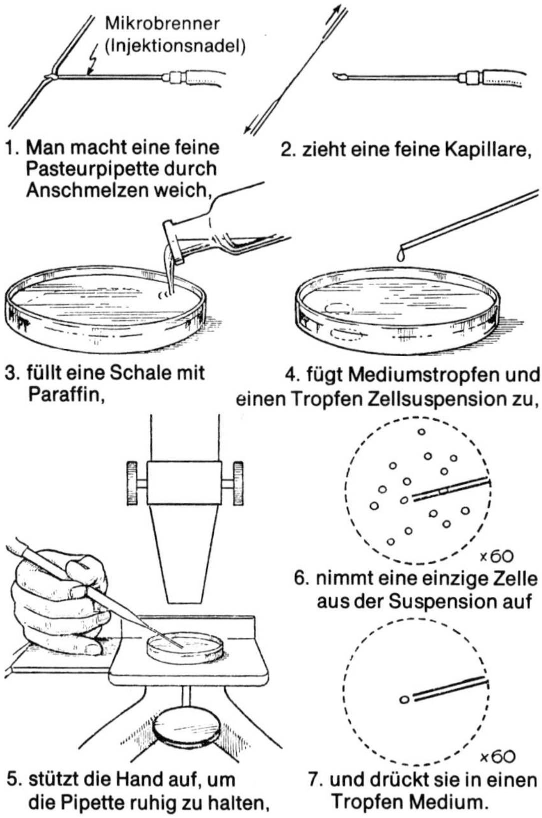

Fig. 42 Herstellung von Kolonien aus einzelnen Zellen durch die Isolierungsmethode

mann und McCoy erzielt man eine sehr viel höhere Klonier-Ausbeute bei einigen Fibroblasten-Zellen, wenn man zum Kulturmedium eine *Ketosäure* (Brenztraubensäure, Oxalessigsäure oder α-Ketoglutarsäure) zufügt.

Ein ziemlich reichhaltiges Kulturmedium mit einem hohen Gehalt an standardisiertem Serum wird gewöhnlich für das Klonieren verwendet. Ham gelang es freilich, chinesische Hamster- und L-Zellen in einem vollständig synthetischen Medium zu klonieren (Hams F 12). Es war dabei nötig, Falcon Plastikgefäße (S. 431) zu verwenden, die Zellen sehr schonend zu behandeln und eine möglichst kleine Trypsin-Menge zu verwenden.

4.2.4 Charakterisierung von Zellinien

Seit man weiß, daß eine „Verunreinigung“ einer Zellinie durch eine andere sehr leicht erfolgen kann und daß dies in der Tat der Grund für viele Fälle einer sog. „Transformation" sein kann, wurden Versuche unternommen, Methoden zur *positiven Identifizierung von Zellinien* zu entwickeln. Zur Zeit haben sich *vier allgemeine Kriterien* in dieser Hinsicht als nützlich erwiesen.

4.2.4.1 Chromosomen-Morphologie

Obwohl die Anzahl von Chromosomen in gezüchteten Zellen sehr stark variieren kann und Chromosomen von bizarrer Morphologie auftreten können, steht es heute fest, daß viele Chromosomen die Morphologie des ursprünglichen Gewebes sogar noch nach Jahren der Subkultur bewahren. Daher kann ein guter Zytologe die Tierart bestimmen, von der eine Zellinie ursprünglich stammte.

4.2.4.2 Virale Empfänglichkeit

Im allgemeinen haben viele Zellen ein typisches Empfänglichkeitsmuster gegenüber gewissen Virusarten und können danach identifiziert werden.

4.2.4.3 Enzym-Zusammensetzung

Es bestehen für bestimmte Enzyme artspezifische, elektrophoretische Muster *in vitro,* und der Gehalt gewisser konstitutiver Enzyme ist typisch für eine Zelle. Bei Anwendung einer enzymatischen Analyse kann die ursprüngliche Art der Zellinie mit Sicherheit festgestellt und die Zellinie selbst kann manchmal vorläufig identifiziert werden.

4.2.4.4 Immunologische Eigenschaften

Artspezifische Antigene bleiben in Kultur erhalten; daher haben sich immunologische Methoden als besonders wertvoll erwiesen, um Zellinien zu charakterisieren. Die gebräuchlichsten Teste sind Coombs gemischter Agglutinationstest, Stulbergs Fluoreszenz-Antikörper-Reaktion und der Hämagglutinationstest nach Brand und Syverton. Andere Teste basieren auf der Verminderung der Klonierausbeute durch spezifische Antikörper und die Aufnahme von Trypanblau in Zellen, die von Antikörpern geschädigt sind.

Es sei bemerkt, daß die *Morphologie* trotz ihrer Unzuverlässigkeit manchmal helfen kann, eine vorläufige Diagnose eines Zelltyps zu fällen. Besonders Bindegewebs-, Epithel- und lymphoide Zellen können von einem geübten Betrachter unterschieden werden. Es wurde bisher noch keine absolut zuverlässige Methode entwickelt, um eine unbekannte Zellinie zu identifizieren, aber eine einigermaßen genaue Identifizierung kann man auf der Basis der oben genannten Methoden erreichen.

Zusätzlich zu den allgemeinen, erwähnten Kriterien gibt es einige spezielle Kriterien für besondere Fälle, z. B. Mutanten, die bevorzugt Pentosen als Kohlenstoffquelle verwenden.

4.2.5 Spezielle Gesichtspunkte für die Behandlung primärer Zellinien

Das Wesen primärer Zellinien wurde in Abschn. 2.2 ausführlich besprochen. Diese Linien behalten oft differenzierte Eigenschaften: Sie bleiben gewöhnlich diploid und zeigen oft auffallende Kontakthemmung; viele wachsen nicht in Suspension und einige überleben nicht eine bestimmte Anzahl von Passagen. In dieser Hinsicht unterscheiden sie sich von etablierten Zellinien; daher brauchen sie in mancher Hinsicht eine besondere Behandlung.

4.2.5.1 Allgemeine Erhaltungsmaßnahmen

Primäre Zellinien, die in *Einschicht(Monolayer)-Kulturen* wachsen, werden auf fast die gleiche Weise behandelt wie etablierte Zellinien. Sie können in Suspension durch Trypsinieren oder durch irgendeine andere Standardmethode gewonnen, gezählt und wieder in neue Gefäße eingesät werden. Jedoch hören primäre Zellinien oft auf, sich zu vermehren, lange bevor das Kulturmedium erschöpft ist, da sie eine begrenzende Dichte erreicht haben. Um also größere Ausbeuten zu erreichen, werden oft Methoden verwendet, die eine größere Wachstumsoberfläche bieten. *Rotierende Flaschen* (sog. *Roller-Flaschen*), wie in Abschn. 4.3.2.2 beschrieben, werden aus diesem Grunde sehr oft für Primärlinien verwendet.

Im ganzen gesehen, scheinen Primärlinien wesentlich anspruchsvollere Anforderungen an die Ernährung zu stellen als etablierte Linien. Während beinahe alle etablierten Zellinien in Eagles Medium mit etwas Serum angereichert wachsen, halten es alle Leute, die sich sehr ausgiebig mit Primärzellinien beschäftigt haben, für empfehlenswert, ein reicheres Kulturmedium zu verwenden, das entweder künstliche Zusätze von nicht-essentiellen Aminosäuren, Nucleosiden usw. oder Protein-Hydrolysaten wie Tryptose, Fleischbrühe, Lactalbumin-Hydrolysat oder Bactopepton enthält.

Die meisten etablierten Zellinien wachsen gut mit niedriger Zelleinsaat. Einige Primärlinien tun dies auch, aber viele vertragen keine niedrigen Zelldichten, und es ist manchmal nicht möglich, Zellen bei einer Einsaat von weniger als 10^5/ml befriedigend zu erhalten.

Primäre Zellinien, die in Suspension wachsen, werden im allgemeinen fast genauso gehalten wie etablierte Zellinien, die in Suspension wachsen.

4.2.5.2 Stammvorrat

Eines der Hauptprobleme beim Arbeiten mit Primärzellen ist, daß verschiedene Linien nach einigen Monaten in Kultur aussterben, andere wiederum wünschenswerte Eigenschaften in gleich kurzer Zeit verlieren. Es ist nicht immer passend oder gar möglich, alle paar Monate neue Linien zu beginnen. Diese Schwierigkeit wurde durch Einfrieren von Vorräten aus Zellen überwunden, die von Anfang an nur über relativ wenige Passagen gezüchtet wurden. Die folgenden arithmetischen Überlegungen bilden die Grundlage dieser Taktik. Sogar eine relativ langsam wachsende Zelle vermehrt sich in einer Woche um das 10fache, d. h. in 6 Wochen um das Millionenfache. Aus einer einzigen Zelle können 10^{12} Zellen (ungefähr 4 kg) in 12 Wochen entstehen (und 4000 kg in fünfzehn Wochen!). Einige Primärlinien wachsen 4mal schneller als in diesem Beispiel. Wenn man eine Primärzellinie begonnen hat, züchtet man sie daher so schnell wie möglich bis zu einem angemessen großen Vorrat (genug für ungefähr 1000 Ampullen). Fast alle Zellen werden dann eingefroren und in flüssigem Stickstoff aufbewahrt, um den *Stammvorrat* zu bilden. Zu Beginn des Forschungsprogramms wird eine Ampulle aufgetaut und die Zellen wieder so weit hochgezüchtet, bis man weitere 5000 Ampullen füllen kann. Diese werden auch eingefroren und stellen den *Arbeitsvorrat* dar. Die Zellen des Arbeitsvorrats werden gewöhnlich über nicht mehr als 15 Passagen ab dem ursprünglichen Klonieren gezüchtet. Für jeden Versuchsansatz kann dann eine Ampulle aufgetaut und die Zellen weitergezüchtet werden. Diese Zell-Zuchten werden relativ kurze Zeit (z. B. 6 Wochen) für experimentelle Zwecke verwendet, bevor sie beendet und durch eine andere Zellmenge ersetzt werden, die aus einer anderen Ampulle hochgewachsen ist. Wenn man jede Woche 1 Ampulle aus dem Arbeitsvorrat nimmt, wäre man theoretisch über beinahe ein ganzes Jahrhundert nicht gezwungen, auf den Stammvorrat zurückzugreifen. Obwohl diese Strategie wichtig ist, um Vorräte von Primärzelllinien zu erhalten, ist ihre Nützlichkeit nicht auf sie beschränkt. Die Eigenschaften etablierter Zellinien ändern sich auch bei längerer Züchtung; wenn man dabei dieselbe Strategie anwendet, kann man dies auf ein Mindestmaß beschränken.

4.2.5.3 Das „3T3"-System

Wie in Abschn. 2.2 besprochen, sind einige Primärzellinien, besonders menschliche Fibroblasten, sehr stabil und transformieren niemals spontan. Ferner wachsen menschliche Fibroblasten ganz langsam; ein normales Standard-Verfahren ist, sie zweimal wöchentlich 1:2 aufzuteilen.

Auf der anderen Seite unterziehen sich Mäuse-Fibroblasten schnell einer spontanen *Transformation* (Zelländerung) und verlieren ähnlich wie menschliche Fibroblasten Dichte und *Kontakthemmung* nach ein paar Passagen. Als Ergebnis systematischer Arbeit entdeckten Todaro und Green, daß primäre Mäuselinien ihre Kontakthemmung über sehr viel mehr Passagen beibehalten würden, wenn sie alle drei Tage mit einer Einsädichte von 3×10^5 Zellen pro 60 mm Kunststoff-Petrischale übertragen werden würden. Sie benützten den Fachausdruck 3T3 als Code für das Verfahren, alle 3 Tage 3×10^5 Zellen einzusäen. Neben der ursprünglichen 3T3-Zellinie wurden viele andere, z. B. BalB C 3T3, in der gleichen Weise etabliert und erhalten. Zellen dieses Typs werden, da sie deutliche Dichtehemmung zeigen, die nach der Transformation verloren geht, für Studien über die Kontakthemmung verwendet.

Das ursprüngliche Verfahren, alle 3 Tage zu übertragen, ist aus Bequemlichkeitsgründen zu der „Zweimal pro Woche"-Umsetz-Methode modifiziert worden. Heidelberger wies darauf hin, daß Mäusezellen zwichen der fünften und zehnten Passage langsamer proliferieren und sich dann wieder erholen. Eine Linie kann dann verloren gehen; er empfiehlt in diesem Stadium statt einer Übertragung einen Mediumwechsel einzuschieben.

Dieses Umsetz-Verfahren muß ständig beibehalten werden, wenn man die besonderen Eigenschaften der 3T3-Zellen erhalten will. Wenn die Zellen wiederholt zu einem Rasen zusammenwachsen, ändern sich die Eigenschaften der Linie zunehmend und die Zellen wachsen zu viel größerer Dichte heran. Sogar bei sorgsamster Behandlung kommt diese Änderung nach einer größeren Zahl von Passagen zustande. Es ist daher nötig, sich einen gefrorenen Vorrat einer frühen Passage zu halten und auf diesen zurückzugreifen, sobald sich Zeichen einer Änderung ergeben. Es ist natürlich nicht notwendig, sich auf den Gebrauch von 60 mm-Petrischalen zu beschränken, wenn man mit 3T3-Zellen arbeitet. Wichtig ist

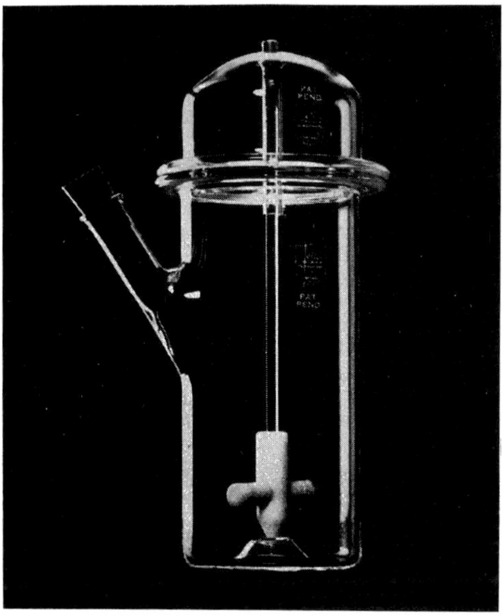

Bild 10 Gefäß zur Zucht von Zellen in Suspension. Der mit Kunststoff überzogene Magnet wird durch einen außerhalb des Gefäßes befindlichen Magnetrührer gedreht (Photo Bellco Glass Inc.).

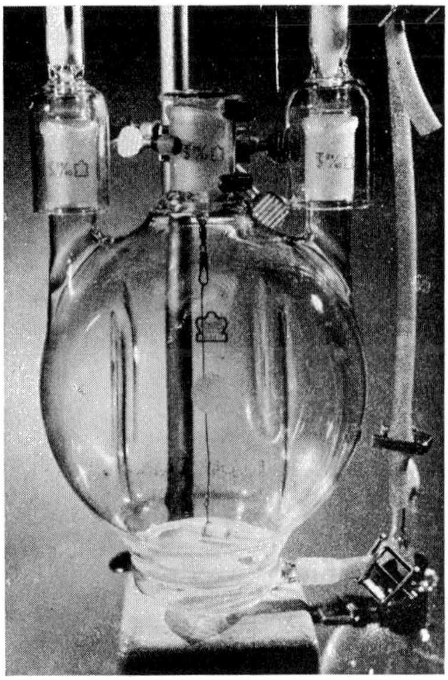

Bild 11 Perfusions-Zentrifugierkolben nach Cherry und Hull. Das Medium kann durch eine gesinterte Glasplatte am Boden zugeführt und entnommen werden (Photo Dr. Cherry und Dr. Hull).

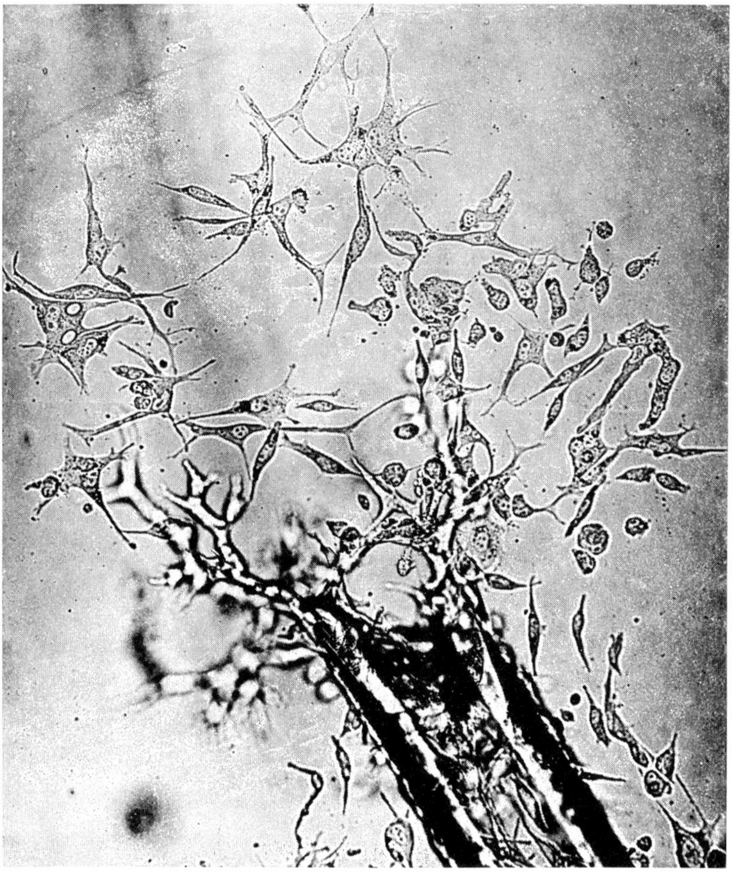

Bild 12 Original-Klonierung von L-Zellen. Eine Glaskapillare, die eine einzige L-Zelle enthielt, wurde in ein Plasmagerinnsel eingebettet. Die Nachkommen dieser Zelle wachsen von der Kapillare aus. (Sanford, Ealre & Likely, 1948) (Photo Dr. Katherine Sanford).

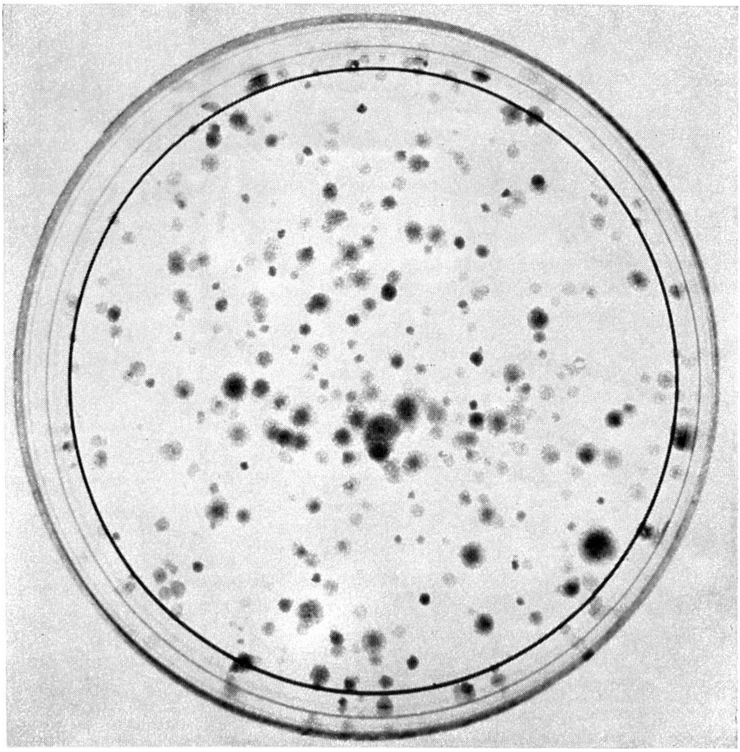

Bild 13 Kolonien von HeLa S3-Zellen nach der Verdünnungsmethode. Ansatz mit einer relativ hohen Zellsaat zur Kolonie-Zählung.

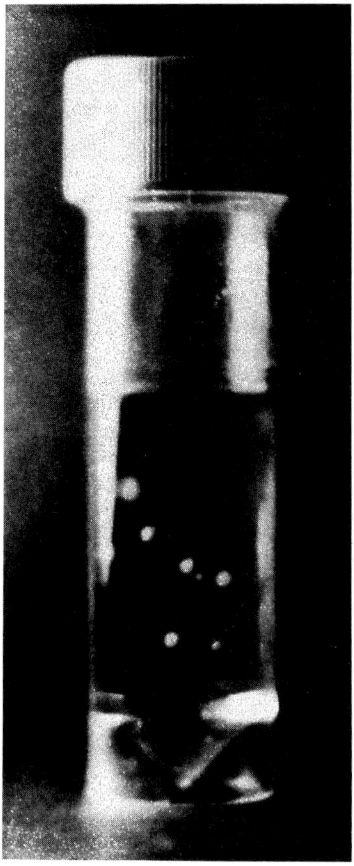

Bild 14 Kolonien aus Friendschen Leukämie-Zellen, jede aus einer Einzelzelle stammend, auf halbfestem Agar gezüchtet. Ansatz mit einer niedrigen Zellsaat, um die Kolonien mit einer Pipette aufnehmen zu können.

das Verhältnis der Zahl der eingesätzen Zellen zur Oberfläche des Bodens, welches ungefähr 10^4 Zellen/cm^2 betragen sollte.

4.2.6 Züchtung differenzierter Zellen über längere Zeit

Seit den frühesten Tagen der Gewebekultur herrscht der weitverbreitete Glaube, daß Gewebekulturzellen dazu neigen, sich zu entdifferenzieren. Nun gibt es kaum einen strengen Beweis dafür, daß dies geschieht, ausgenommen, wenn Zellen transformiert werden. Die meisten Beispiele einer *Entdifferenzierung,* die in der Vergangenheit angegeben wurden, waren in Wirklichkeit Beispiele einer *Zell-Selektion,* da im großen und ganzen spezialisierte Zellen dazu neigen, in Kultur nicht genausogut zu wachsen wie Fibroblasten. Eine genaue Durchsicht der Literatur liefert viele Beispiele dafür, daß die differenzierten Eigenschaften während der Zellvermehrung erhalten bleiben. Seit ungefähr 1960 wurden entscheidende Versuche unternommen, differenzierte Zellen in fortlaufenden Kulturen zu etablieren und sie sogar zu klonieren.

Es verdient erwähnt zu werden, daß Ebeling schon 1924 als einer der ersten Kulturen aus *Hühner-Irisepithel* etabliert hat, die bei längerer Kultur sogar noch *Melanin* synthetisierten. 1938 beschrieb Gey et al. eine Zellinie, die über längere Zeit hinweg *Choriongonadotropin* ausschied, eine Beobachtung, die einige Jahre später von Waltz et al. wiederholt wurde. Seit diesen ursprünglichen Beobachtungen haben viele andere Forscher erfolgreich die Erhaltung spezialisierter Funktionen in Langzeitkulturen gezeigt. Bei fast all diesen Untersuchungen wurden entweder embryonale Gewebe oder Zellen von Tumoren verwendet, die ihre spezialisierten Funktionen erhielten. Bei einigen Versuchen wurde herausgefunden, daß das Klonieren von Zellen selbst bei niedriger Ausbeute eine sehr gute Methode darstellt, um zu verhindern, daß spezialisierte Zellen durch weniger spezialisierte Zellen überwuchert werden.

Unter den sporadischen Erfolgen, funktionsfähige Tumorzellen zu züchten, sollten *Mastozytom-Zellen* (Schindler et al.) erwähnt werden, die Serotonin, Heparin und Histamin synthetisieren, ferner *Hypophysen-* und *Nebennierenrinden-Tumoren,* die ACTH und Corticoide bilden (Buonassisi, Sato und Kollegen), *Hepatom-Zellen,* die Leberfunktionen behalten (Pitot et al., Tomkins et al.) und *Melanom-Zellen,* die weiterhin Melanin synthetisieren (Hu, Moore et al.).

Eine allgemeine Methode zur Etablierung von Zellinien aus transplantierbaren, funktionsfähigen Tumoren wurde von Sato und Mitarbeitern eingeführt, die einen transplantierbaren *Nebennieren-Tumor* der Maus, einen *Rattenhypophysen-Tumor,* ein *Teratom* aus Mäusehoden und ein

Mäuse-Melanom verwendeten. Diese Forscher begannen damit, daß sie die Zellen in Primärkulturen etablierten. Als die Primärkulturen Zerfallserscheinungen zeigten, wurden sie wieder in Mäuse transplantiert. Der Kreis Transplantation–Kultur wurde wiederholt und man fand nach und nach, daß die Zellen in Kultur besser gediehen, bis schließlich in jedem Fall eine fortlaufende Zellinie erhalten wurde. Letztlich war es sogar möglich, die Zellen verschiedener Linien zu klonieren. Die klonierten Linien behielten ihre spezialisierten Eigenschaften bei.

Es gab auch zahlreiche, erfolgreiche Versuche, spezialisierte Zellen direkt aus dem Embryo zu züchten. Albert Fischer etablierte 1922 eine Linie aus *Knorpelzellen.* Dieses System wurde von Coon entwickelt, dem es gelang, Klone aus Knorpelzellen direkt aus dem Hühnerembryo nach Gewebs-Auftrennung der Zellen zu etablieren. Diese Klone behalten ihre spezialisierten Funktionen bei und können serienmäßig weiter kloniert werden. Ursprünglich glaubte Coon, daß eine niedermolekulare Fraktion des Embryonal-Extrakts hierfür wichtig sei, aber heute scheint es so, daß die wichtigsten Faktoren eine gute Serum-Bezugsquelle und ein vollständig synthetisches Medium sind. Cahn und Cahn verwandten die gleiche Technik, um normales *Hühner-Irisepithel* zu klonieren; sie konnten auch zeigen, daß differenzierte Eigenschaften während einer klonalen Subkultur erhalten bleiben. Konigsberg hat als erster gezeigt, daß man *Hühner-Myoblasten* direkt aus embryonalem Material klonieren kann und daß eine Differenzierung in den Explantaten weiter erhalten bleibt. Yaffé gelang es, eine fortlaufende Linie von *Muskelzellen* zu etablieren, indem er Primärskelettmuskelzellen auf einen Feeder Layer (Nährschicht) von bestrahlten Muskelzellen klonierte. Die meisten Zellinien aber, die auf diese Weise begonnen wurden, starben schließlich aus. Die sich in Langzeitkulturen hielten, waren mit Methylcholanthren behandelt und können aus diesem Grunde transformiert sein.

Die Methode des Klonierens direkt aus dem Tier hat besonders Metcalf und Mitarbeiter für die Bildung von *Kolonien aus Mäuseknochenmarkzellen* ausgearbeitet. Hierbei ließen sie die Kolonien in Agar in Petrischalen wachsen. Zuerst wurde ein *Feeder Layer (Nährschicht)* eingeführt: Er bestand aus 1% Agar enthaltendem Medium und Nierenzellen, die unter diesen Bedingungen nicht wachsen. Die Knochenmarkzellen, in Agar-haltigem Medium suspendiert, wurden dann auf diese Schicht gebracht. Nach ungefähr 7 Tagen entwickelten sich diskrete Kolonien aus einer kleinen Fraktion der eingesäten Zellen. Diese Kolonien waren fast ausschließlich aus Granulozyten und Mastzell-ähnlichen Zellen zusammengesetzt. Eine sehr ähnliche Technik wurde von Pluznik und Sachs verwendet, um

Kolonien aus normalen Mastzell-ähnlichen Zellen aus der Milz zu erhalten. In diesem Fall wurden keine Feeder-Zellen verwendet. In all diesen Versuchen ist die Klonier-Ausbeute der Zellen, die frisch aus dem Tier stammen, ziemlich niedrig. Ham hat aber gefunden, daß er eine einigermaßen hohe Klonier-Ausbeute mit *Kaninchennetzhautzellen* erreichen kann (20–30%), wenn er F 12 Medium und eine standardisierte Klonier-Technik verwendet. Um Gewebe frisch aus dem Tier aufzutrennen, fand Coon es am besten, eine Mischung aus Trypsin und Kollagenase (Worthington, hoch gereinigt. S. 434) in Gegenwart von Hühnerserum zu verwenden. Stammlösungen aus 2% Trypsin und 0,2% Kollagenase wurden mit 10% Hühnerserum im Verhältnis 2:4:2:5 kurz vor Gebrauch gemischt. Kodani und Kodani entwickelten eine Technik zur Züchtung von *Sertoli-Zellen.* Sie beruht auf der Tatsache, daß durch Schütteln von Hodenstückchen in Medium Sertoli- und Keimzellen aus der Gewebemasse freigesetzt werden. Sie bleiben in Suspension, während sich die Gewebestückchen absetzen. Nach dem Einsäen dieser Suspension in Flaschen etablieren sich Kolonien aus Sertoli-Zellen. Die Keimzellen werden schnell ersetzt. Die Autoren empfahlen, Eagles Medium zu modifizieren, um beste Resultate zu erzielen.

Literatur

Barski, G. (1961). Clones cellulaires 'hybrides' isolés à partir de cultures cellulaires mixtes. C. R. Acad. Sci. (Paris) 253, 1186.

Barski, G., Sorieul, S. & Cornefert, Fr. (1961). Hybrid type cells in combined cultures of two different mammalian cell strains. J. nat. Cancer Inst. 26, 1269.

Berman, L. & Stulberg, C. S. (1956). Eight culture strains (Detroit) or human epithelial-like cells. Proc. Soc. Exp. Biol. (N. Y.) 92, 730.

Berman, L. & Stulberg, C. S. (1958). The Detroit strains of human epithelial-like cells from nonleukemic peripheral blood. Blood 13, 1149.

Berman, L., Stulberg, C. S. & Ruddle, F. H. (1956). Epithelium-like cells derived from tissue cultures of human bone marrow and ascitic fluid. J. Mich. med. Soc. 55, 269.

Berman, L., Stulberg, C. S. & Ruddle, F. H. (1957). Human cell culture. Morphology of the Detroit strains. Cancer Res. 17, 668.

Brand, Gerhard (1962). Persistence and stability of species-specific haemagglutinogens in cultivated mammalian cells. Nature 194, 752.

Brand, K. G. (1962). Persistence and stability of species-specific haemagglutinogens in cultivated mammalian cells. Nature (Lond.) 194, 752.

de Bruyn, Willemina M., Korteweg, R. & van Waveren, E. K. (1949). Transplantable mouse lymphosarcoma T 86157 (MB) studied in vivo, in vitro, and at autopsy. Cancer Res. 9, 282.

Buonassisi, V., Sato, G. & Cohen, A. I. (1962). Hormone-producing cultures of adrenal and pituitary tumor origin. Proc. nat. Acad. Sci. (Wash.) 48, 1184.

Cahn, R. D. & Cahn, M. B. (1966). Heritability of cellular differentiation. Proc. nat. Acad. Sci. (Wash.) 55, 106.

Cahn, R. D., Coon, H. G. & M. B. (1967). Cell culture and cloning techniques. In Methods in Developmental Biology, p. 493. Eds. F. H. Wilt and N. Wessels. New York: Crowell.

Chang, R. S. (1954). Continuous subcultivation of epithelial-like cells from normal human tissues. Proc. Soc. Exp. Biol. (N. Y.) 87, 440.

Chang, R. S. (1957). Isolation of Nutritional Variants from Conjunctival and HeLa Cells. Proc. Soc. exp. Biol. (N. Y.) 96, 818–820.

Chang, Y. T. (1964). Long-term cultivation of mouse peritoneal macrophages. J. nat. Cancer Inst. 32, 19.

Chu, E. H. Y. (1962). Chromosomal stabilization of cell strains. Nat. Cancer Inst. Monograph No. 7, 55.

Chu, E. H. Y. & Giles, N. H. (1958). Comparative chromosomal studies on mammalian cells in culture. I. The HeLa strain and its mutant clonal derivatives. J. nat. Caner Inst. 20, 383.

Clausen, J. J. & Syverton, J. T. (1962). Comparative chromosomal study of thirty-one cultured mammalian cell lines. J. nat. Cancer Inst. 28, 117.

Coombs, R. R. A. (1962). Identification and characterization of cells by immunologic analysis, with special reference to mixed agglutination. Nat. Cancer Inst. Monograph No. 7, 91.

Coombs, R. R. A., Daniel, M. R., Gurner, B. W. & Kellus, A. (1961). Recognition of the species of origin of cells in culture by mixed agglutination. I. Use of antisera to red cells. Immunology 4, 55.

Coombs, R. R. A., Daniel, M. R., Gurner, B. W. & Kellus, A. (1961). Recognition of the species of origin of cells in culture by mixed agglutination. II. Use of heterophile (anti-Forssman) sera. Int. Arch. Allergy 19, 210.

Coombs, R. R. A., Gurner, B. W., Beale, A. J., Christofinis, G. & Page, Z. (1961). The identity of three strains of cells derived from pig or rabbit kidney tissue, checked by means of the mixed agglutination reaction. Exp. Cell Res. 24, 604.

Coon, H. G. (1966). Clonal stability and phenotypic expression of chick cartilage cells in vitro. Proc. nat. Acad. Sci. (Wash.) 55, 66.

Cooper, J. E. K. (1970). Rapid isolation of single-cell clones of mammalian cell cultures. Tex. Rep. Biol. Med. 28, 29.

Danciels, William F., Rosensteel, John F., Johnson, Roger W. & Schneider, L. E. (1965). Oxidation-reduction potential and pH patterns obtained in growth of Earle's strain L cells in instrumented Roux bottles. Bio. technol. & Bioengng. 7, 555.

Darnell, J. E., Jr. & Sawyer, T. K. (1959). Variation in plaque-forming ability among parental and clonal strains of HeLa cells. Virology 8, 223–229.

Davis, E. V. & Bolin, V. S. (1960). Continuous cultivation of isogenous cell lines from the human embryo. Fed. Proc. 19, 386.

Defendi, V., Billingham, R. E., Silvers, W. K. & Moorhead, P. (1960). Immunological and karyological criteria for identification of cell lines. J. nat. Cancer Inst. 25, 359.

Eagle, H. (1955). Propagation in a fluid medium of a human epidermoid carcinoma, Strain KB (21811). Proc. Soc. exp. Biol. (N. Y.) 89, 362.

Eagle, H., Barban, S., Levy, M. & Schulze, H. O. (1958). Metabolic differences between parenchymal cells and a cultured cell line derived from liver. Science 125, 1290.

Earle, W. R. (1943). Production of malignancy in vitro. IV. The mouse fibroblast cultures and changes seen in the living cells. J. nat. Cancer Inst. 4, 165.

Earle, W. R. & Highhouse, F. (1954). Culture flasks for use with plane surface substrate tissue cultures. J. nat. Cancer Inst. 14, 841.
Earle, W. R., Sanford, Katherine K., Evans, Virginia J., Waltz, Helen K. & Shannon, J. E. (1951). The influence of inoculum size on proliferation in tissue cultures. J. nat. Cancer Inst. 12, 133.
Ebeling, A. H. (1922). A ten year old strain of fibroblasts. J. exp. Med. 35, 755.
Ebeling, A. H. (1924). Cultures pures d'epithelium proliferant in-vitro depuis dix-huit mois. R. soc. Biol. (Paris) 90, 562.
Evans, Virginia J. (1951). Preparation and handling of replicate tissue cultures for quantitative studies. In Methods in Medical Research. Visscher, M. B., ed. Chicago: Year Book Publishers.
Evans, V. J., Earle, W. R., Sanford, Katherine K., Shannon, J. E. & Waltz, H. K. (1951). The preparation and handling of replicate tissue cultures for quantitative studies. J. nat. Cancer Inst. 11, 907.
Evans, V. J., LaRock, J. F., Yosida, T. H. & Potter, M. (1963). A new tissue culture isolation and explantation of the P388 lymphocytic neoplasm in a chemically characterized medium. Exp. Cell Res. 32, 212.
Fedoroff, S. (1962). Method for distinguishing between human and mouse cells in tissue cultures. Nature (Lond.) 196, 394.
Fernandes, M. V. (1958). The development of a human amnion strain of cells. Tex. Rep. Biol. Med. 16, 48.
Fjelde, Audrey (1955). Human tumor cells in tissue culture. Cancer 8, 845.
Firor, W. M. & Gey, G. O. (1945). Observations on the conversion of normal into malignant cells. Ann. Surg. 121, 700.
Fischer, A. (1922). A three months old strain of epithelium. J. exp. Med. 35, 367.
Fischer, A. (1922). A pure strain of cartilage cells in vitro. J. exp. Med. 36, 399.
Fischer, G. A. (1958). Studies of the culture of leukemic cells in vitro. Ann. N. Y. Acad. Sci. 78, 673.
Fischer, G. A. & Welch, A. D. (1957). Effect of citrovorum factor and peptones on mouse leukemia cells L-5178 in tissue culture. Science 126, 1018.
Fogh, J. & Lund, R. O. (1957). Continuous cultivation of epithelial cell strain (FL) from human amniotic membrane. Proc. Soc. exp. Biol. (N. Y.) 94, 532.
Foley, G. E., Handler, A. H., Adams, R. A. & Craig, J. M. (1962). Assessment of potential malignancy of cultured cells: further observations on the differentiation of 'normal' and 'neoplastic' cells maintained in vitro by heterotransplantation in Syrian hamsters. Nat. Cancer Inst. Monograph No. 7, 173.
Ford, D. K. (1959). Chromosomal changes occurring in Chinese hamster cells during prolonged culture in vitro. In Third Canadian Cancer Conference. Ed. Begg, R. W. New York: Academic Press.
Ford, D. K., Boguszewski, C. & Auersperg, N. (1961). Chinese hamster cell strains in vitro. Spontaneous chromosome changes and latent polyoma-virus infection. J. nat. Cancer Inst. 26, 691.
Ford, D. K. & Yerganian, G. (1958). Observations on the chromosomes of Chinese hamster cells in tissue culture. J. nat. Cancer Inst. 21, 393.
Franks, David (1968). Antigens as markers on cultured mammalian cells. Biol. Revs. 43, 17.
Franks, D., Coombs, R. R. A., Beswick, T. S. L. & Winter, M. M. (1963). Recognition of the species of origin of cells in culture by mixed agglutination. III. Identification of the cells of different primates. Immunology 6, 64.

Freed, J. J. & Metzger-Freed, L. (1970). Stable haploid cultured cell lines from frog embryos. Proc. Nat. Acad. Sci. (Wash.) 65, 337.

Freeman, A. E., Ward, T. G. & Wolford, R. G. (1964). A simplified method for the cloning of heteroploid and diploid mammalian cells. Proc. Soc. Exp. Biol. Med. 116, 339.

Fuccilo, D. A., Catalon, L. W. Jnr., Moder, F. L., Dubus, D. A. & Sever, J. L. (1969). Minicultures of mammalian cells in a new plastic plate. Appl. Microbiol. 17, 619.

Gey, G. O. (1933). An improved technique for massive tissue culture. Amer. J. Cancer 17, 619.

Gey, G. O. (1933). An improved technique for massive tissue culture. Amer. J. Cancer 17, 752.

Gey, G. O. (1954). Some asepts of the constitution and behavior of normal and malignant cells maintained in continuous culture. Harvey Lect. 50, 154.

Gey, G. O. (1954). Some aspects of the constitution and behavior of normal and malignant cells maintained in continuous culture. Harvey Lect. 50, 154.

Gey, G. O., Bang, F. B. & Gey, M. K. (1954). An evaluation of some comparative studies on cultured cell strains of normal and malignant cells of animals and man. Tex. Rep. Biol. Med. 12, 805.

Gey, G. O., Coffman, W. O. & Kubicek, M. T. (1952). Tissue culture studies of the proliferative capacity of cervical carcinoma and normal epithelium. Cancer Res. 12, 264.

Gey, G. O., Seegar, G. E. & Hellman, L. M. (1938). The production of a gonadotropic substance (prolan) by placental cells in tissue culture. Science 88, 306.

Ginsburg, Haim & Sachs, Leo. (1963). Formation of pure suspension of mast cells in tissue culture by differentiation of lymphoic cells from the mouse thymus. J. nat. Cancer. Inst. 31, 1.

Goldstein, M. N., Burdman, J. A. & Journey, L. J. (1964). Long-term tissue culture of neuroblastomas. II. Morphologic evidence for differentiation and maturation. J. nat. Cancer Inst. 32, 165.

Grand, C. G. & Cameron, Gladys (1948). Tissue culture studies of pigmented melanomas: fish, mouse and human. In The Biology of Melanomas. Spec. Publ. N. Y. Acad. Sci. 4, 171.

Grand, C. G. & Cameron, Gladys (1948). Tissue culture studies of pigmented melanomas: fish, mouse and human. In The Biology of Melanomas. Spec. Publ. N. Y. Acad. Sci. 4, 171.

Green, Howard & Goldberg, Burton (1965). Synthesis of collagen by mammalian cell lines of fibroblastic and nonfibroblastic origin. Proc. Nat. Acad. Sci. 53, 1360.

Haff, R. F. & Swim, H. E. (1957). Isolation of a nutritional variant from a culture of rabbit fibroblasts. Science 125, 1294.

Ham, Richard G. & Murray, Louann W. (1967). Clonal growth of cells taken directly from adult rabbits. J. Cell Physiol. 70, 275.

Ham, R. G. & Sattler, G. L. (1968). Clonal grwoth of differentiated rabbit cartilage cells. J. Cell. Physiol. 72, 109.

Hauschka, S. D. & Konigsberg, I. R. (1966). The influence of collagen on the development of muscle clones. Proc. Nat. Acad. Sci. (Wash.) 55, 119.

Hayflick, L. (1961). The establishment of a line (WISH) of human amnion cells in continuous cultivation. Exp. Cell Res. 23, 14.

Hayflick, L. (1965). The limited in vitro lifetime of human diploid cell strains. Exp. Cell Res. 37, 614.

Hayflick, L. & Moorhead, P. S. (1961). The serial diploid cell strains. Exp. Cell Res. 25, 585.

Hayflick, L., Perkins, F. T. & Stevenson, R. E. (1963). Characterization and uses of human diploid cell strains. Nature (Lond.) 200, 1161.

Henle, G. & Deinhardt, F. (1957). The establishment of strains of human cells in tissue culture. J. Immunol. 79, 54.

Hobbs, G. L., Sanford, K. K., Evans, V. J. & Earle, W. R. (1957). Establishment of a clone of mouse liver cells from a single isolated cell. J. nat. Cancer Inst. 18, 701.

Hotchin, J. E. (1957). The cultivation of Novikoff rat hepatoma cells in vitro. Cancer Res. 17, 682.

Hu, F. (1965). The developmental cycle of B 16 melanoma cells in culture. Tex. Rep. Biol. Med. 23, (Suppl.) 308.

Hung, W. & Winship, T. (1964). Hormone synthesis by normal human thyroid cells in tissue culture. Proc. Soc. exp. Biol. Med. 116, 887.

Hull, R. N. (1953). Establishing long-term cultures of mammalian normal solid tumor, and ascites tumor cells on glass. Science 117, 223.

Hull, R. N. & Tritch, O. J. (1962). Characterization of cell strains by viral susceptibility. Nat. Cancer Inst. Monograph No. 7, 161.

Kaplan, A. S. (1955). Comparison of susceptible and resistant cells to infection with poliomyelitis virus. Ann. N. Y. Acad. Sci. 61, 830.

Kloppenborg, P. W. C., Island, D. P., Liddle, G. W., Michelakis, A. M. & Nicholson, W. E. (1968). A method of preparing adrenal cell suspensions and its applicability to the in vitro study of adrenal metamammalian sertoli cells. Proc. Nat. Acad. Sci. 56, 1200.

Konigsberg, I. R. (1963). Clonal analysis of myogenesis. Science 140, 1273.

Larkin, Edward P. (1965). A simple method for species differentiation of cell cultures by immunofluorescence. Growth 29, 201.

Leighton, J. (1958). Economic maintenance of continuous lines of human cells with bead-in-tube cultures. Lab. Invest. 7, 513.

Likely, Gwendolyn D., Sanford, Katherine K. & Earle, W. R. (1952). Further studies on the proliferation in vitro of single isolated tissue cells. J. nat. Cancer Inst. 13, 177.

Lwoff, A., Dulbecco, R., Vogt, Marguerite & Lwoff, Marguerite (1955). Kinetics of the release of poliomyelitis virus from single cells. Virology 1, 128.

McCoy, T. A. & Neuman, R. E. (1956). The cultivation of Walker carcinosarcoma 256 in vitro from cell suspensions. J. nat. Cancer Inst. 16, 1221.

McCoy, T. A., Maxwell, M., Irvine, E. & Sartorelli, A. C. (1959). Two nutritional variants of cultured Jensen sarcoma cells. Proc. Soc. exp. Biol. (N. Y.) 100, 862.

Macpherson, I. & Bryden, A. (1971). Mitomycin C treated cells as feeders. Exp. Cell Res. 69, 240.

Macpherson, I. & Montagnier, L. (1964). Agar suspension culture for the selective assay of cells transformed by polyoma virus. Virology 23, 291.

Marcus, P. I., Cieciura, S. J. & Puck, T. T. (1956). Clonal growth in vitro of epithelial cells from normal human tissues. J. exp. Med. 104, 615.

Martin, G. M. & Tuan, A. (1966). A definitive cloning technique for human fibroblast culture. Proc. Soc. Exp. Biol. Med. 123, 138.

Merchant, Donald J., Kuchler, Robert J. & Munyon, William H. (1960). Population dynamics in suspension cultures of an animal cell strain. J. Biochem. Microbiol. Technol. Engng. 2, 253.

Metcalf, D., Bradley, T. R. & Robinson, W. (1967). Analysis of colonies developing in vitro from mouse bone marrow cells stimulated by kidney feeder layers or leukemic serum. J. Cell Physiol. 69, 93.

Moore, G. E., Lehner, Donald F., Kikuchi, Yasumoto & Less, Louise Ann (1962). Continuous culture of a melanotic cell line from the golden hamster. Science 137, 986.

Moore, A. E., Sabechewsky, L. & Toolan, H. W. (1955). Culture characteristics of four permanent lines of human cancer cells. Cancer Res. 15, 598.

Moore, A. E., Southam, C. M. & Sternberg, S. S. (1956). Neoplastic changes developing in epithelial cell lines derived from normal persons. Science 124, 127.

Neumann, R. E. & McCoy, T. A. (1958). Growth-promoting properties of pyruvate, oxalacetate and α-ketoglutarate for isolated Walker carcinosarcoma 256 cells. Proc. Soc. exp. Biol. (N. Y.) 98, 303.

Nilsson, K. (1971). High frequency establishment of human immunoglobulin-producing lymphoblastoid lines from normal and malignant lymphoid tissue and peripheral blood. Internat. J. Cancer 8, 432.

Osgood, E. E. & Krippaehne, M. L. (1955). The gradient tissue culture method. Exp. Cell Res. 9, 116.

Pearson, Harold E. (1964). Tissue cultures on solid media. Nature 203, 198.

Perry, V. P., Sanford, K. K., Evans, V. J., Hyatt, G. W. & Earle, W. R. (1957). Establishment of clones of epithelial cells from human skin. J. nat. Cancer Inst. 18, 709.

Petursson, G., Coughlin, J. I. & Meylan, C. (1964). Long-term cultivation of diploid rat cells. Exp. Cell Res. 33, 60.

Pierce, G. B., Jr. & Verney, E. L. (1961). An in vitro and in vivo study of differentiation in teratocarcinomas. Cancer 14, 1017.

Pirt, S. J. & Callow, D. S. (1964). Continuous-flow culture of the ERK and L types of mammalian cells. Exp. Cell Res. 33, 413.

Pigot, H. C. & Potter, V. R. (1960). An enzymatic study of the cellular origin of the Dunning and Novikoff hepatomas in the rat. Biochim. Biophys. Acta 40, 537.

Pitot, H. C., Peraino, C., Morse, P. A. Jr. & Potter, V. R. (1964). Hepatomas in tissue culture compared with adapting liver in vivo. In National Cancer Inst. Monograph 13, 229.

Pluznik, Dov H. & Sachs, Leo. (1965). The cloning of normal "mast" cells in tissue culture. J. cell. comp. Physiol. 66, 319.

Postlethwaite, R. & Macpherson, I. A. (1963). In vitro growth of the Landschütz ascites tumour with retention of high mouse virulence. Brit. J. Cancer 17, 487.

Puck, T. T. (1958). Quantitative colonial growth of single mammalian cells. J. exp. Med. 103, 653.

Puck, T. T., Cieciura, S. J. & Robinson, A. (1958). Genetics of somatic mammalian cells. III. Long-term cultivation of euploid cells from human and animal subjects. J. exp. Med. 108, 945.

Puck, T. T. & Fischer, H. W. (1956). Genetics of somatic mammalian cells. I. Demonstration of the existence of mutants with different growth requirements in a human cancer cell strain (HeLa). J. exp. Med. 104, 427.

Puck, T. T. & Marcus, P. I. (1955). A rapid method for viable cell titration and clone production with HeLa cells in tissue culture. The use of X-irradiated cells to supply conditioning factors. Proc. nat. Acad. Sci. (Wash.) 41, 432.

Puck, T. T. & Marcus, P. I. (1956). Action of X-rays on mammalian cells. J. exp. Med. 103, 653.

Puck, T. T., Marcus, P. I. & Cieciura, S. J. (1956). Clonal growth of mammalian cells in vitro. J. exp. Med. 103, 273.

Pumper, R. W. (1958). Adaptation of tissue culture cells to a serum-free medium. Science 128, 363.
Richler, C. & Yaffe, D. (1970). The in vitro cultivation and differentiation capacities of myogenic cell lines. Dev. Biol. 23, 1.
Robb, J. A. (1970). Microcloning and replica plating of mammalian cells. Science 170, 857.
Rosan, R. C., Cunningham, M.-A. L. & Franzblau, C. R. (1965). Growth of tissue culture on crosslinked gelatin. Exp. Cell Res. 38, 412.
Rosenau, W. & Moon, H. D. (1961). Organ and species specificity of tissue culture cells. Lab. Invest. 10, 1209.
Rothfels, K. H., Axelrad, A. A., Siminovitch, L., McCulloch, E. A. & Parker, R. C. (1959). The origin of altered cell lines from mouse, monkey and man, as indicated by chromosome and transplantation studies. Proc. Third Canadian Cancer Conference. Ed. Begg, R. W. New York: Academic Press.
Rous, P. & Jones, F. S. (1916). A method for obtaining suspensions of living cells from the fixed tissues, and for plating out of individual cells. J. exp. Med. 23, 549.
Rueckert, R. R. & Mueller, G. C. (1960). Studies on unbalanced growth in tissue culture. I. Induction and consequences of thymidine deficiency. Cancer Res. 20, 1584.
Sandström, Björn (1966). Studies on cultivated liver cells. Inst. Human Anat., U. of Uppsala, Sweden.
Sanford, K. K., Covalesky, A. B., Dupree, L. T. & Earle, W. R. (1961). Cloning of mammalian cells by a simplified capillary technique. Exp. Cell Res. 23, 361.
Sanford, Katherine K., Earle, W. R. & Likely, Gwendolyn, D. (1948). The growth in vitro of single isolated tissue cells. J. nat. Cancer Inst. 9, 229.
Sanford, Katherine K., Likely, Gwendolyn D. & Earle, W. R. (1954). The development of variations in transplantability and morphology within a clone of mouse fibroblasts transformed to sarcoma-producing cells in vitro. J. nat. Cancer Inst. 15, 215.
Sanford, K. K., Westfall, B. B., Woods, M. W. & Earle, W. R. (1959). Metabolic variations within a clone of mouse fibroblasts transformed to neoplastic cells in vitro. Acta Un. int. Cancr. 15, 675.
Sato, G. H. (1965). Phenotypic alterations in adrenal tumor cultures. Science 148, 1735.
Sato, G. & Buonassisi, V. (1964). Hormone secreting cultures of endocrine tumour origin. In National Cancer Inst. Monograph 13, 81.
Sato, Gordon H. & Yasumura, Yoshiro (1966). Retention of differentiated function in dispersed cell culture. Trans N. Y. Acad. Sci. 28, 1063.
Schenck, Dorothy M. & Moskowitz, M. (1958). Method for isolating single cells and preparation of clones from human bone marrow cultures. Proc. Soc. exp. Biol. (N. Y.) 99, 30.
Schimmer, G. P. (1969). Phenotypically variant adrenal tumor cell cultures with biochemical lesions in the ACTH-stimulated steroidogenic pathway. J. Cell. Physiol. 74, 115.
Shannon, J. E. Jr. & Earle, W. R. (1951). Qualitative comparison of the growth of chick-heart and strain L fibroblasts planted as suspensions on pyrex glass and perforated cellophane substrates. J. nat. Cancer Inst. 12. 155.
Schindler, R., Day, M. & Fischer, G. A. (1959). Cultures of neoplastic mast cells and their synthetis of 5-hydroxy-tryptamine and histamine in vitro. Cancer Res. 19, 47.
Simpson, W. F. & Stulberg, C. S. (1963). Species identification of animal cell strains by immunofluorescence. Nature (Lond.) 199, 616.
Sinclair, R. (1966). Steady-state suspension culture and metabolism of strain L mouse cells in simple defined medium. Exp. Cell Res. 41, 20.

Stevens, K. M. (1965). Oxygen requirements for liver cells in vitro. Nature 206, 199.

Stollar, V., Muonassisi, V. & Sato, G. (1964). Studies on hormone secreting adrenocortical tumor in tissue culture. Exp. Cell Res. 35, 608.

Stulberg, C. S., Simpson, W. F., Peterson, W. D. & Berman, L. (1961). Determination of species antigens of cultured cells by immunofluorescence. Fed. Proc. 20, 150.

Suitor, E. C. Jr., Chang, L. L. & Liu, H. H. (1966). Establishment and characterization of a clone from Grace's in vitro cultured mosquito (Aedes Aegypti L) cells. Exp. Cell Res. 44, 572.

Swim, H. E. & Parker, R. F. (1957). Culture characteristics of human fibroblasts propagated serially. Amer. J. Hyg. 66, 235.

Syverton, J. T. & McLaren, L. C. (1957). Human cells in continuous culture. I. Derivative of cell strains from oesophagus, palate, liver and lung. Cancer Res. 17, 923.

Syverton, J. T., Scherer, W. F. & Elwood, P. M. (1954). Studies on the propagation in vitro of poliomyelitis viruses. V. The application of strain HeLa human epithelial cells for isolation and typing. J. Lab. clin. Med. 43, 286.

Thompson, E. B., Tomkins, G. M. & Curran, J. F. (1966). Induction of tyrosine α-ketoglutarate transaminase by steroid hormones in a newly established tissue culture cell line. Proc. Nat. Acad. Sci. (Wash.) 61, 477.

Tjio, J. H. & Puck, T. T. (1958). Genetics of somatic mammalian cells. II. Chromosome constitution of cells in tissue culture. J. exp. Med. 108, 259.

Todaro, G. J. & Green, H. (1963). Quantitative studies of the growth of mouse embryo cells in culture and their development into established lines. J. Cell Biol. 17, 299.

Toolan, Helene W. (1954). Transplantable human neoplasms maintained in cortisone-treated laboratory animals: H. S. 1; H. Ep. 1; H. Ep. 2; H. Ep. 3; and H. Emb. Rh. 1. Cancer Res. 14, 600.

Vogt, M. (1958). A genetic change in a tissue culture line of neoplastic cells. J. cell. comp. Physiol. 52, 271–285.

Wallace, R. E. & Hanks, J. H. (1958). Agar substrates for study of microepidemiology and physiology in cells in vitro. Science 128, 658.

Waltz, H. K., Tullner, W. W., Evans, V. J., Hertz, R. & Earle, W. R. (1954). Gonadotropic hormone secretion from hydratid mole grown in tissue culture. J. nat. Cancer Inst. 14, 1173.

Westfall, B. B. (1962). Characterization of cells in tissue culture. Nat. Cancer Inst. Monograph No. 7, 147.

Westfall, B. B., Evans, V. J., Peppers, E. V., Hawkins, N. M., Bryant, J. C., Schilling, E. L. & Earle, W. R. (1958). Observations on the metabolic behavior of a clone of mouse liver cells grown in agitated fluid suspension. Cancer Res. 18, 947.

Westwood, J. C. N. & Titmuss, D. H. J. (1957). Transformation in tissue culture cells lines. The possible genetic mechanism. Brit. J. exp. Path. 38, 587.

Wildy, P. & Stoker, M. (1958). Multiplication of solitary HeLa cells. Nature (Lond.) 181, 1407.

Yaffe, D. (1968). Retention of differentiation potentialities during prolonged cultivation of myogenic cells. Proc. Nat. Acad. Sci. (Wash.) 61, 477.

Yamane, I. & Matsuya, Y. (1963). Culture of single mammalian cells. Nature (Lond.) 199, 296.

Yasumura, Yoshiro, Buonassis, Vincenzo & Sato, Gordon (1966). Clonal analysis of differentiated function in animal cell cultures. I. Possible correlated maintenance of differentiated function and the diploid karyotype. Cancer Res. 26, 529.

Yasumura, Y., Tashjian, A. H. Jr., & Sato, G. H. (1966). Establishment of four functional, clonal strains of animal cells in culture. Science 154, 1186.
Yerganian, G. & Leonard, M. J. (1961). Maintenance of normal in situ chromosomal features in long-term tissue culture. Science 133, 1600.
Zitcer, Elsa M. & Dunnebacke, Thelma H. (1957). Transformation of cells from the normal human amnion into established strains. Cancer Res. 17, 1047.

4.3 Kulturmethoden im großen Maßstab

4.3.1 Allgemeines

Die mögliche Anwendung von Zellkulturen für die fabrikmäßige Herstellung von Lebendimpfstoffen und Hormonen wurde vor mindestens 15 Jahren erkannt; der erste praktische Schritt hierzu war die Züchtung von Säugetierzellen in flüssigen Suspensionskulturen durch Earle und Mitarbeiter (1954). Wie im letzten Kapitel schon besprochen, können viele etablierte Zellinien auf diese Weise gut gezüchtet werden. Die Methode eignet sich zur Ausweitung bis in industrielle Dimensionen, wie McLimans und Mitarbeiter sowie Ziegler und Mitarbeiter gezeigt haben. Diese Autoren verwendeten übliche Bakterien-Fermenter, um Kulturen von 20 Litern und mehr zu züchten.

Es ist jedoch bekannt, daß man nur von etablierten Zellinien und einigen wenigen Primärzellinien (hauptsächlich Tumorzellen oder Zellen des Lymphoblastentyps) erwarten kann, daß sie leicht in einer Suspensionskultur wachsen. Die meisten anderen Arten der Primärzellinien scheinen zum Wachstum eine Berührung mit einer festen Oberfläche zu brauchen. Folglich wurden auch Techniken entwickelt, um die Züchtung von Zellen auf festen Böden im großen Maßstab zu ermöglichen.

Es gibt also *zwei Hauptverfahren einer großangelegten Zellkultur:* Beim einen werden die Zellen auf einem festen Substrat gezüchtet, beim anderen werden sie in Suspensionskulturen gehalten.

4.3.1.1 Erhaltung der Sterilität

Wenn das Ausmaß und die Dauer der Kulturen anwachsen, nehmen auch die Probleme zur Erhaltung der Sterilität zu. Kleine Kurzzeitkulturen brauchen nur die einfachsten aseptischen Vorsichtsmaßnahmen. Für die Langzeithaltung von Kulturen in relativ kleinem Maßstab ist es nötig, strikte, aseptische Vorsichtsmaßregeln zu treffen und vorzugsweise die Benützung einer Reihe von Sterilräumen oder einer sog. Laminar Air Flow (Reinluft)-Werkbank. Routinemäßige Gewebekulturen im großen Maßstab benötigen sehr spezielle Maßnahmen. Es ist unpraktisch, alle Arbeiten in steriler Atmosphäre auszuführen; die einzige mögliche Maßnahme ist die, den Zutritt unfiltrierter Luft in irgendeinen Teil des Kultursystems zu verhindern. Die Art dieses Problems kann man am besten an einem einfachen Beispiel erkennen. Angenommen, man arbeitet in einer Atmosphäre, die einen einzigen infektiösen Keim pro Liter enthält. Wenn man das Kulturmedium in einer Reihe von 50 ml-Kulturen entnehmen und durch neues ersetzen muß, werden 50 ml Luft beim Entfernen des Mediums in jede Flasche gesaugt; folglich besteht eine gute Chance, daß eine von 20 Flaschen kontaminiert wird, was noch toleriert werden kann. Will man aber die gleiche Operation mit Kulturen in Mengen von 20 Litern durchführen, würden diese in der gleichen Umgebung verunreinigt werden. Der einzige Weg zur Verhinderung einer solchen Verunreinigung besteht darin, die in die Gefäße eindringende Luft zu filtrieren, wenn man das Medium entnimmt. Die wichtigste, besondere Bedingung für eine Kultur im großen Maßstab ist also, das ganze System so weit wie möglich gegenüber der Atmosphäre abgeschlossen zu halten und wo atmosphärische Luft einfließen muß, für eine ausreichende Filtrierung zu sorgen. Beispiele geschlossener Kultursysteme werden später in Abschn. 4.3.2 angegeben.

4.3.1.2 Vorbereitung und Sterilisation von Apparaten

Die allgemeinen Grundsätze der Sterilisation von Apparaten für die Gewebekultur im großen Maßstab sind genau die gleichen wie für Kulturen im kleinen Maßstab. Freilich ist es oft nötig, spezielle Methoden für die Sterilisation großer Gerätestücke und großer Mengen großer Gegenstände zu entwickeln.

Große geschlossene Systeme können auf eine von *zwei* Arten sterilisiert werden. Bei der ersten Methode wird das ganze System zuerst zusammengebaut und dann mit Dampf sterilisiert, den man am besten unter Druck längere Zeit durchschickt. Bei der zweiten Methode wird der Apparat in Teile zerlegt und entweder durch Autoklavieren oder durch Trockenhitze sterilisiert. Die einzelnen Bestandteile werden dann mit Hilfe von Glas- und Plastikschläuchen zusammengebaut. Das Hauptproblem bei der zweiten Methode ist die Herstellung steriler Verbindungen. Eine einfache und wirkungsvolle Methode wurde im Roswell Park Memorial Institut (Fig. 43) entwickelt.

Eine weite, lose sitzende Manschette aus Polyäthylenfilm wird mit einem der zu verbindenden Schläuche fest verbunden, mehrere cm von der Verbindungsstelle entfernt. Der andere Schlauch wird in das andere (offene) Ende der Manschette geschoben. Dampf aus 3%iger *Peressigsäure* wird dann eingesprüht, ehe man dieses Ende der Manschette mit dem zweiten Schlauch fest verschließt. Nach 1–2 Std. hat die Peressigsäure den Bereich innerhalb des Sacks vollständig sterilisiert und sich selbst durch Hydrolyse zersetzt. Es ist dann sehr einfach, die Verbindung zwischen beiden Schläuchen herzustellen, ohne den Sack zu öffnen. Die Enden der Schläche werden natürlich mit Stopfen verschlossen und diese Stopfen werden erst beim Verbinden der Schläuche entfernt. Welche Methode man auch anwendet, es ist immer wichtig, vorher im einzelnen genau zu planen, wie man den Apparat zusammensetzt.

Es ist zwecklos, ein geschlossenes System zusammenzubauen, ehe nicht alle Verbindungsstellen absolut dicht sind; dies erfordert mehr als die übliche Sorgfalt. Gewöhnliche Gummistopfen schließen oft rundherum undicht; es ist daher wichtig, sie mit Schellack oder Gummikitt abzudichten.

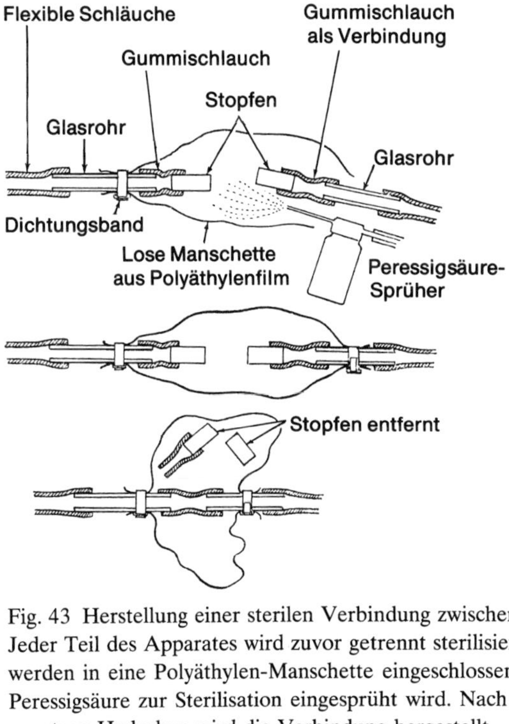

Fig. 43 Herstellung einer sterilen Verbindung zwischen zwei Rohren
Jeder Teil des Apparates wird zuvor getrennt sterilisiert. Die zwei zu verbindenden Enden werden in eine Polyäthylen-Manschette eingeschlossen, in die eine verdünnte Lösung von Peressigsäure zur Sterilisation eingesprüht wird. Nach Zersetzung der Peressigsäure durch spontane Hydrolyse wird die Verbindung hergestellt.

Einige Kulturmethoden, auf die verwiesen wird, erfordern die Sterilisation einer großen Zahl von Gefäßen, z. B. Hunderte von Roux-, Winchester- oder Baxter-Flaschen. Ein allgemein eingeführtes Prinzip besteht darin, die Gefäße ständig in Gestellen zu halten und die Reinigungs- und Sterilisier-Einrichtungen so zu konstruieren, daß die Gestelle und nicht einzelne Flaschen als Einheiten behandelt werden. Ein Beispiel dafür ist das zylinderförmige Gestell für 19 Baxter-Flaschen, das von Bachrach und Polatnick (Bild 15) entworfen wurde. Bei diesem Verfahren werden die Gestelle als Einheiten behandelt und die Flaschen werden nur ersetzt, wenn sie zufällig zerbrechen.

4.3.1.3 Zubereitung und Sterilisation der Medien

Dies ist der teuerste Teil der Kulturmethoden im großen Maßstab. Enorme Mengen Kulturmedien müssen hergestellt, getestet und sterilisiert werden und es ist notwendig, zur Bewältigung eine gut durchdachte und geschulte Organisation zu haben, obgleich man dazu möglicherweise nur einige Hände braucht. Die teuersten (und wichtigsten) Schritte der Herstellung der Kulturmedien sind *Testung* und *Sterilisation.* Alle Kulturmedien müssen im kleinen Maßstab getestet werden, bevor man sie für Kulturen im großen Maßstab verwendet. Verfahren dafür wurden in Abschn. 3.3.2 besprochen. Die Sterilisation wird gewöhnlich durch Filtration durchgeführt. Dies macht für Arbeiten im großen Maßstab Spezialgeräte mit sehr hohen Haltungskosten erforderlich. In letzter Zeit wurden viele Versuche zur Herstellung autoklavierbarer Medien unternommen. Medien dieser Art, die sich für die Erhaltung von Zellen als befriedigend erweisen, vereinfachen sehr die Verfahren, da eine zufällige Verunreinigung sehr viel weniger wahrscheinlich ist. Standard-Filtrationsmethoden, wie sie bei industriellen Filtrationsprozessen eingesetzt werden, lassen sich auch hier verwenden. Die Filtration durch Celluloseester- oder ähnliche Membranen wird trotz Kostspieligkeit anderen Methoden vorgezogen.

4.3.1.4 Zellen und Kulturmedien

Alle Zellarten, die man im kleinen Maßstab entweder in Suspension oder auf einer Glasoberfläche züchten kann, können gewöhnlich auch zufriedenstellend mit der einen oder anderen beschriebenen Großmaßstabsmethode gezüchtet werden. Im allgemeinen ist eine praktische Methode die, für jeden Zelltyp eine einzelne *„Produktionslinie"* anzusetzen. Da die

Kosten beträchtlich sind, ist es offensichtlich eine Sache der Strategie, möglichst wenig Zellinien für die notwendigen Arbeiten zu verwenden: Ein Labor, das mit Kulturmethoden im großen Maßstab arbeitet, sollte versuchen, sich auf die Verwendung einer einzigen Zellinie zu konzentrieren.

4.3.2 Apparate für die Großkultur von Zellen auf Oberflächen

Fast alle Primärzellen wachsen besser auf Glasoberflächen als in Suspension. In mancher Hinsicht sind sie die „hoffnungsvollsten" Zelltypen für die Untersuchungen, für welche man sich Kulturmethoden im Großmaßstab wünscht. Z. B. gibt es Vorbehalte gegen den Einsatz etablierter Zellinien für die Impfstoff-Produktion, da sie als anormal gelten und in vielen Fällen Tumoren produzieren. Es ist daher möglich, daß sie *Tumorviren* enthalten und ihre Verwendung gefährlich sein kann. Derselbe Einwand richtet sich weniger streng gegen diploide Primär-Zellinien, die in vielen Fällen gezeigt haben, daß sie sich wie normale Zellen verhalten. Ferner wissen wir, daß Zellen des Primärtyps, z. B. vom Rinderzungen-Epithel, primären Kalbsnierenzellen und Zellen der BHK21-Linie der syrischen Hamster-Fibroblasten, am besten Viren, z. B. der Maul- und Klauenseuche, produzieren. Techniken für die Groß-Züchtung von Zellen diesen Typs fallen in verschiedene Kategorien.

4.3.2.1 Roux-Flaschenkulturen im großen Maßstab

Ubertini und Kollegen vom Istituto Zooprofilattico Sperimentali der Provinz Lombardei (Italien) erhöhten einfach die Zahl der herkömmlichen Roux-Flaschen-Ansätze, um 4000 100 ml-Kulturen pro Woche zu erzielen, und zwar mit einem Stab von 6 Laboranten und einem technischen Assistenten. Die besonderen Anforderungen an diese Arbeit waren folgende: 1. Eine Industrieflaschen-Spülmaschine mit einer Kapazität von 1200 Flaschen pro Stunde; 2. große Sterilisierapparate mit einer Kapazität von 840 Rouxflaschen; 3. Gestelle mit einer Kapazität von 12 Rouxflaschen pro Gestell; 4. eine Dispensierpumpe, mit der man 350 Flaschen pro Stunde mit Kulturmedium füllen kann; 5. Eine Folge von Laborräumen mit Brutschränken genügender Größe, einem Raum zur Reinigung der Glassachen, und Laboratorien zur Herstellung der Zellen. Die Laboratorien werden luftdicht abgeschlossen und nur mit steriler Luft beschickt. Dies ist wahrscheinlich wesentlich für Arbeiten dieser Art.

Diese Methoden wurden für die Herstellung primärer Kalbsnieren-Zellkulturen verwendet und entsprachen in ihren Hauptzügen absolut den üblichen: D. h. Gewinnung des Gewebes, Zerkleinerung, Trypsinierung, Suspendierung in Kulturmedium, Verdünnung zu einer passenden Impfdichte und Beimpfung der Flaschen. Für diese Arbeit reicht ein relativ einfaches Medium, das aus Hanks-Lösung plus 0,5% Lactalbumin-Hydrolysat, 10% Kälberserum und Antibiotika enthält.

4.3.2.2 Roller-Flaschen-Methoden

Der Hauptnachteil obiger Methode betrifft die Handhabung einer sehr großen Anzahl relativ kleiner Einheiten. Ferner ist weniger als die Hälfte der vorhandenen Oberfläche, die oft der begrenzende Faktor zur Zucht von Zellen dieses Typs ist, verfügbar. Um eine größere Oberfläche anzubieten und das Kulturmedium wirtschaftlich einzusetzen, wurden verschiedene Methoden eingeführt. Die einfachste ist die *„Burler"-Technik.* Der Apparat besteht aus einer Reihe *paralleler Rollen,* die von einer Kette oder einem Riemen angetrieben werden und auf die *Winchester- oder Baxter-Flaschen* (Fig. 44) gelegt werden können. Der Apparat ist relativ einfach konstruiert und mindestens in einer Form im Handel erhältlich (Flow Laboratories, S. 431). Die Flaschen werden in üblicher Weise beimpft. Sie rotieren dann auf dem Apparat mit einer Geschwindigkeit von 2–4 Upm. Die Zellen haften gleichmäßig an der inneren Glasoberfläche und breiten sich schließlich so aus, daß sie einen Monolayer bilden. Sie können entweder durch Abkratzen oder durch Austausch des Kulturmediums mit Trypsin entfernt werden, wobei die Flaschen weiter rotieren, bis sich die Zellen lösen. Apparate können für einige Flaschen oder für Hunderte konstruiert werden.

Modifikationen der Methode wurden für die Kultur von Kalbsnieren oder BHK21-Zellen in sehr großem Maßstab entwickelt, für Maul- und Klauenseuche-Virus-Kulturen (besonders im Plum Island Animal Disease Laboratory des US Department of Agriculture). Dort haben Bachrach und Polatnick ein System für die Herstellung Hunderter und sogar Tausen-

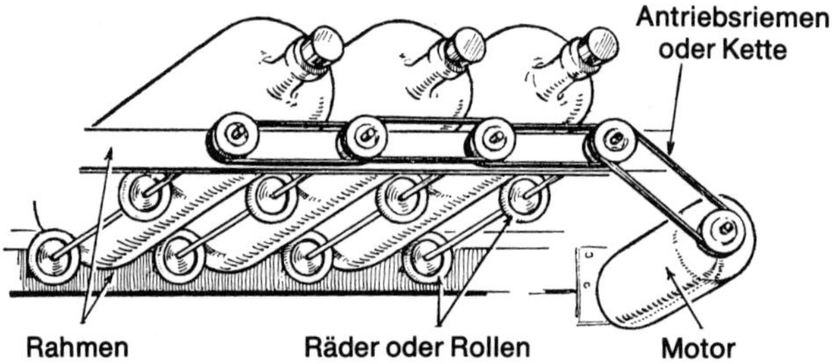

Fig. 44 Prinzip des „Burler"- oder Roller-Flaschen-Apparates
Die Zellen wachsen auf der inneren Oberfläche der Winchester- oder Baxter-Flaschen, die langsam durch die Rollen oder Räder, auf denen sie liegen, gedreht werden.

Bild 15 Behälter für 18 Baxter-Flaschen, die Basiseinheit des Systems von Bachrach und Polatnick (Photo Dr. Bachrach und Dr. Polatnick).

Bild 16 Das System von Bachrach und Polatnick. Die 18 Flaschen-Einheiten werden auf den Rotationsgestellen zu Rädern angeordnet und mit Hilfe einer handgetriebenen elektrischen Winde in Position gebracht. Alle Einheiten werden mit Rollen gedreht (Photo Dr. Bachrach und Dr. Polatnick).

Bild 17 Plastikspiral-Kulturgefäße (Hersteller: Sterilin). Kulturmedium und Gas werden durch die Öffnungen eingeführt. Die Zellen wachsen auf der Plastikspirale (Photo Mr. W. House).

Bild 18 Der Säulen-Rotations-Apparat von Santero (1972) (Photo Dr. G. Santero).

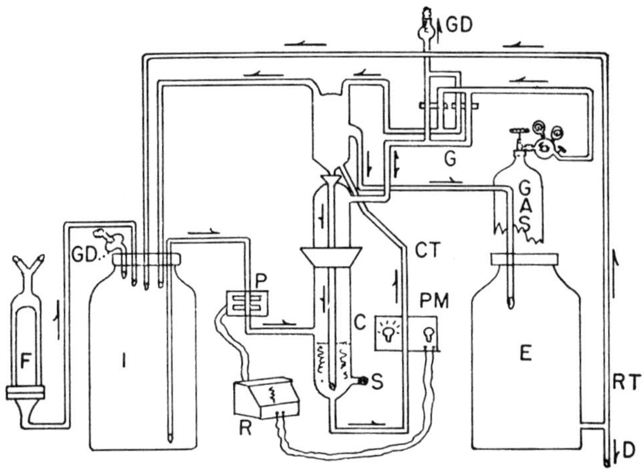

Fig. 45 Schema von McCoys zirkulierendem Perfusionssystem mit fester Matrix

C – Zellkammer	I – Zuflußgefäß
CT – Zirkulierschlauch	P – Perfusionspumpe
D – Abfluß	PM – Photometrischer Monitor
E – Ausflußgefäß	R – Recorder
F – Filter	RT – Rückflußrohr
G – Graff-McCarty-Pulsator	S – Öffnung für die Probe
GD – Gasabfluß	

Die Zellkammer ist mit Glas-Spiralen gefüllt. Die Geschwindigkeit der Zugabe des frischen Mediums aus dem Zuflußgefäß wird von einer Perfusionspumpe reguliert, die über den Ausstoß vom photometrischen Monitor kontrolliert wird; letzterer wiederum überwacht den Farbwechsel des Phenolrots im Medium. Der Graff-McCarty-Pulsator sichert die Bewegung des Mediums.

der von *Baxter-Flaschenkulturen* entwickelt. Ihre geschätzte maximale Produktion in den bestehenden Anlagen beträgt 1,6 × 10^{12} Zellen pro Zyklus. Zur Vereinfachung des Verfahrens entwickelten sie zylindrische Gestelle, jedes für 19 Baxter-Flaschen. (Bild 15). Diese werden zum Waschen und Sterilisieren als Einheit behandelt. In jede Baxter-Flasche werden 100 ml eines Kulturmediums geimpft, das 3–4 × 10^5 Zellen pro ml enthält. Die Flaschen werden fest verschlossen, das ganze Gestell rotiert als Einheit zuerst mit einer Umdrehungszahl von 3 Upm, dann nach 5 Std. mit 2 Upm. Nach 6 Tagen beträgt die durchschnittliche Ausbeute pro Flasche 8 × 10^8 Zellen. Das für diese Flaschen verwendete Kulturmedium besteht aus 80% modifizierter Eagles Lösung, 10% Tryptose-Phosphat-Brühe und 10% Rinder-Serum. Es wird mit 0,02 M Tris-Puffer abgepuffert. Die Modifikation der Eagles Lösung umfaßt die Verwendung von Lactalbumin-Hydrolysat plus Histidin anstatt gereinigter Aminosäuren (Polatnick und Bachrach, 1964).

4.3.2.3 Perfusionssystem mit fester Matrix

McCoy und Kollegen lösten das Problem, große Oberflächen zu schaffen, auf andere Weise. Als Kulturkammern verwenden sie *Glassäulen,* die mit

Glasspiralen gefüllt sind, worauf die Zellen geimpft werden. Sobald sie haften, wird die Säule ständig mit Kulturmedium mit einer Geschwindigkeit durchspült, die mit steigender Zellzahl ansteigt. Dies macht eine speziell programmierte Perfusionspumpe für den Medium-Nachschub erforderlich (Fig. 45). Wenn die maximale Zellzahl in diesem Apparat erreicht ist, werden die Zellen geerntet, indem man Trypsin-Lösung durch die Säulen schickt. Bei jedem Zyklus werden einige Gramm gewonnen.

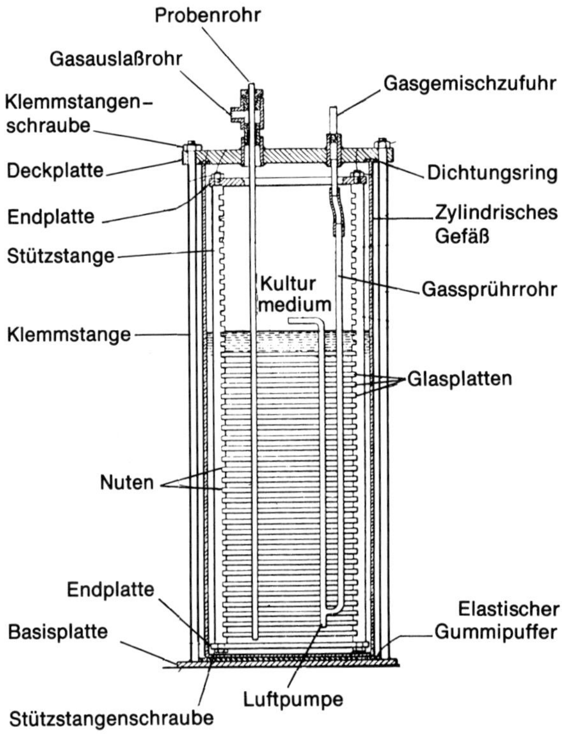

Fig. 46 Gewebekultur-Apparat mit vielfach vergrößerter Oberfläche (von Weiss und Schleicher)

Schichten aus Glasplatten werden mit Metallstangen in einem zylindrischen Kulturgefäß zusammengehalten. Die Zellimpfmenge wird in das Gefäß durch das Zugangsrohr gepumpt. Das Medium wird innerhalb des Gefäßes durch eine Luftpumpe umgepumpt. (Wenn das Gas durch das Gasrohr gelangt ist, steigen die Bläschen im Pumpenrohr empor, wobei sie Medium mit sich reißen.) Nach der Beimpfung zirkulieren die Zellen einige Zeit auf diese Weise. Dann stoppt man die Pumpen einige Stunden lang, damit die Zellen sich absetzen können. Das Gasumpumpen kann dann erneuert werden. Medium kann durch das Einfüllrohr zugegeben oder entnommen werden. Am Ende des Umlaufs wird alles Medium entnommen und durch Trypsin ersetzt. Die Zellsuspension wird dann durch das Einfüllrohr entnommen.

4.3.2.4 Gewebekultur mit vergrößerter Oberfläche (Fig. 46)

Schleicher und Weiss von den Abbott Laboratories haben eine andere Lösung für die Forderung nach einer sehr großen Oberfläche gefunden. Diese basiert auf dem gleichen Prinzip wie das Perfusionssystem mit fester Matrix nach McCoy. Hierbei bestehen aber die Kulturoberflächen aus Schichten aus übereinandergesetzten Glasplatten, die von einem Stützgestell innerhalb eines Glaskulturgefäßes zusammengehalten werden. Ein interessantes Merkmal dieses Apparates ist eine einfache Luftpumpe, mit der das Medium umgepumpt wird.

Der Apparat wird beimpft, indem man eine Zellsuspension einpumpt. Der Apparat wird mit einem sterilen Kohlendioxyd-Luftgemisch mit Hilfe der Luftpumpe beschickt, um die Zellen gleichmäßig zu verteilen. Die kohlensaure Luftzufuhr wird 2 Std. lang gestoppt, damit sich die Zellen absetzen, dann fortgesetzt. Sobald eine ausreichende Zelldichte erreicht ist, wird das Kulturmedium herausgepumpt und durch Trypsin-Lösung ersetzt. Nach einer Inkubation kann die Zellsuspension aus der Maschine herausgepumpt werden. Dieser Apparatetyp hat den Vorteil, daß er sich selbst zu einem sehr einfachen, geschlossenen Kreislaufsystem eignet. Anstatt Glasplatten können in dieser Art von Apparat auch Titanplatten verwendet werden.

4.3.2.5 Plastik-Film-Kultur-Methode im Großmaßstab (Bild 17).

Zur Schaffung großer Oberflächen für die Kultur von Zellen, die von seiner Haftung abhängen, haben House, Shearer und Maroudas (1972) ein anderes Prinzip eingeführt. Der Apparat ist im Prinzip ähnlich dem oben beschriebenen Apparat mit vielfach vergrößerter Oberfläche, verwendet jedoch eine Spirale aus flexiblem Kunststoff, um eine große Oberfläche zu schaffen.

Im ursprünglichen Modell wurde unbiegsamer Polyesterfilm von Melinex (Imperial Chemical Industries Ltd.) verwendet, in einer käuflichen Version des Apparates jedoch wird Polystyrol-Film benützt. Eine Spirale aus flexiblem Kunststoffmaterial mit einer Steigung von ungefähr 4 cm wird mit einem passenden Former hergestellt und vertikal in einen zylindrischen Behälter eingesetzt mit einer Luftpumpe, die durch die Mitte der Spirale läuft. Um den Apparat zu beimpfen, wird Kulturmedium mit der Zell-Suspension zugefügt. Dann läßt man die Zellen absitzen und verteilt sie gleichmäßig über beide Oberflächen des Filmes, indem man sie mit einer Geschwindigkeit von 2 Uph horizontal auf einem Roller-Gestell rotieren läßt. Sobald die Zellen vollkommen haften (3–18 Std., abhängig vom Zelltyp), werden die Flaschen vom Roller genommen und zur Begasung aufrecht hingestellt. Um eine genaue Begasung mit Kohlendioxid-haltiger Luft zu gewährleisten, ist es nötig, ein Antischaummittel (Midlands Silicone, Antifoam Emulsion RD) zuzusetzen. Wenn das

Wachstum abgeschlossen ist, können die Zellen mit Hilfe von Trypsin geerntet werden, wie bei einer normalen Roller-Flasche oder durch Abkratzen. Ein Wegwerfkulturgefäß, das auf diesem Prinzip beruht, ist von Sterilin (S. 434) erhältlich.

4.3.2.6 Methode der „Rotierenden Säulen" (Bild 18)

Dieser von Santero (1972) eingeführte Apparat besteht aus einem Bündel Säulen, die zusammengefaßt und durch eine allgemeine Sammelleitung miteinander verbunden sind. Das Gerät kann so angeordnet werden, daß es vertikal oder horizontal liegt und rotieren kann. Der pH-Wert wird ständig reguliert. Das allgemeine Prinzip des Betriebs ist ähnlich dem der Plastikfilmmethode, doch wurde es für ein Verfahren in noch größerem Maßstab entwickelt.

4.3.3 Suspensionskultur in sehr großem Maßstab

4.3.3.1 Allgemeines

Über Suspensionskulturen im großen Maßstab wurde schon berichtet und es wurde erwähnt, daß *Fermenter* bis zu 20 Litern üblicherweise verwendet wurden. Sogar noch größere Fermenter wurden verwendet; Moore und Kollegen führten mit einem Fermenter, der eine Kapazität von 1500 Litern hatte, Experimente durch, um menschliche Blutzellen zu züchten. Die Prinzipien, die bei diesen Kulturen im großen Maßstab angewandt werden, sind im Grunde die gleichen wie für Kulturen im kleinen Maßstab, jedoch braucht man spezielle Apparate und besondere Techniken, damit sie in der Praxis funktionieren.

Es wurde schon erwähnt, daß im allgemeinen nur etablierte Zellinien in Suspensionskulturen wachsen, obwohl es davon einige wichtige Ausnahmen gibt. Die erste betrifft die Zellen des *Lymphozyten-Typs,* die sich normalerweise im Tier in Suspension befinden. Moore und Kollegen waren sehr erfolgreich mit der Großmaßstab-Züchtung scheinbar normaler Lymphozyten in Suspension. Zweitens wachsen viele Tumoren sehr gut in Suspension. Die besten Beispiele sind die *Burkitt-Lymphom-Zellen, leukämische Lymphoblasten* und *Myeloblasten* und einige andere Tumoren, die in Ascites-Form in Wirtstieren leben.

Zellen wie *Fibroblasten* und *Epithel-Zellen,* die normalerweise im Tier flächen- oder faserförmig wachsen, scheinen ein festes Substrat zu benötigen, wenn sie sich nicht einer Transformation unterzogen haben. Die einzige, in der Literatur festgehaltene Ausnahme ist ein Bericht von Philippe und Mitarbeitern. Eine sinnreiche Lösung des Problems, Primärzellen in Suspensionskulturen zu züchten, hat van Wezel vorgeschlagen, der eine Reihe menschlicher, diploider Zellinien erfolgreich züchtete, indem er sie auf *DEAE Sephadex A 50-Partikeln* (Pharmacia GmbH, S. 433) in einem Suspensionskulturapparat wachsen ließ. Das DEAE-Sephadex wurde durch Waschen vorbereitet und dann mit BSS äquilibriert. Es wurde auf dem üblichen Weg autoklaviert und dem Medium in einer Endkonzentration von 1 g pro Liter zugefügt. In das Kulturmedium wurden dann $5 \times 10^4 - 1 \times 10^5$ Zellen pro ml eingeimpft. Einige Zellen hafteten an jedem Partikel und wuchsen schließlich so stark, daß sie die ganzen Partikel bedeckten. Die erhaltenen Wachstumsgeschwindigkeiten waren sehr ähnlich denen von stationären Kulturen.

Van Wezel verwendete ursprünglich unbehandeltes DEAE-Sephadex A 50. Bei seiner letzten Methode jedoch überzieht er die Kügelchen mit *Nitrozellulose* (Celloidin, Edward Gurr Ltd. London), wobei er eine 0,1%ige Lösung in Methylalkohol verwendet, die er zu der gleichen Menge von den in reinem Methylalkohol suspendierten Sephadex-Kügelchen zufügt. Nach 15 Min. werden die Kügelchen mit Methylalkohol gewaschen, um freies Celloidin zu entfernen, dann nochmals mit 50% Methylalkohol und PBS und schließlich einige Male mit PBS.

Das erste Problem beim Beimpfen einer großen Suspensionskultur besteht darin, die Impfmenge herzustellen. Am leichtesten beginnt man mit einer mit Trypsin dispergierten Suspension einer Standardkultur und züchtet diese zuerst in einer kleinen Suspensionskultur, wie in Abschn. 4.2.2.4 beschrieben. Eine so hergestellte Impfmenge kann in ein größeres Gefäß überführt und das Volumen ständig vergrößert werden, bis man eine passende Impfmenge erhalten hat, die man für das zu benützende Kulturgefäß braucht.

4.3.3.2 Kulturgefäße

Das einfachste Suspensions-Kulturgefäß auf relativ kleiner Basis ist eine 10 Liter-Saugflasche mit einem Magnetrührer. Schläuche können durch den Gummistopfen und einen Zapfen am Ausfluß eingeführt werden (Fig. 39). Im Handel erhältliche Fermentergefäße wurden für Kulturen mittlerer Größe verwendet (10 bis 30 Liter). Als größte Kulturgefäße hat eine Forschergruppe im Roswell Park Memorial Institute, Buffalo, N. Y., USA, modifizierte Suppenkessel aus rostfreiem Stahl verwendet.

Tierische Zellen brauchen keine hohe Rührgeschwindigkeit: Ungefähr 200 bis 400 Upm genügen normalerweise, um Zellen in Suspension zu halten; höhere Geschwindigkeiten können schaden. Ein Magnetrührer ist daher für die meisten Zwecke geeignet. Jedoch sind Standardmagnetrührer zum Rühren großer Kulturen nicht sehr befriedigend, und es ist gewöhnlich notwendig, zu motorgetriebenen Rührwerken oder Vibratoren zu greifen. Das Hauptproblem letzterer Geräte ist, einen *bakteriensicheren Verschluß* der Gefäßöffnung zu erzielen. Diesem Problem wurde schon früher in der Gärungstechnologie begegnet, wofür Lösungen entwickelt wurden.

4.3.3.3 Kontrolle der Kulturbedingungen

4.3.3.3.1 Temperatur

Bei kleinen Mengen von Suspensionskulturen wird die Regulation sehr leicht dadurch erreicht, daß man das Kulturgefäß in einen Wärmeraum, in einen Brutschrank oder ein Warmbad stellt. Das ist bei Kulturen in sehr großen Mengen eine sehr unpraktische Lösung; die übliche Methode besteht darin, einen geheizten Wärmemantel oder eine versenkte Heizspule zu verwenden. Verwendet man dafür warmes Wasser, kann man seine Temperatur durch einen Thermostaten im Wasserkreislauf kontrollieren. Wenn aber das Gefäß direkt beheizt wird, ist es nötig, einen thermostatischen Sensor in das Kulturgefäß selbst einzubringen. Die besten Ergebnisse mit Suspensionskulturen werden erreicht, wenn die Temperatur nicht zu nahe an die Toleranzgrenze heranreicht. Die meisten Forscher haben gefunden, daß man die besten Ergebnisse mit Säugetierzellen bei einer Temperatur zwischen 35 °C und 36 °C erreicht.

4.3.3.3.2 pH-Wert

Der pH-Wert bei Kulturen im großen Maßstab kann auf verschiedene Weise kontrolliert werden. Für Kulturen in großen Mengen reicht es oft, ein gut gepuffertes Kulturmedium zu verwenden. Phosphat- oder Tris-Puffer haben sich als völlig ausreichend für diesen Zweck erwiesen. Arbeitet man mit ständiger Mediumzufuhr und Zellwegnahme, braucht man eine Art automatischer pH-Kontrolle. Es ist dann notwendig, eine *Elektrode* in das Kulturmedium einzutauchen, um den pH-Wert zu registrieren und ein Gerät zu aktivieren, das Säure oder Alkali (meist Alkali) zusetzt. Telling und Stone entwickelten eine Methode, bei der sie ein Bicarbonat-CO_2-Puffersystem verwendeten und den pH-Wert regulierten, indem sie entweder den Luftzustrom änderten oder das Luft/CO_2-Verhältnis in der Fermentierkammer.

4.3.3.3.3 Sauerstoff

Die kontrollierte Sauerstoff-Versorgung ist gegenwärtig das schwierigste, technische Problem für flüssige Kulturen in sehr großem Maßstab. Tierische Zellen haben im Vergleich mit Bakterienkulturen keinen sehr großen Bedarf an Sauerstoff. Sind die Kulturen relativ klein und die Oberfläche genügend groß, findet an der Kulturoberfläche ein ausreichender Sauerstoff-Austausch statt. Für Kulturen bis zu 1,5 oder 2 Litern reicht es meist, einfach dafür zu sorgen, daß die Luft über der flüssigen Phase nicht stagniert. Bei größeren Kulturen ist aber klar, daß die Sauerstoff-Konzentration schnell so weit absinkt, daß das Wachstum gehemmt wird. In der Vergangenheit gab es Schwierigkeiten, eine passende, sterilisierbare *Sauerstoff-Elektrode* zu entwickeln; in letzter jedoch hatten einige Gruppen Erfolg mit einer modifizierten Mackereth-Elektrode und zeigten überzeugend, daß die Sauerstoff-Konzentration in der Tat schnell stark abfallen kann. Leider ist ein sehr starkes Gas-Durchperlen, wie gewöhnlich bei Bakterienkulturen angewandt, für tierische Zellen unbefriedigend, da sie physisch geschädigt zu werden scheinen. Ferner sind tierische Kulturmedien oft sehr proteinreich. Daher ist die Schaumbildung ein Problem und Antischaummittel, die verwendet werden müssen, sind möglicherweise giftig. Auch ist es nicht sehr befriedigend, den Luftraum über der Kultur mit reinem Sauerstoff oder sauerstoffhaltiger Luft zu begasen, da Sauerstoff in hohen Konzentrationen für die Zellen toxisch ist. Es ist sehr schwierig, die O_2-Konzentration im Medium bei Anwendung dieses Verfahrens zu kontrollieren. Schonendes Durchperlen des Medium mit Gasblasen liefert einigermaßen befriedigende Resultate, aber eine voll befriedigende Durchführung der Suspensions-Zellkultur in großer Menge kann erst erreicht werden, wenn man eine geeignete Lösung für dieses Problem gefunden hat.

Einen *Phytostat* für die fortlaufende Kultur und automatische Probenentnahme bei Pflanzenzellsuspensionen haben Miller, Shyluk, Gamborg und Kirkpatrick beschrieben. Im Prinzip ähnelt der Apparat einem Rührapparat, der für tierische Zellen verwendet wird. Ein besonders interessantes Merkmal dieses Apparates ist ein automatisches Probenventil, das kein Totvolumen hat, aber eine große Öffnung und zwischen den Proben automatisch ausgespült werden kann.

Literatur

Bachrach, Howard L. & Polatnick, Jerome (1968). Decigram quantities of pure foot-and-mouth disease virus from cell cultures. Biotechnol. Bioengng. 10, 589.

Bergmann, L. (1959). Über die Kultur von Zellsuspensionen von Daucus carota. Naturwiss. 46, 20.

Björklund, B., Björklund, V. & Paulsson, J. E. (1961). The cytostat, an apparatus for automatically controlled continuous propagation of suspended cells. Proc. Soc. exp. Biol. (N. Y.) 108, 385.

Borkowski, John D. & Johnson, Marvin, J. (1967). Long-lived steamsterilizable membrane probes for dissolved oxygen measurement. Biotechnol. Bioengng. 9, 635.

Bryant, J. C., Schilling, E. L. & Earle, W. R. (1958). Massive fluidsuspension cultures of certain mammalian tissue cells. I. General characteristics of growth and trends of population. J. nat. Cancer Inst. 21, 331.

Cherry, William R. & Hull, Robert N. (1960). Studies and observations on the growth of mammalian cells in agitated fluid medium. J. Biochem. Microbiol. Technol. Engng. 2, 267.

Cherry, W. R. & Hull, R. N. (1960). Studies and observations on the growth of mammalian cells in agitatet fluid medium. J. biochem. microbiol. Technol. Engng. 2, No. 3, 267.

Cohen, E. P. & Eagle, H. (1961). A simplified chemostat for the growth of mammalian cells: characteristics of cell growth in continuous culture. J. exp. Med. 113, 467.

Cooper, P. D., Burt, A. M. & Wilson, J. N. (1958). Critical effect of oxygen tension on rate of growth of animal cells in continuous suspended culture. Nature (Lond.) 182, 1508.

Cooper, P. D., Wilson, J. N. & Burt, A. M. (1959). The bulk growth of animal cells in continuous suspension culture. J. gen. Microbiol. 21, 702.

Danes, Betty S. (1957). Suspension cultures of Strain L mouse fibroblasts. Exp. Cell Res. 12, 169.

Daniels, William F., Parker, David A., Johnson, Roger W. & Schneider, Louis E. (1965). Controlled pH and oxidation-reduction potential with a new glass tissue-culture fermentor. Biotechnol. & Bioengng. 7, 529.

Davis, E. V., Glover, F. & McLimans, W. F. (1958). Proliferation of human amnion cells (FL strain) in submerged culture. Proc. Soc. Exp. Biol. (N. Y.) 97, 454.

Earle, W. R. (1958). Long-term cultivation of animal tissue cells in large cultures. Fed. Proc. 17, 967.

Earle, W. R., Schilling, E. L. & Bryant, J. C. (1954). Influence of tube rotation velocity on proliferation of strain L cells in surface substrate roller-tube cultures. J. nat. Cancer Inst. 14, 853.

Earle, W. R., Schilling, E. L., Bryant, J. C. & Evans, Virginia J. (1954). The growth of pure strain L cells in fluid suspension cultures. J. nat. Cancer Inst. 14, 1159.

Earle, W. R., Bryant, J. C., Schilling, E. L. & Evans, Virginia J. (1956). Growth of cell suspension in tissue culture. Ann. N. Y.. Acad. Sci. 63, 666.

Firket, H. (1966). Polyester sheeting (Melinex 0), a tissue culture support easily separable from epoxy resins after flat-face embedding. Stain Technol. 41, 189.

Gey, G. O. (1933). An improved technique for massive tissue culture. Amer. J. Cancer 17, 752.

Gey, G. O. & Gey, M. K. (1936). The maintenance of human normal cells and tumor cells in continuous culture. I. Preliminary report: Cultivation of mesoblastic tumors and normal tissue and notes on methods of cultivation. Amer. J. Cancer 27, 45.

Giardinello, F. E., McLimans, W. F. & Rake, G. W. (1958). The apparent toxicity of metallic materials of construction and antifoam agents for mammalian cell lines. Appl. Microbiol. 6, 30.

Gordy, E., Moore, G. E. & Sieber, G. (1962). Air-thermostated chamber with proportional temperature control for tissue culture application. J. appl. Physiol. 17, 356.

Graff, S. & McCarty, K. S. (1957). Sustained cell culture. Exp. Cell Res. 13, 348.

Graham, A. F. & Siminovitch, L. (1955). Proliferation of monkey kidney cells in rotating cultures. Proc. Soc. Exp. Biol. (N. Y.) 89, 326.

Gwatkin, R. B. L., Till, J. E., Whitmore, G. F., Siminovitch, L. & Graham, A. F. (1957). Multiplication of animal cells in suspension measured by colony counts. Proc. nat. Acad. Sci. (Wash.) 43, 451.

Himmelfarb, P., Thayer, P. S. & Martin, H. E. (1969). Spin filter culture; the propagation of mammalian cells in suspension. Science 164, 555.

House, W. & Wildy, P. (1965). Large scale production of tissue cells and virus. Lab. Pract. 14, 594.

House, W., Shearer, M. & Maroudas, N. G. (1972). Method for Bulk Culture of Animal Cells on Plastic Film. Exp. Cell Res. 71, 293.

Kuchler, R. J. & Merchant, D. J. (1956). Propagation of strain L (Earle) cells in agitated fluid suspension cultures. Proc. Soc. Exp. Biol. (N. Y.) 92, 803.

Kruse, P. F. Jnr. & Miedema, E. (1965). Production and characterization of multiple-layered populations of animal cells. J. Cell Biol. 27, 273.

Kruse, P. F., Jr., Myhr, B. C., Johnson, J. E. & White, P. B. (1963). Perfusion system for replicate mammalian cell cultures in T-60 flasks. J. nat. Cancer Inst. 31, 109.

Lamport, D. T. A. (1964). Cell suspension cultures of higher plants: isolation and growth energetics. Exp. Cell Res. 33, 195.

Lieberman, I. & Ove, P. (1958). Catalase requirement for mammalian cells in culture. J. exp. Med. 108, 631.

McCoy, T. A., Whittle, W. & Conway, E. (1962). A glass helix perfusion chamber for massive growth of cells in vitro. Proc. Soc. exp. Biol. (N. Y.) 109, 235.

McLimans, W. F., Giardinello, F. E., Davis, E. V., Kucera, C. J. & Rake, G. W. (1957). Submerged culture of mammalian cells: the five liter fermentor. J. Bact. 74, 768.

Merchant, D. J., Kuchler, R. J. & Munyon, W. H. (1960). Population dynamics in suspension cultures of an animal cell strain. J. biochem. microbiol. Technol. Engng. 2, No. 3, 253.

Molin, O. & Heden, G. C. (1969). Large scale cultivation of human diploid cells on titanium discs in a special apparatus. Progr. Immunobiol. Standardization 3, 106.

Moore, G. E., Mount, D., Tara, G. & Schwartz, N. (1963). Growth of human tumor cells in suspension cultures. Cancer Res. 23, 1735.

Moore, George E., Hasenpusch, Peter, Gerner, Robert E. & Burns, Alex A. (1968). A pilot plant for mammalian cell culture. Biotechnol. Bioengng. 10, 625.

Nickell, L. G. (1956). The continuous submerged cultivation of plant tissue as single cells. Proc. nat. Acad. Sci. (Wash.) 42, 848.

Nickell, L. G. & Tulecke, W. (1960). Submerged growth of cells of higher plants. J. biochem. microbiol. Technol. Engng. 2, No. 3, 287.

Nickell, Louis G & Tulecke, Walter (1960). Submerged growth of cells of higher plants. J. biochem. Microbiol. Technol. Engng. 2, 287.

Orlando, M. D., Bowersox, O. C. Jr. & Riley, J. M. (1968). Growth of mouse fibroblast-like cells in an autoclavable medium. Biotechnol. Bioengng. 10, 61.

Owens, O. von H., Gey, M. K. & Gey, G. O. (1953). A new method for the cultivation of mammalian cells suspended in agitated fluid medium. Proc. Amer. Assoc. Cancer Res. 1, 41.

Peraino, C., Baachetti, S. & Eisler, W. J. Jnr. (1970). Automated continuous culture of mammalian cells in suspension. Science 169, 204.

Rightsel, W. A., McCalpin, H. & McLean, I. W. (1960). Studies on large-scale methods for propagation of animal cells. J. biochem. microbiol. Technol. Engng. 2, No. 3, 313.

Rightsel, Wilton A., McCalpin, Helen & McLean, I. William, Jr. (1960). Studies on large-scale methods for propagation of animal cells. J. biochem. Microbiol. Technol. Engng. 2, 313.

Santero, G. G. (1972). The 'Rotary Column' Method for growth of large-scale quantities of cell monolayers. Biotechnol. Bioengng. 14, 753.

Schleicher, Joseph B. & Weiss, Ronald E. (1968). Application of a multiple surface tissue culture propagator for the production of cell monolayers, virus, and biochemicals. Biotechnol. Bioengng. 10, 617.

Siminovitch, L., Graham, A. F., Lesley, S. M. & Nevill, A. (1957). Propagation of L-strain mouse cells in suspension. Exp. Cell Res. 12, 299.

Sinclair, R., Reid, R. A. & Mitchell, P. (1963). Culture of strain L cells in suspension: replacement of polymer by traces of trypsin in a defined medium. Nature (Lond.) 197, 972.

Smith, H. M. & Burrows, T. M. (1963). Laboratory apparatus for the suspended culture of tissue cells. Lab. Practice, May 1963.

Swim, H. E. & Parker, R. F. (1960). Effect of Pluronic F68 on growth of fibroblasts in suspension on rotary shaker. Proc. Soc. Exp. Biol. (N. Y.) 103, 252.

Telling, R. C. & Elsworth, R. (1965). Submerged culture of hamster kidney cells in a stainless steel vessel. Biotechnol. & Bioengng. 7, 417.

Thomas, W. J., Ziegler, D. W., Schepartz, S. A. & McLimans, W. F. (1958). Use of arginine to eliminate medium changes in tissue culture systems. Science 127, 591.

Thompson, K. W., Price, T. T. & Lewin, S. Z. (1962). Control of ambient conditions in cell suspension cultures. Cancer Chemother. Rep. 20, 45.

Tulecke, W. & Nickell, L. G. (1959). Production of large amounts of plant tissue by submerged culture. Science 130, 863.

Tunnah, Kenneth V., McLimans, William F. & Moore, George E. (1968). Rocker cell culture incubator. Biotechnol. Bioengng. 10, 698.

Ubertini, B., Nardelli, L., Santero, G. & Panina, G. (1960). Process report: large-scale production of foot-and-mouth disease virus. J. biochem. microbiol. Technol. Engng. 2, Mo. 3, 327.

Ubertini, B., Nardelli, L., Santero, G. & Panina, G. (1960). Process report: Large-scale production of foot-and-mouth disease virus. J. biochem. Microbiol. Technol. Engng. 2, 327.

Ulrich, K. & Moore, G. E. (1965). A vibrating mixer for agitation of suspension cultures of mammalian cells. Biotechnol. & Bioengng. 7, 507.

Van Wezel, A. L. (1967). Growth of cell-strains and primary cells on micro-carriers in homogenous culture. Nature 216, 64.

Weiss, R. E. & Schleicher, J. B. (1968). A multisurface tissue propagator for the mass-scale growth of cell monolayer. Biotechnol. Bioengng. 10, 601.

Ziegler, D. W., Davis, E. V., Thomas, W. J. & McLimans, W. F. (1958). The propagation of mammalian cells in a 20-litre stainless steel fermentor. Appl. Microbiol. 6, 306.

4.4 Gewebe kaltblütiger Wirbel- und wirbelloser Tiere

4.4.1 Allgemeines

Alle tierischen Gewebe und Zellen können mit den allgemeinen Techniken, wie in den vorigen Kapiteln beschrieben, mit kleinen Modifikationen für kaltblütige Wirbeltiere und wirbellose Tiere gezüchtet werden. Unter den geringen Änderungen für kaltblütige Wirbeltiere betrifft die Hauptmodifikation die *Inkubationstemperatur,* die der Tierart angepaßt werden muß, von der die Zellen stammen.

Sie beträgt gewöhnlich 26 °C für *Amphibien-Gewebe* und weniger, ungefähr 18 °C für viele Fische. Die gleichen Kulturmedien, die für Säugetiere und Vögel verwendet werden, reichen im allgemeinen aus. Nur bei einigen Ausnahmen sind spezifische Modifikationen notwendig. Z. B. empfehlen einige Wissenschaftler, die BSS für *Anuren* durch Verdünnen von 3 Teilen Lösung wie für Säugetierzellen mit 2 Teilen destilliertem Wasser auf ungefähr 200 mOsm einzustellen; sonst werden die gleichen Kulturmedien wie für Säugetiere im allgemeinen für alle Amphibien-Zellkulturen verwendet.

Die anorganischen Bestandteile der Seren von Säugetieren und von *Teleost-Fischen* oder auch *Cyclostomata,* die in frischem Wasser leben, sind quantitativ und qualitativ sehr ähnlich. So kann das gleiche Kulturmedium für Säugetiere auch für diese Tiere verwendet werden. Abgesehen von der Inkubationstemperatur, die bei Kaltwasserfischen bei 18–20 °C liegt und bei tropischen Fischen bis zu 35 °C beträgt, sind die Kulturbedingungen die gleichen wie für Säugetiere.

Gewebe von marinen Teleost-Fischen brauchen einen höheren osmotischen Druck; die Natriumchlorid-Konzentration der BSS ist gewöhnlich auf 0,6 M durch Zugabe von 1,35 ml einer 26%igen NaCl zu 100 ml der üblichen 0,9%igen Lösung erhöht. Eine interessante Eigenschaft der Teleost-Zellen ist die, daß man sie anscheinend unbegrenzt züchten kann, ohne daß sie das deutliche Erscheinungsbild einer Zelländerung oder Transformation zeigen.

Für die Gewebekultur von *Selachii* wie z. B. *Haien,* sollte das Kulturmedium Harnstoff in einer Konzentration von 350 mM enthalten.

4.4.2 Gewebezüchtung kaltblütiger Wirbeltiere

Ein recht anschauliches Beispiel der Wanderungsaktivität von *Epithelzellen* findet man in Explantaten, die man aus dem Schwanz eines Fisches erhält, besonders aus einer Fächerschwanzart des *Goldfisches.*

Der Schwanz wird mit einem leichten Desinfektionsmittel (70% Alkohol) desinfiziert und mit sterilem BSS gewaschen, bevor man ein Stück abschneidet. Dies kann in Hühner-Plasmagerinnsel mit einem Kulturmedium explantiert werden, das 10% Hühnerembryonal-Extrakt enthält. Wenn man die Temperatur bei 18 °C hält, kann man nach 4 oder 5 Std. bereits eine beachtliche Wanderung beobachten.

Eines der Hauptprobleme bei der Gewebegewinnung kaltblütiger Wirbeltiere betrifft den Ausschluß kontaminierender Organismen. Oft kann man sterile Gewebe innerer Organe nach dem Sterilisieren des Äußeren mit Iod oder Merthiolat erhalten. Freilich findet man in den inneren Organen dieser Tiere nicht selten parasitäre Organismen, so daß man dann, wie schon beschrieben, auf Antibiotika zurückgreifen muß.

Literatur

Auclair, W. (1961). Cultivation of monolayer cultures of frog renal cells. Nature (Lond.) 192, 467.

Barth, L. G. & Barth, L. J. (1959). Differentiation of cells of the Rana pipiens gastrula in unconditioned media. J. emb. exp. Morph. 7, 210.

Cameron, Gladys (1950). Tissue Culture Technique. 2nd ed. New York: Academic Press.

Cary, L. R. (1933). Growth of some tissues of ptychodera behamensis in vitro. Publ. Carneg. Instn. 28, 125.

Clark, H. F., Cohen, M. M. & Karzon, D. T. (1970). Characterization of reptilian cell lines established at incubation temperatures of 23 to 36°. Proc. Soc. Exp. Biol. Med. 133, 1039.

Clem, L. W., Moewus, L. & Siegel, M. M. (1961). Studies with cells from marine fish in tissue culture. Proc. Soc. exp. Biol. (N. Y.) 108, 762.

Dederer, Pauline H. (1921). The behavior of cells in tissue culture of fundulus heteroclitus with special reference to the ectoderm. Biol. Bull. 41, 221.

Fauconnier, B. & Pachopos, M. (1962). Culture de cellules de rein de tortue Testudo gracco; sensibilite de ces cellules a differents virus. Ann. Inst. Pasteuer (Paris) 102, 661.

Flickinger, R. A. (1949). A study of the metabolism of amphibian neural crest cells during their migration and pigmentation in vitro J. exp. Zool. 112, 465.

Gatenby, J. B. (1932). A technique for studying growth and movement in explants from Helex Aspera (snail). Arch. exp. Zellforsch. 13, 665.

Grand, C. G. & Cameron, Gladys (1948). Tissue culture studies of pigmented melanomas: fish, mouse and human. In The Biology of Melanomas. Spec. Publ. N. Y. Acad. Sci. 4, 171.

Holmes, S. J. (1914). The behaviour of the epidermis of amphibians when cultivated outside the body. J. exp. Zool. 17, 281.

Holtfreter, J. (1931). Über die Aufzucht isolierter Teile des Amphibienkeimes. Arch. EntwGesch. 124, 404.

Malamud, D. (1967). DNA synthesis and the mitotic cycle in frog kidney cells cultivated in vitro. Exp. Cell Res. 45, 277.

Moser, C. & Flickinger, R. A. (1963). Effects of nutrient media on gastrula ectoderm of Rana pipiens cultured in vitro. J. exp. Zool. 153, 219.

Moser, H., Hadji-Azimi, I. & Slatkine, S. (1968). Cultures of cells and tissues derived from the South African frog Xenopus laevis. Rev. Suisse cells of Rana pipiens induced by changes in environment. J. exp. Zool. 75, 619.

Nitzima, M. (1956). Tissue culture studies on amphibian metamorphosis. I. Growth patterns of tadpole tissue. Folia anat. jap. 28, 59.

Niu, M. C. & Twitty, V. C. (1950). The origin of epidermal melanophores during metamorphosis of Triturus torosus. J. exp. Zool 113, 633.
Niu, M. C. (1954). Further studies on the origin of amphibian pigment cells. J. exp. Zool. 125, 199.
Preston, M. M'E. (1948). Amphibian tissue culture for biophysical research. Nature (Lond.) 161, 203.
Preston, M. M'E. (1949). The cultivation in vitro of various amphibian tissues. J. R. micr. Soc. 69, 65.
Shah, V. C. (1962). An improved technique of preparing primary cultures of isolated cells from adult frog kidney. Experientia 18, 239.
Uhlenhuth, E. (1914). The cultivation of the skin epithelium of adult frog Rana pipiens. J. exp. Med. 20, 614.
Uhlenhuth, E. (1916). Changes in pigment epithelium and iris pigment cells of Rana pipiens induced by changes in environment. J. exp. Med. 24, 689.
Wolf, K. & Dunbar, C. F. (1957). Cultivation of adult teleost tissues in vitro. Proc. Soc. Exp. Biol. Med. 95, 455.
Wolf, K. & Quimby, M. C. (1964). Amphibian cell culture: permanent cell line from the bullfrog (Rana Catesbeiana). Science 144, 1578.
Wolf, K. & Quimby, M. C. (1964). Established eurythermic line of fish cells in vitro. Science 135, 1065.
Wolf, K., Quimby, M. C., Pyle, E. A. & Dexter, R. P. (1960). Preparation of monolayer cell cultures from tissues of some lower vertebrates. Science 132, 1890.
Wolf, K. & Quimby, M. C. (1969). Fish cell and tissue culture. In Fish Physiology, Vol. 3, p. 253. Eds. W. S. Hoar and D. J. Randall. Academic Press.

4.4.3 Züchtung der Gewebe wirbelloser Tiere

4.4.3.1 Allgemeines

Die allgemeinen Prinzipien und Methoden für die Züchtung der Zellen von Gliederfüßlern sind die gleichen wie die für die Gewebe von Wirbeltieren; der Hauptunterschied liegt in der Art des verwendeten Kulturmediums. Die Fortschritte in der Insektenkultur der letzten Jahre folgten einer eingehenden Analyse der *Insektenhämolymphe,* auf der viele Kulturen aufgebaut wurden. Andererseits fällt auf, daß in letzter Zeit eine bestimmte Neigung besteht, die gleichen Prinzipien und sogar Medien zu übernehmen, die sich bei der Züchtung von Wirbeltiergeweben als erfolgreich erwiesen haben.

Es wurden bisher wenig Gewebe wirbelloser Tiere außer Insektengewebe gezüchtet. Doch gibt es einige erfolgreiche Versuche, *Coelenteraten-Zellen* zu züchten; die dafür benützten Nährmedien ähneln wiederum denen, die für die Wirbeltier-Gewebekultur verwendet werden. Es wurde auch ein Medium für die Züchtung von *Schneckengewebe* beschrieben (Burch und Cuadros).

Die BSS scheint der einzige Bestandteil zu sein, der jeder Art eines Organismus speziell angepaßt sein muß. Besonders der pH-Wert, der osmotische Druck und das Verhältnis gewisser Ionen kann wichtig sein. Sonst gibt es überzeugende Hinweise dafür, daß die gleichen Nährstoffe für die meisten tierischen Zellen verwendet werden können.

4.4.3.2 Gliederfüßler

Bemerkenswerte Erfolge wurden bei der Züchtung embryonaler Zellen von Käfern, Küchenschaben, Fleischfliegen, Grashüpfern und anderen Gliederfüßlern erzielt.

Zellen und Gewebe wurden hauptsächlich von *Dipteren, Lepidopteren* und *Ixodiden* gezüchtet. Die Kulturen wurden gewöhnlich aus Puppen- oder Larvengewebe hergestellt; diese umfaßten: Gehirn, optische Lappen, Auge, Darmtrakt, Fettkörper, Malpighische Gefäße, Eierstöcke, Spermatozyten und Blutzellen. Die größten Erfolge hatte man mit Blut- und Eierstock-Kulturen.

Kulturmedien: Bleibenden Erfolg bei der Züchtung von Gliederfüßlergeweben brachte die Einführung von *Wyatts-Medium,* das auf der Analyse der Hämolymphe von *Bombyx mori* basiert. Das *Medium von Grace* (S. 113) wurde daraus durch Zugabe einer Gruppe von B-Vitaminen entwickelt. Beide Kulturmedien werden gewöhnlich durch Zugabe von 10%iger homologer Hämolymphe ergänzt und in der auf S. 79 beschriebenen Weise behandelt. Diese Kulturmedien unterscheiden sich von den für Gewebe von Wirbeltieren verwendeten in dreierlich Hinsicht.

1. *pH-Wert:* Der pH-Wert der Gliederfüßler-Gewebeflüssigkeiten ist saurer als der der Gewebe von Wirbeltieren. Der Normalbereich liegt zwischen pH 6,3 und 6,9. Die Meinungen über die Toleranz von Gliederfüßlergeweben gegenüber einer Änderung des pH-Werts gehen auseinander. Martignoni betrachtet einen geringen pH-Wechsel als schädigend, während Jones vermutet, daß Insektengewebe eine große pH-Variation ertragen.

2. *Osmotischer Druck:* Der osmotische Druck von Insektengewebeflüssigkeiten variiert zwischen Werten etwas unter denen von Wirbeltiergeweben bis mehr als doppelt so hohen. Im allgemeinen ist der osmotische Druck von Insektenblut hoch, hauptsächlich wegen der Aminosäuren, die in ziemlich hoher Konzentration vorliegen und auch zur Pufferfähigkeit des Blutes beitragen.

3. *Die Verhältnisse der Ionen im Medium:* Sie variieren von Insekt zu Insekt, im allgemeinen ist aber sowohl das Na/K- als auch das Ca/K-Verhältnis niedrig. Die Phosphat-Konzentration von Insektenblut ist auch hoch; der größte Teil des Phosphats liegt in Form organischer Phosphate vor.

Wenn man diese Faktoren gebührend berücksichtigt, wird es deutlich, daß die Medienarten, die das Wachstum und die Erhaltung der Insektengewebe unterstützen, ähnlich denen sind, die man für Zellen von Wirbeltieren verwendet. Man hatte auch einigen Erfolg mit Modifikationen des Mediums 199. Man fand, daß Kulturmedien, die durch Lactalbumin-Hydrolysat, Pepton, Casein-Hydrolysat oder Hefe-Extrakt ergänzt werden, nützlich sind. Lactalbumin-Hydrolysat wurde in einer Konzentration von 1% (w/v) und Casein-Hydrolysat bis zu 5% (w/v) verwendet. Hefe-Extrakt wurde in einer Konzentration von 0,1% (w/v) zugesetzt. Diese Konzentrationen sind sehr viel höher als sie von Wirbeltierzellen vertragen werden würden. Wyatt fand hohe Konzentrationen von Trehalose in der Hämolymphe. Man nahm an, daß dies das Hauptkohlenhydrat ist. Doch ist es keineswegs sicher, ob Trehalose weitgehend verstoffwechselt wird, während Glucose, Fructose und Maltose voll verwertet werden. Glucose ist gewöhnlich im Medium als Hauptenergiequelle enthalten.

Insektenplasma, in dem das Polyphenol-Polyphenoloxidase-System, wie in Abschn. 2.4.1.3.8 beschrieben, inaktiviert wurde, ist gewöhnlich im Kulturmedium enthalten. Doch wurden auch Wirbeltier-Seren verschiedener Art und Wirbeltierembryonal-Extrakte zugesetzt. In der Tat kann das Hauptbedürfnis nach Insektenplasma offenbar durch Kälberserum befriedigt werden. Trotzdem bleibt immer noch ein Bedarf für eine hochmolekulare Komponente aus Insektenblut.

Ein typisches Medium für die Züchtung von Insektengewebe sollte 10–20% Serum enthalten (entweder ausschließlich Insekten-Hämolymphe oder wenigstens 1/5 Hämolymphe und der Rest z. B. Kälberserum). Das restliche Medium sollte gewöhnlich aus einem der Medien bestehen, die man für die Züchtung von Insektengewebe verwendet, wie in Abschn. 2.4.2.6 beschrieben. Die besten Befunde wurden mit Graces Medium erhoben.

4.4.3.3 Herkunft der Gewebe und Techniken

Obwohl bisher viele verschiedene Arten von Insektengeweben verwendet wurden, sind *Puppengewebe* besonders praktisch, da man leicht das Äußere der Puppe durch Eintauchen in ein mildes Antiseptikum und Behandeln mit starken Antibiotika-Lösungen sterilisieren kann. Die Ovarien, die man dorsal in der Gegend des fünften und sechsten Bauchsegments der Bombyciden und Saturniden findet, sind fürs Züchten mit am geeignetsten. Nach der Entnahme werden Explantate der Größe von 1 mm^3 geschnitten und explantiert, oft als hängende Tropfkulturen. Diese Gewebe können auch wie in Abschn. 4.1.3 beschrieben dissoziiert und auf Glas explantiert werden.

Der größte Erfolg mit diploiden Geweben wurden mit Zellen von Embryonen und Larven erreicht. Diese werden aus Eiern gezüchtet, die durch 2minütiges Suspendieren in 0,5%igem Natriumhypochlorit und anschließendem 10minütigem Waschen mit 70%igem Alkohol, weiterem 10minütigem Waschen in 0,05%iger Quecksilber II-chlorid-Lösung und 78%igem Alkohol und schließlich vorsichtigem Spülen in Saline sterilisiert werden. Die Eier werden dann auf sterilem Filtrierpapier inkubiert und mit Kulturmedium bis zum Ausschlüpfen benetzt. Die Embryos werden in Stücke geschnitten und mit der Standard-Trypsin-Methode bei ungefähr 37 °C oder Raumtemperatur behandelt. Die Trypsinierung ergibt bei diesen Geweben keine Zellsuspension, sondern lockert nur die Matrix und erlaubt die Wanderung von Zellen aus den Fragmenten. Der Auswuchs geschieht zuerst in Bläschenform, die am Boden der Flasche haften und sich dann ausbreiten und Kolonien bilden. Tier-Kulturen, bei denen die Eier in Ootheken sitzen, wie bei Küchenschaben und Grashüpfern, können auf ähnliche Weise hergestellt werden. Die Ootheken werden unverletzt entnommen und auf die gleiche Weise wie die Dipteren-Eier sterilisiert. Nach der Sterilisation wird die Membran aufgerissen, die Embryonen mit einer feinen Pinzette entnommen und in Kulturmedien gelegt.

4.4.3.4 Andere wirbellose Tiere

Zahlreiche Versuche wurden unternommen, die Gewebe anderer wirbelloser Tiere zu züchten; die interessantesten sind vielleicht die, bei welchen *Coelenteraten-Zellen* verwendet wurden, da sie zeigen, daß die Prinzipien der Kultur von Säugetier- und Vogelgeweben allgemein anwendbar sind. Philips gelang zuerst die Züchtung von Hydra-Zellen. Seither haben Martin und Tardent Zellen einer Meeres-Coelenterate mit einem Kulturmedium gezüchtet, das aus Seewasser mit einem Zusatz von Serin, Glycin und Tyrosin als auch Glucose und Hefe-Extrakt bestand; das Ganze wurde noch durch Hummerblutplasma ergänzt. Li und Kollegen züchteten Zellen einer Frischwasser-Hydra. Diese Autoren verwendeten ein Medium, das aus einer modifizierten Salzlösung (Tab. 12) mit zugesetztem Pferdeserum und Eagles Medium bestand. Sie setzten große Mengen Antibiotika zu, um Mikroorganismen zu eliminieren. Die heutigen Techniken sind die übliche Hängende-Tropfen-und-Roller-Tube-Methode.

Literatur

Arvy, L. & Gabe, M. (1946). Sur la multiplication in vitro des cellules sanguines de Forficula auricularia. C. R. Soc. Biol. Paris 140, 787.

Buck, J. B. (1953). Physical properties and chemical composition of insect blood. In Insect physiology, ed. Roeder, K. D. New York: Wiley.

Castiglioni, M. C. & Raimondi, G. R. (1961). First results of tissue culture in Drosophila. Experientia 17, 88.

Day, M. F. & Grace, T. D. C. (1959). Review of recent work on insect tissue culture. Annu. Rev. Ent. 4, 17.

Echalier, G. & Ohanessian, A. (1970). In vitro culture of Drosophila melanogaster embryonic cells. In Vitro 6, 162.

Frew, J. G. H. (1928). A technique for the cultivation of insect tissues. J. ex. Biol. 6, 1.

Glaser, R. W. (1917). The growth of insect blood cells in vitro. Psyche 24, 1.

Goodchild, A. J. P. (1954). Culture of insect tissues. Nature (Lond.) 173, 504.

Grace, T. D. C. (1958). The prolonged growth and survival of ovarian tissue of the Promethea moth, Callosamia promethea, in vitro. J. gen. Physiol. 41, 1027.

Grace, T. D. C. (1958). Effects of various substances on growth of silkworm tissues in vitro. Aust. J. exp. Biol. 11, 407.

Hirumi, H. & Maramorosch, K. (1964). The in vitro cultivation of embryonic leafhopper tissues. Exp. Cell Res. 36, 625.

Hirumi, Hiroyuk & Maramorosch, Karl (1964). Insect tissue culture: further studies on the cultivation of embryonic leafhopper tissues in vitro. Contrib. Boyce Thompson Inst. 22, 343.

Horikawa, M. & Fox, A. S. (1964). Culture of embryonic cells of Drosophila melanogaster in vitro. Science 145, 1437.

Horikawa, M. & Kuroda, Y. (1959). In vitro cultivation of blood cells of Drosophila melanogaster in a synthetic Medium. Nature (Lond.) 184, 2017.

Horikawa, Masakatsu, Ling, Lee-Nien & Fox, Allen S. (1966). Long-term culture of embryonic cells of Drosophila melanogaster. Nature 210, 183.

Jones, B. M. (1962). The cultivation of insect cells and tissues. Biol. Rev. 37, 512.

Jones, B. M. & Cunningham, I. (1960). Growth by cell division in insect tissue culture. Nature (Lond.) 187, 1072.

Jones, B. M. & Cunningham, I. (1961). Growth by cell division in insect tissue culture. Exp. Cell Res. 23, 386.

Kitamura, S. (1970). Establishment of cell line from Culex mosquito. Kobe J. Med. Sci. 16, 41.

Kuroda, Yukiaki. (1966). In vitro cultivation of single cells from Drosophila melanogaster larvae. Ann. Rep. Nat. Inst. Genet. Japan, No. 17, 37.

Landreau, J. C. (1966). Culture in vitro de cellules embryonnaires de Blattes (Insectes dictyopteres). Exp. Cell Res. 41, 545.

Li, Y-Y Fu, Baker, F. D. & Andrew, W. (1963). A method for tissue culture of Hydra cells. Proc. Soc. exp. Biol. (N. Y.) 113, 259.

Marks, E. P., Reinecke, J. P. & Caldwell, J. N. (1967). Cockroach tissue in vitro: a system for the study of insect cell biology. In Vitro 3, 85.

Martignoni, M. E. (1960). Problems of insect tissue culture. Experientia 16, 125.

Martignoni, M. E. (1962). Insect tissue culture: a tool for the physiologist. In Insect Physiology, Proceedings of the 23rd Biological Congress, Oregon State University. Corvallis, Oregon: Oregon State University Press.

Martignoni, M. E. & Scallion, R. J. (1961). Preparation and uses of insect hemocyte monolayers in vitro. Biol. Bull. 121, 507.

Martignoni, M. E., Zitcher, E. M. & Wagner, R. P. (1958). Preparation of cell suspension from insect tissues for in vitro cultivation. Science 128, 360.

Martin, R. & Tardent, P. (1963). Kultur von Hydroiden-Zellen in vitro. Rev. suisse, Zool. 70.

Mitsuhashi, J. & Maramorosch, K. (1964). Leafhopper tissue culture: – embryonic, nymphal and imaginal tissues from aseptic insects. Contrib. Boyce Thompson Inst. 22, 435.

Perkins, Frank O. & Menzel, R. Winston (1964). Maintenance of oyster cells in vitro. Nature 204, 1106.
Pudney, M. & Varma, M. G. R. (1971). Anopheles stephensi var myosorensis: Establishment of a larval cell line (Mos 43). Exp. Parasitol. 29, 7.
Schneider, I. (1969). Establishment of three diploid cell lines of Anopheles stephensi (Diptera: culcidae). J. Cell Biol. 42, 603.
Schneider, I. (1972). Cell lines derived from late embryonic stages of Drosphila melanogaster. J. Embryol. Exp. Morphol. 27, 353.
Singh, K. R. P. (1967). Cell cultures derived from larvae of Aedes Albopictus (Skuse) and Aedes Aegypti. Curr. Sci. 36, 506.
Tobias, J. M. (1948). The high potassium and low sodium in the body fluid and tissues of a phytophagus insect, the silkworm. Bombyx mori, and the change before pupation. J. cell comp. Physiol. 31, 143.
Vago, C. & Chastang, S. (1962). Cultures de tissus d'insectes a l'aide de serum de mammiferes. Entomophaga 7, 175.
Varma, M. G. R. & Wallers, Wendy. (1965). An improved method for obtaining, in vitro, uniform cell monolayer sheets from tissues of the tick, Hyalomma dromedaril (Ixodidae). Nature 208, 602.
Varma, M. G. R. & Pudney, Mary (1967). The culture of embryonic cells from the bug Triatoma Maculata (Erichson) (Hemiptera: Reduviidae). Exp. Cell Res. 45, 671.
Wigglesworth, V. B. (1959). Insect blood cells. Annu. Rev. Entomol. 4, 1.
Wyatt, G. R. & Kalf, G. F. (1956). Tehalose in insects. Fed. Proc. 15, 388.
Wyatt, S. S. (1956). Culture in vitro of tissue from the silkworm Bombyx mori. J. gen. Physiol. 39, 841.
Wyatt, G. R. (1961). The biochemistry of insect haemolymph. Annu. Rev. Entomol. 6, 75.
Yunker, C. E. (1971). Arthropod tissue culture in the study of arborviruses and rickettsiae. Curr. Top. Microbiol. Immunol. 55, 113.

4.5 Pflanzliche Gewebekulturen

4.5.1 Primärkulturen

In mancher Hinsicht ist die Kultur pflanzlicher Gewebe ähnlich der Kultur tierischer Zellen. Im allgemeinen sind die Techniken aus folgenden Gründen wesentlich einfacher: 1. Es können einfachere Kulturmedien verwendet werden. 2. Die Kulturen können im Gleichgewicht mit Raumluft in Watte-verschlossenen Flaschen aufbewahrt werden. 3. Die Kulturen werden bei Raumtemperatur inkubiert. Die gebräuchlichen Techniken können in solche eingeteilt werden, die flüssige Kulturmedien und solche, die halbfeste Substrate verwenden. *Flüssige Kulturmedien* werden im allgemeinen für die Züchtung von Wurzeln und Zellsuspensionen benutzt, während stark und wenig differenzierte Gewebe gewöhnlich auf *halbfe-*

sten Kulturmedien gezüchtet werden, auf welche sich letztere zu einer Masse anhäufen, die man als Kallus bezeichnet. Die halbfesten Medien sind gewöhnlich die gleichen wie die flüssigen Medien, enthalten aber 0,5% Agar (Difco).

4.5.1.1 Gewinnung pflanzlicher Gewebe

Die *Grundsätze* zur Gewinnung pflanzlicher Gewebe für die Zucht sind genau die gleichen wie die für tierische Gewebe, nämlich aseptische Entnahme oder Desinfektion.

Die *aseptische Entnahme* ist bei vielen pflanzlichen Geweben ziemlich einfach. Z. B. braucht man nur eine Karotte auseinanderzubrechen, um eine sterile Oberfläche freizulegen, von der man mit Hilfe eines sterilen Korkbohrers ein Stück Gewebe entnehmen kann, das dann eine ausgezeichnete Substanz zur Kultivierung abgibt. Ähnlich kann die Kartoffel, die Artischocke usw. sterilisiert werden, indem man die Außenseite mit einem *Desinfektionsmittel* behandelt (meist mit einem Desinfektionsmittel und dann einer Hypochlorit-Lösung), ein Scheibchen abschneidet, das eine sterile Oberfläche freilegt.

Zweige, Äste, Baumstämme usw. können ähnlich behandelt werden. Nach Sterilisierung der Außenseite kann das Epithel oder die Borke entfernt werden, um so das sterile innere Gewebe zur Züchtung freizulegen.

Außer mit Geweben des oben genannten Typs beschäftigte sich ein großer Teil der Pflanzengewebezüchtung mit dem Wachstum von *Wurzelspitzen.* Man erhält sie am besten dadurch, daß man Samen aus dem Inneren einer fleischigen Pflanze entfernt und sie unter aseptischen Bedingungen keimen läßt. In der Regel werden die Samen mit Detergentien und Hypochlorit oder ähnlichen Mitteln sterilisiert und dann auf ein feuchtes, steriles Filtrierpapier oder Agar gesetzt, um im Dunkeln zu keimen.

Dieses Thema hat White ausführlich behandelt. Dem interessierten Leser wird empfohlen, sich in seinem Lehrbuch zu informieren.

4.5.1.2 Kultivierung pflanzlicher Gewebe

Eine kurze Beschreibung der zwei klassischen Arten der Kultivierung soll gegeben werden, um die Grundsätze aufzuzeigen.

4.5.1.2.1 Kultivierung von Tomatenwurzeln

Zuerst gewinnt man sterile Tomatenwurzeln. Die Samen werden auf aseptischem Wege aus einer reifen Tomate entfernt (deren „Haut" man vorsichtig wäscht und dann mit Alkohol abreibt) und in einer sterilen Petrischle auf feuchtes, steriles Filtrierpapier gelegt; dort läßt man sie einige Tage keimen. Dann schneidet man 2–3 cm lange, gesunde Wurzeln mit einer Schere ab und gibt sie in konische 125 ml Flaschen, die 50 ml Whites Pflanzenmedium enthalten (S. 428). Die Flaschen sollten nicht verschlossen, sondern nur mit einer Aluminiumfolie bedeckt werden. Die Wurzeln wachsen und können wöchentlich transferiert werden, indem man ein Stück von etwa 1 cm von jeder Wurzel abschneidet und es in frisches Kulturmedium bringt. White hielt nach dieser Methode eine Linie aus Tomatenwurzeln über 20 Jahre lang.

4.5.1.2.2 Kultivierung von Karotten-Kallus

In diesem Falle züchtet man die Kultur auf einem festen Substrat. Reagenzgläser (15 × 2,5 cm) werden vorbereitet, indem man in jedes 10 ml Whites Medium gibt, teilweise durch Zusatz von 0,5% Agar verfestigt. Die Lösung wird sterilisiert und der Agar durch Autoklavieren gelöst. Die sterilen Reagenzgläser werden mit steriler Watte oder Aluminiumfolie verschlossen und in ein Gestell unter einem Winkel von etwa 30 °C so gestellt, daß sich eine lange Schräge bildet.

Eine große, gesunde Karotte wird vorsichtig gesäubert und ihr Äußeres getrocknet. Man bricht sie auseinander und stanzt mit einem sterilen Korkenbohrer ein zylindrisches Stück (ca. 5 mm ∅) von der sterilen Oberfläche aus. Dieses wird in eine Petrischale gegeben und in Scheiben geschnitten. Ein oder zwei Scheiben werden auf den „schrägen" Agar gelegt, das Glas mit einer Aluminiumfolie bedeckt und in ein Gestell schräg gesetzt.

Einige Gewebe sind hinsichtlich ihrer Nahrungsbedürfnisse anspruchsvoller als andere. Die Gewinnung bestimmter Explantate erfordert mehr technisches Geschick, aber die Prinzipien der pflanzlichen Gewebekultur sind bei den meisten Techniken die gleichen.

4.5.1.2.3 Haploide gametophytische Gewebe von Gymnospermen und Angiospermen

Gametophyten und Pollenkörner der Gymnospermen sowie Antheren, Pollenkörner und mikrosporische Mutterzellen der Angiospermen wurden verwendet, um diese Kulturen herzustellen. Die Antheren werden aus Blütenknospen gezüchtet.

Man analysiert zuerst den Stand der Meiose: Eine Anthere wird zerkleinert, ungefähr 5 Min. mit Calciumhypochlorit sterilisiert und dann mit sterilem, destilliertem Wasser gespült. Die Antheren werden herausgeschnitten und auf ein halbfestes Nährmedium übertragen, das auf Whites Medium basiert. Sie werden dann im Dunkeln bei geeigneter Temperatur inkubiert, die von der Art abhängt. Man hütet sich davor, die Anthere zu berühren. Es ist günstig, sie mit den Filamenten zu entfernen, die man zum Anfassen benützen kann. Das Filament muß kurz vor der Implantation abgelöst werden, da sonst ein diploides Gewebe entsteht. Die Kulturen werden mit wechselnden Licht-Perioden 12–18 Std. lang bei 5000–10 000 lux pro m^2 bei 28 °C und Dunkelheit 6–12 Std. bei 22 °C inkubiert. Kleine Pflanzen werden innerhalb von 3–6 Wochen in ein Kulturmedium transferiert, das keine Iodessigsäure enthält.

4.5.2 Klonieren von Pflanzenzellen

4.5.2.1 Kulturen von Pflanzenzellen auf Filtrierpapier-Nährböden (Bild 19)

8 × 8 mm sterile Filtrierpapierquadrate werden vorab 2 oder 3 Tage lang auf eine etablierte Kalluskultur gelegt. Das Papier wird entfernt und eine Einzelzelle aus einer Suspensionskultur darauf gebracht, bevor man sie zum Wirtsgewebe zurückbringt und inkubiert. Der ganze Vorgang sollte rasch ausgeführt werden.

4.5.2.2 Objektträgerkulturen (Bild 20)

Objektträgerkulturen werden mit normalen Objektträgern und Deckelgläsern (Nr. 1) von 22 mm^2 hergestellt. 2 sterile Deckgläser werden auf einen Tropfen steriles Mineralöl auf jeder Seite des Objektträgers gedrückt. Ein „Rechteck“ aus Mineralöl wird auf dem Objektträger erzeugt, um die beiden Stütz-Deckgläser zu verbinden. Eine Zelle wird nun mit Kulturmedium in einer sterilen Mikropipette aufgenommen und in ihren Mediumtropfen innerhalb des Mineralöl-Rechtecks gebracht. Ein drittes Deckglas wird nun vorsichtig so auf den Tropfen gedrückt, daß es die beiden Stütz-Deckgläser verbindet und die Zelle einschließt. Diese Technik erlaubt über Wochen eine mikroskopische Beobachtung der Kulturen.

4.5.2.3 Aussaat von Pflanzenzellen durch Verdünnung

Gleiche Teile einer Einzel-Zellsuspension einer Suspensionskultur (1 ml) werden in einzelne 8 cm Petrischalen pipettiert. Die Suspension sollte während des Pipettierens aufgewirbelt werden. Dann wird Medium, das Agar enthält, zugefügt. Nach Verflüssigung durch Erhitzen auf 105 °C läßt man abkühlen und hält im Wasserbad auf 40–45 °C. 10 ml Kulturmedium dieser Temperatur werden in eine Petrischale pipettiert und vorsichtig mit der Zellsuspension vermischt, bis es gleichmäßig verteilt ist, indem man das Medium durch Neigen über die Oberfläche fließen läßt. Hält man die Schale auf 35 °C, kann man mischen, ehe ein Absetzen beginnt. Schließlich läßt man die Kulturen sich absetzen und inkubiert in der üblichen Weise; es ist besonders wichtig, ein Austrocknen zu verhindern.

4.5.3 Züchtung von Pflanzenzellen in Suspension

Man kann Pflanzenzellen in Suspension züchten und dabei die gleichen allgemeinen Prinzipien anwenden, wie sie für tierische Zellen gelten; Vertreter fast aller Pflanzenzellen wurden erfolgreich gezüchtet. Von der

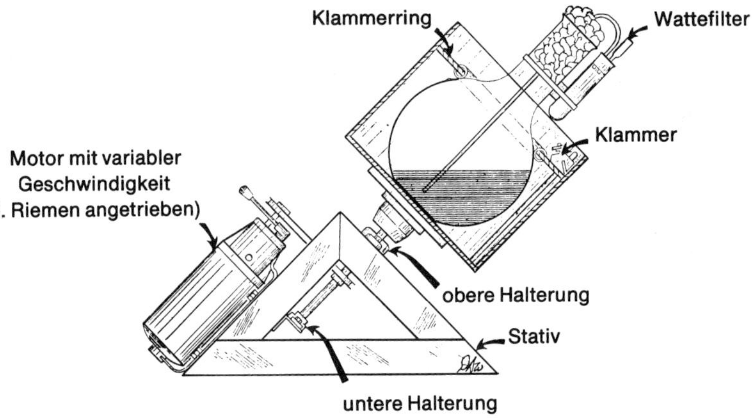

Fig. 47 Apparat von Lamport für die Suspensionskultur von Pflanzenzellen im Groß-Maßstab

Pflanze wird zuerst eine Primärkultur etabliert und diese in einem *Kallus* gezüchtet. Schnell wachsende brüchige Kallus-Gewebestücke sind für anschließendes Wachstum in Suspension sehr geeignet. Der Kallus wird durch kräftiges Schütteln in einem Mischbecher in flüssigem Medium zerbrochen. Die Suspension aus kleinen so gewonnenen Teilchen wächst weiter. Sie kann in eine Roller-Flasche, einen Schüttelapparat oder ein Gefäß, das mit einem Rührer ausgestattet ist, übertragen werden. Modifikationen der Roller-Flaschen-Technik werden im allgemeinen bevorzugt. Fig. 47 zeigt einen Apparat, den Lamport verwendet hat, um einige Liter einer Ahorn-Zellsuspension auf einmal zu züchten.

Modifikationen des Whiteschen Mediums wurden als Basis für das Wachstum vieler Pflanzengewebe in Suspension günstig beurteilt; die Zugabe von *Kokusnußwasser* ist tatsächlich wichtig. Einige Gewebe wurden darin mit einer mittleren Generationszeit von 2 Tagen gezüchtet und ergaben eine Ausbeute von 17 mg Gewebe (Trockengewicht) pro ml Medium. Andere billige Zusätze haben sich als nützlich erwiesen. Z. B. haben Nickell und Mitarbeiter gute Ausbeuten an Rosengewebe mit einem Medium erhalten, das 0,1% Hefeextrakt, 0,1% Malzextrakt und 6 ppm 2,4-Dichlorphenoxyessigsäure enthielt.

Literatur

Butcher, D. N. & Street, H. E. (1964). Excised root culture. Bot. Rev. 30, 513.

Caplan, S. M. & Steward, F. C. (1949). A technique for the controlled growth of excised plant tissue in liquid media under aseptic conditions. Nature (Lond.) 163, 920.

Carlson, P. S. (1970). Induction and isolation of auxotrophic mutants in somatic cell cultures of Nicotiana tabacum. Science 168, 487.
Gautheret, R. J. (1939). Sur la possibilité de réaliser la culture indefinie des tissus de tubercle de carotte. C. R. Acad. Sci. Paris 208, 118.
Gautheret, R. J. (1959). La culture des tissues végétaux. Paris: Masson.
Gibbs, J. L. & Dougall, D. K. (1965). The growth of single cells from Nicotiana tabacum callus tissue in nutrient medium containing agar. Exp. Cell Res. 40, 85.
Gibbs, J. L. & Dougall, D. K. (1963). Growth of single plant cells. Science 141, 1059.
Guha, S. & Maheshwari, S. C. (1964). In vitro production of embryos from anthers of Datura. Nature (Lond.) 204, 497.
Gupta, N. & Carlson, P. S. (1972). Preferential growth of haploid plant cells in vitro. Nature (Lond.) New Biol. 239, 86.
Halperin, W. & Wetherell, D. F. (1964). Adventive embryony in tissue cultures of the wild carrot, daucus carota. Amer. J. Bot. 51, 274.
Jones, L. E., Hildebrandt, A. C., Riker, A. J. & Wu, J. H. (1959). Growth senescence and rejuvenation of tabocco cells in microculture. Plant Physiol. Suppl. 34, iii.
Jones, L. E., Hildebrandt, A. C., Riker, A. J. & Wu, J. H. (1960). Growth of somatic tobacco cells in microculture. Amer. J. Bot. 47, 468.
Kato, H. & Takeuchi, M. (1963). Morphogenesis in vitro starting from single cells of carrot root. Plant and Cell Physiol. 4, 243.
Konar, R. N. (1963). A haploid tissue from the pollen of Ephadra foliata boiss. Phytomorphology 13, 170.
Melchers, G. & Bergmann, L. (1959). Untersuchungen an Kulturen von haploiden Geweben von Antirrhinum majus. Ber. Deut. Bot. Ges. 71, 459.
Miller, R. A., Shyluk, J. P., Gamborg, O. L. & Kirkpatrick, J. W. (1968). Phytostat for continuous culture and automatic sampling of plant-cell suspensions. Science 159, 540.
Muir, W. H. & Hildebrandt, A. C. (1953). Growth of tissue cultures under several conditions of aeration. Abst. Amer. Soc. Plant Physiol. A.I.B.S., Madison, Wis.
Muir, W. H., Hildebrandt, A. C. & Riker, A. J. (1954). Plant tissue cultures produced from single isolated cells. Science 119, 877.
Murashige, T. & Skoog, F. (1962). A revised medium for rapid growth and bio assays with tobacco tissue cultures. Physiol. Plant 15, 473.
Nickell, L. G. & Tulecke, W. (1960). Submerged growth of cells of higher plants. J. Biochem. Microbiol. Technol. Eng. 2, 287.
Nickell, L. G. & Tulecke, W. (1959). Responses of plant tissue cultures to gibberellin. Bot. Gaz. 120, 245.
Nitsch, J. P. (1966). Experimental androgenesis in Nicotiana. Phytomorphology 19, 389.
Nitsch, J. P. (1972). Haploid plants from pollen. Z. Pflanzenzuechtg. 67, 3.
Reinert, J. (1959). Über die Kontrolle der Morphogenes und die Induktion von Adventivembryonen an Gewebekulturen aus Karotten. Planta 53, 318.
Reinert, J. (1963). Growth of single cells from higher plants on synthetic media. Nature (Lond.) 200, 90.
Sankhla, N., Sankhla, D. & Chatterji, U. N. (1967). In vitro induction of proliferation in female gametophytic tissue of Ephedra Foliata Boiss. Naturwiss. 54, 203.
Schroeder, C. A., Kay, E. & Davis, L. H. (1962). Totipotency of cells from fruit pericarp tissue in vitro. Science 138, 595.
Sievert, R. C. & Hildebrandt, A. C. (1965). Variations within single cell clones of tobacco tissue cultures. Amer. J. Bot. 52, 742.

Steward, F. C., Mapes, M. O., Kent, A. E. & Holsten, R. D. (1964). Growth and development of cultured plant cells. Science 143, 20.
Steward, F. C. (1964). Growth and development of culture plant cells. Science 143, 20.
Street, H. E. (1957). Excised root culture. Biol. Rev. Cambridge Phil. Soc. 32, 117.
Tulecke, W. (1957). The pollen of Ginkgo biloba: in vitro culture and tissue formation. Amer. J. Bot. 44, 602.
Tulecke, W. (1964). A haploid tissue culture from the female gametophyte of Ginkgo biloba L. Nature (Lond.) 203, 94.
Tulecke, W. (1966). Continuous cultures of higher plant cells in liquid media: the advantages and potential use of a phytostat. Ann. N. Y. Acad. Sci. 139, 162.
Tulecke, W. & Nickell, L. G. (1960). Methods, problems, and results of growing plant cells under submerged conditions. Trans. N. Y. Acad. Sci. 22, 196.
Tulecke, W. & Sehgal, N. (1963). Cell proliferation from the pollen of Torreya nucifera. Contrib. Boyce Thompson Inst. 22, 153.
Tulecke, W., Taggart, R. & Colavita, L. (1965). Continuous cultures of higher plant cells in liquid media. Contrib. Boyce Thompson Inst. 23, 33.
Vasil, I. K. (1959). Cultivation of excised anthers in vitro – effekt of nucleic acids. J. Exp. Bot. 10, 399.
Vasil, I. K. (1967). Physiology and cytology of anther development. Biol. Rev. (Camb.) 42, 327.
Vasil, V. & Hildebrandt, A. C. (1965). Differentiation of tobacco plants from single, isolated cells in microcultures. Science 150, 889.
Veliky, I. A. & Martin, S. M. (1970). A fermenter for plant cell suspension cultures. Can. J. Microbiol. 16, 223.
Wang, C. & Staba, E. J. (1963). Peppermint and spearmint tissue culture. II. Dual-carboy culture of spearmint tissues. J. Pharm. Sci. 52, 1058.
Weatherell, D. F. & Halperin, W. (1963). Embryos dervied from Callus cultures of the wild carrot. Nature (Lond.) 200, 1336.
White, P. R. (Ed.) (1943). A Handbook of Plant Culture. Lancaster, Pennsylvania: Cattell & Co.
White, P. R. (1939). Potentially unlimited growth of excised plant callus in an artificial nutrient. Amer. J. Bot. 26, 59.
White, P. R. (1954). The cultivation of animal and plant cells. London: Thames and Hudson. New York: Ronald Press.
Widholm, J. M. (1972). Cultured Nicotiana tabacum cells with an altered anthranilate synthetase which is less sensitive to feedback inhibition. Biochim. Biophys. Acta 261, 52.

4.6 Züchtung von Zellen in vivo: Transplantation

4.6.1 Allgemeines

Von der Annahme ausgehend, daß die beste Umgebung für eine Zelle die ist, die ihrer natürlichen Situation im Körper entspricht, war es ein leitendes Prinzip in der Gewebekultur, diese Bedingungen so weit wie möglich zu reproduzieren. Die Transplantationsmethoden gehen davon aus, daß die nächstbeste Alternative für die natürliche Umgebung eines Gewebes eine ähnliche Umgebung in einem anderen Wirt ist.

Bei Pflanzen ist die *Pfropfung* ein gut eingeführtes Verfahren und es ist bekannt, daß das Pfropfreis in einem anderen Wirt sogar besser wächst, ein Prinzip, das für die Ertragsverbesserung von Obstbäumen verwendet wird. Die Transplantation bei Tieren hat sich als sehr viel schwieriger erwiesen. Die ersten erfolgreichen Versuche wurden in wirbellosen Tieren und Amphibien-Embryonen durchgeführt. Joest gelang es, eine „Dauerverbindung" zwischen verschiedenen Würmern herzustellen, während etwas später Born, Harrison und Morgan Gewebe in Kaulquappen zu transplantieren vermochten. Diese Beobachtungen waren die Vorläufer der klassischen Studien an Amphibien-Embryonen, die einen großen Teil der Literatur der experimentellen Embryologie einnehmen. Als Versuche dieser Art auf erwachsene Tiere ausgedehnt wurden, besonders auf die höheren Wirbeltiere, fand man, daß der Wirt fast immer das „aufgepfropfte", d. h. implantierte Gewebe nach ein paar Tagen in einer Weise abstieß, die eine Art Immunreaktion vermuten ließ. Die Entwicklung der Immunität gegenüber fremdem Gewebe hat sich als Hauptschranke für Transplantationen bei Tieren erwiesen.

Die Verhältnisse, die bei der *Abstoßung von Transplantaten* bei höheren Tieren eine Rolle spielen, sind heute klar erkannt. Wir wissen heute, daß Gewebe von einem Teil eines Individuums auf einen anderen übertragen werden können, und daß diese Transplantate auch überleben, vorausgesetzt den erforderlichen Grad technischen Geschicks. Eine erfolgreiche Transplantation kann auf genetisch gleiche Individuen ausgedehnt werden – eineiige Zwillinge und Inzuchttierstämme. Transplantate dieser Art werden als isologe Transplantate *(Isografts)* bezeichnet. Wenn aber Transplantate zwischen genetisch ungleichen Individuen ausgetauscht werden, werden die Transplantate nach einigen Tagen abgestoßen (auch wenn zwischen zwei nahe verwandten Individuen transplantiert wird, z. B. zweieiigen Zwillingen). Transplantate zwischen zwei Individuen der gleichen Art werden als homolog *(Homografts)* bezeichnet und die Abstoßung von Homografts wird als Homograft-Reaktion oder Transplantationsimmunität bezeichnet. Transplantate zwischen verschiedenen Arten werden heterolog *(Heterografts)* genannt. Transplantations-Immunitätsreaktionen gibt es hierbei im gleichen Umfange wie bei den Homograft-Reaktionen, vorausgesetzt, das Gewebe wächst überhaupt an.

Die Abstoßung fremden Gewebes hat einen charakteristischen Verlauf. Zuerst wird das Gewebetransplantat angenommen und vermittelt den

Eindruck, daß es sich im Wirt auf Dauer bleibt. Nach etwa 7 oder 8 Tagen aber wird es von mononukleären Zellen befallen. Die Blut- und Lymph-Versorgung hört auf und das Transplantat beginnt zu zerfallen. 3 oder 4 Tage später ist das Transplantat vollständig zerstört. Diese Reaktion hat man bei Säugetieren, Vögeln, Amphibien und Fischen gefunden. Es gibt sie jedoch nicht bei den Embryonen dieser Arten, und die Unverträglichkeit gegenüber fremdem Gewebe scheint sich zur Zeit der Geburt oder Brutzeit zu entwickeln, ob früher oder später hängt von der Tier-Art ab.

Man hat zeigen können, daß der *immunologische Abstoßmechanismus* sehr verschieden vom normalen Antigen-Antikörper-Reaktionstyp ist. In irgendeiner Weise ist das retikuloendotheliale System daran beteiligt, besonders die *Lymphozyten.* Diese Zellen scheinen die Fähigkeit zu besitzen, fremdes Gewebe zu erkennen, wenn sie mit ihm in Berührung kommen und diese Information auf die Lymphknoten zu übertragen, wo die Antikörper produziert werden. Können also Lymphozyten das fremde Gewebe nicht erreichen, kommt die Abstoßreaktion nicht zustande.

Eine bemerkenswerte Tatsache hierbei ist, daß Tiere gegenüber fremdem Gewebe *tolerant* gemacht werden können, vorausgesetzt, sie wurden vor der Geburt damit geimpft (oder ehe sich der Immunmechanismus entwickelt hat). Ein natürlich vorkommendes Beispiel dafür ist das unfruchtbare Zwillingskalb, bei dem man zeigen kann, daß zweieiige Zwillinge Chimären sind (Individuen, die zwei genetisch verschiedene Arten von Zellen haben) infolge des Austauschs einiger Zellen durch die gemeinsame plazentare Zirkulation im Uterus. Im Experiment können Mäuse gegenüber fremdem Gewebe tolerant gemacht werden, wenn sie bei der Geburt damit geimpft werden. Sie stoßen später kein Gewebe vom selben Spender ab.

Der immunologische Mechanismus ist gegenüber gewissen Behandlungs-Formen empfindlich. Besonders *Bestrahlung* oder Behandlung mit radiomimetischen Substanzen wie Stickstofflosten können ihn vollkommen unterdrücken. Die Behandlung mit *Cortison,* von der bekannt ist, daß sie eine hemmende Wirkung auf das retikuloendotheliale System hat, kann die Abstoß-Reaktion auch unterdrücken. Mit anderen Substanzen kann man ähnliche Ergebnisse erzielen, aber kein anderes Mittel erreicht an Wirksamkeit das Cortison oder die Röntgen-Bestrahlung.

Die obigen Bemerkungen beziehen sich auf die Abstoßung normalen Gewebes durch Empfänger der gleichen Tierart. Aus Gründen, die man noch nicht versteht, scheinen gewisse neoplastische Zellen und Gewebe die Immun-Antwort nicht im gleichen Maße zu stimulieren; so gibt es einige transplantable *Tumoren,* die auf eine Reihe von Empfängern übertragen werden können. Doch werden transplantable Tumoren manchmal im Wirt über eine Zeitperiode gehalten, die kürzer ist als sie für die Entwicklung der Immunität nötig wäre (z. B. Ascites-Tumoren), in anderen Fällen kann die Übertragung des Tumors auf einem Virus beruhen (z. B. Rous-Sarkom).

Aus dem Gesagten wird verständlich, daß zur Züchtung tierischer Gewebe in einem fremden Wirt der immunologische Mechanismus, der mit der *Abstoßungsreaktion* (Homograft-Reaktion) zusammenhängt, entweder *umgangen* oder *ausgeschaltet* werden muß. Folgende Wege wurden beschritten:

1. Transplantation in Embryonen, sehr junge Tiere oder Tiere mit einem defekten Immunsystem.
2. Transplantation in Tiere, die durch Behandlung mit Spenderzellen vor der Entwicklung einer Transplantationsimmunität tolerant gemacht wurden.
3. Transplantation in genetisch identische Wirte (Inzuchtstämme).
4. Transplantation in Bereiche ohne direkte Blutzufuhr oder lymphatische Ableitung (äußere Augenkammer, Cornea, Gehirn).
5. Transplantation in künstliche Hohlräume, aus denen das Blut und die lymphatischen Zellen mechanisch entfernt werden (durch Celluloseester-Membranen).
6. Unterdrückung der Reaktionsfähigkeit des Wirtes (durch Behandlung mit Cortison und Röntgenstrahlen).
7. Übertragung des implantierten Gewebes in einen neuen Wirt vor Entwicklung der Immunität (viele Ascites-Tumoren).

Einige *in vitro* gezüchtete Zellen kann man im Tier weiterzüchten oder über das Tier durch Anwendung dieser Methoden passagieren.

Literatur

Albrink, W. S. & Greene, H. S. N. (1953). The transplantation of tissues between zoological classes. Cancer Res. 13, 64.

Billingham, R. E. (1959). Reactions of grafts against their hosts. Science 130, 947.

Billingham, R. E. (1956). Acquired tolerance of foreign cells. In Cellular Mechanisms in Differentiation and Growth, p. 221. Ed. Rudnick, D. Princeton: Princeton University Press.

Billingham, R. E. & Brent, L. (1957). A simple method of inducing tolerance of skin homografts in mice. Transpl. Bull. 4, 67.

Billingham, R. E. & Silvers, Willys K. (Eds.) (1961). Transplantation of Tissues and Cells. Philadelphia: The Wistar Institute Press.

Brent, L. (1958). Tissue transplantation immunity. Progr. Allergy 5, 271.

Foley, G. E., Handler, A. H., McCarthy, R. E. & Adams, R. A. (1961). Heterograft and homograft responses elicited by mammalian cells following in vitro cultivation. Quart. Rev. Pediat. 16, 14.
Gorer, P. A. (1955). The antibody response to skin homografts in mice. Ann. N. Y. Acad. Sci. 59, 365.
Greene, H. S. N. (1941). Heterologous transplantation of mammalian tumors. I. The transfer of rabbit tumors to alien species. J. exp. Med. 73, 461.
Greene, H. S. N. (1951). A conception of tumor anatomy based on transplantation studies: A review. Cancer Res. 11, 899.
Greene, H. S. N. (1952). The significance of heterologous transplantability of human cancer. Cancer 5, 24.
Greene, H. S. N. (1955). Compatibility and non-compatibility in tissue transplantation. In Biological Specificity and Growth, p. 177. Ed. Butler, E. G. Princeton: Princeton University Press.
Handler, A. H., Davis, Sally & Sommers, S. C. (1956). Heterotransplantation experiments with human cancers. Cancer Res. 16, 32.
Hotchkin, J. E. (1957). The cultivation of Novikoff rat hepatoma cells in vitro. Cancer Res. 17, 682.
McCarthy, R. E., Foley, G. E. & Filler, D. A. (1959). Homograft response elicited by mammalian cells following in vitro cultivation. (Abstract.) Fed. Proc. 18, 492.
Medawar, P. B. (1958). The homograft reaction. Proc. roy. Soc. B148, 145.
Medawar, P. B. (1958). The immunology of transplantation. In The Harvey Lectures, 1956–57. New York: Academic Press.
Moore, Alice E. (1958). Tumorigenic activity of cultures. Ann. N. Y. Acad. Sci. 76, 497.
Murphy, J. B. (1912). Transplantability of malignant tumors to the embryos of a foreign species. J. Amer. med. Ass. 59, 874.
Murphy, J. B. (1913). Transplantability of tissues to the embryo of foreign species. Its bearing on questions of tissue specificity and tumor immunity. J. exp. Med. 17, 482.
Simonsen, M. (1957). The impact on the developing embryo and newborn animal of adult homologous cells. Acta path. microbiol. scand. 40, 480.
Snell, G. D. (1957). The homograft reaction. Ann. Rev. Microbiol. II, 439.

4.6.2 Transplantation in Embryonen

Schon seit vielen Jahren führen die experimentell arbeitenden Embryologen *Transplantationsversuche zwischen Embryonen* durch, und wir wissen, daß der Erfolg auf der Tatsache beruht, daß der Embryo die Abstoßungsreaktion erst in einem späten Stadium entwickelt. Diese Techniken werden in diesem Buch nicht aufgeführt, da sie hochspezialisiert sind. Doch legten diese erfolgreichen Versuche die Idee nahe, daß Embryonen eine allgemeine Art von Substrat liefern, auf das man tierisches Gewebe übertragen kann. Bereits 1912 konnte Murphy überzeugend zeigen, daß heterologes Tumorgewebe in der Chorio-Allantois-Membran des Hühnerembryos überlebt. Seither wurden bebrütete Hühnereier für die *Kultivie-*

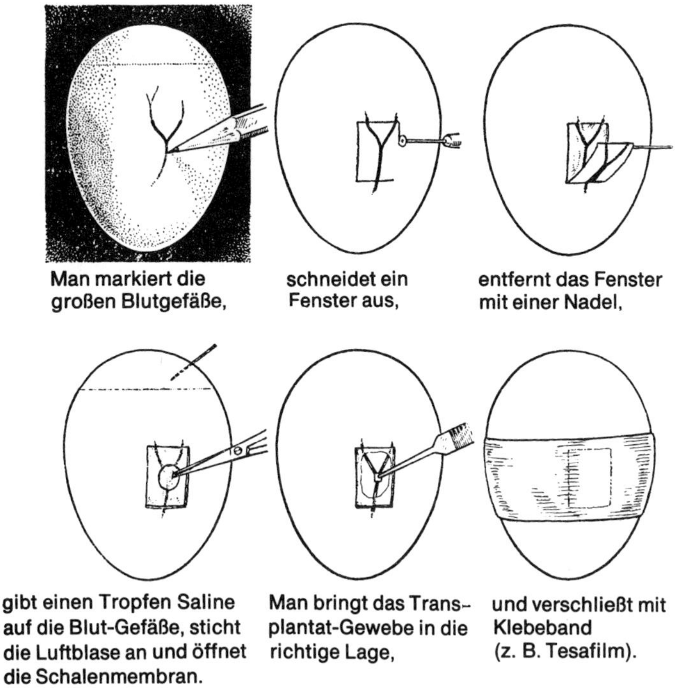

Fig. 48 Züchtung von Gewebe auf der Chorio-Allantois-Membran des bebrüteten Hühnereis

rung von Tumoren als auch von normalen Geweben einer Reihe ausgewachsener Tiere, einschließlich des Menschen, verwendet.

Viele Methoden wurden angewandt. Im allgemeinen wird ein Fenster in die Eierschale gebrochen und das zu transplantierende Gewebe auf die ausgesuchte Stelle gelegt. Der Dottersack und die Chorio-Allantois-Membran wurden am häufigsten verwendet. Bevorzugt wird das Verfahren, auf die Chorio-Allantois-Membran dort zu implantieren, wo mehrere große Blutgefäße zusammenlaufen. Viele Verfeinerungen wurden eingeführt; die folgende Methode basiert auf der von Harris (1958).

Verfahren (Fig. 48):

1. Man durchleuchtet einige 9 Tage bei 38 °C bebrütete Hühnereier. Es sollten Eier gewählt werden, die große, gesunde Blutgefäße zeigen. Das Gebiet der Hauptblutgefäße wird mit einem Bleistift markiert.
2. Man bereitet das zu implantierende Gewebe vor. Man schneidet Teilchen in der Größe von 1–3 mm aus und legt sie bis zur Verwendung in BSS oder ein Gewebekulturmedium.
3. Man reibt die Eierschale mit 70%igem Alkohol ab und läßt trocknen.
4. Man verwendet einen Zahnarzt- oder ähnlichen Bohrer mit einer Schleifscheibe und

schneidet damit Rillen in die Schale für das Fenster (ungefähr eine Fläche von 1 cm^2) und achtet darauf, die Membran nicht zu durchdringen. Mit einem Bohrer oder einer Nadel macht man nun ein kleines Loch über dem Luftraum des Eies und entfernt die Schale über dem Fenster mit einer Nadel oder einer scharfen Pinzette.

5. Die undurchsichtige Schalenmembran liegt nun offen. Man gibt einen kleinen Tropfen BSS darauf, durchbricht die Membran mit einer scharfen Nadel, damit die BSS zwischen sie und die Chorio-Allantois-Membran fließen kann. Wenn sich die Chorio-Allantois-Membran nach dieser Behandlung nicht sofort von der Schalenmembran trennen läßt, saugt man über der Öffnung des Luftraumes etwas an (mit Hilfe eines Gummibällchens). Man entfernt nun die Schalenmembran und legt die Chorio-Allantois-Membran bloß.

6. Man legt ein Stück Gewebe über den Schnittpunkt von zwei großen Blutgefäßen und verschließt das Fenster mit einem durchsichtigen Klebestreifen. Das Luftloch wird genauso verschlossen.

7. Man inkubiert nun die Eier bei 38 °C mit dem Fenster nach oben.

Nach 3–4 Tagen kann man das implantierte Gewebe untersuchen, indem man den Streifen vom Fenster entfernt. Will man das Implantat ständig beobachten, kann man eine gute Sicht dadurch erreichen, daß man ein kleines Deckglas über die Eierschale mit geschmolzenem Bienenwachs klebt. Meist schlägt sich Wasserdampf darauf nieder, den man entfernt, indem man einen warmen Gegenstand vor der Untersuchung auf das Glas legt. Ein Auroskop ist für diesen Zweck nützlich.

Murphy konnte in der Chorio-Allantois-Membran des Hühnchens das Wachstum des Jensen-Rattensarkoms, des Ehrlich-Sarkoms, eines Mäuse-Chondroms, eines Mäuse-Mammacarcinoms, des Flexner-Jobling-Ratten-Adenocarcinoms, eines menschlichen Sarkoms, sowie von Hühner-, Maus- und Rattenembryonalgeweben zeigen. Seither haben viele andere Wissenschaftler das Wachstum verschiedener menschlicher Tumoren, von normalem menschlichem Gewebe wie Haut (Goodpasteure et al.) und Tumorzellinien gezeigt, wovon einige auch *in vitro* gezüchtet wurden (Dagg et al.).

4.6.3 Transplantation in immunologisch defekte Wirtstiere

Die zelluläre Immunität, wozu die Abstoßungsreaktion gehört, hängt von einer intakten *Thymusdrüse* ab. Mäuse, die vor der Geburt thymektomiert wurden, d. h. vor der Entwicklung ihrer immunologischen Kompetenz, sind immunologisch defekt und können als Wirtstiere für Gewebe genetisch verschiedenartiger Mäuse dienen. Es gibt auch einen Mäusestamm, der von Geburt an keinen Thymus und keine Haare hat und als „nackt" (engl. nude) bezeichnet wird. Diese Tiere können als universell brauchbare Empfängertiere dienen.

Literatur

Dagg, C. P., Karnofsky, D. A. & Roddy, Jacqueline (1956). Growth of transplantable human tumors in the chick embryo and hatched chick. Cancer Res. 16, 589.
Goodpasture, E. W., Douglas, B. & Anderson, Katherine (1938). A study of human skin grafted upon the chorio-allantois of chick embryos. J. exp. Med. 68, 891.
Harris, J. J. (1958). The human tumor grown in the egg. Ann. N. Y. Acad. Sci. 76, 764.
Murphy, J. B. (1912). Transplantability of malignant tumors to the embryos of a foreign species. J. Amer. med. Ass. 59, 874.
Wolff, E. (1961). Utilisation de la membrane vitelline de l'œuf de poule en culture organotypique. I. Technique et possibilités. Develop. Biol. 3, 767.

4.6.4 Transplantierung in tolerante Chimären

Zur Zeit wird diese Technik nur für Untersuchungen zur Natur der Homograft-Reaktion herangezogen.

4.6.5 Transplantierung in genetisch ähnliche Wirtstiere

Viele Versuchstumoren erhält man durch reihenweise Überpflanzungen (von festen Implantaten oder durch Injektion von Gewebestückchen) in Inzuchttiere aus den Tierstämmen, auf denen sich die Tumoren ursprünglich entwickelten. Die Verfahren sind einfach. Die Implantate werden entweder mit einem Trokar und einer Kanüle oder durch einen kleinen Schnitt in die passende Stelle eingeführt. Kleine Stückchen werden mit einem Zerkleinerer nach Latapie oder einem ähnlichen Instrument hergestellt und mit einer weiten Nadel direkt injiziert, gewöhnlich subkutan oder intramuskulär. In den meisten Fällen braucht man keine speziellen Methoden.

4.6.6 Transplantierung in nicht-vaskuläre Gewebe

Die für diesen Zweck am meisten verwendeten Gewebe sind die vordere *Augenkammer* und das *Gehirn.* Schon 1884 und auch später noch in regelmäßigen Abständen wurden Versuche unternommen, heterologes Gewebe in die vordere Augenkammer zu übertragen, jedoch fast alle ohne Erfolg. 1913 berichteten Hegner und Keyser unabhängig voneinander über erfolgreiche Experimente mit Heterotransplantaten; seither waren sehr viele Forscher erfolgreich. Die heutigen Verfahren wurden hauptsächlich von Greene entwickelt.

4.6.6.1 Implantierung in die vordere Augenkammer (Fig. 49).

1. Man bereitet das zu transplantierende Gewebe vor. Geeignete Implantate haben eine Größe von etwa 1 mm.

2. Man betäubt das Tier. Bei großen Tieren, wie Kaninchen, verwendet Greene ein lokales Anästhetikum, z. B. Cocain, das er in die Augenhornhaut gibt. Statt dessen kann man auch ein allgemeines Anästhetikum anwenden. Dies ist wichtig für kleine Tiere, die man in ein Gefäß setzen kann, in dem sich einige mit Äther getränkte Lappen befinden. Bei größeren Tieren nimmt man gewöhnlich Nembutal, das intramuskulär injiziert wird.

3. Mit dem linken Zeigefinger und Daumen hält man das Augenlid offen und läßt das Auge durch leichten Druck nach vorne treten. Mit Hilfe eines zweischneidigen Messers öffnet man die vordere Augenkammer nahe der oberen Grenze des korneaskleralen Schnittpunktes mit einem schnellen Schnitt, wobei man die Klinge leicht nach vorne richtet, um zu vermeiden, daß man in die Iris schneidet (einschneidige Messer reichen nicht).

4. Man führt das Gewebe mit einer kleinen Kanüle ein (die mit einem Katheter oder einer Spritze mit Kolben versehen ist, damit man das Teilchen auspressen kann).

5. Nach dem Zurückziehen der Nadel massiert man das Gewebe mit der Nadelaußenseite leicht nach unten, bis man das Transplantat in den äußeren Winkel der Iris gedrängt hat.

Bestimmte weiche Gewebe, z. B. das Gehirn, neigen besonders bei kleinen Tieren dazu, durch den Hornhautschnitt zu verschwinden. In diesem Fall empfiehlt Greene, den ersten Einschnitt absichtlich weiter hinten durch die Iris zu machen. Die Kanüle soll dann in den hinteren Teil der äußeren Kammer (hinter der Iris) eingeführt und durch die Pupille in den unteren Teil der äußeren Kammer gebracht werden. Beim Zurückziehen der Kanüle bleibt das Teilchen dann am Rande der Pupille zurück.

4.6.6.2 Arbeitsweise bei der Gehirn-Implantation

1. Man stellt die Implantate wie oben her.

2. Man betäubt das Tier, rasiert und wäscht die Haut über dem oberen, äußeren Teil des Scheitelbeins. Man macht einen kleinen Einschnitt und zieht die Haut zurück, um die Hirnschale freizulegen.

3. Man bohrt ein kleines Loch durch die Hirnschale, gerade groß genug für die Implantations-Kanüle (bei großen Tieren eine Bohrung von 1,5 mm Durchmesser, bei kleinen benützt man eine entsprechende dünne Injektionsnadel Nr. 20). Bei Mäusen kann man das Loch durch Drehen der Skalpellklinge bohren. Bei größeren Tieren braucht man einen Bohrer, wobei ein gewöhnlicher Metallbohrer genügt. Sobald die Hirnschale durchbohrt ist,

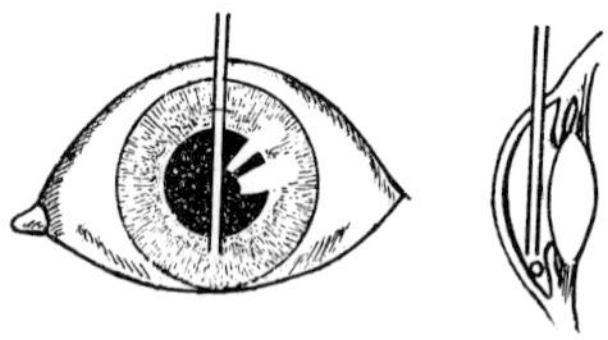

Fig. 49 Einführung des Gewebes in die vordere Augenkammer

Bild 19 Nähr-Kulturmethode zum Klonieren von Pflanzenzellen (Hildebrandt & Riker, 1958) (Photo Prof. A. C. Hildebrandt).

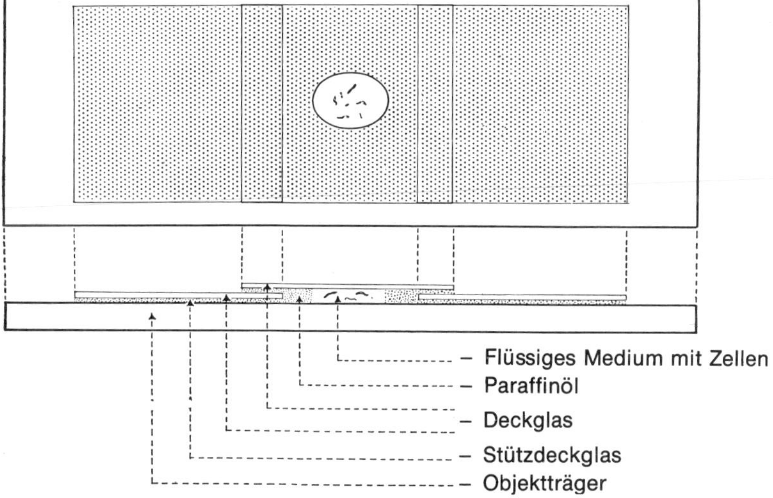

Bild 20 Mikrokulturmethode zur Züchtung einzelner Pflanzenzellen (Jones et al 1960) (Photo Prof. A. C. Hildebrandt).

muß der Bohrer zurückgezogen werden, damit das Gehirn nicht geschädigt wird. Diesen Punkt kann man in der Hand fühlen.

4. Man führt das Implantat durch die Kanüle ein, wobei man dafür sorgen muß, daß es wirklich in das Gehirn hineingebracht ist und dort bleibt.

5. Man drückt die Ränder des Hauteinschnittes wieder zusammen und verschließt mit einem Tropfen Kollodium oder einer Klammer. Diese Technik wurde erfolgreich bei Kaninchen, Meerschweinchen, Ratten und Mäusen angewandt.

Literatur

Greene, H. S. N. (1941). Heterologous transplantation of mammalian tumors. II. The transfer of human tumors to alien species. J. exp. Med. 73, 475.

Greene, H. S. N. (1946). The heterologous transplantation of mouse tumors induced in vitro. Cancer Res. 6, 396.

Greene, H. S. N. (1947). The use of the mouse eye in transplantation experiments. Cancer Res. 7, 491.

Greene, H. S. N. (1951). The transplantation of tumors to the brains of heterologous species. Cancer Res. 11, 529.

Greene, H. S. N. (1953). The transplantation of human brain tumors to the brains of laboratory animals. Cancer Res. 13, 422.

Morris, D. S., McDonald, J. R. & Mann, F. C. (1950). Intra-ocular transplantation of heterologous tissues. Cancer Res. 10, 36.

Shrigley, E. W., Greene, H. S. N. & Duran-Reynals, F. (1947). Growth of avian tumors other than the Rous sarcoma in the anterior chamber of the guinea pig eye. Cancer Res. 7, 15.

4.6.7 Diffusionskammern

Rezzesi und auch Bisceglie entwickelten in den frühen 30er Jahren Methoden, um Kurzzeitgewebekulturen in den peritonealen Höhlen kleiner Laboratoriumstiere in Collodiumsäckchen zu halten. Algire und Mitarbeiter nehmen für den gleichen Zweck Celluloseester-Membrankammern. Man kann Typ HA oder Typ AA Millipore-Filter (S. 433) verwenden. Das AA Filter schließt Teile aus, die größer als 0,8 μ sind und ist recht zufriedenstellend.

Eine Diffusionskammer (Fig. 50) für die intraperitoneale Implantation wird aus zwei Plexiglas-Ringen und zwei Scheiben aus Millipore-Membranen folgendermaßen angefertigt. Die beiden Plexiglas-Ringe werden von 5 mm starken Platten zugeschnitten. Der eine wird mit einem äußeren Durchmesser von 17,5 mm und einem inneren von 14 mm, der andere mit einem äußeren Durchmesser von 13,9 mm und einem inneren von 10 mm zugeschnitten. Je eine Scheibe von 17,5 mm Durchmesser, eine andere von 14 mm Durchmesser werden von einem kleinen Stück Millipore-Membran abgeschnitten. Eine größere Scheibe wird auf den größeren Ring mit einer 1%igen Lösung aus Plexiglas in Azeton geklebt, die kleinere Scheibe wird genauso auf den kleineren Ring aufgeklebt.

Fig. 50 Querschnitt durch eine Diffusionskammer nach Algire

Das Gewebe wird zu einem kleinen Explantat der Größe von etwa 0,5 mm Kantenlänge geschnitten. Die Membran-Oberfläche im größeren Teil der Kammer wird mit einem Tropfen Gewebekulturmedium angefeuchtet und das Gewebe darauf gelegt. Der innere Ring wird dann in die richtige Lage gebracht und mit dem äußeren mit möglichst wenig Plexiglas-Klebelösung verklebt.

Nach Entnahme der Kammer aus dem Tier kann man sie in eine Fixier-Lösung geben und ohne weiteres anfärben. Nach der Entwässerung und Lösen der Klebestellen mit Xylol kann man die Kammer auseinandernehmen.

Algire hat nach dem gleichen Prinzip eine *Beobachtungskammer* entwickelt. In dieser Kammer bestand die eine Seite aus einem Deckglas, die andere aus einer Millipore-Membran. Die Kammer wurde in die Rückenhaut des Tieres verpflanzt, um ständig mit dem Mikroskop beobachten zu können.

Literatur

Algire, G. H., Weaver, J. M. & Prehn, R. T. (1954). Growth of cells in vivo in diffusion chambers. I. Survival of homografts in immunised mice. J. nat. Cancer Inst. 15, 493.

Prehn, R. T., Waver, J. M. & Algire, G. H. (1954). The diffusion chamber technique applied to a study of the nature of homograft resistance. J. nat. Cancer Inst. 15, 509.

Weaver, J. M. Algire, G. H. & Prehn, R. T. (1955). The growth of cells in vivo in diffusion chambers. II. The role of cells in the destruction of homografts in mice. J. nat. Cancer Inst. 15, 1737.

4.6.8 Transplantation in bestrahlte und Cortison-behandelte Tiere

Es wurde schon erwähnt, daß die Immunreaktion des Wirtes durch eine Reihe von Maßnahmen unterdrückt werden kann; als beste haben sich Bestrahlung mit Röntgenstrahlen und Behandlung mit Cortison erwiesen, entweder einzeln oder kombiniert. Die Entwicklung dieser Techniken beruht hauptsächlich auf den jüngeren Arbeiten von Toolan, obwohl Murphy schon 1914 gezeigt hat, daß eine Bestrahlung mit Röntgen-Strahlen eine Heterotransplantation möglich macht.

Verschiedene Tierarten wurden als Wirte für transplantiertes Tumorgewebe verwendet. Maus und Ratte verlangen meist eine kombinierte Behandlung mit Bestrahlung und Cortison, während der Hamster zufriedenstellende Ergebnisse mit Cortison allein liefert.

Fig. 51 Einführung von Gewebe in die Backentasche des Hamsters

Vorbereitung der Ratten: Junge, 4 Wochen alte Ratten werden empfohlen. 1–4 Tage vor der Implantation werden sie einer Röntgen-Strahlung von ungefähr 150 r ausgesetzt. Eine Impfmenge aus 0,5 bis 1 ml eines Breies oder einer Suspension aus 0,25–0,5 g Gewebe wird in die Rumpfseite injiziert. Zur gleichen Zeit werden 3 mg Cortisonacetat subcutan gegeben. Die Injektionen werden an 4 aufeinanderfolgenden Tagen täglich wiederholt. Die Tumoren sind gewöhnlich zwischen dem 9. und dem 12. Entnahme-Tag reif.

Vorbereitung der Mäuse: Die Methode ist im wesentlichen die gleiche. Die Tiere werden 1–4 Tage vor der Transplantation mit 50–150 r (gewöhnlich 100 r) ganzkörperbestrahlt. Eine Impfung mit ungefähr 0,5 ml Gewebesuspension wird entweder subcutan in die Rumpfseite oder vorzugsweise intramuskulär in den Oberschenkel gegeben. Zur selben Zeit werden erst 1,5 mg und dann täglich 1 mg Cortisonacetat an 4 aufeinanderfolgenden Tagen injiziert. Der Tumor kann nach 7–12 Tagen gewonnen werden.

Vorbereitung der Hamster: Der syrische Hamster wird mit Cortison allein ausreichend vorbereitet. 50–60 g schwere Tiere bekommen zugleich mit der Tumor-Impfung 3 mg Cortisonacetat und dieselbe Dosis zweimal in der darauffolgenden Woche. Sie können in der gleichen Weise wie Ratten oder Mäuse geimpft werden. Doch bietet beim Hamster die Backentasche eine besonders geeignete Stelle, wofür eine besondere Methode entwickelt wurde.

Der Hamster wird zuerst mit Nembutal betäubt, das intraperitoneal gegeben wird. Dann wird die Haut der Backentasche nach außen gezogen und mit einer Nadel auf einem Stück Plexiglas festgesteckt. Man wäscht mit einem milden Antiseptikum (Zephirol) und trocknet vorsichtig mit einem sterilen Mull-Läppchen. Man macht nun durch die Backentaschenhaut einen kleinen Stich und führt mit Hilfe einer kleinen Kanüle Gewebestückchen ein. Oder man injiziert einen Zell- oder Gewebebrei oder Suspension. Dann bringt man die Backentasche in das Maul zurück.

Außer menschlichen Tumoren wurden mit dieser Methode Embryonalgewebe verschiedener Tierarten und einige Linien von Kulturzellen gezüchtet.

Literatur

Billingham, R. E., Ferrigan, L. W. & Silvers, W. K. (1960). Cheek pouch of the Syrian hamster and tissue transplantation immunity. Science 132, 1488.

Foley, G. E. & Handler, A. H. (1957). Differentiation of 'normal' and neoplastic cells maintained in tissue culture by implantation into normal hamsters. Proc. Soc. exp. Biol. (N. Y.) 94, 661.

Gallily, Ruth & Woolley, G. W. (1958). The human tumor in the mouse. Ann. N. Y. Acad. Sci. 76, 791.

Handler, A. H. (1958). Chemotherapy studies on transplantable human and animal tumors in Syrian hamster. Ann. N. Y. Acad. Sci. 76, 775.

Iversen, H. G. (1956). Human tumor in cortisone-treated mice. Brit. J. Cancer 10, 472.

Lutz, B. R., Fulton, G. P., Patt, D. I., Handler, A. H. & Stevens, D. F. (1951). The cheek pouch of the hamsters as a site for the transplantation of a methylcholanthrene-induced sarcoma. Cancer Res. 11, 64.

Merker, P. C. & Woolley, G. W. (1959). A study of human epidermoid carcinoma (H.EP.3) growing in conditioned Swiss mice. I. Applicability to chemotherapy studies. Cancer Res. 19, 664.

Palm, Joy E., Teller, M. N., Merker, P. C. & Woolley, G. W. (1958). Host conditioning in experimental chemotherapy. Ann. N. Y. Acad. Sci. 76, 812.

Patterson, W. B., Chute, Rosanna N. & Sommers, S. C. (1954). Transplantation of human tumors into cortisone-treated hamsters. Cancer Res. 14, 656.

Takayama, S. & Woolley, G. W. (1958). Successful intramuscular growth of human tumor in conditioned mice. Ann. N. Y. Acad. Sci. 76, 797.

Teller, M. N., Merker, P. C., Palm, Joy E. & Woolley, G. W. (1958). The human tumor in cancer chemotherapy in the conditioned rat. Ann. N. Y. Acad. Sci. 76, 742.

Toolan, Helene W. (1953). Conditioning of the host. J. nat. Cancer Inst. 14, 745.

Toolan, H. W. (1953). Growth of human tumors in cortisone-treated laboratory animals; possibility of obtaining permanently transplantable human tumors. Cancer Res. 13, 389.

Toolan, H. 2. (1954). Transplantable human neoplasms maintained in cortisone-treated laboratory animals: H.S. 1; H.Ep. 1; H.Ep. 2; H.Ep. 3; and H.Emb, Rh. 1. Cancer Res. 14, 600.

Toolan, H. W. (1955). The possible role of cortisone in overcoming resistance to the growth of human tissues in heterologous hosts. Ann. N. Y. Acad. Sci. 59, 394.

4.6.9 Ascites-Tumoren

Unter *Ascites-Tumoren* versteht man bestimmte, transplantable Tiertumoren, die man als Suspension freier Zellen in einem Exsudat innerhalb der Bauchhöhle züchten kann. Da sie sich in vieler Weise genau wie explantierte Zellkulturen benehmen, sind sie von besonderem Interesse. Einige kann man *in vitro* züchten. Dadurch kann man Zellen abwechselnd unter *In vitro-* und *In vivo-*Bedingungen leicht züchten.

Hesse zeigte 1927 als erster, daß das Flexner-Jobling-Ratten-Carcinom durch Injektion der Ascites-Flüssigkeit übertragen werden kann, die sich während des Wachstums des Tumors in der Bauchhöhle (Peritoneum) entwickelt hatte. Koch wiederholte und bestätigte die Beobachtung von Hesse im darauffolgenden Jahr. Doch setzte sich der Gebrauch von Ascites-Tumoren in experimentellen Arbeiten erst durch, als Loewenthal und Jahn, Mitarbeiter von Koch 1932 nach wiederholten Versuchen einen Ascites-Tumor aus dem Ehrlich-Carcinom erhalten konnten. Danach wurde dieser Tumor weit verbreitet und es wurden Versuche unternommen, Ascites-Tumoren aus anderen Geweben zu bekommen. Seit der ursprünglichen Arbeit wurde eine große Anzahl an solchen Tumoren entwickelt, besonders in Mäusen und Ratten. Einige können in vielen Stämmen, andere wiederum in ihrem Ursprungsstamm wachsen. In Tab. 21 sind die Eigenschaften einiger allgemein verwendeter Ascites-Tumorlinien zusammengefaßt.

Haltung der Ascites-Tumoren. Die meisten Ascites-Tumoren sind sehr leicht zu halten, vorausgesetzt, daß ein geeigneter Ratten- oder Mäusestamm dafür zur Verfügung steht. Normalerweise werden Mäuse mit einem voll entwickelten Tumor eine Woche nach der Impfung getötet. Der Tumor (in Suspension in Ascites-Flüssigkeit) wird aus der Bauchhöhle infizierter Tiere mit Hilfe einer Pinzette und Nadel entnommen und

Tabelle 21
Einige gebräuchliche Ascites-Tumoren

Bezeichnung	Typ	Ursprungsjahr	Herkunft	Wirtstier
6C3HED	Ind. Lymphosarcom	1941	Thymus	C3H Mäuse
DBA Lymphom (Dalton)	Sp. Ca.	1947	Thymus	DBA Mäuse
L5178	Lymphom	1952	Thymus	DBA2 Mäuse
Ehrlich	Sp. Ca.	1896 ?	Brustdrüse	Alle Mäuse
15091a	Sp. Ca.	1928	Brustdrüse	Eine Maus
Krebs 2	Sp. Ca. ?	1933	–	Alle Mäuse
TA3	Sp. Ad. Ca.	1948	Brustdrüse	Eine Maus
MC1A	Ind. Rabdomyosarcom	1945	Muskel	C3H Mäuse
MC1M	Ind. Sarcom	1946	Muskel	C3H Mäuse
Lymphom EL4	Ind. Lymphom	1945	–	C57BL Mäuse
Yoshida	Ind. Sarcom	1943	Hodensack	Ratten
MTR Sarcom II	Ind. Sarcom	1951		Wistar Ratten
Takeda Sarcom	Sp. Sarcom	1952		Ratten
Watanabe	Ind. Hepatom	1954		Ratten

Sp.-spontan; Ind.-induziert; Ca.-Carcinom; Ad. Ca.-Adeno-Carcinom.

wieder in neue Wirtstiere geimpft. Die einzelnen Verfahrensschritte, wie sie für Ehrlich-Ascites-Tumoren angewandt werden, sind folgende.

Mäuse mit einem voll entwickelten Tumor werden in ein Äthergefäß gesetzt und betäubt. Sie werden dann nacheinander entweder durch Kopfabschneiden oder Genick-Brechen getötet. Dann wird die Bauchhaut gründlich mit Alkohol gereinigt und die Zellsuspension mit einer Spritze mit einer Nr. 18-Nadel entnommen. Manchmal ist es schwierig, die Flüssigkeit aufzuziehen, da Eingeweide gegen die Nadelspitze gedrückt werden. Gelegentlich ist es daher einfacher, den Bauch zu öffnen und die Ascites Flüssigkeit mit Hilfe einer Pasteurpipette abzusaugen. Man kann aber auch die Haut umdrehen, und die dünne Bauchmuskelwand freilegen. Bei Mäusen ist sie ziemlich durchsichtig, so daß man die saugende Nadel direkt beobachten kann. Die Nadelspitze kann man dazu benützen, die Bauchwand hochzuziehen; von dieser einwandfreien Stelle aus kann die Tumor-Suspension angesogen werden. Die Ascites-Flüssigkeit wird in ein Reagenzglas gegeben. Nach Behandlung aller Spendermäuse werden die Empfängermäuse in ein Anästhesier-Gefäß gegeben und leicht betäubt. Eine nach der anderen wird herausgenommen, die Bauchhaut mit Alkohol gereinigt und die Tumor-Suspension direkt mit einer Spritze und Nadel in den Bauch gespritzt. Als allgemeine Regel gilt, daß sich die Impfmenge zwischen 0,1 und 0,25 ml bewegt, was von der Wachstumsrate des Tumors abhängt.

Entfernung von Zellen für In vitro-Kulturen. Bei der oben genannten Arbeitsweise ist es wünschenswert, möglichst aseptische Bedingungen einzuhalten, doch ist absolute Asepsis nicht notwendig, da die Bauchhöhle der Maus eine hohe Resistenz gegenüber Infektionen zeigt. Wenn aber Zellen *in vitro* gezüchtet werden sollen, muß man sorgfältiger vorgehen. Es wird empfohlen, die Haut der Maus in der auf S. 187 beschriebenen Weise nach außen zu wenden. Dies legt eine sterile Zone der Bauchhaut frei, durch welche die Nadel eingeführt werden kann, um Zellsuspension zu entnehmen.

Die Ascites-Tumorzellen kommen in der Ascites-Flüssigkeit in einer Konzentration vor, die zwischen 25×10^7 und mehr als 10^8 pro ml Flüssigkeit schwankt. Man muß sie daher meistens beträchtlich verdünnen, bevor man sie im üblichen Medium zu züchten versucht. Sonst verbraucht sie sich sehr schnell und die Zellen sterben, bevor sie Gelegenheit zum Wachsen haben. Man sollte erwähnen, daß mindestens 10% der Zellen des Exsudats von der peritonealen Innenwand stammen oder Phagozyten sind, die in die Bauchhöhle vom Blut her gelangten. Diese Tatsache muß daher bei Versuchen eingerechnet werden. Oder es müssen andere Maßnahmen ergriffen werden, um diese Zellen zu entfernen. Die meisten Ascites-Tumoren wachsen *in vitro* in Suspension und setzen sich nicht auf dem Glas von Kulturgefäßen fest. Daher kann man unerwünschte Zellen einfach dadurch entfernen, daß man sie auf dem Glas des Kulturgefäßes festsitzen läßt. Der Überstand, der die suspendierten Ascites-Zellen enthält, kann dann abpipettiert werden. Dies kann man innerhalb einiger Stunden nach Entnahme aus dem Tier machen.

Literatur

Ahlström, C. G. & Stormby, N. (1958). Ehrlich mouse ascites carcinoma in hydrocortisone-treated hamsters. Acta path. microbiol. scand. 41, 15.

D'Acunzo, L. (1956). Heterotransplantability of Ehrlich ascites carcinoma in the peritoneum of rats treated with cortisone. Riv. Anat. pat. 10, 1046.

Fischer, G. A. (1958). Studies of the culture of leukemic cells in vitro. Ann. N. Y. Acad. Sci. 78, 673.

Katsuta, H., Takaoka, T., Hori, M., Okumura, H., Yasukawa, M., Saito, S. & Suzuki, S. (1957). Cultivation of rat ascites hepatoma cells in the simplified replicate tissue culture. Jap. J. exp. Med. 27, 443.

Katsuta, H., Takaoka, T., Mitamura, K., Someya, Y. & Kawada, I. (1959). Cultivation of Yoshida sarcoma cells in the simplified replicate tissue culture. Jap. J. exp. Med. 29, 143.

Klein, G. & Klein, Eva (1951). The transformation of a solid transplantable mouse carcinoma into an 'Ascites Tumour'. Cancer Res. 11, 466.

Klein, Eva & Klein, G. (1954). Differential survival of solid tumor cells after inoculation into established ascites tumors. Cancer Res. 14, 139.

Klein, Eva (1954). Gradual transformation of solid into ascited tumors. Permanent difference between the original and the transformed sublines. Cancer Res. 14, 482.

Patt, H. M. (1958). Parameters of ascites tumor growth. Ann. N. Y. Acad. Sci. 76, 572.

Schleich, Annelies (1954). Behaviour of solid and ascites sublines of two tumors in tissue culture. Cancer Res. 14, 486.

Takaota, T. & Katsuta, H. (1958). Establishment of cell strains of rat ascites hepatoma cells in tissue culture. Jap. J. exp. Med. 28, 115.

4.7 Aufbewahrung, Lagerung und Transport lebender Gewebe und Zellen

4.7.1 Allgemeines

Da wir heute über sehr viele isolierte Zellinien verfügen, besteht ein Hauptproblem mancher Laboratorien in der Haltung einer großen Anzahl von Kulturen, die notwendig werden, wenn man verschiedene Zellinien gleichzeitig zu züchten hat. Eine weitere Schwierigkeit ist die Neigung verschiedener Zellarten, sich zu verändern, nachdem sie einige Jahre lang im Stadium schneller Proliferation gehalten worden sind. Ähnliche Probleme haben sich bei der Behandlung von Mikroorganismen ergeben; die Lösungen, die man für die Haltung und Lagerung von Zellen vorgeschlagen hat, sind denen der Bakteriologie sehr ähnlich. Alle Methoden beruhen auf der Haltung der Zellen bei erniedrigten Temperaturen; doch gibt es einige technische Unterschiede, die auf der verwendeten Temperatur beruhen.

Zellen können bei leicht *erniedrigten Temperaturen* gehalten werden, z. B. bei Kühlschrank-Temperaturen oder sehr niedrigen Temperaturen (−70 bis 190 °C). Zimmertemperatur und Aufbewahrung im Kühlschrank werden manchmal für eine Kurzzeit-Haltung verwendet; doch für die Langzeit-Lagerung sind sehr niedrige Temperaturen notwendig. In tiefgefrorenem Zustand ist der Stoffwechsel selbstverständlich vollkommen eingestellt.

4.7.2 Gewebelagerung vor der Züchtung

Als allgemeine Regel gilt, am besten Kulturen nach der Gewinnung aus dem Gewebe so schnell wie möglich anzusetzen. Doch ist es möglich, Gewebe zu verwenden, die bis zu 2 Tagen vor Verwendung gelagert worden sind. Zellen können von Föten gezüchtet werden, die schon 24 Std. lang tot sind. Doch ist Post-mortem-Material im allgemeinen unbefriedigend, wenn man es nicht sofort nach Eintritt des Todes entfernt. Die Hauptfaktoren, die die Lebensfähigkeit eines Gewebes beeinflussen, sind die Lager-Temperatur und die Möglichkeit der Versorgung mit Nahrungsstoffen und Sauerstoff durch Diffusion. So stirbt Gewebe in der Mitte eines großen Organs bald ab, besonders wenn die Temperatur ziemlich hoch bleibt. Die Nährstoffe in der Umgebung jeder Zelle werden nämlich schnell aufgebraucht, sobald der Kreislauf stoppt und keine Nährstoffe mehr zufließen. Andererseits können periphere Gewebe wie die Haut sehr lange Zeit überleben, da sie schnell abkühlen (so daß der Stoffwechsel reduziert ist) und Sauerstoff aus der umgebenden Luft in das Gewebe eindiffundieren kann, während Stoffwechselprodukte sterbender Gewebe in tiefere Schichten zu diffundieren vermöge.

Wenn man Vorsichtsmaßregeln trifft, die sicherstellen, daß der Stoffwechsel vermindert ist und Nährstoffe in das Gewebe eindringen können, kann man ein Überleben über viele Tage hinweg erreichen. Solche Bedingungen schafft man, indem man das Gewebe in kleine Stückchen schneidet, sie in ein Kulturmedium gibt und bei Zimmer- oder Kühlschrank-Temperatur aufbewahrt. Diese Arbeitsweise sollte unbedingt angewendet werden, wenn das Gewebe aus irgendeinem Grund nicht sofort weiterbehandelt werden kann.

4.7.3 Haltung bei leicht reduzierten Temperaturen

Die meisten Säugetierzellen und Gewebeteilchen können bei 30 °C unbegrenzt überleben, vorausgesetzt, das Medium wird bei Bedarf erneuert. Durch diese Maßnahmen kann die „Ernährung“ (engl. feeding) reduziert werden. Verglichen mit 37 °C können so die Zwischenzeiten zwischen 2 Mediumwechsel ungefähr dreimal so lang sein.

Die Temperatur kann noch weiter erniedrigt werden und viele Zellen können bei ungefähr 20 °C unbeschadet überleben. Bei dieser Temperatur braucht das Kulturmedium nur sehr selten erneuert zu werden, obwohl sich die Zellen selten ganz normal weiter verhalten, wenn ihre normale Inkubationstemperatur im Bereich von 37 °C liegt. Sie neigen dazu, sich abzurunden, vom Glas abzulösen und manchmal lagern sie Fetttröpfchen ein. Wenn aber das Kulturmedium erneuert wird, und die Temperatur wieder auf normale Werte ansteigt, kehren die Zellen sehr schnell nach einer kurzen Ruhepause in ihren Normalzustand zurück.

4.7.4 Haltung bei Kühlschrank-Temperaturen

Es gibt einige Veröffentlichungen über die Lagerung von Gewebe bei Kühlschrank-Temperaturen (2–6 °C). Es scheint, daß Zellschichten und Einzelzellen nicht mehr als einige Tage unter diesen Bedingungen gut überleben, daß aber Gewebeteile einige Wochen lang in einem Nährmedium weiterleben. Dies kann auf dem hohen Sauerstoff-Druck beruhen, der sich im Medium entwickelt. Die praktische Hauptanwendung dieser Methode liegt in der Erhaltung von überlebenden Geweben vor dem Explantieren, meist nur ein paar Tage lang. Das Gewebe sollte in Stücke von einigen mm^3 geschnitten und in einem Nährmedium aufbewahrt werden.

4.7.5 Erhaltung durch Einfrieren

4.7.5.1 Allgemeines

Auf vielen Gebieten wurden Vorteile aus der Beobachtung gezogen, daß tiefgefrorenes Gewebe am Leben bleibt. Dieses Prinzip wurde auf die Lagerung von Viren und Bakterien angewandt, als man es aber auf tierische Zellen auszudehnen versuchte, überlebten diese Zellen nicht. Zuerst suchte man den Grund in der Annahme, daß Zellmembranen durch Eiskristalle zerrissen werden, aber neuere Befunde lassen vermuten, daß der Grund in osmotischen Veränderungen liegt, die zu irreversiblen Änderungen in den Lipoproteinkomplexen führen, wobei die Membranen innerhalb der Zelle aufgespalten werden. Jedenfalls ergab sich als Lösung des Problems der Aufbewahrung lebender Zellen der Zusatz einer Substanz wie Glycerin oder Dimethylsulfoxid zum Medium sowie langsames Einfrieren. Diese Technik hat Smith im Detail ausgearbeitet, der zeigen konnte, daß Granulosa-Zellen des Ovars nach Tieffrieren überleben. Scherer und Hoogasian wiesen die Wirksamkeit der Methode an Hand einiger Zellinien aus dem Zuchtvorrat nach. Seither wird die

Methode allgemein angewandt. Folgende *Prinzipien* umfassen die heute allgemein gültigen Arbeitsmethoden.

1. Die Zellen sollen vor dem Einfrieren in gesundem Zustand sein.
2. Kurz vor dem Einfrieren sollen sie in Wachstumsmedium suspendiert werden, das Glycerin oder Dimethylsulfoxid enthält (5–15%), und in einer luftdichten Ampulle fest verschlossen werden.
3. Das Einfrieren auf −70 °C soll über eine Zeitspanne von ungefähr einer Stunde oder besser noch länger kontrolliert werden. Es wird eine *Abkühlrate* von einem Grad pro Minute empfohlen.
4. Die Lagertemperatur soll bei −70 °C oder niedriger liegen.
5. Das Auftauen soll sehr schnell vor sich gehen (2–3 Min.).

Die Einzelheiten der Technik werden anschließend beschrieben.

4.7.5.2 Ausrüstung

Geräte

1. *Kühlschrank:* Die Zellen können in einem Niedrigtemperatur-Tiefkühlfach gefroren werden, das bei einer Temperatur im Bereich von −70 °C arbeitet (wie Revco Tiefkühler) oder in einem Trockeneiskasten bei ungefähr der gleichen Temperatur. Doch scheint die Lebensfähigkeit bei diesen Temperaturen über einen Zeitraum von Monaten verloren zu gehen. Bei Temperaturen unter −90 °C kann man keinen weiteren Verlust an Lebensfähigkeit über einen sehr langen Zeitraum hinweg nachweisen. Daher werden diese sehr niedrigen Temperaturen empfohlen. Als Gefriermittel wird gewöhnlich flüssiger Stickstoff verwendet. Er hat eine Temperatur von −196 °C und der überstehende Dampf in einem gut isolierten Gefäß hat Temperaturen zwischen −150 °C und −180 °C. Passende Behälter (oft Flüssig-Stickstoff-Kühlgerät genannt) werden von einigen Firmen hergestellt. (Die Linde-Abteilung der Union Carbide Company, New York, USA, z. B. stellt eine Reihe geeigneter Behälter her, darunter auch ein kleines mit einer Aufnahmefähigkeit von 972 Ampullen, was für ein relativ kleines Laboratorium reicht.)

2. *Geräte zur Wiedergewinnung der Zellen.* Zellen werden gewöhnlich in 1 ml-Ampullen in einem Flüssig-Stickstoff-Kühlgerät gelagert. Die meisten Methoden zur Markierung der Ampullen sind unzureichend. Daher ist es wichtig, daß genaue Protokolle geführt und die Ampullen nach einer bestimmten Ordnung gelagert werden. Das *Flüssig-Stickstoff-Kühlgerät* ist im Prinzip eine Dewar Kanne, ähnlich einer großen Thermosflasche. Der Inhalt wird auf eine Reihe von Behälter verteilt, gewöhnlich tiefe Kanister, wie Pipettenbehälter, die man einzeln durch irgendeine Vorrichtung wieder entnehmen kann. In diesen Kanistern befinden sich die Ampullen entweder in Röhren oder an Rohrstöcken (engl. canes) befestigt. Letztere sind Metallstangen, die eine Reihe von Klammern besitzen, mit denen die einzelnen Ampullen festgehalten werden können. Jeder Stock oder jede Röhre hat eine Bezugsnummer.

3. *Geräte zur Kühlung:* Zur Aufrechterhaltung einer kontinuierlich langsamen Kühlgeschwindigkeit wurden verschiedene Geräte entwickelt. Das einfachste kann man sich aus einem Stück Styropor-Isoliermaterial, ungefähr 10 cm dick, herstellen. Dies wird in der Mitte so durchgeschnitten, daß sich eine obere und eine untere Hälfte ergibt, dann werden in jede Hälfte mit Hilfe eines großen Korkenbohrers aufeinander passende Löcher zur Auf-

nahme der Ampullen gebohrt. Die Ampullen werden in die Löcher gesteckt, die beiden Hälften mit einem Elastikband zusammengehalten und das Ganze für 2 Std. in ein Revco-Tiefkühlfach gebracht. Dann werden die Zellen direkt in den Behälter mit flüssigem Stickstoff übertragen.

Ein ähnliches Flüssig-Stickstoff-Gerät, von Greaves und Kollegen entwickelt, besteht aus einem modifizierten Stopfen für ein Flüssig-Stickstoff-Kühlgerät und arbeitet nach genau dem gleichen Prinzip. Es ist von der Fa. Linde erhältlich.

Für sehr genaue Arbeiten im großen Maßstab wurden programmierte Kühlgeräte entwikkelt, die aber für das normale Laboratorium nicht notwendig sind. Man kann auch einfachere Methoden als die oben erwähnten anwenden. Z. B. erzielt man einigermaßen gute Ergebnisse dadurch, daß man die Ampullen in Watte in einen Styropor-Karton packt und sie zuerst 1 Std. lang in den 4 °C-Kühlschrank bringt, dann in ein Tiefkühlfach von -20 °C für eine Stunde, schließlich auf die kälteste Temperatur, die verfügbar ist. Die Ergebnisse sind mit dieser Methode nicht so gut, aber in einem Laboratorium, das nicht für routinemäßiges Zell-Frieren ausgestattet ist, ist dies ein zufriedenstellender Notbehelf.

4. *Andere Geräte:* Man braucht eine große Dewar-Kanne zur Lagerung oder zum Transport des flüssigen Stickstoffs, falls man ein Flüssig-Stickstoff-Kühlgerät benützt. (Es sei bemerkt, daß man den Stickstoff am besten gewohnheitsmäßig jede Woche auffüllt, obwohl der Vorrat an flüssigem Stickstoff für viele Wochen ausreichen mag.)

4.7.5.3 Allgemeine Verfahren

Diese Beschreibung gilt für die Arbeitsweise zur Herstellung von 12 Ampullen einer Zellinie.

1. Man erntet 1–2 $\times$ 10^8 Zellen, die exponentiell wachsen sollen, mit Hilfe einer Standardmethode, z. B. Behandlung mit Typsin. Man suspendiert sie wieder in 22,5 ml frischem Wachstumsmedium. Anschließend werden die Ampullen geöffnet.

2. Man gibt 2,5 ml Dimethylsulfoxid zu, so daß sich eine Endkonzentration von 10% ergibt. Man mischt schnell und füllt rasch ungefähr 2 ml in jede Ampulle. Die Ampullen werden auf Eis gelagert.

3. Man verschließt die Ampullen (was Übung erfordert) und gibt sie in das Eis zurück.

(3A. Man testet die Ampullen, indem man sie in eine Lösung von Kristallviolett in Methylalkohol taucht. In undichte Ampullen dringt Farbstoff ein. Dieser Schritt ist unnötig, wenn der Ausführende geübt ist.)

4. Man steckt die Ampullen in ein Kühlgerät und läßt sie dort 1–2 Std., um sie auf Temperaturen unter -30 °C abzukühlen.

5. Dann werden die Ampullen schnell in das Flüssig-Stickstoff-Kühlgerät gebracht. (Auftauen an dieser Stelle vernichtet die Zellen.)

6. Man vervollständigt das Protokoll.

7. In den nächsten Tagen holt man 2 Ampullen heraus, taut sie wie oben beschrieben auf und testet auf Lebensfähigkeit durch Farbstoff-Ausschluß oder Klonierausbeute. Ist die Lebensfähigkeit gut, wird dies im Protokoll festgehalten. Ist sie schlecht, wird eine neue Zell-Charge hergestellt und die schlechte ersetzt.

8. Zur Rückgewinnung der Zellen aus dem Tiefkühlgerät verfährt man folgendermaßen: Man bereitet einen Becher vor, füllt ihn mit 37 °C warmem Wasser und bedeckt ihn mit einem Deckel. Man setzt eine Schutzbrille auf. (Gelegentlich füllt sich eine defekte Ampulle mit flüssigem Stickstoff und explodiert beim Auftauen.) Man holt eine Ampulle mit einer

Pinzette heraus und schiebt sie unter den Deckel in den Becher. Wenn sie aufgetaut ist, öffnet man die Ampulle und überträgt den Inhalt in ein geeignetes Gefäß. Dann gibt man zunächst langsam Medium zu, ergänzt das Medium auf mindestens 25 ml, überführt in die Kulturgefäße und inkubiert.

Bei der obigen Methode wurde Dimethylsulfoxid als Schutzmittel empfohlen. Nach unsrer Erfahrung hat man damit bessere Resultate als mit Glycerin, was wohl eine allgemeine Erfahrung ist. Der Grund mag darin liegen, daß es schneller in die Zellen ein- und ausdiffundieren kann mit dem Ergebnis, daß die osmotische Schädigung geringer ist, wenn es dem Medium zugesetzt oder verdünnt wird.

4.7.6 Transport von Zellen

Es ist heute allgemein üblich, Proben von Zellinien über weite Strecken weg zu transportieren. Luftfracht und zuverlässige Postdienste machen das Problem relativ einfach, die Zellen höchstens 2 Tage lang für den Transport am Leben zu halten.

Man muß damit rechnen, daß das Kulturgefäß beim Transport bewegt wird, so daß der Versuch sinnlos ist, die Zellen als Einzelschicht (Monolayer) auf der Wand des Kulturgefäßes zu halten, das teilweise mit Medium gefüllt ist und über die Zellen schwappt. Wenn man sie als Monolayer verschicken will, sollte man entweder praktisch alles Medium aus dem Gefäß entfernen oder es vollständig damit füllen. Sonst können die Zellen auch als Suspension verschickt werden.

Die *Hauptgefahr* bei der Versendung von Zellen besteht darin, daß sie extremen Temperaturen ausgesetzt werden. Wenn man im Winter z. B. die Zellen mit der normalen Post versendet, ist es möglich, daß sie einfrieren. Wenn man sie mit Luftfracht zu irgendeiner Jahreszeit versendet, kann das gleiche wegen der niedrigen Temperaturen im unisolierten Frachtraum eines hochfliegenden Flugzeugs passieren. Im Sommer kann die Lufttemperatur in vielen Teilen der Welt so hoch ansteigen, daß sie Temperaturgrade erreicht, die für die Zellen tödlich sind, wobei sie sogar in gemäßigtem Klima rasch getötet werden können, wenn die Sonne direkt auf das Päckchen scheint, in dem sie sich befinden. Jedoch ist es gewöhnlich nur wichtig, daß man mit all diesen Faktoren rechnet, damit man sie durch geeignete Schritte sicher vermeiden kann.

In Großbritannien erwies es sich für den größten Teil des Jahres am besten, die Zellen entweder als Monolayer oder als Suspension mit ungefähr 2 ml Medium in der Flasche mit Expreß-Post zu verschicken. Dazu verwendet man eine normale Arzneiflasche oder ein großes Reagenzglas. Es wird durch Watte geschützt oder sorgfältig in ein Päckchen verpackt, das am späten Nachmittag abgeschickt wird. Von den meisten Gegenden des Landes aus wird es mit der ersten Post am nächsten Morgen am Bestimmungsort ausgetragen. Bei kaltem oder heißem Wetter ist es nötig, das Päckchen sorgfältiger zu isolieren. Wenn man es im Winter über eine längere Entfernung verschickt, ist es ratsam, es mit dem Personenzug zu schicken, wobei man dafür sorgt, daß es am Bestimmungsort abgeholt wird.

Wenn Zellen noch weiter transportiert werden müssen, werden sie am besten mit dem Flugzeug geschickt. Bei internationalen Transporten empfiehlt es sich, Auskünfte über Zollbestimmungen bei den Behörden einzuholen, um unnötige Verzögerungen durch den Zoll zu vermeiden. Man muß den Verantwortlichen gegenüber ausdrücklich betonen, daß die Päckchen nicht extremen Temperaturen ausgesetzt werden dürfen. In vielen Fällen sind diese speziellen Anordnungen nicht nötig, dann garantiert die normale Luftpost den Transport zwischen USA und Europa.

In Ländern, wie den USA, in denen man extreme Temperaturen einrechnen muß, ist es nötig, die Zellen während des größten Teils des Jahres in gut isolierten Päckchen zu verschicken. Schaumstoff, zerstückelte oder pulverisierte Korken und Watte sind wirksame Isolatoren.

Wenn aus irgendeinem Grund die Zellen über eine große Entfernung langsamer transportiert werden müssen, kann man dies zufriedenstellend dadurch erreichen, daß man das Kulturgefäß kurz vor dem Transport ganz mit frischem Medium füllt und es dann auf einer Temperatur von ungefähr 20 °C hält. Es ist bekannt, daß auf diesem Wege Zellen in einem Koffer mindestens 3 Wochen lang überlebt haben. Wenn möglich, sollten aber die anderen, beschriebenen Methoden bevorzugt werden.

Literatur

Allgöwer, M. & Blocker, T. G., Jr. (1952). Viability of skin in relation to various methods of storage. Tex. Rep. Biol. Med. 10, 3.

Ashwood-Smith, M. J. (1961). Viability of mouse bone marrow frozen to −79 °C. in the presence of dimethyl sulphoxide. J. Physiol. 155, 26.

Billingham, R. E. & Medawar, P. B. (1951). The viability of mammalian skin after freezing, thawing and freeze-drying. In Freezing and Drying. Ed. R. J. C. Harris. London: Institute of Biology.

Breedis, C. (1942). The action of extreme cold on leukemic cells. J. exp. Med. 76, 221.

Brown, B. L. & Nagle, E. C. Jr. (1965). Preservation of mammalian cells in a chemically defined medium and dimethylsulfoxide. Science 149, 1266.

Changon, Andre, Couture, Bertand & Pavilanis, Vytautas (1968). Some optimal observations in freezing rabbit kidney cells for tissue culture. Cryobiol. 4, 197.

Craven, C. (1960). The survival of stocks of HeLa cells maintained at −70 °C. Exp. Cell Res. 19, 164.

Ferguson, J. (1960). Long term storage of tissue culture cells. Aust. J. exp. Biol. med. Sci. 38, 389.

Fischer, A. (1926). The growth of tissue cells from warmblooded animals at lower temperature. Arch. Exp. Z. 2, 303.

Greaves, R. I. N., Nagington, J. & Kellaway, T. D. (1963). Preservation of living cells by freezing and by drying. Fed. Proc. 22, 90.

Hanks, J. (1948). The longevity of chick tissue cultures without renewal of medium. J. cell. comp. Physiol. 31, 235.

Hanks, J. & Wallace, Roslyn (1949). Relation of oxygen and temperature in the preservation of tissues by refrigeration. Proc. Soc. exp. Biol. (N. Y.) 71, 196.

Hauschka, T. S., Mitschell, J. T. & Niederpreum, D. J. (1959). A reliable frozen tissue bank: viability and stability of 82 neoplastic and normal cell types after prolonged storage at −78 °C. Cancer Res. 19, 643.

Kite, J. H. & Doebbler, G. F. (1961). Effects of cooling rates and additives on survival of frozen tissue culture cells. Fed. Proc. 20, 149.

Lipton, M. M. & Steigman, A. J. (1955). Practicability of shipping HeLa cell suspensions for use in color test for poliomyelitis antibodies. Proc. Soc. exp. Biol. (N. Y.) 90, 367.

Lovelock, J. E. & Bishop, M. W. H. (1959). Prevention of freezing damage to living cells by dimethyl sulphoxide. Nature (Lond.) 183, 1394.

McPherson, S. D., Draheim, J. W., Evans, Virginia J. & Earle, W. R. (1956). The viability of fresh and frozen corneas. Amer. J. Ophthal. 41, 513.

Melnick, J. L., Rappaport, C., Banker, D. D. & Bhatt, P. N. (1955). Stabilized suspensions of monkey kidney cells suitable for intercontinental shipment. Proc. Soc. exp. Biol. (N. Y.) 88, 676.

Merryman, H. T. ed. Freezing and drying of biological materials. Ann. N. Y. Acad. Sci. 85, 501.

Merryman, H. T. (1960). General principles of freezing and freezing injury in cellular materials. Ann. N. Y. Acad. Sci. 85, 503.

Merryman, H. T. (1962). Freezing of living cells: Biophysical considerations. Nat. Can. Inst. Monograph 7, 7–15.

Merryman, H. T. (1963). Preservation of living cells. Fed. Proc. 22, 81.

Morgan, J. F., Guerin, L. F. & Morton, Helen J. (1956). The effect of low temperature and storage on the viability and mouse strain specificity of ascitic tumor cells. Cancer Res. 16, 907.

Nagington, J. & Greaves, R. I. N. (1962). Preservation of tissue culture cells with liquid nitrogen. Nature (Lond.) 194, 993.

Peirce, E. C. I., Gross, R. E., Bill, A. H. Jr. & Merrill, K. Jr. (1949). Tissue culture evaluation of the viability of blood-vessels stored by refrigeration. Ann. Surg. 129, 333.

Phan The Tran & Bender, M. A. (1960). Survival of mouse bone-marrow cells frozen and thawed in solutions of amino acids. Exp. Cell Res. 20, 651.

Phan The Tran & Bender, M. A. (1960). Protection of mouse bone marrow by inorganic compounds during freezing and thawing. Proc. Soc. exp. Biol. (N. Y.) 104, 388.

Porterfield, J. S. & Ashwood-Smith, M. J. (1962). Preservation of cells in tissue culture by glycerol and dimethyl sulphoxide. Nature (Lond.) 193, 548.

Rinfert, A. P. (1960). Factors affecting the erythrocyte during rapid freezing and thawing. Ann. N. Y. Acad. Sci. 85, 576.

Scherer, W. F. (1960). Effects of freezing speed and glycerol diluent on 4–5 year survival of HeLa and L cells. Exp. Cell Res. 19, 175.

Scherer, W. F. & Brown, R. W. (1956). Transportation of human cells cultured in vitro. Proc. Soc. exp. Biol. (N. Y.) 92, 82.

Scherer, W. F. & Hoogasian, Alicia C. (1954). Preservation at subzero temperatures of mouse fibroblasts (Strain L) and human epithelial cells (Strain HeLa). Proc. Soc. exp. Biol. (N. Y.) 87, 480.

Sloviter, H. A. (1962). Mechanism of haemolysis caused by freezing and its prevention. Nature (Lond.) 193, 884.

Smith, A. U. (1952). Cultivation of ovarian granulosa cells after cooling to very low temperatures. Exp. Cell Res. 3, 574.

Smith, A. U. (1954). Effects of low temperature on living cells and tissues. Biological Applications of Freezing and Drying. Inst. of Cancer Research, The Royal Cancer Hospital, London.

Stulberg, C. S., Peterson, W. D., Jr. & Berman, L. (1962). Quantitative and qualitative Preservation of cell-strain characteristics. Nat. Cancer Inst. Monograph No. 7, 17.

Stulberg, C. S., Rightsel, W. A., Page, R. H. & Berman, L. (1959). Virologic use of monkey kidney cells preserved by freezing. Proc. Soc. exp. Biol. (N. Y.) 101, 415.

Stulberg, C. S., Soule, H. D. & Berman, L. (1958). Preservation of human epithelial-like and fibroblast-like cell strains at low temperatures. Proc. Soc. exp. Biol. (N. Y.) 98, 428.

Swim, H. E., Haff, R. F. & Parker, R. F. (1958). Some practical aspects of storing mammalian cells in the dry-ice chest. Cancer Res. 18, 711.

Swim, H. E. & Parker, R. F. (1955). Preservation of cell cultures at 4 °C. Proc. Soc. exp. Biol. (N. Y.) 89, 549.

Takamo, K., Yamada, M. & Hirokawa, Y. (1961). Long term frozen storage of mammalian cell lines. Jap. J. med. Sci. Biol. 14, 27.

Weiss, L. & Armstrong, J. A. (1960). Structural changes in mammalian cells associated with cooling to −79 °C. J. biophys. biochem. Cytol. 7, 673.

5. Anwendungen

5.1 Allgemeine morphologische Methoden

Gewebekulturen wurden in einer Vielzahl morphologischer Studien verwendet. In mancher Hinsicht waren die Ergebnisse entmutigend, da eine der auffallendsten Eigenschaften kultivierter Zellen darin liegt, daß sie ihre typische Morphologie verlieren. Diese Verallgemeinerung bedarf sofort einer Einschränkung, da einige Zellen, z. B. Neuronen, ihre typische Morphologie in vitro beibehalten. Auch viele andere Zellen, die offenbar ihre typische Erscheinungsform verlieren, behalten trotzdem bestimmte Eigenschaften. Die Kriterien für eine Identifizierung müssen sich jedoch von denen unterscheiden, die man normalerweise ansetzt, da die Zelle im wesentlichen *nur noch zwei Dimensionen* einnimmt, wenn sie auf einer Oberfläche wächst. So liefert das allgemeine Aussehen kultivierter Zellen wenig Information, da die Zellränder dazu neigen, sich aktiv zu ändern; dieselbe Zelle kann sich je nach den gegebenen Bedingungen von einer Spindelzelle zu einer Plattenepithel- und dann zu einer kugeligen Zelle wandeln. Andererseits kann die HeLa-Zelle sogar nach Jahren der Subkultur von einem erfahrenen Beobachter leicht von einer L-Zelle unterschieden werden. Nur wenige Forscher haben die Aufgabe übernommen, die morphologischen Eigenschaften von Zellen in Gewebekultur auf diese Weise zu bestimmen. Doch auch ohne notwendige Identifizierung der Zelltypen kann man einen großen Teil an Information aus der Beobachtung des morphologischen Verhaltens von Zellen als Reaktion auf verschiedene Reize gewinnen. Für diesen Zweck müssen die Zellen entweder fixiert und angefärbt oder noch lebend untersucht werden.

Zu Beginn sollte hier bemerkt werden, daß sich diese Aussagen im allgemeinen nicht auf *Organkulturen* beziehen. Bei Organkulturen wird die typische Morphologie erhalten und viel Information kann man durch Fixieren, Schneiden und Färben der Kulturen in der Weise erhalten, wie man sie normalerweise für ganze Gewebe anwendet.

Es gibt einige spezielle, praktische Punkte für die *Fixierung* und *Färbung* von Gewebekulturen. Es empfiehlt sich natürlich, die Zellen oder Gewebe auf einem Deckglas zu züchten, da dies uns sofort das Material in einer Form liefert, die leicht zu handhaben und anschließend für die mikroskopische Untersuchung gut zu präparieren ist. Daher sind einfache

Deckglaskulturen oder Kulturen auf Hohlschliff-Objektträgern oder auf „fliegenden“ Deckgläsern in Reagenzgläsern für diesen Zweck ideal, besonders bei Primär-Explantaten.

Will man die Zellen auf Deckgläsern für eine morphologische Untersuchung wachsen lassen, so besteht eine geeignete Methode darin, die Deckgläser auf den Boden einer 50 mm-Petrischale zu legen und die Zellsuspension zuzugeben. Die Schalen werden dann in einen CO_2-Brutschrank oder in ein verschließbares Gefäß gestellt, das mit 5% CO_2 in Luft gespült ist. Nach 24stündiger Inkubation hat sich eine Zellschicht auf den Deckgläsern gebildet, die sich ausgezeichnet für morphologische Studien eignet. In manchen Fällen mag es ebenso einfach sein, einen *Ausstrich* der Zellen auf einem Objektträger wie für Blutausstriche herzustellen.

Die Art des Materials bestimmt die anschließende Behandlung. Eine aus einem Zell-Monolayer bestehende Kultur, die direkt auf Glas wächst, braucht nur eine kurze Fixierung und Anfärbung. Die normalen Arbeitsmethoden für das Anfärben von Blutausstrichen sind für Präparationen dieser Art direkt anwendbar.

Andrerseits erfordern Kulturen, die in ein dickes *Plasma-Gerinnsel* eingebettet sind, eine ganz andere Behandlung. Zuallererst ist es notwendig, sie sehr sorgfältig mit BSS zu waschen, um vor dem Färben so viel wie möglich vom eiweißreichen Medium zu entfernen. Danach muß man länger fixieren, um sicher zu gehen, daß das Fixativ die Kultur genügend durchdringt. Schließlich müssen die Farbstoffe wesentlich länger einwirken, als bei Mikrotom-Schnitten.

Eine große Zahl von Färbemethoden wurde für die Gewebekultur ausprobiert. Doch genügen für die meisten Zwecke relativ wenig Techniken.

Als allgemein anwendbares Färbemittel eignet sich das nach *Pappenheim (= May-Grünwald-Giemsa=Jenner-Giemsa).* Dies ist ein einfaches Eosin-Methylenblau-Farbstoffgemisch des Typs, wie er für Blutausstriche verwendet wird; die beschriebene Modifikation wurde ursprünglich von Jacobson angewandt. Will man die *Kernbestandteile* besser darstellen, ist *Harris' Hämatoxylin* ein sehr einfaches und wirksames Färbemittel. Zusätzlich zu diesen allgemeinen Färbemitteln besteht häufig der Wunsch nach spezifischen Farbstoffen für die chemischen Bestandteile der Zelle. Daher sollen einige histochemische Methoden zusätzlich zu diesen beiden Routine-Farbstoffgemischen beschrieben werden. Der bekannteste, histochemische Farbstoff ist der nach *Feulgen* für die *Desoxyribonucleinsäure.* Er muß für Gewebekulturen nur leicht modifiziert werden. Eine recht ähnliche Technik ist die *PAS (Perjodsäure-Schiff)-Reaktion,* die spezifisch *Kohlenhydrate* anfärbt. Zusätzlich zu diesen beiden Färbemitteln ist es wichtig, ein Färbemittel für *Lipide* zu haben; das unten beschriebene verwendet *Sudanschwarz.*

5.1.1 Gebräuchliche Fixierungs- und Färbetechniken für Gewebekulturmaterial

Für die erfolgreiche Behandlung müssen die Kulturen vor der Fixierung mindestens einmal gewaschen und ernährt werden. Alle Kulturen müssen kurz vor der Fixierung einige Male 15–30 Min. lang in warmer BSS gespült werden. Am besten bewahrt man die Flasche mit BSS im Brutschrank auf, wie auch die Schalen, in denen die Kulturen gespült werden.

5.1.1.1 Allgemein verwendete Fixative und Fixierungsmethoden

A. *Bouins Flüssigkeit*

1. *Vorschrift:*
   Formalin . . . . 250 ml
   Gesättigte wäßrige Pikrinsäure-Lösung . . . . 750 ml
   (ungefähr 10 g Pikrinsäure sättigen 750 ml destilliertes Wasser)
   Eisessig . . . . 5 ml
2. *Für die Fixierung von Kulturen in Plasma-Gerinnseln:*
   Eine halbe Stunde in Bouin
   Mehrfaches Waschen in 80%igem Alkohol, bis die gelbe Farbe verschwunden ist.
   Aufbewahrung in 80%igem Alkohol bis zur Färbung

B. *Zenkers Flüssigkeit*

1. *Vorschrift für die Stammlösung*
   Kaliumdichromat . . . . 25 g
   Quecksilber II-chlorid . . . . 50 g
   Aqua dest. . . . . 1000 ml
   Man löst das Kaliumdichromat und das Quecksilberchlorid durch Erhitzen in Wasser.
2. *Für die Fixierung von Kulturen in Plasma-Gerinnseln:*
   Man pipettiert 0,2 ml Eisessig in ein 10 ml-Färbe-Gefäß und füllt es mit der gebrauchsfertigen Zenkers Stammlösung.
   Fixierungszeit: 30 Min. oder weniger.
   Man spült über Nacht in schwach laufendem Leitungswasser.
   Aufbewahrung in 80%igem Alkohol.

C. *Hellys Flüssigkeit*

1. *Vorschrift:* Stammlösung wie die nach Zenker
2. *Für die Fixierung der Kulturen in Plasma-Gerinnseln*
   Man mischt kurz vor Gebrauch 0,5 ml Formalin mit 10 ml Zenkers Stammlösung in einem Färbegefäß.
   Fixierungszeit: 30–60 Min.
   Man spült schnell in schwach laufendem Leitungswasser.
   Aufbewahrung in 80%igem Alkohol.

D. *Formalin*

1. *Vorschrift:* 10% Formalin in BSS (neutralisiert mit $NaHCO_3$).
2. *Für die Fixierung von Kulturen in Plasma-Gerinnseln*
   Fixierungszeit: 1–5 Std.
3. *Für die Fixierung von Zell-Monolayern auf Glas:*
   Fixierungszeit: 30 Min.

Kulturen, die mit einem Quecksilberchlorid enthaltenden Fixiermittel behandelt werden, müssen vor dem Anfärben 5 Min. lang mit Grams Iod-Lösung behandelt, mit Aqua dest. gespült und einige Min. lang in eine 5%ige Natriumhyposulfit-Lösung gelegt werden. Die Kultur wird dann ungefähr 20 Min. lang mit Aqua dest. gespült und in 80%igem Alkohol aufbewahrt.

5.1.1.2 Routine-Farbstoffe und Färbe-Methoden

A. *Harris' Hämatoxylin:* Dies ist ein basischer Farbstoff, der hauptsächlich Kernmaterial, aber auch Zytoplasma in verschiedener Stärke anfärbt. Er färbt aber nicht innerzelluläre Fasern.

1. *Herstellung:*
   a) *Hämatoxylin:* 1 g wird in 6 ml 95%igem Alkohol gelöst. Man stellt die Lösung einige Tage vorher her.
   b) Man gibt 100 ml einer gesättigten Lösung von Ammoniumalaun (2 g auf 100 ml Aqua dest.) hinzu;
   c) Quecksilberoxid-Lösung (0,5 g auf 100 ml) wird zugefügt;
   d) Man kocht und kühlt schnell ab;
   e) Man gibt 25 ml Glycerin und 25 ml Methylalkohol zu;
   f) filtriert;
   g) Die Hämatoxylin-Lösung kann am nächsten Tag verwendet werden.
2. *Weitere, geeignete Fixative in der Reihenfolge ihrer Präferenz:*
   a) Helly, b) Zenker, c) Bouin.
3. *Färbemethoden* (für Plasma-Gerinnsel- oder Monolayer-Kulturen):
   a) Kulturen, aufbewahrt in 80%igem Alkohol (s. o.), spült man einige Min. lang in destilliertem Wasser.
   b) Man gibt 2–3 Tropfen Harris' Hämatoxylin in ein 10 ml Färbegefäß, das mit Aqua dest. gefüllt ist.
   c) Man taucht die Kulturen ein und läßt über Nacht stehen. Man braucht nicht zu differenzieren.
   d) Man spült 15–30 Min. unter fließendem Wasser.
   e) Gegenfärbung, falls gewünscht, mit 0,5%iger, wäßriger Eosin Y-Lösung 0,5–1 Min. lang.
   f) Man spült einmal in Wasser;
   g) Entwässert in 95%igem Alkohol, absolutem Alkohol;
   h) Klärt in Kreosot;
   i) Wechselt mehrmals in Toluol;
   k) Und deckt ein.
4. *Ergebnisse.* Zellkerne blau, Zytoplasma schwächer blau oder bei Gegenfärbung rot.

B. *May-Grünwald-Giemsa-Färbung.*

1. Man spült 15–20 Min. lang in warmer BSS;

2. Fixiert 5 Min. lang in absolutem Methylalkohol. Es ist wichtig, daß der Alkohol wasserfrei ist;
3. Man färbt 5 Min. lang in May-Grünwalds Färbemittel (oder Jenners oder Wrights);
4. Färbt 10 Min. lang in verdünnter Giemsa-Lösung (1:10 verdünnt mit glasdestilliertem Wasser);
5. Spült rasch in glasdestilliertem Wasser 15 Sek. bis 15 Min. lang und kontrolliert unter dem Mikroskop;
6. Man entwässert schnell in 2maligem Wechsel in Azeton und Azeton-Xylol (gleiche Teile);
7. Klärt mit Xylol und deckt mit DPX oder Kanadabalsam ein.

5.1.1.3 Spezielle histochemische Färbungen

A. *Feulgen Färbung*

1. *Herstellung des Feulgen Reagenzes (Coleman, 1938):*
   Man löst 1 g basisches Fuchsin in 200 ml kochendem Wasser, filtriert, läßt abkühlen und gibt 2 g Kaliummetabisulfit ($K_2S_2O_5$) und 10 ml 1 N Salzsäure zu. Man läßt 24 Std. lang bleichen und fügt dann 0,5 g Aktiv-Kohle (Norit) zu, schüttelt ungefähr 1 Min. lang und filtriert durch rauhes Papier. Das Filtrat soll farblos sein.
   Schweflige Säure-Bleiche: Man fügt 30 ml 1 M Natriumbisulfitlösung zu 600 ml Aqua dest.
2. *Fixierung:* 1–3 Std. in 10% neutralem Formalin.
3. *Färbemethode* (für Gewebekulturen):
   a) Man spült das Fixativ über Nacht mit fließendem Leitungs-Wasser aus;
   b) Spült 15 Min. lang in 70%igem Äthanol;
   c) Läßt 12 Min. in 1 N HCl bei 60 °C stehen;
   d) Behandelt 1 Std. mit Feulgen-Reagenz;
   e) Spült 3mal je 5 Min. lang in Natriumbisulfit;
   f) Wäscht in Aqua dest., führt durch Alkohol und Xylol und deckt ein.

B. *Periodsäure-Schiffs Färbung (PAS)*

Reagenzien

1. Periodsäure, 0,5% (des Doppelhydrats) in doppelt destilliertem Wasser. Frisch anmachen. Kann im Kühlschrank begrenzte Zeit aufbewahrt werden.
2. Schiffs Reagenz (Feulgen-Reagenz).
3. Schweflige Säure-Bleiche (Siehe Feulgen-Reagenz).

Methode

1. Man wäscht 15 Min. lang in BSS bei 37 °C;
2. Fixiert in Methanol, spült in destilliertem Wasser;
3. Behandelt mit 0,5%iger Periodsäure 5 Min. (nicht länger);
4. Spült vorsichtig mehrere Male in destilliertem Wasser;
5. Behandelt 10–15 Min. mit Schiffs Reagenz;
6. Spült 2mal in schwefligsaurer Bleiche, jeder Wechsel 3 Min.;
7. Spült 5 Min. in fließendem Wasser;
8. Färbt mit Harris' Hämatoxylin 20–30 Sek. gegen;
9. Wäscht 5 Min. unter fließendem Leitungswasser;
10. Entwässert und deckt ein.

C. *Sudanschwarz B-Färbemittel*
Reagenzien:
1. Gesättigte Lösung von Sudanschwarz B in Äthylenglykol

Methode:
1. Man fixiert in Methylalkohol;
2. Färbt 30 Min. in Sudanschwarz B (in einem verschlossenen Gefäß);
3. Spült in Wasser;
4. Spült sorgfältig in 70%igem Äthanol;
5. Trocknet und deckt in Glycerin ein.

5.1.2 Bestimmung des Mitose-Index

Der Mitose-Index ist das Verhältnis der sich teilenden Zellen zur Gesamtzahl aller Zellen einer Population. Im allgemeinen stellt er ein Maß für die Wachstumsgeschwindigkeit der Zellen dar, vorausgesetzt, daß die Zellteilung ungehemmt ist. Den letzten Punkt muß man bei der Beurteilung von Ergebnissen im Auge behalten, da bekannt ist, daß *Colchicin* die Zellteilung in der Metaphase hemmt und daher der Mitose-Index von Colchicin-behandelten Kulturen wahrscheinlich hoch liegt, obwohl die Zellteilung gehemmt wurde.

Es werden dazu fixierte Kulturen, die mit Harris'-Hämatoxylin oder Feulgen-Farbstoff angefärbt werden oder Chromosomen-Präparationen, wie oben hergestellt, verwendet.

Die Arbeitsweise ist relativ einfach. Eine Mikrometer-Scheibe wird in ein Okular (10×) in einem Mikroskop gelegt, ausgerüstet mit einem Stativ. Ein Gesichtsfeld der Kultur wird mit einem 8 mm-Objektiv betrachtet; die Gesamtzahl der Zellen in dem Feld und dann die Gesamtzahl der Mitosen werden bestimmt. Von einer Reihe von Feldern (die zusammen ungefähr 1000 Zellen ergeben) kann der Index berechnet werden, indem man die Zahl der Mitose-Zellen durch die Gesamtzahl der Zellen teilt. Er wird oft als Prozent-Wert angegeben.

Bei Studien über die Wirkung mitotischer Hemmstoffe auf Zellkulturen wird die Bestimmung genauer durchgeführt; jede einzelne Mitose-Phase wird dann einzeln notiert. Dies erfordert wesentlich mehr Geschick und Erfahrung, geschweige denn Geduld.

5.1.3 Planimetrie

Bei einer Reihe von Untersuchungen an Primär-Explantaten ist die Wanderungsgeschwindigkeit ein nützliches und überraschend zuverlässiges Merkmal für den Gesundheitszustand der Explantate. Die Wanderungsgeschwindigkeit kann einfach durch Bestimmung der Fläche gemessen werden, die mit Kultur bedeckt ist. Dies kann man leicht erreichen, indem man ein Bild der Kultur auf ein Stück Papier projiziert und es ungefähr nachzeichnet. Die Fläche kann dann auch mit Hilfe eines Planimeters bestimmt werden. Wenn man das gleiche Papier immer wieder verwendet, kann man auch entsprechende Flächen vergleichen, indem man sie ausschneidet und wiegt. Tatsächlich ist in vielen Fällen, wo diese Technik sich eignet, die Wanderung gleichmäßig nach allen Richtungen aus dem Explantat gerichtet, so daß es dann genügt, den Durchmesser des Explantats mit Hilfe eines Mikrometers oder mit Hilfe eines Lineals und einer Kameraleuchte zu messen.

5.1.4 Untersuchung lebender Zellen

Die Stärke der Gewebekulturmethoden liegt in den gebotenen Möglichkeiten, die Morphologie und den Stoffwechsel lebender Zellen zu untersuchen. Die Morphologie lebender Zellen kann entweder durch Vitalfärbemethoden oder durch spezielle optische Verfahren studiert werden.

Der Wert von *Vitalfärbemethoden* ist sehr begrenzt; die Verfahren werden heute nicht mehr sehr viel verwendet. Der gebräuchlichste Farbstoff ist *Neutralrot.* Die Zellen werden einer Lösung von Neutralrot in BSS 1:10 000 ausgesetzt. Diese Technik ist nützlich, weil sie kleine Zellkolonien während des Klonierens sichtbar zu machen erlaubt. Die anderen, gelegentlich verwendeten Farbstoffe sind *Janusgrün B* und *Lithiumcarmin,* die unter günstigen Bedingungen Mitochondrien sichtbar machen.

Supravitale Farbstoffe wurden fast ganz durch die Entwicklung der *Phasenkontrast-Mikroskopie* und ihrer Varianten ersetzt. Es gibt drei allgemein verwendete Spezial-Methoden für die mikroskopische Untersuchung lebender Zellen. Die älteste und in vieler Hinsicht beste ist die Beobachtung im *Dunkelfeld.* Sie hat 2 Nachteile: Sie erfordert fast perfektes Material und eine sehr intensive Lichtquelle für die Photographie. Mit der Entwicklung von Zellinien, die direkt auf Glas wachsen, ist heute ideales Zell-Material erhältlich und mit der Entwicklung des Elektronenblitzes ist es nicht mehr länger nötig, eine intensive Bogenlampe zu verwenden, um gute Photos zu erhalten.

Viele verschiedene Systeme der *Phasenkontrast-Mikroskopie* sind auf dem Markt erhältlich und der einzelne Forscher muß sich für ein System entscheiden. Bei der Gewebekultur muß man daran erinnern, daß es von Vorteil ist, lange Arbeitsabstände zwischen Kondensor und Objektiv zu haben.

Es gibt bei der Vorbereitung von Gewebekulturen für die *Untersuchung mit der Phasenkontrast-Mikroskopie* einen oder zwei praktische Punkte zu berücksichtigen. In erster Linie ist es wichtig, daß das Präparat vollkommen optisch homogen ist. Aus diesem Grunde kann die Phasenkontrast-Mikroskopie nicht zufriedenstellend bei einem Präparat verwendet werden, das auf den üblichen Hohlschliff-Objektträger aufgebracht ist und bei dem die konkave Vertiefung als Linsenverzerrung des optischen Systems wirkt. Statt dessen können Spezial-Hohlschliff-Objektträger verwendet werden, bei denen die Vertiefung einen flachen Boden hat. Es können auch Kammern gebaut werden, indem man auf jede Seite einer perforierten Platte Deckgläser aufbringt oder indem man das Präparat auf Glas, Bakelit oder einen Metallring auf einer flachen Glasseite klebt. Wichtig ist dabei, daß alle Oberflächen parallel zueinander liegen und daß der Zwischenraum zwischen Objektträger und Deckglas mit Flüssigkeit gefüllt ist, um das Präparat optisch so homogen wie möglich zu gestalten.

Einer der *Nachteile* der üblichen *Phasenkontrast-Mikroskopie* ist, daß intrazelluläre Einzelheiten undeutlich erscheinen, weil sich ein intensiver Hof um den Rand besonders dichter Zellen bildet. Da der Hof vom großen Unterschied des *Brechungsindex* zwischen dem Zytoplasma und dem umgebenden Kulturmedium herrührt, kann er durch Vergrößerung des Brechungsindex des Mediums verringert werden. Dies erreicht man durch Zugabe von Albumin zum Kulturmedium, bis die Brechungsindices von Zelle und Kulturmedium gleich sind. Wenn dann der Hof verschwunden ist, ist es leicht, die intrazellulären Einzelheiten zu beobachten. Die großen Albumin-Moleküle tragen zum osmotischen Druck des Kulturmediums kaum bei. Noch höher entwickelte Systeme, wie das *Interferenz-Kontrastsystem von Nomarski* vermeiden dieses Problem und liefern ein sehr viel klareres Bild.

Das *Interferenz-Mikroskop* wird auch für qualitative Untersuchungen an lebenden Zellen verwendet. Man kann damit sehr schöne, farbige Bilder bekommen; aber dies ist der unwichtigste Gesichtspunkt bei seinem Gebrauch. Sein Hauptvorzug ist, daß es ein quantitatives Instrument ist, mit Hilfe dessen die Objekt-Masse durch optische Methoden bestimmt werden kann. So kann man das Gewicht einer Zelle bestimmen und die Gewichte einer Reihe von Zellen miteinander vergleichen. Der Nachteil selbst des besten Interferenz-Systems ist der, daß die Auflösung nicht so hoch ist wie der einer guten Phasenkontrastoptik, besonders bei den hohen Vergrößerungen. Es gibt eine Reihe von Interferenz-Systemen im Handel, die bekanntesten das *Dyson-* und das *Baker-System.* Das Dyson-System wird ausschließlich als quantitatives Instrument benützt. Es ist wohl das genauere und empfindlichere Instrument, aber es erfordert eine sehr geübte Behandlung und ist bei dicken Präparaten schwierig zu handhaben, z. B. bei Gewebekulturen in Perfusionskammern. Es gibt 2 Modifikationen des Baker-Systems, das sog. *Scher-System* und das *Doppelfokussier-System.* Beide bringen nützliche quantitative Informationen und beide können für allgemeine morphologische Studien verwendet werden. Beim Scher-System wird der Referenz-Strahl in der gleichen Richtung wie das Objekt fokussiert, geht jedoch durch einen anderen Teil des Feldes. Dies ist für isolierte Einzelobjekte besonders nützlich, obwohl man es auch mit Erfolg verwenden kann, um den Rand des Auswuchses zu untersuchen, wenn man auf die Richtung der Probe unter dem Mikroskop achtet. Es ist wahrscheinlich unter Beachtung dieser Bedingungen genauer als das Doppelfokussier-System, aber es ist sonst sehr unbefriedigend. Beim Doppelfokussier-System wird der Referenz-Strahl in einer vom Objekt verschiedenen Ebene fokussiert, so daß es weniger empfindlich für Interferenz durch andere Objekte im Feld ist. Wie im Fall der Phasenkontrastoptik ist es wichtig, die Probe so aufzubringen, daß der optische Weg einheitlich ist, wofür besondere Objektträger nötig sind.

5.1.5 Photographie

Das *Photographieren* lebender Zellen stellt kein besonderes Problem dar und was einzelne Photographien betrifft, kann jeder gute Photoapparat in der üblichen Weise verwendet werden. Lebende Zellen sind gegen *Infrarot-* und *Ultraviolett-Strahlen* empfindlich; doch bei einer einzigen Aufnahme ist es unwahrscheinlich, daß man eine gefährliche Strahlendosis erreicht. Wenn man aber längere Zeit beim Fokussieren und Untersuchen der Probe eine sehr intensive Lichtquelle verwendet, muß man diese Tatsachen im Auge behalten und gewöhnlich wird grünes Licht als am wenigsten schädigend empfohlen.

Spezielle Probleme dieser Art werden dringlicher, wenn wiederholt Photos über eine längere Zeitspanne gemacht werden müssen, wie bei der *Zeitraffer-Kinemikrographie.* Dies ist eine besonders wertvolle Methode zur Erforschung des Zellverhaltens. Wie der Name besagt, besteht sie darin, mikroskopische Photos über das Verhalten der Zellen durch Filmen bei sehr geringer Geschwindigkeit (gewöhnlich ungefähr 8 Aufnahmen in der Minute) aufzunehmen. Wenn man den Film anschließend mit 16 Aufnahmen pro Sekunde vorführt, werden die Bewegungen beschleunigt, so daß ihre Muster sichtbar werden. Es ist dann möglich, diese Muster Bild für Bild zu analysieren und sie quantitativ zu bestimmen. Viele Forscher haben ihre eigenen Zeitraffer-Mikroskop-Photoapparate gebaut; es gibt aber auch einige Apparate im Handel (S. 439). Die wesentlichen Teile eines solchen Apparates sind eine Zeitgebereinheit, die periodisch einen mit der Kamera verbundenen Antriebsmechanismus in Bewegung setzt, eine Lichtquelle und ein Wärmekasten, in dem das Mikroskop untergebracht ist. Für annehmbar gute Ergebnisse ist es wichtig, das Vibrieren zu verhindern, so daß ein fest gebauter Apparat, der auf einem festen Untergrund sitzt, zu empfehlen ist. Für die meisten Zwecke ist es wünschenswert, die Kontrollgeräte des Mikroskops außerhalb des Wärmekastens zu bedienen. Als Lichtquelle ist eine Glühfadenlampe mit niedriger Spannung und hoher Wattzahl mit einem Kondensor und einer Irisblende für die meisten Zwecke ausreichend. Es ist günstig, den Strom hierfür mit einem Regelwiderstand zu kontrollieren. Auf diese Weise kann man die beste Beleuchtung schnell erreichen.

5.1.6 Perfusions- und Zirkumfusionskammern

Morphologische Studien lebender Zellen können durch Perfusionskammern sehr gefördert werden, bei denen man die Umgebung jederzeit ändern kann, ohne das Kulturgefäß zu öffnen oder es auch nur aus dem Brutschrank zu entfernen. Im wesentlichen besteht eine *Perfusionskammer* aus einem besonders entwickelten Objektträger, bei dem Flüssigkeit aus einem Behälter außerhalb der Kammer über die Kultur fließen kann. Manche Autoren bevorzugen den Ausdruck *Zirkumfusionskammer* gegenüber Perfusionskammer, da das Kulturmedium um das Gewebe herum und nicht durch das Gewebe fließt.

Eine sehr einfache Perfusionskammer kann aus einem gewöhnlichen Objektträger (7,5 × 2,5 cm) hergestellt werden. Eine Mischung aus Bienenwachs und weichem Paraffin wird im Wasserbad geschmolzen und mit einem Malpinsel entlang beider Längsseiten des Objektträgers aufgetragen (Fig. 52). Diese Wachsstreifen sollten einige mm breit und etwas länger als die Länge des verwendeten Deckglases und ungefähr 1 mm hoch sein. Ein feines

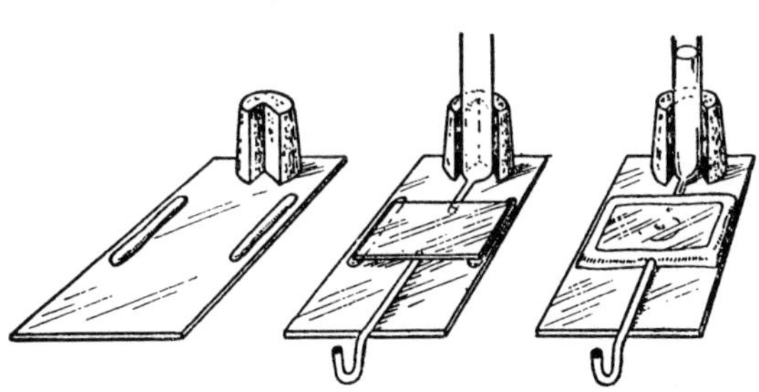

Fig. 52 Aufbau einer einfachen Perfusionskammer

Kapillarröhrchen mit einem Knick an einem Ende wird dann am Objektträger befestigt und soll als Ausfluß dienen. Der Flüssigkeitsbehälter wird aus einem Glasrohr (5 mm ∅) hergestellt, das im rechten Winkel zu einer Kapillare ausgezogen wird. Diese Kapillare wird an der zum Ausflußröhrchen gegenüber liegenden Seite des Objektträgers angebracht und mit einem Korken mit einer Längskerbe festgehalten. Die Kultur wird dann auf einem Deckglas zwischen den Wachsstreifen plaziert und die ganze Kammer mit Wachs verschlossen. Dann wird Kulturmedium in den Behälter gefüllt, das durch die Kultur und durch das Ausflußröhrchen abfließt.

Man kann in der beschriebenen Weise eine völlig genügende Kammer dieser Art herstellen, aber man braucht dazu Geschick, Erfahrung und Zeit, um gute Ergebnisse zu erhalten. Wenn man daher Perfusionskammern regelmäßig benützt, ist es ratsam, ein speziell entwickeltes Gerät zu verwenden. Die einfachste Kammer dieser Art ist die von Pomerat, die eine verbesserte Form der eben beschriebenen darstellt.

Alle Kammern mit Wachs-Dichtung sind gern unzuverlässig, da die Wachs-Versiegelung leicht an einem kritischen Punkt des Versuches bricht. Daher wurde eine Reihe spezieller Perfusionskammern entwickelt. Die Kammern von Rose und Richter bestehen aus einem Gummi-„Sandwich" zwischen 2 Stahlplatten mit einer Öffnung in der Mitte. Die *„Rose-Chamber"* ist wahrscheinlich die für die meisten Zwecke am häufigsten verwendete Perfusionskammer. Ihre Konstruktion ist in Fig. 54 gezeigt. In der Praxis liegt ein Deckglas zwischen dem Gummi und einer Stahlplatte auf der einen Seite der Kammer, ein anderes Deckglas mit der Kultur befindet sich zwischen dem Gummi und der Stahlplatte auf der anderen Seite. Auf diese Weise wird ein Hohlraum gebildet, und die Flüssigkeit kann zugeführt oder abgezogen werden, indem man Injektionsnadeln durch den Gummi in die Kammer einsticht.

Rose hat ein kompliziertes, aber sehr erfolgreiches System entwickelt, bei dem Kulturmedium ständig durch bis zu 12 Kulturen zirkuliert. Bei diesem System wird das Medium ständig begast und der pH-Wert wird dadurch ständig kontrolliert. In Kammern dieser Art kann man normale Gewebe ausgezeichnet am Weiterleben und Entwickeln halten. Wie ur-

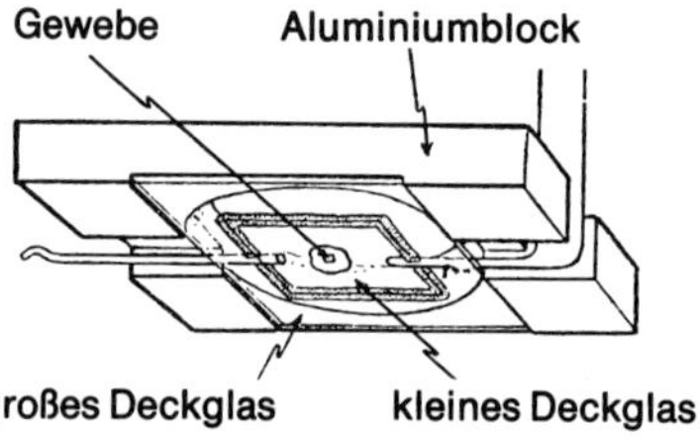

Fig. 53 Pomerats Perfusionskammer

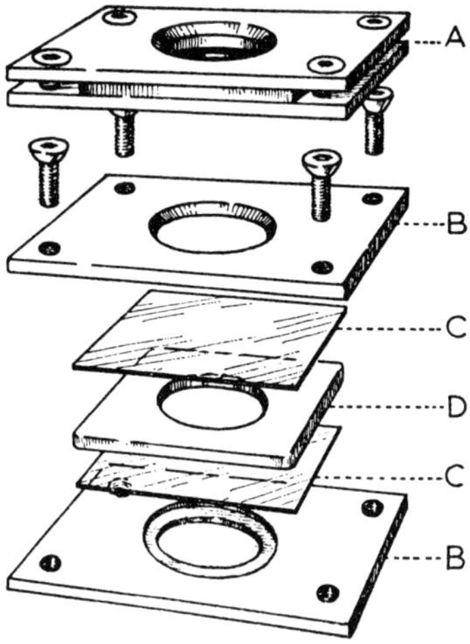

Fig. 54 Die Rose-Kammer
Oben die zusammengesetzte Kammer, darunter die einzelnen Bestandteile
A – vollständige Kammer
B – rostfreie Stahlplatten
C – Deckgläser aus Glas
D – Gummidichtungsring

sprünglich von Trowell bemerkt, ist eine hohe *Sauerstoff-Konzentration* ein wesentliches Merkmal der Kammern, die für die Kultur ausgewachsener Gewebe entwickelt wurden. MacDougall und Copeland beschrieben eine Methode, bei der mit weniger Sauerstoff kultiviert wird. Auch Heusner und Petrovic entwickelten ein Organkulturmedium, bei dem die Flüssigkeit ständig mit Sauerstoff behandelt wird.

Es wurde noch eine Reihe verbesserter Kammern verwendet, und besonders die von Buchsbaum entwickelte Kammer erlaubt eine sorgfältig kontrollierte Änderung der jeweiligen Kulturbedingungen.

5.1.7 Zeitraffer-Kinemikrographie

Die wichtigste Anwendung der Perfusionskammern liegt in der *Zeitraffer-Kinemikrographie.* Gewöhnlich werden Experimente geplant, um den unmittelbaren Effekt eines Wechsels der Umgebung auf das morphologische Verhalten der Zelle zu zeigen. Die Versuche müssen sorgfältig geplant und entsprechend protokolliert werden. Der normale Versuchsplan für ein Experiment mit der Perfusionskammer ist folgender: Erst wird die Kultur eine Zeitlang in einem Kontrollmedium photographiert,

Tabelle 22

ZEITRAFFER-MIKROKINEMATOGRAPHIE
PROTOKOLL DER VERSUCHE

Experiment Nr.	Datum
Gewebekulturmaterial	
Gewebe oder Zelltyp	
Art der Herstellung	
Dauer der Kultur	
Medien Kontrolle:	
Test	
Optik	
Belichtungszeit	Okular
Objektive	
Farbempfindlichkeit des Objektivs	
Apertur	
Blende	
Diaphragma-Einsatz	
Filter	
Photographie	
Typ des Films	Filmbildzahl
Filmempfindlichkeit	Bilder/Min.
Filmklappe (zu Beginn)	Ende
Kamera-Zählnummer (Beginn)	(Ende)
Versuch	
Gesichtsfeldausschnitt	

um eine „Grundlinie" zu erstellen. Dann wird zur Zeit Null durch die Kammer Testmedium geschickt, welches das Kontrollmedium ersetzt. Schließlich empfiehlt sich normalerweise nach einer bestimmten Testbeobachtungszeit, das Testmedium nochmals durch Kontrollmedium zu ersetzen und weiter zu filmen. Es ist notwendig, auf die Wichtigkeit der folgenden Punkte bei der Ausführung solcher Versuche hinzuweisen. Test- und Kontrollmedium müssen in jeder Hinsicht bis auf die zu untersuchende Substanz identisch sein. Wird Kontrollmedium durch Test-

Tabelle 22 (Fortsetzung)

Zeit	Bild Nr.	Behandlung

Bemerkungen zum fertigen Film
Protokoll Nr.

Emulsion:

Belichtungszeit:

Einstellung:

Belichtung:

Andere Fehler als die oben gen.

Zusammenfassung der Beobachtungen

medium ersetzt, darf kein Temperaturwechsel dabei auftreten. Daher muß das Medium zuvor auf die *Temperatur* der Kultur gebracht werden (indem man es in der Brutkammer aufbewahrt) und der Mediumwechsel darf nur in der Brutkammer vorgenommen werden. Das Filmprotokoll muß nach jedem Vorgang markiert werden (durch eine Reihe leerer Aufnahmen) und ein genaues *Protokoll* muß von jedem Vorgang geführt werden. Dies kann zweckmäßigerweise mit einem Protokollblatt durchgeführt werden, ähnlich dem in Tab. 22 gezeigten, das für Kinemikrophotographie-Perfusions-Experimente mit Hilfe eines Interferenz-Mikroskops verwendet wird.

Nach Belichtung und Entwicklung des Films sollten die Ergebnisse analysiert werden. Manchmal genügt es, einfach die Bilder wie gezeigt mittels Projektion bei normaler Geschwindigkeit durchzugehen. Doch gewinnt man manchmal sehr viel mehr Information, wenn man die *Einzelbild-Technik* anwendet. Für diesen Zweck wird meist ein Film-Macher eingeschaltet. Ein einzelnes Bild wird projiziert und ein Ausschnitt der „Szene" hergestellt, für die man sich interessiert. Der Film wird dann eine Reihe von Bildern weitergedreht, z. B. 20 und ein anderer Ausschnitt wird über den ersten gelegt. Die Analyse wird fortgeführt und die Szenen können durch geeignete Messungen in quantitative Daten umgesetzt werden.

Cone und Carter beschrieben unabhängig voneinander Methoden zur Untersuchung einzelner Klone oder Zellen, die in „Mikrolagunen" (Cone) oder „haptotaktischen Inseln" (Carter) „eingesperrt" sind. Bei der Technik von Cone wird ein Kulturgefäß verwendet, auf dessen Oberfläche Zellen normalerweise haften (z. B. ein Polystyrol-Kulturgefäß). Ein wasserabstoßendes Fett oder Wachs wird dann auf das flache Ende eines Metallzylinders aufgetragen. Dieses wird auf die Kulturoberfläche aufgedrückt und dann schnell wieder zurückgezogen. Das Fett wird zurückgehalten und enthält Lagunen von 5 bis 500 Micron Durchmesser. In das Gefäß eingesäte Zellen sind in den Lagunen eingesperrt und können im Laufe vieler Tage untersucht werden. Carters Technik stellt in gewisser Weise das Gegenteil der von Cone dar. Eine Oberfläche wird verwendet, an der die Zellen nicht leicht haften (Celluloseacetat). Man kann auf das Celluloseacetat durch ein Schrägbedampfungsverfahren Palladium niederschlagen und erhält so eine Oberfläche, an der die Zellen viel leichter haften. Verwendet man eine Maske, damit sich das Palladium in kleinen Inseln absetzt, bleiben die Zellen beim Einsäen auf diese Inseln beschränkt, haften aber nicht verstreut. Carter benützt wegwerfbare Nickelmasken, die durch Elektrodeposition hergestellt werden, und verwendet dazu ein durch optische Reduktion gewonnenes Ur-Muster.

5.1.8 Quantitative, optische Methoden

In den letzten Jahren wurde eine Reihe von Methoden entwickelt, mit denen man Einzelzell-Produkte bestimmen kann. Im Prinzip besteht die einfachste Methode darin, die Zellen mit einem spezifischen Farbstoff anzufärben (z. B. Feulgen-Färbung für DNS) und dann das Bild der Zelle auf ein photoempfindliches Gerät zu projizieren. Durch Messung der absorbierten Licht-Menge und der Fläche der gefärbten Struktur kann die Gesamtmenge des Materials bestimmt werden. Tatsächlich sind die hierfür verwendeten Instrumente sehr kompliziert.

In ähnlicher Weise kann die Absorption von ultraviolettem Licht durch Verwendung eines Mikroskops mit Quarzlinse oder einem reflektierenden, optischen System gemessen werden (normales Glas absorbiert ultraviolettes Licht).

Zwei andere Techniken, die auf gebräuchlichen Prinzipien beruhen, sind besonders wertvoll, da sie für bestimmte Zell-Bestandteile absolute Werte liefern. Dies sind die Methoden der *Refraktometrie,* durchführbar mit jedem Phasenkontrast- oder Interferenz-Mikroskop, sowie die *Interferometrie,* die ein spezielles optisches System verlangt. Bei der Refraktometrie wird einfach der *Brechungsindex* des Mediums, in dem die Zellen gezüchtet werden, solange erhöht, bis man zwischen Zytoplasma und Medium keinen Phasenwechsel mehr erkennen kann. Die Brechungsindices von Medium und Zytoplasma sind dann gleich.

Nun ist $n = n_s + \alpha C$ (wobei n = der Brechungsindex der Lösung, n_s = der Brechungsindex des Lösungsmittels, C = die Konzentration der Substanz in Lösung und α der spezifische Refraktionszuwachs, der für jede Substanz charakteristisch ist). Für Wasser ist $n_s = 1{,}334$ und für Protoplasma wird als ein annehmbarer Wert $\alpha = 0{,}0018$ betrachtet.

Wenn man also den Brechungsindex des Mediums bestimmt (durch einen Refraktometer, ein Taschenmodell, wie es für die Zucker-Bestimmung verwendet wird, genügt), ist es möglich, die Werte in die Gleichung einzusetzen und C zu bestimmen, wobei man das Ergebnis in Gramm pro 100 ml Lösung erhält.

Es ist klar, daß wir bei Kenntnis der Konzentration der festen Bestandteile der Zelle die *Trockenmasse* bestimmen könnten, wenn wir das Volumen wissen würden. Die Fläche kann leicht durch Projektion bestimmt werden. Mit einem Interferenz-Mikroskop kann die Dicke der Zelle bestimmt werden, da mit seiner Hilfe der Phasenwechsel festgestellt werden kann. Hierbei gilt folgende Gleichung:

$$\varphi = \alpha C t \text{ (wobei } t = \text{Dicke)}$$

So kann die Trockenmasse der Zelle durch rein optische Methoden bestimmt werden. In der Tat kann die obige Information ausschließlich durch *Interferometrie* gewonnen werden (obschon mit etwas weniger Genauigkeit als bei Kombination mit der Refraktometrie). Es können noch andere Berechnungen durchgeführt werden. Setzt man das partielle, spezifische Volumen der festen Bestandteile des Protoplasmas gleich dem der Proteine (0,75), dann ist die Konzentration des Wassers = (100–0,75 C)%, und das gesamte Naßgewicht = (100 + 0,25 C)g pro 100 ml Protoplasma. Folglich ist die Dichte des Protoplasmas 1 + C/400, was ausschließlich durch Refraktometrie bestimmt werden kann.

5.1.9 Autoradiographie

Die Anwendung der Technik der Autoradiographie auf Gewebekulturen kann eine große Menge an interessanter Information liefern. Das Gewebekulturmaterial wird einer *radioaktiv markierten Substanz* lange genug ausgesetzt, um eingebaut werden zu können. Die Kultur wird dann fixiert und sehr vorsichtig ausgewaschen, um alles zu entfernen, was von der markierten Verbindung ungebunden zurückbleibt. Die Zellen werden dann mit einer photographischen Emulsion bedeckt und einige Zeit im Dunkeln stehengelassen. Nach Entwicklung der Emulsion kann die Radioaktivität durch Spuren in der Emulsion erkannt werden. Die Methode kann quantitativ angewandt werden, wobei man zwei Verfahren unterscheidet. Bei dem ersten wird eine *flüssige Emulsion* auf die Probe aufgetragen. Bei der zweiten, der *„Stripping-Film-Technik“* wird die

Emulsion als Film auf eine dünne Gelatine-Schicht aufgebracht. Letztere Technik ist einfacher, abgesehen davon, daß es notwendig ist, kontrollierte Bedingungen hinsichtlich Temperatur und Feuchtigkeit einzuhalten, um die Emulsion gut als Film abziehen zu können.

Das ganze Verfahren muß im Dunkelraum ausgeführt werden, entweder im Dunkeln oder unter Rotlicht. Das Präparat wird oft erst mit einer dünnen Nylon- oder Collodium-Schicht bedeckt (man taucht in eine 0,25%ige Lösung in Äther-Alkohol). Mit einer Rasierklinge wird ein Stück Stripping-Film, ungefähr 25 × 37 mm groß von einer Plattte der Kodak Autoradiographic Stripping Emulsion abgeschnitten und auf die Oberfläche des Wassers in einer Schale mit der Emulsionsseite nach unten gebracht. Bei Licht betrachtet sieht man, daß die Gelatine Wasser aufnimmt und sich ausbreitet. Sofort erscheinen kleine Feuchtigkeitstropfen auf der Oberfläche. Ehe der Film sinkt, taucht man den Objektträger mit der Probe unter den Film und hebt ihn aus dem Wasser. Man legt die Objektträger beiseite, damit sie trocknen können. Danach bringt man sie in einen lichtdichten Kasten. Nach einigen Tagen Entwicklung, was vom Isotop und der Dosis abhängt, werden die Filme in der üblichen Weise wie photographische Emulsionen entwickelt. Die Filme können *in situ* entwickelt werden, wobei man achtgibt, daß nichts weggewaschen wird; der Film kann auch vom Objektträger abgestreift und getrennt entwickelt werden. In diesem Fall ist es wichtig, daß man sowohl den Film, als auch den Objektträger markiert, so daß man den Film nochmals übereinander legen kann. Dazu markiert man den Objektträger mit chinesischer Tusche, bevor man den Stripping-Film aufbringt. Etwas Tinte haftet, wenn man abzieht.

5.1.10 Vorbereitung von Kulturen für die Elektronenmikroskopie

Gewebekulturen bieten gewisse theoretische Vorteile für die elektronenmikroskopische Untersuchung insofern, als sie ein viel größeres Zellvolumen in einer Ebene darstellen. Einige der ersten Untersuchungen an tierischen Zellen hat Porter durchgeführt, ohne die Zellen zu schneiden. Die Kulturen wurden auf Formar-überzogenen Deckgläsern gezüchtet und für die Elektronenmikroskopie fixiert, indem man ein Stückchen dieses Filmes hochzog und darunter ein Gazescheibchen schob. Die Gazescheibe konnte dann zusammen mit der darauf liegenden Kultur weggehoben werden. Diese Technik war gut für die Bilder mit mäßiger Vergrößerung; doch war das Auflösungsvermögen sehr durch die Schnittdicke beschränkt. Zur Verbesserung der Auflösung müssen die Zellen in Kunststoff-Material eingebettet und mit dem Mikrotom geschnitten werden. Howatson und Almeida haben dafür ein besonders einfaches Verfahren beschrieben. Die Zellen werden mit Osmiumdampf fixiert, entwässert und mit Methacrylat imprägniert. Die Hälfte einer Gelatine-Kapsel mit teilweise polymerisiertem Methacrylat wird dann über die Kultur gelegt und die Polymerisation in einem Wärmeschrank bei 50 °C vervollständigt. Dann wird das Harz mit den Zellen vom Deckglas oder Objektträger entfernt, indem man letzteres mit festem CO_2 kühlt. Nachdem man das Präparat vorsichtig in die richtige Lage gebracht hat, kann man es mit einem Porter-Blum- oder ähnlichem Mikrotom schneiden und in der üblichen Weise photographieren. Dieses Verfahren ist nicht immer erfolgreich. Die sicherste Art, Zellen für die Elektronenmikroskopie vorzubereiten, besteht darin, sie zu suspendieren und zu zentrifugieren, so daß sie einen Niederschlag bilden, der in der üblichen Weise fixiert und geschnitten werden kann.

Literatur

Axelrad, A. A. & McCulloch, E. A. (1958). Obtaining suspensions of animal cells in metaphase from cultures propagated on glass. Stain Technol. 33, 67.

Bell, L. G. E. (1962). Microscopical examination of living cells. Nature (Lond.) 196, 291.

Bennett, A. H., Jupnik, H., Osterberg, H. & Richards, O. W. (1946). Phase microscopy. Trans. Amer. micr. Soc. 65, 99.

Bloom, W. (1960). Preparation of a selected cell for electron microscopy. J. biophys. biochem. Cytol. 7, 191.

Buchsbaum, R. (1948). Individual cells under phase microscopy before and after fixation. Anat. Rec. 102, 19.

Buchsbaum, R. & Kuntz, J. A. (1954). The effects of certain stimulants and depressants on individual fibroblasts in a perfusion chamber. Ann. N. Y. Acad. Sci. 58, 1303.

Burrows, M. T. (1912). A method of furnishing a continuous supply of new medium to a tissue culture in vitro. Anat. Rec. 6, 141.

Canti, R. G. (1928). Cinematograph demonstration of living tissue cells growing in vitro. Arch. exp. Z. 6, 86.

Carter, S. B. (1967). Haptotactic islands: a method of confining single cells to study individual cell reactions and clone formation. Exp. Cell Res. 48, 189.

Chambers, R. & Fell, Honor, B. (1931). Micro operations in cells in tissue culture. Proc. roy. Soc. 109, 380.

Chu, E. H. Y., Sanford, K. K. & Earle, W. R. (1958). Comparative chromosomal studies on mammalian cells in culture. II. Mouse sarcomaproducing cell strains and their derivatives. J. nat. Cancer Inst. 21, 729.

Comandon, J., Levaditi, C. & Mutermilch, S. (1913). Étude de la vie et de la croissance des cellules in vitro à l'aide de l'enregistrement cinématographique. C. R. biol. Soc. 74, 464.

Cone, C. D. Jr. (1967). Growth of somatic cell clones in micro lagoons. Exp. Coll. Res. 48, 212.

Coons, A. H. & Kaplan, M. H. (1950). Localization of antigen in tissue cells. II. Improvements in a method for the detection of antigen by means of fluorescent antibody. J. exp. Med. 91, 1.

Cooper, W. G. (1961). A modified plastic petri dish for cell and tissue cultures. Proc. Soc. exp. Biol. (N. Y.) 106, 801.

Davies, H. G., Wilkins, M. H. F., Chayen, J. & La Cour, L. F. (1954). The use of the interference microscope to determine dry mass in living cells and as a quantitative cytological method. Quart. J. micr. Sci. 95, 271.

Davies, M. C. & Wallace, R. (1958). The use of carbon films in the culture of tissue cells for electron microscopy. J. biophys. biochem. Cytol. 4, 231.

Danielli, J. F., Ed. (1958). General cytochemical methods. Vol. I. New York: Academic Press.

De Fonbrune, P. (1949). Technique de micromanipulation. Paris: Masson.

Dick, D. A. T. (1955). An easily made tissue culture perfusion chamber. Quart. J. micr. Sci. 96, 363.

Dirstine, P. H., MacCallum, D. B. Anson, J. H. & Mohammed, A. (1963). A new microscale continuous-flow system for tissue culture. Exp. cell Res. 30, 426.

Donlach, I. & Pelc, S. R. (1950). Autoradiograph technique. Brit. J. Radiol. 23, 184.

Freed, J. J. (1963). Cell culture perfusion chamber: adaptation for microscopy of clonal growth. Science 140, 1334.

Frink, Ruth S. (1965). Staining cells on a membrane filter with giemsa stock and tap water. Stain Technol. 40, 367.

Glick, D. (1949). Techniques of histo- and cyto-chemistry. New York: Interscience Publishing Co.

Gomori, G. (1952). Microscopic Histochemistry, Principles and Practice. Chicago: University Press.

Gordon, G. B., Miller, L. R. & Bensch, K. G. (1963). Fixation of tissue culture cells for ultrastructural cytochemistry. Exp. cell Res. 31, 440.

Hale, A. J. (1958). The Interference Microscope in Biological Research. Edinburgh: Livingstone.

Heyner, S. (1963). In situ embedding of cultured cells or tissue, grown on glass, in epoxy resins for electron microscopy. Stain Technol. 38, 335.

Hirumi, H. (1963). An improved device for cultivating cells in vitro and for observations under high power phase magnification. Contrib. Boyce Thompson Inst. 22, 113.

Howatson, A. F. & Almeida, J. D. (1958). A method for the study of cultured cells by thin sectioning and electron microscopy. J. biophys. biochem. Cytol. 4, 115.

Hsu, T. C. & Pomerat, C. M. (1953). Mammalian chromosomes in vitro. II. A method for spreading the chromosomes of cells in tissue culture. J. Heredity 44, 23.

Hughes, A. (1952). Some effects of abnormal tonicity on dividing cells in chick tissue cultures. Quart. J. micr. Sci. 93, 207.

Kemp, T. (1931). Mitosenzählung in Gewebekulturen als quantitative biologische Meßmethode. Prüfung der Methode und ein Beispiel für ihre Anwendung. Arch. exp. Z. 11, 591.

Leach, K. K., Sanders, D. C. & Leach, F. R. (1963). A method for the preparation of permanent slides from cell culture cells grown in plastic vessels. Exp. cell Res. 30, 405.

MacCallum, D. B. (1962). Staining and mounting in situ of cell monolayers grown in plastic dishes. Stain Technol. 37, 129.

Manos, John P. (1965). Rapid removal of tissue culture monolayers by colloidion for subsequent staining. Stain Technol. 40, 75.

Mellors, R., Kupfer, A. & Hollender, A. (1953). Quantitative cytology and cytopathology. 1. Measurement of the thickness, the volume, the hydrous mass, and the anhydrous mass of living cells by interference microscopy. Cancer 6, 372.

Micou, J., Collins, C. C. & Crocker, T. T. (1962). Nuclear-cytoplasmic relationships in human cells in tissue culture. V. A method for embedding enucleate cytoplasm for electron microscopy. J. Cell Biol. 12, 195.

Munro, T. R. (1963). An improved chamber for micromanipulation work with cell cultures, and a chamber that facilitates comparison of living and stained cells. Exp. Cell Res. 32, 408.

Paul, J. (1957). A perfusion chamber for cinemicrographic studies. Quart. J. micr. Sci. 98, 279.

Pelc, S. R. & Howard, A. (1952). Techniques of autoradiography and the application of the stripping-film method to problems of nuclear metabolism. Brit. med. Bull. 8, 132.

Pearse, A. G. E. (1954). Histochemistry, theoretical and applied. Boston: Little, Graws.

Pomerat, C. M. (1951). Perfusion chambers. Methods in Medical Research, Vol. 4, p. 275. Chicago: Year Book Publishers.

Pomerat, C. M., Lefeber, C. G. & Smith, McD. (1954). Quantitative ciné analysis of cell organoid activity. Ann. N. Y. Acad. Sci. 58, 1311.

Porter, K. R., Claude, A. & Fullam, E. F. (1945). A study of tissue culture cells by electron microscopy. J. exp. Med 81, 233.

Pulvertaft, R. J. V., Haynes, J. A. & Groves, J. T. (1956). 'Perspex' slides for roller culture of human cells. Exp. Cell Res. 11, 99.
Richter, K. M. & Woodward, N. W., Jr. (1955). A versatile type of perfusion chamber for long-term maintenance and direct microscopic observation of tissues in culture. Exp. Cell Res. 9, 585.
Roberts, D. C. & Trevan, D. J. (1961). XXX. A versatile microscope chamber for the study of the effects of environmental changes on living cells. J. R. micr. Soc. 79, 361.
Rose, G. (1954). A separable and multi-purpose tissue culture chamber. Tex. Rep. Biol. Med. 12, 1074.
Rose, G. G. (1957). Special uses of the multipurpose tissue culture chamber. Tex. Rep. Biol. Med. 15, 310.
Rose, George G. (1967). The circumfusion system for multipurpose culture chambers. I. Introduction to the mechanics, techniques and basic results of a 12-chamber (in vitro) closed circulatory system. J. Cell Biol. 32, 89.
Rose, G. G., Kumegawa, M., Nikai, H., Bracho, M. & Cattoni, M. (1970). The dual-rotary circumfusion system for Mark II culture chambers. I. Design, control, and monitoring of the system and the cultures. Microvasc. Res. 2, 24.
Rothfels, K. H. & Siminovitch, L. (1958). An air drying technique for flattening chromosomes in mammalian cells grown in vitro. Stain Technol. 33, 73.
Stanfield, F. J. & Lyman, M. E. (1963). Microscopic examination of cell monolayers grown in plastic bottles. Nature (Lond.) 200, 94.
Stoker, M. (1964). A simple marker technique for cells in culture. Exp. Cell Res. 35, 429.
Sykes, J. A. & Moore, E. Bailey (1960). A simple tissue culture chamber. Tex. Rep. Biol. Med. 18, 288.
Tjio, J. H. & Levan, A. (1956). The chromosome number of man. Hereditas (Lund) 42, 1.
Vago, C. (1961). Cellules en matiere plastique pour cultures en gouttes pendantes et en perfusion. Entomophaga 6, 265.
Wagner, B. M., Coriell, L. L., McAllister, R. M. & Shapiro, S. H. (1959). Histological and histochemical observations of tissue culture cell lines in vivo. Lab. Invest. 8, 939.
Weathersby, A. B. & Wiseman, O. (1962). A simple and inexpensive mechanism for slow perfusion of tissue culture. Amer. J. clin. Path. 37, 640.
Young, M. R. (1961). Principles and technique of fluorescence microscopy. Quart. J. micr. Sci. 102, 419.

5.2 Allgemeine quantitative Techniken

5.2.1 Allgemeines

Im vorhergehenden Abschnitt wurden hauptsächlich qualitative, morphologische Anwendungen der Gewebekultur-Methoden betrachtet. In diesem Abschnitt handelt sich die Diskussion hauptsächlich um die Anwendung der Gewebekultur bei quantitativen Studien über Stoffwechsel-Prozesse und verwandte Themen.

Die grundlegenden *Prinzipien* beim Gebrauch von Gewebekulturen für *quantitative Untersuchungen* sind genau die gleichen, wie sie bei der Anwendung anderer Materialien eine Rolle spielen. Dies sind:

1. Das Experiment muß so geplant sein, daß die daraus gewonnene Information brauchbar und *eindeutig* ist.
2. Ausreichende *Kontrollen* müssen einbezogen sein.
3. Die erhaltenen Ergebnisse müssen *quantitativ zuverlässig,* die Analysenmethoden *reproduzierbar* und *genau* sein.
4. Es sollte möglich sein, die *Bedingungen* mit großer *Genauigkeit* innerhalb des gleichen Versuchs und von Experiment zu Experiment zu *reproduzieren.*
5. Alle *Faktoren* im Experiment, außer den untersuchten, müssen *konstant* bleiben.

In Wirklichkeit ist es unmöglich, diese Bedingungen in jedem Experiment genau zu erreichen; in einigen Fällen ist es sehr schwierig, sie annähernd zu erreichen. Dies bezieht sich besonders auf einige Arten von Gewebekulturmaterial.

Trotzdem kann man diese Kriterien im großen und ganzen erfüllen, wenn man den Versuch sorgfältig plant und ausarbeitet. Den *Versuchsplan* kann man in 2 Teile einteilen: Erstens die Auswahl geeigneter Techniken und zweitens die Planung derart, daß der Versuch eine eindeutige Antwort auf die gestellte Frage liefert. Der erste Teil, die *Auswahl der Methoden* kann pragmatisch diskutiert werden, da es für die meisten Versuchsarten bewährte Faustregeln gibt. Man muß diese nun auf die Herstellung des Versuchsmaterials und die Analyse der Produkte anwenden. Es ist nicht so leicht, strikte Regeln für Versuchsstrategien aufzustellen. Hier sind individueller Spürsinn und die Problemstellungen von hauptsächlicher Bedeutung. Dennoch gibt es einige allgemeine Prinzipien, die man auf viele Probleme anwenden kann; einige sollen kurz besprochen werden.

5.2.2 Vorbereitung von Materialien und Methoden für quantitative Experimente

5.2.2.1 Allgemeine Bedingungen

Viele Punkte der vorhergehenden Abschnitte haben sich damit beschäftigt. Wenn man ein Versuchsprogramm aufstellt, ist es sehr wesentlich, *Reproduzierbarkeit* innerhalb der einzelnen Experimente zu erzielen und sie von Experiment zu Experiment erhalten zu können. Das erste Ziel erreicht man gewöhnlich, indem man der Vorbereitung der Kulturgefäße und Kulturmedien peinliche Aufmerksamkeit widmet und die Mehrfach-Kulturmethoden beachtet, wie sie in Abschn. 4.1.3 und 4.2 beschrieben sind. Fast alle diese Methoden beruhen darauf, Zellen in Suspension zu gewinnen und gleiche Mengen in verschiedene Gefäße einzusäen. Wenn man Suspensionskulturen verwendet, müssen die Versuche sogleich begonnen werden. Wenn die Zellen jedoch normalerweise als Monolayer wachsen, ist es gewöhnlich vor Versuchsbeginn nötig, ihnen Zeit zu lassen, sich an der Oberfläche des Gefäßes festzusetzen und sich auszubreiten. Auch wenn bestimmte Reagenzien, z. B. Trypsin, verwendet worden sind, bedarf es einiger Zeit, damit sich die Zellen wieder erholen können. Die Zeit zwischen dem Einsäen von Mehrfach-Kulturen und dem Beginn eines Experiments (die Präinkubationszeit) variiert mit den Umständen, beträgt aber gewöhnlich zwischen 24 und 72 Std. Während dieser Zeit können sich die in Entwicklung befindlichen Kulturen immer noch ändern. Der Grad dieser Variation sollte immer festgestellt werden und die Einbeziehung von Bedingungen, die dies erlauben, sollte ein wesentlicher Teil des Experimentes darstellen. Der leichteste Weg dazu ist, am Ende der Präinkubationszeit eine genügend große Anzahl von Proben zu analysieren, um den Standardfehler abschätzen zu können. Natürlich ist es wünschenswert, die Präinkubationszeit so kurz wie möglich zu halten; sie wird von der Zeit bestimmt, die die Zellen brauchen, um einen Standardzustand zu erreichen. Die Haft- und Ausbreitzeit verschiedener Linien kann von Stunden bis zu Tagen variieren; dies muß man wissen, wenn man das Experiment beeinflussen will. Auch wenn der Stoffwechsel durch eine Behandlung zur Gewebezerlegung gestört wird, sollte man dies nach Möglichkeit bestimmen und die Erholungszeit abschätzen. Beim Planen eines derartigen Experiments empfiehlt es sich, eine sehr große Menge Kulturmedium herzustellen, so daß das gleiche Medium sowohl für die Präinkubation, als auch für die Hauptinkubation unter experimentellen Bedingungen verwendet werden kann.

Die *Schritte bei der Planung* der üblichen Art von Gewebekultur-Versuchen können daher wie folgt zusammengefaßt werden, wobei man die schon erwähnten Einschränkungen und speziellen Erfordernisse für jeden Versuch berücksichtigt.

Phase 1: Man züchtet eine große Menge an Vorratszellen (ständig gezüchtete oder frisch dissoziierte).

Phase 2: Vorbereitung der Zellsuspensionen. Man verteilt gleiche Mengen auf die Kulturgefäße.

Phase 3: Präinkubation: Man hält die Zellen in Kontrollmedium, bis sie sich „stabilisiert“ haben.

Phase 4: Beginn des Experiments: Man nimmt Anfangsproben und wendet die geplanten Bedingungen an.

Phase 5: Man sammelt Proben, wobei man Kontroll- und Testproben gleichzeitig entnimmt.

Reproduzierbarkeit von Versuch zu Versuch ist sehr schwer zu erzielen. Sogar mit den besten Verfahrensweisen ist es oft schwierig, identische Ergebnisse von einem Gewebekultur-Versuch zum anderen zu erreichen. Die häufigsten Gründe für die Variation liegen in Unterschieden zwischen dem Kulturmedium und Unterschiede zwischen den Zellen. Um *Unterschiede zwischen den Medien* auf ein Minimum zu beschränken, sollte man versuchen, den Bedarf zu Beginn eines experimentellen Programms abzuschätzen und eine genügend große Menge herzustellen, die für die ganze Versuchsreihe ausreicht. Das Medium wird man selten verschwenden. Hat man zuviel angesetzt (was unüblich ist), kann man es immer noch für andere Zwecke verwenden. Es gibt hierbei einige Probleme. Erstens kann der Lagerraum nicht ausreichen. Man kann sehr viel Platz sparen, wenn man die Medien als Pulver herstellt oder besser als konzentrierte Stammlösungen. Der andere Haken ist, daß auch unter diesen Bedingungen noch Veränderungen während der Lagerung im Medium auftreten können. Um dies auf ein Minimum zu beschränken, sollte man die Materialien in luftdichten Behältern bei −70 °C lagern, wenn die Versuchsreihen sich über mehrere Wochen hinziehen.

Unterschiede zwischen den Zellen stellen freilich größere Probleme dar. Sogar bei reinen Zellinien müssen zwei Arten von Unterschieden in Betracht gezogen werden: Unterschied der genetischen Konstitution und Unterschied des physiologischen Zustands. Es wurde schon früher darauf hingewiesen, daß Zellen in Kultur dazu neigen, sich genetisch zu ändern, hauptsächlich infolge einer Neuordnung der Chromosomen. Der ganze Charakter einer Zellinie kann sich im Laufe mehrerer Monate einer fortwährenden Kultur ändern. Der einzige Weg, um Komplikationen dieser Art zu vermeiden, besteht darin, eine genügend große Menge von Zellen zu Versuchsbeginn einzufrieren, um Impfkulturen zur Erneuerung des Vorrats von Zeit zu Zeit während des Versuchsprogramms anlegen zu können. (Methoden zur Lagerung von Zellen durch Frieren sind in Abschn. 4.7 beschrieben.)

Zellen verhalten sich in der stationären und Wachstumsphase sehr verschieden und können sich beispielsweise stark im Gehalt einiger Enzyme unterscheiden. Daher ist es wichtig, daß sich eine Zellpopulation in dem einen Experiment im gleichen Stadium befindet wie eine Population in einem anderen Versuch. Praktisch kann man heute nur Zellen in der logarithmischen Wachstumsphase standardisieren. Um dies zu erreichen, sollten die Vorratskulturen in der logarithmischen Phase sein (durch Zellzählung bestimmt), wenn man Impfproben zum Ansetzen von Versuchen entnehmen will. Ist eine Vorinkubation erforderlich, sollten die Bedingungen durch Vorversuche standardisiert werden, um festzustellen, wie man dies erreichen kann.

5.2.2.2 Synchrone und parasynchrone Kulturen

Viele Fragen könnten besser beantwortet werden, wenn die Zellpopulationen so synchronisiert werden könnten, daß sich alle Zellen gleichmäßig teilen. Dieses Ideal ist noch nicht erreicht worden; doch wurden viele erfolgreiche Versuche unternommen, Populationen zu erhalten, in denen sich die meisten Zellen innerhalb von einer oder zwei Stunden teilen. Dies wird als *parasynchrone Replikation* bezeichnet. Keine Methode ist für jeden Anwendungsfall völlig zufriedenstellend.

Newton und Wildy *kühlten* ihre Zellen mehrere Stunden auf 4 °C, eine Methode, die bei Protozoen erfolgreich angewandt wurde, und erhielten damit eine annehmbare Parasynchronisierung. Hill und Mitarbeiter fanden, daß die Versorgung einer ruhenden Population mit *frischem Medium* eine Parasynchronisierungs-Welle hervorrief. Paul und Hagiwara fanden, daß durch Verhinderung der DNS-Synthese mittels *Fluordesoxyuridin* und anschließender Aufhebung der Hemmung mit Thymidin eine DNS-Synthese-Welle einsetzt. Rueckert und Mueller fanden, daß diese Methode eine Welle parasynchroner Teilung von HeLa-Zellen hervorrief. Ein ähnliches Prinzip hat Xeros verwendet, der beobachtete, daß eine *hohe Thymidin-Konzentration* die Zellteilung verhinderte (wahrscheinlich durch Rückkopplungshemmung der Bildung anderer Desoxyribonukleotide). Nach Entfernung von überschüssigem Thymidin setzte eine Welle der Parasynchronisierung ein. Diese Technik wurde recht erfolgreich von Bootsma und Mitarbeitern verwendet. Ein anderes Prinzip haben Terasima und Tolmach eingeführt, die die Tatsache ausnutzten, daß sich Zellen in der Metaphase abrunden und sich leicht vom Glas lösen. Sie fanden, daß Zellpopulationen, die sie durch leichtes *Abschütteln* der losen Zellen aus exponentiell wachsenden Kulturen erhielten, sich anschließend fast synchron teilten.

Stubblefield und Klevecz fanden, daß man größere Ausbeuten mit der Methode nach Terasima und Tolmach erhalten kann, wenn man vor dem Ernten der Interphase-Zellen 1,5 bis 2 Std. lang mit *Colcemid* behandelt. Längere Colcemid-Behandlung führte aber zu einer steigenden Zahl fehlerhafter Mitosen. Doch fanden Doida und Okada, daß bei ihrer Methode eine längere Behandlung mit Colchicin ratsam ist, welche eine Behandlung mit überschüssigem Thymidin und Colcemid kombiniert. Sie verwendeten Zellen im exponentiellen Wachstum bei einer Zelldichte von ungefähr 3×10^5 pro ml. *Thymidin* in einer Endkonzentration von $2{,}5 \times 10^{-3}$M wurde für 5 Std. zugesetzt. Die Zellen wurden dann abzentrifugiert und wieder in einem Medium suspendiert, das 10^{-6}M *Desoxycytidin* und 0,025 µg/ml Colcemid enthielt. Die Zellen wurden 5 Std. lang inkubiert, abzentrifugiert und bei der Dichte von etwa 2,4 × 10^4/ml resuspendiert. Dieses Verfahren wurde für L5178Y-Zellen verwendet, die eine Verdopplungszeit von ungefähr 10 Std. haben.

Sinclair und Bishop trennten kleine Zellen aus einer Population von L-Zellen ab, indem sie sie kurz in einem 5–15%igen *Rohrzucker-Gradienten* zentrifugierten (6 Min. bei 80 g). Die Zellpopulation vom oberen Teil des Gradienten, die ungefähr 4% der Gesamtmenge ausmachte, wurde von Rohrzucker freigewaschen und in neues Medium ausgesät. Es folgten ausgeprägte synchrone Teilungen, die mit der Zeit freilich mehr und mehr asynchron wurden. Whitfield und Youdale fanden, daß L-Zellen, einfach in *serumfreiem Medium* 54–58 Std. lang suspendiert, anschließend mit Serum wieder versetzt und in ihrer Zellkonzentration halbiert, nach 20–22 Std. eine synchrone Zellteilung zeigen.

Bei Versuchen mit parasynchronen Kulturen und in vielen anderen experimentellen Situationen ist es wünschenswert, die verschiedenen Phasen des Zellzyklus zu bestimmen. Dafür gibt es viele Möglichkeiten, manche sind recht kompliziert, aber bei Zellinien, bei denen die Wachstumsfraktion praktisch die ganze Population umfaßt, können einige, relativ einfache Methoden verwendet werden.

5.2.2.3 Zellzykluszeit und Grad der Synchronisation

Bei wachsenden Zellpopulationen kann die in Abschn. 2.2.2 beschriebene kinetische Methode verwendet werden, um die mittlere Generationszeit der Kultur zu bestimmen. Unter der Voraussetzung, daß sich alle Zellen teilen, kommt diese Zeit der Zellzykluszeit recht nahe, d. h. der mittleren Zeit, die eine Zelle braucht, um von einem genau bezeichneten Punkt im Zellzyklus zum gleichen Punkt im nächsten Zyklus zu gelangen. Die Zunahme der Zellpopulation kann durch Zellzählung, Kernzählung, DNS- oder Protein-Bestimmungen oder Trübungsmessungen bestimmt werden. Meist werden Zellzählungen verwendet. Bei der graphischen Auswertung der Populationskinetik ist es üblich, den Logarithmus der Zellzahl gegen die Zeit aufzutragen. Bei einer exponentiell wachsenden Kultur wandelt dies die Wachstumskurve in eine Gerade um. Verwendet man Logarithmen zur Basis 2, können die Werte für n und T direkt aus der graphischen Darstellung entnommen werden.

Nimmt man die Zellzählungen in kürzeren Abständen als die Zellzykluszeit vor (alle 1–2 Std.), kann der Grad der Synchronisierung abgeschätzt werden. In einer völlig zufälligen Kultur steigt die Exponentialkurve langsam an. Andererseits verdoppelt sich die Zellzahl in einer hochsynchronisierten Kultur bei jeder Mitose-Welle und bleibt zwischendurch unverändert. Folglich verläuft die Kurve der logarithmischen Zellzahl gegen die Zeit in Stufen. Die Zellzykluszeit kann dann aus entsprechenden Teilen aufeinanderfolgender Schritte gemessen werden. Je synchroner eine Zellpupulation, desto eher wird eine ideale, stufenförmige Kurve erreicht.

Die *Puls-Markierung mit ^{3}H-Thymidin* wird meist zur Bestimmung der Zell-Synchronisation angewandt; sie informiert auch über die Dauer der S-Phase. Zellproben werden der Hauptkultur in Abständen von 1–2 Std. entnommen. Die Inkubation dieser Proben wird 15 Min. lang in 1 μCi/ml ^{3}H-Thymidin enthaltendem Wachstumsmedium fortgeführt. Dann werden die Zellen gesammelt und für die Zählung vorbereitet. In asynchronen Kulturen ist die spezifische Aktivität der zellulären DNS zu allen Zeiten die gleiche. In synchronen Kulturen aber ist die spezifische Aktivität gering, wenn sich die meisten Zellen in M, G_1 oder G_2 befinden, und hoch, wenn sie sich in S befinden. In einer völlig synchronen Kultur würde man eine Reihe von Schüben erhalten, jeder Schub mit der Dauer von S und einer Wellenlänge, die der Zellzykluszeit entspricht.

5.2.2.4 Phasen des Zellzyklus

Markierte Mitosen. Die gebräuchlichste allgemeine Methode zur Messung aller Parameter des Zellzyklus ist die Methode der markierten Mitosen. Das Prinzip ist folgendes: Die Zellen werden wie oben beschrieben pulsmarkiert. Doch anstatt Proben zu entnehmen, sie zu markieren und sie sofort zu verarbeiten, wird die ganze Population markiert. Nach 15minütiger Pulsmarkierung wird das ^{3}H-Thymidin-enthaltende Medium entfernt, die Zellen zweimal mit Wachstumsmedium gewaschen und mit frischem Wachstumsmedium versorgt, das unmarkiertes Thymidin (10^{-5}M) enthält. Dann werden Proben in Abständen von einer oder zwei Stunden entnommen und für die Autoradiographie fertiggemacht. Von jeder Präparation werden mindestens 100 Metaphasen gezählt und der markierte Anteil notiert. Während der Puls-Markierung werden alle Zellen in S markiert. Zu dieser Zeit zeigt aber keine Mitose-Figur eine Markierung, da ja in G_2 oder M keine DNS-Synthese stattfindet. Wenn S-markierte Zellen über G_2 nach M kommen, erscheinen markierte Metaphase-Zellen. Der Anteil der markierten Metaphase-Zellen erreicht ein Maximum, da die Mehrheit der Zellen, die zur Zeit der Pulsmarkierung in S waren, im „Metaphase-Fenster“ ankommen. Dieser Anteil nimmt ab, wenn die Zellen, die zur Zeit des Pulses in G_1 waren, in die Metaphase gelangen. Trägt man den Anteil der markierten Metaphasen gegen die Zeit auf, erhält man eine wellenähnliche Kurve (Fig. 55). Die Zellzykluszeit ist durch die Wellenlänge gegeben, die nach entsprechenden Zeiten gemessen wird. Die Welle selbst stellt den Durchgang der

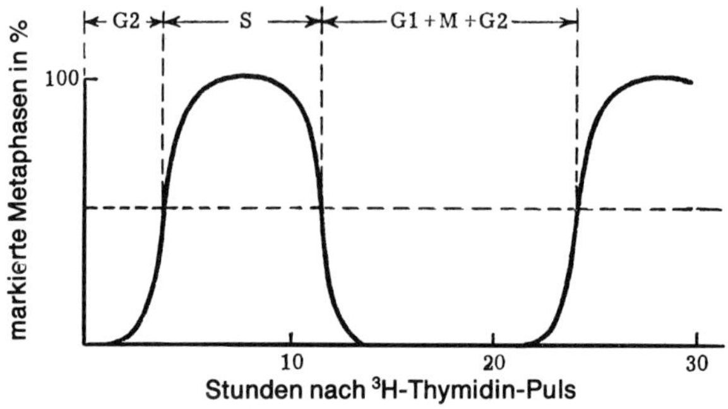

Fig. 55 Anhäufung markierter Metaphasen, die auf einen ^{3}H-Thymidin-Puls folgen

Zellpopulation durch die S-Phase dar, die daher als Abstand zwischen den 50%-Punkten im ansteigenden und abfallenden Teil der Welle bestimmt werden kann. In einer zufälligen Kultur kann man S bei Kenntnis der Zellzykluszeit auch erhalten, indem man den Anteil aller Interphase-Zellen bestimmt, die in der ersten Probe markiert wurden. Wenn z. B. 50% der Zellen markiert sind, bedeutet dies, daß 50% der Zellen in S waren und S daher 50% der Zellzykluszeit ausfüllt.

In der gleichen Kurve kann G_2 als Zeit vom Start der Pulsmarkierung bis zur 50%igen Markierung der Metaphasen bestimmt werden. Ferner entspricht die Zeit von dem Punkt, bei dem 50% der Metaphasen auf dem absteigenden Teil der Welle markiert sind, bis zu dem Zeitpunkt, bei dem 50% auf dem ansteigenden Teil der nächsten Welle markiert sind, der Zeit für $G_1 + M + G_2$. Ist G_2 bekannt, kann man $G_1 + M$ bestimmen und M kann entweder durch direkte Beobachtung oder in einer unbekannten Kultur durch den Mitose-Index gemessen werden.

Kombinierte Methoden. Die obige Methode gibt nur über das Durchschnittsverhalten einer gesamten Zellpopulation Auskunft. Durch Kombination der ^{3}H-Thymidin-Pulsmarkierung (zur Markierung der Zellen in S) mit Zeitraffer-Mikroskopie, der sich Fixierung und Autoradiographie anschließen, kann man Parameter für einzelne Zellen aufstellen.

Diese Methoden zur Untersuchung der Zellkinetik sind einfach und bei reinen Zellinien leicht anwendbar. In gemischten Populationen, Populationen, in denen die Wachstumsfraktion deutlich geringer als 1 ist, oder in Populationen (z. B. von sich differenzierenden Zellen), bei denen sich der Charakter der Population ändert, ist aber die Lage viel komplizierter und macht spezielle mathematische Schritte erforderlich.

5.2.3 Quantitative Kriterien

5.2.3.1 Allgemeines

Bei jedem quantitativen Versuch ist es zunächst wesentlich, daß Methoden verfügbar sind, um geeignete Parameter genau zu messen. Bei vielen Experimenten diktiert die Natur des Problems, für das man sich interessiert, die Paramter, die man untersucht. Doch gibt es in der Zell- und Gewebekultur-Arbeit im allgemeinen eine Reihe Kriterien, die allgemein üblich angewandt werden. Sie können in 2 Gruppen eingeteilt werden: Erstens solche, die die Größe des Wachstums oder Überlebens einer Zellpopulation zu bestimmen erlauben, und zweitens solche, die den Stoffwechsel einer Zellpopulation erfassen.

Alle Werte über Wachstum und Überleben basieren auf der Messung der Zahl lebensfähiger Zellen einer Population. Theoretisch erhält man den eindeutigsten Wert lebensfähiger Zellen durch Bestimmung des Anteils einzelner Zellen einer Population, aus denen Zellkolonien entstehen können, d. h. durch Bestimmung der Klonier-Ausbeute.

5.2.3.2 Bestimmung der Klonier-Ausbeute

Wenn Zellen in Petrischalen nach Pucks *Verdünnungsmethode des Klonierens* ausgesät werden, entstehen selten aus all den Zellen individuelle Kolonien. Doch ist der Umfang, in dem neue Kolonien entstehen recht konstant. Die *Klonierausbeute (engl. plating efficiency)* wird als folgendes Verhältnis definiert:

$$\frac{\text{Zahl der Kolonien}}{\text{Zahl der ausgesäten Zellen}}$$

Sie wird gewöhnlich in Prozent ausgedrückt.

Bei der Ausführung von Experimenten, bei denen die Klonierausbeute bestimmt werden soll, wird gewöhnlich eine Zellsuspension in eine 50–60 mm Petrischale ausgesät. Nach einer Inkubationszeit von 7–10 Tagen, in denen sich die Kolonien zu angemessener Größe entwickeln können, werden sie fixiert und gefärbt (z. B. mit May-Grünwald-Giemsa) und die Zahl der Kolonien gezählt. Bei Vorversuchen werden Aussäzahlen verwendet, die zwischen 100 und 5000 Zellen pro Schale liegen, um die Klonierausbeute der Zellen unter den vorgegebenen Bedingungen zu bestimmen. Dann wird gewöhnlich eine Aussäzahl verwendet, die eine Ausbeute von 50 bis 200 Kolonien pro Schale bringt. Jeder schädigende, äußere Einfluß erniedrigt die Klonierausbeute in reproduzierbarem Ausmaß.

Die großen *Vorteile der Bestimmung der Klonierausbeute* als Versuchskriterium sind: 1. Man erhält ein direktes und eindeutiges Maß für den

Anteil der lebensfähigen Zellen einer Zellpopulation. 2. Man braucht nur wenige Zellen, so daß man nur einen kleinen Vorrat halten muß. *Nachteilig* ist, daß man die Ergebnisse erst nach mehreren Tagen erhält. Auch liefert die beschriebene Technik trotz gut reproduzierbarer Ergebnisse bei erfahrenen Untersuchern kein Maß für den Anteil lebensfähiger Zellen in einer Population, welcher gewöhnlich sehr viel höher liegt als die Klonierausbeute anzeigt. Man kann eine höhere Klonierausbeute oft dadurch erhalten, daß man die Zellen in Schalen aussät, die bereits mit bestrahlten Zellen bedeckt sind und so eine *Nährschicht (feeder layer)* bilden. Die Qualität des verwendeten Mediums und die Geschicklichkeit des Ausführenden beeinflussen die Ergebnisse auch sehr. Daher darf man die Klonierausbeute nur als einen relativ empirischen Parameter und nicht als ein absolutes Merkmal einer Zellpopulation betrachten. Nebenbei sei bemerkt, daß die Erhaltung einer ständig hohen Klonierausbeute wahrscheinlich die beste Kontrolle für die Qualität von Medien und das technische Geschick bei der Zellkulturarbeit darstellt.

5.2.3.3 Nährschichten (Feeder Layers)

Der Gebrauch von Feeder Layers wurde oben erwähnt. Sie sind manchmal sehr nützlich, um anspruchsvolle Zellinien zu klonieren. *Bestrahlt* man Zellen mit ungefähr 2000 r, dann entwickeln sich praktisch aus keiner Population Kolonien, obwohl sich die Zellen auf Glas absetzen und Riesenzellen bilden, die weiterhin Stoffwechsel zeigen. Wenn man in eine Schale einige dieser Zellen vor oder gleichzeitig mit unbestrahlten Zellen aussät, dienen die bestrahlten Zellen als „Feeder"- oder Nähr-Zellen und fördern das Weiterleben der unbestrahlten Zellen. Die Technik basiert auf der Beobachtung, daß der Anteil weiterlebender Zellen bestimmter Zellarten stark abfällt, wenn sie auf unter 1–2 $\times$ 10^4 Zellen pro ml Kulturmedium verdünnt werden. Daher ist die Dichte des Feeder Layers sehr wichtig. Wenn zu dicht, gibt es Konkurrenz um die verfügbare Glasoberfläche. Wenn nicht dicht genug, kommt der Feeder-Effekt nicht zur Wirkung. Für eine 50 mm-Petrischale mit ungefähr 5 ml Kulturmedium, sind 1–3 $\times$ 10^5 Zellen gewöhnlich die richtige Menge.

Oft ist es wünschenswert, eine schnellere und weniger beschwerliche Methode für die Messung des Zellwachstums und der Lebensfähigkeit zu haben. Dann zählt man die Zellen direkt und bestimmt ihre Lebensfähigkeit durch Farbstoff-Ausschluß.

5.2.3.4 Bestimmung der Zellzahl

Dafür gibt es direkte und indirekte Methoden. Die *direkte Bestimmung* beruht auf der Zellzählung mit Hilfe einer Zählkammer (Hämocytometer) oder eines elektronischen Zählers, während die *indirekte Bestimmung* durch Messung des zusammengepreßten Zellvolumens, Trocken- oder Naßgewichtes oder verschiedener zellulärer Bestandteile, wie Protein- oder Desoxyribonukleinsäure erfolgt.

5.2.3.4.1 Zellzählung mit einer Zählkammer

Viele Zellen können leicht und genau nach dem Suspendieren durch Trypsin-Behandlung gezählt werden, entweder direkt oder nach Anfärbung.

Methode:

1. Man befeuchtet die tragenden Ränder einer Zählkammer und bringt das Deckglas auf, wobei man es fest anpreßt, so daß Newtonsche Ringe erscheinen.
2. Man mischt die Zellen in der Suspension, indem man sie auf- und abpipettiert und dann sehr schnell einen Tropfen in die Zählkammer überträgt. Gewebekulturzellen setzen sich sehr schnell ab, wodurch große Fehler entstehen!
3. Unter Verwendung eines 16 mm Objektivs stellt man auf ein großes Quadrat ein, welches das ganze Feld füllen soll und aus 16 kleineren Quadraten besteht. Man zählt alle Zellen in dem Quadrat, wobei man die auf der oberen und linken Linie wegläßt und die auf der unteren und rechten Linie mitzählt.
4. Man zählt 4 solche Quadrate, nimmt das Mittel und multipliziert mit 10 000. Dies ergibt die Zahl der Zellen pro ml.

Für genaue Ergebnisse muß man mindestens 1000 Zellen zählen. Alle Zellen eines Klumpens müssen gezählt werden. Wenn aber mehrere Klumpen vorhanden sind oder der Unterschied zwischen den einzelnen Zählungen beträchtlich ist, kann man die Zählungen nicht als zuverlässig betrachten. Dann sollte man den ganzen Vorgang wiederholen, bis man zuverlässige Ergebnisse erhält.

Manchmal ist es schwierig, Zellen von anderem vorhandenem Material zu unterscheiden. Wenn die Zellen angefärbt sind, ist dies sehr viel leichter. Die Färbelösung besteht aus 0,1% Kristallviolett in 0,1 M Zitronensäure. Man stellt eine genau dreifache Verdünnung der Zellsuspension mit dieser Färbelösung her, führt die Zählung wie oben durch und multipliziert die Ergebnisse mit 3.

Aus der Erfahrung des Autors kann man mit den obigen Methoden genaue Zählungen erhalten, vorausgesetzt, die Zellen sind gleichmäßig verteilt und am Sedimentieren gehindert. Einige Experten finden, daß die Kernzählung genauer ist. Die Methode ist etwas komplizierter als die obige.

Zuerst wird das Kulturmedium von den Zellen entfernt, die dann 1 Std. lang bei 37 °C mit 0,1 M Zitronensäure behandelt werden. Anschließend werden die Kerne vom Zytoplasma entweder durch kräftiges Schütteln oder durch vorsichtige Behandlung mit einem Potter-Homogenisator voneinander getrennt. Sie werden vom Überstand durch 20minütiges Zentrifugieren bei 1100 g abgetrennt und wieder, wie oben beschrieben, in einer Kristallviolett-Zählflüssigkeit suspendiert. Die Suspension wird in der gleichen Weise gezählt.

Bei allen oben genannten Arbeitsweisen sollten die Zellsuspensionen so verdünnt werden, daß vor dem Zählen ungefähr 500 000 Zellen oder Kerne pro ml vorhanden sind. Bei einiger Erfahrung weiß der Ausführende ungefähr, wieviele Zellen wahrscheinlich in einer Kultur sind. Sonst ist es das Beste, eine konzentriertere Suspension zu verwenden und sie dann zu verdünnen, wenn sich die Zellzahl als zu hoch erwiesen hat.

Diese Arbeitsweise wurde für die übliche Blutzellen-Zählkammer beschrieben, aber nach Meinung des Autors ist die Fuchs-Rosenthal-Kammer vorzuziehen. Selbstverständlich muß die Berechnung bei ihrer Verwendung modifiziert werden.

5.2.3.4.2 Elektronische Zellzähler

Die Entwicklung elektronischer Geräte für die Teilchenzählung hat die Quantifizierung der Zellkultur sehr gefördert. Diese Geräte ermöglichen nicht nur eine sehr viel raschere Zählung (ungefähr 2 Min. gegenüber 20 Min. für eine Einzel-Zählung), sondern auch eine sehr viel größere Genauigkeit, als sie mit einer Zählkammer selbst von der geschicktesten Person erreicht werden kann. Sie sind ziemlich teuer und daher nicht in allen Labors verfügbar, aber wenn, dann sind sie unschätzbar.

Nach Meinung des Autors ist der beste Apparat für die gewöhnliche Zellzählung der von *Coulter* oder ein ähnlicher Typ. In diesem Gerät wird eine Zellsuspension durch eine kleine Öffnung in eine Glasröhre gesaugt. Eine Elektrode befindet sich innerhalb der Röhre, eine andere außerhalb in der Suspension. Der Durchgang eines Teilchens durch die Öffnung unterbricht zeitweilig den Strom und die Zahl der Unterbrechungen wird mit Hilfe einer herkömmlichen Meßeinheit addiert. Bevor man zählt, müssen sich die Zellen in Suspension befinden. Zellen, die bereits in Suspension wachsen, werden nur wenn nötig mit einer passenden Flüssigkeit verdünnt. Eine, die wir vollkommen ausreichend fanden, besteht aus 7 g NaCl, 10,5 g Zitronensäure und 1 ml 40%igem Formalin, mit Wasser auf einen Liter aufgefüllt. Die Zellflüssigkeit muß durch gesintertes Glas filtriert werden, um alle festen Teilchen zu entfernen. Wenn Zellen als Einschicht-Kultur auf Glas wachsen, ist es wichtig, sie vollkommen zu entfernen, damit man sie als Einzelzell-Suspension erhält. Wir fanden als geeignete Arbeitsweise, das Kulturmedium zu entfernen und die Zellen einmal mit einer Calcium- und Magnesium-freien Salzlösung zu waschen; anschließend werden sie mit einer Lösung angedaut, die 0,25% Trypsin in einem Saline-Zitrat-Puffer enthält; der Puffer wird durch Lösen von 6,0 g Natriumchlorid, 3,0 g Natriumcitrat und 0,02 g Phenolrot in einem Liter Wasser zubereitet. Der pH-Wert sollte bei ungefähr 7,6 liegen; wenn er sehr davon abweicht, sollte er sorgfältig auf diesen Wert eingestellt werden.

Elektronische Zellzähler unterscheiden nicht zwischen lebenden und toten Zellen und normalerweise auch nicht zwischen Einzelzellen und Zellklumpen. Es ist daher bei der Benützung solcher Zähler wichtig, *die Zell-Präparation vor der Zählung mikroskopisch zu untersuchen.* Es ist auch wichtig, absolut saubere Glasgeräte zu verwenden und sich zu vergewissern, daß alle Lösungen frei von suspendierten Teilchen sind, die falsche Zählungen ergeben. Harris fand, daß elektronische Zähler ständig höhere Zählwerte ergeben, als man mit Hilfe der Zählkammer erhält. Bei Bedarf kann man entsprechend korrigieren. An die Möglichkeit derartiger Meßunterschiede sollte man immer denken.

Macdonald und Bruce fanden, daß man Minikolonien in Agar nach nur 6tägiger Inkubation mit einem Coultercounter zählen kann, der mit einem 300 μ Fenster ausgestattet ist.

5.2.3.5 Bestimmung des Volumens zusammengepreßter Zellen

Wenn man sich mit großen Gewebemengen befaßt, kann man eine ungefähre Vorstellung der Zellzahl bekommen, indem man das Volumen der zusammengepreßten Zellen mißt, die unter Standardbedingungen der *Zentrifugation* in einem Standard-*Hämatocrit-Röhrchen* sedimentiert wurden. Diese Technik wurde von Waymouth erfolgreich angewendet. Es sei bemerkt, daß ein geübter Beobachter eine sehr viel grobere Schätzung der Gesamt-Zellzahl aus der Größe des Zell-Sediments gewinnen kann, das im Zentrifugen-Röhrchen bei der normalen Übertragung anfällt.

Waymouth verwendet siliconisierte Van Allen Hämatocrit-Röhrchen und suspendiert die Zellen durch Trypsinierung, bevor er sie in das Röhrchen überführt. Er zentrifugiert 30 Min. lang bei 2800 Upm in einem Rotor (der Fa. International Centrifuge) und liest dann am graduierten Röhrchen ab.

5.2.3.6 Bestimmung des Naß- und Trockengewichts

Mit Ausnahme weniger spezieller Untersuchungen kann man diese Methoden wenig empfehlen, da sie zeitraubend und wenig genau sind.

Als Basis für chemische Bestimmungen gelten als beste Meßgrößen entweder die Desoxyribonucleinsäure (DNS)- oder Protein-Stickstoff-Werte (PN). Es gibt viele Möglichkeiten zu ihrer Bestimmung. Die nachfolgend beschriebenen Methoden sind aber besonders leicht und erfordern ein Minimum an Geschicklichkeit. Für eine vollständigere Analyse kleiner Gewebeproben siehe die Arbeit von Paul (1958).

5.2.3.7 Bestimmung der DNS mit der Diphenylamin-Methode

Reagenzien.

1. *Diphenylamin-Reagenz:* Man gibt 1,5 g Diphenylamin (2 × umkristallisiert aus 70%igem Alkohol) und 1,5 ml konzentrierte Schwefelsäure p.a. zu 100,0 ml doppelt dest. Eisessig.

Dieses Reagenz wird im Kühlschrank aufbewahrt.

2. Redest. Acetaldehyd p.a.

3. Standard-Desoxyribose-Lösung, die 20 μ/ml N Perchlorsäure enthält.

Arbeitsweise: Man stellt das Gebrauchsreagenz am Tage der Verwendung durch Zugabe von 0,1 ml Acetaldehyd zu 20 ml Diphenylamin-Reagenz her. Falls sich eine blaue Farbe entwickelt, muß das Diphenyl-Reagenz neu mit frisch dest. Eisessig zubereitet werden. Wenn das Reagenz brauchbar ist, bereitet man ein Extrakt, indem man die Zellen sammelt, wäscht und sie 2mal mit 1 ml 1 N Perchlorsäure bei 70 °C extrahiert. Nach jeder Extraktion zentrifugiert man und vereinigt die Überstände. Zu 2 ml Gebrauchsreagenz in einem Reagenzglas gibt man 1 ml Testlösung, die 50–500 μg DNS enthält. Man inkubiert 16–20 Std. lang bei 30 °C und mißt die optische Dichte der blauen Lösung bei 600 nm (*Merke:* 20 μg Desoxyribose = 124 μg DNA).

5.2.3.8 Eiweißbestimmung mit der Lowry-Methode

Reagenzien:

1. Man mischt 0,5 ml einer 1%igen $CuSO_4.5H_2O$-Lösung und 0,5 ml einer 2%igen Kaliumtartrat-Lösung. Dieses Gemisch fügt man langsam unter Umrühren zu 50 ml einer 2%igen Na_2CO_3-Lösung in 0,1 N NaOH (Reagenz A).

2. *Folin-Ciocalteau-Reagenz:* 4 ml, verdünnt auf 10 ml mit destilliertem Wasser.

3. Standard kristallines Rinder-Serum-Albumin, 0,5 mg/ml.

Arbeitsweise: Das Gewebe wird in 1 N NaOH gelöst und die Probe so verdünnt, daß sie 0,5–1 mg Protein/ml enthält. Zu 3 ml Reagenz A werden 0,2 ml der verdünnten Probe zugefügt. Nach dem Mischen wird 10 Min. lang bei Zimmertemperatur stehengelassen, 0,3 ml verdünntes Folin-Ciocalteau-Reagenz zugefügt, wobei darauf zu achten ist, daß *rasch und gut vermischt* wird. Nach einer Stunde wird die optische Intensität der blauen Farbe bei 750 mμ abgelesen.

5.2.3.9 Bestimmung der Zell-Lebensfähigkeit (Viabilität)

Es ist oft wertvoll und manchmal wichtig, daß man das Verhältnis der tatsächlich lebenden Zellen in einer Kultur bestimmen kann. In der Theorie ist der beste Weg, die *Klonierausbeute* (engl. *plating efficiency*) zu bestimmen, d. h. den Anteil der Zellen, die Kolonien zu bilden vermögen (S. 345). In der Praxis ist diese Methode nicht vollkommen zuverlässig, da viele Faktoren außer der Lebensfähigkeit bestimmen können, ob Zellen fähig sind, Kolonien zu bilden. Z. B. ist es schwierig, Kolonien aus Einzelzellen gewisser Zellinien zu züchten, obgleich man leicht durch Einbau markierter Stoffwechselprodukte und aufgrund der Wachstumseigenschaften der Kultur zeigen kann, daß die große Mehrheit der Zellen gesund und lebensfähig ist.

5.2.3.9.1 Vitalfärbungen

Viele andere Methoden wurden vorgeschlagen, z. B. die Fähigkeit, radioaktives Thymidin in die DNS zu inkorporieren, etwa durch Autoradiographie, oder die Fähigkeit fixierter Zellen, Kernfarbstoffe aufzunehmen, doch basieren die geeignetsten Techniken auf der Beobachtung, daß die Oberflächenmembran lebender Zellen fähig ist, *selektiv gewisse Substanzen auszuschließen,* während tote Zellen diese Substanzen leicht ins Zellinnere durchlassen. Durch Verwendung von Farbstoffen wird es sehr einfach, durchlässige Zellen zu unterscheiden.

In früheren Studien, bei Bakterien, Hefen und später Ascites-Zellen, wurden als Farbstoffe Trypanblau, Safranin, Erythrosin und Eosin verwandt. In Zellkulturen zeigten Phillips und Terryberry, daß *Erythrosin B* nach Zugabe zum Kulturmedium oder BSS in einer Konzentration von 20 mg pro 100 ml tote Zellen, aber nicht lebende anfärbt und die Atmung nichtgefärber Zellen nicht beeinflußt. Hanks und Wallace fanden später, daß *Eosin Y* in einer Konzentration von 150 mg pro Liter in ähnlicher Weise verwendet werden kann und die Zellen noch wachsen können.

Nach Prüfung einer großen Anzahl von Verbindungen kamen Kaltenbach et al. zu dem Schluß, daß der beste Farbstoff für diesen Zweck *Nigrosin* ist, und zwar in einer Konzentration von 20–50 mg in 100 ml BSS oder Kulturmedium. Sie entwickelten diese Technik zur Anwendung an Ascites-Tumorzellen; die Methode ist aber genauso nützlich für gezüchtete Zellen. Folgendes Verfahren ist zufriedenstellend.

Man verwendet eine Vorratslösung von 50 mg *Nigrosin* in 100 ml BSS. Die Zell-Suspension wird 1:10 mit einer Zählflüssigkeit in einer Blutpipette für weiße Blutzellen verdünnt. Ein Tropfen dieser angefärbten Suspension wird auf einen Objektträger gebracht und mit einem Deckglas bedeckt (es empfiehlt sich, eine Zähl-Kammer zu verwenden). Nach 5–10 Min. wird die Gesamtzellzahl und die Zahl der toten (angefärbten) Zellen in mehreren Feldern gezählt. Die Lebensfähigkeit wird nach folgender Formel berechnet:

$$\frac{(\text{Gesamtzahl} - \text{Zahl der toten Zellen})}{\text{Gesamtzellzahl}} \times 100[\%]$$

Nach Trypsinierung können lebende Zellen langsam Farbstoff aufnehmen, wenn er in hoher Konzentration verwendet wird; dies kann daher zu Fehlern führen. Doch kann man dem Problem fast völlig vorbeugen, wenn man die Vorratsfarbstofflösung 1:10 mit Zellsuspension verdünnt. Erythrosin B- oder *Trypan Blau*-Vorratslösungen (10 ×) sollten 0,4% des Farbstoffs in einer gepufferten, physiologischen Salzlösung bei pH 7,3 enthalten.

Sind die Zellen in einem proteinreichen Kulturmedium suspendiert, mag dies bei der

Bestimmung der Lebensfähigkeit zu Fehlern führen, da Eiweiß selbst eine große Affinität für Farbstoffe hat. Nach Phillips tritt dieses Problem bei Erythrosin B nur auf, wenn das Medium mehr als 10% Serum enthält; der Effekt kann bis zu 20% Serum verhindert werden, wenn man die Erythrosin-B-Menge verdoppelt. Freilich können sogar 5% Serum bei Trypan Blau zu Fehlern führen.

5.2.3.9.2 ^{51}Cr Freisetzung als Maß von Zelltod

Diese Technik basiert auf dem Befund von Wigzell (1965), daß adsorbiertes Chromat(^{51}Cr) von lebenden Zellen nur langsam freigesetzt wird, sofort aber von toten Zellen.

2×10^6 Zellen werden zweimal in Puffer gewaschen (ursprünglich wurde Gelatine-Veronal in 25% Serum verwendet) und wieder in 0,01 ml Puffer suspendiert, der 40 μCi ^{51}Cr als Natriumchromat enthält. Diese Mischung wird 30 Min. lang bei 37 °C inkubiert. Die Zellen werden dann 3mal mit 10 ml Puffer gewaschen, in 2 ml kaltem Puffer resuspendiert und in Eis bis zur Verwendung aufbewahrt.

Diese Technik wurde besonders zur Messung des akuten Zelltods verwendet, hauptsächlich bei immunologischen Experimenten, hat aber zweifellos größere Anwendungsgebiete.

5.2.4 Versuchsplanung

5.2.4.1 Allgemeines

Der Zweck der Planung eines Versuchs sollte sein, eine Antwort auf eine spezifische Frage zu geben. So besteht ein großer Teil der Versuchsplanung darin, die richtigen Fragen in der richtigen Weise zu stellen. Fragen werden gewöhnlich gestellt, um eine *„Nullhypothese“* zu testen. D. h. man nimmt an, daß zwei Testobjekte nach verschiedener Behandlung in der gleichen Weise reagieren (Nullhypothese – nichts passiert). Wenn sie verschieden reagieren, trifft die Nullhypothese nicht zu und die Beobachtung ist signifikant.

Die Planung eines Versuchs hängt von der gesuchten Information, dem verfügbaren Material und der Reproduzierbarkeit der Versuchsbedingungen ab. Nimmt man an, daß die Versuchsbedingungen vollkommen kontrolliert werden können und die ausgelöste Reaktion sehr groß ist, dann braucht man für den einfachsten Versuchsansatz nur 2 Proben, eine, die dem *„Testreiz“* (Stimulus) unterworfen wird, die andere nicht, wobei alle anderen Faktoren konstant bleiben. Dann kann man jede Veränderung, die in der Testprobe und nicht in der Kontrollprobe auftritt, auf den Testreiz zurückführen. Bei der Versuchsplanung nach diesem Prinzip ist es wichtig, daß sich die Test-Proben in gleicher Art und Weise verhalten. Versuche zur Schaffung solcher Bedingungen wurden mit den einfachsten

Primär-Explantat-Techniken unternommen, indem man 2 Hälften des gleichen Explantats als Test beziehungsweise als Kontrolle verwendete. In der Praxis werden die Kulturen zuerst in rotierenden Reagenzgläsern (roller tubes) angesetzt und nach gutem Wachsen geerntet und halbiert. Die beiden Hälften werden auf Deckgläser übertragen, eines dann als Kontrollprobe, das andere für den Test verwendet.

Es ist selbstverständlich, daß man sich bei keinem Gewebekulturversuch auf einen einzigen Versuch dieser Art verlassen kann, auch wenn man sieht, daß der Kontrollversuch „gedeiht", während das Testexplantat stirbt. Daher muß man mehrere Versuche ausführen, entweder nacheinander oder gleichzeitig. Man kann in der Praxis nicht immer viele komplizierte Experimente gleichzeitig ausführen, aber wo möglich, ist dies zu empfehlen, denn dann kann man statistisch den Grad der Zufalls-Abweichung zwischen den Tests und Kontrollen bestimmen und feststellen, ob die Unterschiede zwischen den beiden Gruppen signifikant sind. Die Standardabweichung leitet sich von einer einfachen Formel ab

(s = $\sqrt{\frac{\Sigma x^2}{(n - 1)}}$ wobei x = Abweichungen vom Mittelwert und

n = Anzahl der Beobachtungen); die beiden Gruppen können leicht durch Anwendung des *t-Testes nach Student* verglichen werden. Bei der Durchführung eines Versuches dieser Art ist es notwendig, in die Kontrollgruppe so viele Kulturen wie in die Testgruppe einzubeziehen und bei der Angabe von Ergebnissen ist es wichtig, die Anzahl der Versuche zu nennen, auf der das Ergebnis basiert. Häufig will man lieber mehrere Konzentrationen eines Faktors untersuchen als eine einzige Konzentration, was wiederum theoretisch möglich ist (d. h. eine Konzentration auf einmal während einer bestimmten Zeitspanne). Aber es ist sehr viel zuverlässiger und wirtschaftlicher, so viele Konzentrationen wie möglich zur gleichen Zeit zu untersuchen.

An diesem Punkt erhebt sich die Frage: Wieviele Kulturen sollten in einer Gruppe enthalten sein? Die Antwort ist einfach: Es sollten genügend Kulturen sein, um eine positive Antwort auf die gestellte Frage zu geben. Offensichtlich (ausgenommen Einzelfälle) hat eine einzige Bestimmung für sich wenig Wert, da wir nicht wissen, in welchem Ausmaß Versuchsfehler die Ergebnisse beeinflussen. Doppelproben sind auch nicht sehr viel besser, außer daß sie sich bei Übereinstimmung bestärken. Doch Fehler werden dabei nicht erkennbar. Drei Proben liefern uns einen viel stärkeren Beweis für das wahre Ergebnis, da hierdurch Fehler viel eher ausgeschlossen werden. Die Faktoren, die die Anzahl der Bestimmungen vorschreiben, die man in einer Gruppe braucht, sind die *Reproduzierbarkeit* der Ergebnisse und das *Ausmaß des Effektes,* der gemessen werden soll. Es gibt dafür keine passende Faustregel.

Die obigen Betrachtungen führen uns zum einfachsten Typ eines Titrationsversuches, der am Beispiel der Bestimmung der Toxizität eines Antibiotikums an einer Zellinie veranschaulicht werden soll.

5.2.4.2 Titration der Toxizität durch serienmäßige Verdünnung

Diese Versuchsart ist eine der gebräuchlichsten. Sie soll an einem Versuch zur Bestimmung der *Toxizität von Chloramphenicol für HeLa-Zellen* erläutert werden. Das gleiche allgemeine Prinzip wird auch für die Titration von Viren und alle Arten physiologischer und pharmakologischer Effekte angewendet.

1. *Erforderliches Material:*
   HeLa Zellen (mindestens 3×10^6).
   150 ml Eagles Medium, das 5% Kälberserum enthält (Medium A). Sterile Reagenzgläser und Stopfen (150 × 15 mm). Sterile, graduierte Pipetten, Flaschen und Universalbehälter. Chloramphenicol.
2. *Testmedien:* Man stellt eine sterile Vorratslösung her, die 10 mg Chloramphenicol/ml Kulturmedium A enthält. Man gibt in jedes der 7 sterilen Reagenzgläser 9 ml Medium A. Zum ersten gibt man 1 ml der Chloramphenicol-Vorratslösung (um eine Lösung zu erhalten, die 1 mg/ml enthält) und mischt. Man entnimmt nun 1 ml dieser Lösung, gibt ihn in das zweite Glas (um eine Lösung zu erhalten, die 0,1 mg/ml enthält) und mischt. Man überträgt nun 1 ml dieses Glases in das dritte Reagenzglas usw. und wiederholt diese $^1/_{10}$ Verdünnungen bis zum letzten Glas, so daß die 7 Gläser dann der Reihe nach folgende Verdünnungen enthalten 1, 10^{-1}, 10^{-2}, 10^{-3}, 10^{-4}, 10^{-5}, 10^{-6} mg/ml Chloramphenicol in Kulturmedium gelöst. Man gibt nun ungefähr 10 ml Medium in ein achtes Glas (für Kontrollkulturen).
3. *Versuch: 1. Tag:* Man trypsiniert und zählt die Vorrats-HeLa-Zellen. Man suspendiert $3{,}5 \times 10^6$ Zellen in 70 ml Medium A. Unter der Vorsichtsmaßregel, ständig eine gleichmäßige Zellsuspension zu behalten, überführt man 2 ml der Suspension in jedes von 30 Reagenzgläsern. Man verschließt mit einem Stopfen und inkubiert als stationäre Kulturen unter einem Winkel von ungefähr 10 °C in einem 37 °C-Inkubator. (30 gleiche Kulturen, jede mit 10^5 Zellen in 2 ml Medium.)

   2. Tag: Man untersucht die Kulturen unter dem Umkehrmikroskop. Wenn welche deutlich unbrauchbar sind, verwirft man sie. Wenn mehr als drei unbrauchbar sind, wiederholt man das Experiment. Man numeriert die verbleibenden Kulturen. Nr. 1–24 werden für den Rest des Versuchs verwendet. Die Zahlen über 24 werden als Anfangsproben verwendet und jetzt „geerntet“ und analysiert.

   Man nimmt die Stopfen von allen Kulturen und entfernt das Medium durch Abpipettieren oder Dekantieren. Man ersetzt es durch Testmedium und fügt 2 ml von jedem Medium zu je 3 Gläsern wie folgt:

Glas Nr.	1–3	4–6	7–9	10–12	13–15	16–18	19–21	22–24
Chloramphenicol-Konzentration (mg/ml)	0	1	10^{-1}	10^{-2}	10^{-3}	10^{-4}	10^{-5}	10^{-6}

   5. Tag: Man „erntet“ und analysiert die Kulturen.

4. *Analyse* a): Bei vielen Versuchen dieser Art reicht es, die Reagenzgläser mikroskopisch zu prüfen. 2 Werte können bestimmt werden: Die niedrigste Chloramphenicol-Konzentration, bei der eine Schädigung meist sichtbar wird, und die niedrigste Konzentration, bei der Zellen abgetötet werden. Die Bestimmung dieser beiden Punkte wird durch Verwendung eines Farbstoffes für die Viabilitätsprobe erleichtert (S. 350).
b) Genauere Werte kann man durch Messung der Größe des Zellwachstums gewinnen. Das Kulturmedium wird von den Kulturen abdekantiert. Sie werden zweimal mit BSS gewaschen, und 0,5 ml Trypsin in PBS (S. 215) wird zugefügt. Die Zellen werden dann nach Zugabe von Verdünnungsflüssigkeit in einem Coulter-Zähler direkt gezählt; oder sie werden abzentrifugiert und der DNS- oder Protein-Gehalt der Röhrchen durch eine der beschriebenen Methoden bestimmt. Welche Methode auch immer verwendet wird, der Zuwachs wird durch folgende Formel bestimmt:

$$\frac{T - I}{I},$$

wobei *T* der Wert für die Testkultur und *I* der mittlere Wert für die Anfangskulturen ist. Die Arzneimittel-Konzentrationen, die das Wachstum zu verzögern beginnen und eine vollständige Hemmung bewirken, können wie zuvor bestimmt werden. Oder man bestimmt die Konzentration, die eine 50%ige Wachstumshemmung hervorruft, mit Hilfe der Methode von Reed und Muench (S. 395).

Dieser Versuchstyp kann auf verschiedenste Weise modifiziert werden. Eine übliche Variation ist der *Stoffwechselhemmtest* für die Titration von Viren. Das Prinzip des Testes ist genau das gleiche wie oben, mit Ausnahme, daß das Kriterium für Zellüberleben oder Zelltod einfach in der Änderung des pH-Wertes des Mediums besteht, was sich an der Farbe des Phenolrot-Indikators zeigt. Wenn die Zellen nicht getötet werden, werden saure Stoffwechselprodukte gebildet, die das Kulturmedium gelb färben. Bei toten Zellen bleibt das Kulturmedium rosa. Wie bei den meisten Virus-Titrationen werden gewöhnlich zwei- oder dreifache, serienmäßige Virus-Verdünnungen hergestellt.

In der Praxis werden für diesen Test spezielle Plastikplatten benützt, die eine große Anzahl kleiner Becherchen (Vertiefungen) mit einer Kapazität von ungefähr 2 ml haben. Jedes Becherchen wird mit 0,5 ml einer Suspension beimpft, die ungefähr 3×10^5 Zellen in einem geeigneten Medium enthält. Serienmäßige Virus-Verdünnungen werden in Hanks Medium hergestellt und 0,5 ml jeder Verdünnung wird in ein Becherchen gegeben. Die Kulturen werden dann durch Überschichten mit je 0,5 ml sterilem, flüssigem Paraffin verschlossen. Die Platten können nach 5–8 Tagen abgelesen werden. Geeignete Kontrollen ohne Zellen oder Viren sollen natürlich im Versuch mitlaufen. Die Ergebnisse werden meist durch die Methode von Read und Muench, wie im nächsten Kapitel beschrieben, ausgewertet.

Selbstverständlich kann dieser Typ eines Versuchsplanes auf viele andere Techniken übertragen werden, und es ist z. B. besonders nützlich, die Klonierausbeute einer Zellinie als Kennzeichen für das Überleben zu verwenden. Die Wanderung von Zellen aus Primärkulturen, das Erscheinen veränderter Zellkolonien oder die Änderung eines Stoffwechsel-Parameters können auch gegen Faktoren gemessen werden, die auf diese Art titriert werden.

Ein anderer Punkt kann auftauchen, wenn man den obigen Versuchsplan betrachtet. Die Antwort von Geweben auf Testmaterial folgt häufig einer bestimmten, mathematischen Beziehung insofern, als die Reaktion sehr oft dem Logarithmus der angewendeten Dosis proportional ist (log Dosis-Wirkungs-Kurve). Wo die Versuchsbeobachtungen mit einer linearen Beziehung dieser Art übereinstimmen, braucht man offensichtlich weniger Mehrfachproben bei einer gegebenen Konzentration von Testsubstanzen, da die allgemeine Richtung der Kurve als Beweis für die Genauigkeit der einzelnen Ergebnisse dient. So hätte man im obigen Versuch eine größere Genauigkeit bei der Bestimmung dieser Beziehung erhalten, wenn man Einzelbestimmungen bei 24 verschiedenen Chloramphenicol-Konzentrationen unter der Voraussetzung einer korrekten, statistischen Behandlung der Ergebnisse durchgeführt hätte. Die Behandlung der Regressionsanalyse kann man in jedem statistischen Lehrbuch finden.

Aus dieser Art von Versuchen kann man noch eine andere Schlußfolgerung ziehen. Statt das gleiche Arzneimittel in einer Reihe verschiedener Konzentrationen zusammen mit den gleichen Kontrollen einzusetzen, könnte man die gleichen Kontrollen zusammen mit einer Reihe von Testen verschiedener Arzneimittel verwenden. Dies hätte den Vorteil, daß alle Stoffe unter gleichen Bedingungen getestet werden würden; daher hätte dann ein Vergleich der Effekte auf dieser Grundlage mehr Gewicht.

Ein besonders interessantes Beispiel für die Anwendung einer linearen Beziehung zwischen Reaktion und Behandlung wird gewöhnlich in radiobiologischen Studien verwendet. Sie findet auch auf anderen Gebieten Anwendung. Bei diesem Test wird das Verhältnis der überlebenden Individuen nach Versuchsbehandlung bestimmt, was dann auf der logarithmischen Ordinate gegen die Dosis auf der arithmetischen Abszisse aufgetragen wird.

5.2.4.3 Bestimmung der absorbierten, mittleren lethalen Röntgenstrahlendosis für HeLa-Zellen

Die absorbierte, mittlere lethale Strahlendosis ist diejenige absorbierte Strahlendosis, die das Überleben von 37% (logarithmisches Mittel, 1/e) der bestrahlten Zellen erlaubt. Das Kriterium für das Überleben ist die Fähigkeit, aus Einzelzellen *Zellkolonien* zu bilden.

1. *Materialien:* Eine schnell wachsende Kultur von HeLa-S3-Zellen (oder andere Zellen mit einer bekannten, hohen Klonierausbeute);
   100 ml Medium (z. B. Medium 109 mit 10% Kälberserum);
   16 Polystyrol-Gewebekultur-Petrischalen (50 mm ∅);
   Ein CO_2-Brutschrank;
   Eine Röntgenstrahlenquelle.
2. *Verfahren:* Man trypsiniert die Zellen wie auf S. 219 beschrieben, und fügt 5000 Zellen zu 100 ml Medium (dies ergibt 50 Zellen pro ml). Man verteilt je 5 ml dieser Zellsuspension auf jede Schale (ungefähr 250 Zellen pro Schale) und bestrahlt folgendermaßen:

Schale Nr.	1, 2	3, 4	5, 6	7, 8	9, 10	11, 12	13, 14	15, 16
Rads	0	25	50	100	200	300	400	600

Man gibt die Kulturen sofort in den CO_2-Brutschrank und inkubiert sie. Während der Bestrahlung muß man dafür sorgen, daß das Medium nicht zu alkalisch wird.

3. *Analyse:* Nach 7–10 Tagen entfernt man die Kulturen aus dem Brutschrank, fixiert und färbt sie an (May-Grünwald-Giemsa). Man zählt die Kolonien jeder Schale und berechnet dafür das Verhältnis n/n_o, wobei n die Anzahl der tatsächlich gefundenen Kolonien ist und n_o die Zahl ist, die man ohne Bestrahlung erwartet (d. h. die Zahl der Kontrollkulturen). Eine Kolonie wird nicht beachtet, wenn sie aus weniger als 10 Zellen besteht. Unter Verwendung von halblogarithmischem Papier trägt man die Werte für n/n_o auf die logarithmische Skala der Ordinate und die Werte für D (Dosis in rads) auf der arithmetischen Skala der Abszisse auf. Wie in Fig. 56 gezeigt, bekommt man eine Gerade, die bei Annäherung an die Ordinate etwas abfällt. Wenn man die Kurve geradlinig extrapoliert, schneidet sie die Ordinate bei einem Wert über 1. Die Dosis, die einem Wert von $n/n_o = 0{,}37$ entspricht, ist die absorbierte, mittlere lethale Dosis (D_o). Für die meisten Säugetierzellen, die an der Luft bestrahlt werden, beträgt der Wert ungefähr 130 rads. (Man sollte einen Radiobiologen wegen der Berechnung der Strahlendosis befragen.)

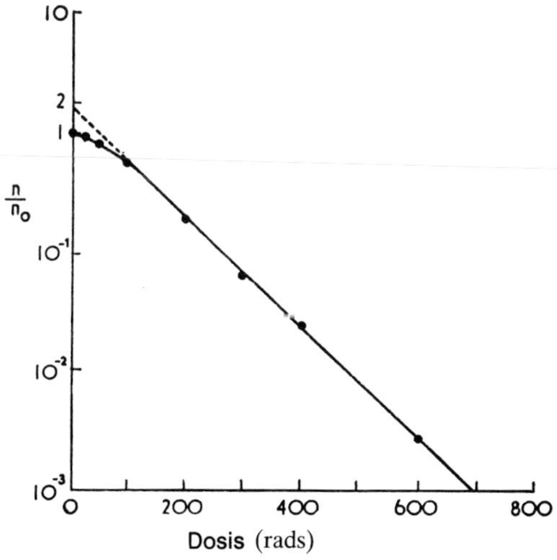

Fig. 56 Die Überlebensfraktion einer Zellpopulation in Abhängigkeit von der Röntgenstrahlendosis

Weitere Schwierigkeiten bei der Versuchsplanung außerhalb dieses recht einfachen Falles können in diesem Buch nicht behandelt werden; doch sollte die Bedeutung der *Faktor-Planung* erwähnt werden. Es wird manchmal behauptet, daß ein Versuch zur selben Zeit nur eine veränderliche Größe enthalten sollte. Doch kann man manchmal sehr viel mehr Information erhalten, wenn man gleichzeitig mehrere Unbekannte einführt, da man auf diesem Wege nicht nur Informationen über die Wirkung der einzelnen Testsubstanzen bekommt, sondern auch über ihre Wechselwirkungen.

Bei allen bisher diskutierten Versuchsplänen wurde angenommen, daß die experimentelle Behandlung in allen Fällen *zur gleichen Zeit* vorgenommen wird. Manchmal ist es jedoch wünschenswert, den Verlauf einer Reaktion über eine bestimmte Zeitspanne hinweg zu verfolgen. So möchte man vielleicht den *Verlauf* einer zellulären Stoffwechsel-Reaktion zu bestimmten Zeiten nach Einwirkung einer hohen Temperatur verfolgen. Bei der Planung eines solchen Versuches sollte man dabei folgende Punkte beachten. Erstens müssen die Kontrollproben zur gleichen Zeit wie die Testproben entfernt werden. In Wirklichkeit bedeutet dies, daß man gleich viel Kontroll- wie Testproben benötigt (wenn nicht mehrere verschieden behandelte Gruppen innerhalb einer Zeitspanne sind, genügt eine Kontrollgruppe für jede Zeitgruppe). Der zweite Punkt ist dem ersten ähnlich: Bei der Herstellung von Regressionsbeziehungen mit der Zeit kann man bessere Ergebnisse erzielen, wenn man einzelne Proben in kurzen Abständen und nicht in längeren entnimmt.

Es gibt noch viele andere Wege der Versuchsplanung zur Erzielung aussagekräftiger Ergebnisse. Die bereits beschriebenen und die des nächsten Kapitels zählen zu den am meisten verwendeten. Bevor man mit einem Versuchsproblem beginnt, bei dem diese Erwägungen zutreffen, lohnt es sich, einen Statistiker zu Rate zu ziehen.

5.2.4.4 Der Gebrauch von Mehrfach-Kulturen in Mikrotiter-Platten

Schon früh wurde bei der Anwendung von Gewebekulturen in der Virologie der Bedarf von Mehrfach-Kulturgefäßen durch den Gebrauch von Kunststoffplatten mit vielen Becherchen (Mikrotiter-Platten) erfüllt. Die ursprünglich verwendeten Platten, die noch heute in der Virologie gebräuchlich sind, haben Vertiefungen von ungefähr 1 cm Durchmesser und 0,5–1 cm Tiefe, normalerweise 96 in 8 12er Reihen. Jedes Becherchen faßt gewöhnlich 0,5 ml Medium. Die Becherchen können mit Paraffin oder einer Kunststoffscheibe verschlossen werden. Kleinere Testplatten, die ursprünglich für immunologische Versuche verwendet wurden, kamen später in Gebrauch. Eine übliche Platte enthält 96 Becherchen, mit einem Durchmesser von 6 mm, die 0,3 ml Flüssigkeit fassen können (Bild 21). Sie haben einen optisch klaren Boden. Noch kleinere Platten (Mikrotestplatten, z. B. Nr. 3034, von Falcon Plastics, S. 431) haben 60 Becherchen mit einer Aufnahmefähigkeit von ungefähr 0,05 ml. Der Gebrauch dieser Platten für das Klonieren wurde in Abschn. 4.2.3.5 beschrieben. Mikrotiterplatten werden üblicherweise für geometrische Reihenverdünnungsversuche verwendet, wofür sie besonders geeignet und wirtschaftlich sind (Bild 22).

Eine Reihenverdünnung kann in ihnen mit der *Takatsy-Technik* ausgeführt werden, die mit einer Öse arbeitet, um gleiche Mengen von einer Verdünnung zur nächsten der Reihe nach zu übertragen. Die ursprüngliche „Öse" war eine Drahtschleife, aber Verbesserungen wie der *Verdünner vom „Tulpen-Typ"* (z. B. von Microbiological Associates, S. 433) wurden entwickelt, um die genaue Menge von 0,025 ml oder 0,05 ml übertragen zu können.

Vor Gebrauch muß der Verdünner mit dem Verdünnungsmittel vorbereitet werden, indem man ihn in das Verdünnungsmittel taucht, auf einem unbenützten Stück sterilen Löschpapiers abtupft und schließlich in die Testlösung gibt. Jeder Verdünner muß auch für die zu verwendende Lösung geeicht werden. Bei klaren Lösungen können Verdünnungen eines Farbstoffes, z. B. von Eosin, kalorimetrisch bestimmt werden. Die Verdünnung Serum-haltiger Lösungen kann gut durch Messungen des Brechungsindex bestimmt werden, die pro Versuch nur einen Tropfen benötigen.

Bis zu 8 Verdünner können von einem Experten gleichzeitig gehandhabt werden, was eine Reihenverdünnung von 8 Substanzen pro Platte erlaubt, in der Praxis aber schwierig ist; die meisten Leute finden 4 Verdünner ausreichend. Man muß einen regelmäßigen Versuchsgang einhalten. Folgender Zyklus hat sich als geeignet erwiesen:

1. Man flammt die Verdünner in der Bunsenflamme ab;
2. Gibt sie in das Verdünnungsmittel;
3. Hebt vier Verdünner zusammen zwischen Daumen und Zeigefinger hoch, so daß sie gewissermaßen „ausfächern" und berührt sie mit sterilem Löschpapier;
4. Man füllt die Verdünner durch Eintauchen mit Versuchsmaterial und
5. Gibt sie in die ersten 4 Becherchen, die Verdünnungslösung enthalten, pro Becherchen ein Verdünner. Man dreht sie, indem man den Daumen über den Zeigefinger rollt;
6. Man tupft ab, um Flüssigkeit vom Verdünner zu entfernen;
7. Man spült in destilliertem Wasser und tupft sie wieder ab.

Der Zyklus wird dann wiederholt, aber bei Punkt 4 werden die Verdünner aus den ersten 4 Löchern gefüllt und bei Punkt 5 werden sie in die zweiten vier Löcher getaucht. Für die meisten serienmäßigen Verdünnungsversuche darf man nach Punkt 5 direkt zur nächsten Verdünnung übergehen usw.

Verwendet man Suspensionen lebender Viren, sollte man zwischen Schritt 5 und 6 einen Reinigungsschritt einschalten. Dazu bringt man die Verdünner eine Minute lang in 0,5% Natriumhypochlorit-Lösung.

Es ist natürlich praktisch, gleichzeitig mit mehr als einem Satz Verdünner zu arbeiten. In diesem Fall kann der überzählige Satz nach Schritt 7 in ein Gestell abgelegt werden. Man muß sie wieder abflammen, bevor man sie wieder in den Zyklus bringt.

Es gibt zwei *Hauptprobleme* bei der Anwendung dieser Systeme für *Zellkulturen in Mikrotiterplatten.* Erstens können Luftblasen, die sich in den Verdünner verfangen, zu Fehlern führen. Ein vorsichtiger Operateur bemerkt dies gewöhnlich und vermeidet es durch vorsichtige und geübte Technik. Die Verdünner müssen natürlich peinlich sauber sein; zur Reinigung empfiehlt sich ein kleines Ultraschallbad, wie man es zur Reinigung elektronenmikroskopischer Gitter verwendet. Das zweite Problem besteht darin, eine Reihenverdünnung zu erreichen, ohne einen Monolayer von Zellen zu zerstören. Dieses Problem kann man vermeiden, indem man Zellen in Suspension verwendet oder Zellen bei einem späteren Schritt aussät. Versuche, bei denen ein Zell-Monolayer erst gezüchtet werden muß, erfordern viel Praxis; hier ist es das beste, ein mechanisches Gerät zur Verdünnung einzusetzen, wovon es verschiedene käuflich gibt. Diese Geräte passen in die Becherchen der Platten.

Mikrotiterplatten sind für alle Reihenverdünnungsversuche nützlich, z. B. für Virusinfektionseinheiten, Antiserumtitrationen, Zytotoxizitätsbestimmungen usw. Die Beispiele können in verschiedener Weise ausgewertet werden. Die Beispiele in Abschn. 5.3.2 umfassen mikroskopische Untersuchungen (für Zytopathologie), Stoffwechsel-Hemmung, Hämadsorption und Viabilitätsteste (z. B. durch Isotopen-Aufnahme). Elektronenmikroskopische Präparate kann man leicht herstellen, indem man *in situ* fixiert und die Becherchen mit Harz füllt. Die einzelnen Becherchen werden dann ausgeschnitten, in die richtige Lage gebracht, fixiert und geschnitten.

Als Erläuterung für die Anwendung dieser Platten soll hier ein *Versuch zur Zytotoxizitäts-Prüfung* von 8 Substanzen an HeLa-Zellen beschrieben werden, wobei jede in 10 Reihenverdünnungen untersucht wird.

Materialien:

1. Medium: Eagles Medium + 10% Kälberserum, mit Eagles BSS gepuffert;
2. Zellen: Exponentiell wachsende HeLa-Zellen im gleichen Medium;
3. Zu testende Arzneimittel (A–H), jedes gelöst in Medium, in einer Konzentration, die 5mal über der höchsten Testkonzentration liegt;
4. Mikrotiterplatten (96 Becherchen).

Verfahren:

1. Erster Tag: Man trypsiniert die HeLa-Zellen, zählt und stellt die Suspension auf eine Konzentration von 5×10^4/ml ein. Man pipettiert in jedes Becherchen 0,1 ml der

Suspension und deckt sie ab. Man inkubiert in einem CO_2-Brutschrank bei 37 °C, um die Kulturen zu etablieren;
2. Dritter Tag: Man entfernt das Medium aus allen Becherchen. Ruckartiges Schütteln entfernt oft alle Zellen. Es ist aber besser, durch vorsichtiges Ansaugen mit einer Nadel, die an einer Vakuumpumpe angeschlossen ist, das Medium zu entfernen;
3. Man gibt in jedes Becherchen 0,2 ml frisches Medium;
4. Man belädt die Verdünner (s. o.) mit der 5fachen Konzentration des zu testenden Arzneimittels unter Verwendung des 0,05 ml-Tulpenverdünners. Man überträgt zuerst in die erste Reihe und mischt, wodurch die Arzneimittellösung 1/5 verdünnt wird;
5. Man verdünnt weiter herunter bis zur Reihe 10, wobei man die letzten 0,05 ml mit den Verdünnern entfernt. Dies liefert 10 Fünffach-Verdünnungen. Man läßt die Reihe 11 und 12 als Kontrolle. Das Ganze wird mit den noch zu testenden Arzneimitteln wiederholt;
6. Man stellt die Platte in den Brutschrank zurück und inkubiert 24 Std.;
7. Vierter Tag: Man entfernt vorsichtig das Medium und wäscht durch Zugabe und Absaugen von BSS. Dann fügt man in jedes Becherchen vorsichtig ein Fixierungsmittel (Methanol), färbt mit May-Grünwald-Giemsa und untersucht unter dem Mikroskop;
8. Für jedes Arzneimittel notiert man die Konzentration, die den Endpunkt der Reaktion darstellt.
   Die LD_{50} kann durch Interpolieren bestimmt werden, z. B. nach der Methode von Reed und Muench (Abschn. 5.3.2.3.2).

In diesem Versuch wurde ein einfaches, morphologisches Kriterium für das Überleben herangezogen. Andere Parameter können selbstverständlich gemessen werden, z. B. die Inkorporierung radioaktiv markierter Stoffwechselprodukte, die Zahl der lebensfähigen Zellen, die Freisetzung von adsorbiertem ^{51}Cr usw.

Die *Hauptquelle für verschiedene Fehler* bei dieser Art Versuch betrifft die Manipulationen, die auf mechanischem Wege Zellen entfernen, wie die zu heftige Zugabe oder Entnahme von Kulturmedium. Eine andere Ursache liegt in der Verschiedenheit der Platten, die von der Ungleichheit der Plastikoberfläche herrührt, was man in Kontrollversuchen testen kann. Obwohl nach unserer Erfahrung CO_2-Puffer die am besten reproduzierbaren Ergebnisse geben, muß doch bedacht werden, daß CO_2 verloren gehen und der pH-Wert dadurch ansteigen kann. Ferner können sich pH-Gradienten in den Platten entwickeln, wenn der Deckel sehr fest schließt. Schließlich muß man, besonders wenn sehr kleine Volumina verwendet werden, Verdunstung vermeiden. Ein befeuchteter CO_2-Brutschrank ist am wirksamsten und einfachsten.

5.2.4.5 Stoffwechseluntersuchungen

5.2.4.5.1 Allgemeines

Stoffwechsel-Parameter wurden manchmal als allgemeine Kriterien für die Lebensfähigkeit einer Zellpopulation herangezogen. Besonders die

Geschwindigkeiten der Atmung, des Glucose-Verbrauchs, der Aufnahme von Stoffwechselprodukten und der Protein- und Nukleinsäure-Synthese wurden als Maßstäbe für „Wachstum“ vorgeschlagen. Es ist absolut klar, daß weder die Wachstumsgeschwindigkeit noch die Lebensfähigkeit von Zellen mit einem dieser Kriterien direkt zusammenhängt; sie sollten nicht verwendet werden, allenfalls als ungefähres Maß (wie im Stoffwechsel-Hemmtest S. 355). Andererseits wurden viele, äußerst wertvolle Studien über Stoffwechsel-Prozesse mit gezüchteten Zellen durchgeführt, bei denen Fragen verschiedener Natur untersucht wurden. Sie bringen einige, speziell technische Betrachtungen mit sich, welche zweckmäßigerweise hier erwähnt werden sollen.

5.2.4.5.2 Das Ernten von Zellen für Stoffwechseluntersuchungen

Beim Abschluß von Stoffwechselversuchen sollte man gewöhnlich zwei Dinge im Auge behalten:

1. Der Stoffwechsel-Prozeß sollte so schnell wie möglich abgestoppt werden, so daß die Zeit genau eingehalten werden kann. 2. Die Beendigung des Prozesses sollte keinen Artefakt herbeiführen, z. B. durch Entfernung oder Veränderung der Produkte. Bei vielen Zellkulturversuchen gibt es einige Schwierigkeiten, diesen Erfordernissen nachzukommen. Wenn beispielsweise Zellen in einem großen Volumen proteinhaltigen Mediums verteilt sind, taucht manchmal das Problem auf, eine Reaktion exakt abzustoppen, da sowohl Zentrifugieren als auch Abkühlen Zeit kosten, während die Zugabe von Stoffen zum Kulturmedium Artefakte erzeugen kann. Aus diesem Grunde ist es manchmal vorzuziehen, trotz der offenbaren Vorteile der Suspensionskulturen Zellen zu verwenden, die auf einer Oberfläche wachsen, von welcher das Kulturmedium gleich durch Dekantieren entfernt werden kann.

Dennoch sind Suspensionskulturen bei vielen Studien sehr vorteilhaft, besonders wenn die Zellen analysiert werden sollen. Man kann zwei Methoden verwenden, um sie relativ schnell zu ernten. Üblicherweise werden die Zellen von ihrem Medium durch Abzentrifugieren getrennt. Wenn man ausgewogene, gekühlte Röhrchen im voraus vorbereitet, kann man dies sehr schnell ausführen, da man nur 2 oder 3 Min. bei 1000 oder 2000 g zu zentrifugieren braucht. Sammelt man nur eine kleine Anzahl Zellen aus der Suspension, ist gelegentlich eine Filtration wirksam. Man verwendet Celluloseester-Membranen; sie verstopfen aber sehr schnell durch Zellen, weshalb diese Methode in ihrer Anwendung sehr begrenzt ist.

Züchtet man die Zellen als Monolayer-Kulturen, kann man manchmal einen Teil des chemischen Trennverfahrens *in situ* ausführen. Z. B. kann man nach Abgießen des Kulturmediums und schnellem Waschen mit BSS einen Protein-Niederschlag, z. B. durch Trichloressigsäure, direkt auf die Zellschicht auftragen. Dies extrahiert das säurelösliche Material. Andere Extraktionen können ähnlich ausgeführt werden. Diese Methode ist manchmal nützlich, obwohl sie den Nachteil hat, daß man dazu ziemlich große Volumenmengen braucht. Bei vielen Versuchen, bei denen man das Medium und leicht extrahierbare Gewebebestandteile für die Analyse benötigt, ist eine Arbeitsweise wie diese am einfachsten. Doch ist es bei vielen Experimenten notwendig, die Zellen zu sammeln. Man macht dies entweder durch Abkratzen oder durch Trypsinieren. Beide Verfahren bergen aber die

Gefahr in sich, daß Material aus den Zellen heraussickert. Folgende Methode hat sich bei uns allgemein als am nützlichsten erwiesen. Am Ende des Versuchs wird das Kulturmedium abgegossen und das Gefäß sofort in zerstoßenes Eis gestellt. Eine passende Menge eiskalte BSS wird in das Gefäß zugegeben, vorsichtig aufgewirbelt und abgegossen. Dieses Auswaschen kann so oft wie gewünscht wiederholt werden. Schließlich wird zum Gefäß eine kleine Menge BSS zugefügt und die Zellschicht wird mit einem „Policeman“ (Gummikratzer) abgekratzt. Letzteren kann man leicht selbst herstellen, indem man ein Stück Gummi- oder Siliconschlauch stramm über einen Glasstab schiebt, der so gebogen ist, daß ein großer Teil flach über die Oberfläche der Schicht gezogen werden kann. Die suspendierten Zellen werden mit einer Pipette in ein Zentrifugenröhrchen überführt. Man gibt noch etwas BSS in das Gefäß und vereinigt die Waschflüssigkeit mit der Suspension. Vor oder nach der Zentrifugation kann man noch ein Protein-Fällmittel zugeben. Es ist aber schwierig, mit dieser Verfahrensweise eine quantitative Ausbeute zu erzielen. Dies ist oft unwichtig; wenn man aber eine quantiative Ausbeute braucht, z. B. für Zellzählung oder DNS-Bestimmung, ist es gewöhnlich notwendig, auf die Trypsinierung zurückzugreifen, die genau wie in Abschn. 4.2.1.1 beschrieben ausgeführt wird. Abgesehen von der Zeit, die man für das Verfahren braucht, birgt das Trypsinieren die Gefahr in sich, daß Stoffe aus den Zellen entweichen, besonders Proteine und kleine Moleküle. Die Methode der Wahl richtet sich nach der gesuchten Information.

Literatur

Adams, R. B., Woelker, W. H. & Gregg, E. C. (1967. Electrical counting and sizing of mammalian cells in suspension: an experimental evaluation. Phys. Med. Biol. 12, 19.

Ayad, S. R., Fox, M. & Winstanley, D. (1959). The use of ficoll gradient centrifugation to produce synchronous mouse lymphoma cells. Biochem. Biophys. Res. Commun. 37, 551.

Bases, R. E. (1959). Some applications of tissue culture methods to radiation research. Cancer Res. 19, 311.

Blumenthal, L. K. & Zahler, S. A. (1962). Index for measurement of synchronization of cell populations. Science 135, 724.

Bonting, S. L. & Jones, M. (1957). Determination of microgram quantities of deoxyribonucleic acid and protein in tissues grown in vitro. Arch. Biochem. 66, 340.

Bootsma, D., Budke, L. & Vos, O. (1964). Studies on synchronous division of tissue culture cells initiated by excess thymidine. Exp. Cell Res. 33, 301.

Brecher, G., Schneiderman, M. & Williams, G. Z. (1956). Evaluation of electronic red blood cell counter. Amer. J. Clin. Pathol. 26, 1439.

Ceriotti, G. (1955). A microchemical determination of DNA. J. biol. Chem. 195, 297.

Danes, Betty, S., Christiansen, G. S. & Leinfelder, P. J. (1953). A Cartesian diver balance-capillary respirometer for metabolic studies of tissue cultures. Exp. Cell Res. 5, 234.

Doida, Y. & Okada, S. (1967). Synchronization of L5187Y cells by successive treatment with excess thymidine and colcemid. Exp. Cell Res. 48, 540.

Earle, W. R., Sanford, K. K. & Evans, V. J. (1951). General methods for quantitative studies on cells in tissue culture. In Methods in Medical Research. Chicago: Year Book Publishers, Inc.

Ehrmann, R. L. & Gey, G. O. (1953). The use of cell colonies on glass for evaluating nutrition and growth in roller tube cultures. J. nat. Cancer Inst. 13, 1099.

Engelberg, J. (1961). A method of measuring the degree of synchronization of cell populations. Exp. Cell Res. 23, 218.

Evans, Virginia K., Earle, W. R., Sanford, Katherine K., Shannon, J. E. & Waltz, Helen, K. (1951). The preparation and handling of replicate tissue cultures for quantitative studies. J. nat. Cancer Inst. 11, 907.

Fisher, R. A. (1951). The Design of Experiments, 6th ed. Edinburgh: Oliver & Boyd.

Ham, R. G. & Puck, T. T. (1962). Quantitative colonial growth of isolated mammalian cells. In Methods in Enzymology Vol. 5, p. 90. Eds. S. P. Colowick and N. O. Kaplan. New York: Academic Press.

Hanks, J. H. & Wallace, J. H. (1958). Determination of cell viability. Proc. Soc. Exp. Biol. (N. Y.) 98, 188.

Harris, H. (1955). Some quantitative studies on the multiplication of connective tissue cells in vitro. Brit. J. exp. Path. 36, 115.

Harris, M. (1957). Quantiative growth studies with chick myoblasts in glass substrate cultures. Growth 21, 149.

Harris, M. (1959). Growth measurements on monolayer cultures with an electronic cell counter. Cancer Res. 19, 1020.

Healy, G. M., Fisher, Dorothy, C. & Parker, R. C. (1954). Nutrition of animal cells in tissue culture. VIII. Desoxyribonucleic acid phosphorus as a measure of cell multiplication in replicate cultures. Canad. J. Biochem. 32, 319.

Hill, R. B., Bensch, K. G., Simbonis, S. & King, D. W. (1959). Variability of content of deoxyribonucleic acid in L-strain fibroblasts. Nature (Lond.) 183, 1818.

Kaltenbach, J. P., Kaltenbach, M. H. & Lyons W. B. (1958). Nigrosin as a dye for differentiating live and dead ascites cells. Exp. Cell Res. 15, 112.

Katsuta, H. & Takaoka, T. (1962). Synchronous cultivation of a substrain of L cells (mouse fibroblasts) in a protein-free medium. Jap. J. exp. Med. 32, 279.

Levine, S. (1960). Effect of manipulation on ^{32}P loss from tissue culture cells. Exp. Cell Res. 19, 220.

Littlefield, J. W. (1962). DNA synthesis in partially synchronized L cells. Exp. Cell Res. 26, 318.

MacDonald, K. B. & Bruce, W. R. (1968). A minicolony assay for the viability of mammalian cells in vitro. Exp. Cell Res. 50, 471.

MacDonald, H. R. & Miller, R. G. (1970). Synchronization of mouse L-cells by a velocity sedimentation technique. Biophys. J. 10, 834.

Magee, W. E., Sheek, M. R. & Sagik, B. P. (1958). Methods of harvesting mammalian cells grown in tissue culture. Proc. Soc. exp. Biol. (N. Y.) 99, 390.

Newton, A. A. & Wildy, P. (1959). Parasynchronous division of HeLa cells. Exp. Cell Res. 16, 624.

Nias, A. H. W. (1968). Clone size analysis: a parameter in the study of cell population kinetics. Cell and Tissue Kinet. 1, 153.

Nias, A. H. W. & Fox, Margaret (1968). Minimum clone size for estimating normal reproductive capacity of cultured cells. Brit. J. Radiol. 41, 468.

Oyama, V. I. & Eagle, H. (1956). Measurement of cell growth in tissue culture with a phenol reagent (Folin-Ciocalteau). Proc. Soc. exp. Biol. (N. Y.) 91, 305.

Parker, R. C., Healy, G. & Fisher, Dorothy (1954). Nutrition of animal cells in tissue culture. VII. Use of replicate cell culture in the evaluation of synthetic media. Canad. J. biochem. Physiol. 32, 306.

Pappenheimer, A. M. (1917). Experimental studies upon lymphocytes. I. The reactions of lymphocytes under various experimental conditions. J. exp. Med. 25, 633.
Paul, J. (1956). The chemical determination of deoxyribonucleic acid in tissue culture. J. biophys. biochem. Cytol. 2, 797.
Paul, J. (1958). Determination of the major constituents of small amounts of tissue. Analyst 83, 37.
Paul, J. & Hagiwara, A. (1962). A kinetic study of the action of 5-fluoro-2′-deoxyuridine on synthetic processes in mammalian cells. Biochim biophys. Acta 61, 243.
Phillips, H. J. & Andrews, R. V. (1958). Some protective solutions for tissue-cultured cells. Exp. Cell Res. 16, 678.
Phillips, H. J. & Terryberry, J. E. (1957). Counting actively metabolizing tissue cultured cells. Exp. Cell Res. 13, 341.
Puck, T. T. (1958). Action of radiation on mammalian cells. III. Relationship between reproductive death and induction of chromosome anomalies by X-irradiation of euploid human cells in vitro. Proc. nat. Acad. Sci. (Wash.) 44, 772.
Puck, T. T. (1959). Quantitative studies on mammalian cells in vitro. Rev. mod. Physiol. 31, 433.
Puck, T. T. (1960). The action of radiation on mammalian cells. Amer. Nat. 94, 95.
Puck, T. T. & Marcus, P. I. (1955). A rapid method for viable cell titration and clone production with HeLa cells in tissue culture. The use of X-irradiated cells to supply conditioning factors. Proc. nat. Acad. Sci. (Wash.) 41, 432.
Puck, T. T., Marcus, P. I. & Cieciura, S. J. (1956). Clonal growth of mammalian cells in vitro. J. exp. Med. 103, 273.
Robb, J. A. & Martin, R. G. (1970). Genetic analysis of simian virus 40. I. Description of microtitration and replica-plating techniques for virus. Virology 41, 751.
Robbins, E. & Marcus, P. I. (1964). Mitotically synchronized mammalian cells; a simple method for obtaining large populations. Science 144, 1152.
Romsdahl, M. M. (1968). Synchronization of human cell lines with colcemid. Exp. Cell Res. 50, 463.
Sanford, Katherine K. (1951). General methods for quantitative studies on cells in tissue culture. Measurement of proliferation in tissue culture by enumeration of cell nuclei. In Methods in Medical Research, Ed. Visscher, M. B. Chicago: Year Book Publishers.
Sanford, Katherine K., Earle, W. R., Evans, Virginia J., Waltz, Helen K. & Shannon, J. E. (1951). The measurement of proliferation in tissue culture by enumeration of cell nuclei. J. nat. Cancer Inst. 11, 773.
Schmidt, G. & Thannhauser, S. J. (1945). A Method for the determination of desoxyribonucleic acid, ribonucleic acid, and phosphoproteins in animal tissues. J. biol. Chem. 161, 83.
Shall, S. & McClelland, A. J. (1971). Synchronization of mouse fibroblast LS cells grown in suspension culture. Nature New Biol. 229, 59.
Sinclair, R. & Bishop, D. H. L. (1965). Synchronous culture of strain-L mouse cells. Nature 205, 1272.
Sisken, J. E. (1962). Induction of partial synchrony in mammalian cells by sub-culturing procedures. Nature (Lond.) 197, 104.
Snedecor, G. W. (1956). Statistical methods. Iowa State College Press. Ames, Iowa.
Stubblefield, E. & Klevecz, R. (1965). Synchronization of Chinese hamster cells by reversal of colcemid inhibition. Exp. Cell Res. 40, 660.
Sutbblefield, E. & Murphree, S. (1967). Synchronized mammalian cell cultures. II. Thymidine kinase activity in colcemid synchronized fibroblasts. Exp. Cell Res. 48, 652.

Terasima, T. & Tolmach, L. J. (1963). Growth and nucleic acid synthesis in synchronously dividing populations of HeLa cells. Exp. Cell Res. 30, 344.
Tobey, R. A., Anderson, E. C. & Petersen, D. F. (1967). Properties of mototic cells prepared by mechanically shaking monolayer cultures of Chinese hamster cells. J. Cell. Physiol. 70, 63.
Waymouth, Charity (1951). General methods for quantitative studies on cells in tissue culture. Measurement of growth by nucleic acid determination. In Methods in Medical Research. Ed. Visscher, M. B. Chicago: Year Book Publishers.
Waymouth, Charity (1956). A rapid quantiative hematocrit method for measuring increase in cell population of strain L (Earle) cell cultivated in serum-free nutrient solutions. J. nat. Cancer Inst. 17, 305.
Whitfield, J. F. & Youdale, T. (1965). Synchronisation of cell division in suspension cultures of L strain mouse cells. Exp. Cell Res. 38, 208.
Wigzell, H. (1965). Quantitative titrations of mouse H-2 antibodies using Cr51-labelled target cells. Transplantation 3, 423.
Xeros, N. (1962). Deoxyriboside control and synchronization of mitosis. Nature (Lond.) 194, 682.

5.3 Gewebekultur in der biomedizinischen Forschung

5.3.1 Genetik

Zellkultur-Methoden werden heute in großem Umfang in der angewandten wie auch der theoretisch-genetischen Forschung eingesetzt. Ihre Anwendung umfassen drei Hauptgebiete:
1. Karyologische Untersuchungen;
2. Identifizierung und Untersuchung erblicher Stoffwechsel-Krankheiten;
3. Somatische Zell-Genetik.

5.3.1.1 Karyologische Untersuchungen

Der *Karyotyp* einer Zellpopulation oder eines Organismus ist die systematische Anordnung der Chromosomen einer „typischen" oder Durchschnitts-Zelle. Obgleich die Bestimmung des Karyotyps eine nützliche Technik in der experimentellen Biologie darstellt, z. B. zur Identifizierung der Ursprungsart von Zellinien, liegt ihre wichtigste medizinische Anwendung in der *Früh-Diagnose* einiger angeborener Anomalien. Meistens sind dies Anomalien, die aus der Vererbung einer unausgeglichenen Chromosmen-Zahl herrühren wie Klinefelters Syndrom (XXY), Turners Syndrom (XO) oder Downs Syndrom (Mongoloismus), bei welchem ein

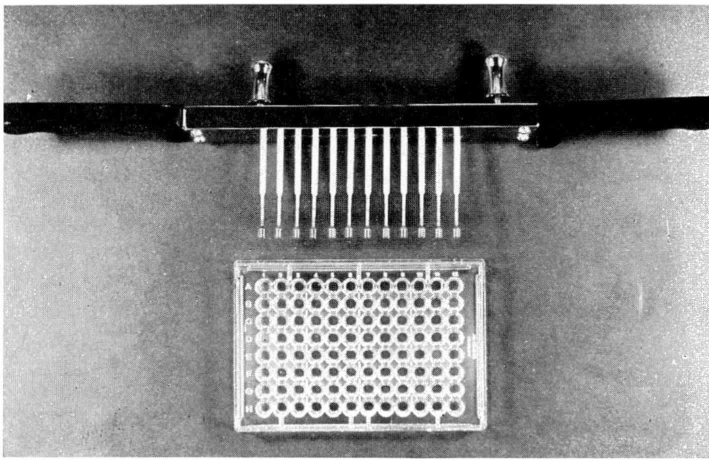

Bild 21 Mikrotitrationsplatte und Vorrichtung für die gleichzeitige Serien-Verdünnung von 12 Reihen.

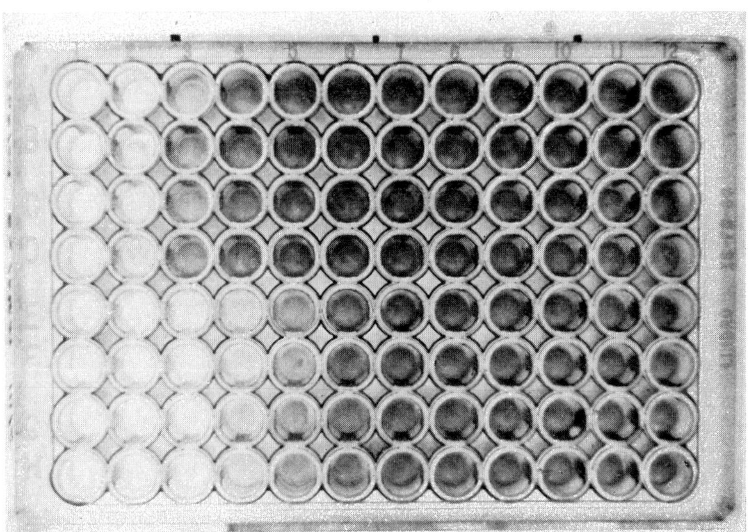

Bild 22 Titration zweier cytotoxischer Wirkstoffe gegen HeLa-Zellen in einer Mikrotitrationsplatte.
Horizontale Reihe A-D, Wirkstoff 1; Reihe E-H, Wirkstoff 2. Vertikale Reihen 1-10, Reihenverdünnungen von links nach rechts; 11 und 12 Kontrollen (kein Wirkstoff). Überlebende Zellen wurden mit Giemsa angefärbt. LD_{50} für Wirkstoff 1 ist ungefähr in Reihe 3 und für Wirkstoff 2 in Reihe 5 zu finden. (Photo Dr. I. Freshney).

somatisches Chromosom, Nr. 21 in der Klassifikation von Denver, in 3 Kopien anstatt in zwei vorkommt. Einige Abnormitäten sind weniger augenfällig und werden durch Anomalien einzelner Chromosomen erkannt, z. B. Translokationen oder Deletionen.

Die einzelnen Schritte bei der Bestimmung eines Karyotyps sind:

1. Etablierung einer geeigneten Zellkultur;
2. Damit Herstellung eines gefärbten Chromosomen-Ausstrichs;
3. Aussortieren mit Identifizieren der Chromosomen einzelner Mitosen.

5.3.1.1.1 Herstellung der Kulturen

Für einige Zwecke, z. B. die Identifizierung der Ursprungsart einer Zellinie, können sowohl Primär- als auch etablierte Zellinien verwendet werden. Für die Untersuchung des normalen Karyotyps eines menschlichen Individuums oder eines Tieres jedoch ist es wesentlich, mitotische Zellen so schnell wie möglich nach der Biopsie zu erhalten. Dazu werden manchmal die sich teilenden Zellen direkt untersucht, die aus regenerierendem Gewebe frisch gewonnen werden, z. B. aus dem Knochenmark. Doch meistens erhält man mitotische Zellen durch Herstellung von Primär-Explantaten. Beim Menschen werden sie aus Hautbiopsien, Phytohämagglutinin-stimulierten Lymphozyten oder Aspiraten, besonders von Amniocentesen gezüchtet.

5.3.1.1.2 Hautfibroblast-Kulturen

Sie stammen von der Vorhaut, die durch Beschneiden oder Stanz-Biopsie entfernt wird. Sie werden in Kulturen in der Weise angelegt, wie in Abschn. 4.1.1.5.6 beschrieben.

5.3.1.1.3 Kurzzeitkulturen peripherer Blut-Leukozyten

1. Vor Entnahme der Blutprobe wird die erforderliche Zahl von Kulturröhrchen (Universalbehälter, Reagenzgläser oder ähnliche Gefäße) vorbereitet, von denen jedes 5 ml mit Mitogen versetztes Medium enthält. Gewöhnlich wird ein Medium auf der Grundlage von Eagles Basal Medium (BME) verwendet und meist wird Phytohämagglutinin als Mitogen zugesetzt. Folgendes Kulturmedium wird von Moorhead empfohlen: 800 ml 2 × BME, 200 ml fötales Kälberserum, 8 ml Burroughs Wellcomes PHA oder Phytohämagglutinin Difco M, 20 ml Heparin-Natrium (1000 Einheiten pro ml), 1 ml Antibiotika-Lösung (100 000 Einheiten pro ml Penicillin + 100 μg pro ml Streptomycin).

2. Ungefähr 5 ml Blut werden in eine heparinisierte 10 ml-Spritze aufgezogen. Eine

gleiche Menge fötales Kälberserum oder menschliches AB-Serum wird dann dem Blut nachgeschickt. Die Spritze wird einige Male umgedreht, um Serum und Blut zu mischen. Die Nadel wird mit einer kräftigen Pinzette zwischen 90–180° umgebogen, so daß bei nach oben gerichteter Spritze die Nadel abwärts zeigt. Am besten biegt man die Nadel an zwei oder drei Stellen, besser als an einer Stelle, da dies die Gefahr des Abbrechens vermindert. Die Spritze wird dann in aufrechter Lage befestigt. Man läßt die roten Blutzellen sedimentieren, was gewöhnlich 20–60 Min. lang dauert. Wenn ca. 40% des Gesamtvolumens klar sind, wird der Kolben vorsichtig nach oben geschoben, um das klare Plasma in ein steriles Fläschchen oder Reagenzglas zu drücken.

3. Zum Ansetzen der Kulturen werden je 0,8 ml des geklärten Plasmas mit den Leukozyten in jedes der vorbereiteten Kulturgläser gegeben. Diese werden dann fest verschlossen, der Inhalt gut vermischt und drei Tage lang bei 37 °C inkubiert.

4. Chromosomen-Ausstriche können sofort hergestellt oder Metaphasen gesammelt werden, indem man Colchicin (Endkonzentration: 10^{-7} M) zufügt und weitere 8–18 Std. lang vor dem Ernten inkubiert.

5.3.1.1.4 Leukozyten-Mikrokulturen

Eine Mikromethode haben (1963) Arakaki und Sparkes beschrieben. Ein oder zwei Tropfen Blut werden in einem sterilen Kapillarröhrchen gesammelt, dann das Blut sofort in ein Kulturgefäß ausgedrückt, welches das gleiche Kulturmedium wie oben beschrieben enthält. Wenn möglich, sollten 0,2–0,4 ml für eine 5 ml-Kultur verwendet werden. Diese Kulturen werden besser 4 oder 5 Tage anstatt nur 3 inkubiert.

Will man solche Kulturen transportieren, kann man sie nach Beimpfen des Kulturmediums und vor der Inkubation bis zu 48 Std. bei 5 °C halten.

5.3.1.1.5 Amniocentese

Sie ist eine wichtige Methode zur Diagnose genetischer Abnormitäten *in utero* geworden (Steele und Berg, 1966; Marchant, 1971; Nadler, 1972). Ziel ist es, eine Probe des fötalen Gewebes zu erhalten, es zu züchten und den Karyotyp genügend früh in der Schwangerschaft zu bestimmen, um sie, falls notwendig, abbrechen zu können.

Der Gynäkologe entnimmt die Amniocentese-Probe gewöhnlich zwischen der 14. und 16. Woche. Man muß dabei mit Vorsicht die Placenta meiden, deren Lage durch Ultraschall festgestellt werden kann. Die Probe (10–40 ml) wird nach der Entnahme so schnell wie möglich weiterverarbeitet. Kann man sie einige Stunden lang nicht weiterverarbeiten, sollte man sie im Kühlschrank aufbewahren (bis zu 24 Std.). Man verfährt wie folgt:

1. Man zentrifugiert 5–10 Min. lang bei 4 °C und geringer Geschwindigkeit (150–200 g);
2. Man dekantiert den Überstand und zentrifugiert nochmals;
3. Man suspendiert jeden Niederschlag gesondert in 5 ml Medium (30% fötales Kälberserum in Dulbeccos Modifikation von Eagles Medium auf der Grundlage von Earles BSS mit Penicillin und Streptomycin). Man beimpft 30 ml-Falcon-Flaschen und begast mit 5% CO_2 bei 37 °C. Man behält eine kleine Probe für die Geschlechtsbestimmung zurück;

4. Man untersucht nach einer Woche und setzt die Zellen um, falls die Kultur zusammengewachsen oder überwachsen ist.

Anderenfalls wechselt man das Kulturmedium, inkubiert eine weitere Woche lang und untersucht alle 2 Tage.

5. Zum Umsetzen der Zellen trypsiniert man in üblicher Weise (s. S. 219).

6. Zur Bestimmung des Karyotyps behandelt man die Kultur vier Stunden lang mit 0,006% Colchicin. Man entfernt die Zellen durch Trypsinieren, suspendiert sie 10 Min. lang wie oben beschrieben in hypotonischer Salzlösung (Saline) und stellt mikroskopische Präparate durch sog. Ausbreiten oder mit der Cytozentrifuge her.

Bei X-Chromosom-abhängigen Krankheiten kann man die Identität des Geschlechtes einfach durch Nachweis des Geschlechtschromatins erfahren. Cytogenetische Bedingungen können diagnostiziert und das Geschlecht durch Herstellung des Karyotyps bestimmt werden. Zur Untersuchung angeborener Krankheiten des Stoffwechsels müssen die Zellen subkultiviert werden (durch Aufteilung 1:2), bis man genügend gesammelt hat.

Die Erfolgsrate der Amniocentese-Kulturen wird zur Zeit zwischen 30 und 80% geschätzt.

5.3.1.1.6 Chromosomen-Spreitungs-Methode

Die Chromosomen gezüchteter Zellen sind besonders leicht zu untersuchen und Methoden zur Herstellung von Proben für diesen Zweck sind von großer Wichtigkeit. Hughes und später Hsu und Pomerat fanden, daß Mitose-Zellen, die vor der Fixierung mit einer hypotonischen Salzlösung behandelt werden, anschwellen, wodurch die Chromosomen voneinander getrennt werden. Alle *Chromosomen-Spreitungs-Methoden* basieren auf diesem Prinzip. Wenn man eine Zelle auf diese Weise behandelt, werden die Chromosomen in drei Dimensionen auseinandergezogen; folglich findet man sie bei der Untersuchung mit starker Vergrößerung in verschiedenen Ebenen. Es wurden daher Modifikationen eingeführt, um die Chromosomen in die gleiche Einstellebene zu bringen. Bei einer üblichen Modifikation werden die Zellen nach der Fixierung und Anfärbung durch starken Druck auf das Deckglas flachgedrückt. Es ist schwierig, den richtigen Druck abzuschätzen; entweder muß man dazu eine Maschine benützen oder man muß große Übung darin haben, um den richtigen Druck mit dem Daumen auszuüben. Die andere, übliche Modifikation basiert auf der Beobachtung, daß bei Präparaten, die nach der Fixierung an der Luft trocknen, die Zellen zusammenfallen und die Chromosomen in einer Ebene freisetzen. Die empfohlene Methode ist von Rothfels und Siminovitch, die im folgenden näher beschrieben wird.

1. Man züchtet die Zellen auf Objektträgern oder Deckgläsern. Will man Metaphasen sammeln, gibt man 6–8 Std. vor dem Ernten *Colchicin* in einer Endkonzentration von 1/40 000 (w/v) zu;

2. Man überführt die Objektträger oder Deckgläser in warme, hypotonische Salzlösung. Für jede Zellinie muß die optimale Zeit und Konzentration bestimmt werden. Rothfels und Siminovitch empfahlen 1/4 Tyrodes Lösung 30 Min. lang. Die meisten anderen Autoren verwendeten 1 Teil Hanks BSS plus 9 Teile destilliertes Wasser über eine Zeitspanne, die zwischen 5 und 45 Min. schwankt. Chu empfahl eine relativ kurze Zeit, ungefähr 15 Min. für Fibroblasten und ungefähr 45 Min. für Epithelzellen;

3. Die Objektträger werden durch 10minütiges Eintauchen in Essigsäure-Alkohol (1 Teil Essigsäure + 3 Teile Äthanol) fixiert;

4. Dann werden sie waagerecht liegengelassen, um bei Zimmertemperatur vollständig zu trocknen;

5. Die Chromosomen kann man durch Phasenkontrast-Mikroskopie unangefärbt untersuchen oder mit der Feulgen-Methode oder mit essigsaurem Orcein anfärben. Letztere ist die üblichste Methode zur Chromosomen-Analyse.

Essigsäure-Orcein-Färbung: Die Lösung wird folgendermaßen hergestellt: Man löst 2 g natürliches Orcein (G. T. Gurr, London, S. 432) in 50%igem Eisessig. Zur Präparat-Färbung wird ein Tropfen Farbstoff auf das Deckglas gegeben und sofort auf den Objektträger gedrückt. Innerhalb weniger Min. ist das Präparat zur Untersuchung fertig und kann auch einige Zeit konserviert werden, indem man mit Vaseline oder Gummilösung zur Vermeidung der Verdunstung überzieht. Mit der Methode von Conger und Fairschild können haltbare Dauer-Präparate hergestellt werden.

Zellen in Suspension kann man ähnlich behandeln. Zuerst werden sie durch Zentrifugieren sedimentiert. Dann werden sie in einer hypotonischen Salzlösung resuspendiert, wieder abzentrifugiert und als Niederschlag fixiert. Der Niederschlag wird in essigsaurem Alkohol dispergiert. Einen Tropfen der Suspension läßt man auf einem Objektträger, wie unter Punkt 4, trocknen.

5.3.1.1.7 Chromosomen-Bänderung-Methode

Die oben beschriebene Chromosomen-Spreitungsmethode ist für die Erkennung von Geschlechts-Chromosomen und für die Diagnose starker Anomalien wie Trisomie sehr geeignet. Für eine genauere Analyse werden Techniken verwendet, die die Feinstruktur in Form der *Querscheiben* (engl. banding) in den einzelnen Chromosomen erkennen lassen (Bild 22). Die Haupt-Bänderung-Methoden zeigen Q-Banden (durch Quinacrin-Färbung), G-Banden (modifizierte Giemsa-Färbung) und C-Banden (kondensiertes Chromatin). Auch andere Techniken (wie z. B. R-Banden) wurden beschrieben. Es gibt viele Vorschriften für jede Methode; hier soll nur eine einfache und allgemein anerkannte Vorschrift für jede Methode wiedergegeben werden.

Q-Banden mit der Methode von Lin et al. (1971):

1. Luftgetrocknete Objektträger;

2. Färbung in 0,5%iger wäßriger Quinacrin-Dihydrochlorid-Lösung (G. T. Gurr, S. 432) pH 4,5, 15 Min. lang;

3. Waschen mit destilliertem Wasser pH 4,5 insgesamt 10 Min. lang;

4. Lufttrocknen, Deckglas mit destilliertem Wasser pH 4,5 aufbringen, überschüssiges Wasser abtupfen. Eindecken mit einer Gummilösung. Untersuchen mit dem Fluoreszenz-Mikroskop, wobei man ein BG 12 Anregungsfilter und ein 510 bis 530 nm-Sperrfilter verwendet.

C-Banden mit der Alkali-Methode von Stefos und Arrighi (1971):

1. Vorbehandlung der Objektträger: Man taucht alkoholgereinigte Objektträger in eine Lösung aus 1% Gelatine und 0,01% Chromalaun. Man läßt abtropfen und trocknen;

2. Man stellt auf den Objektträgern ein Quetsch- oder anderes Präparat her;

3. Man behandelt eine Min. lang mit 2 × SSC bei pH 12, spült anschließend 3mal 5 Min. lang in 2 × SSC (SSC = 0,15 M NaCl + 0,015 M Natriumcitrat);

4. Man inkubiert 1 Std. lang in 2 × SSC bei 65 °C;

5. Man spült 2× in 70%igem Alkohol, je 5 Min. lang;

6. Man spült 2× in 95% Alkohol, je 5 Min. lang;

7. Läßt an der Luft trocknen und färbt mit Giemsa-Lösung.

G-Banden mit der Trypsin-Methode von Wang und Federoff (1972):

1. Man fixiert mit Methanol-Eisessig (3:1) und trocknet durch Abflammen;

2. Man taucht 10–15 Min. lang in Trypsin-Lösung (0,025% Trypsin in Mg^{++}- und Ca^{++}-freier BSS) bei pH 7;

3. Man spült 2× in 70%igem Alkohol und 2× in 100%igem Alkohol und läßt an der Luft trocknen;

4. Man färbt 1–2 Min. lang in Giemsa-Lösung (5 ml Giemsa-Stammlösung + 50 ml destilliertes Wasser + 1,5 ml 0,1 M Zitronensäure, mit 2 M Na_2HPO_4 auf pH 7 gebracht);

5. 2× Spülen in destilliertem Wasser. Lufttrocknen und einglasen.

5.3.1.1.8 Idiogramme

Idiogramme werden durch Ausschneiden einzelner Chromosomen aus vergrößerten Photographien hergestellt oder seltener aus Kamera-Lichtzeichnungen. Die einzelnen Chromosomen werden ausgeschnitten und auf Karten angeordnet, indem man gewöhnlich die metazentrischen und die akrozentrischen Chromosomen getrennt zusammenfaßt und sie nach Größe und Länge der Arme ordnet. Bei Zell-Präparaten findet man oft Variationen im Karyotyp von Zelle zu Zelle, teilweise wegen ungleicher Verteilung der Chromosomen bei der Mitose, wenn sie sich nicht abtrennen, teilweise aus technischen Gründen. Das Idiogramm ist daher für gewöhnlich eine idealisierte Darstellung einer Durchschnittszelle und ist subjektiven Fehlern unterworfen.

5.3.1.2 Identifizierung und Untersuchung erblicher Stoffwechselkrankheiten

Die genaue Natur vieler Krankheiten dieser Art kann man nur durch Bestimmung der Stoffwechselanomalie erkennen, meist am *Mangel eines*

Tabelle 23
(Krooth and Sell, (1970). J. Cell Physiol. 76,311)

Menschliche, genetische Abnormitäten, welche spezifische Moleküle in gezüchteten, homonuklearen Zellen beeinflussen.

Krankheit oder Variante	Betroffenes Molekül	Genetik
„A" Elektrophoretische Variante von Glucose-6-Phosphat dehydrogenase (G-6-PD)	Glucose-6-phosphat-Dehydrogenase	geschlechtsgebunden codominant
Acatalasie I (Japanische Variante)	Katalase	autosomal rezessiv
Acatalasie II (Schweizer Variante)	Katalase	autosomal rezessiv
Argininosuccinaturie	Argininosuccinase	autosomal rezessiv
Verzweigtkettige Ketonurie	unbestimmt	autosomal rezessiv
Citrullinämie	Argininosuccinat-Synthetase	autosomal rezessiv
Cystinurie	unbestimmt	autosomal rezessiv
Elektrophoretische Variante der Phosphoglucomutase	Phosphoglucomutase	autosomal codominant
Elektrophoretische Variante der Lactatdehydrogenase	Lactatdehydrogenase	autosomal codominant
Elektrophoretische Variante der 6-Phosphoglucuronsäure-Dehydrogenase	6-Phosphoglucuronsäure	autosomal codominant
Familiäre nichtsphärocytische hämolytische Anämie	Glucose-6-phosphat-Dehydrogenase	geschlechtsgebunden rezessiv
G_{M1} Gangliosidose Typ I (generalisierte Gangliosidose)	Mangel an B-Galactosidase A, B, C	autosomal rezessiv
G_{M1} Gangliosidose Typ II (juvenile G_{M2} Gangliosidose)	Mangel an B-Galactosidase B und C	autosomal rezessiv
G_{M2} Gangliosidose Typ I (Tay-Sachs-Erkrankung)	Mangel an Hexosaminidase A	autosomal rezessiv
G_{M2} Gangliosidose Typ II (Sandhoffsche Erkrankung)	Mangel an Hexosaminidase A und B	autosomal rezessiv
G_{M2} Gangliosidose Typ III Juvenile G_{M2} Gangliosidose	Teilweiser Mangel an Hexosaminidase A	autosomal rezessiv
G-6-PD Defekt (Mittelmeertyp)	Glucose-6-phosphat-Dehydrogenase	geschlechtsgebunden rezessiv
G-6-PD-Defekt (Neger Typ)	Glucose-6-phosphat-Dehydrogenase	geschlechtsgebunden rezessiv

Tabelle 23 (Fortsetzung)

Krankheit oder Variante	Betroffenes Molekül	Genetik
Galaktokinase Defekt	Galaktokinase	autosomal rezessiv
Galaktosämie	Galaktokinase	Autosomal rezessiv
Gauchersche Erkrankung	β-Glucosidase	Autosomal rezessiv
Glykogenspeicherkrankheit (Cori Typ II)	Lysosomale α-1,4-Glucosidase	autosomal rezessiv
Glykogenspeicherkrankheit (Typ III)	Amylo-1-6-Glucosidase	wahrscheinlich autosomal rezessiv
Homocystinurie	Cystathionin-Synthetase	autosomal rezessiv
Huntersche Erkrankung	unbestimmt (Makromolekül, das den Zellinhalt von Mucopolysacchariden beeinflußt)	Chromosomal rezessiv
I-Zellerkrankung (Mucolipidose II)	Unbestimmt (β-Glucuronidase-Aktivität nimmt ab, Mucopolysaccharidgehalt nimmt zu)	wahrscheinlich autosomal rezessiv
Infantile metachronische Leukodystrophie	Arylsulfatase A	autosomal rezessiv
Lesch-Nyan-Syndrom	Hypoxanthin-Guanin-Xanthin-Phosphoribosyl-transferase	geschlechtsgebunden rezessiv
Madison elektrophoretische Variante der Glucose-6-phosphat-Dehydrogenase	Glucose-6-phosphat-Dehydrogenase	geschlechtsgebunden codominant
Methylmalonacidurie	unbestimmt (defekte Vitamin B_{12}-Synthese)	unbestimmt
Niemann-Picksche Erkrankung	unbestimmt (erhöhte zelluläre Sphingomyelinase)	autosomal rezessiv
Orotacidurie	Orotidin-5′-monophosphat-Pyrophosphorylase und Orotidin-5′-monophosphat-Decarboxylase	autosomal rezessiv
Refsumsche Erkrankung	Phytansäure-α-Oxidase	autosomal rezessiv
Sanfilipposche Erkrankung	unbestimmt (Makromoleküle, welche den zellulären Inhalt von Mucopolysacchariden beeinflussen)	autosomal rezessiv
Scheiesche Erkrankung	unbestimmt (Makromoleküle, welche den zellulären Inhalt von Mucopolysacchariden beeinflussen)	autosomal rezessiv
Xeroderma pigmentosum	unbestimmt	autosomal rezessiv

Enzyms im Gewebe. Oft werden Primärkulturen verwendet, besonders von Hautfibroblasten (wie in Abschn. 4.1.1.5.6 beschrieben). Z. B. kann das Fehlen der Katalase bei Akatalasie, der α-D-Galactose-1-phosphat-UDP-Glucose-Uridyl-Transferase bei Galactosämie oder das Unvermögen der Decarboxylierung verzweigtkettiger Ketosäuren bei der Ahorn-Sirup-Krankheit in primären Fibroblastkulturen gezeigt werden. In einigen Fällen kann der heterozygote Zustand in Gewebekulturen erkannt werden. Z. B. kann man bei Individuen, die hinsichtlich des Galactosämie-Locus heterozygot sind, einen Mangel an Transferase-Enzym pro Zelle messen. Auch bei Individuen mit Hurlers Syndrom (ein Defekt bei der Mucopolysaccharid-Synthese) kann man einen Mangel der enzymatischen Aktivität und Mucopolysaccharid-Synthese feststellen. Einige menschliche Gen-Krankheiten, die man auf diese Weise untersuchen kann, sind in Tab. 23 aufgeführt.

Viele Familienstoffwechselkrankheiten können auch mit Hilfe von *Amniocentese-Proben* diagnostiziert werden. In solchen Fällen ist es notwendig, die Zellen solange zu subkultivieren, bis man eine genügende Menge für spezielle Untersuchungen erhalten hat. Dies nimmt oft 5 bis 10 Wochen in Anspruch. Daher ist es selten möglich, ein Ergebnis so zeitig zu bekommen, daß es einen frühen Schwangerschaftsabbruch ermöglicht.

5.3.1.3 Somatische Zell-Genetik

Somatische Zellgenetik-Untersuchungen hatten 3 Hauptziele: Die Erforschung des Verhaltens von *Heterokaryonen* nach Fusion elterlicher Zellen mit verschiedenen Eigenschaften; Erforschung des Verhaltens von *Hybridzellen,* die sich von Heterokaryonen ableiten, mit dem Ziel, Kenntnisse über die Wechselwirkung zwischen verschiedenen Genen zu gewinnen; ähnliche Untersuchungen mit dem Ziel, die genauen Loci auf verschiedenen Chromosomen zu bestimmen, besonders der menschlichen.

Für diese Untersuchungen ist ein *selektives System* eine wesentliche Voraussetzung, um Heterokaryonen und Hybriden isolieren und erkennen zu können. Viele sind auch von Methoden zur Förderung der Zellfusion, Mutation und Chromosomen-Eliminierung abhängig. Die tatsächlich verwendeten, analytischen Methoden werden von der Art des jeweiligen Forschungsvorhabens bestimmt.

5.3.1.3.1 Selektive Systeme (HAT u. a.)

Mikroskopische Untersuchung. Wenn die elterlichen Zellen morphologisch klar unterscheidbare Eigenschaften aufweisen und *Heterokaryonen* in genügender Menge vorkommen, erlaubt die mikroskopische Untersuchung die Erkennung der Heterokaryonen. Beispielsweise können die relativ dicht gepackten Zellkerne von Hühner-Erythrozyten und HeLa-Zellkerne mit ihrem ziemlich diffusen Chromatin in Versuchen nach Harris und seiner Gruppe ohne weiteres erkannt werden, weshalb sich auch Heterokaryonen aus beiden Zellarten identifizieren lassen. Manchmal ist es wünschenswert, die Erkennbarkeit zu verbessern, indem man eine der elterlichen Zellen markiert. Z. B. kann man eine elterliche Population durch Züchten in ^{3}H-Thymidin-haltigem Medium über mehrere Generationen hinweg markieren. Der Heterokaryon-Typ kann dann durch *Autoradiographie* bestimmt werden, welche die markierten Kerne von einem Elternpaar und die unmarkierten Kerne vom anderen sichtbar macht. Schließlich können *Hybridzellen* durch Untersuchung ihres Karyotyps charakterisiert werden. Zeigen die Eltern unterschiedliche Chromosomen, ist die Anwesenheit von Chromosomen beider Elternlinien in den Tochterzellen ein Zeichen ihrer Hybridnatur.

Im großen und ganzen sind mikroskopische Methoden nur zur Untersuchung solcher Heterokaryonen geeignet, die durch künstlich gesteigerte Fusion oder nach Anreicherung der Hybridpopulation durch andere Ausleseverfahren entstanden sind, bei denen das Vorkommen der Hybridzellen häufig ist.

Das HAT-System. Das erste, für eukaryotische Zellen entwickelte Stoffwechsel-Selektionsverfahren ist auch das bekannteste und bietet sich als ein Modell für andere Systeme an. Es wurde von Szybalski et al. (1962) erfunden, von Littlefield (1964) weiterentwickelt und beruht auf Kenntnissen über die Biosynthese-Wege der Purine und Pyrimidine, wie sie auf S. 43 beschrieben sind. *Aminopterin* blockiert alle Reaktionen, an denen das Enzym *Dihydrofolat-Reduktase* beteiligt ist, welches bei der De-novo-Synthese von IMP (daher aller Purine) und auch bei der Methylierung von dUMP zu dTMP eine Rolle spielt. Die Aminopterin-Hemmung macht Zellen von äußeren Purin- und Thymidin-Quellen abhängig. *Hypoxanthin* kann als eine extra Quelle für Purine verwendet werden, da es durch das Enzym *Hypoxanthin-Guanin-Phosphoribosyl-Transferase (HGPRT)* phosphoryliert wird und so Inosinmonophosphat (IMP) bildet, das wiederum zu AMP und GMP umgewandelt werden kann. Ähnlich kann Thymidin durch die Thymidinkinase (TK) zu TMP phosphoryliert werden. So können normale Zellen in HAT-Medium (10^{-4}M *H*ypoxanthin + 10^{-5}M *A*minopterin + 4×10^{-5}M *T*hymidin) wachsen. Zellen aber, die keine HGPRT ($HGPRT^-$) oder TK (TK^-) besitzen, können darin nicht wachsen, da sowohl der De novo- als auch der „Salvage"-Weg blockiert sind. Kreuzt man nun ein $HGPRT^- TK^+$ mit einem $HGPRT^+$ HG^--Elternteil, so wird der Hybrid in HAT-Medium überleben, da er durch Ergänzung $HGPRT^+$ TK^+ ist, während dies kein Elternteil tut. Jedes Medium, z. B. Eagles Medium, kann in Verbindung mit HAT-Medium verwendet werden, doch muß man wissen, daß ein Faktor immer vorhanden sein muß. Ferner muß Glycin (10^{-5}M) im Medium sein, da bei der Umwandlung von Serin zu Glycin die Tetrahydrofolatsäure-Reduktase beteiligt ist.

Wie erhält man Zellen, die $HGPRT^-$ oder TK^- sind? Manchmal treten sie spontan als „reine" Populationen auf. Z. B. entsteht eine menschliche Erbkrankheit, die *Lesch-Nyhan-Krankheit,* durch das angeborene Fehlen von HGPRT. Häufiger jedoch kommen $HGPRT^-$ oder TK^- als seltene Einzelvarianten innerhalb einer Population vor und müssen herausselektiert werden. $HGPRT^-$ kann man selektieren, indem man die Zellen in *8-Azaguanin-* oder *6-Thioguanin*-haltigem Medium wachsen läßt. Die Analoga werden durch die HGPRT in Nucleinsäuren inkorporiert. Daher schädigen sie alle Zellen mit Ausnahme derjenigen, die keine HGPRT besitzen. Die Selektion muß bei hohen Analoga-Konzentrationen (z. B. 40 μg 8-Azoguanin oder 10 μg 6-Thioguanin pro ml) ausgeführt werden.

Ähnlich können TK^--Zellen isoliert werden, indem man sie in *Brom-desoxyuridin*-haltigem Medium selektiert (*BUrD* oder *BUdR*). Dieser Stoff wird durch TK in die DNS inkorporiert und wirkt lethal, besonders wenn die Zellen dem sichtbaren Licht ausgesetzt werden. Eine Selektion von TK^--Mutanten kann man auch durch Verwendung von *^{3}H-Thymidin* sehr hoher spezifischer Aktivität erreichen, welches Zellen beim Einbau durch zersetzende Eigenstrahlung tötet. Als Regel gilt, daß TK^--Mutanten seltener als $HGPRT^-$-Mutanten vorkommen und daher auch schwieriger zu isolieren sind. Die Häufigkeit beider Varianten kann durch Behandlung mit Mutagenen erhöht werden (s. u.).

Zellen, die gegen Guanin-Analoga oder BUrdR resistent sind, müssen noch weiter charakterisiert werden, um sicher zu sein, daß sie relativ stabil sind. Die Wirksamkeit der Hemmung kann man direkt testen, indem man im einen Fall die Aufnahme von ^{3}H-Hypoxanthin, im anderen die von ^{3}H-Thymidin mißt. Die Aufnahme kann entweder durch Autoradiographie oder durch Zählen der Radioaktivität gemessen werden, die in die säureunlöslichen Bestandteile der Zelle eingebaut ist. $HGPRT^-$- und TK^--Zellen sollten natürlich nicht in HAT-Medium wachsen, doch gelegentlich geschieht eine *Rückmutation,* d. h. die Zellen entwickeln sich zurück. Die Rückwandlungshäufigkeit kann daher durch Bestimmung der Anzahl von Kolonien bestimmt werden, die entstehen, wenn $HGPRT^-$-

oder TK^--Zellen in HAT gezüchtet werden. Sie wird durch das Verhältnis der Zahlen der entstehenden Kolonien zur Zahl der eingeimpften Zellen ausgedrückt. Wenn die Mutanten stabil sind, müßte es $< 10^{-6}$ sein.

Bei vielen genetischen Untersuchungen an somatischen Zellen gilt es zuerst, eine $HGPRT^-$-Variante in der einen elterlichen Zellinie und eine TK^--Variante in der anderen zu erhalten, die Varianten miteinander zu fusionieren und die Hybride in HAT-Medium zu isolieren.

Obwohl das HAT-System das gebräuchlichste ist, wurden noch verschiedene andere entwickelt.

Das *Alanosin-Adenin-System* (Kusano et al, 1971) ist genau analog dem HAT-System aufgebaut. Alanosin (5×10^{-5}M) blockiert die Umwandlung von IMP zu AMP und macht die Zellen von exogenem Adenin abhängig, das mittels der *Adenin-Phosphoribosyl-Transferase (APRT)* inkorporiert wird. *AA-Medium* (je 5×10^{-5}M Alanosin und Adenin) unterhält das Wachstum normaler Zellen, nicht aber von Zellen, die keine APRT haben und in *1-Fluoradenin*-haltigem Medium selektiert werden können. Bei der Selektierung von Varianten ist bei Säugetierzellen ein Einschritt-Verfahren oft nicht erfolgreich. Es ist daher effektiver, mit einer fortschreitenden Anreicherungsmethode zu arbeiten, indem man das selektierende Mittel in immer höheren Konzentrationen einsetzt. Da es alternative Wege für die Synthese von IMP gibt, neigt dies dazu, ein „undichtes" System zu werden.

Auxotrophe Varianten sind Varianten, die eine bestimmte, chemische Substanz brauchen, die aber keinen essentiellen Nährstoff für den Wildstamm darstellt. Auxotrophe Varianten sterben in einem Medium, das die notwendige Substanz nicht enthält, während Rekombinanten, die dieser Substanz nicht bedürfen, überleben. Auxotrophe Mutanten können aus einem Wildstamm selektiert werden, indem man ihren Defekt ausnützt. In einem unvollständigen Medium *(„minimalem" Medium)* sterben auxotrophe Zellen nicht sofort, sondern wachsen sehr langsam oder stellen einige Tage vor ihrem Tode ihr Wachstum ganz ein. Da sie während dieser Zeit nicht wachsen, sind sie relativ gut vor „Giften" geschützt, die schnell wachsende Zellen angreifen. Daher töten diese „Gifte" oft den Wildstamm und lassen die auxotrophen Zellen am Leben, die sich dann „retten" lassen, indem man das Medium durch angereichertes oder „vollständiges" Medium ersetzt. Puck und Kao (1967) führten den Gebrauch von *BUdR* kombiniert mit weißem Licht ein, um Zellen zu vergiften, die aktiv DNS synthetisieren, was auf dem gleichen Prinzip beruht, das schon für das HAT-Medium diskutiert wurde.

Verhaltens-Eigenschaften von Zellen, wie ihr Wachstumsvermögen oder ihre *Haftfähigkeit* an Unterlagen, können als Selektions-Systeme ausgenützt werden. Beispielsweise können Hühner-Erythrozyten nicht mehr wachsen, während Hybridzellen zwischen ihnen und anderen Zellen, wie menschlichen HGPRT-Zellen, noch wachsen können. So ist keine besondere Selektion gegenüber diesen Elternzellen erforderlich; um Hybriden zu erhalten, ist es nur notwendig, gegen $HGPRT^-$-Zellen zu selektieren. Einige Zellen, z. B. Lymphozyten, haften nicht an Glas oder Polystyrol-Oberflächen. Nach Fusion mit einer haftenden Zellinie können die elterlichen Zellen auf einfache Weise mit Kulturmedium weggewaschen werden, wonach die andern Elternzellen und haftenden Hybriden auf dem Boden zurückbleiben.

Verschiedenartige Selektionssysteme. Beispielsweise wachsen galactosämische Zellen nicht gut in einem Medium, das als Kohlenhydratquelle nur Galactose enthält, obwohl sie normalerweise Glucose verbrauchen. Die Virus-Empfindlichkeit einiger Zellinien gegenüber cytociden (zelltötenden) Viren z. B. Poliovirus wurde untersucht. Puck et al. haben ein Antiserum gegen eine Elternlinie angewandt. Es wurde auch die unterschiedliche Empfindlichkeit gegenüber Hemmfaktoren ausgenützt, z. B. Unterschiede in der Empfindlichkeit gegenüber Strophanthin (Ouabain). Unterschiedliche Toxizität vieler Antibiotika hat man nachgewiesen und auch ausgenützt. Jede Verhaltenseigenschaft, die eine Zellpopulation von der anderen unterscheidet, kann theoretisch ausgenützt werden.

5.3.1.3.2 Vollständige Selektions- und Halbselektionsmethoden

Das HAT-System, das die Hybriden einer gemischten Kultur aus zwei Elternlinien auszuselektieren gestattet, d. h. einer $HGPRT^-$- und einer TK^--Variante, ist ein Beispiel für ein *vollständiges Selektions-System* und wurde von Littlefield dazu genützt, um spontan sich bildende Hybriden aus einer gemischten Suspensionskultur mutierter L-Zellen zu gewinnen. Die Mutanten traten mit einer Häufigkeit in der Größenordnung von 10^{-6} auf.

Die *Halbselektion* basiert auf der Anwendung eines hohen Anteils eines Elternteils mit einem selektiven Merkmal (Marker) gegenüber einem anderen Elternteil ohne Marker. Beide Zellen werden unter Fusionsbedingungen gemischt und in ein Wachstumsgefäß ausgesät. Der Elternteil ohne Marker liegt in einer Konzentration vor, von der man erwarten würde, daß isolierte Kolonien entstehen, der andere Elternteil hingegen in einer Konzentration, die einen fast zusammenhängenden Monolayer-Zellrasen bilden würde. Die Selektion gegen den vorherrschenden Elternteil setzt sofort ein. Auftretende Kolonien sind Kolonien aus Hybriden oder des Elternteils ohne Markerteil. Vorausgesetzt, die Hybriden sind in hoher Konzentration vorhanden, können Kolonien isoliert und Hybriden auf der Grundlage einer Screening-Eigenschaft selektiert werden.

5.3.1.3.3 Zellfusion

Eine Zellfusion kann spontan eintreten, wie zuerst von Barski, Sorieul und Cornefert gezeigt, und die Hybriden können dann selektiert werden, wie früher beschrieben; es ist aber heute üblicher, die Fusion zu unterstützen. Für diesen Zweck hat zuerst Okada (1962) den Gebrauch von *inaktiviertem Sendai-Virus* beschrieben. Das Sendai-Virus wird in der Chorio-Allantois-Membran von Hühnereiern gezüchtet, geerntet und dann entweder durch UV-Bestrahlung oder Behandlung mit β-Propiolacton abgetötet. Die inaktivierte Virus-Präparation wird schließlich auf Hämagglutinierungsaktivität geprüft (ausgedrückt als HAU).

Eine Fusion kann entweder in Suspension oder im Monolayer erfolgen.

Technik der Zellfusion: Die beiden Zelltypen stellt man sich zunächst als Suspensionen mit je 2×10^7 Zellen pro ml Hanks-Lösung her. Von jeder Suspension werden 0,5 ml in ein gekühltes Reagenzglas gegeben und 1 ml einer verdünnten Virus-Suspension zugefügt (zwischen 800 und 80 000 Hämagglutinierungs-Einheiten des Virus). Das Reagenzglas wird 15 Min. lang bei 4 °C gehalten, damit der Inhalt verklumpen kann. Die Zellsuspension kann dann bei 37 °C direkt in ein Kulturmedium übertragen werden. Die optimale Menge an Zellen und Viren muß für jedes experimentelle System bestimmt werden. Das Medium wird gewöhnlich nach 24 Std. gewechselt.

Die fusionierten Zellen können nach Zucht in dem Gefäß, das für die beabsichtigte Forschungsarbeit am günstigesten ist, auf übliche Weise untersucht werden. Viele auf diese Weise hergestellte Heterokaryonen und Heterosynkaryonen sind bizarr und vielkernig; sie durchlaufen selten eine Mitose. Daher ist die Technik auch am nützlichsten für Kurzzeitarbeiten. Doch kann sie auch mit Modifikationen verwendet werden, welche die Zahl lebensfähiger Hybride in Versuchen erhöhen, um neue Hybridzellinien zu beginnen.

Fusion durch das Sendai-Virus in Monolayer: Das Verfahren ist sehr ähnlich dem vorigen. Man erzeugt einen zusammenhängenden Zellrasen, indem man in ein Kulturgefäß eine Mischung der Elternzellen in einer Gesamtkonzentration von 10^6 Zellen/ml sät. Nach Inkubation über Nacht wird das Medium entfernt und die Zellen mit BSS gewaschen. Die Kultur wird anschließend 5 Min. lang bei 4 °C gekühlt und inaktiviertes Sendai-Virus (80–80 000, gewöhnlich 1000 HAU pro ml) so zugefügt, daß die Lösung die Kultur bedeckt (ungefähr 1 ml für eine 30 ml-Falcon-Flasche oder 60 mm-Petrischale). Nach 30 Min. werden 2–3 ml Wachstumsmedium zugefügt und die Inkubation wird eine Stunde lang bei 37 °C fortgesetzt. Dann wird die Mischung aus Wachstumsmedium und Virus entfernt. Nach Waschen der Zellschicht werden die Zellen mit Trypsin in der üblichen Weise geerntet, wieder in Wachstumsmedium suspendiert und in Kulturgefäße mit Selektionsmedium bei einer Zelldichte von 10^5 Zellen pro ml. ausgesät.

Man hat auch andere Fusionsmittel ausprobiert; von besonderem Interesse ist die Fusion mit *Lysolecithin* und Polyäthylenglykolen. Der Wirkungsgrad, mit dem Zellen fusionieren, schwankt stark. Bei einigen bilden ungefähr 60–70% der Zellen Synkaryonen oder Heterokaryonen, während andere überhaupt nicht fusionieren. Der Grund für diese Schwankungen ist heute noch nicht bekannt.

5.3.1.3.4 Mutagenese

Varianten des geforderten Typs finden sich oft spontan in Wildtyp-Populationen mit genügend hoher Häufigkeit, so daß man sie mit einem guten Selektionssystem direkt isolieren kann. Doch manchmal ist es wünschenswert, die Zahl der Mutationen zu erhöhen, was man mit der gleichen Art von *Mutagenen* erreichen kann, die für Bakterien und Viren verwendet werden. Eine Mutation ereignet sich spontan in allen Teilen des Genoms bei langsamer Zellteilung (in der Größenordnung von 10^{-5} pro haploidem Locus und Zellteilung). Die Chancen, eine gewünschte Mutante an einem spezifischen Locus in einer diploiden Zelle zu erhalten, liegen daher in der Größenordnung von 10^{-10} bei einer Wild-Population. Hätte man ein gutes Selektionssystem, würde man theoretisch immer die gesuchte Mutante finden, wenn man nur ungefähr 10^{10} Zellen „durchsucht". Abgesehen von der Tatsache, daß dies eine zu große Vereinfachung des Problems ist, stellen 10^{10} Zellen eine zu große Zahl zum Durchsuchen dar. Daher ist die Taktik nützlich, die Häufigkeit der Mutationen durch Mutagene zu erhöhen. Die gut charakterisierten Mutagene, die viel in anderen Systemen und heute auch in der Säugetierzellgenetik verwendet werden (weitgehend dank der Arbeiten von Pucks Gruppe) umfassen physikalische Mutagene, wie *Röntgenstrahlen* und *UV-Strahlen,* sowie eine Vielzahl chemischer Mutagene. Hierzu gehören hauptsächlich *Äthylmethansulfonat* (EMS), *Hydroxylamin, ICR-191* (ein Flavinderivat), *N-Methyl-N'-nitro-N-nitrosoguanidin* (MNNG) und *Coffein.* Bei der Benützung dieser Mutagene sollte man zunächst eine Zytotoxizitätskurve aufstellen, indem man Reihenverdünnungen oder fraktionierte Dosen des Mutagens verwendet und die Überlebensfraktion der Zellen unter identischen Versuchsbedingungen bestimmt. Das Überleben wird beeinflußt durch die Zeit der Mutagen-Behandlung, Strahlen-Dosis, Art des Mediums, die Zellen selbst und andere Faktoren. Als ungefähre Richtschnur gibt Puck folgende Dosis-Werte, die ein Überleben von 37% CHO-Zellen erlauben: Röntgen-Strahlen 200 rads, UV-Strahlen: 69 ergs/mm^2, EMS: 100 μg/ml; NH_2OH: 25 μg/ml; IRC-191: 0,25 μ/ml; MNNG: 0,44 μg/ml; Coffein: 3 mg/ml. Die Ansichten schwanken sehr, wie man am besten Mutagene verwendet. Manche ziehen eine sehr kurze Einwirkungszeit (2–4 Std.) vor, während andere längere Zeiten (18 Std.) anwenden. Manche bevorzugen eine Dosis, bei der man 37% überlebende Zellen erhält, obwohl dies theoretisch die Wahrscheinlichkeit multipler Mutationen in der gleichen Zelle verringert. Andere verwenden eine Dosis, die eine sehr viel geringere Überlebensfraktion ergibt (1–10%), um die Zahl der Mutanten unter den überlebenden Zellen anzureichern. In der Praxis ist keine Methode besser als die andere; man muß aber eine Standard-Methode annehmen.

Es gibt noch viele andere Mutagene – Nukleotidbasen-Analoga, Flavine, alkylierende Agenzien. Viele *Carcinogene* sind Mutagene und viele Mutagene sind potentielle Carcinogene. Man sollte daher bei ihrem Gebrauch besonders vorsichtig sein. Auch andere Substanzen, die allgemein bei Zelluntersuchungen verwendet werden, sind mutagen, z. B. BUdR in Verbindung mit sichtbarem Licht.

5.3.1.3.5 Temperatur-empfindliche (Ts) Mutanten

Artifizielle Mutationen, besonders solche, aus denen Ts-Mutanten entstehen, sind für viele genetische Untersuchungen sehr nützlich, da die Schädigung einfach durch Änderung der Temperatur reversibel aktiviert werden kann. Ts-Mutanten können aus Säugetier-Zellinien isoliert werden.

Ts-Mutanten entstehen, weil viele Proteine als Ergebnis einer Mutations-bedingten Aminosäure-Substitution sehr viel hitzelabiler als normale Proteine sind. Bei Säugetierzellen kann eine zulässige *(permissive)* Temperatur von z. B. 34,5 °C ein Protein funktionieren lassen, während eine „nichtzulässige“ Temperatur von z. B. 37 °C dies nicht erlaubt. Während also normale Zellen bei 34,5 °C und 37 °C wachsen, entwickeln sich Ts-Mutanten nur bei 34,5 °C. Wenn man daher bei 37 °C gegen DNS-synthetisierende Zellen selektiert, werden Ts-Mutanten angereichert. Entsprechend werden nach der Mutagenese die überlebenden Zellen bei 34,5 °C gezüchtet, bis sie sich nach einigen Tagen stabilisiert haben. Die Temperatur wird dann auf 37 °C angehoben und gleichzeitig eine für wachsende Zellen zytotoxische Substanz zugefügt (z. B. 10^{-5}M FUdR). Nach 2 oder 3 Tagen sterben die meisten Zellen, die zur DNS-Synthese fähig sind. Das Medium wird dann gewechselt (gegen ein Medium, das 10^{-4}M Thymidin enthält) und die Temperatur auf 34, 5 °C gesenkt. Die Zellen, die nun aus den überlebenden Zellen herauswachsen, sind mit Ts-Mutanten stark angereichert.

Protokoll für die Isolierung eines Hybriden aus zwei gegebenen Zellarten. Ein typisches Protokoll zeigt Fig. 57. In diesem Fall besteht das Problem, Zelle A mit einer bestimmten Eigenschaft mit Zelle B mit einer anderen Eigenschaft zu fusionieren. Um ein selektives System anzuwenden, gilt als erste Bedingung, Varianten von Zellen zu gewinnen, die selektive Eigenschaften (sog. Markers) besitzen. Im gezeigten Beispiel werden zunächst eine HGPRT$^-$-Variante der Zelle A und eine TK$^-$-Variante der Zelle B selektiert. Dazu braucht

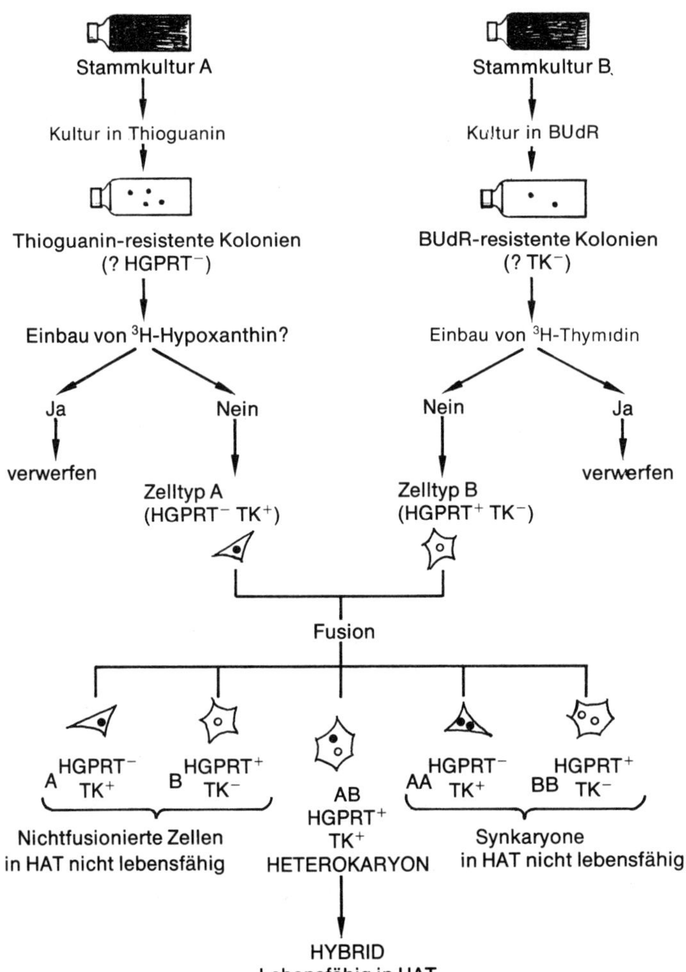

Fig. 57 Verwendung des HAT-Systems zur Selektion von Hybriden, die sich aus einer HGPRT$^-$-Zelle und einer TK$^-$-Zelle bilden

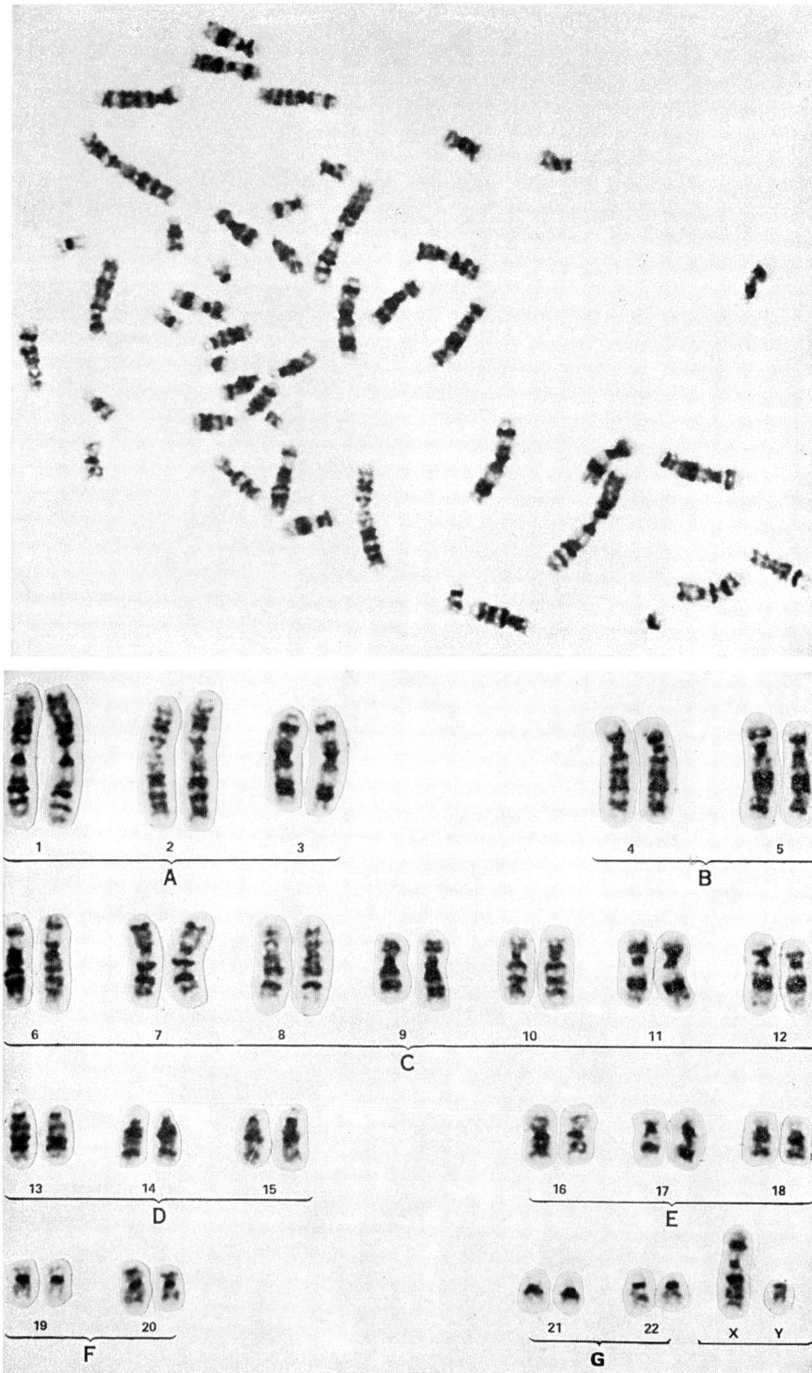

Bild 23 Oben: Menschliche Chromosomen mit der Trypsin-Giemsa-Methode angefärbt. Unten: Idiogramm aus obigen Chromosomen von Dr. H. Wang hergestellt. (Photo Prof. S. Federoff).

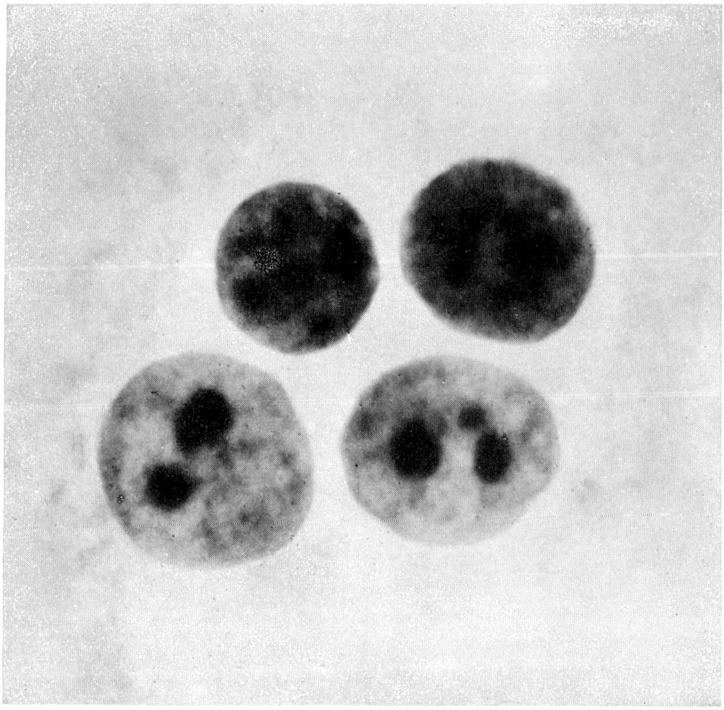

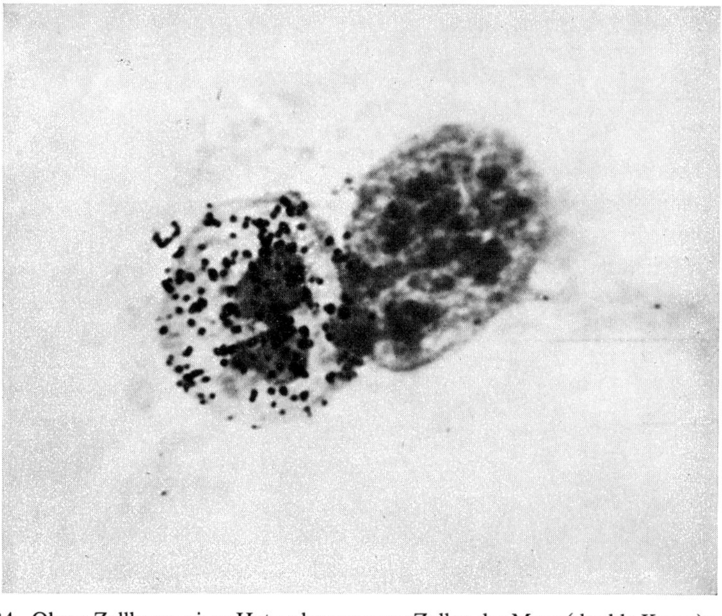

Bild 24 Oben: Zellkerne eines Heterokaryons aus Zellen der Maus (dunkle Kerne) und des Menschen (hellere Kerne).
Unten: Autoradiographie von Kernen eines Heterokaryons aus einer unmarkierten Mäusezelle und einer menschlichen Zelle, mit ^{3}H-Thymidin vorbehandelt (Photo Prof. H. Harris).

man gewöhnlich mehrere Wochen oder Monate. Sie werden auf ihre Rückfallhäufigkeit geprüft, indem man jede Zelle in HAT-Medium züchtet. Sind sie stabil, wird fusioniert, gewöhnlich mit Hilfe des inaktivierten Sendai-Virus. Auf Wunsch kann man Heterokaryonen sofort untersuchen. Zur Isolierung werden die Zellen nach der Fusion unter selektiven Bedingungen gezüchtet, in diesem Falle in HAT-Medium, das alle außer die Hybridzellen eliminiert. Hat man lange genug in einem Medium gezüchtet, um sicher zu gehen, daß die Hybriden die einzig überlebenden Zellen sind (mindestens drei oder vier Zellgenerationen), kann man das Medium wieder gegen normales Kulturmedium austauschen, doch sollte man bei der ersten oder den beiden ersten Passagen Aminopterin weglassen, aber Hypoxanthin und Thymidin im Medium halten. Die Hybridlinie kann dann wie jede andere Zellinie gezüchtet und untersucht werden. Dieses anschauliche Protokoll stützt sich auf das HAT-System; doch kann man jedes selektive System oder eine Kombination von Systemen verwenden.

Damit diese Methoden erfolgreich funktionieren, bedarf es experimenteller Sorgfalt, Verständnis des theoretischen Hintergrundes des benützten Systems, einiger Erfahrung und besonders Vertrautheit mit den Eigenheiten der verwendeten Zellen. Es gibt ein paar Erscheinungen, auf die man achten und die man ständig im Gedächtnis behalten sollte.

Eines betrifft das Phänomen der *„Stoffwechsel-Zusammenarbeit“*, auf die in Abschn. 2.2 hingewiesen wurde. Da viele Zellen die Fähigkeit zur gegenseitigen Ernährung *(„cross-feed“)* haben, kann es u. U. unmöglich sein, bestimmte Mutanten aus dichten Kulturen zu isolieren. Z. B. kann eine Zelle, die keine HGPRT besitzt, trotzdem imstande sein, Hypoxanthin oder Thioguanin zu inkorporieren, da Nachbarzellen die fehlende Funktion bereitstellen. Aus diesem Grunde sollte eine Selektion nicht bei hoher Zelldichte ausgeführt werden, gewöhnlich bei weniger als 20 000 Zellen pro ml.

Zweitens ist es eine übliche Erfahrung, daß eine „Einschritt“-Selektion, d. h. Selektion bei hoher Hemmstoff-Konzentration, nicht so wirksam ist wie eine *Mehrschritt-Selektion.* Daher sollte man zuerst einen Zytotoxizitätstest machen und die Selektion dann mit einer Hemmstoff-Konzentration begonnen werden, die gerade ausreicht, um 95% der Zellen abzutöten. Überlebende Zellen dieser Population können dann wieder einer höheren Konzentration ausgesetzt werden und der Prozeß, wenn nötig, solange wiederholt werden, bis man stabile Mutanten erhält.

5.3.1.3.6 Untersuchungen über Heterokaryonen und Hybriden

Heterokaryonen werden bald nach der Fusion untersucht. Das Laboratorium von Harris (Harris 1970) hat hierfür die meisten Modellsysteme entwickelt, die sowohl cytologische als auch biochemische Untersuchungen erlauben.

Hybriden werden gewöhnlich erst einige Zeit nach der Fusion untersucht, und es muß daran erinnert werden, daß sich eine weitere Fusion während dieses Zeitraums ereignet haben kann. Die Hybridzelle, die zunächst die beiden elterlichen Komponenten besitzt, neigt besonders dazu, nach und nach Chromosomen zu verlieren. Ein wesentlicher Bestandteil all dieser Untersuchungen von Hybridzellen ist daher eine *karyologische Charakterisierung.* Unter gewissen Umständen erfolgt der Chromosomen-Verlust in vorhersagbarer Weise. Wenn z. B. Mäuse- und menschliche Zellinien miteinander fusioniert werden, gehen die menschlichen Chromosomen nach und nach über viele Generationen hinweg verloren. Diese Tatsache kann es erlauben, eine besondere enzymatische Aktivität mit einem bestimmten Chromosom in Beziehung zu setzen. Ein sehr bekanntes Beispiel betraf die Fusion einer TK^{-}-Mäusezellinie mit einer menschlichen Zelle. Der Hybrid überlebte in HAT-Medium infolge des Vorhandenseins der menschlichen TK. Während die Zelle ständig der HAT-Selektion ausgesetzt war, gingen nach und nach alle menschlichen Chromosomen bis auf eines verloren. Da man bei den Zellen immer noch die menschliche TK nachweisen konnte, enthielt dieses Chromosom wahrscheinlich das TK-Gen. Diese Methode hat besonders die Gruppe um Ruddle dazu benützt, um das menschliche Chromosom genau zu kartieren.

Jeder Parameter kann natürlich in einem Heterokaryon oder Hybrid untersucht werden. Bei vielen Untersuchungen wurden enzymatische Aktivitäten gemessen; besonders die *Speziesunterschiede der Isoenzyme* haben sich als geeignet erwiesen, das Schicksal der Gene und ihrer Produkte zu verfolgen. *Zelluläre Antigene* wurden ähnlich ausgewertet.

5.3.1.3.7 Haploide Zellen

Einer der Hauptnachteile der meisten heute erhältlichen Zellinien ist der, daß sie bestenfalls diploid sind und in vielen Fällen aneuploid. Dies macht eine formelle, genetische Analyse äußerst schwierig. Es wäre ideal, vollkommen haploide Zellen zu verwenden. Obwohl dies bis heute bei Säugetierzellen nicht erreicht worden ist, haben Freed und Freed haploide Amphibienlinien etabliert.

Haploide Amphibien-Zellen kann man erhalten, indem man sie entweder aus androgenetischen oder gynogenetischen Haploiden züchtet. Androgenetische Haploide kann man mit der Technik von Porter erhalten. Es handelt sich dabei um eine recht spezielle Technik. Die Eier werden mit Sperma befruchtet und der mütterliche Zellkern anschließend chirurgisch entfernt. Gynogenetische Haploide erhält man durch Befruchten von Eiern mit inaktiviertem Sperma (Briggs, 1951). Haploide Embryonen entwickeln sich aus diesen Eiern und werden dann als Quelle zum Ansetzen von Kulturen verwendet. Embryonale Amphibiengewebe können leicht in einer Calcium- und Magnesium-freien Salzlösung dissoziiert werden. Das bevorzugte Medium für Amphibiengewebe ist Leibovitz L15-Medium, und eine Subkultur der Zellen kann in der üblichen Weise durch Trypsinieren erreicht werden.

Literatur

Arakaki, D. T. & Sparkes, R. S. (1963). Microtechnique for culturing leucocytes from whole blood. Cytogenetics 2, 57.

Bakay, Bohdan, Croce, Carlo M., Koprowski, Hilary & Nyhan, William L. (1973). Restoration of hypoxanthine phosphoribosyl transferase activity in mouse IR cells after fusion with chick-embryo fibroblasts. Proc. Nat. Acad. Sci. (Wash.) 70, 1998.

Barski, G., Sorieul, S. & Cornefert, F. (1960). Production dans des cultures in vitro de deux, souches cellulaires en association de cellules de caractere "hybrid". C. R. Acad. Sci. (Paris) 251, 1825.

Barski, G., Sorieul, S. & Cornefert, F. (1961). "Hybrid" type cells in combined cultures of two different mammalian cell strains. J. Nat. Cancer Inst. 26, 1269.

Boone, C. M., Chen, T. R. & Ruddle, F. H. (1972). Assignment of three human genes to chromosomes (LDH-A to 11, TK to 17, and IDH to 20) and evidence for translocation between human and mouse chromosomes in somatic cell hybrids. Proc. Nat. Acad. Sci. (Wash.) 69, 510.

Borenfreund, E., Honda, Y., Steinglass, M. & Bendich, A. (1970). Studies of DNA-induced heritable alteration of mammalian cells. J. exp. Med. 132, 1071.

Boyle, J. A. K., Raivo, K. O., Astrin, K. H., Schulman, J. D., Grax, M. L., Seegmiller, J. E. & Jacobsen, C. B. (1970). Lesch-Nyhan syndrome: Preventive control by prenatal diagnosis. Science 169, 688.

Briggs, R. (1951–52). On analysis of the inactivation of the frog sperm nucleus by toluidine blue. J. Gen. Physiol. 35, 761.

Carter, S. B. (1967). Effects of cytochalasins on mammalian cells. Nature 213, 261.

Caspersson, T., Hulten, M., Lindsten, J., Therkelsen, A. J. & Zech, L. (1971). Identification of different Robertsonian translocations in man by quinacrine mustard fluorescence analysis. Hereditas 67, 213.

Caspersson, T., Zech, L., Johansson, C. & Modest, E. J. (1970). Identification of human chromosomes by DNA-binding fluorescent agents. Chromosoma 30, 215.

Choi, K. W. & /Bloom, A. D. (1970). Cloning human lymphocytes in vitro. Nature (Lond.) 227, 171.

Chu, E. H. Y. & Giles, N. H. (1958). Comparative chromosomal studies on mammalian cells in culture. I. The HeLa strain and its mutant clonal derivatives. J. Nat. Cancer Inst. 20, 383.

Chu, E. H. Y. & Malling, H. V. (1968). Mammalian cells genetics. II. Chemical induction of specific locus mutations in Chinese hamster cells in vitro. Proc. Nat. Acad. Sci. (Wash.) 61, 1306.

Croce, C. M., Sawicki, W. & Kritchevsky, D. (1971). Induction of homokaryocyte, heterokaryocyte and hybrid formation by lysolecithin. Exp. Cell Res. 67, 427.

Dancis, J., Hutzler, J., Snyderman, S. E. & Cox, R. P. (1972). Enzyme activity in classical and variant forms of maple syrup urine disease. J. Pediat. 81, 312.

Danes, B. S. & Bearn, A. G. (1969). Cystic fibrosis of the pancreas. J. exp. Med. 129, 775.

Davidson, R. (1969). Regulation of melanin synthesis in mammalian cells, as studied by somatic hybridization. III. A method of increasing the frequency of cell fusion. Exp. Cell Res. 55, 424.

Davidson, R. L. (1973). Herpes simplex virus as a source of thymidine kinase for thymidine kinase-deficient mouse cells: suppression and reactivation of the viral enzyme. Proc. Nat. Acad. Sci. (Wash.) 70, 1912.

Davidson, R. & Ephrussi, B. (1965). A selective system for the isolation of hybrids between L cells and normal cells. Nature (Lond.) 205, 1170.

Davidson, R. L., Ephrussi, B. & Yamamoto, K. (1966). Regulation of pigment synthesis in mammalian cells, as studied by somatic hybridization. Proc. Nat. Acad. Sci. (Wash.) 56, 1437.

Davidson, R. G., Nitrowsky, H. M. & Childs, B. (1963). Demonstration of two populations of cells in the human female heterozygous for glucose-6-phosphate dehydrogenase variants. Proc. Nat. Acad. Sci. (Wash.) 50, 481

De Mars, R. & Nance, W. E. (1964). Electrophoretic variants of glucose-6-phosphate-dehydrogenase and the single-active-x in cultivated human cells, Wistar Inst. Monogr. 1,35.

Drets, M. E. & Shaw, W. M. (1971). Specific banding patterns of human chromosomes. Proc. Nat. Acad. Sci. (Wash.) 68, 2073.

Ephrussi, B. & Weiss, M. C. (1965). Interspecific hybridization of somatic cells. Proc. Nat. Acad. Sci. (Wash.) 53, 1040.

Freed, J. J. & Netzger-Freed, L. (1970). Stable haploid cultured cells lines from frog embryos. Proc. Nat. Acad. Sci. (Wash.) 65, 337.

Frye, L. D. & Ediden, M. (1970). The rapid intermixing of cell curface antigens after formation of mouse-human heterokaryons. J. Cell Sci. 7, 319.

Gall, J. G. & Pardue, M. L. (1971). Nucleic acid hybridization in cytological preparations. In Methods in Enzymology. Vol. 21. Nucleic Acids, p. 470. Eds. L. Grossman and K. Moldave. New York: Academic Press.

Giles, R. E. & Ruddle, F. H. (1973). Produc. of Sendai virus for cell fusion. In vitro 9, 103.

Goldman, R. D., Pollack, R. & Hopkins, N. H. (1973). Preservation of normal behavior by enucleated cells in culture. Proc. Nat. Acad. Sci. (Wash.) 70, 750.

Ham, R. & Puck, T. T. (1962). Quantitative colonial growth of isolated mammalian cells. In Methods in Enzymology. Vol. 5, p. 90. Eds. S. P. Colowick and N. O. Kaplan. New York: Academic Press.

Harris, H. (1965). Behaviour of differentiated nuclei in heterokaryons of animal cells from different species. Nature (Lond.) 206, 583.

Harris, H. (1970). Cell Fusion. The Cunham Lectures, Harvard, Cambridge, Massachusetts.

Harris, H. & Watkins, J. F. (1965). Hybrid cells derived from mouse and man: Artificial heterokaryons of mammalian cells from different species. Nature (Lond.) 205, 640.

Harris, M. (1971). Mutation rates in cells at different ploidy levels. J. Cell. Physiol. 78, 177.

Johnson, R. T. & Rao, P. N. (1970). Mammalian cell fusion. II. Induction of premature chromosome condensation in interphase nuclei. Nature (Lond.) 226, 717.

Jones, K. W. (1970). Chromosomal and nuclear localization of mouse satellite DNA in individual cells. Nature (Lond.) 225, 912.
Kao, F. T., Chasin, L. A. & Puck, T. T. (1969). Genetics of somatic mammalian cells. X. Complementation analysis of glycine-requiring mutants. Proc. Nat. Acad. Sci. (Wash.) 64, 1284.
Kao, F. T., Johnson, R. T. & Puck, T. T. (1969). Genetics of somatic mammalian cells. VIII. Complementation analysis of virus-fused Chinese hamster cells with nutritional markers. Science 164, 312.
Kao, F. T. & Puck, T. T. (1967). Genetics of somatic mammalian cells. IV. Properties of Chinese hamster cell mutants with respect to the requirement for proline. Genetics 55, 513.
Kao, F. T. & Puck, T. T. (1968). Genetics of somatic mammalian cells. VII. Induction and isolation of nutritional mutants in Chinese hamster cells. Proc. Nat. Acad. Sci. (Wash.) 60, 1275.
Kao, F. T. & Puck, T. T. (1969). Genetics of somatic mammalian cells. IX. Quantitation of mutagenesis by physical and chemical agents. J. Cell. Physiol. 74, 245.
Kao, F. T. & Puck, T. T. (1970). Genetics of somatic mammalian cells. X. Complementation analysis of glycine-requiring mutants. Nature (Lond.) 228, 329.
Klebe, R. J., Chen, T. & Riddle, F. H. (1970). Mapping of a human genetic regulator element by somatic cell genetic analysis. Proc. Nat. Acad. Sci. (Wash.) 66, 1220.
Koprowski, H., Jensen, F. C. & Steplewski, Z. (1967). Activation of production of infectious tumour virus SV40 in heterokaryon cultures. Proc. Nat. Acad. Sci. (Wash.) 58, 127.
Kusano, J., Long, C. & Green, H. (1971). A new reduced human-mouse somatic cell hybrid containing the human gene for adenine phosphoribosyltransferase. Poc. Nat. Acad. Sci. (Wash.) 68, 82.
Kusano, T., Wang, R., Pollack, R. & Green, H. (1970). Human mouse hybrid cell lines and susceptibility to polio virus. II. Polio sensitivity and the chromosome constitution of the hybrids. J. Virol. 5, 682.
Ladda, R. L. & Estensen, R. D. (1970). Introduction of a heterologous nucleus into enucleated cytoplasms of cultured mouse L-cells. Proc. Nat. Acad. Sci. (Wash.) 67, 1528.
Lin, C. C., Uchida, I. A. & Byrnes, E. (1971). A suggestion for the nomenclature of the fluorescent bonding patterns in human metaphase chromosomes. Canad. J. Genet. & Cytol. 13, 361.
Littlefield, J. W. (1964). Selection of hybrids form matings of fibroblasts in vitro and their presumed recombinants. Science 145, 709.
Littlefield, J. W. (1966). The use of drug resistant markers to study the hybridization of mouse fibroblasts. Exp. Cell Res. 41, 190.
Marchant, G. S. (1971). Evaluation of methods of amniotic fluid cell culture. Amer. J. Med. Technol. 37, 391.
Marx, J. L. (1973). Somatic cell hybrids: impact on mammalian cells. Science 179, 785.
Matsuya, Y., Green, H. & Basilico, C. (1968). Properties and uses of human-mouse hybrid cell lines. Nature (Lond.) 220, 1199.
Matsuya, Y. & Green, H. (1969). Somatic cell hybrid between the established human line D98 (presumptive HeLa and 3T3.Science 163, 697.
Mayes, J. S. & Guthrie, R. (1968). Detection of heterozygotes for galactokinase deficiency in a human population. Biochem. Genet. 2, 219.
Mellman, W. J. (1971). A biochemical genetic view of human cell culture. Adv. Human Genet. 2, 259.

Merril, C. R., Geier, M. R. & Petricciani, J. C. (1971). Bacterial virus gene expression in human cells. Nature 233, 398.
Migeon, B. R. & Miller, C. S. (1968). Human-mouse somatic cell hybrids with single human chromosome (group E): Link with thymidine kinase activity. Science 162, 1005.
Miggiano, V., Nabholz, M. & Bodner, W. (1969). Hybrids between human leucocytes and a mouse cell line: production and characterization. Wistar Inst. Monogr. 9, 61.
Miller, O. J., Miller, D. A., Kouri, R. E., Allderdrie, P. W., Dev, V. G., Gewal, M. S. & Hutton, J. J. (1971). Identification of the mouse karyotype by quinacrine fluorescence and tentative assignment of seven linkage groups. Proc. Nat. Acad. Sci. (Wash.) 68, 1530.
Milunsky, A., Littlefield, J. W., Kaufer, J. N., Kolodny, E. H., Shih, V. E. & Atkins, L. (1970). Prenatal genetic diagnosis. N. Engl. J. Med. 293, 1370.
Minna, J., Nelson, P., Peacock, J., Glazer, D. & Nirenberg, M. (1971). Genes for neuronal properties expressed in neuroblastoma XL cell hybrids. Proc. Nat. Acad. Sci. (Wash.) 68, 234.
Nabholz, M., Miggiano, V. & Bodmer, W. (1969). Genetic analysis with human-mouse somatic cell hybrids. Nature 223, 358.
Nadler, H. L. (1972). In utero detection of familial metabolic disorders. Pediatrics 49, 329.
Nadler, H. L., Chacko, C. M. & Rachmeler, M. (1970). Interallelic complementation in hybrid cells derived from human diploid strains deficient in galactose-1-phosphate uridyl transferase activity. Proc. Nat. Acad. Sci. (Wash.) 67, 976.
Okady, Y. (1958). Biken J. 1, 103.
Okada, Y. (1962). Analysis of giant polynuclear cell formation caused by HVJ virus from Ehrlich's ascites tumor cells. Exp. Cell Res. 26, 98.
Okada, Y. (1969). Factors in fusion of cells by HVJ. Curr. Topics Microbiol. Immunol. 48, 102.
Okada, Y. & Murayama, F. (1966). Requirement of calcium ions for the cell fusion reaction of animal cells by HVJ. Exp. Cell Res. 44, 527.
Pardue, M. L. & Gall, J. G. (1970). Chromosome localization of mouse satellite DNA. Science 168, 1356.
Poole, A. R., Howell, J. I. & Lucy, J. A. (1970). Lysolecithin and cell fusion. Nature (Lond.) 227, 810.
Pontecorvo, G. (1971). Induction of directional chromosome elimination in somatic cell hybrids. Nature 230, 367.
Porter, K. R. (1939). Androgenetic development of the egg of Rana pipiens. Biol. Bull. 77, 233.
Prescott, D. M., Nyerson, D. & Wallace, J. (1972). Enucleation of mammalian cells with cytochalasin B. Exp. Cell Res. 71, 480.
Puck, T. T. & Fisher, H. W. (1956). Genetics of somatic mammalian cells. I. Demonstration of the existence of mutants with different growth requirements in human cancer cell strain (HeLa). J. exp. Med. 104, 427.
Puck, T. T. & Kao, F. T. (1967). Genetics of somatic mammalian cells. V. Treatment with 5-bromodeoxyuridine and visible light for isolation of nutritionally deficient mutants. Proc. Nat. Acad. Sci. (Wash.) 58, 1227.
Puck, T. T. & Kao, F. T. (1968). Genetics of somatic mammalian cells. VI. Use of an antimetabolite in analysis of gene multiplicity. Proc. Nat. Acad. Sci. (Wash.) 60, 561.
Puck, T. T. & Marcus, P. I. (1955). A rapid method for viable cell titration and clone production with HeLa cells in tissue culture: The use of X-irradiated cells to study conditioning factors. Proc. Nat. Acad. Sci. (Wash.) 41, 432.

Puck, T. T., Wuthier, P., Jones, C. & Kao, F. T. (1971). Lethal antigens as genetic markers for study of human linkage groups. Proc. Nat. Acad. Sci. (Wash.) 68, 3102.

Rao, P. N. & Johnson, R. T. (1970). Mammalian cell fusion. I. Studies on the regulation of DNA synthesis and mitosis. Nature (Lond.) 225, 159.

Rappaport, H. & De Mars, R. (1973). Diaminopurine-resistant mutants of cultured, diploid human fibroblasts. Genetics 75, 335.

Renger, H. C. & Basilico, C. (1972). Mutation causing temperature-sensitive expression of cell transformation by a tumor virus. Proc. Nat. Acad. Sci. (Wash.) 69, 109.

Ruddle, F. H. (1970). Utilization of somatic cells for genetic analysis: possibilities and problems. Symp. Inter. Soc. Cell Biol. 9, 233.

Ruddle, F. (1973). Linkage analysis in man by somatic cell genetics. Nature 242, 165.

Sato, K., Slesinksi, R. S. & Littlefield, J. W. (1972). Chemical mutagenesis at the phosphoribosyltransferase locus in cultured human lymphoblasts. Proc. Nat. Cad. Sci. (Wash.) 69, 1244.

Siniscalco, M. (1970). Somatic cell hybrids as tools for genetic studies in man. Symph. Inter. Soc. Cell Biol. 9, 205.

Sobel, J. S., Albrecht, A. M., Riehm, H. & Biedler, J. L. (1971). Hybridization of Actinomycin D- and Amethopterin-resistant Chinese hamster cells in vitro. Cancer Res. 31, 297.

Sorieul, S. & Ephrussi, B. (1961). Karyological demonstration of hybridization of mammalian cells in vitro. Nature 190, 653.

Stefos, K. & Arrighi, F. E. (1971). Heterochromatic nature of W chromosomes in birds. Exp. Cell Res. 68, 288.

Steele, M. W. & Berg, W. R. (1966). Chromosome analysis of human amniotic-fluid cells. Lancet i, 383.

Sumner, A. T., Evans, H. J. & Buckland, R. A. (1971). New technique for distunguishing between human chromosomes. Nature New Biol. 232, 31.

Szybalski, W., Szybalska, E. N. & Ragni, G. (1962). Genetic studies with human cell lines. Nat. Cancer Inst. Monogr. 7, 75.

Tedesco, T. A. & Mellman, W. J. (1967). Arginosuccinate synthetase activity and citrulline metabolism in cells cultured from a citrullinemic subject. Proc. Nat. Acad. Sci. (Wash.) 57, 829.

Thompson, L. H., Mankovitz, R., Baker, R. M., Till, J. E., Siminovitch, L. & Whitmore, G. F. (1970). Isolation of temperature-sensitive mutants of L-cells. Proc. Nat. Acad. Sci. (Wash.) 66, 377.

Thompson, L. H., Harkins, J. L. & Stanners, C. P. (1973). A mammalian cell mutant with a temperature-sensitive leucyl-transfer RNA synthetase. Proc. Nat. Acad. Sci. (Wash.) 70, 3094.

Tjio, J. H. & Levan, A. (1956). The chromosome number of man. Hereditas 42, 1.

Tjio, J. H. & Puck, T. T. (1958). The somatic chromosome of man. Proc. Nat. Acad. Sci. (Wash.) 44, 1229.

Wang, H. C. & Fedoroff, S. (1972). Banding in human chromosomes treated with trypsin. Nature New Biol. (Lond.) 235, 52.

Wang, R., Pollack, R., Kusano, T. & Green, H. (1970). Human-mouse hybrid cell lines and susceptibility to poliovirus. I. Conversion from polio sensitivity to polio resistance accompanying loss of human genedependent polio receptors. J. Virol. 5, 677.

Watkins, J. F. & Grace, D. M. (1967). Studies on the surface antigens of interspecific mammalian cell heterokaryons. J. Cell Sci. 2, 193.

Weiss, M. C., Ephrussi, B. (1966). Studies of interspecific (rat × mouse) somatic hybrids. I. Isolation, growth, and evolution of the karyotype. Genetics 54, 1095.
Weiss, M. C. & Green, H. (1967). Human-mouse hybrid cell lines containing partial complements of human chromosomes and functioning human. genes. Proc. Nat. Acad. Sci. (Wash.) 58, 1104.
Wesley McBride, O. & Ozer, H. L. (1973). Transfer of genetic information by purified metaphase chromosomes. Proc. Nat. Acad. Sci. 70, 1258.
Wiener, F., Klein, G. & Harris, H. (1971). The analysis of malignancy by cell fusion. III. Hybrids between diploid fibroblasts and other tumour cells. J. Cell Sci. 8, 681.
Yerganian, G. & Nell, M. B. (1966). Hybridization of dwarf hamster cells by UV-inactivated sendai virus. Proc. Nat. Acad. Sci. (Wash.) 55, 1066.

5.3.2 Virologie und Wirt–Parasit-Beziehungen

5.3.2.1 Allgemeines

Obwohl man Viren in der Gewebekultur viele Jahre gezüchtet und damit auch in der Tat manche Impfstoffe hergestellt hatte, wurden die Gewebekulturmethoden erst Ende der 40er Jahre von den Virologen allgemein angewandt. Ihr weitverbreiteter Einsatz wurde durch die Beobachtung von Enders und Mitarbeitern 1949 eingeleitet, wonach sich das *Poliomyelitis-Virus* in menschlichem Gewebe ohne Nerven-Zellen züchten läßt. Bis zu diesem Zeitpunkt glaubte man, daß es notwendig sein würde, dieses Virus wegen seiner hohen *In vivo*-Gewebsspezifität in Nervengewebe züchten zu müssen, falls man es überhaupt *in vitro* züchten kann. Man fand nun aber, daß viele menschliche Viren in fast allen Zellen des Menschen und auch des Affen leicht wachsen. Das Poliomyelitis-Virus ist freilich ein Beispiel für ein Virus, das in einem ziemlich beschränkten Bereich von Zellen wächst. Als Gegenbeispiel wachsen einige Viren in Zellen sehr verschiedener Arten. Z. B. läßt sich das Vaccinia-Virus leicht in Gewebekulturen aus Hühnerembryonen züchten.

Die Gewebekulturmaterialien, die in der Virologie verwendet werden, sind sehr verschieden; praktisch alle in den vorhergehenden Kapiteln dieses Buches beschriebenen Methoden wurden hierfür benützt. Sogar mit Organkulturtechniken erhält man sehr interessante Ergebnisse bei der Untersuchung von Wirt–Parasit-Beziehungen und es gibt keinen Zweifel, daß man diese Methode für derartige Arbeiten noch mehr einsetzen wird. Die am häufigsten verwendete Primärexplantat-Methode ist die *Maitland-Kultur* (Abschn. 4.1.2.4). Sie besteht im wesentlichen aus einer Suspension zerkleinerten Gewebes in einem Nährmedium. Sie wird fast ausschließlich für die Herstellung großer Virus-Mengen eingesetzt, besonders für die fabrikmäßige Herstellung von Poliomyelitis-Impfstoff.

Frisch trypsinierte Zellen werden sehr häufig bei Virus-Arbeiten verwendet. Bei den ersten virologischen Untersuchungen benützte man u. a. trypsinisierte, gemischte Embryonal-Zellen als Gewebekulturmaterial; heute jedoch verwendet man hauptsächlich Affennieren- und menschliche Amnionzellen, deren Herstellung in Abschn. 4.1.3.1.6 und Kap. 7 ausführlich beschrieben wurde.

Schließlich sind in der Virologie *etablierte Zellinien* sehr gebräuchlich. Die am häufigsten verwendete ist die *HeLa-Linie,* aber auch viele andere werden routinemäßig benützt, z. B. die *Detroit 6-Linie,* viele menschliche *Chang-Linien* und transformierte Linien der Amnionzellen. Fast alle bekannten Zellinien wurden auf ihre Virus-Empfindlichkeit untersucht und in vielen wachsen Viren ausreichend.

Während es sehr schwierig ist, Gewebekulturzellen morphologisch zu klassifizieren, ist es im allgemeinen möglich, sie in Zellen des Epithel- und des Fibroblast-Typs zu trennen. Manche Viren greifen beide an, während andere bevorzugt den Epithel-Typ befallen und den Fibroblast-Typ fast unberührt lassen. Dies wird im Falle des Adeno-Virus besonders deutlich. Amnionzellen gleichen morphologisch Epithelzellen mehr als Fibroblastzellen, unterscheiden sich aber in vieler Hinsicht von beiden. Sie werden von fast allen Virus-Arten befallen und stellen einen recht spezifisch-cytopathischen Typ dar. Wenn aber Amnionzellen transformiert werden und etablierte Zellinien bilden, neigen sie dazu, einen *cytopathischen Effekt* zu zeigen, der für andere Zellinien typisch ist.

Eine gewisse Spezifität hinsichtlich der Infizierbarkeit verschiedener Zellarten hat Bang in Organkulturen gezeigt. Infiziert man kleine, organisierte Gewebeteilchen *in vitro* mit Viren, scheint die Infektion häufig auf einen bestimmten Zelltyp innerhalb des Gewebes beschränkt zu bleiben.

Die Wirkungen infolge einer Virus-Infektion der Zellen sind verschieden. Einige Zellen zeigen mit bestimmten Viren keine Veränderung, weshalb man deren Gegenwart nur durch andere Techniken zeigen kann, z. B. Hämadsorption. Andrerseits werden in vielen Zellen Veränderungen der Morphologie und des Stoffwechsels hervorgerufen. Die morphologischen Veränderungen wurden eingehend beschrieben und sind ausgeprägt genug, um eine vorläufige Identifizierung des zu bestimmenden Virus zu erlauben. Die Stoffwechsel-Änderungen sind noch nicht gründlich genug aufgeklärt, obwohl eine Stoffwechsel-Hemmung infolge Zelltod oft als Test für die Gegenwart von Viren herangezogen wird.

Eine kurze Anmerkung soll hier über die Arten des *cytopathischen Effekts (CPE)* gemacht werden, die in der Gewebekultur hervorgerufen werden (Bild 25). Der schwerste Effekt, d. h. die *totale Zerstörung von*

Zellen, wird durch viele allgemeine Viren wie das Poliomyelitis-Virus und einige Coxsackie-Viren erzeugt. Sowohl Epithel- als auch die Fibroblast-Zellen empfindlicher Linien werden angegriffen.

Eine etwas weniger schwere Art von Schädigung wird von manchen Encephalitis-Viren hervorgerufen. Sie wird als *„subtotale Zelldegeneration"* bezeichnet und äußert sich durch Tod einiger Zellen und Kern-Pyknosen anderer Zellen.

Bei einer dritten Virus-Gruppe ist die charakteristische Schädigung eine *fokale Degeneration.* Sie wird durch eine Herpes-B-Pseudorabies-Gruppe hervorgerufen und zeigt sich im Auftreten von Einschlußkörperchen im Zellkern, deren Entwicklung punktförmig beginnt und sich fleckenförmig (als Plaques) ausbreitet. Im Falle des Vaccinia-Virus sieht man eine ähnliche Schädigung mit der Ausnahme, daß die Einschlußkörperchen eher im Zytoplasma vorkommen als im Zellkern.

Einen noch geringeren Degenerationsgrad beobachtet man bei einigen Adeno-Viren. In diesen Fällen treten *morphologische Veränderungen ohne Beeinträchtigung des Zellstoffwechsels* auf. Sie erkennt man daran, daß die Zellen anschwellen, Klumpen bilden, körnig werden und degenerieren. Epithelzellen sterben sehr schnell, während Fibroblasten viel länger überleben.

Ein weiterer Degenerationstyp ist bekannt als *vakuolisierende oder „schaumige" (foamy) Degeneration* und wird dem Masern-Virus und einigen Simian-Orphan-Viren zugeschrieben.

Manche Viren der Influenza- und Parainfluenza-Gruppe können Zellen infizieren, ohne einen deutlichen cytopathischen Effekt hervorzurufen. Diese Viren besitzen eine starke Hämagglutinationsfähigkeit, und das Auftreten dieser Viren in einer Kultur kann durch Hämadsorption erkannt werden – dies ist die Adsorption gewaschener Erythrozyten an infizierte Zellen. Eine 0,5%ige Suspension gewaschener Meerschweinchen- oder Hühner-Erythrozyten wird der Kultur zugefügt (d. h. 0,2 ml Suspension auf 5 ml Kulturmedium). Die Kultur wird 20 Min. lang bei 4 °C inkubiert und mikroskopisch hinsichtlich Adsorption von Erythrozyten an die Zellschicht untersucht.

Die Fähigkeit der Gewebekulturen, das Wachstum von Viren zu unterhalten und deren Anwesenheit durch Schädigungen zu zeigen, die in einigen Fällen spezifisch sind, wurde in der Virologie zu 3 Hauptzwecken angewandt:

1. Untersuchung von *Wirt–Parasit-Beziehungen;*
2. Nachweis und *Identifizierung von Viren* und

3. Herstellung von Viren für die *Impfstoff-Produktion.*

Die Untersuchungen über die Beziehungen zwischen Viren und Zellen wurden durch die Verwendung der Gewebekultur-Methoden stark gefördert. Die benützten Techniken sind vielfältig spezialisiert und richten sich nach den vorliegenden Problemen, die man lösen will. Im großen und ganzen werden in diesem Buch bereits beschriebene Methoden der Gewebekultur gemeinsam mit einigen, analytischen Technik der Virologie verwendet, die im Zusammenhang mit Untersuchungen über Bakteriophagen entwickelt wurden.

Wahrscheinlich war die wichtigste, technische Entwicklung in der Virologie der letzten Jahre die Verwendung der Gewebekultur für den Nachweis und die Identifizierung von Viren. In der Regel wird diese Methode für die Identifizierung bekannter Viren verwendet, die von Personen isoliert wurden, die im Verdacht stehen, an einer durch diese Viren hervorgerufenen Krankheit zu leiden. Im Laufe dieser Forschungsarbeiten wurde jedoch eine große Anzahl anderer Viren entdeckt. Viele wurden als *„Orphan"* (Waisen)-Viren bezeichnet, da sie, wie Duran-Reynals ausgeführt hat, Viren sind, die auf der Suche nach einer Krankheit sind.

5.3.2.2 Isolierung und Identifizierung von Viren

Isolierung, Identifizierung und Titration normaler, pathogener Viren werden mit Hilfe von Standardtechniken durchgeführt, deren drei wichtigste im einzelnen beschrieben werden sollen. Es sind dies: Einfache *Virus-Titration,* Titration durch Beobachtung einer Stoffwechsel-Hemmung (der *Stoffwechsel-Hemmtest*) sowie Titration mit Hilfe der Dulbeccoschen *Plaque-Technik.*

Viren werden einfach isoliert, indem man eine Bakterien-freie Suspension aus infiziertem Material herstellt, die man Virus-empfindlichen Zellen aussetzt. Als Beispiel soll die Isolierung des Poliomyelitis-Virus aus Faeces beschrieben werden.

Eine 1/10 Suspension einer Faeces-Probe wird hergestellt, indem man sie mit einem Glasstab solange mit BSS verrührt, bis alle Klümpchen verschwunden sind. Feste Bestandteile werden durch 15–20minütiges Zentrifugieren bei 3000 Upm. oder schneller entfernt. Der klare Überstand wird dann zur Untersuchung genommen. Bei vorsichtiger Zubereitung wird er wahrscheinlich bereits frei von Bakterien sein; um aber das Risiko einer Verunreinigung zu vermindern, wird eine Mischung von Antibiotika (Penicillin, Streptomycin und Mycostatin) zugegeben, die als 100fache Stammlösung gehalten wird.

Statische Reagenzglaskulturen (S. 180) sollte man schon vorher mit ungefähr 150 000 Zellen (HeLa- oder Affennieren) pro 1 ml Medium herstellen. Ohne das Medium zu entfernen, wird 1 ml des fäkalen Extraktes einem Paar Reagenzgläsern zugefügt. Nach einer Stunde wird das Medium von den Zellen entfernt und durch frisches Medium ersetzt. Die Proben werden täglich auf das Auftreten typischer, cytopathischer Effekte untersucht.

Für eine Routineprüfung kann man eine Primärzellinie beimpfen, z. B. aus Affennieren oder menschlichem Amnion, oder auch eine etablierte Zellinie, wie HeLa oder HEp-2.

Nach diesen Schritten kann eine *vorläufige Diagnose* auf Grund folgender Kriterien gestellt werden: 1. Herkunft der Probe; 2. Geschwindigkeit des Auftretens der Zellschädigung und 3. Beobachtung des cytopathischen Effekts. Eine endgültige Diagnose kann mit Hilfe spezifischer Antisera erreicht werden.

Bei der Routinearbeit wird eine 1/8 Verdünnung des Antiserums verwendet. 3 Kulturen werden angesetzt: Die erste mit Zellen und Antiserum, die zweite mit Zellen und Virus, die dritte mit Zellen, Virus und Antiserum. Überleben die Zellen der ersten und dritten Gruppe, nicht aber die der zweiten, zeigt dies einen Schutz durch das Antiserum und folglich die Identität des Virus.

Manche Viren rufen einen geringen oder keinen cytopathischen Effekt (CPE) hervor, weshalb man spezielle Techniken anwenden muß, um eine Virus-Infektion nachzuweisen. Influenza- und Parainfluenza-Virus ergeben wie oben beschrieben einen positiven *Hämadsorptionstest.* Auch Antiseren können zur Identifizierung herangezogen werden, da spezifische Antiseren die Hämadsorption hemmen.

Man kann auch *fluoreszierende Antikörper* verwenden, um einen Virus-Befall in Abwesenheit des CPE nachzuweisen, oder um manchmal auch eine Früh-Diagnose zu ermöglichen, bevor der CPE sichtbar wird.

In einigen Fällen kann man eine Virus-Infektion durch *Interferenz* nachweisen. Die Primärinfektion verhindert das Auftreten des CPE nach vorhergehender Infektion mit einem bekannten, später zugefügten Virus.

5.3.2.3 Virus-Titration

5.3.2.3.1 Allgemeines

Bevor man Seren auf Anwesenheit von Antikörper untersucht, empfiehlt es sich, das Virus zu titrieren, um eine geeignete Dosis zu erhalten. Dies kann sehr einfach durch Erweiterung der oben beschriebenen Methoden erfolgen.

Zunächst stellt man Zehnfach-Virus-Reihenverdünnungen in Medium her. 1 ml jeder Verdünnung wird mehreren statischen Reagenzglaskulturen zugefügt, jede mit ungefähr 150 000 Zellen einer empfindlichen Linie. Nach einer Stunde wird das Medium von den

Zellen entfernt und durch frisches Medium ersetzt. Die Kulturen werden nach einigen Tagen nachgeprüft (lang genug, um einen typischen CPE hervorzurufen). Die Virus-Verdünnung, bei der die Hälfte der Kulturen infiziert ist, nennt man $TCID_{50}$ (50% Gewebekultur-Infektionsdosis); auf sie wird bei allen weiteren Arbeiten bezogen.

5.3.2.3.2 Berechnung der $TCID_{50}$

Nicht alle Virusteilchen infizieren; die Titrationsmethoden erfassen aber nur die infizierenden Teilchen. Eine Kultur wird abgetötet, wenn sie mit mindestens einer infektiösen Einheit (IE) beimpft wurde. Natürlich gibt es in gleichen Volumen-Teilen eine zufällige, statistische Verteilung der infektiösen Teilchen. Die Verdünnung, bei der im Durchschnitt die Hälfte der 1 ml-Volumenteile mindestens eine Infektionseinheit enthält, weist definitionsgemäß eine $TCID_{50}$ pro ml auf.

Nur selten und zufällig findet man, daß bei einer bestimmten Virusverdünnung genau die Hälfte der beimpften Kulturen infiziert ist. Öfter findet man Ergebnisse folgender Art (in einer Titration, bei welcher 12 Kulturen pro Verdünnung beimpft werden):

Umgekehrter log der Verd.	Infiz. Kulturen	Nicht infizierte Kulturen	Kumulativ infiziert	Kumulativ nicht infiziert	Anteil infiziert	Prozentsatz infiziert
5	12	0	48	0	48/48	100
6	12	0	36	0	36/36	100
7	10	2	24	2	24/26	92,5
8	8	4	14	6	14/20	90
9	4	8	6	14	6/20	30
10	2	10	2	24	2/26	7,5
11	0	12	0	36	0/36	0

Der 50%-Endpunkt liegt eindeutig zwischen 10^{-8} und 10^{-9}. Verschiedene Methoden wurden verwendet, um zwischen den beobachteten Werten für einen besseren Näherungswert zu interpolieren. Die am meisten verwendete Methode ist die von Reed und Muench. Die Daten werden wie oben protokolliert und mit folgender Formel ausgewertet (die Zahlen des obigen Beispiels sind in Klammern gesetzt):

$$\frac{\text{Zahl über } 50\% \ (90) - 50}{\text{Zahl über } 50\% \ (90) - \text{Zahl unter } 50\% \ (30)}$$

Bei diesem Beispiel ergibt dies $40/6\dot{0} = 0{,}67$. Der 50%-Endpunkt beträgt dann $10^{-8,67}$. Die Originallösung enthielt also $10^{8,67}$ $TCID_{50}$/ml.

5.3.2.3.3 Beziehung zwischen Infektionseinheiten (IE) und $TCID_{50}$

Hat man eine Suspension so weit verdünnt, daß die Hälfte einer großen Anzahl von 1 ml-Fraktionen mindestens eine Infektionseinheit (IE) enthält, wird sich zeigen, daß die Verteilung dieser Infektionseinheiten statistisch zufällig ist. Während also 50% der Proben keine Infektionseinheiten enthalten, umfassen die restlichen 50% viele Gläschen, die nur eine IE enthalten, ferner einige mit zwei IE und wenige mit mehr. Die Verteilung der Einheiten folgt einer reinen Poisson-Beziehung. Folglich enthält eine $TCID_{50}$ tatsächlich mehr als den Durchschnitt von 0,5 IE. Nach der Poisson-Verteilung entspricht eine $TCID_{50}$ 0,693 IE. Die beiden Werte können mit Hilfe dieses Faktors ineinander umgewandelt werden.

5.3.2.3.4 Antiserum-Titration mit dem Stoffwechsel-Hemmtest

Zusätzlich zu ihrer Anwendung bei der Isolierung und Identifizierung von Viren können Gewebekulturen auch für die Titration von Antiseren herangezogen werden. Besonders lassen sie sich dazu verwenden, den Titer von Antikörpern gegen Viren im Blut zu bestimmen. Zu diesem Zweck ist die oben beschriebene Methode ziemlich aufwendig und ermüdend. Da man im Test mit bekannten Viren arbeitet, ist es unwichtig, den CPE zu untersuchen. Man braucht nur zu wissen, ob das Serum die Zellen vor einer Virusschädigung schützt oder nicht. Dafür wird der *Stoffwechsel-Hemmtest* verwendet. Das Prinzip ist sehr einfach. Man züchtet Zellen in einem Medium, das *Phenolrot* enthält. Da die Zellen saure Stoffwechselprodukte anhäufen, schlägt das Phenolrot nach gelb um, was anzeigt, daß die Zellen am Leben sind. Werden die Zellen von Viren getötet, bleibt das Medium rot. So kann man das Überleben der Zellen am Schutz durch Antiserum mit einem Blick erkennen. Eine typische, einfache Titration dieser Art soll hier beschrieben werden.

Gewöhnlich wird eine Virus-Verdünnung verwendet, die 100–200 $TCID_{50}$ entspricht. Das Serum wird zunächst durch halbstündiges Erhitzen auf 56 °C inaktiviert. Es werden doppelte Verdünnungen hergestellt. Man muß Kontrollen mit Serum ohne Virus ansetzen für den Fall, daß das Serum selbst toxisch ist. Die Titrationen können entweder in kleinen Reagenzgläsern oder auf Mikrotiterplatten (Abschn. 5.2.4.4) ausgeführt werden. Für Mikrotiterplatten verwendet man $^1/_5$ der Mengen.

Arbeitsweise:

1. Man stellt eine Virus-Verdünnung in Medium her, die 100–200 $TCID_{50}$ pro 0,25 ml entspricht;
2. Man stellt 2fache Reihenverdünnungen des Serums in Medium her (z. B. 1/8, 1/16, 1/32);
3. Man setzt die Gläschen wie im Protokoll auf S. 397 an und
4. Läßt die Gläschen eine Stunde lang bei Zimmertemperatur stehen;
5. In jedes gibt man 0,25 ml einer HeLa-Zellsuspension (150 000 Zellen pro ml);

6. Überschichtet jedes mit 0,5 ml flüssigen Paraffins;
7. Inkubiert 5–7 Tage lang und
8. Untersucht: Vollständiges Zellüberleben wird durch gelbe Farbe des Mediums, Zelltod durch purpurrote Farbe angezeigt. Teilweises Überleben wird durch dazwischenliegende Farbtöne angezeigt.

Um mit dieser Technik gute Ergebnisse zu erhalten, ist es wesentlich, daß die Test-Bedingungen streng konstant und identisch gehalten werden.

Gläschen Nr.	Zell-Kontrolle	Serum-Kontrolle	1	2	3
Virus-Verdünnung	0	0	0,25 ml	0,25 ml	0,25 ml
1/8 Serum-Verdünnung	0	0,25 ml	0,25 ml	0	0
1/16 Serum-Verdünnung	0	0	0	0,25 ml	0
1/32 Serum-Verdünnung	0	0	0	0	0,25 ml
Medium	0,5 ml	0,25 ml	0	0	0

5.3.2.3.5 Plaque-Technik

Manchmal braucht man genauere, quantitative Bestimmungen. Dies kann man durch die Plaque-Zähltechnik erreichen, die von Dulbecco stammt und Dulbecco und Vogt sowie Hsiung und Melnick weiterentwickelt haben. Das Prinzip der Technik ist einfach: Monolayer-Zellkulturen werden sehr verdünnten Virus-Suspensionen ausgesetzt. Dann werden die Zellen mit einer dünnen Agar-Schicht bedeckt. Stellen viraler Infektion können nach ein paar Tagen als Flecken, aus toten Zellen sog. *Plaques,* erkannt werden. Theoretisch ruft jedes Virus einen Plaque hervor; doch aus verschiedenen Gründen erreicht die Ausbeute selten 100%.

Die Zahl der Plaques gibt die Zahl der Plaque-bildenden Einheiten (PFE) eines Inokulums an. Ein PFE entspricht im allgemeinen einem IE.

Für optimale Ergebnisse ist es notwendig, bei der Herstellung der Zell-Monolayer sehr vorsichtig vorzugehen. Die Zellen können in jeder Art von Gefäß gezüchtet werden. Ursprünglich wurden Petrischalen verwendet; es werden aber auch sehr häufig Arzneiflaschen dafür herangezogen.

Methode:

1. Man dekantiert das Wachstumsmedium aus den konfluenten (zusammengewachsenen) Kulturen gesunder Zellen in 100 ml Arzneiflaschen. Man wäscht 3mal mit 2 ml BSS zur Entfernung des Serums.

2. Man stellt 10fache Reihenverdünnungen des Virus in BSS so her, daß sie den betroffenen Bereich hinreichend abdecken. Man überschichtet die Zellen mit je 0,5 ml dieser Virus-Suspension. Man inkubiert die Flaschen eine Stunde lang.

3. Man mischt 15 ml Medium (20% Pferde-Serum in BSS oder eine Erhaltungslösung, die 0,004% Neutralrot enthält mit einem gleichen Volumenteil von 3% „geschmolzenem" Agar in BSS. (Man „schmilzt" den Agar, indem man ihn auf 100 °C erhitzt; dann kühlt man ihn vor dem Mischen auf 43 °C ab.)

4. Man überschichtet jeden Zellmonolayer schnell mit 4 ml der Agar-Mischung und stellt zum Festwerden beiseite.

5. Man dreht die Flaschen um und inkubiert bei 37 °C.

6. Man prüft die Flaschen täglich bei indirektem Licht; am besten legt man die Flaschen auf eine weiße oder schwach grüne Unterlage.

5.3.2.3.6 Agar-Suspensions-Plaque-Technik

Diese Modifikation von Dulbeccos Plaque-Technik ist besonders nützlich, wenn die verwendeten Zellen in Suspension wachsen und nicht an Glas haften. Sie kann auch gut bei Ascites-Tumorzellen und frisch trypsinierten Zellsuspensionen eingesetzt werden. Ein zusätzlicher Vorteil ist, daß keine Zeit zur Adsorption erforderlich ist. Ihre Hauptbeschränkung liegt darin, daß sie mehr Zellen als die oben beschriebene Monolayer-Technik benötigt.

Methode

1. Die Platten werden hergestellt, indem man 3 ml doppeltkonzentriertes Medium mit 3 ml geschmolzenem, 1,8%igem Agar bei 44 °C mischt und in 100 mm-Petrischalen gießt. Man läßt den Agar gelieren.

2. Man gibt in 10 ml-Reagenzgläser 0,5 ml Zellsuspension, die $1-1,5 \times 10^8$ Zellen pro ml enthält. Dann fügt man 0,1 ml einer Virus-Suspension zu, die 100–1000 Plaque-bildende Einheiten (PFE) pro ml enthält, schließlich 2 ml geschmolzenes Agar-Medium bei 44 °C (zubereitet wie unter 1.).

3. Die Zell-Agar-Suspension wird sofort schnell vermischt, auf eine vorbereitete Platte gegossen und durch Schwenken verteilt, ehe sie fest wird. Man leert das Glas so vollständig wie möglich. Den letzten Tropfen gewinnt man, indem man ihn auf der Agar-Oberfläche abtupft.

4. Nach dem Festwerden werden die Platten ungefähr 40 Std. lang bei 37 °C in einem CO_2-Brutschrank inkubiert. Zum Färben werden sie mit Earles Salzlösung, die 0,005% Neutralrot enthält, ungefähr 2 Std. lang bedeckt.

Man kann auf den CO_2-Brutschrank verzichten, wenn man wie oben Arzneiflaschen verwendet oder 0,3% Tris (hydroxymethyl) amino-methan-Puffer dem Medium zufügt.

Diese Plaque-Methoden sind nicht nur präziser als die Titrationsmethoden, bei denen man das Abtöten einer ganzen Kultur bestimmt, sie sind auch weniger zeitraubend und brauchen weniger Material und weniger Mehrfachproben. Daher sind sie Methoden, denen man zuerst Beachtung schenken sollte.

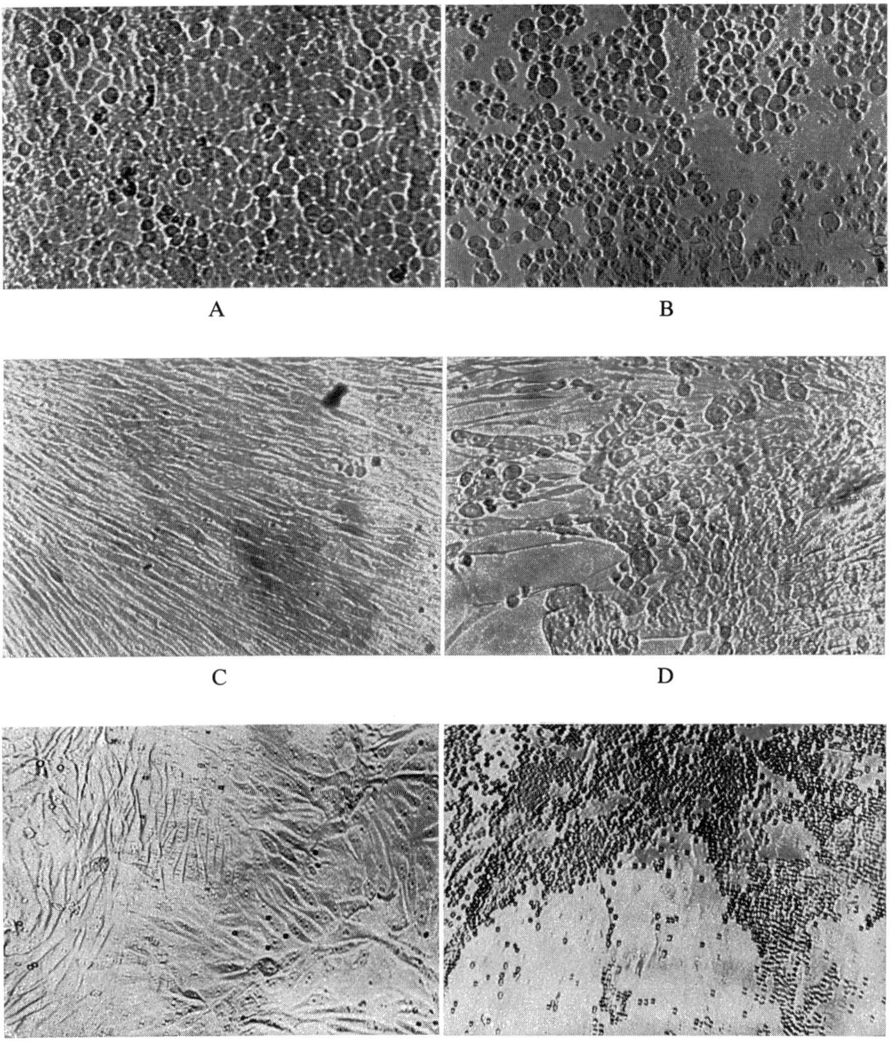

Bild 25 Cytopathogene Effekte von Viren in Gewebekultur.

A. Nichtinfizierte HEP 2-Zellen.

B. HEP Zellen mit Coxsackie B Virus infiziert.

C. Nichtinfizierte menschliche embryonale Fibroblasten.

D. Menschliche embryonale Fibroblasten mit Rhinovirus infiziert.

E. Nichtinfizierte Affennierenzellen.

F. Affennierenzellen, mit Para-Influenza-Virus infiziert mit positiver Hämadsorption (Photo Dr. M. A. J. Moffat).

5.3.2.3.7 Gebrauch der Gewebekultur zur fabrikmäßigen Impfstoff-Herstellung

In den letzten Jahren war die Entwicklung von Impfstoffen gegen Poliomyelitis von sehr großer Bedeutung. Die Impfstoffe werden aus Viren hergestellt, die in Gewebekulturen gezüchtet werden. Der Virus läßt sich entweder in zerkleinerten Gewebeteilchen züchten, wie bei der Maitland-Kultur, oder in Zell-Monolayers. Ein allgemeiner Abriß der Methode sei hier wiedergegeben.

Geeignete Affen werden Tuberkulin-getestet und sorgfältig untersucht, um Krankheiten auszuschließen. Nach Anästhesie mit Thiopenton wird eine beidseitige Nephrektomie aseptisch durchgeführt. Die Nieren werden sofort entkapselt und mit Hilfe langer Scheren in Medium 199 in kleine Stückchen geschnitten. Die Nierenstückchen werden dann mit der auf S. 217 f. beschriebenen Methode trypsiniert. Nach dem Zählen der Zellen wird Medium (2% Kälberserum in Medium 199) zugefügt, bis sich eine Zelldichte von ungefähr 300 000 Zellen pro ml ergibt. 400 ml dieser Suspension werden in 5 Liter Diphtherie-Toxin-Flaschen ausgesät oder je 80 ml in 1 Liter-Roux-Flaschen. Sobald sich die Zellen etabliert haben, wird die Flüssigkeit entfernt und die Zellen mit BSS gewaschen. Dann werden erst 150 ml Medium 199 pro 1 Literflasche zugefügt, dann 0,5 ml einer Virus-Stammpräparation. Die Kulturen werden wieder in den Brutschrank gegeben. Eine Virus-bedingte Zelldegeneration wird innerhalb von 2 oder 3 Tagen sichtbar. An diesem Punkt werden alle kontaminierten Kulturen verworfen. Alles Material aus den Flaschen wird vereinigt, wobei man die Zellbruchstücke sich in der Kälte absitzen läßt. Der Überstand wird vorsichtig dekantiert und filtriert. Er enthält die rohe Virus-Präparation. Im Falle des Salk-Impfstoffs wird Formalin zugegeben, bis sich eine Endkonzentration von 0,025% ergibt, worauf man ungefähr 12 Tage bei 37 °C stehen läßt. Die Proben werden dann Formalin-frei dialysiert und in der Gewebekultur auf „lebende“ Viren getestet. Dieser Test muß aber sehr sorgfältig ausgeführt werden; es ist üblich, die Zellen 30 Tage lang nach der Aussat mit dem Impfstoff wachsen zu lassen.

Man testet nicht nur auf das Virus, welches für den Impfstoff gezüchtet wurde, sondern auch auf kontaminierende Viren aus der Affenniere, da manche von ihnen schwere Krankheiten beim Menschen hervorrufen können.

Die allgemeine Art der Herstellung anderer Impfstoffe ist ähnlich, obwohl natürlich der Abtötungsschritt bei der Verwendung lebender Impfstoffe mit attenuierten Virusstämmen wegfällt.

Literatur

Ackermann, W. W., Ishida, N. & Maassab, H. F. (1955). Growth characteristics of influenza virus concerning the binding of virus by host cells. J. exp. Med. 102, 545.

Andrewes, C. H. (1929). Virus III in tissue cultures. II. Further observations on the formation of inclusion bodies. III. Experiments bearing on immunity. Brit. J. Path. 10, 273.

Andrewes, C. H. (1942). Interference by one virus with the growth of another in tissue-culture. Brit. J. exp. Path. 23, 214.

Andrewes, C. H., Burnet, F. M., Enders, J. F., Gard, S., Hirst, G. K., Kaplan, M. M. & Zhdanov, V. M. (1961). Taxonomy of viruses infecting vertebrates: Present knowledge and ignorance. Virology 15, 52.

Andrewes, C. H., Chapronniere, D. M., Gompels, A. E. H., Pereira, H. G. & Roden, A. T. (1953). Propagation of common-cold virus in tissue cultures. Lancet 365, 546.

Bang, F. B. (1955). Pathology of cells infected with viruses – morphological and biochemical aspects. Fed. Proc. 14, 619.

Bang, F. B. & Gey, G. O. (1951). Viruses and Cells. A study in tissue culture applications. I. Cells involved – availability and susceptibility. II. Effect of several viruses on cell types and the amount of virus produced. Trans. N. Y. Acad. Sci. 14, 15.

Bergmann, L. (1959). Plant viruses in tissue culture. Trans. N. Y. Acad. Sci. 21, 227.

Bergmann, L. & Melchers, G. (1959). Infektionsversuche an submers kultivierten Geweben mit Tabakmosaikvirus. Z. Naturforsch. 14, 73.

Black, P. H. (1966). Transformation of mouse cell line 3TC by SV40: dose response relationship and correlation with SV40 tumor antigen production. Virology 28, 760.

Black, P. H., Hartley, J. W., Rowe, W. P. & Huebner, R. J. (1963). Transformation of bovine tissue culture cells by bovine papilloma virus. Nature (Lond.) 199, 1016.

Black, F. L., Reissig, M. & Melnick, J. L. (1956). Propagation of measles virus in a strain of human epidermoid cancer cells (Hep 2). Proc. Soc. exp. Biol. (N. Y.) 93, 107.

Bland, J. O. W. & Canti, R. G. (1935). The growth and development of psittacosis virus in tissue cultures. J. Path. Bact. 40, 231.

Bland, J. O. W. & Robinow, C. F. (1939). The inclusion bodies of vaccinia and their relationship to the elementary bodies studied in cultures of the rabbit's cornea. J. Path. Bact. 48, 381.

Broadhurst, J., Cameron, Gladys & Saurino, V. (1938). Measles inclusion bodies in blood and tissue cultures. J. infect. Dis. 62, 6.

Capstick, P. B., Telling, R. C., Chapman, W. G. & Stewart, D. L. (1962). Growth of a cloned strain of hamster kidney cells in suspended cultures and their susceptibility to the virus of foot and mouth disease. Nature (Lond.) 195, 1163.

Carrel, A. (1924). Action de l'extrait filtré du sarcome de Rous sur les macrophages du sang. C. R. Soc. Biol. (Paris) 91, 1069.

Carrel, A. (1926). Some conditions of the reproduction in vitro of the Rous virus. J. exp. Med. 43, 647.

Chang, S. L., Berg, G., Busch, K. A., Stevenson, R. E., Clarke, N. A. & Kabler, P. W. (1958). Application of the 'most probable number' method for estimating concentrations of animal viruses by the tissue culture technique. Virology 6, 27.

Cieciura, S. J., Marcus, P. I. & Puck, T. T. (1957). The use of X-irradiated HeLa cell giants to detect latent virus in mammalian cells. Virology 3, 426–428.

Coman, D. R. (1946). Induction of neoplasia in vitro with a virus. Experiments with rabbit skin grown in tissue culture and treated with shope papilloma virus. Cancer Res. 6, 602.

Cooper, P. D. (1955). A method for producing plaques in agar suspensions of animal cells. Virology 1, 397.

Cooper, P. D. (1961). An improved agar cell-suspension plaque assay for poliovirus: some factors affecting efficiency of plating. Virology 13, 153.

Dalldorf, G., Enders, J. F., Hammon, W. M., Sabin, A. B., Syverton, J. T. & Melnick, J. L. (1955). Enteric cytopathogenic human orphan (ECHO) viruses. Science 122, 1187.

Darnell, J. E. & Sawyer, T. K. (1960). The basis for variation in susceptibility to poliovirus in HeLa cells. Virology 11, 665.
Davis, O. S. & Gustafson, D. P. (1959). Tissue culture of avian visceral lymphoid tumors and in vitro serial passage of the virus. Amer. J. vet. Res. 20, 119.
Dulbecco, R. (1955). Interaction of viruses and animal cells. A study of facts and interpretations. Physiol. Rev. 35, 301.
Dulbecco, R. (1961). Viral carcinogenesis. Cancer Res. 21, 975.
Dulbecco, R. & Vogt, M. (1954). Plaque formation and isolation of pure lines with poliomyelitis viruses. J. exp. Med. 99, 167.
Dulbecco, R. & Vogt, M. (1955). Biological properties of poliomyelitis viruses as studied by the plaque technique. Ann. N. Y. Acad. Sci. 61, 790.
Dulbecco, R. & Vogt, M. (1960). Significance of continued virus production in tissue cultures rendered neoplastic by polyoma virus. Proc. nat. Acad. Sci. (Wash.) 46, 1617.
Dulbecco, R., Vogt, M. & Strickland, A. G. R. (1956). A study of the basic aspects of neutralization of two animal viruses, western equine encephalitis virus and poliomyelitis virus. Virology 2, 162.
Dunnebacke, Thelma H. (1956). Cytopathic changes associated with poliomyelitis infections in human amnion cells. Virology 2, 811.
Dunnebacke, Thelma H. (1956). Correlation of the stage of cytopathic change with the release of poliomyelitis virus. Virology 2, 399.
Eagle, H. & Habel, K. (1956). The nutritional requirements for the propagation of poliomyelitis virus by the HeLa cell. J. exp. Med. 104, 271.
Eddy, B. E. & Stewart, S. E. (1959). Characteristics of the SE polyoma virus. Amer. J. publ. Hlth 49, 1486.
Eddy, B. E., Stewart, S. E., Young, R. & Mider, G. B. (1958). Neoplasms in hamster induced by mouse tumor agent passed in tissue culture. J. nat. Cancer Inst. 20, 747.
Enders, J. F. (1948). Propagation of viruses and Rickettsiae in tissue cultures. In Viral and Rickettsiae Infections of Man, ed. T. M. Rivers. Philadelphia: Lippincott.
Enders, J. F. (1954). Tissue culture in the study of immunity – retrospection and anticipation. J. Immunol. 73, 62.
Enders, J. F. & Peebles, T. C. (1954). Propagation in tissue cultures of cytopathogenic agents from patients with measles. Proc. Soc. exp. Biol. (N. Y.) 86, 277.
Enders, J. F., Weller, T. H. & Robbins, F. C. (1949). Cultivation of Lansing strain of poliomyelitis virus in cultures in various human embryonic tissues. Science 109, 85.
Faulkner, G. H. & Andrews, C. H. (1935). Propagation of strains of rabbit fibroma virus in tissue culture. Brit. J. exp. Path. 16, 271.
Feller, A. E., Enders, J. F. & Weller, T. H. (1940). The prolonged coexistence of vaccina virus in high titre and living cells in roller tube cultures of chick embryonic tissues. J. exp. Med. 72, 367.
Fogh, J. & Lund, R. O. (1955). Plaque formation of poliomyelitis viruses on human amnion cell cultures. Proc. Soc. exp. Biol. (N. Y.) 90, 80.
Findlay, G. M. (1928). A note on the cultivation of the virus of fowl-pox. Brit. J. exp. Path. 9, 28.
Gardner, P. S. & McQuillin, J. (1968). Application of immunofluorescent antibody technique in rapid diagnosis of respiratory syncital virus infection. Brit. Med. J. 3, 340.
Gey, G. O. & Bang, F. (1951). Viruses and cells – a study in tissue culture applications. I. Cells involved, availability and susceptibility. II. Effect of several viruses on cell types and the amount of virus produced. Trans. N. Y. Acad. Sci. 14, 15.

Granoff, A. (1955). Plaque formation with influenza strains. Virology 1, 252.

Haagen, E. (1934). Yellow fever virus in tissue culture. Arch. exp. Zellforsch. 15, 405.

Halberstaedter, L. & Doljanski, L. (1939). Transformation in vitro of cultures of normal cells treated with Rous sarcoma agent into sarcoma cells. Nature (Lond.) 143, 288.

Harding, C. V., Harding, D., McLimans, W. F. & Rake, G. (1956). Cytological changes accompanying the growth of poliomyelitis virus in cells of human origin (strain HeLa). Virology 2, 109.

Hartley, J. W., Huebner, R. J. & Rowe, W. P. (1956). Serial propagation of adeno-viruses (APC) in monkey kidney tissue culture. Proc. Soc. exp. Biol. (N. Y.) 92, 667.

Heine, U., Beaudreau, G. S., Becker, C., Beard, D. & Beard, J. W. (1961). Virus of avian erythroblastosis. VIII. Ultrastructure of erythroblasts from the chicken and from tissue culture. J. nat. Cancer Inst. 26, 359.

Henle, G. & Deinhardt, F. (1955). Propagation and primary isolation of mumps virus in tissue culture. Proc. Soc. exp. Biol. (N. Y.) 89, 556.

Hirst, G. K. (1959). Virus-host cell relation. Viral and rickettsial infections of man, chap. 3, pp. 111–112.

Holland, J. J. & McLaren, L. C. (1959). The mammalian cell-virus relationship. II. Adsorption, reception, and eclipse of poliovirus by HeLa cells. J. exp. Med. 109, 487.

Howes, D. W. & Melnick, J. L. (1957). The growth cycle of poliovirus in monkey kidney cells. I. Maturation and release of virus in monolayer cultures. Virology 4, 97.

Hoyle, L. & Frisch-Niggemeyer, W. (1955). The disintegration of influenza virus particles on entry into the host cell; studies with virus labelled with radiophosphorus. J. Hyg. (Lond.) 53, 474.

Hsiung, G. D. & Melnick, J. L. (1955). Plaque formation with poliomyelitis, Coxsackie, and orphan viruses in bottle cultures of monkey epithelial cells. Virology 1, 533.

Hsiung, G. D. & Melnick, J. L. (1957). Morphologic characteristics of plaques produced in monkey kidney monolayer cultures by enteric viruses (poliomyelitis, Coxsackie and Echo groups). J. Immunol. 78, 128.

Huang, C. H. (1943). A visible method for titration and neutralization of viruses on the basis of pH changes in tissue culture. Proc. Soc. exp. Biol. (N. Y.) 54, 160.

Hull, R. N., Minner, J. R. & Smith, J. W. (1956). New viral agents recovered from tissue cultures of monkey kidney cells. I. Origin and properties of cytopathogenic agents S. V.$_{1, 2, 4, 5, 6, 11, 12, 15}$. Amer. J. Hyg. 63, 204.

Kaplan, A. S. (1955). The susceptibility of monkey kidney cells to polio virus in vivo and in vitro. Virology 1, 377.

Kassanis, B. (1957). The multiplication of tobacco mosaic virus in cultures of tumorous tobacco tissues. Virology 4, 5.

Lasfargues, E. Y., Moore, D. H. & Murray, M. R. (1958). Maintenance of the milk factor in cultures of mouse mammary epithelium. Cancer Res. 18, 1281.

Lennette, E. H. & Koprowski, H. (1946). Interference between viruses in tissue culture. J. exp. Med. 83, 195.

LI, C. P. & Rivers, T. M. (1930). Cultivation of vaccine virus. J. exp. Med. 52, 465.

Lipton, M. M. & Steigman, A. J. (1955). A simplified colorimetric test for poliomyelitis virus and antibody. Proc. Soc. exp. Biol. (N. Y.) 88, 114.

Lloyd, W., Theiler, M. & Ricci, N. I. (1936). Modification of the virulence of yellow fever virus by cultivation in tissues in vitro. Trans. roy. Soc. trop. Med. Hyg. 29, 481.

Lwoff, A., Dulbecco, R., Vogt, Marguerite & Lwoff, Marguerite (1955). Kinetics of the release of poliomyelitis virus from single cells. Virology 1, 128.

Macpherson, I. (1963). Characteristics of a hamster cell clone transformed by polyoma virus. J. nat. Cancer Inst. 30, 795.

Macpherson, I. & Stoker, M. (1962). Polyoma transformation of hamster cell clones – an investigation of genetic factors affecting cell competence. Virology 16, 147.

Maitland, M. C. & Maitland, H. B. (1931). Cultivation of foot-and-mouth disease virus. J. comp. Path. 44, 106.

Maitland, H. B. & Maitland, M. C. (1928). Cultivation of vaccinia virus without tissue culture. Lancet 2, 596.

Manaker, R. A. & Groupé, V. (1956). Discrete foci of altered chick embryo cells associated with Rous sarcoma virus in tissue culture. Virology 2, 838.

Marcus, P. I. & Puck, T. T. (1958). Host-cell interaction of animal viruses. I. Titration of cell-killing by viruses. Virology 6, 405–423.

Marcus, P. I. & Tolmach, L. J. (1958). Virus synthesis in giant cells produced by X-irradiation of mammalian cells. Radiat. Res. 9, 149.

Mata, L. J. & Weller, T. H. (1962). A cell culture system on agar permitting direct investigation of viral antigens by immunodiffusion. Proc. Soc. exp. Biol. (N. Y.) 109, 705.

Melnick, J. L. & Opton, E. M. (1956). Assay of poliomyelitis neutralizing antibody in disposable plastic panels. Bull. Wld Hlth Org. 14, 129.

Murphy, W. H. & Landau, B. J. (1962). Clonal variation and interaction of cells with viruses. Nat. Cancer Inst. Monograph No. 7, 249.

Noyes, W. F. (1953). A simple technic for demonstrating plaques formation with virus of vaccinia. Proc. Soc. exp. Biol. (N. Y.) 83, 426.

Parker, F., Jr. & Nye, R. N. (1925). Studies on filtrable viruses. I. Cultivation of vaccine virus. Amer. J. Path. 1, 325.

Parsons, R. & Tyrrell, D. (1961). A plaque method for assaying some viruses isolated from common cold. Nature (Lond.) 189, 640.

Payne, F. E., Kurtz, H. & Ackermann, W. W. (1958). Initial stages of the interaction of HeLa cells with poliovirus. Arch Virusforschung, 8, 1–15.

Porterfield, J. S. (1959). A simple plaque-inhibition test for antiviral agents: application to assay of interferon. Lancet 2, 326.

Porterfield, J. S. (1959). A plaque technique for the titration of yellow fever virus and antisera. Trans. R. Soc. trop. Med. Hyg. 53, 458.

Rappaport, C. (1955). Monolayer cultures of trypsinized monkey kidney cells in synthetic medium. Application to polio virus synthesis. Proc. Soc. exp. Biol. (N. Y.) 91, 484.

Reed, L. J. & Muench, H. (1938). A simple method of estimating 50 per cent. endpoints. Amer. J. Hyg. 37, 493.

Reissig, M., Black, F. L. & Melnick, J. L. (1956). Formation of multinucleated giant cells in measles virus infected cultures deprived of glutamine. Virology 2, 836.

Rivers, T. M., Haagen, E. & Muckenfuß, R. S. (1929). Development in tissue cultures of the intracellular changes characteristic of vaccinal and herpetic infections. J. exp. Med. 50, 665.

Rivers, T. M. & Ward, S. M. (1933). Further observations on the cultivation of vaccine virus for Jennerian prophylaxis in man. J. exp. Med. 58, 634.

Rivers, T. M. & Ward, S. M. (1935). Jennerian prophylaxis by means of intradermal injections of culture vaccine virus. J. exp. Med. 62, 549.

Robbins, F. C. & Enders, J. F. (1950). Tissue culture techniques in study of animal viruses. Amer. J. med. Sci. 220, 316.

Robbins, F. C., Enders, J. F. & Weller, T. H. (1950). Cytopathogenic effect of poliomyelitis viruses in vitro on human embryonic tissues. Proc. Soc. exp. Biol. (N. Y.) 75, 370.

Robertson, H. E., Baumer, K. T. & Syverton, J. T. (1955). Propagation in vitro of poliomyelitis viruses. VII. pH changes of HeLa cell cultures for assay. Proc. Soc. exp. Biol. (N. Y.) 88, 119.

Roger, N. G., Bankhead, A. S., Crawford, I. P. & Meyer, H. M. (1957). Serodiagnosis of group B Coxsackie virus infections by a metabolic inhibition test. Bact. Proc. p. 74.

Rubin, H. & Temin, H. M. (1959). A radiological study of cell-virus interaction in the Rous sarcoma. Virology 7, 75.

Rubin, H., Franklin, R. M. & Baluda, M. (1957). Infection and growth of Newcastle disease virus (NDV) in cultures of chick embryo lung epithelium. Virology 3, 587.

Sabin, A. B. & Olitsky, P. K. (1936). Cultivation of poliomyelitis virus in vitro in human embryonic nervous tissue. Proc. Soc. exp. Biol. (N. Y.) 34, 357.

Salk, J. E., Youngner, J. S. & Ward, E. N. (1954). Use of colour change of phenol red as the indicator of titrating poliomyelitis virus or its antibody in a tissue culture system. Amer. J. Hyg. 60, 214.

Scherer, W. F., Syverton, J. T. & Gey, G. O. (1953). Studies on the propagation in vitro of poliomyelitis virus. IV. Viral multiplication in a stable strain of human malignant epithelial cells (strain HeLa) derived from an epidermoid carcinoma of the cervix. J. exp. Med. 97, 695.

Segretain, G. (1943). Culture d'un virus et son inoculation sur fragments de tige de tabac cultives in vitro. Ann. inst. Pasteur 69, 61.

Steinhardt, E., Israeli, C. & Lambert, R. A. (1913). Studies on the cultivation of the virus of vaccinia. J. infect. Dis. 13, 294.

Stewart, S. E., Eddy, B. E., Gochenour, A. M., Borgese, N. G. & Grubbs, G. E. (1957). The induction of neoplasms with a substance released from mouse tumors by tissue culture. Virology 3, 380.

Stewart, S. E., Eddy, B. E. & Borgese, N. (1958). Neoplasms in mice inoculated with a tumor agent carried in tissue culture. J. nat. Cancer Inst. 20, 1223.

Stoker, M. (1962). Characteristics of normal and transformed clones arising from BHK21 cells exposed to polyoma virus. Virology 18, 649.

Stocker, M. & Macpherson, I. (1961). Studies on transformation of hamster cells by polyoma virus in vitro. Virology 14, 359.

Syverton, J. T. (1957). Host-parasite relationships in living cells. In Cytopathology. Springfield: Thomas.

Syverton, J. T. (1957). The response of mammalian cells in culture to virus infection. J. nat. Cancer Inst. 19, 687.

Taylor, J. & Graham, A. F. (1961). Analysis of a plaque assay method for purified poliovirus MEF-1. Virology 13, 427.

Temin, H. M. & Rubin, H. (1958). Characteristics of an assay for Rous sarcoma virus and Rous sarcoma cells in tissue culture. Virology 6, 669–688.

Theiler, M. & Smith, H. H. (1937). The effect of prolonged cultivation in vitro upon pathogenicity of yellow fever virus. J. exp. Med. 65, 767.

Theiler, M. & Smith, H. H. (1937). The use of yellow fever virus modified by in vitro cultivation for human immunization. J. exp. Med. 65, 787.

Todaro, G. J., Wolman, S. R. & Green, H. (1963). Rapid transformation of human fibroblasts with low growth potential into established cell lines by SV_{40}. J. cell. comp. Physiol. 62, 257.

Vogt, M. & Dulbecco, R. (1960). Virus-cell interaction with a tumour producing virus. Proc. nat. Acad. Sci. (Wash.) 46, 365.
Weller, T. T. (1953). The application of tissue culture methods to the study of poliomyelitis. New Engl. J. Med. 249, 186.
Weller, T. H. & Enders, J. F. (1948). Production of hemagglutinin by mumps and influenza A viruses in suspended cell tissue cultures. Proc. Soc. exp. Biol. (N. Y.) 69, 124.
Weller, T. H., Enders, J. F., Robbins, F. C. & Stoddard, M. B. (1952). Studies on cultivation of poliomyelitis viruses in tissue culture. I. Propagation of poliomyelitis viruses in suspended cell cultures of various human tissues. J. Immunol. 69, 645.
White, P. R. (1928). Multiplication of the viruses of tobacco and aucuba mosaic in growing excised tomato root tips. Phytopath. Class. 24, 1003.

5.3.2.3.8 Wirt–Parasit-Untersuchungen mit anderen Organismen als Viren

Bei weitem die meiste Arbeit wurde bei der Erforschung der Wirt–Parasit-Beziehungen in Gewebekulturen mit Viren geleistet. Doch wurden auch eine Reihe anderer intrazellulärer Organismen untersucht. Besonders *Rickettsien* wurde intensiv untersucht, vor allem von einer Gruppe im Walter Reed Army Hospital (Washington, DC, USA). Dieser Gruppe ist es gelungen, diese Organismen in verschiedenen Zellarten zu züchten, besonders in MB III-Zellen, die leicht in Suspension kultiviert werden können. Mit dieser Methode wurden Daten gesammelt, die sich auf Wachstum, Lebenszyklus und den Stoffwechsel der Rickettsien beziehen.

Beachtliche Arbeit wurde auch mit *Mykobakterien,* besonders Tuberkel- und Lepra-Bakterien, geleistet. In vielen Untersuchungen wurden *Makrophagen* verwendet, doch wurden hierfür in letzter Zeit Zellinien herangezogen; z. B. wurde das Lepra-Bakterium erfolgreich in der L-Zellinie gezüchtet.

Viele parasitäre Protozoen wurden erfolgreich in Gewebekulturzellen gezüchtet, einschließlich der Parasiten mehrerer tropischer Krankheiten.

Auch die *Mycoplasmen* (Pleuropneumonie-Organismen) versprechen ein interessantes Forschungsobjekt zu bilden, seit sie als chronische Verunreinigungen in Zellinien gefunden wurden (s. Abschn. 3.3).

Die oben genannten Organismen wachsen entweder langsam, oder sind ganz oder teilweise von der Anwesenheit lebender Zellen abhängig. Daher ist es möglich, sie mit Gewebekultur-Methoden zu untersuchen, sogar in Blut-Monozyten (Makrophagen), die sehr langsam, wenn überhaupt, wachsen. Schneller wachsende Organismen überwuchern diese Zellen sehr rasch. Allerdings hat es die Einführung schnell wachsender Zellinien ermöglicht, ihre Wechselwirkung mit manchen schneller wachsenden pathogenen Bakterien zu studieren. Besonders Shephard hat auf diese Weise eine Reihe schnell wachsender Mycobakterien und andere Organismen untersucht. Zweifellos bleibt auf diesem Gebiet noch eine Menge zu tun, besonders mit Hinblick auf die fakultativ-intrazellulär wachsenden pathogenen Organismen.

Literatur

Bland, J. O. W. (1933). Cultivation of a protozoon (Toxoplasma) in tissue culture. Arch. exp. Zellforsch. 14, 345.

Bozeman, F. M., Hopps, H. E., Danauskas, J. X., Jackson, E. B. & Smadel, J. E. (1956). Study on the growth of rickettsiae. I. A tissue culture system for quantitative estimations of Rickettsia tsutsugamushi. J. Immunol. 76, 475.

Fell, Honor B. & Brieger, E. M. (1947). The effect of phagocytosis on the growth and survivla of avian tubercle bacilli in embryonic chicken tissues cultivated in vitro. J. Hyg. (Lond.) 45, 359.

Fell, Honor B. & Brieger, E. M. (1951). A comparative study of the reaction in vivo and in vitro of rabbit tissues to infection with bovine tubercle bacilli. I. Observations of rabbit spleen infected in vitro. J. Hyg. (Lond.) 49, 181.

Fjelde, Audrey (1957). The growth pattern of human cancer cells in tissue culture with Mycobacterium tuberculosis. Exp. Cell Res. 12, 35.

Fjelde, Audrey & Engbaek, H. C. (1957). The relationship of mycobacteria and mammalian cells in tissue culture. Amer. Rev. Tuberc. 75, 347.

Garbutt, Elizabeth W., Rees, R. J. W. & Barr, Yvonne M. (1958). Multiplication of rat-leprosy bacilli in cultures of rat fibroblasts. Lancet 2, 127.

Gavrilov, W., Lesneret, S. & Cowez, S. (1940). Emploi de la methode des cultures de tissus dans l'étude de protozoaires. Les Trypanosomes. Riv. Parassit. 4, 148.

Geiman, Q. M., Anfinsen, C. B., McKee, R. W., Ormsbee, R. A. & Ball, E. G. (1946). Studies on malarial parasites. VII. Methods and techniques for cultivation. J. exp. Med. 84, 583.

Hanks, J. H. (1947). The fate of leprosy bacilli in fibroblasts cultivated from lepromatous lesions. Int. J. Leprosy 15, 48.

Hanks, D. P. & Thimann, K. (1947). A study of the bacilli in tissue culture of lepromata in serum media. Int. J. Leprosy 15, 21.

Hawking, F. (1945). Growth of protozoa in tissue culture. I. Plasmodium gallinaceum, exo-erythrocytic forms. Trans. R. Soc. trop. Med. Hyg. 39, 245.

Hawking, F. (1946). Growth of protozoa in tissue culture. II. Plasmodium relictum, exo-erythrocytic forms. Trans. R. Soc. trop. Med. Hyg. 40, 183.

Hawking, F. (1946). Growth of protozoa in tissue culture. III. Trypanosoma cruzi. Trans. R. Soc. trop. Med. Hyg. 40, 345.

Hawking, F. (1947). Growth of protozoa in tissue culture. V. Leishmania donovani. Trans. R. Soc. trop. Med. Hyg. 41, 545.

Jahnes, W. G., Fullmer, H. M. & Li, C. P. (1957). Free living amoebae as contaminants in monkey kidney tissue culture. Proc. Soc. exp. Biol. (N. Y.) 96, 484.

Lock, J. A. (1953). Cultivation of Toxoplasma gondii in tissue culture in mammalian cells. Lancet 1, 324.

Meyer, H. (1949). The cultivation of Protozoa in Tissue Culture, Inst. do Biofisica, Univ. do Brasil, Rio de Janeiro.

Rees, R. J. W. & Garbutt, E. W. (1962). Studies on Mycobacterium lepraemurium in tissue culture. I. Multiplication and growth characteristics in cultures of rat fibroblasts. Brit. J. exp. Path. 43, 221.

Rees, R. J. W. & Wong, P. C. (1958). Limited multiplication of M. lepraemurium in tissue culture. Nature (Lond.) 181, 359.

Schaechter, M., Bozeman, F. M. & Smadel, J. E. (1957). Study on the growth of rickettsiae. II. Morphologic observations of living rickettsiae on tissue culture cells. Virology 3, 160.

Shaffer, J. M., Kucera, C. & Spink, W. (1953). The protection of intracellular Brucella against therapeutic agents and the bactericidal action of serum. J. exp. Med. 97, 77.

Segs, W. & Bloch, H. (1957). Pathogenic and immunogenic differentiation of M. tuberculosis grown in vitro and in vivo. Amer. Rev. Tuberc. 75, 495.

Shepard, C. C. (1957). Use of HeLa cells infected with tubercle bacilli for the study of antituberculous drugs. J. Bact. 73, 494.

Shepard, C. C. (1957). Growth characteristics in HeLa cells of the rapidly-growing acid fast bacteria. Mycobacterium fortuitum, Mycobacterium phlei and Mycobacterium smegmatis. J. Bact. 73, 722.

Stahelin, H., Karnovsky, M. L. & Suter, E. (1956). Studies on the interaction between phagocytes and tubercle bacilli. The action of phagocytes upon C^{14}-labelled tubercle bacilli. J. exp. Med. 104, 137.

Suter, E. (1952). The multiplication of tubercle bacilli within normal phagocytes in tissue culture. J. exp. Med. 96, 137.

Suter, E. (1954). Some aspects of intracellular parasitism of pathogenic microorganisms. Int. J. Leprosy 22, 1.

Suter, E. (1956). Interaction between phagocytes and pathogenic microorganisms. Bacteriol. Rev. 20, 95.

Vischer, W. A. & Suter, E. (1954). Intracellular multiplication of Toxoplasma gondii in adult mammalian macrophages cultivated in vitro. Proc. Soc. exp. Biol. (N. Y.) 86, 413.

Wisseman, C. L., Jr., Hahn, F. E., Jackson, E. B., Bozeman, F. M. & Smadel, J. E. (1952). Metabolic studies of rickettsiae. II. Studies on the pathway of glutamate oxidation by purified suspensions of rickettsia mooseri. J. Immunol. 68, 251.

5.3.3 Krebs-Forschung

Eine der haupttreibenden Kräfte bei der Entwicklung der tierischen Zell- und Gewebekultur-Techniken war die Überzeugung, daß sie Wege bahnen könnten, um das Krebs-Problem in den Griff zu bekommen. Im ersten Kapitel wurde erwähnt, daß ein Experiment von Beebe und Ewing mit einer Kultur von Hunde-Lymphosarcom-Zellen den Versuchen von Harrison vorausging. Von da an bis zum heutigen Tag kann man eine ununterbrochene Reihe von Pionieren verfolgen, wie Carrel, Warburg, Earle, Rous, Gey, Murray. Doch wurde ein systematischer Angriff auf das Krebsproblem im großen Maßstab nicht vor den frühen 60er Jahren begonnen. Der Durchbruch war die Entwicklung quantitativer Verfahren für Tumorviren, angeregt durch die Anwendung von Zellkultur-Methoden durch Virologen.

5.3.3.1 Tumor-Viren

5.3.3.1.1 Allgemeines

Seit Rous das Infektionsvermögen des Hühner-Sarcoms fand, das seinen Namen trägt, wurden viele andere, infizierende und krebserzeugende Erreger erkannt.

Vor Jahren zeigte Carrel, daß sich das *Rous-Sarcom-Virus* in Hühner-Embryonal-Gewebe fortpflanzen kann. Später kamen in Abständen Berichte mit ähnlichen Befunden von Halberstaedter und Doljanski (1939) sowie von Monaker und Groupe (1956). Dieses besondere Problem wurde wieder (1958, 1959) von Rubin und Temin aufgegriffen, wobei sie die Methode von Dulbecco verwendeten, um Monolayer aus trypsiniertem Hühner-Embryonal-Gewebe mit Viren zu beimpfen. Proliferierende oder degenerierende Herde zeigten die Stellen einer Virus-Infektion an, wodurch sich das Virus quantitativ untersuchen ließ.

Ein großer Teil des heutigen Interesses für dieses Problem geht auf Beobachtungen von Steward und Eddy zurück, wonach man das *Polyoma-Virus* der Maus in Kulturen von Mäusezellen züchten kann, in denen es typische, *nekrotische Herde* erzeugt. Dieses Virus ist leicht zu handhaben. Bemerkenswert an ihm ist die außerordentliche Vielzahl von Tumoren, die es in der Maus hervorrufen kann.

Es überrascht vielleicht, daß Viren, die im Tier Tumoren hervorrufen, *in vitro* einen schnellen Zell-Tod herbeiführen. Dies muß aber keine allgemeine Eigenschaft von Tumor-Viren sein, obwohl es offensichtlich ein Merkmal ist, das die Erkennung eines infizierenden Erregers erleichtert. Wenn man Zellpopulationen während des Klonierens aussät, können Tumor-Viren, wie das Polyoma-Virus, eine zelluläre Transformation ohne Zelltod verursachen. Zum Zeitpunkt dieser Niederschrift wurde die Transformation von Babyhamster-Nierenzellen durch Polyoma-Virus am gründlichsten untersucht. Auch die Transformation menschlicher Zellkulturen durch das *Simian-Virus SV 40* wurde erforscht. Gute Hinweise für andere transformierende Viren bieten die Berichte von Coman über die Passage des *Shope Papillom-Virus* in Kaninchenhaut-Kulturen sowie von Lasfargues über das Wachstum des *Bittner-Faktors* in Kulturen von Mäusebrustgewebe.

Die Tumorviren werden in *DNS-Viren* eingeteilt, zu welchen das

Polyoma-, SV 40-, Papillom-, Adeno- und Herpes-Virus gehören, sowie *RNS-Viren* (Oncorna-Viren), zu welchen das Rous-Sarcom-Virus (RNS), Mäuse-Leukämie-Virus (MLV), Mäuse-Sarcom-Virus (MSV) und die Rauscher- und Friend-Viren gehören. Im allgemeinen sind die DNS-Viren kleiner als die RNS-Viren. DNS-Viren kommen bei einigen natürlich auftretenden Tumoren wie Papillomen, Burkitts Lymphom und Mareks Hühnerlähme, RNS-Viren bei natürlich auftretenden Sarcomen und Leukämien der Nagetiere und Geflügel vor.

Manche Tumorviren sind in *„nicht-permissiven"* Zellinien „defekt", d. h. sie können in diesen Zellen nicht mehr einen vollständigen Reproduktionszyklus durchlaufen. Doch können sie „nicht-permissive" Zellen transformieren. Ein Beispiel ist die Transformation der Babyhamsterzellen durch das Polyoma-Virus. Nach Infektion werden die Zellen genetisch verändert (Bild 23); doch kann das Virus nicht wieder aus ihnen gewonnnen werden, obwohl man zeigen kann, daß nun virale DNS in der DNS der Zellchromosomen enthalten ist. Dasselbe Virus kann sich aber in *„permissiven"* Zellen, in diesem Beispiel Mäuse-Fibroblasten, vollständig reproduzieren. Die Zellen werden dann getötet und neue Viren erscheinen im Medium. In der „nicht-permissiven" Wirtszelle fehlt ein für die virale Replikation erforderlicher Faktor; in der „permissiven" Wirtszelle wird dieser entweder durch die Wirtszelle selbst beigesteuert oder durch ein anderes Virus (sog. *Helfer-Virus*), das die Zelle gleichzeitig befällt.

Die Verhältnisse sind nicht immer so eindeutig wie hier beschrieben; viele Tumor-Viren werden von Zellen produziert, die von ihnen transformiert sind.

Die Gewebekultur-Methoden zum Nachweis von Tumor-Viren basieren auf Transformation oder cytociden Effekten. Eine cytocide Nachweis-Methode für das Polyoma-Virus wurde ursprünglich von Steward und Eddy entwickelt, die die *Plaque-Technik* für infektiöse Viren, wie in Abschn. 5.3.2.3.5 beschrieben, anwandten. *Transformationsprüfungen* auf Tumor-Viren werden in derselben Weise mit folgender Ausnahme durchgeführt: Statt die Plaques als Stellen getöteter Zellen zu bestimmen, werden sie als Herde transformierter Zellen erkannt, gewöhnlich aufgrund ihrer veränderten Morphologie – Änderungen des Zellaussehens, Anhäufung von Zellen in einer kontaktgehemmten Kultur oder in einigen Fällen durch Bildung von Riesenzellen. Ein Beispiel ist der übliche Nachweis von RSV (Rous-Sarcom-Virus).

5.3.3.1.2 Temin-Rubin-Nachweis des Rous-Sarcom-Virus (RSV) (1958)

1. Primäre Hühner-Embryonal-Kulturen (aus Rumpfgewebe) werden, wie auf S. 186 beschrieben, hergestellt.

2. Nach einer Inkubationszeit von 3–5 Tagen werden Sekundär-Kulturen durch Trypsinieren der Primärkulturen angelegt; 2–3 $\times$ 10^5 Zellen werden in mehreren 50 mm-Petrischalen in je 5 ml Medium ausgesät.

3. Am folgenden Tag wird das Medium entfernt und durch 0,1 bis 0,8 ml Virus-Suspension in BSS oder Medium ersetzt. Man läßt 10–60 Min. lang absorbieren und fügt 5 ml 0,6% Agar enthaltendes Medium zu. (Doppeltkonzentrierter Agar in Wasser wird geschmolzen und in einem Wasserbad auf 45 °C abgekühlt. Dann wird doppelt konzentriertes Medium im gleichen Wasserbad auf 45 °C erhitzt. Die beiden Lösungen werden unmittelbar vor Gebrauch im Verhältnis 1:1 aseptisch gemischt.)

4. Die Kultur wird drei Tage lang inkubiert, dann mit 2 ml des Agar enthaltenden Mediums versorgt, das dem ursprünglichen Medium zugeführt wurde, und zwei bis vier Tage später auf Infektionsherde untersucht. Die Identifizierung der Herde kann durch Anfärben der Zellen erleichtert werden, entweder in vivo durch 2stündiges Behandeln mit 0,005% Phenolrot oder nach Fixierung durch Giemsa-Färbung.

Aus vielen RSV-Linien entstehen transformierte Herde, die das Virus freisetzen. Der Zweck des Agar-Zusatzes zum Medium ist, das Erscheinen von Sekundär-Herden zu vermeiden, die als Folge der Diffusion von Viren aus den Primär-Herden entstehen.

Die Zahl der Infektionsherde, die sich bei einem Test dieser Art bilden, ist proportional der zugefügten Virus-Menge und wird in *Plaque-bildenden Einheiten* gemessen *(PFE)*. Im Falle des RSV entspricht eine PFE einem Virus-Partikel, aber dieses Verhältnis variiert mit dem Virus und der Virus-Herstellung.

Ähnliche Tests werden verwendet, um SV 40-Viren in 3T3-Zellen und das Polyoma-Virus in Babyhamster-Nierenzellen zu titrieren. Bei letzterem Test wird gewöhnlich die BHK 21-Zellinie herangezogen.

5.3.3.1.3 Transformierte Kolonien

Es ist manchmal schwierig, Herde transformierter Zellen innerhalb eines normalen Monolayers zu erkennen, obwohl individuelle Kolonien normaler oder transformierter Zellen leicht unterschieden werden können. Ferner ist es manchmal wünschenswert, Kolonien von Zellen möglichst rasch nach der Virus-Behandlung zu züchten. Daher bietet sich als anderer Weg an, Viren an Zellen in Suspension zu adsorbieren und diese mit Hilfe der Verdünnungsmethode zum Zell-Klonieren auszusäen. Als Beispiel sei die Bildung *Polyoma-Virus-transformierter Kolonien* aus Babyhamster-Nierenzellen beschrieben.

1. Gleiche Volumina frisch trypsinierter Babyhamster-Nierenzellen werden in einer Konzentration von 3–4 × 10^6 in 1 ml Virus-Verdünnung in Medium suspendiert; man läßt sie 30–60 Min. lang bei 37 °C unter regelmäßigem Schütteln adsorbieren.

2. Die Zellen werden danach gezählt und auf Grund dieser Zählung werden Petrischalen mit 10^3 bis 5 × 10^5 Zellen beimpft (wie auf S. 244 beschrieben).

3. Nach 7 bis 9 Tagen Inkubation im CO_2-Brutschrank werden die Platten mit einem Umkehrmikroskop untersucht. Die nicht-transformierten Zellkolonien, die eine deutlich parallele Anordnung zeigen, können klar von den transformierten Kolonien unterschieden werden, bei denen die Zellen nicht parallel geordnet und übereinander gehäuft wachsen und viel dickere Schichten bilden. Die Kolonien können, wie auf S. 245 beschrieben, gesammelt oder mit Giemsa- oder Kristallviolett-Lösung gefärbt werden.

5.3.3.1.4 Agar-Transformations-Test

Eine Methode zur Unterscheidung transformierter Zellen wäre sicher bei Untersuchungen dieser Art sehr wertvoll. Der Befund, daß transformierte, untransformierte Zellen aber nicht in halbfestem Agar wachsen, machte solch einen Test möglich.

Im Test von Macpherson und Montagnier (1964) werden 60 mm-Petrischalen vorbereitet, indem man eine Bodenschicht von 0,5%igem Difco-Bactoagar in Medium (7 ml) ausgießt. Für den Test wird diese Bodenschicht mit 1,5 ml Medium überschichtet, das 0,3% Agar mit 10^3–5 × 10^5 Zellen enthält.

Das Virus wird vor dem Aussäen wie oben beschrieben an die Zellen adsorbiert. Nicht-infizierte Zellen bilden keine Kolonien, während Kolonien, die von transformierten Zellen stammen, leicht erkennbare, kugelförmige Gebilde aus Zellen darstellen, die man bei Bedarf mit einer Pasteurpipette wegsaugen kann.

5.3.3.2 Transformation durch andere Carcinogene

Mittels Transformations-Testen, ähnlich denen, die für die Prüfung viraler Transformation entwickelt wurden, kann man zeigen, daß sich die Transformierung der Zellen durch Bestrahlung und chemische Carcinogene induzieren läßt. Unter anderem haben Berwald und Sachs (1963) Primärkulturen von syrischen Hamster-Embryonalzellen und Chen und Heidelberger (1969) einen Zellstamm aus der Prostata von C3H Mäusen verwendet.

Die Zellen werden bei Klonierdichten von z. B. 1000 Zellen pro 35 mm-Petrischale auf bestrahlte Feeder Layers (S. 346) ausgesät. Carcinogene vom Typ der polyzyklischen Kohlenwasserstoffe werden in Dimethylsulfoxid (DMSO) gelöst und dem Medium zugefügt, so daß der DMSO-Gehalt 0,5% oder weniger beträgt. Kontroll-Kulturen werden nur mit DMSO in der gleichen Konzentration behandelt. Die reihenmäßige Verdünnung des Carcinogens führt man vor der Zugabe zum Medium durch. Das Medium wird routinemäßig zweimal wöchentlich gewechselt. Nach einer Woche wird das Carcinogen-haltige Medium durch normales ersetzt. Einige Kulturen werden entfernt und 2 Tage später gefärbt, um die Gesamt-Klonierausbeute zu bestimmen. Die verbleibenden Kulturen werden nach weiteren zwei bis drei Wochen auf transformierte Kolonien untersucht.

5.3.3.3 Prüfung auf Zytotoxizität

5.5.3.3.1 Allgemeines

Zytotoxizitäts-Teste wurden in der Krebsforschung für zwei Hauptzwecke verwendet: Zur Bestimmung der zytostatischen oder zytotoxischen Aktivität von Chemotherapeutika sowie zur Bestimmung der zellulären, Lymphozyten-abhängigen Immunität.

Bei diesen Testen mißt man entweder die Hemmung der Kolonie-Bildung oder beobachtet direkt die Zytotoxizität. Bei beiden Testarten kann man Petrischalen verwenden. Für die Kolonie-Bildung werden die Schalen mit so viel Zellen beimpft, daß man in den Kontrollen 50–100 Kolonien erhält.

Zur Bestimmung der Zytotoxizität sind Mikrotiterplatten geeigneter. Die allgemeine Technik wurde schon in Abschn. 5.2.4.4 ausgeführt. Ein genaues Protokoll für die Prüfung der zellulären Immunität nach Hellström (1967) sowie Takasugi und Klein (1970) sei im folgenden wiedergegeben.

5.3.3.3.2 Mikrotiterplatten-Test für die Lymphozyten-abhängige, zelluläre Immunität

1. Man trypsiniert die „Ziel"-Zellen vorsichtig mit der auf S. 227 beschriebenen Technik und suspendiert sie in einer kleinen Menge Serum-haltigen Mediums. Man zählt die Zellen.
2. Man verdünnt das Medium und verteilt 40–200 Zellen in 0,2 ml Medium auf jedes Becherchen. Man inkubiert über Nacht.
3. Man entfernt das Medium;
4. Pipettiert in jedes Becherchen 0,2 ml der zu testenden Lymphozyten-Suspension in Serum-freiem Medium (möglichst etwa 2×10^6/ml Medium, aber bis zu 2×10^5/ml kann man, wenn nötig, verwenden);
5. Man inkubiert 45 Min. lang auf einem Schüttler.
6 In jedes Becherchen gibt man 0,05 ml 50%iges, inaktiviertes Kälberserum in Medium;
7. Man inkubiert 2 Tage lang bei 37 °C in einem CO_2-Brutschrank;
8. Man entfernt das Medium, wäscht mehrmals mit PBS, färbt mit Kristallviolett an und untersucht mikroskopisch.

5.3.3.4 Tumor-Virus-Produktion in Zellkulturen

In einigen Fällen verursachen Viren eine Transformation, ohne infizierende Viren zu produzieren (nicht-produktive Transformation in nicht-permissiven Zellen, z. B. das Polyoma-Virus in BHK 21-Zellen). Andrerseits ist die Virus-Produktion die erste Bedingung für eine produktive Virus-Infektion. Viele, mit Oncorna-Viren (RNS-Tumor-Viren) assoziierte Tumoren sind produktiv infiziert, z. B. das Rous-Sarkom, Mäuse-Leukämien und viele Mäuse-Sarcome. Das Virus kann aus dem Medium wiedergewonnen werden, in dem diese Tumoren wachsen. Doch sind viele Viren dieser Gruppe unbeständig und zersetzen sich schnell. Um eine gute Ausbeute intakter Viren zu erhalten, muß die Kultur daher „gemolken" werden, d. h. das Medium wird entfernt und häufig erneuert, z. B. alle 12 bis 24 Std. Auch viele, durch DNS-Viren hervorgerufene Tumoren, z. B. das Burkitt-Lymphom, produzieren ein Virus, in diesem Fall das *Epstein-Barr-Virus (EBV)*.

5.3.3.5 Kultur von Tumorzellen

Viele Untersuchungen der Krebsforschung beginnen damit, Tumorzellen zu züchten, um eine Virus-Quelle, ein Untersuchungsobjekt für den Tumor-Zellstoffwechsel oder Material zur Prüfung der Empfindlichkeit von Antikrebsmittel bereitzustellen.

Die Leichtigkeit oder Schwierigkeit, Kulturen aus Tumoren anzulegen, hängt größtenteils von der vorhandenen Menge an Bindegewebe und davon ab, ob der Tumor spezifische Forderungen an seine Ernährung stellt.

Viele experimentelle Tiertumoren sind mit den Standardtechniken leicht zu züchten. Allgemein gesprochen sollte man beim Ansatz von Primärkulturen ein reichhaltiges Medium unter Zusatz sämtlicher Aminosäuren verwenden; außerdem sollte das Gewebe vorsichtig behandelt werden.

Manche menschliche Tumoren, besonders Parenchym-Tumoren und Ascites-Tumoren (z. B. einige Ovarial-Tumoren) sind relativ leicht zu etablieren. Tumoren mit einem hohen Bindegewebsgehalt bereiten mehr Schwierigkeiten; doch nach einer Gewebsauflösung mit Kollagenase und Trypsin oder Pronase kann man Kulturen aus 60–80% der Tumorgewebe erhalten. Dann stellt sich das Problem zu bestimmen, ob die Kultur aus Tumorzellen oder normalen Zellen aus Bindegewebe oder anderen Elementen besteht. Wenn die Zellen charakteristische Merkmale haben, kann es möglich sein, sich einigermaßen Klarheit hierüber zu verschaffen; oft aber ist es schwierig, absolut sicher zu sein, und es wurde bisher keine allgemeine Methode entwickelt, dies zu unterscheiden.

Literatur

Aaronson, S. A. & Todaro, G. J. (1968). Basis for the acquisition of malignant potential by mouse cell cultivated in vitro. Science 162, 1024.

Ambrose, E. J., Dudgeon, J. A., Easty, G. C. (1961). The inhibition of tumour growth by enzymes in tissue culture. Exp. Cell. Res. 24, 220.

Augusti-Tocco, G. & Sato, G. (1969). Establishment of functional clonal lines of neurons from mouse neuroblastoma. Proc. Nat. Acad. Sci. (Wash.) 64, 311.

Berwald, Y. & Sachs, L. (1963). In vitro cell transformation with chemical carcinogens. Nature (Lond.) 200, 1182.

Berwald, Y. & Sachs, L. (1965). In vitro transformation of normal cells to tumour cells by carcinogenic hydrocarbons. J. Nat. Cancer Inst. 35, 641.

Burger, M. M. & Martin, G. S. (1972). Agglutination of cells transformed by Rous sarcoma virus by wheat germ agglutinin and concanavalin A. Nature. New Biol. (Lond.) 237, 9.

Caspersson, T., Zech, L., Johnson, C. & Modest, E. J. (1970). Identification of human chromosomes by DNA-binding fluorescent agents. Chromosoma 30, 215.

Chen, T. T. & Heidelberger, C. (1969). Cultivation in vitro of cells derived from adult C3H mouse ventral prostate. J. Nat. Cancer Inst., 42, 903.

Chen, T. T. & Heidelberger, C. (1969). In vitro malignant transformation of cells derived from mouse prostate in the presence of 3-methyl-cholanthrene. J. Nat. Cancer Inst. 42, 915.

Chen, T. T. & Heidelberger, C. (1969). Quantitative studies on the malignant transformation of mouse prostate cells by carcinogenic hydrocarbons in vitro. Internat. J. Cancer 4, 166.

Dipaolo, J. A., Takano, K. & Popescu, N. C. (1972). Quantitation of chemically induced neoplastic transformation of BALB/3T3 cloned cell lines.

Duff, R. & Rapp, F. (1971). Properties of hamster embryo fibroblasts transformed in vitro after exposure to ultraviolet-irradiated herpes simplex virus type 2. J. Virol. 8, 469.

Dulbecco, R. (1969). Virus in carcinogenesis. Ann. Intern. Med. 70, 1019.

Dulbecco, R. (1970). Topoinhibition and serum requirement of transformed and untransformed cells. Nature (Lond.) 227, 802.

Gall, J. G. & Pardue, M. L. (1971). Nucleic acid hybridization in cytological preparations. In Methods in Enzymology. Vol. 21, Nucleic Acids, p. 470. Eds. L. Grossman and K. Moldave. New York: Academic Press.

Gey, G. O., Coffman, W. D. & Kubicek, M. T. (1952). Tissue culture studies of the proliferative capacity of cervical carcinoma and normal epithelium. Cancer Res. 12, 264.

Hartley, J. W. & Rowe, W. P. (1966). Production of altered cell foci in tissue culture by defective moloney sarcoma virus particles. Proc. Nat. Acad. Sci. (Wash.) 55, 780.

Hellström, I. (1967). A colony inhibition (C.I.) technique for demonstration of tumor cell destruction by lymphoid cells in vitro. Int. J. Cancer 2, 65.

Holley, R. W. & Kiernan, J. A. (1968). 'Contact inhibition' of cell division in 3T3 cells. Proc. Nat. Acad. Sci. (Wash.) 60, 300.

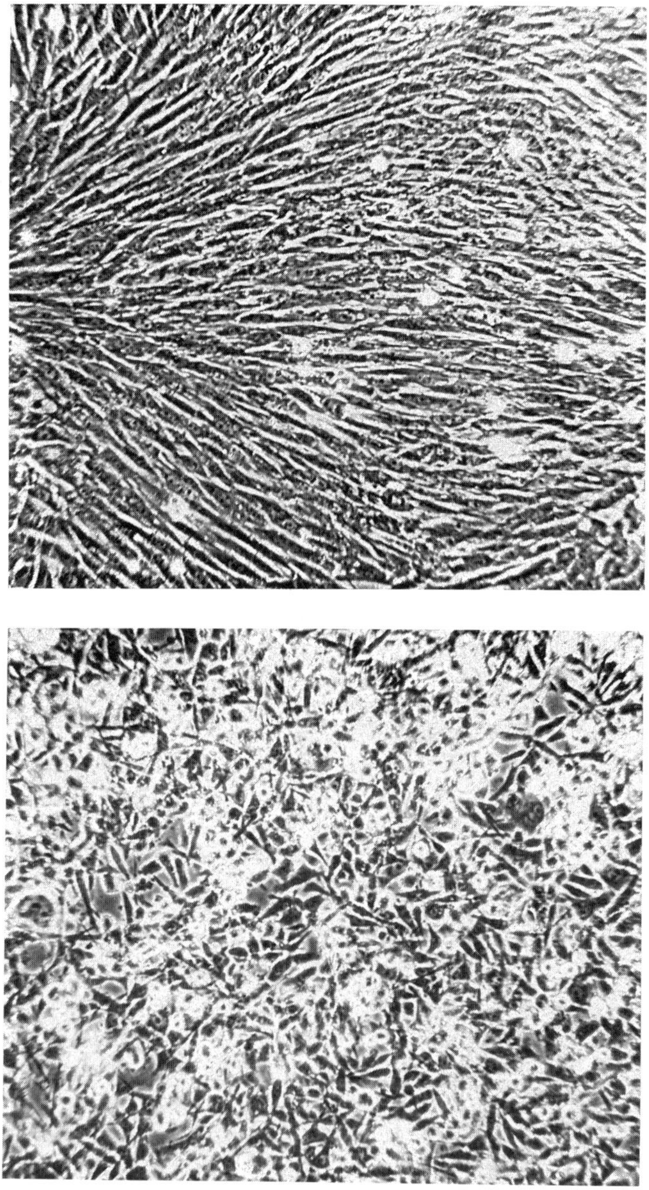

Bild 26 Oben: Normale BHK 21-Zellen.
Unten: BHK 21-Zellen, durch Polyoma-Virus transformiert (Photo Dr. M. Stoker).

Hsie, A. W. & Puck, T. T. (1971). Morphological transformation of Chinese hamster cells by dibutyryl adenosine cyclic 3′:5′-monophosphate and testosterone, Proc. Nat.Acad. Sci. (Wash.) 68, 358.

Hsu, T. C. & Arrighi, F. E. (1971). Distribution of constitutive heterochromatin in mammalian chromosomes. Chromosoma 34, 243.

Kraemer, P. M., Petersen, D. F. & van Dilla, M. A. (1971). DNA constancy in heteroploidy and the stem line theory of tumors. Science 174, 714.

Leighton, J. (1968). Invasive growth and metastasis in tissue culture systems. In Methods in Cancer Research IV, p. 85. Ed. H. Busch, New York: Academic Press.

Leighton, J., Justh, G., Esper, M. & Kronenthal, R. L. (1967). Collagencoated cellulose sponge: three-dimensional matrix for tissue culture of Walker tumor 256. Science 155, 1259.

Leighton, J., Mark, R. & Justh, G. (1968). Patterns of three-dimensional growth in vitro in collagen-coated cellulose sponge: carcinomas and embryonic tissues. Cancer Res. 28, 286.

McAllister, R. M., Nicolson, M. O., Lewis, A. M., Macpherson, I. & Huebner, R. J. (1969). Transformation of rat embryo cells by adenovirus type I. J. gen. Virol. 4, 29.

Macpherson, I. & Montagnier, L. (1964). Agar suspension culture for the selective assay of cells transformed by polyoma virus. Virology 23, 291.

Macpherson, I. & Russell, W. (1966). Transformation in hamster cells mediated by mycoplasmas. Nature (Lond.) 210, 1343.

Mondal, S. & Heidelberger, C. (1970). In vitro malignant transformation of the progeny of single cells derived from C3H mouse prostate. Proc. Nat. Acad. Sci. (Wash.) 65, 219.

Ossowski, L., Unkeless, J. C., Tobia, A., Quigley, J. P., Rifkin, D. B. & Reich, E. (1973). An enzymatic function associated with transformation of fibroblasts by oncogenic viruses. II. Mammalian fibroblast cultures transformed by DNA and RNA tumor viruses. J. exp. Med. 137, 112.

Pollack, R. E., Green, H. & Todaro, G. J. (1968). Growth control in cultured cells: Selection of sublines with increased sensitivity to contact inhibition and decreased tumor-producing abiltiy. Proc. Nat. Acad. Sci. (Wash.) 60, 126.

Sanford, K. K., Likely, G. D. & Earle, W. R. (1954). The development of variations in transplantability and morphology within a clone of mouse fibroblasts transformed to sarcoma-producing cells in vitro. J. Nat. Cancer Inst. 15, 215.

Smith, H. S., Scher, C. D. & Todaro, G. J. (1971). Induction of cell division in medium lacking serum growth factor by SV40. Virology 44, 359.

Stoker, M. G. P. (1968). Abortive transformation by polyoma virus. Nature (Lond.) 218, 234.

Stoker, M. & Macpherson, I. (1961). Studies on transformation of hamster cells by polyoma virus in vitro. Virology 14, 359.

Takasugi, M. & Klein, E. (1970). A microassay for cell-mediated immunity. Transplantation 9, 219.

Temin, H. M. & Rubin, H. (1958). Characteristics of an assay for Rous sarcoma virus and Rous sarcoma cells in tissue culture. Virology 6, 669.

Todaro, G. J. & Green, H. (1964). An assay for cellular transformation by SV 40. Virology 23, 117.

Unkeless, J. C., Tobia, A., Ossowski, L., Quigley, J. P., Rifkin, D. B. & Reich, E. (1973). An enzymatic function associated with transformation of fibroblasts by oncogenic viruses. I. Chick embryo fibroblast cultures transformed by avian RNA tumour viruses. J. exp. Med. 137, 85.

6. Anlagen

6.1 Anlage 1: Vorschriften für synthetische Kulturmedien
(siehe auch Abschn. 2.4.2)

Wenn nicht anders angegeben, wurden diese Vorschriften für Säugetier-Zellinien entwickelt; in diesen Fällen sind die anorganischen Salzbestandteile des Mediums nicht aufgeführt. Alle Medien werden in einer Glucose enthaltenden BSS hergestellt, welcher normalerweise noch Phenolrot und Antibiotika zugesetzt werden.

Die Salzbestandteile der Medien für andere Wirbeltiere, Nichtwirbeltiere und Pflanzen sind besonders aufgeführt, da die Anforderungen hinsichtlich der osmotischen und Puffer-Bedingungen gewöhnlich verschieden sind.

Eagles Medium

BME (Basal medium, Eagle's)
Eagle, H. (1955). J. exp. Med. 102, 595.

	mg/Liter		mg/Liter
Aminosäuren		*Vitamine*	
L-Arginin HCl	21,1	D-Biotin	1,0
L-Cystin	12,0	D-Ca-Pantothenat	1,0
L-Glutamin	292,0	Cholin HCl	1,0
L-Histidin HCl. H_2O	10,5	Folsäure	1,0
L-Isoleucin	26,2	i-Inosit	1,8
L-Leucin	26,2	Nicotinamid	1,0
L-Lysin HCl	36,5	Pyridoxal HCl	1,0
L-Methionin	7,5	Riboflavin	0,1
L-Phenylalanin	16,5	Thiamin HCl	1,0
L-Threonin	23,8		
L-Tryptophan	4,0		
L-Tyrosin	18,1		
L-Valin	23,4		

MEM (Minimum Essential Medium)
Eagle, H. (1959). Science 130, 432.

	mg/Liter		mg/Liter
Aminosäuren		*Vitamine*	
L-Arginin HCl	126,4	D-Ca-Pantothenat	1,0
L-Cystin	24,0	Cholin HCl	1,0

	mg/Liter		mg/Liter
Aminosäuren (Forts.)		*Vitamine* (Forts.)	
L-Glutamin	292,0	Folsäure	1,0
L-Histidin HCl. H_2O	41,9	i-Inosit	2,0
L-Isoleucin	52,5	Nicotinamid	1,0
L-Leucin	52,4	Pyridoxal HCl	1,0
L-Lysin HCl	73,1	Riboflavin	0,1
L-Methionin	14,9	Thiamin HCl	1,0
L-Phenylalanin	33,0		
L-Threonin	47,6		
L-Tryptophan	10,2		
L-Tyrosin	36,2		
L-Valin	46,8		

Dulbecco's Modifikation

Dulbecco, R. & Freeman, G. (1959). Virology 8, 396.
Smith, J. D., Freeman, G., Vogt, M. & Dulbecco, R. (1960). Virology 12, 185.

	mg/Liter		mg/Liter
Aminosäuren		*Vitamine*	
L-Arginin HCl	84,0	Cholin HCl	4,0
L-Glutamin	580,0	Nicotinamid	4,0
L-Histidin HCl. H_2O	42,0	D-Ca-Pantothenat	4,0
L-Isoleucin	105,0	Pyridoxal HCl	4,0
L-Leucin	105,0	Thiamin HCl	4,0
L-Lysin HCl	146,0	Riboflavin	0,4
L-Methionin	30,0	Folsäure	4,0
L-Phenylalanin	66,0	i-Inosit	7,2
L-Threonin	95,0	$Fe(NO_3)_3.9H_2O$	0,1
L-Tryptophan	16,0		
L-Valin	94,0		
Glycin	30,0		
L-Serin	42,0		
L-Cystin	48,0		
L-Tyrosin	72,0		

MEM (Glasgow Modifikation)

Macpherson, I. A. & Stoker, M. G. P. (1962), Virology 16, 147.
Dieses Medium wird gewöhnlich mit 10% Kälberserum und mit 10% Tryptosephosphat versetzter Fleischbrühe ergänzt. Für Primärzellinien.

	mg/Liter		mg/Liter
Aminosäuren		*Vitamine*	
L-Arginin HCl	42,0	D-Calcium pantothenat	2,0
L-Cystin	24,0	Cholin HCl	2,0
L-Glutamin	292,0	Folsäure	2,0
L-Histidin HCl	19,2	i-Inosit	3,5
L-Isoleucin	52,4	Nicotinamid	2,0
L-Leucin	52,4	Pyridoxal HCl	2,0

Aminosäuren (Forts.)	mg/Liter	*Vitamine* (Forts.)	mg/Liter
L-Lysin HCl	73,1	Riboflavin	0,2
L-Methionin	15,0	Thiamin HCl	2,0
L-Phenylalanin	33,0		
L-Threonin	47,6		
L-Tryptophan	8,0		
L-Tyrosin	36,2		
L-Valin	46,8		

Waymouth's Medium MB 752/1

Waymouth, C. (1959). J. nat. Cancer Inst. 22, 1003.

Aminosäuren	mg/Liter	*Vitamine*	mg/Liter
L-Arginin HCl	75,0	Ascorbinsäure	17,50
Asparaginsäure	60,0	D-Biotin	0,02
L-Cystein HCl	90,0	D-Ca-Pantothenat	1,00
L-Cystin	15,0	Cholin HCl	250,00
L-Glutaminsäure	150,0	Folsäure	0,40
L-Glutamin	350,0	i-Inosit	0,83
L-Glycin	50,0	Nicotinamid	1,00
L-Histidin HCl. H_2O	168,0	Pyridoxin HCl	1,00
L-Isoleucin	25,0	Riboflavin	1,00
L-Leucin	50,0	Thiamin HCl	10,00
L-Lysin HCl	240,0	Vitamin B_{12}	0,20
L-Methionin	50,0	Andere Komponenten	
L-Phenylalanin	50,0	Dextrose	5000,0
L-Prolin	50,0	Hypoxanthin	25,0
L-Theonin	75,0		
L-Tryptophan	40,0		
L-Tyrosin	40,0		
L-Valin	55,0		

Medium 199

Morgan, J. F., Morton, H. J. & Parker, R. C. (1950), Proc. Soc. exp. Biol. Med. 73,1.

Aminosäuren	mg/Liter	*Aminosäuren* (Forts.)	mg/Liter
L-Alanin	25,0	L-Glutamin	100,0
L-Arginin HCl	70,0	L-Glycin	50,0
L-Asparaginsäure	30,0	L-Histidin HCl. H_2O	22,0
L-Cystein HCl	0,1	L-Hydroxyprolin	10,0
L-Cystin	20,0	L-Isoleucin	20,0
L-Glutaminsäure	67,0	L-Leucin	60,0

	mg/Liter
Aminosäuren (Forts.)	
L-Lysin HCl	70,0
L-Methionin	15,0
L-Phenylalanin	25,0
L-Prolin	40,0
L-Serin	25,0
L-Threonin	30,0
L-Tryptophan	10,0
L-Tyrosin	40,0
L-Valin	25,0
Vitamine	
P-Aminobenzoesäure	0,050
Ascorbinsäure	0,050
D-Biotin	0,010
Calciferol	0,100
D-Ca-Pantothenat	0,010
Cholesterol	0,200
Cholin HCl	0,500
Folsäure	0,010
i-Inosit	0,050
Menadion	0,010
Nicotinamid	0,025
Nicotinsäure	0,025
Pyridoxal HCl	0,025
Pyridoxin HCl	0,025
Riboflavin	0,010

	mg/Liter
Vitamine (Forts.)	
Thiamin HCl	0,010
DL-α-Tocopherol phosphat (Na_2)	0,010
Tween 80	5,000
Vitamin A	0,100
Andere Komponenten	
Adenin HCl. $2H_2O$	12,10
Adenosin-5′-monophosphorsäure-dihydrat (AMP) (Muskel-Adenylsäure)	0,20
Adenosin-5′-Triphosphat-Natrium-tetrahydrat (ATP)	1,00
Desoxyribose	0,50
Dextrose	1000,00
L-Glutathion	0,05
Guanin HCl. H_2O	0,33
Hypoxanthin	0,30
Phenolrot	20,00
Ribose	0,50
Natriumacetat	83,00
Thymin	0,30
Uracil	0,30
Xanthin	0,30
$Fe(NO_3)_3.9H_2O$	0,70

NCTC 109 und NCTC 135

(Diese sind identisch, ausgenommen, daß L-Cystein bei NCTC 135 weggelassen wird)
Evans, V. J., Bryant, J. C., Kerr, H. A. & Schilling, E. L. (1964), Exp. Cell Res. 36, 439
Price et al. (1966). J. nat. Cancer Inst. 37, 601.

	mg/Liter
Aminosäuren	
L-Alanin	31,5
L-α-Aminobuttersäure	5,5
L-Arginin HCl	31,2
L-Asparagin	8,0
L-Asparaginsäure	9,9
L-Cystein HCl	259,9
L-Cystin	10,5
L-Glutaminsäure	8,3
L-Glutamin	136,0
L-Glycin	13,5
L-Histidin HCl. H_2O	26,7
L-Hydroxyprolin	4,1
L-Isoleucin	18,0

	mg/Liter
Aminosäuren (Forts.)	
L-Leucin	20,4
L-Lysin HCl	38,4
L-Methionin	4,4
L-Ornithin	7,4
L-Phenylalanin	16,5
L-Prolin	6,1
L-Serin	10,8
L-Taurin	4,2
L-Threonin	18,9
L-Tryptophan	17,5
L-Tyrosin	16,4
L-Valin	25,0

Vitamine	mg/Liter
p-Aminobenzoesäure	0,125
Ascorbinsäure	49,900
D-Biotin	0,025
Calciferol	0,250
D-Ca-Pantothenat	0,025
Cholin HCl	1,250
Cocarboxylase	1,000
Folsäure	0,025
i-Inosit	0,125
Menadion	0,025
Nicotinamid	0,063
Nicotinsäure	0,063
Pyridoxal HCl	0,063
Pyridoxin HCl	0,063
DL-α-Tocopherolphosphat (Na_2)	0,025
Thiamin HCl	0,025
Tween 80	12,500
Riboflavin	0,025
Vitamin A	0,250
Vitamin B_{12}	10,000

Andere Komponenten	mg/Liter
Coenzym A	2,5
Desoxyadenosin	10,0
Desoxycytidin HCl	10,0
Desoxyguanosin	10,0
Dextrose	1000,0
Nicotinamidadenindinucleotidtetra-hydrat (NAD.4H_2O)	7,0
Flavinadenindinucleotid (FAD)	1,0
D-Glucosamin	3,2
D-Glucuronolacton	1,8
L-Glutathion	10,1
5-Methylcytosin	0,1
Phenolrot	20,0
Natriumacetat · 3H_2O	83,0
Natriumglucuronat	1,8
Thymidin	10,0
Nicotinamidadenindinucleotid-phosphat (NADP), Mononatrium-Salz	1,0
Uridin-5'triphosphat, Tetra-Natrium, Tetrahydrat (UTP)	1,0

CMRL 1066

Parker, R. C. et al. (1957). Special Publication, N. Y. Acad. Sci. 5, 503.

Aminosäuren	mg/Liter
L-Alanin	25,0
L-Arginin HCl	70,0
L-Asparaginsäure	30,0
L-Cystein HCl. H_2O	260,0
L-Cystin	20,0
L-Glutaminsäure	75,0
L-Glutamin	100,0
L-Glycin	50,0
L-Histidin HCl. H_2O	20,0
L-Hydroxyprolin	10,0
L-Isoleucin	20,0
L-Leucin	60,0
L-Lysin HCl	70,0
L-Methionin	15,0
L-Phenylalanin	25,0
5-Prolin	40,0
L-Serin	25,0
L-Threonin	30,0
L-Tryptophan	10,0
L-Tyrosin	40,0
L-Valin	25,0

Vitamine	mg/Liter
p-Aminobenzoesäure	0,050
Ascorbinsäure	50,000
D-Biotin	0,010
D-Ca-Pantothenat	0,010
Cholin HCl	0,500
Cocarboxylase	1,000
Folsäure	0,010
i-Inosit	0,500
Nicotinamid	0,025
Nicotinsäure	0,025
Pyridoxal HCl	0,025
Pyridoxin HCl	0,025
Riboflavin	0,010
Thiamin HCl	0,010

	mg/Liter		mg/Liter
Andere Komponenten			
Tween 80	5,0	Flavinadenindinucleotid (FAD)	1,0
Cholesterol	0,2	L-Glutathion	10,0
Coenzym A	2,5	Phenolrot	20,0
Desoxyadenosin	10,0	Natriumacetat · $3H_2O$	83,0
Desoxycytidin HCl	10,0	Natriumglucuronat	4,2
Desoxyguanosin	10,0	Thymidin	10,0
Dextrose	1000,0	Nicotinamidadenindinucleotid-phosphat (NADP) Mononatrium Salz	1,0
Nicotinamidadenindinucleotid ($NAD.4H_2O$)	7,0	Uridin-5'triphosphat, Tetra-Natrium, Tetrahydrat (UTP)	1,0

HAM'S F 10

Ham, R. G. (1963). Exp. Cell Res. 29, 515.

	mg/Liter		mg/Liter
Aminosäuren		*Vitamine*	
L-Alanin HCl	8,91	Biotin	0,024
L-Arginin HCl	211,0	D-Calcium pantothenat	0,715
L-Asparagin H_2O	15,0	Cholin HCl	0,698
L-Asparaginsäure	13,3	Folsäure	1,32
L-Cystein HCl	31,5	i-Inosit	0,541
L-Glutaminsäure	14,7	Nicotinamid	0,615
L-Glutamin	146,2	Pyridoxin HCl	0,206
Glycin	7,51	Riboflavin	0,376
L-Histidin HCl	21,0	Thiamin HCl	1,012
L-Isoleucin	2,6	Vitamin B_{12}	1,36
L-Leucin	13,1	*Anorganische Salze und andere Komponenten*	
L-Lysin HCl	29,3		
L-Methionin	4,48	$CuSO_4$	0,0025
L-Phenylalanin	4,96	$FeSO_4$	0,834
L-Prolin	11,5	Hypoxanthin	4,08
L-Serin	10,5	Liponsäure	0,2
L-Threonin	3,57	Natriumpyruvat	110
L-Tryptophan	0,6	Thymidin	0,727
L-Tyrosin	1,81	$ZnSO_4$	0,0288
L-Valin	3,5		

HAMS F12

Ham, R. G. (1965). Proc. nat. Acad. Sci. (Wash.) 53, 288.

	mg/Liter		mg/Liter
Aminosäuren		*Vitamine*	
L-Alanin HCl	9	Biotin	0,007
L-Arginin HCl	211	D-Calcium Pantothenat	0,5
L-Asparagin H_2O	13	Cholin HCl	14
L-Asparaginsäure	13	Folsäure	1

	mg/Liter
Aminosäuren (Forts.)	
L-Cystein HCl	32
L-Glutaminsäure	15
L-Glutamin	146
Glycin	8
L-Histidin HCl	19
L-Isoleucin	4
L-Leucin	13
L-Lysin HCl	37
L-Methionin	4
L-Phenylalanin	5
L-Prolin	35
L-Serin	11
L-Threonin	12
L-Tryptophan	2
L-Tyrosin	5
L-Valin	12

	mg/Liter
Vitamine (Forts.)	
i-Inosit	18
Nicotinamid	0,04
Pyridoxin HCl	0,06
Riboflavin	0,04
Thiamin HCl	0,3
Vitamin B_{12}	1,0
Anorganische Salze und andere Komponenten	
$CuSO_4.5H_2O$	0,002
$ZnSO_4.7H_2O$	0,9
$FeSO_4.7H_2O$	0,8
Hypoxanthin	4
Putrescin · 2 HCl	0,3
Natriumpyruvat	110
Thymidin	0,7
Liponsäure	0,2
Linolsäure	0,08

Pucks N16 Medium

Puck, T. T., Cieciura, S. J. & Robinson, A. (1957). J. exp. Med. 108, 945.

	mg/Liter
Aminosäuren	
L-Arginin HCl	38,0
L-Histidin HCl	38,0
L-Lysin HCl	80,0
L-Tryptophan	20,0
Beta-Phenyl-L-alanin	25,0
L-Methionin	25,0
L-Threonin	38,0
L-Leucin	25,0
DL-Isoleucin	25,0
DL-Valin	50,0
L-Glutaminsäure	75,0
L-Asparaginsäure	30,0
L-Prolin	25,0
Glycin	100,0
L-Glutamin	200,0
L-Tyrosin	40,0
L-Cystin	8,0

	mg/Liter
Vitamine	
Thiamin	5,0
Riboflavin	0,50
Pyridoxin HCl	0,50
Folsäure	0,10
Biotin	0,10
Cholin HCl	3,0
Ca Pantothenat	3,0
Niacinamid	3,0
i-Inosit	1,0
Hypoxanthin	25

Fischers Medium

Fischer, G. A. & Sartorelli, A. S. (1964). Methods in Medical Research 10, 247.

	mg/Liter		mg/Liter
Aminosäuren		*Vitamine*	
L-Arginin HCl	15,0	D-Biotin	0,01
L-Asparagin	10,0	D-Ca-Pantothenat	0,50
L-Glutamin	200,0	Cholin HCl	1,50
L-Histidin	60,0	Folsäure	10,00
L-Isoleucin	75,0	i-Inosit	1,50
L-Leucin	30,0	Nicotinamid	0,50
L-Lysin HCl	50,0	Pyridoxal HCl	0,50
L-Methionin	100,0	Riboflavin	0,50
L-Phenylalanin	60,0	Thiamin HCl	1,00
L-Serin	15,0		
L-Threonin	40,0		
L-Tryptophan	10,0		
L-Valin	70,0		
L-Cystin	20,0		
L-Tyrosin	60,0		

Birch & Pirt Serum-freies Medium

Birch, J. R. & Pirt, S. J. (1970). J. Cell Sci. 7, 661.

	mg/Liter		mg/Liter
Aminosäuren		*Vitamine* (Forts.)	
L-Arginin HCl	450	Nicotinamid	1,2
L-Isoleucin	180	Calcium-d-pantothenat	1,2
L-Leucin	180	Pyridoxin hydrochlorid	1,0
L-Histidin HCl	99	Riboflavin	0,2
L-Lysin HCl	175	Thiamin hydrochlorid	2,0
L-Methionin	30	Hypoxanthin	10,0
L-Phenylalanin	70	B_{12}	1,0
L-Threonin	100	Cholin chlorid	20,0
L-Valin	150	*Anorganische Salze und andere Komponenten*	
L-Alanin	90		
Glycin	15	NACl	5900
L-Serin	20	KCl	400
L-Tryptophan	20	$MgCl_2 \cdot 6H_2O$	200
L-Cystin	75	$NaHCO_3$	2500
L-Tyrosin	70	$NaH_2PO_4 \cdot 2H_2O$	500
L-Glutamin	100	$CaCl_2 \cdot 2H_2O$	1
L-Natriumglutamat	1530	$MgCl_2 \cdot 6H_2O$	0,1
		$ZnSO_4 \cdot 7H_2O$	1
Vitamine		$FeSO_4 \cdot 7H_2O$	1
i-Inositol	2,0	$CuSO_4 \cdot 5H_2O$	0,5
d-Biotin	0,1	Glucose	2000
Folsäure	1,0	Methocel	1000

L-15 (Leibovitz)

Leibovitz, A. (1963). Am J. Hyg. 78, 173.
(Zu beachten: In diesem Medium ist Galactose durch Glucose ersetzt)

	mg/Liter
Aminosäuren	
L-Alanin	225
L-Arginin	500
L-Asparagin H_2O	250
L-Cystein	120
L-Glutamin	300
Glycin	200
L-Histidin	250
L-Isoleucin	125
L-Leucin	125
L-Lysin	75
L-Methionin	75
L-Phenylalanin	125
L-Serin	200
L-Threonin	300
L-Tryptophan	20
L-Tyrosin	300
L-Valin	100

	mg/Liter
Vitamine	
Cholin HCl	1
Folsäure	1
i-Inosit	2
Nicotinamid	1
D-Calcium Pantothenat	1
Pyridoxin HCl	1
Riboflavin-5-phosphat, Natrium	0,1
Thiamin Monophosphat	1
Andere Komponenten	
D (+) Galactose	900
Natriumpyruvat	550

Neumann & Tytell

Neumann, Robert E. & Tytell, A. A. (1960). Proc. soc. exp. Biol. Med 104, 252.

	mg/Liter
Aminosäuren	
L-Alanin	9,0
L-Arginin HCl	42,0
L-Asparagin	40,0
L-Asparaginsäure	13,0
L-Cystein	42,0
L-Glutaminsäure	15,0
L-Glutamin	219,0
L-Glutathion	0,50
L-Glycin	8,0
L-Histidin HCl · H_2O	21,0
Hydroxy-L-prolin	13,0
L-Isoleucin	39,0
L-Leucin	39,0
L-Lysin HCl	37,0
L-Methionin	15,0
L-Phenylalanin	17,0
L-Prolin	12,0
L-Serin	26,0
L-Threonin	12,0

	mg/Liter
Vitamine, usw.	
Biotin	0,20
Vitamin B_{12}	$7{,}5 \times 10^{-4}$
Ca Pantothenat	0,20
Cholin HCl	5,0
Folsäure	2,0
Inosit	9,0
Nicotinamid	0,50
Pyridoxin HCl	0,50
Pyridoxal HCl	0,50
Riboflavin	0,20
Natriumpyruvat	110,0
Ascorbinsäure	0,5

	mg/Liter
Aminosäuren (Forts.)	
L-Tryptophan	6,0
L-Tyrosin	18,0
L-Valin	12,0

McCoys 5a Medium

McCoy, T. A., Maxwell, M. & Cruse, P. F. (1959) Proc. soc. exp. Biol. Med. 100, 115.

	mg/Liter		mg/Liter
Aminosäuren		*Vitamine*	
L-Alanin	13,0	p-Aminobenzoesäure	1,0
L-Arginin HCl	42,0	Ascorbinsäure	0,5
L-Asparagin	45,0	D-Biotin	0,2
L-Asparaginsäure	20,0	D-Ca-Pantothenat	0,2
L-Cystein	32,0	Cholin Chlorid	5,0
L-Glutaminsäure	22,0	Folsäure	10,0
L-Glutamin	219,0	i-Inosit	36,0
L-Glycin	8,0	Nicotinamid	0,5
L-Histidin HCl · H_2O	21,0	Nicotinsäure	0,5
L-Tryptophan	3,0	Pyridoxal HCl	0,5
L-Phenylalanin	17,0	Pyridoxin HCl	0,5
L-Tyrosin	18,0	Riboflavin	0,2
L-Lysin HCl	37,0	Thiamin HCl	0,2
L-Methionin	15,0	Vitamin B_{12}	2,0
L-Isoleucin	39,0	*Andere Komponenten*	
L-Leucin	39,0	Glutathion	0,5
L-Valin	18,0	Bacto-Pepton	600,0
L-Threonin	18,0		
L-Serin	26,0		
L-Hydroxyprolin	20,0		
L-Prolin	17,0		

Swims 67-G Medium

	mg/Liter		mg/Liter
Aminosäuren		*Vitamine*	
L-Alanin	27,0	Cholin Bitartrat	1,780
L-Asparaginsäure	20,0	Folsäure	2,20
L-Arginin HCl	169,0	Ca Pantothenat	1,20
L-Cystin HCl	13,80	Mesoinosit	2,150
L-Histidin HCl · H_2O	10,50	Nicotinamid	0,60
Glycin	11,30	Pyridoxal HCl	1,0
L-Glutamin	279,0	Riboflavin	0,38
L-Isoleucin	26,0	Thiamin HCl	1,70
L-Leucin	26,0	4% Pankreatin-Autolysat	52,5 ml
L-Lysin HCl	37,0	Pluronic F 68	1060

Aminosäuren (Forts.)	mg/Liter
L-Methionin	15,0
5-Phenylalanin	16,5
L-Prolin	16,80
L-Serin	21,0
L-Threonin	48,0
L-Tryptophan	10,0
L-Tyrosin	18,0
L-Valin	46–80

RPMI Medien

(1) Iwakata. S. & Grace, J. T. Jr. (1964). N. Y. J. of Med. 64, 2279.
(2) Moore, G. E., Sandberg, A. A. & Ulrich, K. (1966), J. nat. Cancer Inst. 36, 405.

Komponente	RPMI (1) 1629 mg/Liter	RPMI (2) 1630 mg/Liter	RPMI (3) 1634 mg/Liter	RPMI (4) 1640 mg/Liter
Aminosäuren				
L-Alanin	13,4	–	–	–
L-Arginin (ohne Base)	42,1 (HCl)	200,0	100,0	200,0
L-Asparagin	45,0	30,0	30,0	50,0
L-Asparaginsäure	19,9	30,0	30,0	20,0
L-Cystein	31,5	–	–	–
L-Cystin	–	100,0	100,0	50,0
L-Glutaminsäure	22,1	80,0	80,0	20,0
L-Glutamin	219,2	300,0	300,0	300,0
Glutathion (reduziert)	0,5	10,0	10,0	1,0
Glycin	7,5	15,0	15,0	10,0
L-Histidin (ohne Base)	20,9 ($HCl \cdot H_2O$)	35,0	35,0	15,0
L-Hydroxyprolin	19,7	–	–	20,0
L-Isoleucin (Allo frei)	39,3	50,0	50,0	50,0
L-Leucin (Methionin frei)	39,3	50,0	50,0	50,0
L-Lysin HCl	36,5	60,0	75,0	40,0
L-Methionin	14,9	15,0	15,0	15,0
L-Phenylalanin	16,5	30,0	30,0	15,0
L-Prolin (Hydroxy-L-Prolin frei)	17,3	30,0	30,0	20,0
L-Serin	26,3	50,0	50,0	30,0
L-Threonin (Allo frei)	17,9	50,0	50,0	20,0
L-Tryptophan	3,1	10,0	10,0	0,5
L-Tyrosin	18,1	30,0	30,0	20,0
L-Valin	17,6	40,0	40,0	20,0
Vitamine				
Ascorbinsäure	0,5	–	–	–
Biotin	0,2	0,2	0,1	0,2

Komponente	RPMI (1) 1629 mg/Liter	RPMI (2) 1630 mg/Liter	RPMI (3) 1634 mg/Liter	RPMI (4) 1640 mg/Liter
Vitamin B_{12}	2,0	0,05	0,1	0,005
D-Ca pantothenat	0,2	3,0	0,25	0,25
Cholin Cl	5,0	3,0	3,0	3,0
Folsäure	10,0	2,0	1,0	1,0
i-Inosit	36,0	5,0	15,0	35,0
Niacin	0,5	–	–	–
Nicotinamid	0,5	2,5	2,5	1,0
p-Aminobenzoesäure	1,0	0,5	–	1,0
Pyridoxal HCl	0,5	–	–	–
Pyridoxin HCl	0,5	2,0	2,0	1,0
Riboflavin	0,2	0,5	0,25	1,0
Thiamin HCl	0,2	5,0	0,25	0,2
Bactopepton	600,0	–	–	–

Trowells Medium T8

Trowell, O. A. (1959). Exp. Cell Res. 16, 118.

	mg/Liter		mg/Liter
Aminosäuren			
L-Arginin HCl	21	*L-Threonin	24
L-Cystein HCl	47	L-Trytophan	4
L-Histidin HCl	10	L-Tyrosin	18
L-Isoleucin	26	L-Valin	23
L-Leucin	26	*Vitamine, usw.*	
L-Lysin HCl	36	Thiamin HCl	17
*L-Methionin	7,5	p-Aminobenzoesäure	35
*L-Phenylalanin	16,5	Insulin	50

* Trowell benützte DL-Aminosäuren in doppelter Konzentration in seinem ursprünglichen Medium

Amphibien Kultur Medium (Wolf & Quimby)

Wolf, K., Quimby, M. C. (1962). Excerpta Medica 16, 823.
Wolf, K., Quimby, M. C. (1964). Science 144, 1478.

	mg/Liter		mg/Liter
NaCl	3740,000	L-Histidin HCl · H_2O	23,100
KCl	320,000	L-Isoleucin	28,600
NaH_2PO_4 · H_2O	100,000	L-Leucin	28,600
$MgSO_4$ · $7H_2O$	160,000	L-Lysin HCl	40,200
$CaCl_2$ (anhyd.)	160,000	L-Methionin	8,320
Glucose	800,000	L-Phenylalanin	18,200
L-Arginin HCl	69,500	L-Threonin	26,200
L-Cystin	13,200	5-Tryptophan	5,620
L-Glutamin	161,000	L-Tyrosin	19,800

	mg/Liter		mg/Liter
L-Valin	25,800	Thiamin HCl	0,550
Cholin Cl	0,550	Phenolrot	8,000
Folsäure	0,550	$NaHCO_3$	1 760,000
i-Inosit	1,100	Ganz-Ei-Ultrafiltrat	100 ml.
Nicotinamid	0,550	Penicillin	200 Einh./ml.
D-Ca Pantothenat	0,550	Streptomycin	200 µg/ml.
Pyridoxal HCl	0,550	Fötales Kälberserum	100 ml.
Riboflavin	0,055		

White's Medium S-3 für Pflanzenkulturen (Modifiziert)

Torrey, J. G. & Reinert, J. (1961). Plant Physiol. 36, 483.

	mg/Liter		mg/Liter
$Ca(NO_3)_2$	200,0	Hypoxanthin	2,50
Na_2SO_4	200,0	Asparaginsäure	6,0
KNO_3	80,0	L-Arginin HCl	7,80
KCl	65,0	L-Cystin	1,50
NaH_2PO_4		L-Glutaminsäure	14,0
$MgSO_4$	360,0	Glycin	13,0
$MnSO_4$	4,50	L-Histidin	2,60
$ZnSO_4$	1,50	DL-Isoleucin	10,40
H_2BO_3	1,50	L-Leucin	15,60
KI	0,750	L-Lysin	15,60
$Fe_2(SO_4)_3$	2,50	DL-Methionin	13,0
Saccharose	20 000,0	L-Phenylalanin	2,50
Thiamin	0,10	L-Prolin	5,0
Pyridoxin	0,10	L-Threonin	6,50
Nicotinsäure	0,50	L-Tryptophan	4,0
i-Inosit	100,0	L-Tyrosin	40,0
Cholin	10,0	DL-Valin	13,0
Riboflavin	0,10	L-Glutamin	50,0
Ascorbinsäure	0,10	L-Asparagin	20,0
D-Ca Pantothenat	0,10	Chlorphenolrot	4,0
Biotin	0,01		

Lamport's Modifikationen von White's Pflanzenmedium

Lamport, D. T. A. (1956). Proc. nat. Acad. Sci. (Wash.) 42, 848.

	mg/Liter		mg/Liter
$Ca(NO_3)_2.4H_2O$	288,0	$NaH_2PO_4 \cdot 2H_2O$	18,50
KCl	65,0	Na_2SO_4	200,0
$MgSO_4 \cdot 7H_2O$	360,0	$Fe_2(SO_4)_3 \cdot 6H_2O$	2,50
H_3BO_3	1,50	Glycin	3,0
KI	0,750	Ca Pantothenat	0,10
$MnSO_4 \cdot 4H_2O$	4,50	Thiamin HCl	0,10
$ZnSO_4 \cdot 7H_2O$	1,50	Cystein HCl	1,0
KNO_3	80,0	Kokosnußwasser (deproteinisiert)	100 ml./L.
Saccharose	20 000,0		

Insektenmedium nach Grace

Grace, T. D. C. (1962). Nature, Lond. 195, 4843.

	mg/Liter		mg/Liter
KCl	2240,0	L-Tryptophan	100,0
$CaCl_2$	1000,0	L-Threonin	175,0
$MgCL_2 \cdot 6H_2O$	2280,0	L-Valin	100,0
$MgSO_4 \cdot 7H_2O$	2780,0	Saccharose	26 680,0
L-Arginin HCl	700,0	Fructose	400,0
L-Asparaginsäure	350,0	Glucose	700,0
L-Asparagin	350,0	Äpfelsäure	670,0
L-Alanin	225,0	Alpha-Ketoglutarsäure	370,0
Beta-Alanin	200,0	Bernsteinsäure	60,0
L-Cystin	22,0	Fumarsäure	55,0
L-Glutaminsäure	600,0	Thiamin HCl	0,020
L-Glutamin	600,0	Riboflavin	0,020
Glycin	650,0	D-Ca Pantothenat	0,020
L-Histidin	2500,0	Pyridoxin HCl	0,020
L-Isoleucin	50,0	p-Aminobenzoesäure	0,020
L-Leucin	75,0	Folsäure	0,020
L-Lysin HCl	625,0	Niacin	0,020
L-Methionin	50,0	i-Inosit	0,020
L-Prolin	350,0	Biotin	0,010
L-Phenylalanin	150,0	Cholin Cl	0,20
DL-Serin	1100,0	Penicillin G (Natriumsalz)	30,0
L-Tyrosin	50,0	Streptomycin Sulfat	100,0

Schneider's Drosophila Medium

Schneider, I. (1964). J. exp. Zool. 156, 91.

	mg/Liter		mg/Liter
$CaCl_2$ (anhyd.)	600,0	L-Cystein	60,0
$MgSO_4 \cdot 7H_2O$	3700,0	L-Cystin	100,0
KCl	1600,0	L-Glutaminsäure	800,0
KH_2PO_4	450,0	L-Glutamin	1800,0
Na_2HPO_4	700,0	Glycin	250,0
NaCl	2100,0	L-Histidin	400,0
$NaHCO_3$	400,0	L-Isoleucin	150,0
Glucose	2000,0	L-Leucin	150,0
Trehalose	2000,0	L-Lysin HCl	1650,0
Alpha-Ketoglutarsäure	200,0	L-Methionin	800,0
Fumarsäure	100,0	L-Phenylalanin	150,0
Äpfelsäure	100,0	L-Prolin	1700,0
Bernsteinsäure	100,0	L-Serin	250,0
Hefe-Hydrolysat	2000,0	L-Threonin	350,0
Beta-Alanin	500,0	L-Tryptophan	100,0
L-Arginin	400,0	L-Tyrosin	500,0
L-Asparaginsäure	400,0	L-Valin	300,0

6.2 Anlage 2: Bezugsquellen für Gewebekultur-Materialien

6.2.1 Vorbemerkungen

Die folgenden Listen sind als Führer für den Kauf von Materialien gedacht. Sie sind keineswegs vollständig. Obwohl die Produkte der erwähnten Firmen sich als allgemein zufriedenstellend erwiesen haben, soll dies nicht bedeuten, daß die Produkte anderer Firmen minderwertiger sind. In den folgenden Listen wird die volle Adresse der Lieferanten nur zum ersten Male angegeben; anschließend wird nur noch der Name wiedergegeben.

Trotz intensiver Bemühungen, diese Listen auf den neuesten Stand zu bringen, und so viel Firmen wie möglich aufzuführen, sind unabsichtliche Auslassungen unvermeidlich. Firmen, die ihre Produkte in der nächsten Auflage erwähnt haben wollen, werden gebeten, dafür zu sorgen, daß der Autor ihre Produkt-Literatur bestimmt bekommt.

6.2.2 Alphabetisches Firmenverzeichnis

Abimed GmbH, Ludwigshafener Str. 26, 4000 Düsseldorf, Tel. (02 11) 21 80 04
ASSAB Medicintechnik GmbH, Hüttenstr. 8, 3000 Hannover 1, Tel. 0511/3 52 35 08
Associated Biomedic Systems Inc. (abs), 872 Main Street, Buffalo, N. Y. 14202, USA. Vertreten durch: Aug. Hedinger KG (siehe dort)
Bachofer GmbH, Postfach 89, 7410 Reutlingen 11, Tel. (0 71 21) 5 40 08
Bandelin electronic, Heinrichstr. 3, 1000 Berlin 45, Tel. (0 30) 7 72 10 31
BBL Division of Becton Dickinson, Waldhofer Str. 3, Postfach 10 16 29, 6900 Heidelberg-Wieblingen Tel (0 66 21) 1 30 21
BDH Chemicals LTD., Broom Road, Poole Dorset BH 12 4 NN, Großbritannien
Becton, Dickinson & Co., Waldhoferstr. 3, Postfach 10 16 29, 6900 Heidelberg-Wieblingen, Tel. (0 62 21) 1 30 21
Behringwerke AG, Emil v. Behringstr., Postfach 11 30, 3551 Marburg/L., Tel (0 64 21) 20 21
Bellco Glass Inc., Vineland N. J. USA. Vertreten durch: Tecnomara (s. d.)
Bender & Hobein GmbH, Junkerstr. 8, 7500 Karlsruhe-Hagsfeld, Tel. (07 21) 6 02 41
Berghof, Forschungsinstitut, GmbH, Postfach 15 23, 7400 Tübingen, Tel. (0 70 71) 8 12 11
Biocult Laboratories Ltd., 70–72 Glentanar Road, Balmore 3106, Industrial Estate, Glasgow, N. 2, Schottland
bio Mérieux, Werastr. 25, Postfach 12 04, 7440 Nürtingen
Bio-Rad Laboratories GmbH, Dachauer Str. 364, 8000 München 50, Tel. (0 89) 1 41 10 11
Biosigma Analysentechnik GmbH, Von der Pfordtenstr. 27, 8000 München 21, Tel. (0 89) 58 29 90
Biotronik, Wissenschaftl. Geräte GmbH, Borsigallee 22, 6000 Frankfurt/Main Tel. (06 11) 41 12 16
Boehringer Mannheim GmbH, Abt. Biochemica, Postfach 31 01 20, 6800 Mannheim
Borer-Chemie AG, CH-4501 Solothurn-Schweiz Tel. 0 65 31 11 31

R. Brand, Postfach 3 10, 6980 Wertheim, Tel. (0 93 42) 52 92–52 96
Branson Europa B.V., Postfach 9, 477 N.L. Soest, Tel. (0 21 55) 1 55 51
B. Braun Melsungen, Carl Braun-Str. 1, Postfach 1 10, 3508 Melsungen, Tel. (0 56 61) 7 11
A.J. Buck & Son, 1515 E. North Ave., Baltimore, Md., U.S.A.
Burroughs Wellcome & Co., Temple Hill., Dartford, Kent, Großbritannien
Byk-Mallinckrodt, Abt. Nordic Immunologie, von Hevesy-Str. 1–3, 6057 Dietzenbach-Steinberg, Tel. (0 60 74) 22 91
Calbiochem GmbH, Postfach 23 60, 6300 Lahn 11, Tel. (06 41) 7 10 59
Cell Culture Ltd., Ash, Canterbury, Kent, Großbritannien
CENCO Deutschland GmbH, Breidenhofer Str. 16, 5657 Haan/Rheinland, Tel. (0 21 29) 60 37
Classen & Co, Grevenweg 89, 2000 Hamburg 26, Tel. (0 40) 25 40 31
Clay-Adams, Division of Becton, Dickinson GmbH (s. dort)
Colora Meßtechnik, Postfach 12 40, 7073 Lorch/Württ., Tel. (0 71 72) 60 41
Connaught Medical Research Laboratories, Toronto 5, Ontario, Canada
Corning Glass GmbH und Quickfit Laborglas, Hagenauerstr. 47, Postfach 12 92 09, 6200 Wiesbaden (Biebrich), Tel. (0 61 21) 23 81
Costar, Div. of Data Packaging Corp. 205, Broadway USA 8 Cambridge/Mass. 02139
Coulter Electronics GmbH, Gahlingspfad 53, 4150 Krefeld
Cryoson Deutschland GmbH, Postfach 4, 8752 Schöllkrippen, Tel. (0 60 24) 12 33
Deutsche Pharmacia GmbH, Postfach 54 80, 7800 Freiburg, Tel. (07 61) 4 10 21
Deutsche Wellcome GmbH, Abt. Labordiagnostika, 30 06 Großburgwedel, Tel. (0 51 39) 30 01
Deutsch & Neumann, Richardstr. 48–50, 1000 Berlin 10, Tel. (0 30) 3 41 30 61
Difco Laboratories, Detroit, Mich., USA. Vertreten durch: August Hedinger KG (s. dort)
Dynatech Deutschland GmbH, Hindenburgstr. 66/1, 7310 Plochingen, Tel. (0 71 53) 2 30 21–22
Eastman Kodak Company, Eastman Organic Chemicals, Rochester, N. Y. 14650, USA
Eppendorf Gerätebau, Postfach 63 03 24, 2000 Hamburg 63, Tel. (04 11) 50 77–1
Esso (Rubber) Ltd., Walsingham House, 35 Seething Lane, London E.C.3
Falcon Plastics. Vertreten durch: Becton Dickinson (s. dort)
Fisher Scientific Company, 717 Forbes Street, Pittsburgh 19, Pa., USA, Imhofstr. 3, 8000 München 40, Tel. (0 89) 3 61 53 43
Flow Laboratories GmbH, Dietzstr. 10, Postfach 30 69, 5300 Bonn 3, Tel. (0 22 21) 22 00 41
Forma Scientific, Marietta, Ohio, USA. Vertreten durch: Labotect, Weender Landstr. 3, 3400 Göttingen, Tel. (05 51) 4 67 97
Fresenius GmbH, Gluckensteinweg 5, 6380 Bad Homburg v. d. H., Tel. (0 61 72) 1 09–1
A. Gallenkamp & Co. Ltd., 17 Sun Street, Finsbury Square, London E.C.2 Großbritannien
General Biochemicals, 677 Laboratory Park, Chagrin Falls, Ohio, USA
C. Gerhardt, GmbH & Co., Postfach 16 28, 5300 Bonn, Tel. (0 22 21) 65 30 75
Gibco BIO-CULT Ltd., 3 Washington Road, Paisley PA3 4EP, Schottland, Tel. 04 18 87 61 11. Vertreten durch: Nunc GmbH, Goethestr. 5, Postfach 12 93 06, 6200 Wiesbaden, Tel. (0 61 21) 60 06 66. Vertreten durch: BKC Biocult Chem. Postfach 21 01 67, 7500 Karlsruhe 21, Tel. (07 21) 55 70 06
Gilowy GmbH & Co., Bussardstr. 5, Postfach 21 08, 6078 Neu-Isenburg 2
Goedecke AG, Abt. Labordiagnostika, Postfach 51 69, 7800 Freiburg
Grand Island Biological Co., 3175 Staley Rd., P. O. Box 68, Grand Island, N. Y. USA

Grant Instruments (Cambridge) Ltd., Springloh 25, 4300 Essen 15, Tel. (02 01) 46 50 45
C. A. Greiner und Söhne, Postfach 47, 7440 Nürtingen, Tel. (0 70 22) 5 01–1
Gurr, Edward, Ltd., 42 Upper Richmond Road West, SW 148 Do London, Tel. 01–8 76 82 28
Haake GmbH, Dieselstr. 4, 7500 Karlsruhe 41, Tel. (07 21) 40 60 53
Hamilton Deutschland GmbH, Otto-Röhm-Str. 74, Postfach 11 04 27, 6100 Darmstadt, Tel. (0 61 51) 8 50 85
Karl Hecht, Glaswarenfabrik, 8741 Sondheim/Rhön, Tel. (0 97 54) 259 und 221
Aug. Hedinger, Heiligenwiesen 26, Postfach 2 64, 7000 Stuttgart 60, Tel. (07 11) 42 40 11
Heinicke Instruments, Postfach 1203 8223 Trostberg/A 12
W. C. Heraeus GmbH, Werksgruppe Elektrowärme, Postfach 169, 6450 Hanau, Tel. (0 61 81) 3 60–1
Hirschmann, Glasgerätebau, Hauptstr. 7–9, 7101 Eberstadt-Heilbronn, Tel. (0 71 34) 40 31
Hyland Laboratories, 4501 Colorado Boulevard, Los Angeles 39, Calif. USA
Janke & Kunkel KG, IKA-Werk, Postfach 44, 7813 Staufen i. Br., Tel. (0 76 33) 60 36
Juchheim Labortechnik KG, 7633 Seelbach über Lahr (Schwarzwald), Tel. (0 78 23) 6 01
Julabo, Juchheim Labortechnik KG, 7633 Seelbach (Schwarzwald) Tel. (0 78 23) 20 01
Fa. Kager, Postfach 61 03 24, 6 Frankfurt 61, Tel. (06 11) 41 41 06
Kalle, AG, Rheingaustr. 190–196, Postfach 91 65, 6202 Wiesbaden-Biebrich, Tel. (0 61 21) 6 81
Koch-Light Laboratories Ltd., Willow Road, Colnbrook, Bucks, UK, Tel. Colnbrook 2262 Großbritannien
J. Köttermann KG, Industriestr. 2–10, 3165 Hänigsen, Tel. (0 51 47) 10 21
Kontes Glass Company, Vineland, New Jersey, USA
Kontron Technik GmbH, Industriegebiet 1, 8051 Eching b. München Tel. (0 81 65) 77–1
Labora Mannheim GmbH für Labortechnik, Sandhofer-Str. 176, 6800 Mannheim 31, Tel. (06 21) 7 59 29 70
Labtronic-Service KG, Ernst-Wiss-Str., 6230 Frankfurt/Grießheim, Tel. (06 11) 39 60 12
Hans Landgraf, Magdeburger Str. 3, 3012 Langenhagen 7, Godshorn-Industriegebiet, Tel. (05 11) 7 83 82
Ernst Leitz GmbH, 6330 Wetzlar
Linbro Scientific Co. Inc., New Haven, Conn. USA. Vertreten durch: Flow Laboratories GmbH (s. dort)
Linde AG Werksgruppe Techn. Gase, 8023 Höllriegelskreuth, Tel. (0 89) 7 67 51
LS-Labor-Service GmbH, Forstenrieder Allee 150, Postfach 71 06 07, 8000 München 71, Tel. (0 89) 7 55 10 61
Macherey-Nagel & Co. GmbH, Postfach 3 07, 5160 Düren
Mann Research Laboratories, 136 Liberty Street, New York, N. Y. 10006
Gebrüder Martin, 7200 Tuttlingen, Tel. (0 74 61) 60 66
Mediapharm, Erthalstr. 1a, 8750 Aschaffenburg, Tel. (0 60 21) 2 60 73
Medimex, Halfeld & Co., Postfach 70 12 60, 2000 Hamburg 70, Tel. (0 40) 68 23 36
mgw Lauda, Postfach 3 50, 6970 Lauda/Tauber, Tel. (0 93 43) 9 64
W. Memmert KG, Postfach 15 20, 8540 Schwabach, Tel. (0 91 22) 40 31
Gerhard Menzel, Glasbearbeitungswerk KG, Saarbrückener Str. 248, 3300 Braunschweig
E. Merck, Frankfurter Str. 250, 6100 Darmstadt, Tel. (0 61 51) 72–1
Paul Meyer, Postfach 3 92, 8630 Coburg, Tel. (0 95 61) 12 37

Messer Griesheim GmbH, Hombergstr. 12, 4000 Düsseldorf 1, Tel. (02 11) 4 30 31
H. Mickle, Mill Works, Gomshall, Surrey, Großbritannien
Micro-bio Laboratories Ltd., 46 Pembridge Road, London, W. 11, Großbritannien
Microbiological Associates. Vertreten durch: Dynatech Deutschland, Hindenburgstr. 66/1, 7310 Plochingen, Tel. (0 71 53) 2 30 21–22
Miele & Cie., Postfach 25 20, 4830 Gütersloh 1
Miles GmbH, Research Product Division, Lyoner Str. 32, 6000 Frankfurt 71, Tel. (06 11) 67 60 27
Millipore GmbH, Siemensstr. 20, 6078 Neu Isenburg, Tel. (0 61 02) 60 66
3 M, Minnesota Mining & Manufacturing Co. mbH, Königsallee 106, Postfach 56 29, 4000 Düsseldorf, Tel. (02 11) 8–22 41
Möller Analysentechnik, Frankenstr. 87, 4040 Neuss, Tel. (0 21 01) 54 54 05
Dr. Molter GmbH, Postfach 10 40 49, 6900 Heidelberg, Tel. (0 62 23) 41 31
National Appliance Co. Portland, Oregon USA, vertreten durch: Heinicke (s. dort)
NEN Chemicals GmbH, Siemensstr. 1, 6072 Dreieichenhain, bei Frankfurt/M.
New Brunswick Scientific Co. Inc., 1130 Somerset, New Brunswick, N. J. 08903, USA. Vertreten durch: Biotronic GmbH, Borsigallee 22, 6000 Frankfurt, Tel. (06 11) 41 12 16
North American Biologicals Inc., 13323 South Normandie Avenue, Gardena, Calif. 90249, USA
Otto Norwald KG, Heinrichstr. 5, 2000 Hamburg 50, Tel. (0 40) 43 28 27
A/S Nunc, P. O. Box 2 80, Kamstrup, DK-4000 Roskilde, Dänemark, Tel. 45 2 25 90 65. Vertreten durch: Nunc GmbH, Goethestr. 5, Postfach 12 93 06, 6200 Wiesbaden, Tel. (0 61 21) 60 06 66
Nutritional Biochemicals Corp., 2 62 01 Miles Rd., Cleveland 28, Ohio 4 41 28, USA
Nyegaard & Co., A/S Nycovejen 2, Oslo 4, Norwegen,
Olympus Optical Co. (Europa) GmbH, Steindamm 105, 2000 Hamburg 1, Tel. (0 40) 24 80 21
Oxford Laboratories GmbH, Paul-Gerhardt-Allee 32, 8000 München 60, Tel. (0 89) 88 63 75
Oxoid Division, Oxo Ltd., Thames House, Queen St. Place, London, E.C.4, Großbritannien
Pharmacia Fine Chemicals, AB Box 175, Uppsala 1, Schweden Tel. 0 18/15 56 60. Vertreten durch: Deutsche Pharmacia, Postfach 54 80, 7800 Freiburg, Tel. (07 61) 4 10 21
Quickfit & Quartz Ltd., „Quickfit“ Works, Stone, Staffs, Großbritannien, Deutsche Niederlassung: QVF Glastechnik GmbH, Postfach 13 03 61, 6200 Wiesbaden, Tel. (0 61 21) 26 81
The Radiobiochemical Centre, Amersham, Bucks, Großbritannien
Paul Rosenthal, 505 Fifth Ave, New York 17, N. Y.
Carl Roth KG, Postfach 21 09 80, 7500 Karlsruhe 21, Tel. (07 21) 59 10 11
W. Sarstedt, 5223 Nümbrecht, Postfach
Sartorius Membranfilter GmbH, Postfach 142, 3400 Göttingen, Tel. (05 51) 3 08–1
Schleicher & Schüll GmbH, Postfach 4, 3354 Dassel, Tel. (0 55 64) 89 95
Schott & Gen., 6500 Mainz, Tel. (0 61 31) 6 61
Ernst Schütt jun., Weenderstr. 85, Postfach 248, 3400 Göttingen, Tel. (05 51) 5 88 21
Schwarz Bio Research, Inc., Orangeburg, New York 1 09 62, USA
Schwarz/Mann, Division of Becton, Dickinson & Co. (s. dort)
Secfroid SA. Vertreten durch: D. Zirbus, Taubenbreite 19, 3360 Osterode/Harz, Tel. (0 55 22) 7 19 90
Serlabo Produits, chimiques purs, 26, rue Saint-Gilles, 75 Paris 3 eme, Frankreich

Seromed GmbH. Vertreten durch: LS-Labor-Service GmbH, Forstenrieder Allee 150, Postfach 71 06 07, 8000 München 71, Tel. (0 89) 7 55 10 61
Serva Feinbiochemicals GmbH & Co., Postfach 10 52 60, 6900 Heidelberg, Tel. (0 62 21) 1 20 14
Shandon Labortechnik GmbH, Postfach 50 10 29, 6000 Frankfurt 50, Tel. (06 11) 54 10 65
Sigma Chemicals Comp., 4648 Easton Avenue, St. Louis 13, Missouri, USA
Slee South London Electrical Equipment Co. Ltd., Deutsche Vertretung: Südwestdeutsche Laboreinrichtungen Elektrotechnik GmbH, Hildesheimer Str. 1, 6500 Mainz-Gonsenheim, Tel. (0 61 31) 4 18 05
Sterilin Ltd., 9–11 The Quadrant, Richmond, Surrey, Großbritannien
Stolco Stoltenberg-Lerche & Co., KG., Steinstraße 16/18, Stolco-Haus, 4000 Düsseldorf 1, Tel. (02 11) 37 07 32
Süsse & Schmidt KG, 3502 Vellmer 3, bei Kassel, Tel. (05 61) 8 25 21
Tecnomara AG Labor und Industriebedarf, Rieterstr. 59, Postfach 195, CH-8059 Zürich Schweiz, Tel 0 041/1/2 02 93 25. Büro Bundesrepublik: 6331 Hüttenberg, Tel. (0 64 03) 31 06
Thermal Quarz-Schmelze, Rheingaustr. 83–85, 6200 Wiesbaden 12, Tel. (0 61 21) 28 35–37
A. H. Thomas Comp., 230 South 7th Street, Philadelphia 5, Pa., USA
Travenol International GmbH, Postfach 20 24 29, 8000 München 2, Tel. (0 89) 53 93 76
Union Carbide GmbH, Mörsenbroicher Weg 200, 4000 Düsseldorf 30, Tel. (02 11) 6 39 01
The Virtis Comp., 160 Ashburton Ave, Yonker, N. Y., USA
Wahlberg-McCreary, Inc., 2112 Pease Ave, Houston 2, Texas, USA
Dr. Weigert, Chemische Fabrik, Gustav-Kunst-Str. 24, 2000 Hamburg 28, Tel. (0 40) 78 17 71
Whatman Biochemicals Ltd., Springfield Mill, Maidstone, Kent, Tel. Maidstone, 61688/9, Großbritannien. Vertreten durch: L. Hormuth Inh. W. E. Vetter, Postfach 7 50, 6900 Heidelberg
Wheaton Glass Co., N. J., USA. Vertreten durch: Zinsser (s. dort)
Wilhelm Will KG, Postfach 40, Wilhelm-Willstr. 7, 6331 Nauborn, Tel. (0 64 41) 2 30 71
Worthington Biochemical Co., Box 650, Freehold, New Jersey 0 77 28, USA
Carl Zeiss, 7082 Oberkochen
Zinsser, Postfach 50 11 51, 6000 Frankfurt 50, Tel. (06 11) 52 11 53

6.2.3 Lieferanten von Glas-Geräten für Zell- und Gewebekulturen

Bellco
Biosigma
R. Brand
Braun Melsungen
Clay-Adams
Corning
Falcon
Hecht
Hirschmann
Kontron
G. Menzel
New Brunswick
QVF Quickfit
Schleicher & Schüll
Schott & Gen.
E. Schütt
Thermal Quarz-Schmelze

6.2.4 Lieferanten von Biochemikalien und anderen biologischen Materialien

BBL (Becton, Dickinson)
BDH Chemicals
Behringwerke
Bio-Rad
Boehringer Mannheim
Burroughs Wellcome
Byk-Mallinckrodt
Calbiochem
Deutsche Pharmacia
Deutsche Wellcome
Difco
Eastman Kodak
Fisher Scientific
General Biochemicals
Gibco Biocult
Hyland Laboratories
Koch-Light Laboratories
Mann Research
E. Merck
Microbiol. Assoc.
Microbiol. Lab.
Microbiol. Hiles
NEN Chemicals
O. Norwald
Nutritional Biochemicals
The Radiochemical Centre
C. Roth
Schwarz Bio Research
Serlabo
Seromed
Serva
Sigma
Worthington Biochem.

6.2.5 Lieferanten von Plastik-Artikeln

Bellco
Corning
Dynatech
Eppendorf
Flow
Greiner
Linbro
Mediapharm
Nunc
Sarstedt
Seromed
Tecnomara

6.2.6 Lieferanten von Kultur-Grundstoffen, – Medien und Seren

Assoc. Biomed. Systems
Biomerieux
Boehringer Mannheim
Burroughs
Cell Culture
Connought
Difco
Flow
Fresenius
Gibco Bio-Cult
Grand Island
Hyland
Mediapharm
E. Merck
Microbiological Assoc.
North American Biol.
Oxoid
Seromed

6.2.7 Lieferanten von Zell-Kulturen

Assoc. Biomed. Systems
Bio-Cult
Cell Culture
Flow
Microbiol. Assoc.
Micro-bio Lab.
North American Biol.

6.2.8 Lieferanten optischer Instrumente

Classen
E. Leitz
Olympus
Will
Zeiss

6.2.9 Hersteller und Lieferanten spezieller Apparate und Geräte

Gegenstand	Hersteller bzw. Lieferant
Autoklaven	Berghof
(siehe auch Sterilisatoren)	Heinicke
	Roth
Brutschränke	Assab
	Gallenkamp
	Heraeus Hanau
	Heinicke
	Köttermann
	Memmert
Brutschränke (CO_2)	Assab
	Heraeus
	Forma Scientific
	National Appliance (Heinicke)
„Burler“ Apparat	Bellco
	Flow
	New Brunswick
Carrel-Flaschen	Clay Adams
	Corning
	Kontes
	Wheaton
Columbia Färbeschalen	Thomas
Cornwall- Spritzen	Becton
Deckgläser	Corning
	Menzel
	Meyer
Deckglas-Pinzetten	Clay-Adams
Embryologische Uhrgläser	Gallenkamp
	Thomas
Earle T-Flaschen	Kontes
	Wheaton
Flaschen zum Trypsinieren	Bellco
Flüssig-Stickstoff Einfriergeräte	Cryoson
	Linde
	Messer Griesheim
	Union Carbide
Glasfilter (gesintert)	Corning
	Gallenkamp

Gegenstand	**Hersteller bzw. Lieferant**
Glasfilter (gesintert)	Thomas
	Virtis
Hohlschliff-Objektträger (Maximow-Typ)	Thomas
Hohlschliff-Objektträger (mit flacher Wölbung für Phasenkontrast-Mikroskopie)	Rosenthal
Kultur-Röhrchen nach Leighton	Bellco
	Microbiol. Assoc.
	Wheaton
Kulturröhrchen mit Teflon- oder Silikon-Einlage	Corning
	Bellco
	Virtis
Laminar Air Flow Kabinett (Hütte) (sterile Werkbänke)	Assab
	Flow
	Labotect
	Slee
	Stolco
Magnetrührer	Cenco
	Jahnke & Kunkel
	Martin
McIlwain Hackmaschine	Mickle
Membranfilter (aus Celluloseacetat)	Millipore
	Sartorius
	Schleicher & Schüll
Mikroliter-Spritzen	Hamilton
	Serva
Mikrotitrations-Ausstattung	Dynatech
	Flow
	Microbiol. Assoc.
Millipore-Filter	Millipore
Patapar	Buck
Perfusionskammern	Wahlberg
Petriperm (Gewebekulturschale mit gasdurchlässigem Boden)	Heraeus
Petrischalen	Corning
	Greiner
	Nunc
Pipetten-Automat	Abimed
	Biotronic
	Eppendorf
	Labora
	Oxford
	Shandon
Pipettenspitzen	Eppendorf
	Greiner
	Nunc

Gegenstand	Hersteller bzw. Lieferant
Plastik-Kulturgefäße	Corning
	Falcon
	Greiner
	Nunc
	Sterilin
	Tecnomara
Portex Nylon-Verpackungsfolie bzw. Schlauch	Medimex
Reinigungschemikalien für Laborgeräte	Borer
	Goedecke
	Roth
	Dr. Weigert
Roller-Flaschen	Corning
Rotoren für Roller-Röhrchen	New Brunswick
Sartorius-Filter	Sartorius
Schüttelapparate für Flaschen, Erlenmeyer	Bellco
	Braun Melsungen
	Flow
	Gerhardt
	Janke & Kunkel
	Landgraf
	New Brunswick
Seitz-Filter	Corning
	Fisher
	Gallenkamp
	Thomas
Selas-Filter	Selas
Silikon-Stopfen und Einlagen	Deutsch & Neumann
	Esco
Spinner-Rührgefäße	Bellco
Spiral-Kultursystem (I.C.R.F.)	Sterilin
Spülmaschinen (für Laborglasgeräte)	Gilowy
	Heinicke
	Miele
Sterile Werkbänke: s. Laminar Flow Kabinett	
Sterilisations-Klebebänder (Temperatur-Indikator)	Kager (Celsipoint)
	3 M (Autoclave Tape Nr. 1222)
Sterilisatoren	Assab
	Heraeus Hanau
	Heinicke
	Köttermann
	Memmert
	Süsse & Schmidt
Thermostaten (Einhänge-, Umwälz-)	Haake
	Hecht
	Julabo

Gegenstand	Hersteller bzw. Lieferant
Thermostaten (Einhänge-, Umwälz-)	mgw Lauda
Ultraschall Reinigungsbäder	Bandelin
Wegwerfflaschen aus Plastik	Corning
	Falcon
	Nunc
	Linbro
	Tecnomara
Wheaton Modular Roller	Zinsser
Zeitraffer-Kinemikrographie	Leitz
	Olympus
	Zeiss
Zellkultivierungskammer	Bachofer
Zellzähler (elektronisch)	Coulter
Zellzählungs-Ausrüstung	Kontes
	Möller
	Molter
Zellzüchtungs-Anlagen, kontinuierlich	Bender & Hobein
	Braun Melsungen

6.3 Anlage 3: Einige Standard-Zellinien

Diese Tabelle führt die meisten Zellinien auf, auf die sich die Literatur gewöhnlich bezieht. Viele dieser Zellinien sind weit verbreitet, aber noch nicht standardisiert; in vielen Fällen ist es völlig unsicher, ob in verschiedenen Laboratorien gehaltene Linien noch dem Originaltyp entsprechen. Seit 1964 jedoch hat die *American Type Culture Collection Cell Respository* eine Sammlung von Zellinien angelegt, die so gründlich wie möglich untersucht wurden, um sicherzustellen, daß sie noch die Charakteristika der Originallinien besitzen und frei von Verunreinigung mit PPLO und anderen Organismen sind. Die Zellinien, die in der Liste zusätzlich zu ihrer Hauptbezeichnung eine Bezeichnung in Klammer aufweisen, die mit CCL beginnt, werden von dem *Cell Culture Repository* gehalten. *Adresse: American Type Culture Collection, 12301 Parklawn Drive, Rockville, Maryland 20852, U.S.A.* Die Sammlung enthält eine Reihe von Zellen mit besonderen Eigenschaften hinsichtlich Karyotyp oder Stoffwechsel, Linien von Hund, Waschbär, Nerz, Rind, Büffel, Ziege, Pferd, Fledermaus, Delphin, Affe, Kröte, Schildkröte und einigen Fischen, sowie die in der folgenden Liste aufgeführten Linien. Viele Zellinien sind auch von Handelsfirmen erhältlich (s. Anlage 2).

Eine große Sammlung von Säugetier-Zellinien mit genetischen Varianten oder Chromosomen-Aberrationen führt außerdem das *Mammalian Genetic Mutant Cell Repository Institute for Medical Research, Copewood and Davis Street, Camden, New Jersey 08103, USA.* Diese Sammlung umfaßt auch Kulturen vieler menschlicher, genetischer Krankheiten.

Einige Standard-Zellinien

Herkunft		Bezeichnung	Autoren
Art	Gewebe	des Stammes	
Chinesischer Hamster	Peritoneal-Zellen	B14FAF28–G3 (CCL 14)	Yerganian, G. & Leonard, M. (1961)
	Ovarien	CHO (CCL 61)	Kao, F. & Puck, T. T. (1968).
	Lunge, diploid	Don (CCL 16)	Hsu, T. C. (keine Veröffentl.)
	Lunge	C	Ford, D. K. & Yerganian, G. (1958)
	Lunge	P	Ford, D. K. & Yerganian, G. (1958)
	Lunge	V	Ford, D. K. & Yerganian, G. (1958)

Standard-Zellinien

Herkunft: Art	Herkunft: Gewebe	Bezeichnung des Stammes	Autoren
Hamster (syrischer oder Gold-)	Niere	HaK (CCL 15)	Spense. I. M. (1959) unveröffentlicht
	Niere	BHK 21 (CCL 10)	Macpherson, I. & Stoker, M. G. (1962)
	Melanoisches Melanom	RPMI 1846 (CCL 49)	Moore, G. E., et al. (1952)
Mensch	Amnion	FL	Fogh, J. & Lund, R. O. (1957)
	Amnion	Amnion Stamm-Fernandes	Fernandes, M. V. (1958)
	Amnion	WISH (CCL 25)	Hayflick, L. (1961)
	Amnion	AV, (CCL 21)	Robbins, F. C. & Lepow, M. I. (unveröffentlicht)
	Blinddarm	Chang Blinddarm	Chang, R. S. (1954)
	Blut nicht-leukämisch	Detroit-B16	Berman, L., Stulberg, C. S. & Ruddle, F. H. (1957)
	Blut nicht-leukämisch	Detroit-B17	Berman, L., Stulberg, C. S. & Ruddle, F. H. (1957)
	Blut nicht-leukämisch	Detroit-173B	Berman, L., Stulberg, C. S. & Ruddle, F. H. (1957)
	Blut (subakute, monozytäre Leukämie)	Oregon J96	Osgood, E. E. & Brooke, J. H. (1955)
	Blut (monozytäre Leukämie)	J-111 (CCL 24)	Osgood, E. E. & Brooke, J. H. (1955)
	Burkitt-Lymphom	Daudi	Klein, E., Klein, G., Nadkarni, J., Wigzell, H. & Clifford, P. (1968).
	Cervix-Carcinom	HEP 1	Toolan, H. W. (1954); Fjelde, A. (1955)
	Cervix-Carcinom	HELa (CCL 2)	Gey, G. O., Coffman, W. D. & Kubiceck, M. T. (1952)
	Conjunctiva	Chang conjunctiva	Chang, R. S. (1954)
	Rechter Herzkammervorhof	Girardi Herz	Girardi, A. J., Warren, J., Goldman, C. & Jeffries, B. (1958)
	Darm (embryonal)	Darm 407 (CCL 6)	Henle, G. & Deinhardt (1957)
	Niere	Chang Niere	Chang, R. S. (1954)

Herkunft		Bezeichnung	Autoren
Art	Gewebe	des Stammes	
Mensch (Forts.)	Kehlkopf-Carcinom	HEP 2 (CCL 23)	Toolan, H. W. (1954); Fjelde, A. (1955)
	Leber	Chang Leber (CCL 13)	Chang, R. S. (1954)
	Leber, fötal	HLM	Leslie, I., Fulton, W. C. & Sinclair, R. (1956)
	Lunge, embryonal	L-132 (CCL 5) W 1 38 (CCL 75)	Davis, E. V. & Bolin, V. S. (1960) Hayflick, L. (1961)
	Lymphknoten (enthält metastasierten, epidermoiden Krebs, Grad III, primär in der Mundschleimhaut)	HEP 3	Moore, A. E., Sabachewsky, L. & Toolan, H. W. (1955)
	Knochenmark (leukämisch)	MCN	McCulloch, E. A., et al. (1955)
	Mark (Brustbein) von einem Lungen-Carcinom	Detroit-6 (CCL 3)	Berman, L., Stulberg, C. S. & Ruddle, F. H. (1957)
	Mark (Brustbein)	Detroit 6 (Klon 12) (CCL 3 · 1)	Stulberg (1959) (unveröffentlicht)
	Mark (Brustbein) von einer Carcinomatose	Detroit-32	Berman, L., Stulberg, C. S. & Ruddle, F. H. (1957)
	Mark (Brustbein) von einem metastasierenden Carcinom des Knochens	Detroit-34	Berman, L., Stulberg, C. S. & Ruddle, F. H. (1957)
	Mark (Brustbein)	Detroit-52	Berman, L. & Stulberg, C. S. (1956)
	Mark (Brustbein)	Detroit-98 (CCL 18)	Berman, L. & Stulberg, C. S. (1956)
	Mark (Knochen)	Detroit-143	Berman, L., Stulberg, C. S. & Ruddle, F. H. (1957) Eagle, H. (1955)
	Mund, epidermoides Carcinom	KB (CCL 17)	Syverton, J. T. & McLaren, L. C. (1957)
	Ösophagus (Epithel)	Minnesota-EE (CCL 4)	Frisch, A. W., Jentoft, B. S., Barger, R. & Losli, E. J. (1955)

Herkunft		Bezeichnung	Autoren
Art	Gewebe	des Stammes	
Mensch (Forts.)	Pleuralflüssigkeit (metastasierendes Adenocarcinom)	Maben	Berman, L., Stulberg, C. S. & Ruddle, F. H. (1957)
	Pleuralflüssigkeit (Lymphosarkom)	Detroit-116P	
	Haut (Lesch-Nyhan männlich)	L.N.F.	Seegmiller, J. E., Rosenbloom, F. M. & Kelly, W. N. (1967).
	Haut (Urticaria pigmentosa) (gleich wie 196 EP-1)	Detroit-196-Fb-L.	Stulberg, C. S., Page, R. H. & Berman, L. (1958)
	Haut (Urticaria pigmentosa)	Detroit-196 EP.-1.	Stulberg, C. S., Page, R. H. & Berman, L. (1958)
	Haut (Vorhaut)	D-189	Leighton, J., Kline, I. & Orr, H. C. (1956)
	Uterus	U12-705	Swim, H. E. & Parker, R. F. (1957)
	Niere (Rhesus)	LLC-MK_2 Derivat (CLL 7 · 1)	Hull, R. N., Cherry, W. R. & Johnson, I. S. (1956)
	Niere (Rhesus)	MK1	Westwood, J. C. N., Macpherson, I. A. & Titmus, D. H. J. (1957)
Affe	Niere (Rhesus)	MK2	Westwood, J. C. N., Macpherson, I. A. & Titmuss, D. H. J. (1957)
	Niere	CV-1 (CCL 70)	Jensen, F., Girardi, A., Gilden, R. & Koprowski, H. (1964).
	Niere (Afrikan. Grünaffen)	BSC1 (CCL 26)	Hopps, H. E., et al. (1963)
Maus	Bindegewebe	NCTC Linie L Klon 929 (CCL 1)	Sanford, K. K., Earle, W. R. & Likely, G. D. (1948)
	Bindegewebe	L-M (CCL 1 · 2)	Kuchler, R. J. & Merchant, D. J. (1956 & 1958)
	Bindegewebe, stark Tumor-produzierende Linie	NCTC Klon 2472 (CCL 11)	Sanford, K. K., et al. (1959)

Herkunft		Bezeichnung	Autoren
Art	Gewebe	des Stammes	
Maus (Forts.)	Bindegewebe, wenig Tumor produzierende Linie	NCTC Klon 2555 (CCL 12)	Sanford, K. K., et al. (1959)
	Embryo (Swiss)	3T3 (CCL 92)	Todaro, G. & Green, H. (1963).
	Embryo (Balb/c)		Littlefield, J. W. (1963)
	Leukämischer Tumor	Friend Balb 3T3	Friend, C., Patuleia, M. C. & de Harven, E. (1966).
	Leber (C3H)	NCTC Klon 1469	Hobbs, G. L., Sanford, K. K., Evans, V. J. & Earle, W. R. (1957)
	lymphocytäres Neoplasma (Ascites) DBA/2 Maus	L5178	Fischer, G. A. & Welch, A. D. (1957)
	Lymphosarcom	T86157 (MB)	DeBruyn, W. M., Korteweg, R. & van Waveren, E. K. (1949)
	Lymphosarcom	MB-111 (CCL 32)	DeBruyn, W. M. & Gey, G. O. (1952)
	Myelom	MPC-11	Laskov, R. & Scharff, M. (1970).
	Myelom	R.P.C.-5	Mohit, B. & Fan, K. (1971).
	Neuroblastom	C1300	Augusti-Tocco, G. & Sato, G. (1969).
	Sarcom 180 (CFW Maus)	S-180	Foley, G. E. & Drolet, B. P. (1956)
Schwein	Niere	PK15 (CCL 33)	Stice, E. (1955) (keine Ref.)
Ratte	Lungengewebe (subkutan)	14p	Gey, G. O., Bang, F. O. & Gey, M. K. (1954)
	Lungengewebe (subkutan)	ANSAT-21 oder AN-21	Gey, G. O. (1954)
	Novikoff Hepatom (Wistar Stamm)	Novikoffzellen	Hotchin, J. E. (1957)
	Jensen Sarkom (Holtman)	JA-1	McCoy, T. A., Maxwell, M., Irvine, E. & Sartorelli, A. C. (1959)

Herkunft		Bezeichnung	Autoren
Art	Gewebe	des Stammes	
Ratte (Forts.)	Jensen Sarkom (Holtman)	JA-2	McCoy, T. A., Maxwell, M., Irvine, E. & Sartorelli, A. C. (1959)
	Walker Carcinom	WRC-256	McCoy, T. A. & Neuman, R. E. (1956)

Literatur

Eagle, H. (1955). Propagation in a fluid medium of a human epidermoid carcinoma, strain from mouse neuroblastoma. Proc. Nat. Acad. Sci. (Wash.) 64, 311.

Berman, L. & Stulberg, C. S. (1956). Eight culture strains (Detroit) of human epithelial-like cells. Proc. Soc. exp. Biol. (N. Y.) 92, 730.

Berman, L., Stulberg, C. S. & Ruddle, F. H. (1957). Human cell culture. Morphology of the Detroit strains. Cancer Res. 17, 668.

Chang, R. S. (1954). Continuous subcultivation of epithelial-like cells from normal human tissues. Proc. Soc. exp. Biol. (N. Y.) 87, 440.

Davis, E. V. & Bolin, V. S. (1960). Continuous cultivation of isogenous cell lines from the human embryo. Fed. Proc. 19, 386.

de Bruyn, W. M. & Gey, G. O. (1951). Further studies in vitro of transplantable mouse lymphosarcoma MB (T86157). Acta Unio Internat. contra Cancrum. 7, 772.

deBruyn, Willemina M., Korteweg, R. & Van Waveren, E. K. (1949). Transplantable mouse lymphosarcoma T86157 (MB) studied in vivo, in vitro, and at autopsy. Cancer Res. 9, 282.

Eagle, H. (1955). Propagation in a fluid medium of a human epidermoid carcinoma, strain KB (21811). Proc. Soc. exp. Biol. (N. Y.) 89, 362.

Fernandes, M. V. (1958). The development of a human amnion strain of cells. Tex. Rep. Biol. Med. 16, 48.

Fischer, G. A. & Welch, A. D. (1957). Effect of citrovorum factor and peptones on mouse leukemia cells L-5178 in tissue culture. Science 126, 1018.

Fjelde, Audrey (1955). Human tumor cells in tissue culture. Cancer 8, 845.

Fogh, J. & Lund, R. O. (1957). Continuous cultivation of epithelial cell strain (FL) from human amniotic membrane. Proc. Soc. exp. Biol. (N. Y.) 94, 532.

Foley, G. E. & Drolet, B. P. (1956). Sustained propagation of sarcoma 180 in tissue culture. Proc. Soc. exp. Biol. Med. 92, 347.

Ford, D. K. & Yerganian, G. (1958). Observations on the chromosomes of Chinese hamster cells in tissue culture. J. nat. Cancer Inst. 21, 393.

Friend, C., Patuleia, M. C. & deHarven, E. (1966). Erythrocytic maturation in vitro of murine (Friend) virus-induced leukemic cells. Nat. Cancer Inst. Monogr. 22, 505.

Frisch, A. W., Jentoft, V., Barger, R. & Losli, E. J. (1955). A human epithelium-like cell (Maben) derived from an adenocarcinoma of lung. Amer. J. clin. Path. 25, 1107.

Gey, G. O. (1954). Some aspects of the constitution and behavior of normal and malignant cells maintained in continuous culture. Harvey Lect. 50, 154.

Gey, G. O., Bang, F. B. & Gey, M. K. (1954). An evaluation of some comparative studies on cultured cell strains of normal and malignant cells of animals and man. Tex. Rep. Biol. Med. 12, 805.

Gey, G. O., Coffman, W. O. & Kubicek, M. T. (1952). Tissue culture studies of the proliferative capacity of cervical carcinoma and normal epithelium. Cancer Res. 12, 264.

Girardi, A. J., Warren, J., Goldman, C. & Jeffries, B. (1958). Growth and CF antigenicity of measles virus in cells deriving from human heart. Proc. Soc. exp. Biol. (N. Y.) 98, 18.

Hayflick, L. (1961). The establishment of a line (WISH) of human amnion cells in continuous cultivation. Exp. Cell Res. 23, 14.

Henle, G. & Deinhardt, F. (1957). The establishment of strains of human cells in tissue culture. J. Immunol. 79, 54.

Hobbs, G. L., Sanford, K. K., Evans, V. J. & Earle, W. R. (1957). Establishment of a clone of mouse liver cells from a single isolated cell. J. nat. Cancer Inst. 18, 701.

Hopps, H. E., Bernheim, B. C., Nisalak, A. et al. (1963). Biologic characteristics of a continuous kidney cell line. J. Immunol. 91, 416.

Hotchin, J. E. (1957). The cultivation of Novikoff rat hepatoma cells in vitro. Cancer Res. 17, 682.

Hull, R. N., Cherry, W. R. & Johnson, I. S. (1956). Proc. Amer. Assoc. Anat. Rec. 124, 490.

Jensen, F., Girardi, A., Gilden, R. & Koprowski, H. (1964). Infection of human and Simian tissue cultures with Rous sarcoma virus. Proc. Nat. Acad. Sci. (Wash.) 52, 53.

Kao, F. & Puck, T. T. (1968). Complementation analysis on virus-fused Chinese hamster cells with nutritional markers. Science 164, 312.

Klein, E., Klein, G., Nadkarni, J., Wigzell, H. & Clifford, P. (1968). Surface IgM Kappa specificity on a Burkett lymphoma cell in vivo and in derived culture lines. Cancer Res. 28, 1300.

Kuchler, R. J. & Merchant, D. J. (1956). Propagation of strain L (Earle) cells in agitated fluid suspension cultures. Soc. exp. Biol. Med. 92, 803.

Kuchler, Robert J. & Merchant, Donald J. (1958). Growth of tissue cells in suspension. Univ. Mich. Med. Bull. 24, 200.

Laskov, R. & Scharff, M. (1970). Synthesis, assembly and secretion of gamma globulin by mouse myeloma cells. J. exp. Med. 131, 515.

Leslie, I., Fulton, W. C. & Sinclair, R. (1956). Biochemical tests for malignancy applied to a new strain of human cells. Nature (Lond.) 178, 1179.

Littlefield, J. W. (1963). The inosinic acid phosphorylase activity of mouse fibroblasts partially resistant to β-azaguanine. Proc. Nat. Acad. Sci. (Wash.) 50, 568.

McCoy, T. A. & Neuman, R. E. (1956). The cultivation of Walker carcinosarcoma 256 in vitro from cell suspension. J. nat. Cancer Inst. 16, 1221.

McCoy, T. A., Maxwell, M., Irvine, E. & Sartorelli, A. C. (1959). Two nutritional variants of cultured Jensen sarcoma cells. Proc. Soc. exp. Biol. (N. Y.) 100, 862.

McCulloch, E. A., Parker, R. C. & Wightman, K. J. R. (1956). Continuous cultivation of cells derived from hemic cells of man and pure strain mice. Proc. Amer. Ass. Cancer Res. 2, 132.

MacPherson, I. & Stoker, M. (1962). Polyoma transformation of hamster cell clones – an investigation of genetic factors affecting cell competence. Virology 16, 147.

Mohit, B. & Fan, K. (1971). Hybrid cell line from a cloned immunoglobulin producing mouse myeloma and a nonproducing mouse myeloma. Science 171, 75.

Moore, A. E., Sabechewsky, L. & Toolan, H. W. (1955). Culture characteristics of four permanent lines of human cancer cells. Cancer Res. 15, 598.

Moore, G. E., Lehner, D. F., Kikuchi, Y & Less, L. A. (1962). Continuous culture of a melanotic cell line from the golden hamster. Science 137, 986.

Osgood, E. E., Brooke, J. H. (1955). Continuous tissue culture of leukocytes from human leukemic bloods by application of 'gradient' principles. Blood 10, 1010.

Sanford, Katherine, K., Earle, W. R. & Likely, Gwendolyn, D. (1948). The growth in vitro of single isolated tissue cells. J. nat. Cancer Inst. 9, 229.

Sanford, K. K., Westfall, B. B., Woods, M. W. & Earle, W. R. (1959). Metabolic variations within a clone of mouse fibroblasts transformed to neoplastic cells in vitro. Acta Un. int. Cancer 15, 675.

Seegmiller, J. E., Rosenbloom, F. M. & Kelley, W. N. (1967). Enzyme defect associated with a sex-linked human neurological disorder and excessive purine synthesis. Science 155, 1682.

Stulberg, C. S., Page, R. H. & Berman, L. (1958). Comparative behavior of 16 ECHO virus type fibroblast-like and epithelial-like human cell strains. Proc. Soc. exp. Biol. (N. Y.) 97, 355.

Swim, H. E. & Parker, R. F. (1957). Culture characteristics of human fibroblast propagated serially. Amer. J. Hyg. 66, 235.

Syverton, J. T. & McLaren, L. C. (1957). Human cells in continuous culture. I. Derivative of cell strains from oesophagus, palate, liver and lung. Cancer Res. 17, 923.

Todaro, G. & Green, H. (1963). Quantitative studies on the growth of mouse embryo cells in culture and their development into established lines. J. cell. Biol. 17, 299.

Toolan, Helene W. (1954). Transplantable human neoplasms maintained in cortisone-trated laboratory animals: H.S.1; H.Ep.1; H.Ep.2; H.Ep.3; and H.Emb. Rh. 1. Cancer Res. 14, 600.

Westwood, J. C. N., MacPherson, I. A. & Titmuss, D. H. J. (1957). Transformation of normal cells in tissue culture: its significance relative to malignancy and virus vaccine production. Brit. J. exp. Path. 38, 138.

Yerganian, G. & Leonard, M. J. (1961). Maintenance of normal in situ chromosomal features in long-term tissue culture. Science 133, 1600.

6.4 Anlage 4: Nomenklatur und Begriffserklärungen

(Beruht auf Empfehlungen des Committees on Nomenclature of the Tissue Culture Association – Ref. Federoff, S. [1967] Exp. Cell Res. **46**, 642).

6.4.1 Nomenklatur von Zellinien

Wenn man über eine neue Zellinie berichtet, sollten die Empfehlungen des internationalen Gewebekulturtreffens 1957 in Glasgow eingehalten werden. Es wurde empfohlen, daß Autoren folgende Informationen geben sollten, wenn sie in einer Publikation eine neue Zellinie zum ersten Male erwähnen:

1. Ob das Originalgewebe *normal oder neoplastisch* ist und wenn neoplastisch, ob *bösartig oder gutartig;*
2. Ob das Gewebe *embryonal* oder *ausgewachsen* ist;
3. Die *Ursprungstierart;*
4. Das *Ursprungsorgan;*
5. Der *Zelltyp* (wenn bekannt);
6. Die *Bezeichnung;*
7. Ob die Linie *kloniert* worden ist.

Es wurde ferner vorgeschlagen, daß die Bezeichnung der Linie aus nicht mehr als vier Buchstaben bestehen soll, die auf das Ursprungslabor hinweist, gefolgt von einer Reihe von Zahlen, die die Linie bezeichnen, z. B. NLC 123.

Bei der *Beschreibung der Zellinie* (cell line) sollten alle über die Zelle verfügbaren und bekannten Informationen gegeben werden. Bei der Charakterisierung der Zellinie ist es ratsam, den Arbeitsmethoden zu folgen, die vom *Cell Culture Collection Committee* entwickelt und vom *American Type Collection Cell Repository* übernommen wurden. Folgende Informationen sollten ganz oder teilweise enthalten sein:

1. *Vorgeschichte* (Anamnese);
2. *Zahl der Subkulturen;*
3. *Kulturmedium;*
4. *Wachstumseigenschaften;*
5. *Absolute Klonierausbeute;*
6. *Morphologie;*
7. Häufigkeit der Zellen mit *verschiedenen Chromosomenzahlen* in einer Kultur;

8. *Karyotyp(en)-Eigenschaften der Stammlinie(n);*
9. Ob *Sterilitätsteste auf Mycoplasmen, Bakterien und Pilze* gemacht worden sind;
10. Ob die *ursprüngliche Species* der Kultur *bestätigt* worden ist und die *Arbeitsmethoden,* womit dies vorgenommen wurde;
11. *Virus-Empfindlichkeit* einer Kultur bei einer gegebenen Zahl der Subkulturen.

Die *Beschreibung eines Zellstamms* (cell strain) sollte die *Arbeitsweise der Isolierung,* die *spezifischen Eigenschaften* der Zellen im einzelnen, die *Anzahl der Subkulturen* und die *Zeitspanne seit der Isolierung* angeben. Es ist auch empfehlenswert, eine ausführliche Beschreibung der Zellinie oder Primärkultur zu geben, aus der der Zellstamm isoliert wurde.

In späteren Publikationen, in denen man sich auf eine früher beschriebene Zellinie oder Zellstamm bezieht, sollten auch ihre *Art* und ihr *Ursprungsgewebe* erwähnt werden, zusätzlich zu ihrer angenommenen Benennung, z. B. Kaninchennierenzellen, Linie XY 126.

6.4.2 Verzeichnis von Fachausdrücken mit Erläuterungen

Zelländerung: Eine mehr oder weniger plötzliche Änderung des Charakters einer Zellinie, verbunden gewöhnlich mit dem Auftreten einer etablierten Zellinie und der Änderung der Morphologie, Kontakthemmung, des Karyotyps, der viralen Empfindlichkeit und der Fähigkeit, in Suspension zu wachsen.

Zellgenerationszeit: Die Zeit zwischen zwei aufeinanderfolgenden Teilungen einer Zelle.

Zellinie: Eine Zellinie entsteht aus einer Primärkultur zum Zeitpunkt der ersten Subkultur. Der Ausdruck Zellinie deutet darauf hin, daß Kulturen hiervon aus zahlreichen Linien der Zelle bestehen, die ursprünglich in der Primärkultur vorlagen.

Diploide Zellinie: Eine Zellinie, in welcher willkürlich mindestens 75% der Zellen denselben Karyotyp besitzen wie die normalen Zellen der Art, aus der die Zellen ursprünglich gewonnen wurden.

Etablierte Zellinie: Man spricht von einer etablierten Zellinie, wenn sie die Fähigkeit hat, unbegrenzt in vitro subkultiviert werden zu können.

Heteroploide Zellinie: Eine Zellinie, die weniger als 75% Zellen mit diploidem Chromosomensatz hat.

Zellstamm: Ein Zellstamm kann entweder von einer Primärkultur oder einer Zellinie stammen und entsteht durch Selektion oder Klonieren von

Zellen mit spezifischen Eigenschaften oder „Markers". Die Eigenschaften oder „Markers" müssen während der folgenden Kulturen erhalten bleiben. Bei der Beschreibung eines Zellstammes sollten die spezifischen Eigenschaften bestimmt werden, z. B. ein Zellstamm mit einem bestimmten Marker-Chromosom, ein Zellstamm mit einer erworbenen Resistenz gegen bestimmte Viren, oder ein Zellstamm mit einem spezifischen Antigen usw.

Substamm: Ein Substamm kann aus einer einzigen Zelle durch Isolierung der Einzelzelle oder Gruppen von Zellen hervorgehen, die Eigenschaften oder Markers zeigen, die nicht von allen Zellen des Stamms geteilt werden.

Explantat: Ein aus einem Gewebe oder Organ herausgeschnittenes Stück, das zum Anlegen einer Kultur verwendet wird.

Klon: Eine Zellpopulation, die aus einer einzigen Zelle durch Mitose hervorgegangen ist. Ein Klon muß nicht unbedingt homogen sein, daher sollte man die Begriffe „Klon" oder „kloniert" nicht verwenden, um die Homogenität einer Zellpopulation zu bezeichnen.

Klonierter Stamm oder Linie: Ein Stamm oder eine Linie, die direkt von einem Klon abstammt.

Klonierausbeute (Plating Efficiency): Das Verhältnis der gebildeten Kolonien zu den ausgesäten Zellen.

Absolute Klonierausbeute: Der Prozentsatz von Einzelzellen, aus denen nach dem Aussäen in ein Kulturgefäß Kolonien entstehen. Die Gesamtzahl der ausgesäten Zellen, der Typ des Kulturgefäßes und die Umweltbedingungen (Medium, Temperatur, geschlossenes oder offenes System, CO_2-Atmosphäre usw.) sollten immer festgestellt und angegeben werden.

Relative Klonierausbeute: Der Prozentsatz ausgesäter Zellen, aus denen Kolonien entstehen, verglichen mit einer Kontrolle, in der die absolute Plating-Efficiency willkürlich als 100% angesetzt wird.

Monolayer (Einzellschicht): Eine einzige Schicht aus Zellen, die auf einer Oberfläche wachsen.

Passage: Dieser Begriff ist gleichbedeutend mit *„Subkultur"* und kann die Passage von Zellen aus einem Kulturgefäß in ein anderes bezeichnen.

Ploidie: Die Anzahl der Chromosomensätze.

Haploid: 1. Die Basiszahl einer polyploiden Reihe (Symbol: x). Haploid hier = monoploid.
2. Die Chromosomenzahl der Haplophase, die gametische, reduzierte Anzahl (Symbol: n)

Diploid, triploid, tetraploid usw.: die doppelte, dreifache, vierfache usw. Basiszahl (Symbole: 2x, 3x, 4x, usw.).

Polyploid: Allgemeine Bezeichnung für Vielfache der Basiszahl, mehr als diploid.

Heteroploid: 1. In Organismen mit vorherrschender Diplophase: Alle Chromosomenzahlen leiten sich von der normalen Chromosomenzahl der Diplophase ab.
2. In Organismen mit vorherrschender Haplophase: Alle Chromosomenzahlen leiten sich von der normalen Chromosomenzahl der Haplophase ab.

Euploid: Alle ganzen Vielfachen von x.

Aneuploid: Alle Zahlen, die sich von x ableiten und von ganzen Vielfachen von x.

Mixoploidie: Das Auftreten von mehr als einer Chromosomenzahl in einer Zellpopulation.

Endopolyploidie: Das Vorkommen polyploider Zellen in einer Zellpopulation, ursprünglich durch Endomitose entstanden.

Populationsverdopplungszeit: Dieser Ausdruck wird benützt, wenn man sich auf die gesamte Zellpopulation bezieht, und bezeichnet den Zeitraum, in dem sich z. B. 1×10^6 Zellen auf 2×10^6 Zellen vermehren. Dieser Ausdruck ist nicht gleichbedeutend mit „Zellgenerationszeit".

Primärkultur: Eine Kultur, angesetzt aus Zellen, Geweben oder Organen, die direkt aus einem Organismus entnommen wurden. Sie wird als Primärkultur bezeichnet, bis sie zum ersten Mal subkultiviert wird. Dann spricht man von einer Zellinie.

Subkultur: Die Transplantation (das Umsetzen) von Zellen aus einem Kulturgefäß in ein anderes.

Subkultur-Interval: Der Zeitraum zwischen 2 aufeinanderfolgenden Subkulturen von Zellen. Dieser Begriff hat keine Beziehung zum Begriff „Zellgenerationszeit".

Subkulturzahl: Die Zahl, die angibt, wieviele Male die Zellen subkultiviert (umgesetzt) wurden, d. h. von einem Kulturgefäß zum anderen.

Suspensionskultur: Ein Kulturtyp, bei dem sich die Zellen vermehren, während sie im Medium frei suspendiert sind.

Gewebekultur: Ganz allgemein beschäftigt sich die Gewebekultur mit der Untersuchung von Zellen, Geweben und Organen, die *in vitro* mehr als 24 Std. lang gehalten oder gezüchtet werden. Man kennt 3 Hauptgebiete:

a) *Zellkultur:* Das Wachsenlassen von Zellen *in vitro.* In Zellkulturen sind die Zellen nicht mehr länger in Geweben angeordnet.

b) *Organkultur:* Das Erhalten oder Züchten von Geweben, primordialer Organe, des ganzen oder Teile eines Organs in vitro unter Bedingungen, die Differenzierung und Bewahrung des Aufbaus und/oder der Funktion erlauben.

c) *Gewebekultur:* Das Erhalten von Gewebeteilchen *in vitro* nicht unbedingt unter den Bedingungen, die den Gewebeaufbau erhalten.

Transformation: Dieser Ausdruck wurde gleichbedeutend mit „Zelländerung" in der Gewebekultur-Literatur verwendet. Er bedeutet nicht unbedingt die Übertragung von genetischem Material und hängt auch nicht unbedingt mit der Erscheinung der Transformation in Mikroorganismen zusammen. Folglich ist sein Gebrauch im Sinne von „Zelländerung" nicht wünschenswert und es wird empfohlen, ihn nicht weiter zu verwenden.

Umsetzen: Siehe unter Subkultur.

6.5 Anlage 5: Gewebekultur-Literatur

6.5.1 Zeitschriften

Die Techniken der Zell- und Gewebekultur werden in so großem Umfange verwendet, daß es kaum eine Zeitschrift in den biologischen Wissenschaften gibt, die keine Arbeiten auf diesem Gebiet veröffentlicht. Doch gibt es ein paar mit einem großen Anteil an Artikeln über das Thema Gewebekultur. Die führendsten sind:

In Vitro (The Journal of the Tissue Culture Association),
Journal of Cell Physiology,
Experimental Cell Research,
Journal of Cell Biology,
Journal of Cell Science.

6.5.2 Allgemeine Handbücher und Monographien

Die Literatur auf diesem Gebiete ist noch verhältnismäßig beschränkt. Neben den Büchern, die als „klassische" Werke in Kapitel 1 aufgeführt sind, folgt hier nun ein unvollständiges Verzeichnis von Büchern, die ab 1960 publiziert wurden.

Analytic Cell Culture (1962). National Cancer Institute Monograph No. 7. Ed. Robert E. Stevenson. U.S. Govt. Printing Office, Washington, D.C.
Symposium on Organ Culture (1963). National Cancer Institute Monograph No. 11. Ed. Clyde J. Dawe. U.S. Govt. Printing Office, Washington, D.C.
Cells and Tissues in Culture: Methods, Biology and Physiology, Vols. 1, 2, 3 (1965). Ed. E. N. Willmer. Academic Press, New York and London.
The Culture of Vertebrate Embryos (1966). D.A.T. New. Logos Press and Academic Press, New York and London.
The Cancer Cell in Vitro (1967). E. J. Ambrose, D. M. Easty & J. A. H. Wylie. Butterworths, London.
Cancer Cells in Culture (1968). Ed. Hajim Katsuta. University of Tokyo Press, Tokyo.
Axenic Mammalian Cell Reactions (1969). Ed. George C. Tritsch. Marcel Dekker, New York and London.
Organ Culture (1970). Ed. J. André Thomas. Academic Press, New York and London.
Atlas of Vertebrate Cells in Tissue Culture (1970). George G. Rose. Academic Press, New York and London.
Invertebrate Tissue Culture, Vols. 1 and 2 (1971–72). Ed. E. Vago. Academic Press, New York and London.
The Mammalian Cell as a Microorganism (1972). T. T. Puck. Holden-Day Inc., San Francisco and London.
Growth, Nutrition and Metabolism of Cells in Culture, Vols. I and II (1972). Eds. George H. Rothblatt & Vincent J. Cristofalo. Academic Press, New York and London.
Readings in Mammalian Cell Culture (1973). Ed. Robert Pollack. Cold Spring Harbor Laboratory.
Methods in Cell Biology, Vol. 6 (1973). Ed. D. Prescott. Academic Press, New York and London.
Tissue Culture: Methods and Applications (1973). Eds. Paul F. Kruse, Jr. & M. K. Patterson, Jr. Academic Press, New York and London.
Plant Tissue and Cell Culture (1973). Botanical Monographs, Vol. 11. Ed. H. E. Street. Blackwell Scientific Publications.
Willi Halle, Zell- und Gewebezüchtung bei Tieren, Gustav Fischer Verlag, Stuttgart, New York, 1976.
J. Reinert and Y.P.S. Bajaj, Herausgeber, Plant Cell, Tissue and Organ Culture, Springer Verlag Berlin, Heidelberg, New York, 1977.
A. Mayr, P. A. Bachmann, B. Bibrack und G. Wittmann, Herausgeber, G. Fischer Verlag Stuttgart 1974, Virol. Arbeitsmethoden Bd. I Zellkulturen-Bebrütete Hühnereier-Versuchstiere.
A. Mayr, P. A. Bachmann, B. Bibrack und G. Wittmann, Herausgeber, G. Fischer Verlag Stuttgart 1977. Virol. Arbeitsmethoden Bd. II Serologie.

6.6 Anlage 6: Bio-Risiken (Bio-Hazards)

Bestimmte Arten von Gewebekulturarbeiten schließen echte oder mögliche Risiken ein, besonders Arbeiten, die sich mit bekannten oder pathogen-verdächtigen Viren, manchmal auch anderen Organismen beschäftigen. Man kann sie aus praktischen Gründen in drei Gruppen einteilen.

Geringes Risiko:

Darunter fallen alle Arten mit nicht-infizierten, menschlichen Zellinien und Arbeiten mit tierischen Pathogenen, von denen bekannt ist, daß sie den Menschen nicht befallen, einschließlich nicht-menschliche, oncogene Viren.

Mittleres Risiko:

Diese Gruppe umfaßt in der Hauptsache oncogen-verdächtige Viren des Menschen, Viren, die menschliche Zellen *in vitro* transformieren, Viren, die ohne Wirtsmodifikation in Primaten Krebs erzeugen, genetische Rekombinanten zwischen tierischen, oncogenen Viren und Mikroorganismen, die den Menschen befallen, sowie jeder oncogene Virus oder jede infektiöse, transformierende Virus-Nukleinsäure in konzentrierter Form.

Hohes Risiko:

Bekannte, menschliche Pathogene.

Die folgenden *Vorsichtsmaßregeln* sollten bei *Material mit geringem Risiko* befolgt werden:

1. Tragen von Schutzkleidung (Labormantel oder Umhang);
2. Nicht Rauchen, Essen oder Trinken im Arbeitsbereich;
3. Nicht Pipettieren mit dem Mund. Man benütze mechanische Pipettierhilfen;
4. Kindern unter 15 Jahren und schwangeren Frauen ist das Betreten des Arbeitsraumes nicht erlaubt;
5. Alle benützten Glassachen, andere Geräte und aller Abfall müssen vor dem Wegwerfen oder der Wiederverwendung dekontaminiert werden;
6. Verfahren, die Luftschwebstoffe (Aerosole) erzeugen, z. B. Homogenisieren, Rühren, Ultraschall-Behandlung müssen in gut ventilierten Sicherheitskabinen durchgeführt werden.

Bei *Material mit mittlerem Risiko* sind folgende, *zusätzliche Vorsichtsmaßregeln* zu beachten:

1. Zusätzlich zu einem Kittel oder Umhang sollten Handschuhe getragen werden;
2. Alle Arbeit mit Zellkulturen sollen in vertikal durchströmten Laminar-Air-Flow-Sterilwerkhütten oder etwas Ähnlichem durchgeführt werden;
3. Der Arbeitsbereich sollte unter negativem Luft-Druck stehen.

Bei *Materialien mit hohem Risiko* müssen die *Vorsichtsmaßregeln folgendermaßen erweitert* werden:

1. Steht Impfstoff zur Verfügung, sollten nur geimpfte Personen Zutritt zum Arbeitsraum haben;
2. Volle Schutzkleidung, einschließlich Unterwäsche, Schuhe, Kopfbedeckung, Gesichtsmasken und Handschuhe müssen angezogen werden, bevor man den Arbeitsraum betritt, und anschließend wieder ausgezogen werden;
3. Jede Person muß duschen, bevor sie den Arbeitsraum verläßt;
4. Alle Operationen müssen in isolierten Handschuh-Boxen oder ventilierten Sicherheitskammern durchgeführt werden; die ausgeatmete Luft muß filtriert und außerhalb unschädlich gemacht werden;
5. Alle Arbeitsbereiche müssen durch Luftschleusen, Umkleide- und Duschräume sowie Durchgangsautoklaven isoliert werden.

In allen Laboratorien, in denen ein Biorisiko besteht, muß ein gut ausgebildetes Mitglied des Personals die Vollmacht haben, Regelungen durchzusetzen. Bei Material mit mittlerem Risiko sind speziell konstruierte Arbeitsräume wünschenswert, bei Materialien mit hohem Risiko sind solche Räume absolut notwendig.

Register

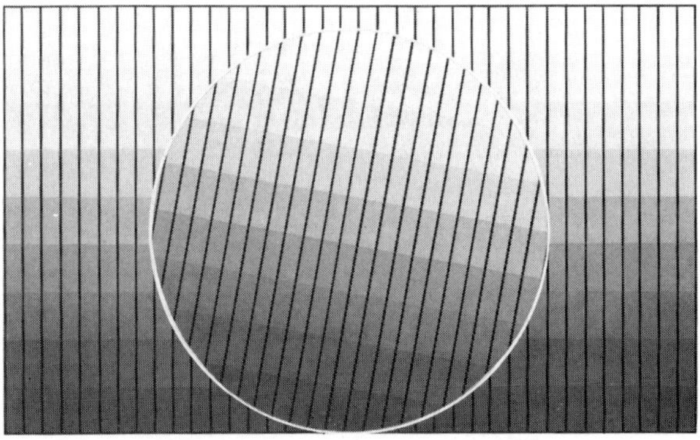

ZINSSER

Geräte für Zellkulturen

M&K

Wheaton Modular Roller sind in Konzeption und Technik richtungsweisend für die Züchtung von Zellen, subzellularen Komponenten und Viren. Durch ihren modularen Aufbau – von 2 bis 45 Flaschen – passen sie sich jedem Bedarf an.
Celstirs® sind Glasgefäße von 25 bis 8.000 ml mit integrierten Magnetrührstäben für die Zucht von Suspensionskulturen.
Biostirs® sind Spezialmagnetrührer mit geringer Wärmeabgabe. Bis zu sechs große Celstirs® können damit schonend betrieben werden.
Einzelheiten zu diesen und anderen Geräten enthält unser Katalog über Glaswaren für die Biochemie. Fordern Sie ihn an.

WERNER ZINSSER Postfach 501151 · 6000 Frankfurt am Main 50 · Telefon (0611) 521153

K. Höll

Wasser

Untersuchung · Beurteilung · Aufbereitung · Chemie · Bakteriologie · Virologie · Biologie

6., völlig neubearbeitete und erweiterte Auflage unter Mitwirkung von Sven Carlson, Dietrich Lüdemann, Hans Rüffer

17 cm x 24 cm. XXII, 515 Seiten, 15 Abbildungen. 1979. Fester Einband. DM 118,–
ISBN 3 11 007560 1

Alle Gebiete der Wasserwirtschaft, Wasseraufbereitung, Wasseruntersuchung und der Wasserhygiene werden in dieser 6. Auflage von kompetenten Fachleuten behandelt.

Inhalt: Trinkwasseruntersuchung, Allgemeines über die chemische Wasseranalyse, Kleine Trinkwasseranalyse, Beurteilung des Trinkwassers, Große Trinkwasseranalyse von Leitungswasser, Beurteilung des Trink- und Brauchwassers für die zentrale Wasserversorgung, Untersuchung und Beurteilung von Schwimmbadwasser, Wasser für Bauzwecke, Oberflächenwasser (Vorflut) und Kesselspeisewasser, Mineralwasser und Heilwasser, Untersuchung und Beurteilung von Abwasser, Bakteriologie und Virologie des Wassers, Biologie des Wassers.

Preisänderung vorbehalten